U0192839

钙钛矿/晶硅异质结叠层太阳电池

Perovskite/Silicon-Heterojunction Tandem Solar Cells

沈文忠 高 超 李正平 著

科 学 出 版 社

北 京

内 容 简 介

本书在综述高效晶硅异质结太阳电池和新型钙钛矿太阳电池进展的基础上阐述钙钛矿/晶硅异质结叠层太阳电池技术，是一本全面反映钙钛矿/晶硅异质结叠层太阳电池研究和技术进步的著作。本书首先介绍了晶硅异质结太阳电池研发进展和钙钛矿太阳电池制造工艺与技术，然后系统阐述了钙钛矿/晶硅异质结叠层太阳电池基本物理问题、制备工艺技术、精确性能测试与稳定性表征以及模拟与发电量预测等内容，最后讲述了钙钛矿与其他晶硅及薄膜叠层太阳电池的研究进展。

本书可作为高等院校半导体材料与器件、光电子、光学工程以及光伏科学与技术等相关专业师生的参考用书，也可供太阳能光伏及相关技术领域的研发和工程技术人员学习参考。

图书在版编目(CIP)数据

钙钛矿/晶硅异质结叠层太阳电池/沈文忠，高超，李正平著. —北京：科学出版社，2023.10

ISBN 978-7-03-076709-7

Ⅰ. ①钙… Ⅱ. ①沈… ②高… ③李… Ⅲ. ①硅太阳能电池–研究 Ⅳ. ①TM914.4

中国国家版本馆 CIP 数据核字 (2023) 第 197765 号

责任编辑: 周 涵 孔晓慧 / 责任校对: 彭珍珍
责任印制: 赵 博 / 封面设计: 无极书装

科学出版社出版
北京东黄城根北街 16 号
邮政编码: 100717
http://www.sciencep.com
北京建宏印刷有限公司印刷
科学出版社发行 各地新华书店经销
*
2023 年 10 月第 一 版 开本: 720 × 1000 B5
2024 年 9 月第二次印刷 印张: 29 3/4
字数: 598 000

定价: 268.00 元

(如有印装质量问题, 我社负责调换)

序　言

太阳能光伏发电是最重要的可再生能源之一。在 2022 年，全球累计光伏装机容量突破 1 TW(1 TW=1000 GW=10^{12} W)，正式进入“太瓦时代”，并且全球光伏装机容量每年将以数百吉瓦 (1 GW=10^9 W) 乃至太瓦量级的速度迅猛增长。每吉瓦光伏电站全年发电可减少百万吨以上的二氧化碳排放。因此，大力发展太阳能光伏发电是实现能源绿色低碳转型的有效途径，是实现“碳达峰、碳中和”目标的主力军。

光伏发电需要通过太阳电池组件实现能量转换。其中，晶硅太阳电池组件由于具有产业成熟、制造成本低、材料可靠性高等优势，四十多年来一直是主流的光伏产品，目前市场占有率超过 95%。晶硅太阳电池技术已经由基于 p 型硅片的铝背场 (Al-BSF) 太阳电池转换到钝化发射极和背面电池 (PERC)，当前量产的 PERC 电池平均转换效率达 ~23.5%，已逐渐逼近其 ~24.5%的效率极限，继续提升的空间有限，因此必须寻找新的晶硅电池技术。而 n 型晶硅具有少子寿命长、对金属杂质容忍度高、光致衰减不明显等优点，基于 n 型硅片的 n 型晶硅太阳电池受到重视。在 n 型晶硅电池中，隧穿氧化钝化接触 (TOPCon) 电池和晶硅异质结 (SHJ) 太阳电池的关注度最高。TOPCon 电池在背面由超薄氧化硅和掺杂多晶硅薄膜实现钝化接触，已实现规模量产 ~25%的平均转换效率。SHJ 太阳电池是由本征非晶硅和掺杂非晶硅薄膜在前、后表面都实现钝化接触的全钝化接触电池，具有结构对称、工艺简单、低温制造等优点，当前 26.81%的晶硅电池效率世界纪录正是经由 SHJ 太阳电池创造的。

光伏技术日新月异，近十多年来，一种以具有 ABX_3 钙钛矿型结构的有机–无机金属卤化物为吸光材料的钙钛矿太阳电池成为研究热点，其转换效率从最初的 3.8%快速提升到当前可与晶硅太阳电池效率相比拟的 25.7%，并且还在不断地改进与提高。钙钛矿太阳电池虽然稳定性和大面积化还有待改善，但是具有制备方法简单、成本较低、能实现高转换效率等优点。研发高效、稳定、大面积、可商业化的钙钛矿太阳电池技术是未来的发展方向。

单结晶硅太阳电池的转换效率正在接近 29.4%的 Shockley-Queisser 极限，大幅度地提高单结晶硅太阳电池的转换效率将变得非常困难。为不断提高太阳电池的效率，人们自然而然地想到了叠层和多结太阳电池，最简单的方法是使用具有不同带隙的吸收材料来吸收不同能量的光子。钙钛矿太阳电池对光的吸收能力强，光谱吸收范围广，可以吸收全光谱可见光。钙钛矿太阳电池与晶硅太阳电池的串联叠层，将充分吸收太阳光，突破单结电池的效率极限。自 2015 年钙钛矿/晶硅叠层太阳电池首次被提出以来，其能量转换效率从初始的 13.7%快速提升到目前的 32.5%。由于晶硅异质结电池本身效率高，且低温制造、具有透明导电氧化物 (TCO) 层，能够很好地与钙钛矿太阳电池制备相结合，因此钙钛矿/晶硅异质结叠层太阳电池是两结太阳电池领域中被产业界最为看好的。钙钛矿/晶硅异质结叠层太阳电池的物理本质是一种半导体串联器件，能够满足光伏行业对太阳电池效率的不断追求和长久发展。

本书作者承担了国家自然科学基金重点项目 “新型钙钛矿/硅异质结两端叠层太阳电池物理与器件研究”(项目编号: 11834011)，在钙钛矿/晶硅异质结叠层太阳电池的理论和实验研究方面做了大量的工作，总结项目研究成果和国内外相关研究现状，得以形成本书。据作者所知，本书是国内外第一本全面介绍钙钛矿/晶硅异质结叠层太阳电池研究和技术进展的学术专著。在编著本书时，作者希望尽可能反映当前钙钛矿/晶硅异质结叠层太阳电池的研究现状、最新成果和产业化情况，同时力求写成一本既具有基础理论阐述，又具有实际指导意义和实用价值的参考用书。

全书共 7 章，力求能够涵盖钙钛矿/晶硅异质结叠层太阳电池的相关研究内容。其中，第 1 章在介绍半导体、太阳电池基础知识、高效晶硅太阳电池的基础上，重点阐述了晶硅异质结太阳电池的高效机制、制造工艺进展、发展应用及产业化情况，通过第 1 章的介绍，读者能够对钙钛矿/晶硅异质结叠层太阳电池的底电池——晶硅异质结电池有全面的认识。第 2 章向读者全面介绍了钙钛矿/晶硅异质结叠层太阳电池的顶电池——钙钛矿太阳电池的结构、工作原理、制备方法、效率优化、能带工程、大面积制造和产业化现状。第 3 章详细讨论了钙钛矿/晶硅异质结叠层太阳电池涉及的基本物理问题，包括光电特性、能量损失分析和功能层机理，力求阐述清楚钙钛矿/晶硅异质结叠层太阳电池的高效机制。第 4 章讲述了钙钛矿/晶硅异质结叠层太阳电池的制备技术、光学结构设计、电学性能优化和应用发展情况。第 5 章分析了钙钛矿/晶硅异质结叠层太阳电池的表征手段和测试技术。第 6 章则探讨了钙钛矿/晶硅异质结叠层太阳电池的模拟设计、光管理和发电量预测。第 7 章介绍了钙钛矿电池与其他高效晶硅电池 (如 PERC 电池、TOPCon 电池、叉指形背接触 (IBC) 电池等)、与砷化镓和铜铟镓锡薄膜电池、与钙钛矿电池自身的叠层器件的研究发展现状。

本书在著作过程中，得到了作者所在单位课题组相关人员的大力支持。特别感谢苏弘桢参加编著第 2 章及 7.3 节、乔飞扬参加编著第 5 章；感谢马胜参加编著 7.1 节、张德钊参加编著 7.2 节；同时感谢丁东、杜大学协助编著第 1 章的部分内容。感谢在编著过程中，同行专家的热心讨论和指导。

虽然作者在写作过程中精益求精，力求介绍全面、表述清晰、叙述流畅，但是限于作者学识和水平，加之时间仓促、收集的资料有限，而钙钛矿/晶硅异质结叠层太阳电池的研究进展又日新月异，因此本书遗漏在所难免，恳请读者和同行批评指正。

作　者
2023 年 3 月
于上海交通大学

目　　录

第 1 章　晶硅异质结太阳电池

太阳能光伏发电是利用光电转换器件将太阳能直接转化成电能，它需要利用到光电转换器件——太阳电池。太阳电池按结构分为同质结太阳电池和异质结太阳电池。所谓同质结是指由同一种半导体材料且禁带宽度相同但导电类型不同的材料所形成的 pn 结，用同质结构成的太阳电池称为同质结太阳电池；异质结是指由两种禁带宽度不同的半导体材料形成的结，用异质结构成的太阳电池称为异质结太阳电池。太阳电池按核心材料形态可以分为晶硅太阳电池和薄膜太阳电池。当前规模量产的晶硅太阳电池是同质结电池，非晶硅薄膜/晶硅异质结太阳电池正在逐步迈向产业化和规模量产。而钙钛矿太阳电池 (perovskite solar cell，PSC) 是以钙钛矿型 (ABX_3 型) 晶体为吸光层的一种新型薄膜太阳电池 [1]，近年来受到了广泛的关注，光电转换效率从最初的 3.8%[2] 已进展到可与晶硅太阳电池效率相比 [3]。为了充分利用太阳光谱，可将钙钛矿太阳电池作为顶电池，晶硅太阳电池作为底电池，形成钙钛矿/晶硅叠层太阳电池。其中钙钛矿与晶硅异质结电池叠层形成的钙钛矿/晶硅异质结叠层太阳电池因为理论极限效率高、可通过调制透明导电层便捷地实现均匀分光、制造方法简便等众多优势 [4]，成为钙钛矿/晶硅叠层太阳电池领域的热点。

本书主要讲述钙钛矿/晶硅异质结叠层太阳电池，首先需要对晶硅异质结电池有所了解。因此，在本章先简单介绍太阳电池的基本知识及晶硅太阳电池的发展，然后重点介绍晶硅异质结电池的原理、制备及最新进展。

1.1　太阳电池基础及高效晶硅太阳电池介绍

太阳能光电转化是通过太阳电池将太阳辐射直接转化成电能，其核心是太阳电池，太阳电池的物理基础是基于半导体材料的光生伏特效应。本节将简单介绍半导体 pn 结的基础知识、太阳电池的工作原理、太阳电池的分类、晶硅太阳电池的基本构造及高效晶硅太阳电池。

1.1.1　半导体基本知识 [5-10]

1. 物质的导电性

固体材料按照它们导电能力的强弱，可分为超导材料、导体材料、半导体材料和绝缘体材料。导体是导电能力强的物体，电阻率在 10^{-5} Ω·m 以下，各类金属材料，如金、银、铜、铁、铝等都是导体。绝缘体是导电能力弱或基本上不导电的物体，电阻率很高，在 10^8 Ω·m 以上，如橡胶、塑料、木材、玻璃等都是绝缘体。而半导体的导电能力介于导体和绝缘体之间，电阻率在 10^{-5}～10^8 Ω·m，典型的半导体材料，如硅、锗等单质，砷化镓、碲化镉等化合物。

固体材料的导电性可用能带理论解释。原子中电子从低能量到高能量填满一系列的能带。导体、绝缘体及半导体呈现电学性质的差别是由外层电子在最高能带的填充情况决定的。最高填充能带是由价电子组成的，称为价带。价带上面较高的能带为导带。价带与导带之间是禁带，没有电子填充。禁带的宽度或称带隙宽度，用 E_g 表示。图 1-1 是固体价电子填充能带的不同情况。在绝对零度下，对绝缘体和半导体而言，价带是由电子填满的，而导带是空的，因此绝缘体和半导体均不导电。而导体的价带是半填满的或者价带与导带部分重叠的 (图 1-1(a) 和 (b))，外场作用下电子运动不呈现对称性，因此显现良好的导电性。虽然在绝对零度下绝缘体和半导体均不导电，但是它们的导电性还是有差别的，这是由于绝缘体和半导体的带隙宽度 E_g 不同。E_g 的大小影响了外场，如热场、电场、光场及电磁场将电子从价带激发到导带的能力。绝缘体的禁带宽度很大，通常在 5.0 eV 以上，因此不导电。而半导体材料的 E_g 较小，一般在 0.5～3.0 eV，价带电子较容易激发到导带，此时价带与导带都不再是满带，虽然电导率较低，但仍呈现导电性，形成电导率较低的半导体。

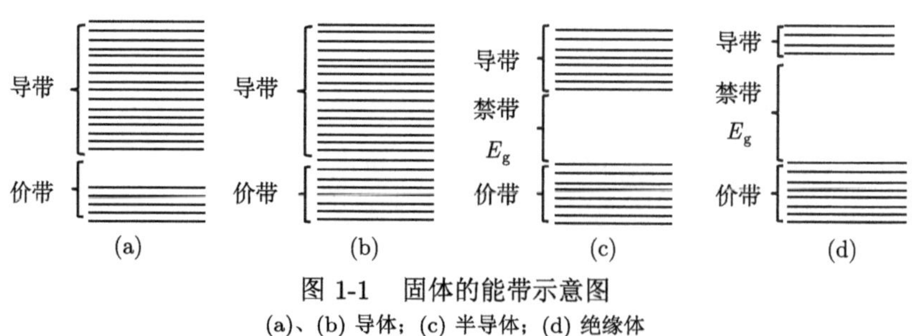

图 1-1　固体的能带示意图

(a)、(b) 导体；(c) 半导体；(d) 绝缘体

2. 半导体的缺陷与掺杂

在理想的半导体材料中，电子在严格的周期性势场中自由运动。如果晶体生长过程中有缺陷产生或引入杂质，将对晶体的周期场产生扰动。晶体周期势场被破坏的对应位置称为缺陷。材料中的缺陷是不可避免的。缺陷分成两类：一类是在材料制备过程中无意引进的，称为本征缺陷，例如，在格点位置上缺少一个原子的空位缺陷、格点上原子排列导致的反位缺陷、原子处于格点之间的间隙原子，较大尺寸范围的有位错、层缺陷等。另一类是由材料纯度不够，杂质原子替代晶体的基质原子而引进的杂质缺陷。本征缺陷或杂质均破坏了晶体原子排列的周期

性，引起晶体周期势场的畸变，其结果是在禁带中引入新的电子态，称为缺陷态或杂质态。

一般通过制备工艺的改进和完善来得到高纯度、本征缺陷尽量少的材料。但是在实际中，引入所需的杂质而实现对材料性质的控制，正是器件应用所需的。一般半导体材料都是利用高纯材料，然后人为地加入不同类型、不同浓度的杂质，精确控制其电子或空穴的浓度。在没有掺入杂质的超高纯半导体材料中，电子和空穴浓度相等，称为本征半导体。如果在高纯半导体材料中掺入某种杂质元素，改变电子浓度或空穴浓度，则称为掺杂型半导体。硅是重要的半导体材料，以下以硅为例讨论半导体的掺杂。

在本征硅中掺入五价杂质元素，如磷，形成 n 型半导体，也称电子型半导体。因五价杂质原子中只有四个价电子能与周围四个半导体原子中的价电子形成共价键，而多余的一个价电子因无共价键束缚而很容易形成自由电子。在 n 型半导体中自由电子是多数载流子，它主要由杂质原子提供；空穴是少数载流子，由热激发形成。由于磷原子在晶体中起释放电子的作用，所以称为施主杂质，也称为 n 型杂质。n 型半导体掺杂示意图如图 1-2(a) 所示。反之，在本征硅中掺入三价杂质元素，如硼、镓、铟等就形成了 p 型半导体，也称为空穴型半导体，因三价杂质原子在与硅原子形成共价键时，缺少一个价电子而在共价键中留下一空穴。p 型半导体中空穴是多数载流子，主要由掺杂形成；电子是少数载流子，由热激发形成。由于硼原子在晶体中起接受电子而产生空穴的作用，所以称为受主杂质，也称为 p 型杂质。p 型半导体掺杂示意图如图 1-2(b) 所示。

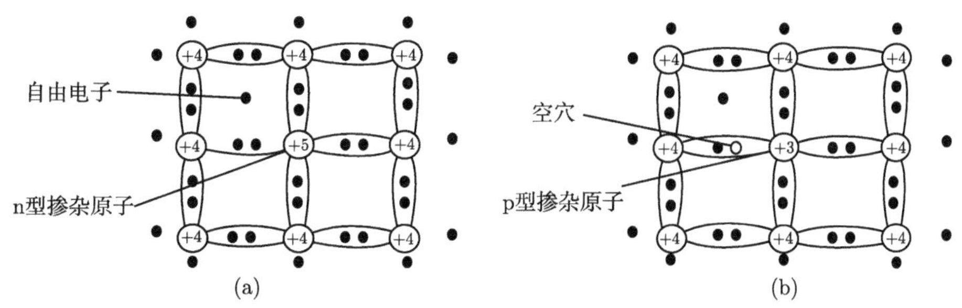

图 1-2 半导体掺杂示意图

(a) n 型半导体；(b) p 型半导体

3. pn 结基础知识

在一块半导体晶体上，通过某些工艺过程，使一部分呈 p 型 (空穴导电)，一部分呈 n 型 (电子导电)，该 p 型和 n 型半导体界面附近的区域，就叫作 pn 结。pn 结是构成半导体器件的核心，是集成电路的主要组成部分，也是太阳电池的主要结构单元。pn 结可以是由同一种材料且带隙宽度相同但导电类型相反的材料形成，称为同质结；也可以由带隙宽度不同的材料形成，称为异质结。下面以同质结为例讨论 pn 结形成的物理过程。

在 p 型半导体和 n 型半导体结合后，由于 n 型区内电子很多而空穴很少，而 p 型区内空穴很多电子很少，在它们的交界处就出现了电子和空穴的浓度差。这样，电子和空穴都要从浓度高的地方向浓度低的地方扩散。于是，有一些电子要从 n 型区向 p 型区扩散，也有一些空穴要从 p 型区向 n 型区扩散。它们扩散的结果就使 p 区一边失去空穴，留下了带负电的杂质离子，n 区一边失去电子，留下了带正电的杂质离子。形成 pn 结前载流子的扩散示意图如图 1-3(a) 所示。

半导体中的离子不能任意移动，因此不参与导电。这些不能移动的带电粒子在 p 区和 n 区交界面附近，形成了一个很薄的空间电荷区，就是所谓的 pn 结。空间电荷区有时又称为耗尽区。扩散越强，空间电荷区越宽。在出现了空间电荷区以后，由于正负电荷之间的相互作用，在空间电荷区就形成了一个内建电场，其方向是从带正电的 n 区指向带负电的 p 区。显然，这个电场的方向与载流子扩散运动的方向相反，它是阻止扩散的。pn 结的空间电荷区和内建电场如图 1-3(b) 所示。

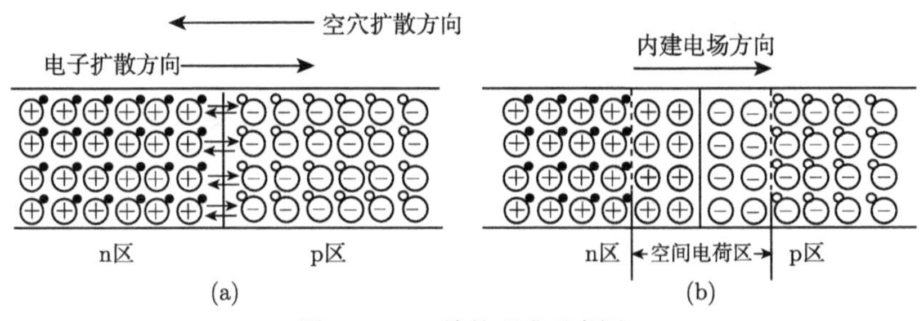

图 1-3　pn 结的形成示意图

(a) 形成 pn 结前载流子的扩散方向；(b) 空间电荷区和内建电场

另一方面，这个电场将使 n 区的少数载流子空穴向 p 区漂移，使 p 区的少数载流子电子向 n 区漂移，漂移运动的方向正好与扩散运动的方向相反。从 n 区漂移到 p 区的空穴补充了原来交界面上 p 区所失去的空穴，从 p 区漂移到 n 区的电子补充了原来交界面上 n 区所失去的电子，这就使空间电荷减少，因此，漂移运动的结果是使空间电荷区变窄。当漂移运动和扩散运动相等时，pn 结便处于动态平衡状态。

图 1-4 是 pn 结形成前后的能带图。从中可见，当 n 型半导体和 p 型半导体形成 pn 结时，由于空间电荷区导致的内建电场，在 pn 结处能带发生弯曲，此时导带底能级 E_{C}、价带顶能级 E_{V}、本征费米能级 E_{i} 和缺陷能级 (E_{A}、E_{D}) 都发生了相同幅度的弯曲。但是在平衡时，n 型半导体和 p 型半导体的费米能级是相同的。因此，平衡时 pn 结空间电荷区两端的电势能差就等于原来 n 型半导体

(E_{Fn}) 和 p 型半导体 (E_{Fp}) 的费米能级之差，即

$$qV_{\mathrm{D}} = E_{\mathrm{Fn}} - E_{\mathrm{Fp}} \tag{1-1}$$

式中，q 为电子电量；V_{D} 为接触电势差 (或称内建电势差、扩散电势)；qV_{D} 为 pn 结两端的电势能差，也即 pn 结两端的势垒高度。

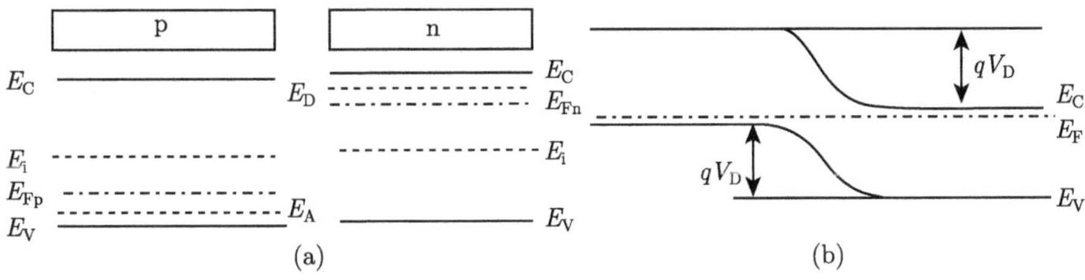

图 1-4 (a) p、n 型半导体的分立能带图；(b) 平衡状态 pn 结能带图

进一步地推导，V_{D} 可以表示为

$$V_{\mathrm{D}} = \frac{E_{\mathrm{Fn}} - E_{\mathrm{Fp}}}{q} = \frac{k_{\mathrm{B}}T}{q}\left(\ln\frac{N_{\mathrm{D}}N_{\mathrm{A}}}{n_{\mathrm{i}}^2}\right) \tag{1-2}$$

式中，k_{B} 为玻尔兹曼常量；T 为热力学温度；N_{D} 为施主浓度；N_{A} 为受主浓度；n_{i} 为本征载流子浓度。由式 (1-2) 可见，pn 结的势垒高度，由两边的掺杂程度决定。

pn 结具有许多重要的基本特性，包括电流–电压特性、电容效应、隧道效应、开关特性、光生伏特效应等。其中电流–电压 (I-V) 特性又称为整流特性或伏安特性，是 pn 结最基本的特性，而太阳能光电转换正是利用 pn 结内建电场产生的光生伏特效应。pn 结的伏安特性就是流过 pn 结的电流与加在其两端电压之间的关系，如图 1-5 所示。

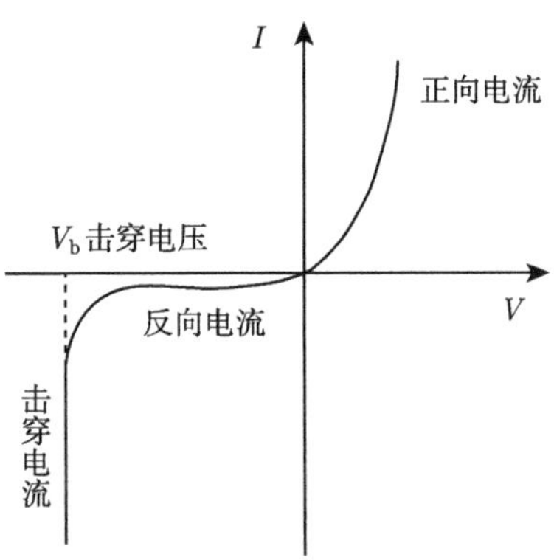

图 1-5 pn 结的伏安特性

在 pn 结两端加正向电压 (正偏压)，即 p 型半导体接正极，n 型半导体接负极，电流通过，则电流基本随电压呈指数上升。此时外加电压在阻挡层内形成的电场与内建电场方向相反，空间电荷区两端电压变小，这样就打破了原有的动态平衡状态，扩散电流大于漂移电流，有电流从 p 区向 n 区扩散，即多子的扩散电流 (包括电子扩散电流和空穴扩散电流) 形成正向电流。同时，加正向电压使 p 区中的多数载流子空穴和 n 区中的多数载流子电子都要向空间电荷区运动。当 p 区的空穴和 n 区的电子进入空间电荷区后，就要分别中和一部分负离子和正离子，使空间电荷量减少，空间电荷区宽度变窄。

在 pn 结两端加反向电压 (反偏压)，即 p 型半导体接负极，n 型半导体接正极，通过的电流很小，称为反向电流，此时电路基本处于阻断状态。此时外加电压在阻挡层内形成的电场与内建电场方向相同，空间电荷区两端电压变大，这样也打破了原有的动态平衡状态，漂移电流大于扩散电流，少子的漂移电流 (包括电子漂移电流和空穴漂移电流) 形成反向电流，从 n 区流向 p 区。当反向电压大于一定的数值 (V_b 为击穿电压)，电流会快速增大，此时 pn 结被击穿，此时的反向偏压称为击穿电压。

因此，pn 结具有单向导电性的特点，显示典型的整流特性。在理想状态下，从半导体物理推导得到 pn 结电流–电压方程为

$$I = I_0\left(\exp\frac{qV}{k_{\mathrm{B}}T} - 1\right) = I_0\exp\frac{qV}{k_{\mathrm{B}}T} - I_0 \tag{1-3}$$

式中，V 为外加电压；I 为通过 pn 结的总电流；I_0 代表从 n 型半导体指向 p 型半导体的电流，称为反向饱和电流。

1.1.2　太阳电池工作原理 [6,7]

了解了半导体和 pn 结的基本知识后，再来阐述太阳电池的工作原理。

1. 半导体的光吸收

当光束照射到物体上时，其中一部分被表面反射掉，其余部分被半导体吸收或透过。也就是说，光能的一部分可以被物体吸收。随着物体厚度的增加，光的吸收也增加。如果入射光的能量为 I_0，则在离表面距离 x 处，光的能量为

$$I = I_0 \exp(-\alpha x) \tag{1-4}$$

式中，α 为物体的吸收系数。

半导体材料的吸收系数一般在 $10^5\ \mathrm{cm}^{-1}$ 以上，能够强烈地吸收光的能量。被吸收的光，当然有一部分转变成热能。如果吸收的光子能量大于半导体材料的禁

带宽度，就有可能使电子从价带跃迁到导带，从而产生电子–空穴对，这种吸收称为本征吸收。半导体材料中光的吸收导致了非平衡载流子产生，总的载流子浓度增加，电导率增大，称为半导体材料的光电导现象。

本征吸收产生的条件是光能必须大于半导体的禁带宽度，即

$$hc/\lambda = h\nu > E_{\mathrm{g}} \tag{1-5}$$

式中，h 为普朗克常量；c 为光速；λ 为光的波长；ν 为光的频率。

光能等于禁带宽度时的波长 λ_0，称为半导体的本征吸收限。只有波长小于 λ_0 时，本征吸收才能发生，导致吸收系数大幅增加。本征吸收限与禁带宽度的关系为

$$\lambda_0 = 1.24/E_{\mathrm{g}} \tag{1-6}$$

对于晶硅，禁带宽度为 1.12 eV，λ_0 为 1.1 μm。

在本征吸收产生电子–空穴对时，要保持能量守恒与动量守恒。如果半导体的导带底最小值和价带顶最大值具有相同的波矢 $\boldsymbol{k}$，那么价带中的电子跃迁到导带上时，动量不发生变化，称为直接跃迁，相应的半导体材料称为直接半导体，如砷化镓 (GaAs)、碲化镉 (CdTe)、非晶硅等。如果半导体导带底最小值和价带顶最大值具有不同的波矢 $\boldsymbol{k}$，则价带中的电子跃迁到导带上时，动量发生变化，除了吸收光子能量发生跃迁外，电子还需与晶硅作用，发射或吸收声子，达到动量守恒，称为间接跃迁，相应的半导体称为间接带隙半导体，如硅、锗等。间接跃迁不仅要考虑电子和光子的作用，还需考虑电子和晶格的作用，导致吸收系数大大降低。间接带隙半导体的吸收系数比直接带隙半导体的吸收系数要低 2～3 个数量级。体现在光伏应用中，就是直接带隙半导体材料仅需数微米的厚度就可以完全吸收太阳光中大于禁带宽度的光波的能量，而间接带隙半导体则需要更厚的材料 (如百微米量级) 才能吸收同样的光谱能量。

2. 光生伏特效应

当 p 型半导体和 n 型半导体结合在一起形成 pn 结时，由于多数载流子的扩散，形成空间电荷区，并形成一个不断增强的从 n 型半导体指向 p 型半导体的内建电场，导致多数载流子反向漂移，达到平衡后，扩散产生的电流和漂移产生的电流相等。平衡时，由于内建电场，能带发生弯曲，空间电荷区两端的电势能差为 qV_{D}。如果光照 pn 结，而且光的能量大于 pn 结的禁带宽度，则在 pn 结附近产生电子–空穴对。由于 pn 结势垒区存在着内建电场 (自 n 区指向 p 区)，结果两边的光生少数载流子受该电场作用，各自向相反方向运动：p 区的光生电子穿过 pn 结进入 n 区，n 区的光生空穴穿过 pn 结进入 p 区。于是 p 端电势升高，n 端电势降低，在 pn 结两端形成光生电动势和光生电场，破坏了原有的平衡。光生电

场的方向是从 p 区指向 n 区，与内建电场方向相反，类似于在 pn 结上施加了正向的外加电场，使得内建电场强度降低，导致载流子扩散产生的电流大于漂移产生的电流，从而产生了净的正向电流。内建电势差为 $V_{\rm D}$，光生电势为 V，则空间电荷区的势垒高度降低为 $q(V_{\rm D}-V)$。光照前后 pn 结的能带结构如图 1-6 所示。

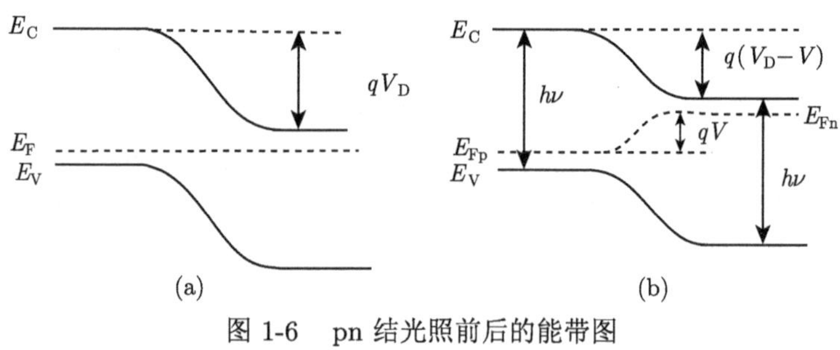

图 1-6 pn 结光照前后的能带图

(a) 光照前；(b) 光照后

如果将 pn 结和外电路相连，则电路中出现电流，这就是 pn 结的光生伏特效应，是太阳电池的基本原理，也是光电探测器、辐射探测器等器件的工作原理。同样地，对于肖特基二极管、金属–绝缘层–半导体 (metal-insulator-semiconductor, MIS) 结构器件等，也能产生光生伏特效应。

由于光照产生的载流子各自向相反方向运动，从而在 pn 结内部形成自 n 区流向 p 区的光生电流 $I_{\rm ph}$。同时，由于光照在 pn 结两端产生光生电动势，相当于在 pn 结两端加正向电压 V，产生通过 pn 结的正向电流 $I_{\rm D}$，$I_{\rm D}$ 与 $I_{\rm ph}$ 方向相反，导致 pn 结提供给外电路的电流减小，这是太阳电池要尽量避免的。$I_{\rm D}$ 可以由式 (1-3) 表示。

在理想情况下，当连接负载的太阳电池受到光照射时，太阳电池可看作是产生光电流 $I_{\rm ph}$ 的恒流源，与之并联的有一个处于正偏置下的二极管，其等效电路如图 1-7(a) 所示。将 pn 结与外电路相连，则光照时流经外加负载 R 的电流为

$$I=I_{\rm ph}-I_{\rm D}=I_{\rm ph}-I_0\left(\exp\frac{qV}{k_{\rm B}T}-1\right) \tag{1-7}$$

式中，V 为光生电压；I_0 为反向饱和电流。式 (1-7) 是负载电阻上的电流–电压特性，即光照下 pn 结或太阳电池的电流–电压特性 (伏安特性)，如图 1-7(b) 所示。

当 $I_{\rm ph}$ 和 $I_{\rm D}$ 相等时，pn 结两端建立起稳定的电势差，即产生光生电压。由式 (1-7) 可得

$$V=\frac{k_{\rm B}T}{q}\ln\left(\frac{I_{\rm ph}-I}{I_0}+1\right) \tag{1-8}$$

在 pn 结开路情况下，即负载电阻无穷大，负载上的电流 I 为零，此时光生

电压达最大值，即开路电压 V_{OC}。由式 (1-8) 可知

$$V_{\mathrm{OC}}=\frac{k_{\mathrm{B}}T}{q}\ln\left(\frac{I_{\mathrm{ph}}}{I_0}+1\right) \tag{1-9}$$

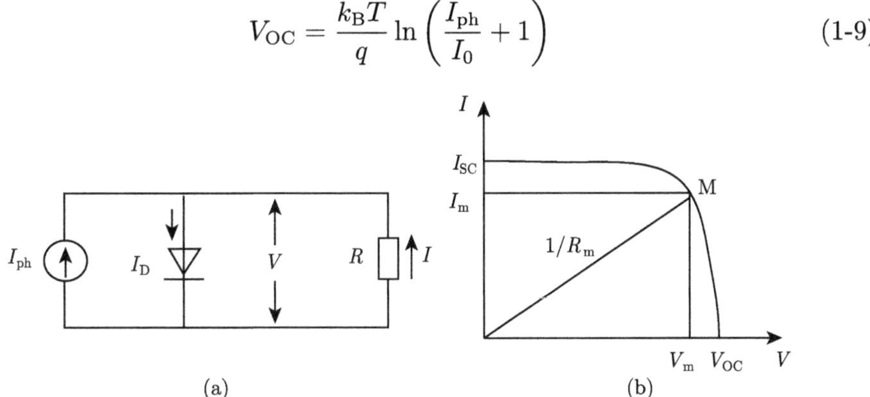

图 1-7 (a) 太阳电池理想等效电路图；(b) 光照时太阳电池 I-V 曲线示意图

将 pn 结短路，即负载电阻、光生电压和光照时流过 pn 结的正向电流 I_{D} 均为零，此时的电流为短路电流 I_{SC}。由式 (1-7) 可知

$$I_{\mathrm{SC}}=I=I_{\mathrm{ph}} \tag{1-10}$$

即短路电流 I_{SC} 等于光生电流 I_{ph}。

开路电压 V_{OC} 和短路电流 I_{SC}(短路电流密度 J_{SC}，单位电池面积上的短路电流) 是太阳电池的重要参数，并随太阳光强度的增加而增加。在实际中，一般通过在标准测试条件 (测试温度为 25 ℃；光源辐照度为 1000 W·m^{-2}；光谱是 AM 1.5 地面太阳光谱辐照度分布) 下测量太阳电池的伏安特性 (I-V) 曲线，得到标准测试条件下的 V_{OC} 和 I_{SC}。在太阳电池的正负两端，连接一个可变电阻 R，在一定的太阳辐照度和温度下，改变电阻值，使其由 0(即短路) 变到无穷大 (即开路)，同时测量通过电阻的电流和电阻两端的电压。在直角坐标图中，以纵坐标为电流，横坐标为电压，进行作图，即得到该电池在此辐照度和温度下的伏安特性曲线，如图 1-7(b) 所示。在一定的太阳辐照度和工作温度下，I-V 曲线上的任何一点都是工作点，工作点和原点的连线称为负载线，负载线斜率的倒数即为负载电阻 R 的值，与工作点对应的横坐标为工作电压 V，纵坐标为工作电流 I。在此工作点的电压 V 和电流 I 的乘积为输出功率，即 $P=VI$。调节负载电阻 R 到某一值 R_{m} 时，在曲线上得到一点 M，该点对应的矩形面积最大，即 $P_{\max}=P_{\mathrm{m}}=I_{\mathrm{m}}V_{\mathrm{m}}$。因此，M 点为该太阳电池在相应工作条件下的最大功率点 (maximum power point, MPP)(最佳工作点)，I_{m} 为最佳工作电流，V_{m} 为最佳工作电压，R_{m} 为最佳负载电阻，P_{m} 为最大输出功率。

填充因子 (fill factor, FF) 是表征太阳电池性能的另外一个重要参数，它定义为太阳电池所输出的最大功率与短路电流和开路电压的乘积之比，通常用 FF

表示，即

$$FF = I_{\mathrm{m}}V_{\mathrm{m}}/I_{\mathrm{SC}}V_{\mathrm{SC}} \tag{1-11}$$

在太阳电池的伏安特性曲线图上，通过 V_{OC} 所作垂直线和通过 I_{SC} 所作水平线与纵坐标及横坐标所包围的矩形面积 A_{limit}，是该电池有可能达到的极限输出功率值；而通过最大功率点所作垂直线和水平线与纵坐标及横坐标所包围的矩形面积 B_{m}，是该电池的最大输出功率；两者之比，就是该太阳电池的填充因子，即 $FF = B_{\mathrm{m}}/A_{\mathrm{limit}}$。对于具有一定的 V_{OC} 和 I_{SC} 的太阳电池伏安特性曲线来说，FF 越接近于 1，则伏安特性曲线弯曲越大，因此 FF 也称作曲线因子。FF 可看作是伏安特性曲线“方形”程度的度量，在一定光强下，FF 越大，伏安特性曲线越接近方形，这意味着该太阳电池的最大输出功率越接近于所能达到的极限输出功率，电池性能越好。

表征太阳电池的最重要参数是转换效率。太阳电池接受光照的最大功率与入射到该电池上的全部辐射功率的百分比，称为太阳电池的转换效率 η，即

$$\begin{aligned}\eta &= \frac{P_{\mathrm{m}}}{P_{\mathrm{in}}A}\times 100\% = \frac{I_{\mathrm{m}}V_{\mathrm{m}}}{P_{\mathrm{in}}A}\times 100\% \\ &= \frac{FF\times V_{\mathrm{OC}}\times I_{\mathrm{SC}}}{P_{\mathrm{in}}A}\times 100\% = \frac{FF\times V_{\mathrm{OC}}\times J_{\mathrm{SC}}}{P_{\mathrm{in}}}\times 100\%\end{aligned} \tag{1-12}$$

式中，P_{in} 是单位面积入射光的功率；A 为太阳电池的面积。

1.1.3 太阳电池分类 [8-10]

基于半导体相关知识和太阳电池工作原理，迄今为止，人们已研制出 100 多种太阳电池。按器件核心材料的属性可分为无机太阳电池和有机太阳电池，按器件核心材料的形态可分为晶硅太阳电池和薄膜太阳电池，表 1-1 列出了按材料形态分类的主要太阳电池。

表 1-1　太阳电池分类

<table>
<tr><td rowspan="11">太阳电池</td><td rowspan="2">晶硅太阳电池</td><td colspan="2">单晶硅太阳电池</td></tr>
<tr><td colspan="2">多晶硅太阳电池</td></tr>
<tr><td rowspan="9">薄膜太阳电池</td><td rowspan="3">硅薄膜太阳电池</td><td>非晶硅薄膜太阳电池</td></tr>
<tr><td>微晶硅薄膜太阳电池</td></tr>
<tr><td>多晶硅薄膜太阳电池</td></tr>
<tr><td rowspan="3">化合物薄膜太阳电池</td><td>砷化镓太阳电池</td></tr>
<tr><td>碲化镉太阳电池</td></tr>
<tr><td>铜铟镓硒太阳电池</td></tr>
<tr><td rowspan="3">新型薄膜太阳电池</td><td>有机太阳电池</td></tr>
<tr><td>染料敏化太阳电池</td></tr>
<tr><td>钙钛矿太阳电池</td></tr>
</table>

下面对各类太阳电池简单介绍一下。

到目前为止，太阳能光伏工业仍然是建立在硅材料的基础上，晶硅太阳电池仍然是当今光伏工业的主流，市场上 95%以上的太阳电池是晶硅太阳电池。在晶硅太阳电池中，单晶硅太阳电池是最早被研究和使用的，至今它仍然是太阳电池的主流品种，各种高效电池技术也是基于单晶硅太阳电池。多晶硅电池的制造成本相比单晶硅电池而言具有一定优势，其市场份额曾一度超过了单晶硅电池。但是近些年，随着单晶硅晶体生长、切片及单晶硅电池技术的进步，单晶硅电池成为市场绝对的主流。目前，单晶硅太阳电池转换效率的世界纪录是 26.81%[11]。

在太阳电池器件中，核心光电转换材料的厚度仅为数百纳米到数微米级，其呈薄膜形态，一般需要沉积在玻璃等基底上，这里将这类电池统称为薄膜太阳电池。硅薄膜太阳电池是重要的薄膜电池类型，按照硅薄膜的结晶形态，分为非晶硅 (a-Si:H) 薄膜电池、微晶硅 (μc-Si:H) 薄膜电池/纳米硅 (nc-Si:H) 薄膜电池、多晶硅薄膜电池，由于生产设备昂贵、转换效率偏低，目前硅基薄膜电池的市场份额已经很低了。

化合物薄膜太阳电池是指以化合物半导体材料制成的太阳电池，主要有砷化镓 (GaAs) 太阳电池、碲化镉 (CdTe) 太阳电池和铜铟镓硒 ($Cu(In, Ga)Se_2$, CIGS) 太阳电池。单结砷化镓电池最高效率达 29%以上 [12]，但是砷化镓电池价格昂贵，且砷是有毒元素，因此砷化镓电池主要是应用于空间航天器上。CdTe 太阳电池中的 CdTe 材料室温下带隙宽度约 1.49 eV，与太阳光谱更匹配，其理论效率达 32%。目前 CdTe 电池的实验室效率已达 22.1%[12]，商业化组件效率达到 19.0%，成本可与晶硅电池组件产品抗衡。此外，CdTe 电池可以便捷地与建筑材料结合，可在光伏建筑一体化 (BIPV) 方面实现良好应用。但是目前也仅有美国的 First Solar 公司实现了 CdTe 电池的大规模 (GW 级) 量产。具有黄铜矿结构的 I-III-VI_2 族的化合物 CIGS 是另外一种研究较多的化合物薄膜太阳电池，通过磁控溅射、真空蒸发等方法在基底上沉积 CIGS 薄膜。目前 CIGS 薄膜太阳电池实验室效率已达 23%以上 [13]，CIGS 组件实验室效率已达 19%以上，但是大规模商业化的 CIGS 产品并不多见。

虽然薄膜太阳电池也取得了长足的进展，但在短期内仍然无法替代晶硅太阳电池。因此近年来人们研究其他新型薄膜太阳电池，主要包括有机太阳电池、染料敏化太阳电池、钙钛矿太阳电池等。以有机小分子化合物和聚合物为半导体材料的太阳电池已经成为当前有机光电子功能材料与器件研究领域中的前沿热点，尤其是有机半导体技术在低价格系统中具有巨大的潜在应用前景，但其性能和稳定性与硅基等无机材料相比还有较大的差距。染料敏化太阳电池 (DSSC) 是有机太阳电池中最高效、最容易实现的技术。染料敏化太阳电池由导电玻璃、二氧化钛 (TiO_2)、染料分子及电解质溶液四部分组成。DSSC 的工作原理类似于自然界的光合作用，它对光的吸收主要通过染料来实现，而电荷的分离传输则是通过动力学反应速率来控制。电荷在 TiO_2 中的运输由多数载流子完成，所以这种电池对材料纯度和制备工艺的要求并不十分苛刻，使得制作成本大幅下降，受限于电池效率和稳定性，目前并未获得规模量产与应用。钙钛矿 (perovskite) 的分子式为 ABX_3，应用在太阳电池领域作为吸光材料的钙钛矿为有机金属卤化物，A 位为有机离子，B 位一般为铅 (Pb^{2+}) 或锡半导体离子 (Sn^{2+})，X 位为卤族元素离子。卤化物钙钛矿是具有半导体性质的离子晶体，其光学吸收波长随着结构中存在的卤化物 (I、Br、Cl) 的种类和摩尔比而表现出很大的变化，可以通过改变卤化物 (I、Br、Cl) 来轻松调整带隙和光学吸收。钙钛矿电池的效率近年来取得了长足的进展，目前已达 25%以上 [1,3,12]，但是钙钛矿电池的一个缺点就是不太稳定，这可能源于其中的离子迁移现象。与硅基电池进行叠层，是钙钛矿电池的发展方向之一。

1.1.4 高效晶硅太阳电池介绍

理解了太阳电池的工作原理、分类以后，这里再对高效晶硅太阳电池技术进行简单介绍。目前市场主流是晶硅太阳电池，尤其是单晶硅太阳电池，因此这里介绍的晶硅太阳电池技术都是基于单晶硅太阳电池的。主要包括钝化发射极和背面电池 (passivated emitter and rear cell，PERC)、叉指形背接触 (interdigitated back contact, IBC) 电池和隧穿氧化钝化接触 (tunnel oxide passivated contact，TOPCon) 电池，而晶硅异质结 (silicon heterojunction, SHJ) 太阳电池则在本章后面详细介绍。

1. 晶硅太阳电池基本结构与工艺 [8,10]

正如前所述，晶硅太阳电池仍然是当前光伏产业的主流，占据 95%以上的份额。这里先介绍铝背场型晶硅太阳电池结构和工艺，因为当前工业化生产的晶硅太阳电池基本上是基于铝背场晶硅太阳电池发展进化而来的。

以 p 型晶硅电池为例，常规铝背场晶硅太阳电池的结构如图 1-8(a) 所示。它是以 p 型硅片为基体，在上表面形成一个 n^+ 层，构成一个 n^+/p 型结构，然后在上表面覆盖一层减反射膜 (ARC)，再在正面引入前电极，在背面制作背场和背电极。

常规晶硅太阳电池的基本制作工序如图 1-8(b) 所示，简单叙述如下。

(1) 清洗制绒：通过腐蚀去除表面损伤层，并在表面进行制绒，以形成绒面结构达到陷光效果，减少反射损失。

(2) 扩散制结：通过热扩散等方法在硅片上形成不同导电类型的扩散层，以形成 pn 结。

(3) 刻蚀去边：去除扩散后硅片周边的边缘结。

(4) 去磷硅玻璃：扩散过程中，硅片表面会形成一层含磷的氧化硅，称为磷硅玻璃 (PSG)，需要用氢氟酸腐蚀掉。

(5) 镀减反射膜：为进一步提高对光的吸收，在硅片表面覆盖一层减反射膜。目前工业上用等离子增强化学气相沉积 (plasma enhanced chemical vapor deposition，PECVD) 方法在硅片上沉积一层 SiN_x:H 薄膜，这层薄膜同时起到钝化层的作用。

(6) 制作电极：在电池的正面丝网印刷栅线电极，在背面印刷铝背场 (Al back surface field，Al-BSF) 和背电极，并进行干燥和烧结。

(7) 电池测试及分选。

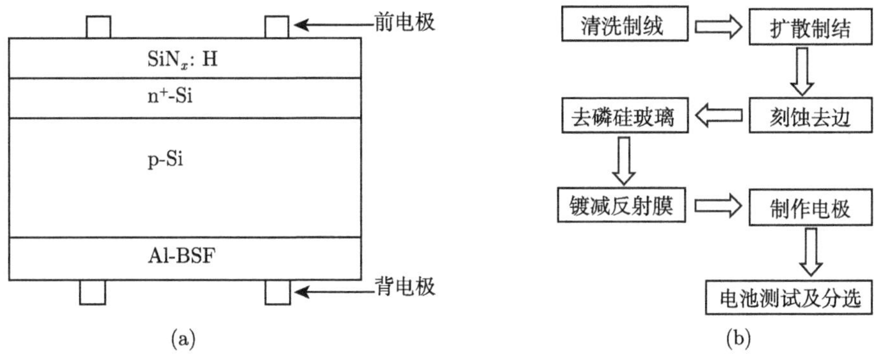

图 1-8 (a) 常规铝背场晶硅太阳电池结构示意图；(b) 制作工序

2. PERC 太阳电池

近年来，晶硅太阳电池的一个重要进展来自于表面钝化技术水平的提高。常规铝背场太阳电池正面的 SiN_x:H 薄膜，一方面起到减反射层的作用，另一方面也起到了钝化层的作用，钝化了晶硅表面的缺陷。在铝背场电池的背面，铝背场覆盖了整个背表面，起到了很好的吸杂作用，同时起到了 p^+ 层的作用，阻止了少数载流子向背表面的迁移，可减少背表面的复合。但是由于硅片背表面的高复合和低反射，硅片厚度变薄后全铝背场会带来电池片翘曲度增大、长波光子吸收下降、背面复合速率加快等一系列问题。因此解决晶硅电池的背面复合势在必行。钝化发射极和背面电池 (PERC)[14] 能较好地解决这些问题，早期 PERC 电池如图 1-9(a) 所示。从图中可见，用氧化层来钝化电池正表面和背表面，而且背面的介质膜钝化层位于金属层和硅基体之间，避免了两者直接接触，可以有效地降低电池片的翘曲。同时钝化层的背反射作用，增加了长波长光子的吸收。因此，背面钝化层的选择与优化是 PERC 电池的关键。同时，为实现背面良好的接触，PERC 电池的背电极是通过一些分离很远的小孔贯穿钝化层与衬底，用背面点接触来代替铝背场电池的整个全铝背场，因此背面电极图形的设计是实现 PERC 电池的关键步骤。

受限于钝化层和背面开孔工艺的限制及 PERC 电池的衰减问题，PERC 电池自被发现以后并没有得到规模量产。直到氧化铝 (Al_2O_3) 薄膜被引入晶硅太阳电池用作介质钝化层 [15,16]，PERC 电池才又被重新重视。Al_2O_3 薄膜与其他钝化材料的主要区别在于 Al_2O_3/Si 接触面具有高达 Q_f=10^{12}～10^{13} cm^{-2} 的负电荷密度，通过屏蔽 p 型表面的少子——电子而表现出显著的场效应钝化特性 [17]。同时，Al_2O_3 薄膜也表现出良好的化学钝化效果 [17]。Al_2O_3 薄膜具有很宽的带隙，因而对可见光完全透明。Al_2O_3 薄膜具有很好的热稳定性 [18]，可以应用于工业化的丝网印刷太阳电池。

随着 Al_2O_3 薄膜制备方法 (原子层沉积 (atomic layer deposition, ALD)、PECVD 等) 和激光开孔技术的发展，PERC 电池增加的两道主要工艺——背面钝化膜沉积和背面开孔，趋于完善。再加上单晶硅金刚线切割技术及单晶硅片成本的不断降低，PERC 电池在 2015 年后进入规模量产阶段，量产的 PERC 电池结构如图 1-9(b) 所示。随着光伏行业对发电量的追求，双面太阳电池技术受到关注，PERC 电池也可以实现双面发电。图 1-9(c) 是 PERC 双面太阳电池的结构示意图。从图中可见，PERC 双面电池仅需在背面的激光开孔处丝网印刷铝浆并烧

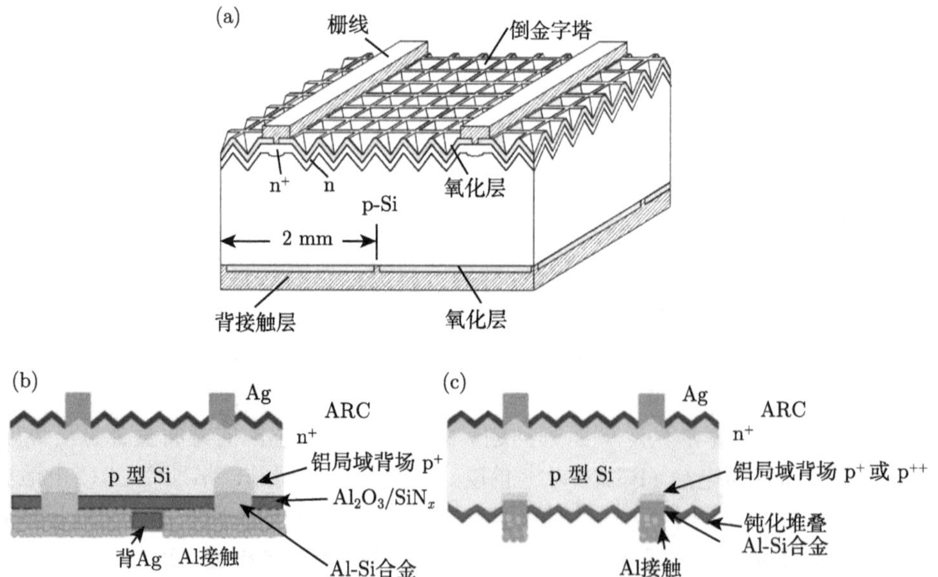

图 1-9　(a) 早期 PERC 电池结构示意图；(b) 规模量产的 PERC 单面电池结构示意图；(c) 规模量产的 PERC 双面电池结构示意图

结形成铝栅线，代替 PERC 单面电池的全背面铝接触。通过少量技术改变，在基本不增加成本的基础上，PERC 电池即可实现双面发电，双面 PERC 成为行业新热点。其优势包括：可双面发电、降低铝浆用量 [19]、弯折率降低、与现有 PERC 生产线兼容、成本优势显著。PERC 电池的双面率 (背面效率与正面效率之比) 可达 ~70%。

PERC 电池自规模量产以来，进行了一系列的优化改进，如下所述。① 正面的膜层优化以提高光学吸收。② 叠加选择性发射极 (selective emitter, SE) 技术，通过金属化区域重掺杂，非接触区域轻掺杂，兼顾接触与钝化。③ 优化金属化方案，包括降低栅线宽度以减少光的遮挡、优化浆料体系、改善金属与硅基的接触，引入多主栅 (multiple busbar, MBB) 技术，降低单耗等。④ 电池衰减问题的解决：通过光/电注入改善 B-O 对造成的衰减，以及直接采用掺 Ga 硅片显著改善衰减问题。经过多种技术叠加，PERC 电池主流量产效率达到了 23.0%~23.5%，最高效率达 24.5%[20]，已接近该类电池结构的效率极限 [21]。PERC 电池受益于其强大的性能与成本优势，目前是光伏市场的主流产品。

为了进一步改善 PERC 电池性能，人们在电池的背面增加定域掺杂，即在电极与衬底的接触孔处进行浓硼掺杂，制得钝化发射极背面定域扩散电池 (passivated emitter, rear locally-diffused, PERL)[22]。在对 PERC 电池改进成 PERL 电池的同时，人们又将定域掺杂扩大到在整个背面进行全掺杂，即在电极与衬底的接触孔处实行浓硼掺杂，但是在背面的其他区域增加了淡硼掺杂，制成钝化发射极背面全扩散电池 (passivated emitter, rear totally-diffused, PERT)[22]。但是由于工艺实现的难度和经济性等原因，PERT 和 PERL 电池均没有形成主流量产型电池。

3. IBC 太阳电池

提高太阳电池效率的主要手段是把光学损失和电学损失降低到最小。将太阳电池的电极置于电池背面，减少或完全消除正面的遮光，从而减少光学损失以提高电池效率，形成所谓的背接触电池 [23]。在背接触电池中，pn 结位于背面、正面无栅线、正负电极在背面形成交叉排列结构的叉指形背接触 (IBC)，属于背结背接触电池。

IBC 电池始于 20 世纪 70 年代 [24]，最初主要应用于聚光系统。早期的 IBC 电池结构如图 1-10(a) 所示。该电池采用 n 型单晶硅为基体材料，从材料性质上分类，它也属于 n 型电池。利用光刻技术，在背面分别进行硼、磷局域扩散，形成叉指形交叉排列的 p^+ 发射极和 n^+ 背表面场，同时发射区电极和基区电极也呈交叉排列在背面。在电池前后表面覆盖一层热氧化 SiO_2，以降低表面复合。重扩形成的 p^+ 和 n^+ 区可有效消除高聚光条件下的电压饱和效应，此外，p^+ 和 n^+ 区的接触电极的覆盖面积几乎达到背表面的一半，大大降低了串联电阻。

Swanson 教授领导的斯坦福大学光伏研究组及其创立的 SunPower 公司在 IBC 电池领域作出了重要贡献。在 1985 年，IBC 电池效率就达到了 21%[25]。随着不断优化与改进，在 1996 年，背接触电池获得了 23.2%的效率 [26]。但是采用包括光刻在内的半导体复杂工艺和过高的成本限制了它的应用。为此，SunPower 公司开始简化生产工艺，2004 年，他们报道了采用丝网印刷技术研发出的新一代大面积 (149 cm^2) 电池 A-300[27]，首次实现了商品化、大面积的在标准日照下效率达到 20%以上的电池，最高达到 21.5%，该电池的结构如图 1-10(b) 所示。A-300 太阳电池采用 n 型晶硅材料作为衬底，少子寿命在 1 ms 以上。正表面没有任何电极遮挡，并且通过表面金字塔结构和减反射层来提高电池的陷光效应。电池前后表面利用热氧化技术生成一层 SiO_2 钝化层，降低了表面复合并增加了长波响应，从而使开路电压得以提高。在前表面的钝化层下还用浅磷扩散形成 n^+ 前表面场，提高短波响应。背面电极与硅片之间通过 SiO_2 钝化层中的接触孔实现点接触，减少了金属电极与硅片的接触面积，降低了载流子在电极表面的复合速率，进一步提高开路电压。较为出色的陷光、钝化效果，以及采用了可批量生产的丝网印刷技术，使 A-300 电池成为高效背接触硅太阳电池的代表。

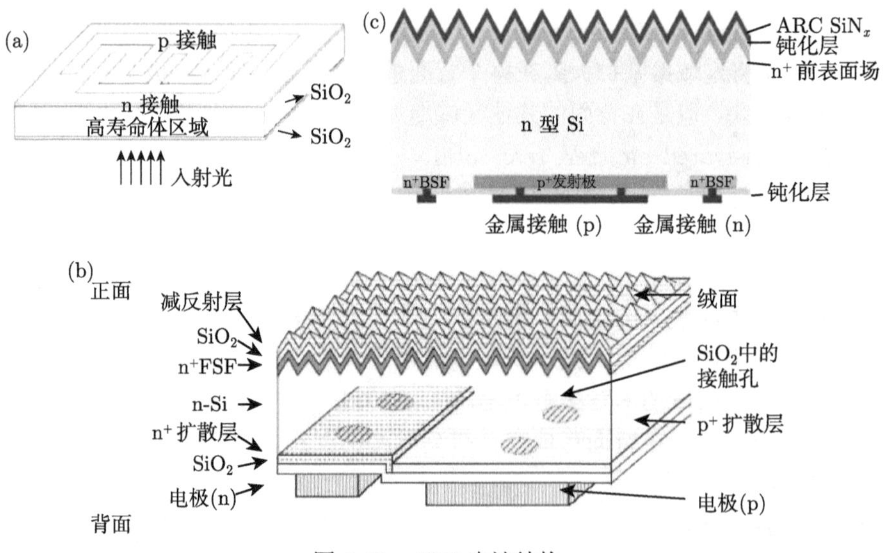

图 1-10　IBC 电池结构

(a) 早期 IBC 电池结构示意图；(b) SunPower 公司量产的 IBC 电池 A-300 结构示意图；(c) 当前 IBC 电池结构示意图

经过不断改进，当前 IBC 电池结构 [28] 如图 1-10(c) 所示。SunPower 公司不断优化 IBC 电池工艺，研发出第二代 E 系列和第三代 X 系列 IBC 电池，同时使用的硅片厚度不断减小。在 2016 年创造了 IBC 电池的最高效率 25.2%[29]，对应的电池参数是：开路电压 $V_{\mathrm{OC}} = 737$ mV，短路电流密度 $J_{\mathrm{SC}} = 41.33$ mA·cm^{-2}，填充因子 $FF = 82.7\%$，电池面积 153.49 cm^2，使用的硅片厚度是 135 μm。

IBC 电池由于电池前表面没有金属栅线，带来了如下好处：① 正面无栅线遮挡，入射光子更多，可以增加电池的短路电流密度；② 不必考虑正面的接触电阻问题，可以最大程度地优化前表面的陷光和表面钝化性能；③ 由于正负电极都放在电池背面，不用考虑金属栅线对电池的遮挡问题，可以将栅线宽度加大，降低金属接触的串联电阻。

虽然有上述诸多优点，但是高效率、低成本的 IBC 电池的实现也存在挑战和风险。① 对基体材料质量要求较高。IBC 电池的 pn 结位于背面，而光吸收产生的电子–空穴对主要集中在前表面以及靠近前表面的区域，前表面的光生载流子需要通过扩散到背结区并由结区电场分离而形成电流。为使光生少子在到达背结区前不被复合掉，需要基体材料具有较长的少子扩散长度。因此相对来讲，具有较高电荷迁移率和少子寿命的 n 型晶硅在制作 IBC 电池时具有优势。② 前表面的复合速率要低。为保证光生载流子不会在扩散前就在表面被复合掉，需要对前表面实施有效的表面钝化。采用热氧化 SiO_2 是一种很好的钝化方法，对 n 型硅片采用磷掺杂的方式形成 n^+ 前表面场也是简单有效的方式之一。③ 背面叉指形电极的制作。由于 IBC 电池中电极位于背面，电极的制作主要考虑其电学性能的优化，包括电极形状、电导率、并联电阻、接触电阻等。正负电极间存在漏电的风险，为实现良好的电极隔离，需采用具有钝化作用的电介质层作为隔离层，而这种隔离的方式需要光刻工艺，造成工艺成本的提高。④ 制造成本较高。从制作工艺上讲，IBC 电池要比常规电池复杂，生产成本高。

在 IBC 电池结构中，为了进一步提高 IBC 太阳电池的光电转换效率，主要的工作是对现有工艺 (如前表面场、选择性掺杂和先进陷光技术等) 进行优化。但是局限于工艺的复杂性和经济性的考量，IBC 电池量产规模并没有获得大的突破。而 IBC 更多的是作为一种手段和平台型技术，与其他太阳电池技术结合。使用 IBC 技术提高太阳电池光电转换效率的方向可以分为两种 [30]，一是与具有优异钝化效果的晶硅电池技术结合来提高 IBC 太阳电池的钝化效果，二是作为底电池应用于叠层电池中以提升光利用率。现阶段，通过优化 IBC 太阳电池表面钝化而衍生的新型高效太阳电池包括叉指形背接触异质结 (heterojunction back contact, HBC)[31] 电池和隧穿氧化物钝化接触背接触 (polycrystalline silicon on oxide interdigitated back contact, POLO-IBC 或 tunneling oxide passivated contact back contact, TBC)[32] 电池，其主要特点在于，应用载流子选择性钝化接触可以抑制少数载流子在界面处的复合速度，从而有效提高 IBC 太阳电池表面钝化效果。随着钙钛矿电池技术的发展而衍生的钙钛矿/IBC 叠层太阳电池 (PSC/IBC)[33] 受到研究者们的重视，成为突破晶硅电池光电转换效率壁垒的重要选择。其主要技术在于具有高带隙的顶部电池能够吸收短波长的光，具有低带隙的底部电池则可以对长波长的光进行吸收，从而使叠层太阳电池能够更大程度地利用太阳能，提高 IBC 太阳电池的短路电流。

4. TOPCon 太阳电池

传统晶硅太阳电池仍然面临电池效率进一步提高的瓶颈，这主要在于金属/半导体肖特基接触处的载流子复合损耗，人们希望将已经在硅片表面上显示的优良钝化扩展到金属接触区域。金属接触区域的载流子复合可以通过两种方法来降低。① 选择性掺杂方法：金属接触区域采用高浓度深结的重掺杂，非金属接触区域采用低浓度浅结的轻掺杂。② 介质层隔离方法：一般采用超薄隧穿氧化物和多晶硅堆叠结构——隧穿氧化钝化接触 (TOPCon)，或者本征非晶硅和掺杂非晶硅堆叠结构——异质结 (SHJ)。其中，TOPCon 结构正吸引越来越多的关注度，因为其不仅具有较低的复合电流密度 (小于 10 $fA\cdot cm^{-2}$) 和足够低的接触电阻率 (小于 1 $m\Omega\cdot cm^2$)，而且能够兼容现有晶硅太阳电池的高温扩散和烧结工艺 [34]。德国工程协会编制的国际光伏技术路线图 (ITRPV)2020 年预测十年后 TOPCon 晶硅太阳电池市场份额将达到 35%以上 [35]，从 2023 年实际产能看会更高。

TOPCon 晶硅太阳电池由德国 Fraunhofer 太阳能系统研究所 (Fraunhofer ISE) 于 2013 年在欧洲 PVSEC 光伏大会上首次提出 [36]。TOPCon 结构由超薄氧化硅 (SiO_2) 和掺杂多晶硅 (poly-Si) 组成，其中 SiO_2 的厚度小于 2 nm，起到载流子选择性隧穿作用，poly-Si 的厚度一般低于 150 nm，用于把收集到的载流子传输到金属电极。TOPCon 结构中，超薄 SiO_2 和掺杂 poly-Si 均可以通过化学气相沉积 (包括低压化学气相沉积 (low pressure chemical vapor deposition, LPCVD) 和 PECVD) 或者物理气相沉积 (physical vapor deposition, PVD) 方法实现。这种 SiO_2/poly-Si 堆叠结构避免了金属电极与半导体硅的直接接触，兼具良好的界面钝化和较低的接触电阻的优势。相较于钝化发射极和背面全扩散 (PERT) 电池技术，TOPCon 太阳电池只需增加氧化硅和多晶硅薄膜的沉积设备。而且，TOPCon 太阳电池没有背面开孔和对准工艺，也无需额外的局部掺杂工艺，可极大简化电池的生产工艺流程。

在实验室研究方面，德国 Fraunhofer ISE 对 TOPCon 晶硅太阳电池进行了多年的持续研究 [36-38]。早期实验中，他们开发的 TOPCon 晶硅太阳电池虽然仅有 21.8%的转换效率，但是证明了隧穿氧化层在提高电池隐开路电压 (implied-V_{OC}) 和隐填充因子 (implied-FF) 上能起到重要作用，界面势垒并没有限制载流子输运，因此能得到较低的串联电阻。高效太阳电池除了具有高 V_{OC} 和 FF 之外，也必须具备透明的前表面和优越的陷光性能。较厚的、低折射率介电层在钝化发射极和背面局域扩散 (PERL) 电池背侧的成功运用，使得大部分入射光子产生反射而不被背面电极寄生吸收，但是该理念与 TOPCon 太阳电池中载流子具有一维传输的优势不兼容。后来，他们在 TOPCon 结构一侧先采用热蒸发方法沉积 Ti/Pd/Ag 种子层，再用电镀方法沉积 Ag 电极，同时在电池正面采用遮光面积更小的细金属栅线，从而提高了晶硅衬底对入射光子的捕获能力，使得电池的短路电流密度 J_{SC} 由最早的不足 39 $\mathrm{mA\cdot cm^{-2}}$ 增加到 41.1 $\mathrm{mA\cdot cm^{-2}}$，电池的转换效率也超过 23%。在电池正面金属接触区域采用重掺杂方法形成选择性发射极，同时引入串联电阻更小的金属电极，使得电池的开路电压 V_{OC} 进一步提升超过 10 mV，达到 715.1 mV，电池的转换效率也增加到 24.4%。通过对晶硅衬底的厚度和电阻率进行研究发现，Shockley-Read-Hall(SRH) 复合是高电阻率电池填充因子 FF 降低的主要来源。尽管高电阻率电池对少子寿命的限制更为敏感，但是由于载流子输运的一维特性，电池效率受衬底电阻率的影响并不大；硅片厚度的增加能通过降低短波段和长波段的反射率 (reflectivity, R) 来提高电池的外量子效率 (external quantum efficiency, EQE)，经过优化，该团队最终于 2017 年在面积为 4 $\mathrm{cm^2}$ 的 n 型区熔单晶硅 (Fz-Si) 上实现了转换效率为 25.7%的高效 TOPCon 晶硅太阳电池，如图 1-11(a) 所示，其中 $V_{\mathrm{OC}}=724.9$ mV，$J_{\mathrm{SC}}=42.5\ \mathrm{mA\cdot cm^{-2}}$，$FF=83.3\%$。

德国哈梅林太阳能研究所 (ISFH) 基于载流子选择性概念对不同结构太阳电池的理论效率极限作了详细分析[21]，结果表明，钝化接触太阳电池 (例如多晶硅氧化物 (即 POLO) 和 TOPCon) 效率极限为 28.7%，接近晶硅太阳电池 29.43%的理论极限效率；单面钝化接触太阳电池效率极限为 27.1%，这也远高于 PERC 太阳电池 24.5%的效率极限。

德国 ISFH 开发的 POLO 晶硅太阳电池[32,39,40]，其结构类似于 TOPCon，这两种电池的相同之处是均采用 SiO_2/poly-Si 堆叠结构，较薄的 SiO_2 层能够让晶硅衬底中的一种载流子自由穿过进入 poly-Si 层，而对另一种载流子起到阻挡作用。相比于 TOPCon 结构中厚度小于 2 nm 的隧穿氧化层，POLO 结构的 SiO_2 层厚度一般大于 2 nm，在沉积完 poly-Si 层之后，会采用更高的退火温度使 SiO_2 层形成一定数量比例的孔洞 (pinhole)。早在 2014 年，他们通过在电阻率为 8~9 $\Omega\cdot\mathrm{cm}$、厚度为 160 μm 的 n 型直拉单晶硅 (Cz-Si) 上沉积厚度为 2.4 nm 的 SiO_2 层，并在 1050 ℃ 高温条件下进行退火处理，制备出了小面积 4 $\mathrm{cm^2}$、转换效率为 14.5%的 POLO 晶硅太阳电池；接着，他们把 SiO_2/poly-Si 堆叠结构运用于叉指形背接触 (IBC) 太阳电池背表面，并采用波长为 355 nm 的纳秒脉冲激光在电池背面进行选择性开膜，使正负电极交错分布并相互隔绝，得到了转换效率高达 26.1%的 POLO-IBC 太阳电池；最近，该团队在 POLO-IBC 结构基础上，把电池背面反射器替换为 $Al_2O_3/SiN_x/Al_2O_3$ 堆叠结构，并改进表面钝化，在有或没有光子晶体的条件下，通过理论模拟证明了该结构太阳电池的转换效率分别有达到 29.1%和 27.8%的潜力 [32,39,40]。

在产业化方面，一种能在户外长期稳定运行且不含有毒物质，转换效率更高且制造成本低廉的晶硅太阳电池，是非常具有吸引力的。上海交通大学在 TOPCon 晶硅太阳电池产业化方面做了一些有意义的工作，2019 年在大面积硅片上取得了接近 22%的转换效率 (电池面积 236.5 cm^2)，如图 1-11(b) 所示 [41]。作为国内最早一批从事高效 n 型双面电池并实现 GW 级量产的企业，泰州中来光电科技有限公司在 2017 年率先推出 n 型 TOPCon 双面晶硅太阳电池产品，经过不断自主创新，2022 年 11 月 TOPCon 电池取得了 26.1%的转换效率 (电池面积 330.15 cm^2)，并得到第三方测试机构中国计量科学研究院的认证。2021 年，隆基绿能科技股份有限公司 (隆基绿能) 研发团队通过引入选择性发射极和良好的界面钝化技术，在 n 型和 p 型 TOPCon 电池上分别实现了经过德国 ISFH 认证的 25.21%和 25.19%的转换效率 (其中 n 型电池面积 242.97 cm^2)。2022 年 3 月，天合光能股份有限公司 (天合光能) 光伏科学与技术国家重点实验室宣布，通过采用自主研发的选择性硼发射极和高效氢钝化技术，在大面积 n 型 TOPCon 电池上先后实现了 24.58%和 25.5%的转换效率 [20]，如图 1-11(c) 所示，并获得中国计量科学研究院第三方测试的认证 (电池面积 440.96 cm^2)。2022 年 12 月，晶科能源股份有限公司 (晶科能源) 率先研发出硅片吸杂、高激活选择性发射极以及电极区光反射等多项适用于大尺寸的先进技术，实现了经过中国计量科学研究院认证的、转换效率高达 26.4%的 n 型 TOPCon 电池 (电池面积 330.15 cm^2)。

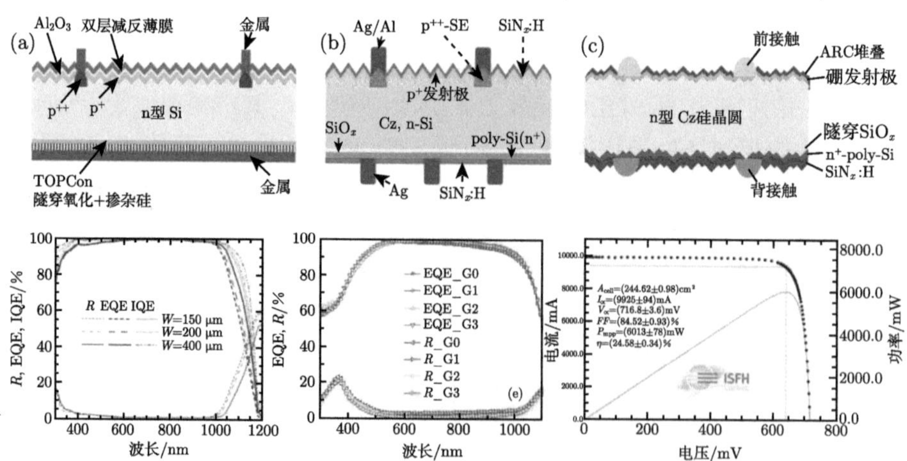

图 1-11　(a) Fraunhofer ISE 设计出的小面积 TOPCon 太阳电池结构和对应的反射率/外量子效率/内量子效率 (R/EQE/IQE) 曲线 [38]；(b) 上海交通大学研制出的大面积 TOPCon 太阳电池结构和对应的外量子效率/反射率 (EQE/R) 曲线 [41]；(c) 天合光能开发出的大面积 TOPCon 太阳电池结构和对应的经过第三方测试机构认证的电流–电压 (I-V) 曲线 [20]

1.2 晶硅异质结太阳电池基础

1.1 节介绍了当前主要的晶硅高效太阳电池：PERC 电池、IBC 电池和 TOPCon 电池，它们都属于同质结电池，即 pn 结都是由导电类型相反的同一种材料——晶硅组成的。而晶硅电池中还有另外一种重要的类型：晶硅异质结 (SHJ) 太阳电池，即 pn 结是由导电类型相反的两种材料——晶硅和薄膜硅 (非晶硅薄膜 (a-Si) 或纳米晶硅薄膜 (nc-Si)) 组成的。

1.2.1 异质结电池发展历程

异质结的概念是 1951 年由 Gubanov[42,43] 提出的，但是直到 1960 年 [44] 才第一次成功制造异质结器件。而晶硅异质结太阳电池，也是基于异质结的概念，随着技术的不断进步而逐步发展起来的，晶硅异质结电池的发展经过了如下几个阶段。

(1) 首次实现非晶硅/晶硅异质结器件。Grigorovici 等 [45] 于 1968 年在单晶硅衬底上首次报道实现了非晶硅/晶硅异质结，当时是采用热蒸发的方法沉积非晶硅，所以非晶硅层中不含氢，制备的非晶硅薄膜缺陷密度较高。

(2) 首次实现氢化非晶硅/晶硅异质结器件。随着 PECVD 技术的发展，采用 PECVD 方法沉积的非晶硅薄膜含有氢，能够饱和悬挂键而实现良好的钝化作用，因而缺陷密度较低。1974 年，Fuhs 等 [46] 首次实现了氢化非晶硅/晶硅 (a-Si:H/c-Si) 异质结器件。

(3) 首次将非晶硅/晶硅异质结应用于太阳电池。非晶硅/晶硅异质结的光伏响应特性从一开始就被关注 [47]，引起了人们的极大兴趣。1983 年，Okuda 等 [48] 采用非晶硅与多晶硅 (mc-Si) 构成的 n-a-Si:H/p-mc-Si 异质结为底电池，n-i-p 结构的 a-Si:H 为顶电池，获得了转换效率为 12.3%的叠层电池，电池面积为 0.25 cm^2，这是第一个报道应用 a-Si:H/c-Si 异质结的太阳电池。

(4) 首次实现带本征薄膜层的非晶硅/晶硅异质结太阳电池。1991 年，日本三洋电机公司 (现已并入松下 (Panasonic) 公司) 首次将本征非晶硅薄膜用于非晶硅/晶硅异质结太阳电池 [49,50]，在 p 型非晶硅薄膜 (p-a-Si:H) 和 n 型单晶硅的 pn 异质结之间插入一层本征非晶硅 (i-a-Si:H)，实现异质结界面的良好钝化效果，获得的电池效率达到 18.1%，电池面积为 1 cm^2。这成为当时低温 (低于 200 ℃) 形成 pn 结的太阳电池最高效率。他们将该电池命名为 HIT(heterojunction with intrinsic thin-layer) 电池。

(5) 实现非晶硅/晶硅异质结太阳电池的批量化生产。1997 年，三洋电机公司的 HIT 电池实现批量化生产，并推出了适应不同应用场合的 HIT 电池组件 [51]。

(6) 非晶硅/晶硅异质结太阳电池转换效率不断提升。三洋 (松下) 公司在带本征薄膜层的非晶硅/晶硅异质结太阳电池研发和生产领域一直处于领先地位，其研发的面积大小为 100 cm^2 左右的 HIT 电池转换效率连续突破 20%[51]、21%[52]、22%[53]、23%[54]、24%[55] 重要关口。其中，2013 年松下公司宣布 HIT 电池的转换效率最高已达 24.7%[55]，该 HIT 电池的面积为 101.8 cm^2，开路电压高达 750 mV，短路电流密度为 39.5 $mA\cdot cm^{-2}$，填充因子为 83.2%。但是自此之后，纯粹的非晶硅/晶硅异质结电池最高效率在松下公司就没有更进一步的进展了。三洋 (松下) 公司 HIT 电池效率进展趋势如图 1-12(a) 所示。

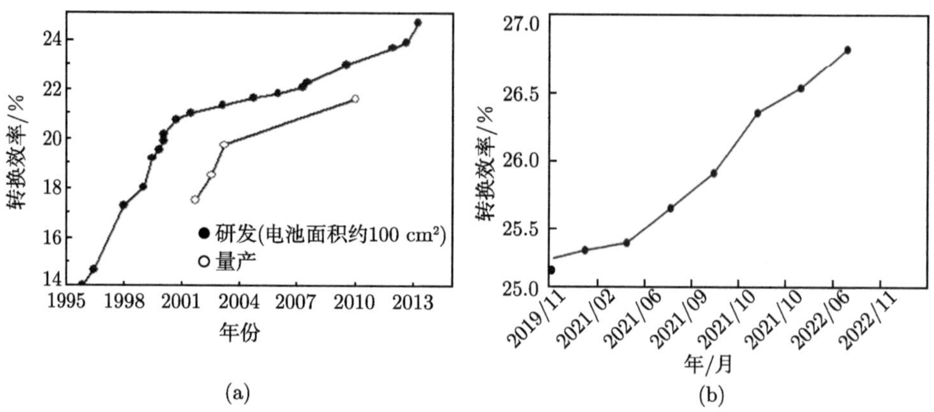

图 1-12　(a) 三洋 (松下) 公司 HIT 电池效率进展；(b) 近几年我国晶硅异质结电池效率进展

(7) 日本企业在背接触异质结电池研发方面的进展。虽然非晶硅/晶硅异质结电池能够达到较高的转换效率，但是其短路电流密度与常规晶硅电池相比一直并不具有优势。因此，人们很自然地想到将异质结电池技术与 IBC 技术结合起来，在异质结电池的正表面实现无栅线遮挡，形成所谓的背接触异质结 (HBC) 电池。日本企业在 HBC 电池的研发方面处于领先。2014 年，日本夏普公司 [56] 的 HBC 电池效率达 25.1%，J_{SC} 达 41.7 $mA\cdot cm^{-2}$。同年，松下公司 [57] 的 HBC 电池效率达 25.6%，J_{SC} 也达 41.7 $mA\cdot cm^{-2}$。之后在 2017 年，日本 Kaneka 公司 [31,58] 的 HBC 电池效率更是突破了 26%，创造了曾经的晶硅电池效率世界纪录 26.63%，J_{SC} 达 42.5 $mA\cdot cm^{-2}$，值得一提的是，在金属化方面该电池使用了铜电镀技术，有利于降低电池的成本。HBC 电池虽然能够获得较高的转换效率，但由于其制造工艺较复杂，还没有实现规模量产。

(8) 我国在晶硅异质结电池的研发与产业化方面突飞猛进。早先，受限于三洋 (松下) 的异质结电池专利保护，国内在异质结电池方面的研究不多。自三洋 (松下) 专利到期以后，我国“十二五”期间在国家高技术研究发展计划 (863 计划) 支持下进行了晶硅异质结太阳电池产业化关键技术研究，之后我国的异质结电池研发突飞猛进。近几年，结合氢化纳米晶硅 (nc-Si:H) 的广泛应用，我国在大面积晶硅异质结电池的转换效率方面连续突破 25%、26%关口 [59-61]。尤其是在 2022 年 11 月，隆基绿能以异质结技术创造了晶硅电池 26.81%的新世界纪录 [61,62]。图 1-12(b) 是我国企业在晶硅异质结电池效率方面取得的进展情况。我国晶硅异质结电池的量产方面也取得重要突破，生产设备基本实现国产化，GW 级甚至 10 GW 级的异质结电池制造基地不断涌现。

1.2.2 异质结电池结构

在实际的研究中，不同机构采用的电池结构会有所不同。综合文献报道，根据采用的单晶硅衬底导电类型是 n 型单晶硅还是 p 型单晶硅，晶硅异质结太阳电池可以分为 p-a-Si:H/n-c-Si 和 n-a-Si:H/p-c-Si 两类；同时根据异质结在正面还是背面，可以分为正结电池和背结电池；根据电池是否能双面发电，又分为双面电池和单面电池。

1. 双面正结异质结电池结构

图 1-13(a) 是 p-a-Si:H/n-c-Si 异质结电池的结构示意图 [51-55]。它是以 n 型单晶硅片为衬底，在经过清洗制绒的 n 型 Cz c-Si 正面依次沉积厚度为 5~10 nm 的本征 a-Si:H 薄膜 (i-a-Si:H)、p 型 a-Si:H 薄膜 (p-a-Si:H)，从而形成 pn 异质结。在硅片背面依次沉积厚度为 5~10 nm 的 i-a-Si:H 薄膜、n 型 a-Si:H 薄膜 (n-a-Si:H) 形成背表面场。在掺杂 a-Si:H 薄膜的两侧，再沉积透明导电氧化物 (transparent conductive oxide, TCO) 薄膜，最后通过丝网印刷技术在两侧的顶层形成金属电极，构成具有对称结构的非晶硅/晶硅异质结太阳电池。三洋 (松下) 公司一直是基于该双面正结异质结电池结构进行研发与量产。相应地，以 p 型单晶硅为衬底，可以制作同样具有对称结构的双面异质结电池，如图 1-13(b) 所示。对这种 p 型双面正结异质结电池结构，美国国家可再生能源实验室 (National Renewable

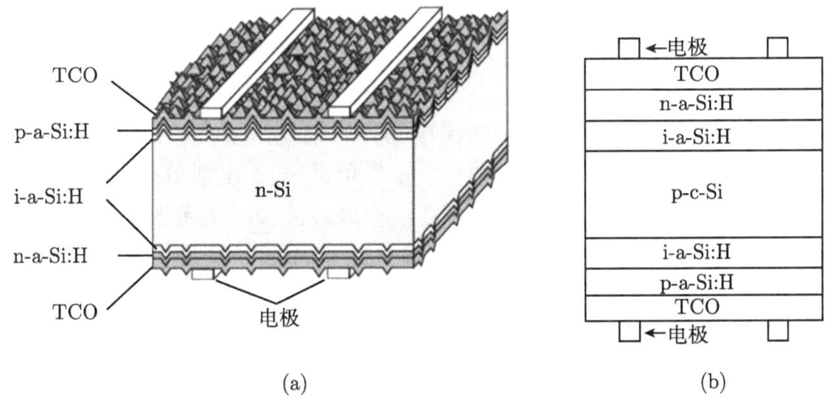

图 1-13 双面晶硅异质结电池结构示意图

衬底分别为: (a) n-c-Si; (b) p-c-Si

Energy Laboratory, NREL) 做过许多研究 [63]，最近隆基绿能公司研发的高效 p 型 SHJ 电池也是基于该结构 [61,62]。

2. 单面正结异质结电池结构

异质结电池也可以只制作成单面电池。三洋最初研究 HIT 电池 [50] 时采用过如图 1-14(a) 所示的单面异质结太阳电池，它是以 n 型单晶硅为衬底，背面的金属接触是通过铝真空蒸发制得的。该结构中电池背面的金属与衬底直接接触，靠肖特基势垒在半导体中所引起的能带弯曲起到背表面场 (BSF) 效果，但是对接触金属的功函数有严格要求，并且金属–半导体接触界面不太好处理，金属接触背场在太阳电池上并不适用，因此对图 1-14(a) 所示的以 n 型单晶硅为衬底的单面异质结太阳电池研究不多。使用 p 型单晶硅为衬底，在正面形成异质结，在背面形成背场和金属接触的单面异质结太阳电池也有所研究，其结构如图 1-14(b) 所示。但是在背面形成金属接触时需要高温，这对硅片和电池性能有损伤，使得该结构的异质结电池效率并不高，因此不具有竞争力，但是作为一种简单的异质结电池结构，可以作为对比研究。

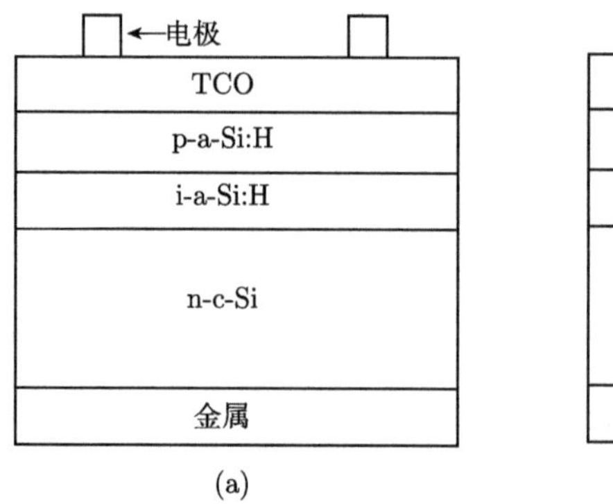

(a)

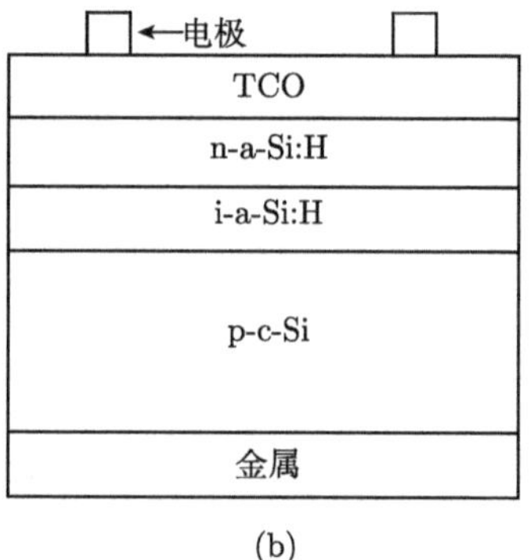

(b)

图 1-14 单面晶硅异质结太阳电池结构示意图

衬底分别为: (a) n-c-Si；(b) p-c-Si

双面异质结电池的转换效率一般比单面异质结电池要高，这是因为双面异质结电池的非晶硅背场能实现更好的钝化。n 型单晶硅比 p 型单晶硅更适合作为异质结太阳电池的衬底，这是因为 [64]：① n 型硅片的少子寿命长；② n 型硅中无 B-O 对，没有光致衰减；③ n 型硅片的钝化比 p 型硅更容易。因此，以 n 型单晶硅为衬底的 a-Si:H/c-Si 异质结电池的转换效率要比以 p 型单晶硅为衬底的电池效率要高。但是相对来说，p 型单晶硅更易于获得，而且价格相对便宜，因此还是引起了人们以 p 型单晶硅来制作异质结电池的研究兴趣。尤其是最近 p 型晶硅异质结电池的效率也已达 26.56%[61,62]，这将极大地促进 p 型晶硅异质结电池的发展。

3. 双面背结异质结电池结构

上述晶硅异质结电池的入光面是 p-a-Si:H 发射极一侧。然而，正结硅异质结电池对 p-a-Si:H 和正面 TCO 的要求很高，制备高效率正结硅异质结电池的工艺窗口较窄，不利于实际生产控制。实际上，近年来随着对晶硅异质结电池效率和量产要求不断提高，将 p-a-Si:H 置于电池背面，形成背结硅异质结电池，能很大程度解决正结电池在设计优化上的问题。我国在异质结电池上取得的突破成果，基本都是在背结硅异质结电池上取得的。双面背结晶硅异质结电池的结构如图 1-15(a) 所示 [59]。背结异质结电池的 n 型掺杂层 (n 层) 置于正面作为窗口层，因此赋予了较大的优化空间，n 层可以选择带隙更宽的硅基薄膜，也可以是掺杂的纳米硅薄膜 (nc-Si:H)、纳米硅氧合金薄膜 (nc-SiO$_x$:H)、纳米硅碳合金薄膜 (nc-SiC$_x$:H)，或者是它们的复合多层膜系。i-a-Si:H(i 层) 也可以是渐变带隙的多层膜系，p 型掺杂层 (p 层) 也可制成纳米硅薄膜。创造晶硅电池 26.81%效率世界纪录的正是采用了诸多改进技术的双面背结晶硅异质结电池 [61,62]，其 I-V(电流–电压) 曲线如图 1-15(b) 所示。

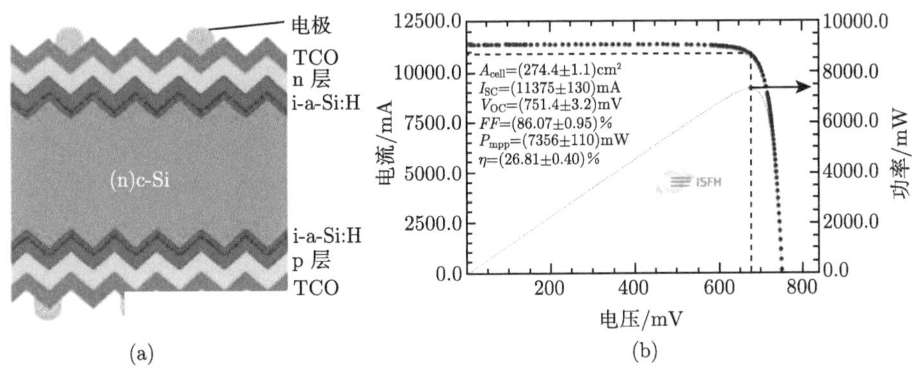

图 1-15 (a) 双面背结异质结电池结构示意图 [59]；(b) 效率 26.81%的背结异质结电池 I-V 曲线 [62]

4. HBC 电池结构

将发射极放在背面的晶硅异质结 (SHJ) 电池能够减少寄生吸收，有利于提高电池的 J_{SC}。为进一步提高异质结电池的 J_{SC}，则减少前表面金属栅线遮光影响的器件设计是方向之一。很自然地人们注意到了 IBC 电池，因为 IBC 电池将发射极和金属接触都放在电池背面，前表面彻底没有遮光损失，可以获得较大的 J_{SC}。SHJ 电池具有较高的 V_{OC}，而 IBC 电池能得到较大的 J_{SC}，两种技术的融合应该有利于太阳电池转换效率的提升。

将 IBC 技术应用于 SHJ 电池，即将异质结发射极和金属接触都放在电池背面，形成所谓的 HBC 电池，其结构示意图如图 1-16(a) 所示 [31,57,58]。在制绒硅片的前表面沉积减反射层 (如 SiN_x)，通常还会沉积一层本征非晶硅钝化层，但是由于非晶硅的光吸收，其厚度必须很薄；另外一种选择是与标准的 IBC 电池一样，采用前表面场，然而使用扩散前表面场时必然会涉及高温过程。在电池背面，与标准双面 SHJ 电池一样，首先使用了本征非晶硅来钝化背表面，也可以使用带或不带本征非晶硅的叠层；而 n-a-Si:H 和 p-a-Si:H 呈交叉排列。TCO 位于非晶硅层和金属接触之间，它可以屏蔽非晶硅层免受金属的影响，同时增强导电性和改善背面的反射性能。可以用光刻、掩模或其他工业化的技术来实现图形化。制作 HBC 电池背面的关键问题有 pn 结的设计、a-Si/c-Si 界面质量、i-a-Si:H 的使用、n-a-Si:H 和 p-a-Si:H 之间的隔离，以及与 a-Si:H 层的金属接触等。当前最高效率为 26.63%的 HBC 电池的 *I-V* 曲线如图 1-16(b) 所示，从图中可见，电池的 J_{SC} 达到了 42.5 mA·cm^{-2}，比当前最高效率异质结电池的 J_{SC}(41.45 mA·cm^{-2})[62] 还高，确实体现出应用 IBC 技术后对 J_{SC} 的提升。

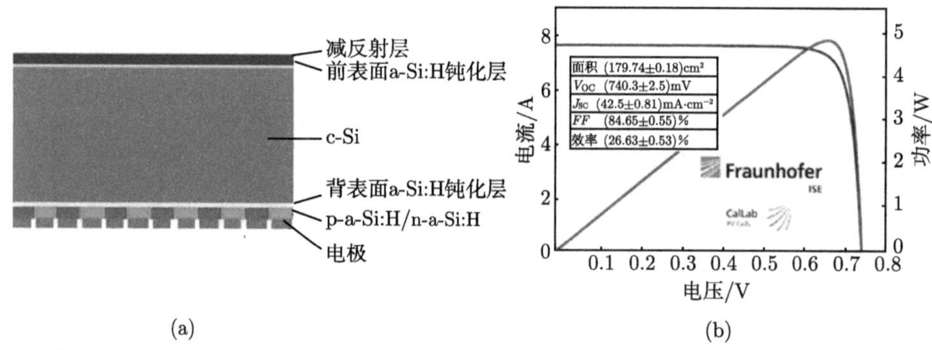

图 1-16　(a) HBC 电池结构示意图；(b) 效率 26.63%的 HBC 电池 *I-V* 曲线 [58]

1.2.3　异质结电池制备工艺

晶硅异质结电池的突出优势是其制造工艺简单，主要包括硅片的清洗制绒、沉积本征非晶硅薄膜 (i 层) 和掺杂非晶硅薄膜 (p 层和 n 层)、沉积 TCO 薄膜和制作金属电极四个主要工序，见图 1-17。

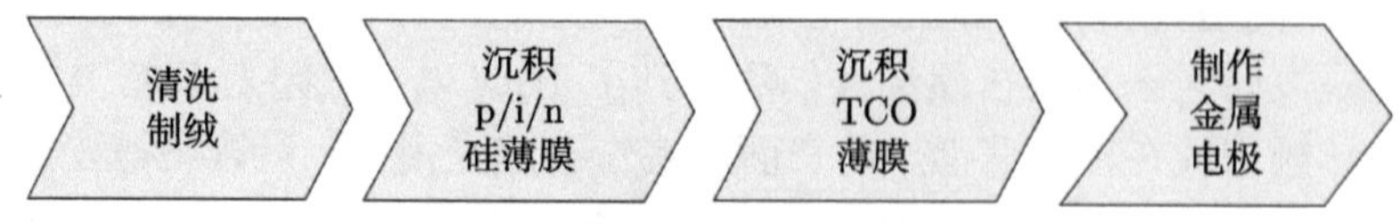

图 1-17　晶硅异质结电池主要制造工序

以三洋 (松下) 公司的 HIT 电池为例，在经过清洗制绒的 n 型 c-Si 正面依次沉积厚度为 5~10 nm 的本征 a-Si:H 钝化层和 p 型 a-Si:H 薄膜，在 p-a-Si:H 薄膜上再沉积一层 TCO 薄膜，再在 TCO 上制作金属栅线电极。在硅片背面依次沉积厚度为 5~10 nm 的本征 a-Si:H 钝化层和 n 型 a-Si:H 薄膜以形成背表面场，在 n-a-Si:H 薄膜上再沉积一层 TCO 薄膜，在 TCO 上制作背面的金属接触。其中，本征和掺杂的 a-Si:H 薄膜一般都是用 CVD(如 PECVD、热丝化学气相沉积 (hot wire chemical vapor deposition, HWCVD)) 方法沉积；TCO 薄膜一般是通过物理气相沉积 (PVD)，如磁控溅射来实现；正、背面的金属栅线一般使用低温银浆的丝网印刷和低温烧结技术实现，也可采用铜电镀的金属化方法形成。电池制作完毕后，使用 I-V 测试仪测量电池的基本性能参数和效率，并进行分选。以下再进一步展开讨论各个主要制造工序。

1. 清洗制绒

在异质结太阳电池制作时，首先要进行硅片衬底的湿化学处理。湿化学处理要达到三个主要目的：① 去除硅片表面的污染和损伤层；② 形成特殊的表面形貌，如绒面，来减少光反射达到陷光的目的，同时减少界面复合损失；③ 表面氧化层的去除和表面调控，以钝化湿化学处理诱导的界面态。

在晶硅异质结太阳电池中，异质结决定电池的最终特性。晶硅衬底的表面直接成为异质结界面的一部分，其洁净程度是决定电池性能的关键因素之一。因此，优化硅片表面的湿化学处理技术，减少由硅片表面的不洁净而引入的缺陷和杂质，从而降低异质结界面的载流子复合损失，这是获得高性能电池的先决条件。洁净的硅片表面是指硅表面不存在杂质颗粒、金属、有机物、湿气分子和自然氧化膜。一般清洗硅片都是先去除有机物，再溶解氧化层，然后去除颗粒和金属。异质结电池硅片的清洗一般用改进的 RCA 工艺 (美国无线电公司 (Radio Corporation of America，RCA)20 世纪 60 年代提出) 进行，一般清洗工艺都是集成在一台清洗制绒设备上的。

硅片经过机械切割后，在表面留有切痕和损伤层，需要通过表面腐蚀来去除，对单晶硅片通常使用的腐蚀方法是碱性腐蚀，即通过硅与 KOH、NaOH 等碱性溶液起反应，生成硅酸盐并放出氢气，其化学反应式为

$$\mathrm{Si} + 2\mathrm{KOH} + \mathrm{H_2O} \longrightarrow \mathrm{K_2SiO_3} + 2\mathrm{H_2}\uparrow \tag{1-13}$$

碱性腐蚀的成本比较低，对环境的污染也小。通过表面腐蚀后，可使硅片减去薄薄的一层，硅片切割的方法不同，则表面损伤层的厚度不一样，一般硅片单面要腐蚀掉 5～10 μm。影响腐蚀效果的主要因素是腐蚀液的浓度和温度。

太阳电池中一个主要的光学损失是表面光反射。抛光硅片的表面光反射损失达 34%，为制备高效率太阳电池，反射必须减小到约 10%或以下。在单晶硅太阳电池中，常在硅片表面制作金字塔结构 (绒面)，绒面的表面光反射减少，意味着

更多的光进入太阳电池，因而产生更多的光生载流子。同时，有效的绒面结构使得入射光在表面进行多次反射和折射，改变了入射光在硅中的前进方向，延长了光程，产生陷光作用，从而也增加了光生载流子的产生。随着用于太阳电池的硅片越来越薄，入射光光程的增加对于薄型太阳电池特别重要，因为薄型太阳电池不能完全吸收垂直通过的入射光。

用于异质结太阳电池的衬底硅片一般是单晶硅，单晶硅的绒面通常是利用碱性腐蚀液，如 KOH、NaOH 等对硅片表面腐蚀而成。它是利用腐蚀液对硅晶体的不同晶面具有不同的腐蚀速度——各向异性腐蚀，即对 Si(100) 晶面腐蚀较快，对 Si(111) 晶面腐蚀较慢。将单晶硅 (100) 晶面作为表面，经过腐蚀，会出现表面为 (111) 晶面的四方锥体结构，即金字塔结构。这种结构密布于硅片表面，好像是一层丝绒，因此称为“绒面”。在实际中，常使用无机腐蚀剂 (KOH 或 NaOH)，腐蚀液温度为 70～90 ℃。为获得均匀的绒面，还需要添加制绒添加剂。由于腐蚀过程的随机性，金字塔的大小并不相同。在制绒阶段，比较关心的一个问题是绒面金字塔的大小。通过改变制绒腐蚀的温度、腐蚀液浓度、添加剂浓度以及制绒的时间，可以实现从亚微米到微米级别的金字塔大小。异质结电池制绒工艺中一个特殊的地方是在制绒后，要进行圆滑金字塔的湿化学处理工艺，一般采用 $HF+HNO_3$ 溶液进行各向同性腐蚀，这样制绒后的硅衬底表面单面腐蚀掉约 1～2 μm，同时绒面金字塔被圆滑了。异质结电池制绒工艺中的圆滑金字塔是为了后续沉积非晶硅薄膜更均匀。图 1-18(a) 是清洗制绒单晶硅金字塔绒面扫描电镜 (SEM) 照片。硅片经去损伤层及随后的碱性溶液腐蚀制绒后，硅片的反射率会有较大的变化，如图 1-18(b) 所示。从图中可见，制绒后硅片的反射率大幅下降，只有 10% 左右，表明通过碱性制绒形成金字塔结构，达到了良好的减反射陷光作用。

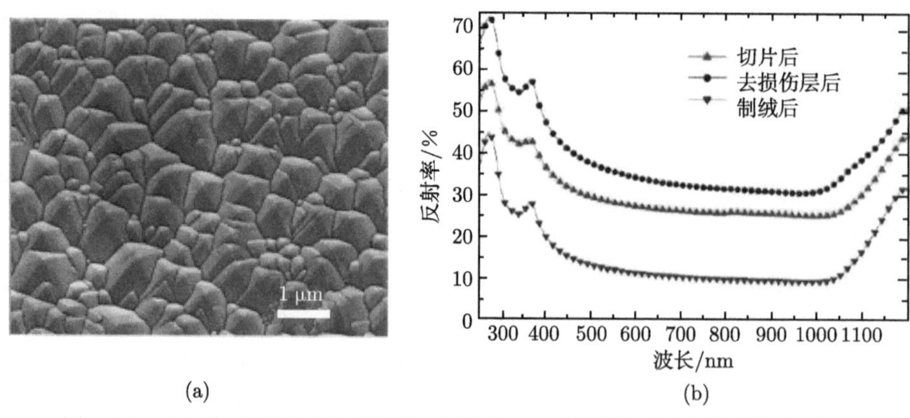

图 1-18　(a) 单晶制绒后金字塔 SEM 照片；(b) 制绒前后硅片的反射率对比

洁净、表面状态控制良好的硅片对于后续非晶硅薄膜的沉积和获得高质量的钝化性能非常重要。硅片经过去损伤层和制绒后，后续还会进行 RCA 清洗和 HF 腐蚀。在 RCA 清洗时，一方面进行氧化反应以在硅片表面形成一层氧化层，把污染物局限在氧化层中；另一方面氧化层的腐蚀同时进行，从而把杂质也去除掉。HF 处理则是把表面氧化层腐蚀去除，同时硅表面的悬挂键被氢饱和，称为 H-termination[65]，从而使硅片获得良好的钝化性能。然而，经过 HF 处理后的硅片，H-termination 主要是限制自然氧化层 (native oxide) 在室温下生长，但是不能完全阻止最初的氧化过程和缺陷的产生。悬挂键缺陷主要位于表面不均匀处，与硅片表面微粗糙度有很大关系。经过最终的氧化层去除后，硅片表面被氢终止 (H-terminated)，能够限制硅表面在洁净室空气中的氧化，但是仍不能完全阻止自然氧化层的形成。将 H-terminated 后的硅片存放在干燥氮气柜中，能减少氧化层的生长，但由于仍会吸附水分子，自然氧化层还是会形成。因此，处理好的硅片，应该尽快转移到下一步的非晶硅薄膜沉积制作工序。

2. 硅薄膜沉积

对 SHJ 电池而言，硅片经过湿化学制绒清洗后，下一个要进行的工序是硅薄膜的沉积。这里面包括氢化本征非晶硅层 (i-a-Si:H) 和掺杂硅薄膜层 (p 层和 n 层) 的沉积。本征非晶硅可以对晶硅表面实现良好的钝化，高质量的表面钝化对获得高效率的太阳电池非常重要。与同质结晶硅电池不同，SHJ 电池是用掺杂硅薄膜与晶硅形成异质结，例如双面背结 n 型 SHJ 电池，它是以 n 型硅片为衬底，正面以磷掺杂的 n 型硅薄膜作窗口层，而在背面则是以硼掺杂的 p 型硅薄膜形成发射极。

为获得具有氢钝化功能的硅薄膜，一般用化学沉积方法来沉积硅基薄膜。常用于硅薄膜沉积的方法是 PECVD 和 HWCVD，目前产业的主流是 PECVD。PECVD 技术是借助于辉光放电等离子体使含有薄膜组成的气态物质发生化学反应，从而实现薄膜材料生长的一种制备技术。在 SHJ 电池制作中，常用硅烷 (SiH_4) 作为前驱物来沉积本征非晶硅薄膜，一般还需通入氢气 (H_2) 以调节 SiH_4 比例；而要沉积掺杂硅薄膜，则需要加入相应的掺杂气体，如磷烷 (PH_3) 掺杂用于制备 n 型硅薄膜，硼烷 (B_2H_6) 掺杂用于制备 p 型硅薄膜。通常在沉积这些硅薄膜时，需要控制的工艺参数是衬底温度、沉积气压、气体总流量、气体比例、射频功率密度、上下电极间距等，改变工艺参数也可以沉积出纳米硅薄膜 (nc-Si:H)。等离子激发射频源 (RF) 的频率一般是 13.56 MHz，也有用甚高频 (very high frequency, VHF) 射频源的，如 40 MHz、70 MHz、110 MHz 等，使用 VHF 射频源可以提高成膜速率、改善硅薄膜的结晶性和成膜质量，对当前产业中量产的单面纳米晶和双面纳米晶异质结电池至关重要。

人们很早就发现了本征非晶硅薄膜 (i-a-Si:H) 对晶硅表面的良好钝化作用。三洋 (松下) 公司 HIT 电池的成功就是源于 i-a-Si:H 的良好钝化作用，将一定厚度的 i-a-Si:H 插入晶硅和掺杂层之间，已经取得高效率的异质结太阳电池 [51-55]。需要关注的是本征非晶硅薄膜的厚度和薄膜结构对电池性能的影响。i 层厚度对异质结电池的性能影响 [66] 如图 1-19(a) 所示，随着 i 层厚度的增加，电池的 V_{OC} 线性增加，并在 4 nm 时达到饱和；FF 的变化趋势相似，但是 FF 在 i 层厚度为 2 nm 时达到最大；而 J_{SC} 则随着 i 层厚度的增加而减小。i 层厚度对这些参数的综合影响，使得在 i 层厚度为 4 nm 时，电池的转换效率达到最大，而如果 i 层过厚，则由于 J_{SC} 减小较多而使得电池效率更低。分析 i 层厚度对异质结电池性能影响的原因，可以从光吸收的角度来考虑。随着 i 层厚度的增加，由 i 层的光吸收造成异质结电池的短波响应下降 [66,67]，从而使电池的 J_{SC} 随 i 层厚度的增加而下降。而长波响应则随 i 层厚度的增加稍有减小，当波长大于 800 nm 时，i-a-Si:H 中基本无光吸收 [66]。长波响应的减小解释为：当 i 层较厚时，a-Si:H/c-Si 电池中的电场集中在高电阻的 i-a-Si:H 中，而 c-Si 衬底中的电场减小，这导致 c-Si 中耗尽区厚度减小，阻止了 c-Si 深处扩散载流子的收集。

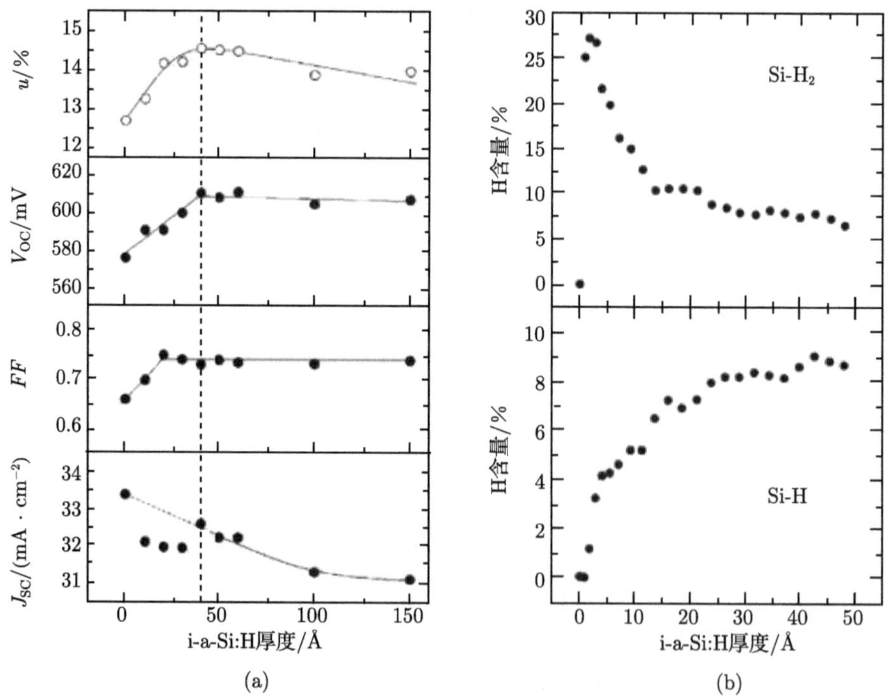

图 1-19　(a) 本征层厚度对异质结电池性能的影响 [66]；(b) 本征层中 Si-H_2 和 Si-H 中氢含量深度分布 [66,68]

对于 i-a-Si:H 薄膜的结构，实际上是薄膜中 Si-H_n(n=1～3) 基团的比例。这里用衰减全反射傅里叶变换红外光谱 (ATR-FTIR) 实时测量所沉积的 i-a-Si:H 中的 Si-H_n 基团，并计算 Si-H_n 中的氢含量，其中 Si-H_2 和 Si-H 中的氢含量深度分布 [66,68] 见图 1-19(b)。从中发现在硅衬底上最初生长的 i-a-Si:H 富含 Si-H_2 基团，其 Si-H_2 的氢含量原子百分数可达 27%，该界面层 i-a-Si:H 的厚度可达～2 nm。这是因为 i-a-Si:H 最初阶段生长速率很慢，在硅衬底上是呈岛屿状生长，从而形成了多孔、富含 Si-H_2 的结构 [66,68]。Si-H_2 越多，则 a-Si:H 的网络结构越差，缺陷越多。富含 Si-H_2 的 a-Si:H 形成以后，a-Si:H 生长逐渐达到稳定状态，i 层中的缺陷密度减小，从而使得电池的 V_{OC} 增加并趋于饱和。而当 i 层厚度超过 4 nm 后，由于 J_{SC} 的减小，电池效率下降。因此，优化 i 层厚度是基于平衡如下两方面 [66]：① 在 i 层较薄时，多缺陷、富含 Si-H_2 的界面结构的存在；② i 层增厚时，J_{SC} 减小。另外，在晶硅异质结电池中，获得良好钝化性能的一个必要条件是 c-Si 和 a-Si:H 薄膜的界面是突变的 [69]，这意味着在界面没有硅外延生长 (epitaxial growth)，即没有晶相材料被沉积。在 a-Si:H/c-Si 界面，a-Si:H 中足够的氢含量才能保证钝化界面态。而外延硅 (epi-Si) 中的氢含量为 a-Si:H 中氢含量的 1/100～1/30，较低的氢含量导致不能很好地钝化界面，另外，外延硅中含有较多与团簇氢相关的缺陷。

为制作异质结太阳电池器件，需要掺杂硅薄膜层来形成发射极、窗口层或背场 (BSF)。掺杂的硅薄膜一般是采用与沉积 i-a-Si:H 薄膜相类似的等离子体系统来完成，对 p 型掺杂层常用的掺杂源气体是 B_2H_6 或三甲基硼 (TMB)，而对 n 型掺杂层则用 PH_3 作掺杂源。这些掺杂气体通常都会用大量 H_2 稀释。在工艺腔中引入掺杂气体会在随后的沉积过程中导致不断的记忆效应，则一般需要采用多腔室的沉积系统来分别沉积 p、i 和 n 层，或者采用彻底的腔室清洗程序来保证腔体的清洁度以避免交叉污染。

虽然掺杂薄膜层在界面处产生场效应，但是它们的钝化性能还是比本征层要差 [70]。这种钝化性能下降是由于磷或硼掺杂的硅薄膜中缺陷态密度比 i-a-Si:H 中的要高，钝化性能的下降对 p 型掺杂薄膜更严重，对 n 型掺杂薄膜也有下降。掺杂引起 Si—H 键的断裂，从而形成缺陷，导致钝化性能下降。必须注意，并不是主要由于硅薄膜中的掺杂原子本身引起钝化性能下降，而更多的是由于费米能级移动偏离带隙中心 (midgap)[70]，降低了缺陷的形成自由能。增加掺杂水平可能导致更高的缺陷密度，最终钉扎 (pin) 费米能级。由于掺杂层中缺陷的形成，要同时满足表面钝化和掺杂需求是很有挑战性的。正是这个原因，通常在制作器件时，会在 c-Si 表面和掺杂 a-Si:H 间插入几纳米厚度的本征层，正如三洋首先报道的那样 [50]。

虽然掺杂硅薄膜的钝化性能比本征非晶硅要差，但是掺杂层的主要作用是形成发射极、窗口层或背场，因此优化掺杂非晶硅层，得到适合异质结电池的电学和光学性能是获得高效电池的关键。主要通过优化掺杂气体的浓度 ($[B_2H_6]/[SiH_4]$、$[PH_3]/[SiH_4]$) 来调控掺杂薄膜层的性能，从而影响电池的性能。另外，掺杂层的厚度对异质结电池性能也会产生重要影响。如果是用作窗口层，则希望在满足性能的情况下要求掺杂层尽可能薄；如果是用作背场层，则厚度可以适当增加。目前的发展趋势是在背结异质结电池中用宽带隙的纳米硅薄膜或纳米硅氧 (硅碳) 合金薄膜作窗口层和发射极。

3. TCO 薄膜沉积

根据异质结太阳电池的制作流程，在沉积硅薄膜后，下一个步骤是在电池的正反面形成透明导电氧化物薄膜 (TCO)。这是因为晶硅异质结太阳电池与传统热扩散型晶硅太阳电池相比，一个重要区别是发射极的低导电性，只通过金属栅线从发射极收集电流是不够的，因此需要其他的电接触方案，用既导电又透明的薄膜来输运电荷是一种解决方案。TCO 薄膜同时具有的透明性和导电性，使它应用在很多场合，特别是光电子器件领域。在 SHJ 电池中应用 TCO 薄膜，起到几个方面的作用：① 尽可能多的光透过 TCO，进入发射极和基区；② 因为 TCO 的折射率与 SiN_x 薄膜接近，可以同时用作减反射层；③ 电学方面满足导电的要求。然而，TCO 的光学性能和电学性能是相互依存的，不能单独优化其中之一，必须在两者之间找到平衡点。

常用的 TCO 材料包括 SnO_2 体系、In_2O_3 体系和 ZnO 体系。锡掺杂 In_2O_3 (ITO) 是最常用的 TCO 材料，也是 SHJ 电池中主要使用的 TCO 材料，其他金属掺杂的 In_2O_3 用作 SHJ 电池的 TCO 材料近来也屡见报道。铝掺杂 ZnO(AZO) 由于其经济性比 ITO 有优势，近年来的研究也日渐活跃。由于 SHJ 电池的 pn 结热稳定性通常限定在 200 ℃ 左右，所以选择沉积 TCO 薄膜的方法时必须考虑衬底温度要合适，不能损伤 pn 结的性能。

制备 TCO 薄膜的方法有很多种，几乎所有制备薄膜的方法都可用于制备 TCO 薄膜。各种制备方法按照反应方式可以分为物理沉积和化学沉积，按照是否采用真空可以分为非真空沉积和真空沉积。最常用于异质结电池 TCO 薄膜沉积的方法是真空物理沉积方法中的磁控溅射技术，可以分为直流 (DC) 磁控溅射和射频 (RF) 磁控溅射，而直流磁控溅射是当前发展较成熟的技术。该方法的基本原理是在电场和磁场的作用下，被加速的高能粒子 (Ar^+) 轰击靶材，能量交换后，靶材表面的原子脱离原晶格而逸出，溅射粒子沉积到衬底表面并与氧原子发生反应而生产氧化物薄膜。磁控溅射沉积工艺具有沉积膜厚均匀、易控制、镀膜工艺稳定、靶材寿命长、溅射原子动能大等优点，但是离子轰击对薄膜的性能有损伤。为此，可采用反应等离子体沉积 (reactive plasma deposition, RPD)[71] 通过特定的磁场控制 Ar 等离子体的形状，从而产生稳定、均匀、高密度的等离子体，减少离子轰击，有利于提高异质结电池的效率。

低电阻率、高透光率和低温生长是 SHJ 电池对 TCO 薄膜的基本要求。有很多工作集中在如何降低 TCO 的电阻率，电阻率与自由载流子浓度和迁移率的关系为

$$\rho = \frac{1}{qN\mu} \tag{1-14}$$

式中，ρ 为电阻率；q 为电子电量；N 为自由载流子浓度；μ 为载流子迁移率。从式 (1-14) 分析，要获得低的电阻率，可以通过增加载流子浓度和提高载流子迁移率来实现。但是载流子浓度过高，TCO 薄膜对可见光的吸收增大，势必会影响电池的效率，因此不能单纯通过提高载流子浓度的方法来降低电阻率。人们更多的是优化 TCO 的载流子迁移率，使其尽量最大，而不是使载流子浓度最大。载流子迁移率由载流子有效质量和弛豫时间决定，用下式表述：

$$\mu = \frac{q\tau}{m^*} \tag{1-15}$$

式中，τ 为弛豫时间；m^* 为载流子有效质量。载流子迁移率与其散射机制有关，ITO 薄膜的载流子迁移率典型值为 20～40 $cm^2 \cdot V^{-1} \cdot s^{-1}$，使用其他元素，如 H、W、Ti 等，对 In_2O_3 进行掺杂可以获得高迁移率的 In_2O_3 基 TCO 薄膜。

在 SHJ 电池中，TCO 薄膜的方块电阻 (sheet resistance) 决定着后续金属栅线的分布，方块电阻越低，则可以采用越少的栅线来获得良好的接触，有利于减少遮光损失。要获得低的方块电阻，一是要求 TCO 薄膜的电阻率越低越好；二是方块电阻与薄膜厚度有关，厚度越大，方块电阻越小。但是 SHJ 电池中 TCO 薄膜同时起着减反射膜的作用，其厚度由下式决定：

$$d_{\mathrm{TCO}} = \frac{\lambda}{4n} \tag{1-16}$$

式中，d_{TCO} 为 TCO 薄膜的厚度；λ 为入射光波长；n 为入射光波长下 TCO 薄膜的折射率。取 580 nm 为可见光的平均波长，折射率约为 1.9，得到 TCO 薄膜的厚度约为 75 nm，制作电池时一般控制在 80 nm 左右。在实际制作电池时，TCO 的方块电阻一般要求小于 100 $\Omega \cdot \square^{-1}$，对于制作优良的 ITO 薄膜，在厚度～80 nm 时，其方块电阻可低至 20 $\Omega \cdot \square^{-1}$，甚至更低。

TCO 薄膜的光学性能是由其能带结构和电学性能决定的。在短波长范围，半导体的光学带隙宽度是决定 TCO 薄膜透射上限频率的主要因素。可见光的波长范围大致为 400～760 nm，因此 TCO 薄膜的光学带隙宽度要大于 3.1 eV，才有可能让可见光的全部波长都能通过而表现为透明态。例如，常用的 TCO 薄膜基

体材料 In_2O_3、SnO_2 和 ZnO 的光学带隙宽度分别为 3.75 eV、3.8 eV 和 3.2 eV，对可见光的透明性都很好。随着掺杂的增加，载流子浓度增加，TCO 的光学带隙展宽，光学吸收边向短波方向移动。在长波区，TCO 的光学性能受到自由载流子的影响，因为自由载流子与入射光发生强烈的相互作用，这种基本相互作用可以用经典德鲁德 (Drude) 自由电子理论来描述 [72]。根据 Drude 理论，等离子体频率 (plasma frequency) 决定着长波区的透光范围，因为当光的频率低于等离子体频率时，光的穿透深度非常小，将会被反射。增加掺杂水平，等离子体频率增加，吸收边向可见光区移动。TCO 薄膜的一个重要光学特性是可见光范围内的透过率，通常要求其在可见光范围内的平均透过率大于 80%。而具有优异透光性能的 TCO 薄膜在可见光区的平均透过率能达到 90%以上。优化 TCO 的光学性能必须同时兼顾其电学性能。

为获得高效的 SHJ 电池，表征电池的三个基本参数 V_{OC}、J_{SC} 和 FF 必须同时提高。三洋 (松下) 公司在其报道 [52-54] 中提到，从 TCO 薄膜的角度，可以从以下几个方面来改善电池的基本参数：① 低损伤沉积 TCO 薄膜可以改善 V_{OC}；② 使用高载流子迁移率的 TCO 薄膜可以提高 J_{SC}；③ 减小 TCO 的方块电阻有利于获得高的 FF。在保证透明性的前提下，三洋 (松下) 公司在各个时期使用的 TCO 薄膜 [73]，其迁移率不断提高，从而不断优化改善 TCO 的性能，其趋势见图 1-20(a)。

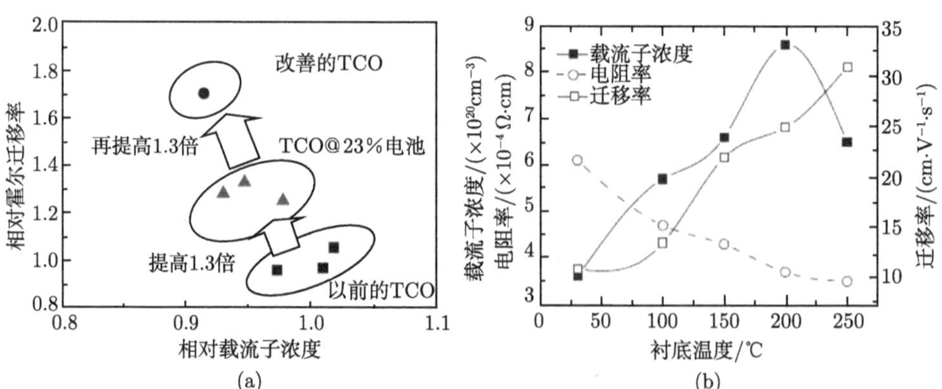

图 1-20　(a) 三洋 (松下) 公司不断提高 TCO 薄膜的载流子迁移率 [73]；(b)ITO 薄膜的性能与衬底温度的关系 [74]

最常用的 TCO 材料是锡掺杂 In_2O_3，即 ITO，它是 In_2O_3 和 SnO_2 的混合物，其质量比为 9∶1。在沉积 ITO 薄膜时，最常需要优化的是衬底温度。图 1-20(b) 是用射频磁控溅射沉积 ITO 薄膜的电阻率、载流子浓度和迁移率与衬底温度的关系 [74]。从图中可见，电阻率随衬底温度升高而减小，迁移率随衬底温度升高而增大，而载流子浓度随衬底温度升高先增大，超过 200 ℃ 后载流子浓度却减小。这是由于沉积温度越高，ITO 结晶性越好，其导电性能越优良。也可以通过先在室温下沉积 ITO 薄膜，然后通过后退火处理来达到改善 ITO 薄膜性能的目的。但是，ITO 的电阻率最低时，其对光的透过率并不是最大，这是因为衬底温度增加导致载流子浓度增加，其透过率反而下降。

ITO 薄膜由于具有低电阻率、高可见光透过率以及可低温沉积 (⩽200 ℃) 的优点，而广泛使用在 SHJ 电池上。但是传统 ITO 的载流子迁移率比较低，一般在 $20\sim40\ cm^2\cdot V^{-1}\cdot s^{-1}$，这是由其电离杂质散射 (ionized impurity scattering) 等散射机理决定的[72]。使用其他的掺杂剂对 In_2O_3 体系进行掺杂，可以获得具有高迁移率的 In_2O_3 基 TCO 薄膜，如氢掺杂的 In_2O_3(IO:H)[75]、钨掺杂的 In_2O_3(IWO)[76] 等，其他研究过的取代 Sn 的掺杂元素还包括 Mo、Ti、Zr 等。这些 In_2O_3 基的 TCO 薄膜，具有比 ITO 高的迁移率和近红外透过率，均展现出应用于 SHJ 电池的可能。

4. 金属电极制作

SHJ 电池在沉积 TCO 薄膜后，下一个工序就是制作金属电极。所谓电极就是与 pn 结两端形成紧密欧姆接触的导电材料，习惯上把制作在电池光照面上的电极称为上电极，通常是栅线 (grid) 状，以收集光生电流；而把制作在电池背面的电极称为下电极或背电极，下电极应尽量布满电池的背面，以减少电池的串联电阻。对制作电极的材料的基本要求是：能与硅形成牢靠的欧姆接触、具有优良的导电性能、收集效率高等。Ag、Cu、Al 等金属都可用作 SHJ 电池的电极材料。

制作电极的方法主要有真空蒸镀、电镀、丝网印刷等，其中银浆的丝网印刷及低温烧结是目前生产 SHJ 电池采用的主要方法。丝网印刷由五大要素构成，即丝网、刮刀、浆料、工作台以及基片。丝网印刷的基本原理是：利用丝网图形部分网孔透过浆料，漏印至承印物；而非图形部分网孔不透过浆料，在承印物上形成空白。印刷时在丝网一端倒入浆料，用涂墨刀 (刮条) 将浆料均匀地摊覆在网板上，再用刮刀在丝网的浆料部位施加一定压力，同时朝丝网另一端移动。浆料在移动中被刮刀从图形部分的网孔中挤压到承印物上。由于浆料的黏性作用，印迹固着在一定范围之内，印刷过程中刮刀始终与丝网印版和承印物呈线接触，接触线随刮刀移动而移动，由于丝网与承印物之间保持一定的间隙 (称为网间距)，印刷时的丝网通过自身的张力而产生对刮板的反作用力，这个反作用力称为回弹力。由于回弹力的作用，丝网与基片只呈移动式线接触，而丝网其他部分与承印物为脱离状态，保证了印刷尺寸精度和避免蹭脏承印物。当刮板刮过整个印刷区域后抬起，同时丝网也脱离基片，工作台返回到上料位置，至此为一个印刷行程。印刷的质量可以通过栅线的高度、宽度、膜厚的一致性来表征。印刷好的电池需要在一定温度下烧结，以形成欧姆接触。工业生产中丝网印刷设备与烧结设备一般是组合在一起的。

在 SHJ 电池中，要防止高温对电极下面的薄膜产生损伤，尤其是对掺杂硅薄膜产生损伤，因为掺杂硅薄膜对高温特别敏感 [70]。因此在 SHJ 电池丝网印刷中使用的浆料必须能够适合在低温下 (200 ℃ 左右) 烧结，考虑到导电性的要求，一般使用的是低温银浆。与传统热扩散型晶硅太阳电池使用的、可在 800 ℃ 以上进行烧结的银浆相比，用于 SHJ 电池的低温银浆成分完全不同，因此其流变性和印刷性能也不一样。使用低温银浆面临的挑战是既要达到高的导电性，又要与 TCO 薄膜间的接触电阻低。

三洋 (松下) 公司在其研究中指出 [52-55]，从金属电极制作的角度，为提高异质结电池的性能，可以从如下几个方面着手：① 制作较细的栅线电极，减少遮光面积，以改善电池的 J_{SC}；② 采用高质量、低电阻的栅线电极材料，以改善电池的 FF；③ 制作大高宽比的栅线电极，以改善电池的 FF。为提高电池的 J_{SC} 和 FF，栅线电极的电阻必须较低，同时必须尽量减小栅线的宽度。选择具有低电阻的银浆能够降低栅线电阻，而提高栅线的高宽比则可以提高导电能力、减少遮光损失。

低温银电极通常具有较高的体电阻率，需要提高银浆耗量来保证电池具有较高的 FF[77]，因此增加了电池的金属化成本。为了降低成本，各种减少银浆用量的技术在不断涌现。多主栅 (MBB) 技术能够减少银浆的耗量，已经应用在异质结电池。无主栅 (busbarless, 0BB) 技术就是在异质结电池的正面没有主栅，在组件封装时将一层内嵌铜线的聚合物薄膜覆盖在异质结电池正面，这层薄膜内嵌的铜线表面镀有低熔点金属，可在组件层压过程中，依靠层压机的压力和温度使得铜线和丝网印刷的细栅线直接结合在一起 [78]。以其他金属代替银作 SHJ 电池电极材料，能够有效降低电池成本。方法之一是开发能代替银浆的导电浆料，其中金属铜的导电性仅次于银，但是价格低廉，因此铜浆受到关注，但是铜浆受限于其相对较差的可印刷性及更高的体电阻率，还没有在太阳电池中大量应用。最近，一种减少浆料中银使用量的低温银包铜浆料受到大家的普遍关注，有可能取代低温银浆应用于异质结电池的规模生产。方法之二是采用铜电镀技术实现 SHJ 电池的金属化 [79]，目前最高效率的 HBC 电池就采用了铜电镀技术 [31,58]。电镀铜电极在导电性、电极高宽比、栅线设计等方面相比丝网印刷低温银浆有明显的优势，然而电镀铜金属化工艺更复杂，铜电镀液的处理和排放也会带来一定的环境问题。其他正在探索可应用于异质结电池金属化的技术还包括激光图形转印技术 (pattern transfer printing, PTP)、喷墨打印 (inkjet printing) 等。

1.2.4 异质结电池特性

从晶硅异质结 (SHJ) 太阳电池的结构和制造工艺分析，SHJ 电池具有如下特点。

(1) 结构对称。

SHJ 电池是在单晶硅片的两面分别沉积本征层、掺杂层、TCO 以及印刷电极。这样一种对称结构方便减少工艺设备和步骤，相比于传统晶硅太阳电池，SHJ 电池的工艺步骤更少。

(2) 低温制造工艺。

SHJ 电池由于采用硅基薄膜形成 pn 结，则最高工艺温度就是非晶硅薄膜的形成温度 (约 200 ℃)，从而避免了传统热扩散型晶硅太阳电池形成 pn 结的高温 (约 900 ℃)。低温工艺节约能源，而且采用低温工艺可使硅片的热损伤和变形减小，结合对称的结构优势，可以使用薄型硅片做衬底，有利于降低材料成本。三洋 (松下) 公司获得的高效率异质结电池都是在厚度小于 100 μm 的硅片上获得的 [54,55]。我国当前量产的 SHJ 电池使用的硅片厚度还在 130 μm 左右，未来将进一步降低至 100 μm 以下。

(3) 高开路电压。

SHJ 电池首先从能带结构上具有获得高 V_{OC} 的可能，加之在晶硅和掺杂硅薄膜硅之间插入了本征薄膜 i-a-Si:H，它能有效地钝化晶硅表面的缺陷，因而 SHJ 电池的开路电压比常规电池要高许多，从而能够获得高的光电转换效率。目前高效的 SHJ 电池的 V_{OC} 达到了 750 mV 以上 [55,61,62]。

(4) 温度特性好。

太阳电池的性能数据通常是在 25 ℃ 的标准条件下测量的，然而光伏组件的实际应用环境是室外，高温下的电池性能尤为重要。由于 SHJ 电池结构中的非晶硅薄膜/晶硅异质结，其温度特性更为优异，前期报道的 SHJ 电池的温度系数为 $-0.33\%\cdot ℃^{-1}$ [51]，经过改进，电池的开路电压得到提升，其温度系数减小至 $-0.25\%\cdot ℃^{-1}$，仅为晶硅电池的温度系数 $-0.45\%\cdot ℃^{-1}$ 的一半左右，使得 SHJ 电池在光照升温情况下比常规电池有好的输出。由于电池结构中的非晶硅薄膜，因此 SHJ 电池具有薄膜电池的优点，弱光性能比常规电池要好。三洋公司报道的 HIT 电池与常规晶硅电池的效率–温度关系 [80]、一天中的输出功率变化与电池温度 [51] 对比情况分别见图 1-21(a) 和 (b)。

(5) 光照稳定性好。

由于一般 SHJ 电池使用 n 型单晶硅为衬底，不存在硼掺杂 p 型硅片中 B-O 复合体 [81] 导致的光致衰减 (light induced degradation, LID) 问题，所以 SHJ 电池的光照稳定性好。

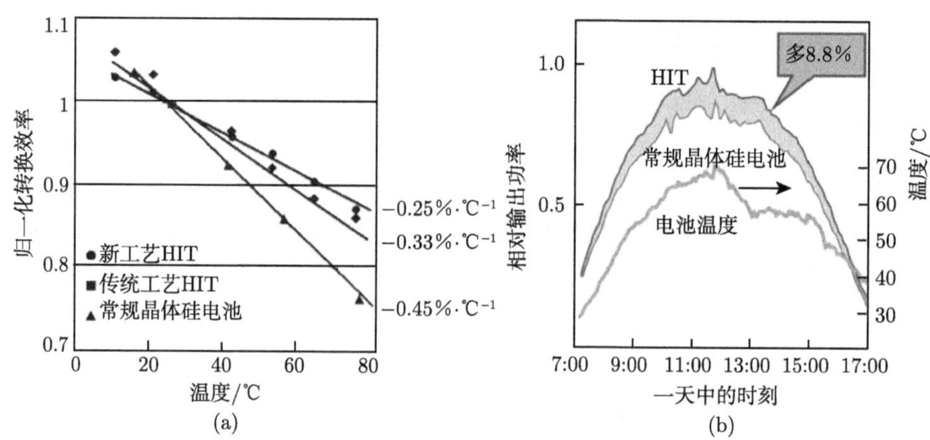

图 1-21 晶硅异质结电池的温度特性

(a) HIT 电池与常规电池的效率–温度关系对比 [80]；(b) HIT 电池与常规电池一天中的输出功率与温度对比 [51]

(6) 双面发电。

由于 SHJ 电池的对称结构，SHJ 电池是天然的双面电池，双面率 (背面效率与正面效率之比) 可高达 95%，正反面受光照后都能发电。封装成双面电池组件后，年平均发电量比单面电池组件多出 10%以上 [54]。

SHJ 电池由于采用非晶硅薄膜与晶硅在低温下形成异质结，因此结合了晶硅电池和薄膜电池的优点。虽然具有这些优异的特性，但是 SHJ 电池在实际量产中也存在着一些问题，主要体现在以下几方面：① 设备投资高。由于采用了薄膜沉积的技术，需要用到高要求的真空设备。虽然设备已基本实现国产化，但是仍需进一步降低设备价格。② 工艺要求严格。要获得低界面态的非晶硅/晶硅界面，对工艺环境和操作要求也较高。③ 非硅成本还较高。尤其是银浆耗量和 TCO 靶材，因此开发低银、少银的金属化技术和低铟、无铟的 TCO 靶材，对晶硅异质结电池的规模量产至关重要。④ 低温组件封装工艺。由于 SHJ 电池的低温工艺特性，不能采取传统晶硅电池的后续高温封装工艺，需要开发适宜的低温封装工艺。

1.3 晶硅异质结太阳电池高效机制

了解了晶硅异质结太阳电池的结构和制备工艺后，这里再来探究 SHJ 太阳电池之所以能获得高效率的原因，揭示异质结电池高效机制，主要的内容包括 SHJ 电池的能带、钝化机制和载流子输运过程分析。

1.3.1 晶硅异质结电池的能带

异质结的能带图有助于研究异质结的特性。在不考虑两种半导体交界面处界面态的情况下，异质结的能带图取决于形成异质结的两种半导体材料的电子亲和能、禁带宽度以及功函数。但是其中的功函数是随杂质浓度的不同而变化的。根据半导体异质结理论知道，晶硅异质结太阳电池属于突变反型异质结。Yablonovitch 等 [82] 认为理想的太阳电池应该是双异质结构 (double heterostructure) 形式，对晶硅异质结电池而言，正好对应着具有双面对称结构的 SHJ 电池。

运用异质结能带图的知识，绘制出双面 SHJ 电池的能带示意图，见图 1-22。其中，E_g 为禁带宽度，E_C 表示导带底，E_V 是价带顶，E_F 是费米能级，ΔE_C 为导带带阶，ΔE_V 为价带带阶，δ 为相应价带 (导带) 与费米能级的能量差，qV_D 为相应的能带弯曲量，即势垒高度，Φ_B 为有效界面势垒高度 [83]，为晶硅侧的能带

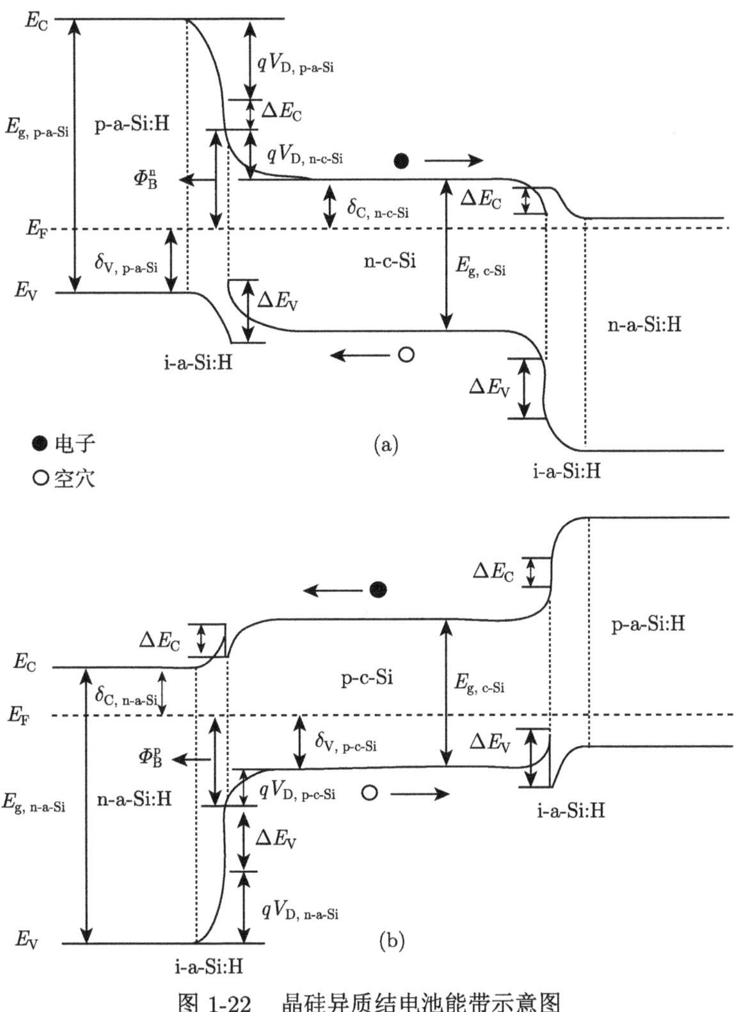

图 1-22 晶硅异质结电池能带示意图

(a) 衬底为 n-c-Si；(b) 衬底为 p-c-Si

弯曲量和费米能级与导带底 (或价带顶) 能量之差的代数和。异质结电池与常规晶硅电池能带图的差异，是存在异质结能带带阶 (band offset)。普遍认为 [84] 在 SHJ 电池的价带顶存在一个较大的价带带阶 ΔE_{V}(约 0.45 eV)，而在导带底存在一个较小的导带带阶 ΔE_{C}(约 0.15 eV)。根据 Anderson 规则 [85]，电子亲和能χ反映的是导带底到真空能级的距离，c-Si 的电子亲和能约为 4.05 eV，a-Si:H 的电子亲和能约为 3.90 eV，$\Delta E_{\mathrm{C}}=\chi_{\text{c-Si}}-\chi_{\text{a-Si}}\approx 0.15$ eV，因此较小的 ΔE_{C} 反映了 c-Si 与 a-Si:H 间的电子亲和能差别较小。

1. 以 n-c-Si 和 p-c-Si 为衬底的 SHJ 电池的能带分析

图 1-22(a) 是以 n-c-Si 为衬底的 SHJ 电池能带图，从图中可见，在前表面处存在较大的 ΔE_{V}，它导致形成势阱，在势阱中少数载流子——空穴被俘获，因空穴势垒较高，纯粹的热发射不太可能给空穴提供足够的输运动能，从而有效阻止了光生空穴的传输。但是，在热作用和陷阱辅助下，被俘获的空穴可能隧穿 (tunneling) 通过 i-a-Si:H 层而进入 p-a-Si:H 层。在背面处，a-Si:H(i/n) 与 n-c-Si 形成有效的背表面场，其较大的 ΔE_{V} 及较厚的本征层形成了空穴反射镜 (mirror)；然而由于 ΔE_{C} 较小，a-Si:H(i/n) 对电子向背面接触的传输不构成阻碍。因此 a-Si:H(i/n) 给电子输运提供了优异的背接触，给空穴从背接触处的反射提供了优异的钝化。

图 1-22(b) 是以 p-c-Si 为衬底的 SHJ 电池能带图，从图中可见，前表面处的 ΔE_{C} 较小，少数载流子——电子受到较小的势垒阻碍，比在 n-c-Si 为衬底的电池中更容易被收集，所以其内建电势差 (或称内建电压，built-in voltage) 比 n-c-Si 为衬底时低得多。在背面处，由于 ΔE_{C} 较小，形成的有效电子反射镜作用弱得多；然而由于较大的 ΔE_{V}，空穴势垒较大，在很大程度上阻碍了空穴向背面接触处的输运和收集。但是如果牺牲钝化性能，采用非常薄或无本征层以利用陷阱辅助的隧穿，则可以改善空穴在背面的输运。也可以用与 c-Si 的 ΔE_{C} 较大的半导体材料，如 a-SiC$_x$:H[86] 或其他合金，作为以 p-c-Si 为衬底的双面 SHJ 电池的 BSF，来改善空穴在背面的输运性能。

针对 SHJ 电池能带图进行分析，由于 ΔE_{V} 比 ΔE_{C} 大，因此使用 n-c-Si 和 p-c-Si 作衬底来形成非晶硅/晶硅异质结电池，分析得到如下结论 [87]。

(1) 对以 n-c-Si 为衬底的双面 SHJ 电池来讲：① 带非常薄的本征层的 a-Si:H(i/p) 是很好的发射极，其内建电压比硅同质结要高；② a-Si:H(i/n) 是理想的表面场。

(2) 对以 p-c-Si 为衬底的双面 SHJ 电池来讲：① a-Si:H(i/n) 是良好的发射极，其内建电压可与硅同质结相比；② a-Si:H(i/p) 作为表面场的效果要弱于 a-Si:H(i/n) 作表面场。

(3) 理论上从带阶的比较中可以看出，n-c-Si 比 p-c-Si 制作双面 SHJ 太阳电池有一定优势。但是在实际中经过不断的优化，以 p-c-Si 作衬底的 SHJ 电池最高也获得了 26.56%的效率 [61,62]，与以 n-c-Si 作衬底的 SHJ 电池效率可以相比拟。

2. 从能带图分析 SHJ 电池的开路电压

无论是同质结还是异质结，在它们的平衡能带图中，能带的弯曲量 qV_{D} 称为 pn 结的势垒高度，qV_{D} 等于 pn 结两边材料的费米能级之差。V_{D} 为内建电势差，V_{D} 越大，内建电场越强，越强的内建电场使载流子更有效地分离，抑制载流子的复合。显然 V_{D} 与太阳电池的开路电压 V_{OC} 是关联的，V_{D} 越高，V_{OC} 才有高的可能性，V_{OC} 的极限值是 V_{D}。与同质结晶硅电池相比，SHJ 电池是由非晶硅与晶硅形成异质结，非晶硅的禁带宽度更大，且由于是异质结，其内建电场强度更高，V_{D} 也更高，因此 SHJ 电池的 V_{OC} 比传统的同质结晶硅电池要高。下面通过分析形成 pn 结之前半导体的能带图，列出内建电势差 V_{D} 的表达式，来理解 SHJ 电池 V_{OC} 较高的物理原因。图 1-23 分别是 p-c-Si/n-c-Si、p-a-Si:H/n-c-Si 和 n-a-Si:H/p-c-Si 在成结之前的能带图。

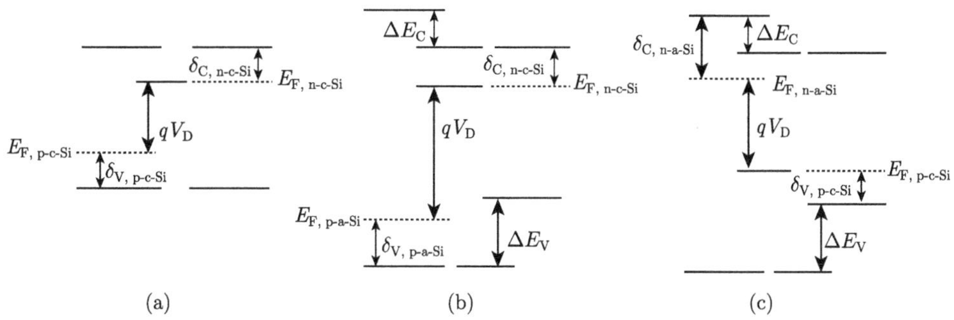

图 1-23 半导体形成 pn 结之前的能带图

(a) p-c-Si/n-c-Si；(b) p-a-Si:H/n-c-Si；(c) n-a-Si:H/p-c-Si

对 p-c-Si/n-c-Si 同质结，其内建电势差表达为

$$V_{\mathrm{D}}=(E_{\mathrm{F,n\text{-}c\text{-}Si}}-E_{\mathrm{F,p\text{-}c\text{-}Si}})/q=(E_{\mathrm{g,c\text{-}Si}}-\delta_{\mathrm{V,p\text{-}c\text{-}Si}}-\delta_{\mathrm{C,n\text{-}c\text{-}Si}})/q \tag{1-17}$$

式中，$E_{\mathrm{F,n\text{-}c\text{-}Si}}$ 和 $E_{\mathrm{F,p\text{-}c\text{-}Si}}$ 分别为 n-c-Si 和 p-c-Si 的费米能级；$\delta_{\mathrm{V,p\text{-}c\text{-}Si}}$ 为 p-c-Si 的费米能级与价带顶的能量差；$\delta_{\mathrm{C,n\text{-}c\text{-}Si}}$ 为 n-c-Si 的导带底与费米能级的能量差。根据半导体 pn 结的理论，对同质结的 V_{D} 用下式表示：

$$V_{\mathrm{D}}=\frac{k_{\mathrm{B}}T}{q}\left(\ln\frac{N_{\mathrm{D}}N_{\mathrm{A}}}{n_{\mathrm{i}}^{2}}\right) \tag{1-18}$$

式中，n_{i} 为本征载流子浓度。从式 (1-18) 知，同质结的 V_{D} 与 pn 结两边的掺杂浓度、温度和材料的禁带宽度有关。晶硅的禁带宽度 $E_{g,c\text{-}Si}$ 为 1.12 eV，因此对 pn 同质结晶硅太阳电池而言，在一定温度下，pn 结两边的掺杂浓度越高，V_D 越大。

对 p-a-Si:H/n-c-Si 异质结，其内建电势差表达为

$$V_D = (E_{F,\ n\text{-}c\text{-}Si} - E_{F,\ p\text{-}a\text{-}Si})/q = (E_{g,p\text{-}a\text{-}Si} - \delta_{V,p\text{-}a\text{-}Si} - \delta_{C,n\text{-}c\text{-}Si} - \Delta E_C)/q \quad (1\text{-}19)$$

其中，$E_{F,p\text{-}a\text{-}Si}$ 为 p 型掺杂非晶硅薄膜 p-a-Si:H 的费米能级；$E_{g,p\text{-}a\text{-}Si}$ 为 p-a-Si:H 的禁带宽度，$\delta_{V,p\text{-}a\text{-}Si}$ 为 p-a-Si:H 的费米能级与价带顶的能量差。由于 p-a-Si:H 的禁带宽度一般在 1.7～1.9 eV，导带带阶 $\Delta E_C \sim 0.15$ eV[84,87]，比较式 (1-17) 和式 (1-19) 可知，p-a-Si:H/n-c-Si 异质结的 V_D 比 p-c-Si/n-c-Si 同质结的要大，所以 p-a-Si:H/n-c-Si 异质结电池的 V_{OC} 也可能比 p-c-Si/n-c-Si 同质结电池的要大。

对 n-a-Si:H/p-c-Si 异质结，其内建电势差表达为

$$V_D = (E_{F,n\text{-}a\text{-}Si} - E_{F,p\text{-}c\text{-}Si})/q = (E_{g,n\text{-}a\text{-}Si} - \delta_{V,p\text{-}c\text{-}Si} - \delta_{C,n\text{-}a\text{-}Si} - \Delta E_V)/q \quad (1\text{-}20)$$

其中，$E_{F,n\text{-}a\text{-}Si}$ 为 n 型掺杂非晶硅薄膜 n-a-Si:H 的费米能级，$E_{g,n\text{-}a\text{-}Si}$ 为 n-a-Si:H 的禁带宽度；$\delta_{C,n\text{-}a\text{-}Si}$ 为 n-a-Si:H 的导带底与费米能级的能量差。由于 n-a-Si:H 的禁带宽度一般也在 1.7～1.9 eV，价带带阶 $\Delta E_V \sim 0.45$ eV[84,87]，比较式 (1-17) 和式 (1-20) 可知，n-a-Si:H/p-c-Si 异质结的 V_D 也比 p-c-Si/n-c-Si 同质结的要大，所以 n-a-Si:H/p-c-Si 异质结电池的 V_{OC} 也可能比 p-c-Si/n-c-Si 同质结电池的大。

而比较式 (1-19) 和式 (1-20)，由于 $\Delta E_C < \Delta E_V$，所以 p-a-Si:H/n-c-Si 异质结的 V_D 比 n-a-Si:H/p-c-Si 异质结的要大，则 p-a-Si:H/n-c-Si 异质结电池的 V_{OC} 比 n-a-Si:H/p-c-Si 异质结电池的潜力要大。实际中经过不断地优化，以 p-c-Si 作衬底的 SHJ 电池与以 n-c-Si 作衬底的 SHJ 电池，两者的 V_{OC} 可以相比拟，都达到了 751 mV 以上 [61,62]。

对异质结太阳电池而言，首先要从能带结构上保证能有较高的 V_D，才有可能获得较高的 V_{OC}。实际中还需要对太阳电池实现良好的钝化，减小缺陷态密度，降低光生载流子复合，才能真正实现较高的 V_{OC}。

1.3.2　晶硅异质结电池的钝化

为获得更高的太阳电池转换效率，电池表面钝化是一个非常重要的步骤。因为较高的体和表面复合速度限制了电池的开路电压，并且也会降低电池的 FF。采用表面钝化层抑制表面复合，成为获得高效率太阳电池的前提条件。对异质结电池而言，在 a-Si:H/c-Si 界面，晶体网络结构是突变和不连续的，高密度悬挂键的存在，导致在带隙中形成密度很高的缺陷。异质结界面的这些缺陷会对电池的性能产生不良影响。因此，为获得高效的异质结电池，就必须减小界面态密度。

1. 电池开路电压与界面态密度、界面复合和钝化的关系

在 SHJ 电池中，a-Si:H/c-Si 的界面性质对电池性能有重要的影响。如果界面复合是太阳电池中载流子的主要复合机制，则电池的开路电压可用下式表示 [88]：

$$V_{\mathrm{OC}}=\frac{\Phi_{\mathrm{B}}}{q}-\frac{nk_{\mathrm{B}}T}{q}\ln\left(\frac{qN_{\mathrm{V}}S}{J_{\mathrm{SC}}}\right) \tag{1-21}$$

式中，S 为界面复合速度；N_{V} 为晶硅侧的有效价带态密度；Φ_{B} 为有效界面势垒高度 [83]，为 c-Si 侧的能带弯曲量和费米能级与导带底 (或价带顶) 能量之差的代数和 (图 1-22)。从图 1-22 可知，对 p-a-Si:H/n-c-Si 异质结电池，$\Phi_{\mathrm{B}}^{\mathrm{n}}=qV_{\mathrm{D,n\text{-}c\text{-}Si}}+\delta_{\mathrm{C,n\text{-}c\text{-}Si}}$；对 n-a-Si:H/p-c-Si 异质结电池，$\Phi_{\mathrm{B}}^{\mathrm{p}}=qV_{\mathrm{D,p\text{-}c\text{-}Si}}+\delta_{\mathrm{V,n\text{-}c\text{-}Si}}$。由式 (1-21) 可知，当界面复合为主要的复合路径时，电池的 V_{OC} 与界面势垒高度有关，这是由电池的能带结构决定的；而电池的 V_{OC} 还与表面复合速度有关，显然表面复合速度越小，V_{OC} 越高。由于 SHJ 电池的界面两边是两种不同的材料，界面缺陷态密度可能更高，因此减小界面态密度、降低表面复合速度是 SHJ 电池能获得较高 V_{OC} 的重要保证。

对太阳电池而言，良好表面钝化效果的微观表现是缺陷态密度降低、界面复合减少，宏观表现则是少数载流子寿命的增加和电池 V_{OC} 的上升。测量少子寿命可以用来获得太阳电池的隐开路电压 (implied-V_{OC})。这是因为太阳电池在开路条件下，外部没有电流，光生电流与复合电流是平衡的，即 $J_{\mathrm{ph}}=J_{\mathrm{rec}}$。作为这种平衡的结果，在太阳电池中产生过剩载流子。在厚度为 W 的太阳电池中，光生电流密度 J_{ph} 与有效载流子寿命 τ_{eff} 存在如下关系：

$$J_{\mathrm{ph}}=\Delta n_{\mathrm{av}}qW/\tau_{\mathrm{eff}} \tag{1-22}$$

这里，以 p 型硅片为例，电子是少子，其浓度为 n，Δn_{av} 为平均过剩载流子浓度。而有效载流子寿命 $\tau_{\mathrm{eff}}=\Delta n/G$($G$ 是产生速率)。实际上，式 (1-22) 是 τ_{eff} 的另外一种表述。那么，电池的 implied-V_{OC} 可以从电子和空穴的准费米能级分裂来确定：

$$\text{implied-}V_{\mathrm{OC}}=\frac{k_{\mathrm{B}}T}{q}\ln\left\{\frac{\Delta n(0)\left[N_{\mathrm{A}}+\Delta p(0)\right]}{n_{\mathrm{i}}^{2}}\right\} \tag{1-23}$$

式中，N_{A} 是受主浓度；n_{i} 是本征载流子浓度；$\Delta n(0)$ 和 $\Delta p(0)$ 是载流子在 pn 结处的浓度。必须注意，一般而言在 pn 结处的局部载流子浓度并不一定等于 Δn_{av}。如果表面钝化良好，扩散长度大于硅片厚度，则 $\Delta n(0)\approx\Delta n_{\mathrm{av}}$，这样如果给定 J_{ph}，将式 (1-22) 代入式 (1-23)，就可以从τ_{eff} 来计算 implied-V_{OC}。

太阳电池的有效载流子寿命 τ_{eff} 与硅片体复合和表面复合有关，用下式表示：

$$\frac{1}{\tau_{\text{eff}}}=\frac{1}{\tau_{\text{bulk}}}+\frac{1}{\tau_{\text{surf}}} \tag{1-24}$$

式中，τ_{bulk} 是体寿命；τ_{surf} 是表面寿命。根据 Sproul[89] 的研究，对称样品 (硅片正反面有相同的钝化质量) 的τ_{surf} 可以表示为

$$\tau_{\text{surf}}=\frac{W}{2S}+\frac{1}{D}\left(\frac{W}{\pi}\right)^2 \tag{1-25}$$

式中，W 为太阳电池的厚度；D 为少数载流子的扩散系数。为计算表面复合速度 S，需要选择合适的 Δn。在复合界面处取 $\Delta n{=}\Delta n(0)$，然而在大多数情况下取 $\Delta n(0){=}\Delta n_{\text{av}}$ 或 $\Delta n{=}\Delta n(X_{\text{s}})$，这里 X_{s} 是空间电荷区的极限，因为这些可以从实验数据较容易地计算得到。通常得到 S 的有效值，即 S_{eff}。S 与界面处载流子复合率 U_{s} 相关，即

$$S{=}U_{\text{s}}/\Delta n \tag{1-26}$$

而界面复合率 U_{s} 与界面态密度 D_{it} 相关，可用下式表示：

$$U_{\text{s}}=\left[np-n_{\text{i}}^2\right]\int_{E_{\text{V}}}^{E_{\text{C}}}D_{\text{it}}\left(E\right)\cdot f\left(E,n,p,c_{\text{n}},c_{\text{p}}\right)\text{d}E \tag{1-27}$$

式中，f 是与许多参数有关的函数，如电子和空穴的浓度 n 和 p、电子和空穴的俘获系数 c_{n} 和 c_{p} 等。对与杂质相关的缺陷，可以用标准的 Shockley-Read-Hall(SRH) 复合理论 [90,91] 来计算 U_{s}，但是在 a-Si:H/c-Si 界面，需要考虑硅悬挂键的两性性质。

SRH 复合，即通过半导体禁带中的缺陷态进行的间接复合，常被用来描述非平衡载流子通过复合中心的复合。SRH 复合中电子–空穴的复合可分两步走：① 导带电子落入复合中心的缺陷能级 (E_{t})；② 这个电子再落入价带与空穴复合。同时复合中心恢复原来空着的状态，又可以去完成下一次的复合过程。根据 SRH 复合理论，载流子通过缺陷能级进行复合的复合率 U_{s} 可表示为

$$U_{\text{s}}=\frac{np-n_{\text{i}}^2}{\tau_{\text{p}}\left(n+n_1\right)+\tau_{\text{n}}\left(p+p_1\right)}=\frac{\left(np-n_{\text{i}}^2\right)\sigma_{\text{n}}\sigma_{\text{p}}v_{\text{th}}}{\sigma_{\text{n}}\left(n+n_1\right)+\sigma_{\text{p}}\left(p+p_1\right)}D_{\text{it}} \tag{1-28}$$

式中，τ_{n} 和τ_{p} 分别为电子和空穴的寿命；σ_{n} 和σ_{p} 分别为电子和空穴的俘获截面；v_{th} 为载流子热运动速度 (300 K 时，约为 10^7 cm·s^{-1})；n_1 为 E_{F} 与 E_{t} 重合时

导带的平衡电子浓度；p_1 为 E_{F} 与 E_{t} 重合时价带的平衡空穴浓度，分别用下式表示：

$$n_1 = n_{\mathrm{i}} \exp\left(\frac{E_{\mathrm{t}} - E_{\mathrm{i}}}{k_{\mathrm{B}}T}\right) \tag{1-29a}$$

$$p_1 = n_{\mathrm{i}} \exp\left(\frac{E_{\mathrm{i}} - E_{\mathrm{t}}}{k_{\mathrm{B}}T}\right) \tag{1-29b}$$

其中，E_{i} 为本征费米能级。

从式 (1-28) 可知，要想降低界面复合率 U_{s}，可以从两方面进行：一是降低界面态密度 D_{it}；二是降低界面处自由电子或空穴的浓度。这两者正是化学钝化和场效应钝化在理论公式中的体现。通过在晶硅表面沉积或生长一层适当的钝化层，使硅片表面的悬挂键得到饱和，实现化学钝化，可有效降低 D_{it}；或者将硅片浸泡在极性溶液中，也可以实现化学钝化，有效降低 D_{it}。而通过在晶硅表面形成一个内建电场，则可以有效降低晶硅表面的自由电子或空穴的浓度，可以通过在硅片表面形成掺杂浓度梯度或沉积一层带有电荷的钝化层来形成这种内建电场，实现场效应钝化。

2. 本征非晶硅的钝化

图 1-24 是晶硅 (c-Si)、非晶硅 (a-Si) 和氢化非晶硅 (a-Si:H) 的原子结构示意图 [92]。在 c-Si 体材料中，Si 原子通过 Si—Si 键形成网络结构，悬挂键只存在于位错线上 (图 1-24(a))，由于晶体的约束，孤立的悬挂键不能形成。然而，对 c-Si 表面，如没有重构的 Si(111) 表面，悬挂键可能构成主要的缺陷。在 a-Si 材料中，Si 原子的排列短程有序而长程无序，由于不完美的网络结构，形成了悬挂键 (图 1-24(b))。在 a-Si:H 中，由于氢化引入了 H 原子，能够有效钝化 a-Si 中的悬挂键 (图 1-24(c))。

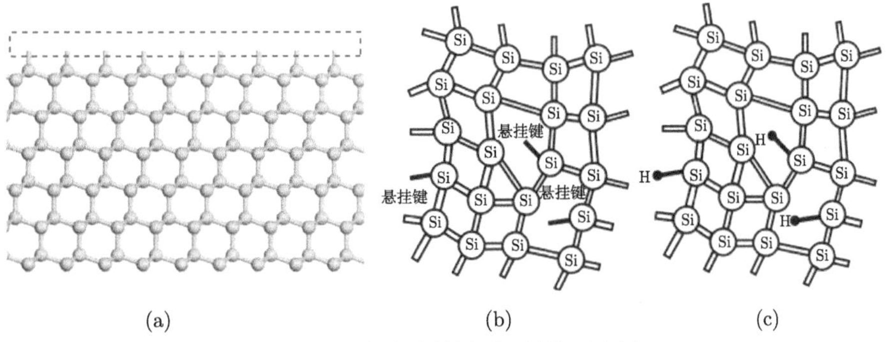

图 1-24 各类硅材料原子结构示意图

(a) c-Si；(b) a-Si；(c) a-Si:H

人们很早就已经知道本征氢化非晶硅 (i-a-Si:H) 能对 c-Si 表面产生良好的钝化作用 [93-95]。对非晶硅薄膜而言，氢的引入钝化了体内的悬挂键，去除了与悬挂键关联的能隙态 [96-98]。对 c-Si 表面的电子性能，氢被认为是有益的。用氢氟酸腐蚀硅片，原位测量其 S_{eff} 甚至低至 0.25 $\mathrm{cm{\cdot}s^{-1}}$[99]，证明氢对 c-Si 表面有良好的钝化作用，因为氢氟酸腐蚀形成 H-terminated 的 Si-H 表面 [100]。因而，对 a-Si:H/c-Si 界面的钝化，氢也被期望能起到重要的作用。要想提高钝化性能，就是要减少界面态密度 D_{it}，从而使 S_{eff} 降低。a-Si:H 中含有氢，转移到 c-Si 表面形成 Si—H 键，从而饱和悬挂键，使 D_{it} 减小，界面复合率 U_{s} 减小。这是 a-Si:H 能对界面产生化学钝化的原因，其宏观表现是硅片有效少子寿命τ_{eff} 的增大。非晶硅/晶硅异质结太阳电池正是由于在硅衬底与掺杂非晶硅之间插入了一定厚度的本征非晶硅层，实现了良好的化学钝化效应，降低了界面态密度和表面复合速度，才获得了较高的 V_{OC}。

3. 掺杂非晶硅的钝化

对半导体而言，掺杂会引起缺陷形成，这是一种基本物理状态。非晶硅薄膜的掺杂是引入替代杂质，因此掺杂会在薄膜中诱导形成额外的局域态。通常认为 Si—H 键的断裂会在薄膜中形成缺陷，可以用下式描述 [101]：

$$\mathrm{Si{—}H} \longleftrightarrow \mathrm{Si{—}H{—}Si} + \mathrm{Si_{DB}} \tag{1-30}$$

式中，$\mathrm{Si_{DB}}$ 代表硅悬挂键。Si—H 键的断裂是由费米能级 E_{F} 的位置决定的，而与掺杂剂的物理性质无关 [102,103]。对 a-Si:H/c-Si 界面，把掺杂导致缺陷形成与降低钝化性能关联，可由加热退火 a-Si:H/c-Si 时逸出 H_2 的实验得到验证 [104]。同时，掺杂非晶硅薄膜 (p-a-Si:H 和 n-a-Si:H) 在硅片表面形成掺杂浓度梯度，实现场效应钝化。

使用掺杂 a-Si:H 是为了在 a-Si:H/c-Si 异质结器件中形成内建电场，但是掺杂后 a-Si:H 对 c-Si 表面的钝化效果变差，为克服这个矛盾，HIT 电池就是在掺杂 a-Si:H 与 c-Si 之间再插入一层 i-a-Si:H 缓冲层，以在形成发射极和 BSF 的同时，获得良好的界面钝化性能 [49-55]。由于是在本征层上再沉积掺杂层，因此也可能会在本征层中形成缺陷，从而影响整体钝化效果。比较掺杂非晶硅/本征非晶硅叠层与纯本征非晶硅对 c-Si 的钝化效果 [105]，其中掺杂和本征非晶硅层的厚度都仅为数纳米。对 p-a-Si:H/i-a-Si:H/n-c-Si 结构，在相对较低的温度退火时，就能探测到 H_2 从本征层中逸出 [104]，其钝化性能相比 i-a-Si:H/n-c-Si 结构要差，而在同样条件下退火 i-a-Si:H/n-c-Si 结构则没有 H_2 逸出现象，表明掺杂会使其下面的本征层中形成缺陷，这可能是掺杂非晶硅层的存在，使得 i-a-Si:H 中 Si—H 键的断裂能变低而造成的 [104]。而对于 n-a-Si:H/i-a-Si:H/n-c-Si 结构，其钝化性能则下降不多。

1.3.3 晶硅异质结电池的载流子输运

对包含 pn 结的半导体器件，荷电载流子输运的物理机制与器件结构、温度和偏压有关。对同质结而言，可以用经典的肖克利 (Shockley) 二极管模型来描述太阳电池，其认为中性区荷电载流子的扩散限制着输运。而对异质 pn 结器件，能带带阶起到势垒的作用，不连续的体内性能、界面态和偶极子层都进一步使得异质结器件的输运变得复杂。Anderson[85] 根据 Shockley 扩散理论最先研究了 Ge/GaAs 异质结的输运特性，后来其他研究者考虑能带带阶的影响，对该模型方法进行了修正，但仍然没有考虑异质结界面的缺陷态。组成异质结的一种或两种材料带隙中的体缺陷态会引起荷电载流子从能带中被陷获、在费米能级处的跳跃传导 (hopping conduction) 和隧穿过程。含有非晶材料的异质结更易于产生这些效应，因为带隙中存在很高的态密度 (density of states，DOS)，包括以指数形式衰减的带尾态和处在带隙深处的悬挂键。

对 a-Si:H/c-Si 异质结太阳电池，从整体上讲可以认为是一个体器件，但是电荷的输运行为限定在非常薄的区域，即界面或非常薄的薄层内，因此界面的性质对异质结的电性能起着重要的作用。人们通过 a-Si:H/c-Si 异质结输运特性的实验和理论研究，提出了相应的输运机制和模型，较一致的认识是：在较高的偏压下，异质结电池中的载流子输运由扩散机制决定；而在较低的偏压范围内，其输运机制是隧穿。

异质结太阳电池的载流子输运与同质 pn 结电池不同，以 p-a-Si:H/n-c-Si 异质结电池为例，图 1-25 是其能带图，在其上同时标示出了载流子输运和复合路径。从图中可见，路径 2 和 3 是前表面接触的复合损失；路径 6 和 7 是背面接触的复合损失；路径 1 和 5 分别是发射极和基区的体复合；路径 4 是势垒区的复合；路径 8 则是界面复合路径，这对异质结电池来说很典型。

在基区和发射极的界面处，异质结和同质结的复合行为有显著的差异。由于各层材料之间电子亲和能不同，对异质结而言，在能带中没有平稳的过渡，即在交界面处的导带和价带发生了弯曲或形成了尖峰。这种尖峰是由能带带阶引起的，对异质结电池既有好处，也有不利。当光照射到异质结电池时，首先被电池的发射区和基区所吸收 (虽然基区吸收的光比发射区要多很多)，一旦电子和空穴在这些区域形成，根据它们的产率和量子效率，载流子沿着电场和浓度梯度的方向，以漂移和扩散的方式移动。载流子在体内的输运，特别是在基区，基本上是由扩散所控制，因为在基区实际上是没有电场的，载流子在这里面临着复合损失，这与同质结电池类似。在异质结中，少数载流子也是朝 pn 结运动的。在异质结电池的正面和背面接触处，也会发生载流子复合损失。但是有其他两种复合损失是异质结特有的：一是耗尽区内同一层材料内电子和空穴间的复合，二是两种材料间电子和空穴的复合。对同质结电池而言，这种复合是可以忽略的。然而，对异质结而言，能带带阶和界面缺陷区的存在使得其与同质结不同。高缺陷区的存在和电荷陷阱，增加了复合概率，这种复合取决于电压。

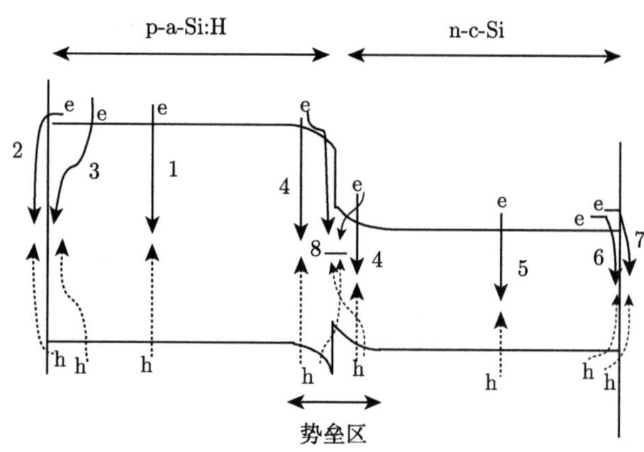

图 1-25　SHJ 电池中的能带图、电荷输运和复合路径 [106]

1.4　晶硅异质结太阳电池制造工艺进展

晶硅异质结 (SHJ) 电池的基本制造工艺包括硅片的清洗制绒、硅薄膜沉积、TCO 薄膜沉积和金属化电极制作。近年来，晶硅异质结电池的一大进步是采用了背结技术，即发射极置于背面，最近获得高效的异质结电池都是基于背结硅异质结结构 [59,61,62]。基于 SHJ 电池的基本工艺，本节主要介绍背结硅异质结电池、绒面工艺进步、硅薄膜应用发展、透明导电膜改进和金属化进展方面的内容。

1.4.1　背结硅异质结电池

以前对硅异质结电池的研究，大部分工作集中于正结结构，即入光面是 a-Si:H(p) 发射极一侧，目前报道的正结硅异质结电池最高效率是 25.1%[107]。然而，正结硅异质结电池对 a-Si:H(p) 和正面 TCO 的要求很高。a-Si:H(p) 需要平衡钝化、寄生电阻和寄生光吸收的矛盾。较强的钝化通常需要较高的掺杂浓度和厚度，较小的寄生电阻则要求较小的厚度，而为了抑制寄生光吸收，则要求较小的掺杂浓度和厚度。正面 TCO 需兼具高电导率和高透光率，高电导率可通过提高 TCO 的载流子浓度和迁移率实现，而较高的载流子浓度会产生较大的自由载流子光吸收，要求 TCO 必须具备较高的迁移率，限制了材料选择。另外，TCO 和 a-Si:H(p) 之间的接触电阻 ($R_{\mathrm{TCO/a\text{-}Si:H(p)}}$) 对电池串联电阻 ($R_\mathrm{s}$) 的贡献较大，必须有效控

制 [108]。上述原因使制备高效率正结硅异质结电池的工艺窗口较窄，不利于实际生产控制。

将 a-Si:H(p) 置于电池背面，形成背结硅异质结电池，能很大程度解决正结电池在设计优化上的问题。首先，a-Si:H(p) 的掺杂和厚度不再受寄生光吸收的限制，只需要平衡钝化和寄生电阻。其次，如图 1-26(a) 所示，TCO 和 a-Si:H(p) 接触形成的势垒会阻碍空穴的传输，产生较大的 $R_{\text{TCO/a-Si:H(p)}}$。实验发现 [109]，可以通过调控 TCO 沉积过程的氧分压，提高 TCO 的功函数，使 TCO 和 a-Si:H(p) 的接触势垒降低，从而减小 $R_{\text{TCO/a-Si:H(p)}}$(图 1-26(b))。同时，发现 TCO 的方块电阻 ($R_{\text{sheet,TCO}}$) 随氧分压的增大而增大，其对 R_s 的贡献也会相应增大。例如，采用正结结构，$R_{\text{TCO/a-Si:H(p)}}$ 的减小会被 $R_{\text{sheet,TCO}}$ 增大的效应所补偿，不能有效降低 R_s；而采用背结结构，因背面设计的栅线数目通常为正面数目的 2~3 倍，可有效抑制 $R_{\text{sheet,TCO}}$ 对 R_s 的贡献，从而可通过提高氧分压，降低 R_s。第三，TCO 通常是 n 型导电材料，与硅基底的导电类型相同。与正结电池不同，背结电池中电子的横向传输可以由 TCO 层扩展到硅基底内 (图 1-27(a)、(c))，降低传输过程引致的电阻损失。与此对应，背结电池在最大功率点的电流密度更高 (图 1-27(b)、(d))，意味着背结电池可以获得更高的 FF。图 1-27(e) 显示了实验得到的正结 (FE) 和背结 (RE) 硅异质结电池的 FF 随正面栅线间距 (pitch) 和 TCO 沉积气氛中氧含量 (OC，对应氧分压) 的变化情况 [110]。可见，在同等条件下，背结电池的 FF 要高于正结电池，其对栅线间距和 TCO 导电性的要求相对降低。如图 1-27(f) 所示，随 TCO 沉积气氛中氧含量的增大，TCO 的方块电阻增大，对光的吸收率降低。这是由于 TCO 中氧空位的掺杂下降，载流子浓度降低所致。综合上述结果，对于背结电池，因其对正面 TCO 导电性的要求降低，从而可通过提高 TCO 沉积气氛的氧含量，一定程度上抑制 TCO 的光吸收，提高电池的 J_{SC} 和效率。

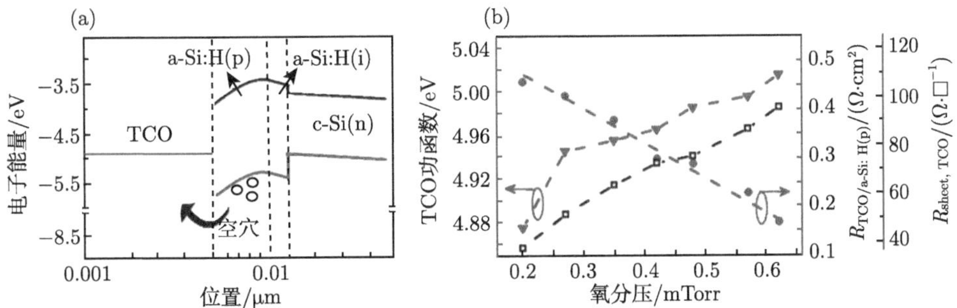

图 1-26 (a) 硅异质结电池在 a-Si:H(p) 一侧的能带图，TCO 为简并半导体，图中给出的是 TCO 的导带位置，实验中 [109] 使用的 TCO 材料为 In_2O_3:W (IWO)，其禁带宽度 E_g 约为 3.8 eV；(b)TCO 的功函数、方块电阻 ($R_{\text{sheet,TCO}}$)，TCO 和 a-Si:H(p) 的接触电阻 ($R_{\text{TCO/a-Si:H(p)}}$) 随氧分压的变化 [109]。1 Torr = 1.33322×10^2 Pa

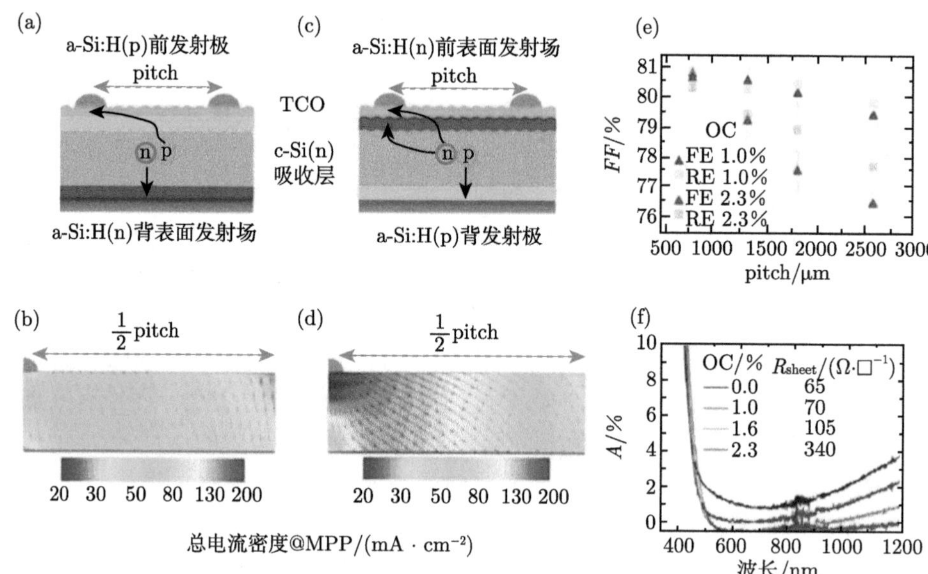

图 1-27　硅异质结电池结构示意图及在电池最大功率点 (MPP) 的电流密度分布模拟 [110]
(a), (b) 正结结构，(c), (d) 背结结构；(e) 实验得到的正结 (FE) 和背结 (RE) 硅异质结电池的 FF 随正面栅线间距 (pitch) 和 TCO 沉积气氛中氧含量的变化；(f) 不同氧含量下，TCO 光吸收率及方块电阻的变化

背结硅异质结电池中，a-Si:H(n) 是受光面。如图 1-15(a) 所示，实验发现，a-Si:H(n) 的消光系数要大于 a-Si:H(p)[109]，也即在相同厚度下，a-Si:H(n) 的寄生光吸收大于 a-Si:H(p)，对电池 J_{SC} 的影响更显著，这可认为是背结硅异质结电池的一个劣势。实际中，可以通过在一定范围内降低 a-Si:H(n) 层的厚度，使得电池的 J_{SC} 提高，而 V_{OC} 和 FF 可基本保持不变，从而使电池的效率得到提高。

一般而言，背结电池对硅基底的要求高于正结电池。因为在正面产生的载流子需要扩散到电池背面被分离收集，这就要求载流子具有更大的扩散长度。目前的单晶硅拉晶技术能够确保得到高质量的硅片，而硅异质结电池具备非常好的界面钝化，在此情况下，载流子有足够长的扩散长度扩散到电池背面被有效收集。因而对高效异质结电池而言，背结结构对硅基底质量的要求与正结结构相当。

综上，与正结结构相比，背结硅异质结电池在设计优化上面临的限制更少。由于电子的横向传输可扩展到硅基底，同等条件下可获得更高的 FF。对硅基底亦没有更高的要求，所以背结结构是一种更适合量产的硅异质结电池结构。

1.4.2　绒面工艺进步

制作太阳电池的第一步工序是对硅片进行清洗并形成绒面以陷光。SHJ 电池的特征之一是具有高钝化质量的非晶硅/晶硅界面，要求硅片表面高的清洁度和合适的金字塔形貌。因此相对于其他晶硅电池，如 Al-BSF 电池和 PERC 电池，SHJ 电池对清洗制绒步骤的工艺要求更为严格。针对 SHJ 电池的硅片清洗，一般是以 RCA 清洗工艺为基础。RCA 工艺是 1965 年由美国无线电公司 (RCA) 开发的针对半导体晶圆的清洗工艺 [111]，该工艺主要包括 SC1(NH_4OH 和 H_2O_2 混合溶液) 和 SC2(HCl 和 H_2O_2 混合溶液) 两个步骤。RCA 清洗工艺主要应用于实验用途，但在 SHJ 电池规模化生产中也参照了 RCA 工艺，由于使用的 NH_4OH 和 H_2O_2 挥发性较强，而 SC1 和 SC2 工艺温度都高于 60 ℃，因此化学品的消耗量较大，SHJ 电池的硅片清洗成本极高。

针对 RCA 清洗工艺在 SHJ 电池规模化生产中面临的挑战，以臭氧 (ozone, O_3) 为基础的硅片清洗工艺和量产化的设备受到重视 [112]。图 1-28 是以 RCA 工艺为基础和以臭氧工艺为基础的硅片清洗制绒工艺的比较。与 RCA 相比，在前清洗 (preclean) 过程中使用臭氧去离子水溶液 (DIO_3) 替代 SC1，在后清洗 (postclean) 工艺中使用臭氧/氢氟酸溶液 (DIO_3/HF) 替代 SC1、氢氟酸/硝酸混合溶液 (HF/HNO_3) 及 SC2 三个步骤，摆脱了氨水、硝酸和过氧化氢三种溶液的使用，同时臭氧清洗无任何含氮废水的排放，其效果却是能够实现对有机杂质 (如添加剂残留) 和金属杂质 (如钾离子、钠离子及过渡金属离子) 的高效去除。

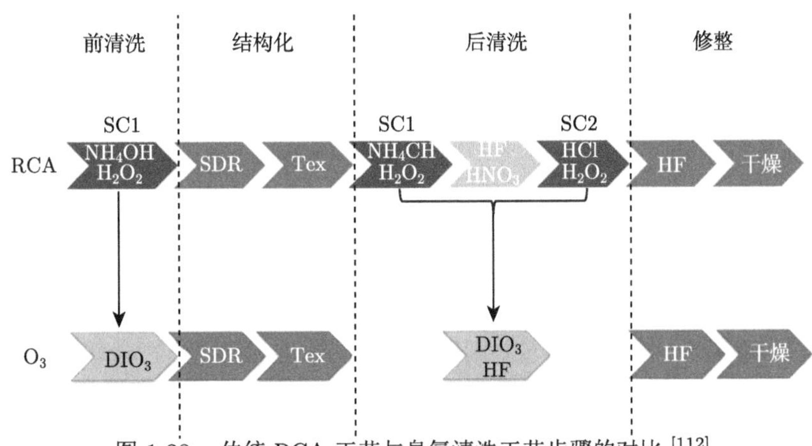

图 1-28 传统 RCA 工艺与臭氧清洗工艺步骤的对比 [112]

图中的 SDR 和 Tex 分别为 saw damage removal(去切割损伤) 和 texturing(制绒) 的缩写

如图 1-29 所示，通过改变制绒添加剂配比及工艺时长可准确地控制金字塔的尺寸。大尺寸的金字塔可有效减少单位面积内塔底区域的数量及微绒面的形成，可以更好地提升非晶硅钝化的效果及提高电池的开路电压 V_{OC}。另一方面，随着金字塔尺寸的增大，绒面的反射率增加，从而会导致 SHJ 电池的短路电流 I_{SC} 下降。因此，在工艺调试过程中必须精确优化金字塔的尺寸以得到最高的电池效率。

此外，臭氧清洗工艺中 DIO_3/HF 步骤会对金字塔结构的表面进行各向同性的轻微刻蚀 (也称圆润化 (rounding)，刻蚀量为 100～300 nm)，能有效地去除塔尖、塔底和金字塔侧面等富含晶体缺陷的区域 (图 1-29(d) 和 (e))，有利于高质量非晶硅薄膜的生长，从而提高界面钝化效果和电池的开路电压。

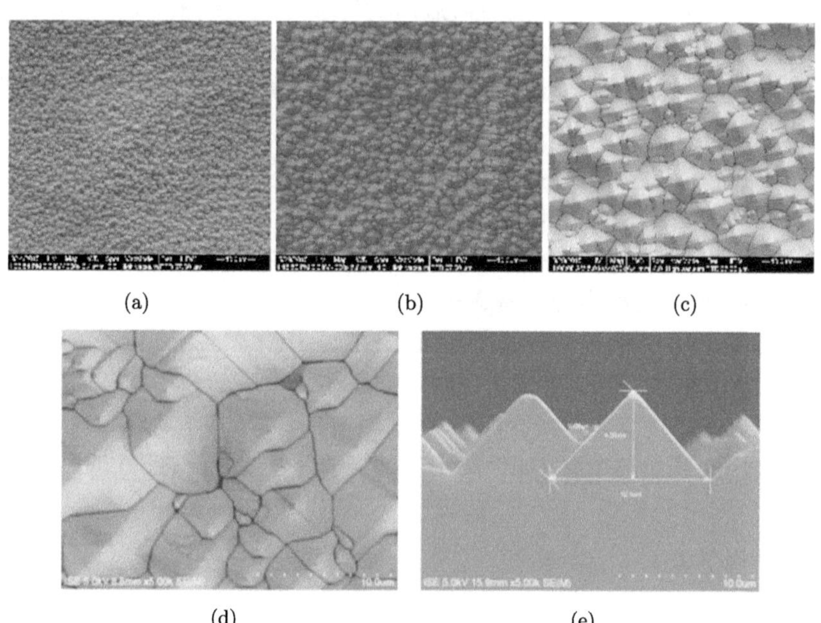

(a)　(b)　(c)

(d)　(e)

图 1-29　改变制绒添加剂配比及工艺时长可准确地控制金字塔的尺寸 [112]

(a) 2～4 μm；(b) 5～7 μm；(c) 10～12 μm；(d)、(e) 使用臭氧氢氟酸溶液 DIO_3/HF 轻微刻蚀后的金字塔形貌

在德国 Fraunhofer ISE 的 Moldovan 等 [113] 发表的对比试验中，臭氧清洗的 SHJ 电池转换效率最多高出 RCA 对比组 $\Delta\eta$=0.45%的绝对值。综上，臭氧清洗工艺既可实现硅片表面的高效清洗，也能控制金字塔绒面微结构，同时可节省化学品用量，避免含氮废水的排放。因而，臭氧清洗工艺已逐渐在全球 SHJ 规模化生产中得到使用。

1.4.3　硅薄膜应用发展

非晶硅/晶硅异质结太阳电池的特点在于本征非晶硅薄膜和掺杂硅薄膜的使用。因此，生长高质量的本征和掺杂硅薄膜，获得高质量的氢化非晶硅/晶硅界面是制备高效硅异质结电池的关键。从硅薄膜的应用发展来看，主要是从薄膜的制备方法和薄膜的结构性能调控两方面进行。

1. HWCVD 沉积硅薄膜

氢化非晶硅薄膜通常使用化学气相沉积法 (CVD) 生长，根据设备的不同，又有等离子体增强化学气相沉积 (PECVD) 和热丝化学气相沉积 (HWCVD) 两种方法。相较于 PECVD，HWCVD 的应用范围较窄，但由于其独特的性质，在硅异质结电池上取得过成功。

HWCVD 沉积氢化非晶硅薄膜的机制如图 1-30 所示 [114,115]。从热丝到硅基底存在一个温度梯度，主要的反应过程可分为 3 个区域。第一个区域是在热丝 (如 Ta 丝) 附近，SiH_4 发生热分解，生成 Si 原子和 H 原子；热丝与基底间的绝大部分真空区域为第二个区域，在此，Si 原子和 H 原子与 SiH_4 分子碰撞发生反应，生成一系列 Si-H 基元，主要为 Si_2H_2 和 SiH_3；这些 Si-H 基元到达基底表面 (第三个区域)，沉积为氢化非晶硅薄膜。如同时通入掺杂气体 (如 B_2H_6、PH_3)，热分解为掺杂原子 (B、P)，以替位态进入氢化非晶硅结构网络，可实现氢化非晶硅薄膜的掺杂。热丝温度，硅基底温度，SiH_4、H_2 流量比等工艺条件决定了氢化非晶硅薄膜的结构和性质，进而决定了电池的最终效率，尤其是本征氢化非晶硅薄膜，不仅直接决定界面的钝化，也直接影响载流子的输运。通常要求薄 (几纳米) 且致密的本征氢化非晶硅薄膜，并形成突变的本征氢化非晶硅/晶硅界面，对其生长控制提出了很高的要求。热丝化学气相沉积也被称为催化化学气相沉积 (catalytic CVD, cat-CVD)，即认为热丝表面对气体的分解反应有催化作用。但对于氢化非晶硅沉积而言，实验表明 [116]，其沉积速率主要取决于 SiH_4 流量和热丝温度，而与热丝的材料无关，由此说明 SiH_4 的分解主要是一个热过程。

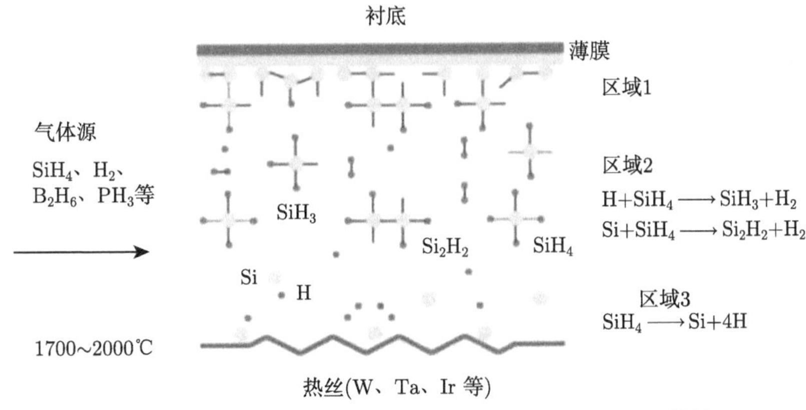

图 1-30 HWCVD 沉积氢化非晶硅薄膜机制示意图 [114]

HWCVD 沉积氢化非晶硅薄膜是基于热丝对反应气体的热分解，没有等离子体对基底的轰击，这是其区别于 PECVD 的一个显著特征。对于硅异质结电池，有助于形成高质量的明显突变的氢化非晶硅/晶硅界面。为比较 HWCVD 和 PECVD 沉积的 i-a-Si:H 对硅表面的钝化效果，有学者制备了 SiN_x/i-a-Si:H/c-

Si/i-a-Si:H/SiN_x 双面钝化样品 [117]，其中 SiN_x 以 HWCVD 生长，i-a-Si:H 以 HWCVD 或 PECVD 生长。测试样品的少子寿命分别为 10 ms(HWCVD) 和 3 ms(PECVD)，表明 HWCVD 生长的 a-Si:H(i) 具有更好的钝化效果。此外，和 PECVD 相比，HWCVD 还有一些其他特点。第一，HWCVD 可以高效地分解 H_2，产生很高密度 ($>10^{14}$ cm^{-3}) 的 H 原子。氢化非晶硅对硅表面的钝化作用被认为主要源于 H 原子对硅表面悬挂键的钝化，高密度 H 原子的存在原则上有利于钝化。第二，HWCVD 的气体利用率在 80%以上，远高于 PECVD(10%～20%)[114]。因而，其产生的硅粉尘很少，简化了设备的维护。第三，理论上可以在热丝 360° 方向上同时沉积氢化非晶硅。实际中，通常在热丝两边均设置载板，同时在热丝的两侧沉积氢化非晶硅，有效提高设备的产能。

HWCVD 也有一些方面不及 PECVD。首先，其在同一块载板内沉积薄膜的厚度不均匀性一般为 10%～15%，而 PECVD 可以控制在 5%以内。其次，HWCVD 的关键部件热丝，在使用过程中存在老化 (aging) 问题，即会与 Si-H 基元发生反应，形成硅化物，使热丝的电阻率和表面状态发生变化，出现开裂和孔洞，影响氢化非晶硅薄膜的质量进而显著影响硅异质结电池的效率；热丝甚至会发生断裂，迫使设备停止运行。对 HWCVD 而言，热丝是一个耗材，需要定期更换，更换周期通常小于 1 个月。热丝的损耗和更换一方面增加了设备的运行成本，另一方面制约了设备的稳定运行时间 (uptime)。因而，需要从热丝材料、设备设计和运行工艺等方面出发，找到延长热丝寿命的方法，这将对 HWCVD 技术在硅异质结电池上的进一步应用起到很好的促进作用。

2. 非晶硅薄膜的分层钝化

硅片表面一个原子产生一个半饱和的悬挂键 (DB)，悬挂键电子结构在晶硅的带隙范围内产生界面态，形成复合中心。为解决悬挂键问题，SHJ 电池引入本征氢化非晶硅层 i-a-Si:H 进行界面钝化。悬挂键密度经 i-a-Si:H 钝化后从 10^{15} cm^{-2} 降至 10^8 cm^{-2}，从而得到较长的有效载流子寿命 [107]。i-a-Si:H 的结构对 SHJ 电池的 V_{OC} 乃至效率有重要影响。多孔、结构疏松、稳定性弱、氢含量高的 i-a-Si:H，比结构致密、稳定、氢含量低的 i-a-Si:H 的钝化效果更好 [118-120]，有利于异质结电池获得更高的 V_{OC} 和效率。有学者设计出双层 (bilayers) 结构的 i-a-Si:H 作为钝化层 [59,120,121]，紧挨 c-Si 的为氢含量高的 i-a-Si:H 缓冲层 (buffer layer)，用于获得优异的钝化性能；在缓冲层上为氢含量低的 i-a-Si:H 盖帽层 (capped layer)，用于改善非晶硅薄膜的稳定性。

氢化非晶硅薄膜的结构及钝化性能差异与薄膜中的 Si—H 键构型及其分布情况相关，利用傅里叶变换红外吸收 (FTIR) 谱可以分析硅的物质结构。图 1-31(a)、(b) 分别是氢含量较高的 i-a-Si:H 缓冲层和氢含量低的 i-a-Si:H 盖帽层的 FTIR

谱。硅薄膜在 1900～2200 cm^{-1} 范围内的红外吸收峰对应着 Si—H_n(n = 1 ～2) 的伸缩模 (stretching modes)，对该波数范围的红外光谱进行高斯分解拟合，得到两个拟合峰，其中位于 2000 cm^{-1} 左右的峰归属为 Si—H 键，2100 cm^{-1} 左右的峰归属为 Si—H_2 键和 $(Si—H_2)_n$ 物种 [122]。定义微观结构因子 R^* 来评判硅薄膜的微观结构质量 [123]：

$$R^* = \frac{I_{2100}}{I_{2000} + I_{2100}} \tag{1-31}$$

式中，I_{2000} 和 I_{2100} 分别为峰位在 2000 cm^{-1} 和 2100 cm^{-1} 左右红外吸收峰的积分强度。R^* 越小，意味着非晶硅薄膜中的 H 原子主要是以 Si—H 键的形式存在，这种薄膜结构致密。R^* 越大，意味着非晶硅薄膜中的 H 原子更多地以 Si—H_2 键或 $(Si—H_2)_n$ 物种的形式存在，这种薄膜结构疏松，包含有较多的孔洞和缺陷，网络结构较差。对于硅异质结太阳电池中的本征非晶硅层，需要薄膜中 Si—H_2 键含量高而 Si—H 键含量低，才能具有良好的钝化性能，但这样的薄膜结构疏松不稳定，因此又需要氢含量相对较低，但结构致密稳定的非晶硅作盖帽层，这种双层的非晶硅层既能保证良好的钝化性能，又能保证相对稳定性。

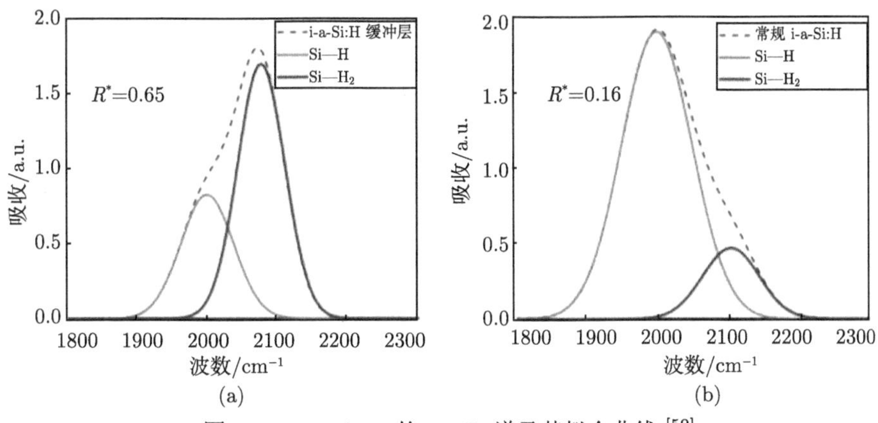

图 1-31 i-a-Si:H 的 FTIR 谱及其拟合曲线 [59]

(a) i-a-Si:H 缓冲层；(b) i-a-Si:H 盖帽层

在 SHJ 电池中，获得良好钝化性能的一个必要条件是 c-Si 和 a-Si:H 薄膜的界面是突变的 [69]，这意味着在界面没有硅外延生长 (epitaxial growth)，即没有晶相材料被沉积。可通过改变硅薄膜的生长条件，尽量减少外延硅 (epi-Si) 出现在 a-Si:H/c-Si 界面，但是在 a-Si:H/c-Si 界面或多或少都会存在外延硅，要完全无外延硅还是比较困难的。研究表明，镶嵌在外延硅中的纳米孪晶 (embedded nanotwins) 密度对硅异质结的界面钝化有重要影响 [121]，镶嵌型纳米孪晶缺陷多，则钝化效果差。如果采用双层结构的本征非晶硅钝化层，则氢含量较高的本征非晶硅缓冲层能够抑制 a-Si:H/c-Si 界面的镶嵌型纳米孪晶，有利于保持本征非晶硅的钝化效果 [121]。图 1-32(a)、(b) 是带与不带本征非晶硅缓冲层 (i*) 的 a-Si:H/c-Si 界面的高分辨透射电镜 (HRTEM) 照片，从中可以直观看到，如不带缓冲层，则在界面上镶嵌型纳米孪晶缺陷较多。图 1-32(c) 是 a-Si:H/c-Si 界面镶嵌型纳米孪晶缺陷密度，从不带缓冲层的约 25 μm^{-1} 减少到带缓冲层的约 10 μm^{-1}。图 1-32(d) 是带与不带缓冲层的本征非晶硅钝化样品的少子寿命测量结果，在载流子注入水平 5×10^{15} cm^{-3} 处，钝化样品的有效载流子寿命 (τ_{eff}) 从不带缓冲层的 3.2 ms 增加到带缓冲层的 4.3 ms。

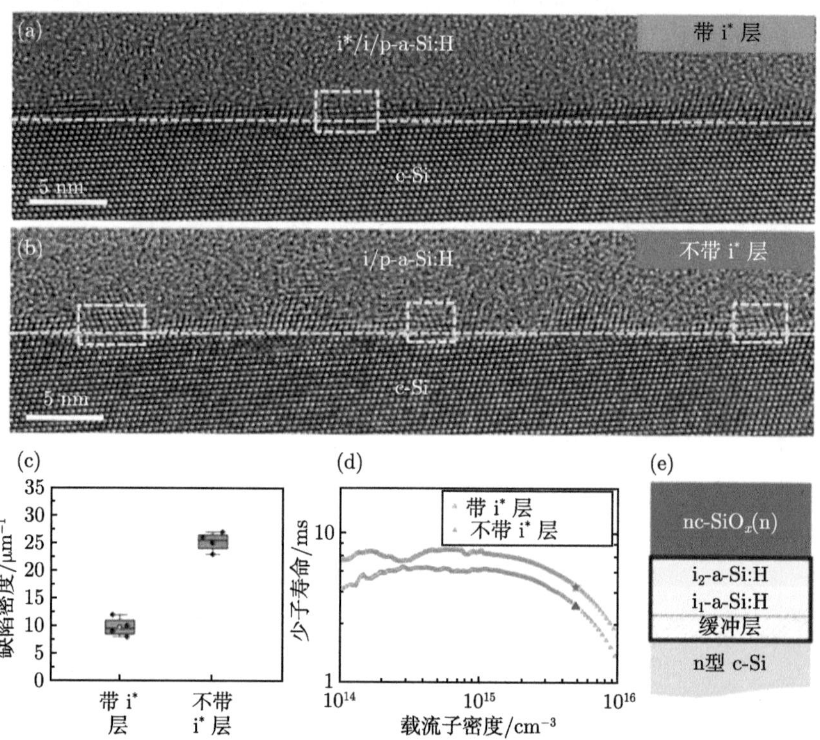

图 1-32　(a)、(b) 带本征非晶硅缓冲层 (i*) 和不带本征非晶硅缓冲层的 a-Si:H/c-Si 界面 HRTEM 照片，方框里是镶嵌型纳米孪晶 [121]；(c) 带和不带缓冲层的 a-Si:H/c-Si 界面镶嵌型纳米孪晶缺陷密度统计 [121]；(d) 带和不带缓冲层的钝化样品少数载流子寿命变化 [121]；(e) 三层非晶硅钝化层结构示意图 [124]

以上结果表明，双层结构的本征非晶硅钝化层，即与 c-Si 接触的是氢含量较高但结构疏松的缓冲层，在缓冲层外面是氢含量相对较低，但结构致密的盖帽层，这种双层结构的非晶硅钝化层能保证良好的钝化性能和异质结电池效率。也可以将盖帽层再分成两层，形成三层结构的本征非晶硅钝化层 [124]，如图 1-32(e) 所示。在这三层本征非晶硅中，与 c-Si 接触的缓冲层 (buffer) 的结构因子 R^* 最高、氢含量含也最高，能够最大限度地饱和界面的悬挂键。中间的 i_1-a-Si:H 层进一步饱和悬挂键，降低界面缺陷态密度。而外层的 i_2-a-Si:H 层则具有较低的结构因子，氢含量也最低，有利于载流子的输运。比如该缓冲层、i_1、i_2 三层非晶硅钝化层的典型 R^* 值和氢含量原子百分数分别为 [124]：0.73、0.59、0.28 和 26.6%、24.7%、20.2%，呈现出从内到外 R^* 值减小和氢含量降低的特点。

3. 宽带隙硅基薄膜材料

在 SHJ 电池的制造工艺中，沉积本征非晶硅钝化层后，接着是沉积掺杂的非晶硅层以形成发射极或窗口层。但是 a-Si:H 具有很高的寄生吸收，如图 1-33(a) 所示，SHJ 电池前表面的本征非晶硅层和掺杂非晶硅层随厚度增加，产生光电流损失愈加严重 [125]。减少非晶硅的寄生吸收，提高短路电流密度是异质结电池的关键技术问题。在电池前表面使用宽带隙的窗口层，可以有效减少寄生吸收。调控 a-Si:H 的生长条件，得到宽带隙的掺杂非晶硅能够减少寄生吸收。但是 a-Si:H 的带隙调控范围有限，因此其他宽带隙的非晶材料，如 a-SiO$_x$:H、a-SiC$_x$:H 等都被使用过 [126]。目前的趋势是使用纳米硅、纳米硅合金 (如纳米硅氧、纳米硅碳) 来替代非晶材料，这些材料均具有比非晶材料更宽的带隙并且可调，能够更有利于减少寄生吸收。图 1-33(b) 是各类可用于异质结电池前表面的可替代 a-Si:H 的一些材料的吸收系数比较 [127]。

由于较宽的带隙，在电池前面使用掺杂氢化纳米晶硅 (nc-Si:H) 能够减少在短波区域的寄生吸收，有助于提升电池的短路电流密度 [128]。当用 nc-Si:H 接触层替代掺杂的 a-Si:H 层时，必须考虑两个方面：其沉积对 i-a-Si:H 钝化层的影响，以及达到高晶化率的必要性。nc-Si:H 层生长的初始阶段是最关键的，因为它们会影响其晶化率。Mazzarella 等 [129] 证实，在 nc-Si:H 沉积之前进行 CO_2 等离子体处理可有利于电池获得高开路电压和高填充因子。另外，nc-Si:H 是非晶硅相和纳米晶硅颗粒的混相体系，其电导率比掺杂的 a-Si:H 要高两个数量级，能够改善电池的载流子输运性能，有利于提高电池的填充因子 [128]。隆基绿能最近研发的背结 SHJ 电池在背面就采用了 pnc-Si:H 发射极 [124]。

采用纳米结构化的掺杂宽带隙硅氧合金 (nc-SiO$_x$:H)[130] 于电池的正面，有助于进一步减少寄生吸收。图 1-33(c) 是以 nc-SiO$_x$:H 和 n-a-Si:H 为窗口层的 SHJ 电池的外量子效率 (EQE) 曲线，从中可见以 nc-SiO$_x$:H 合金层作为窗口层，电池有较低的寄生吸收，使得电池的短波响应得到显著改善。nc-SiO$_x$:H 层可通过 PECVD 工艺沉积，以 H_2、SiH_4、掺杂气体 (PH_3 或 B_2H_6) 和 CO_2 作为反应气体，其中 H_2 是稀释气体，CO_2 充当氧源。Zhao 等 [131] 通过对 nc-SiO$_x$:H 薄膜厚度的优化发现，虽然使用宽带隙硅合金作为载流子接触层会降低寄生吸收，提升电流密度，但不合适的能带排列增加了接触电阻而引起填充因子的下降。为了保持高的短路电流同时优化填充因子，他们提出由 pnc-SiO$_x$:H 主层和 pnc-Si:H 种子层组成的双层触点结构，实现了具有低接触电阻的 p 型钝化结构 [130,131]。优化后的 nc-SiO$_x$:H 层相较于传统的 a-Si:H 材料，不仅具有寄生吸收小的特点，还呈现与晶硅更适配的折射率和更好的导电性能。nc-SiO$_x$:H 也可以采用分层结构，如图 1-33(d) 所示。里层是通过增加掺杂气体 PH_3 的浓度而获得的种子层 [124]，有利于提高 nc-SiO$_x$:H(n) 的晶化率，晶化率的提升有利于电池的 V_{OC} 和 FF 的提高。创造 26.81％单结晶硅太阳电池效率世界纪录的异质结太阳电池 [61,124]，正是采用了包括分层结构的本征非晶硅钝化层和双面纳米晶薄膜 (正面分层结构的 nc-SiO$_x$:H 窗口层和背面 nc-Si:H 发射极) 等薄膜综合技术。

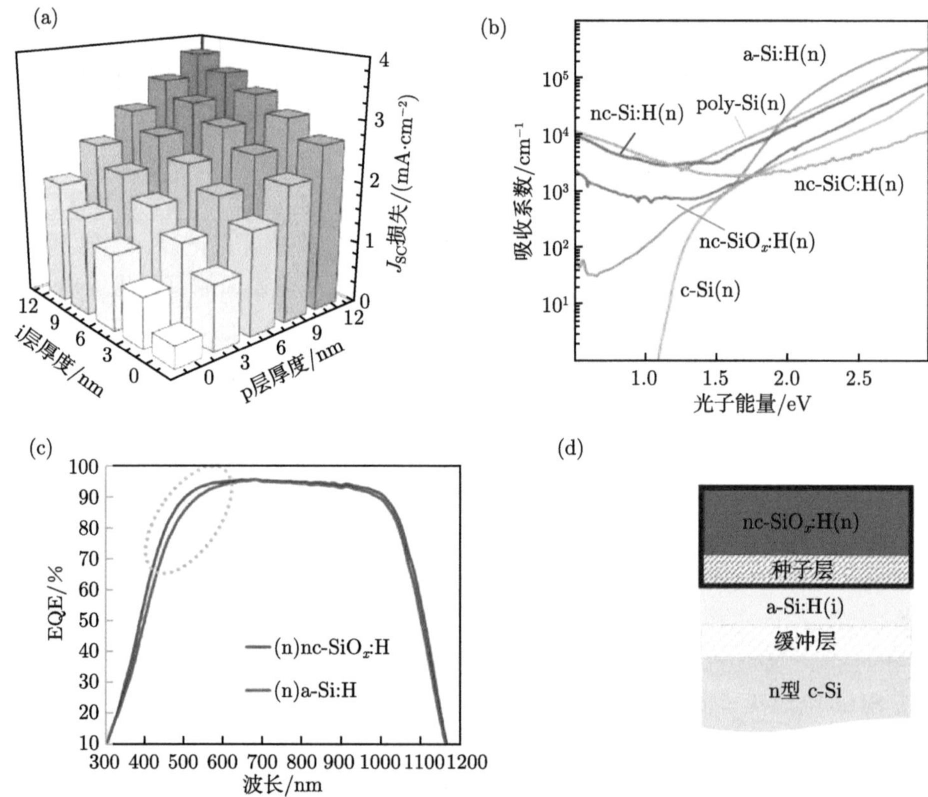

图 1-33　(a) 本征非晶硅和掺杂非晶硅厚度对 SHJ 电池短路电流的影响 [125]；(b) 可替代 a-Si:H 的宽带隙材料的吸收系数对比 [127]；(c) 以 nc-SiO$_x$:H 和 n-a-Si:H 为窗口层的 SHJ 电池的 EQE 对比 [124]；(d) 以分层结构的 nc-SiO$_x$:H 为窗口层的电池结构示意图 [124]

相较之下，nc-SiC$_x$:H 的带隙最大，因此具有最小的寄生吸收损失潜力 (图 1-33(b))。但到目前为止，常规的 PECVD 等方法难以制备具有高透明度、良好的导电性，同时提供充足氢钝化的 nc-SiC$_x$:H 薄膜，通常使用 HWCVD 来制备 nc-SiC$_x$:H 薄膜 [132]。Köhler 等 [127] 提出了由硅氧化物隧穿层和在不同温度下沉积的两层 nc-SiC$_x$:H(n) 组成的透明钝化接触。nc-SiC$_x$:H(n) 的宽带隙保证了高光学透明度，而双层设计获得了良好的钝化和高导电性，从而获得 24%的认证效率。这种接触使得不需要额外的加氢或高温沉积后退火步骤。

1.4.4 透明导电膜改进

在 SHJ 太阳电池中，由于 a-Si:H 薄膜的导电性较差，通常需要在 a-Si:H 薄膜表面制备一层 TCO 薄膜，用来收集光生载流子并将其输运到金属电极上。同时，迎光面 TCO 薄膜还必须具备减反射功能，降低电池的表面光反射损失，可见 TCO 薄膜对 SHJ 太阳电池的 J_{SC} 起着重要作用。因此，TCO 薄膜既要有较好的导电性，又要有较高的透过率。近年来，在硅异质结电池上 TCO 薄膜的进展主要是沉积方法和 TCO 材料的改进。

1. RPD 沉积

由于 SHJ 太阳电池的高开路电压与 a-Si:H 薄膜对 c-Si 表面的良好钝化有关，这就要求后续 TCO 镀膜过程尽量减少对 a-Si:H 薄膜初始钝化效果的破坏。显然，低离子轰击损伤的 TCO 镀膜技术对实现高填充因子和高开路电压至关重要。考虑到诸多光电器件对 TCO 薄膜及其制备技术的苛刻要求，日本住友公司开发了一种低温、低损伤 TCO 薄膜镀膜设备——反应等离子体沉积 (RPD) 或者是离子镀沉积 (ion plating)[71]，该设备的主要特点是利用特定的磁场控制氩等离子体的形状，从而产生稳定、均匀、高密度的等离子体，其设备原理如图 1-34(a) 所示。与传统磁控溅射 (SP) 镀膜技术相比，RPD 技术的等离子体能量分布相对集中且离化率更高，有效粒子的能量分布在 20~30 eV 范围内，几乎没有能量大于 50 eV 的高能粒子。相反，SP 技术中有效的粒子能量范围在 1~3 eV，但其等离子体中却含有大量的能量高于 100 eV 的高能粒子，如二次电子、氩离子和氧离子等，对基板表面有很强的轰击刻蚀作用。因此，在相同条件下，RPD 技术制备的 TCO 薄膜结构更加致密、结晶度更高、表面更加光滑、导电性更高、光学透过率更好。用 RPD 技术沉积 TCO 薄膜并应用于 SHJ 电池，比用 SP 技术沉积 TCO 薄膜获得的 SHJ 电池效率普遍高 0.5%以上。

2. TCO 薄膜材料改进

为了获得高效率的 SHJ 太阳电池，TCO 薄膜必须同时兼备良好的光学性能和电学性能。低电阻率、高透光率和低温生长是 SHJ 电池对 TCO 薄膜的基本要求。由 TCO 薄膜的电阻率与自由载流子浓度和迁移率的关系式 (1-14) 可知，要想获得低的电阻率 (高导电性)，可以通过增加载流子浓度和提高载流子迁移率来实现。常用的 TCO 材料是 SnO_2 掺杂的 In_2O_3(氧化铟锡，ITO)，高导电性的 ITO 薄膜通常是以高载流子浓度作为支撑，但是 ITO 薄膜在长波段光谱的自由载流子寄生吸收很大，会导致异质结电池的 J_{SC} 相对较低。虽然 RPD 镀膜技术可以在低温下制备出高品质的 ITO 薄膜，但是 ITO 薄膜的迁移率却普遍不高，只有 20~40 $cm^2 \cdot V^{-1} \cdot s^{-1}$。为了使电池效率最大化，开发新型的高迁移率 TCO 薄膜材料显得尤其重要。有几种方式 [133,134] 可以实现较高载流子迁移率的掺杂 In_2O_3：① 用其他金属氧化物，如 Zn、Ti、Zr、Mo 和 W 的氧化物等取代 SnO_2 对 In_2O_3 掺杂 (In_2O_3:Me)，可以获得约 80 $cm^2 \cdot V^{-1} \cdot s^{-1}$ 的载流子迁移率；② 用氢掺杂 In_2O_3(In_2O_3:H) 或金属氧化物和氢共掺杂 In_2O_3(如 In_2O_3:Ce,H)，可以获得大于 100 $cm^2 \cdot V^{-1} \cdot s^{-1}$ 的载流子迁移率。日本长洲产业公司 [135] 用 CeO_2 和氢共掺杂的 In_2O_3 作为 TCO 薄膜材料，得到载流子迁移率达到 140 $cm^2 \cdot V^{-1} \cdot s^{-1}$ 的 In_2O_3:Ce,H 材料，将其应用于异质结电池，获得了效率高达 24.1%的全面积 (243.4 cm^2) 异质结电池。这主要得益于以 In_2O_3:Ce,H 作为 TCO，较高的载流子迁移率和电池在近红外波段的良好光谱响应，有效提高了电池的 FF 和 J_{SC}，以 In_2O_3:Ce,H 和 ITO 作 TCO 层的 SHJ 电池在近红外波段的内量子效率 (internal quantum efficiency, IQE) 比较见图 1-34(b)。虽然氢掺杂可提高 TCO 的迁移率，但氢掺杂 TCO 的长期稳定性需要关注 [136]。在湿热条件下 (85°C，85%湿度) 测试 In_2O_3:H 的性能变化，发现随测试时间的延长，In_2O_3:H 的迁移率显著降低，电阻率增大；In_2O_3:H 迁移率的降低被认为与材料晶界处 H 的降低有关，在 In_2O_3:H 上沉积 ITO 形成复合薄膜可提高其长期稳定性。

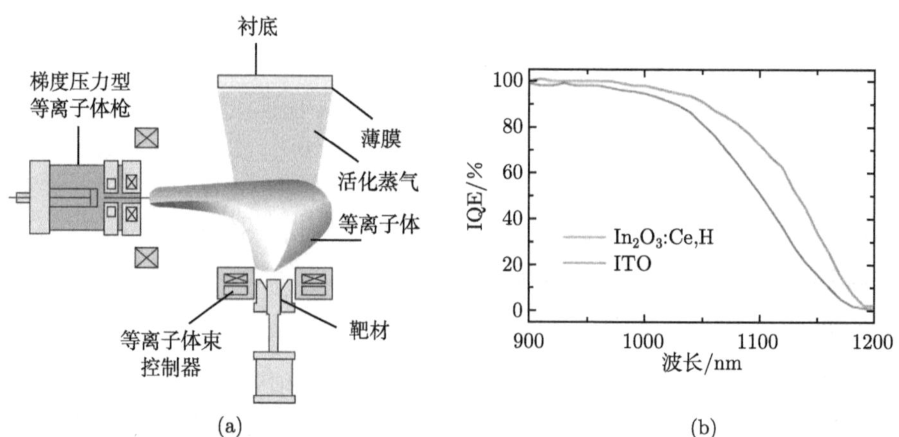

图 1-34　(a) RPD 设备原理示意图 [71]；(b) 以 In_2O_3:Ce,H 和 ITO 作 TCO 层的 SHJ 电池在近红外波段的 IQE 比较 [135]

另一方面，基于掺杂 In_2O_3 的 TCO 材料，由于含有稀有金属铟 (In)，成本较高。AZO(ZnO:Al) 是一种成本较低的 TCO 材料，将其用于 SHJ 电池，可降低电池的制备成本。AZO 在长波段的吸收通常要低于 ITO，但其迁移率通常只有约 10 $cm^2 \cdot V^{-1} \cdot s^{-1}$，导电性较差 [137,138]，可用在 SHJ 电池的背面，因电池背面的栅线数目通常几倍于正面，对背面 TCO 的导电性要求可适当降低。AZO 也可以用在背结 SHJ 电池的正面，在背结 SHJ 电池中，电子的横向传输可以由 TCO 层扩展到 n 型硅基底内，可降低对正面 TCO 的导电性要求。Cruz 等 [138] 将 AZO 用在背结 SHJ 电池的正面代替 ITO，获得了较 ITO 电池更高的 J_{SC} 和效率。同时发现，如在该电池中使用 AZO/SiO_x 双层减反射薄膜，在维持同等减反射效果的前提下，AZO 的厚度可降低一半。AZO 厚度降低使得其寄生吸收降低，方块电阻增大，使电池的 J_{SC} 增大，FF 减小，电池的效率可保持不变。而 AZO 厚度的降低意味着 TCO 材料成本的下降。使用低成本的 TCO 材料，通过电池结构设计维持较高的电池效率，应是未来发展的一个方向。隆基绿能研发团队利用储量丰富、价格便宜且安全环保的薄膜材料 (具体材料未披露)，取代了传统的铟基透明导电膜，制备的无铟 SHJ 电池效率达 26.09%[61]，高效无铟 SHJ 电池的成功研发，能有效摆脱大规模量产对铟资源的依赖，缓解业界对铟储量不足的担忧，为异质结电池的降本提供了有益参考。

3. 分层结构的 TCO 薄膜

SHJ 电池正、背面的 TCO 层一般是相同组分、相同结构的材料。随着异质结电池制备技术的发展，尤其是背结异质结电池的发展，可以对正、背面的 TCO 层分别进行优化。正面 TCO 需兼具高电导率和高透光率，高电导率可通过提高 TCO 的载流子浓度和迁移率实现，而较高的载流子浓度会产生较大的自由载流子光吸收，要求 TCO 必须具备较高的迁移率，限制了材料选择。因背面栅线数目通常为正面数目的 2~3 倍，则对背面 TCO 的导电性要求可适当降低，可以通过适当提高 TCO 沉积的氧分压，制备较高方块电阻的背面 TCO，但与非晶硅的接触电阻 ($R_{\mathrm{TCO/a\text{-}Si(p)}}$) 降低，这样能够提高 SHJ 电池的填充因子和效率 [109]。图 1-35(a) 是正面、背面使用不同 TCO 的 SHJ 电池结构示意图。

单层的 TCO 薄膜几乎很难同时兼有优良的光学、电学以及界面接触特性。进一步地，针对背结异质结电池的背面 TCO 薄膜，为了获得最小的 TCO/a-Si:H(p) 接触电阻、最大的金属间距、最低的金属银浆消耗以及最高的功率输出，设计出 TCO1/TCO2 双层结构的 TCO 薄膜 [139]，如图 1-35(b) 所示。这里，TCO1 薄膜设计为高方块电阻 (120 $\Omega \cdot \square^{-1}$ 左右)，与 a-Si:H(p) 层接触，有效降低了 TCO/a-Si:H(p) 的接触电阻；TCO2 薄膜设计为低方块电阻 (30 $\Omega \cdot \square^{-1}$ 左右)，与金属电极接触，由于良好的导电性，可容许更稀疏的金属电极图形设计，金属化电极的耗银量可以减少 50%以上。

针对背结 SHJ 电池的正面 TCO 也可进行结构优化。可以制备三层结构的 TCO 薄膜 [140]，从内到外分别是与硅薄膜接触的缓冲 TCO 层 (buffer TCO)、中间的种子 TCO 层 (seed TCO) 及外围的主 TCO 层 (main TCO)。图 1-35(c) 是综合了三层本征层、双面纳米硅 (合金) 薄膜、三层 TCO 薄膜的 SHJ 电池结构示意图 [140]。设计的原则是从内到外 TCO 层的导电性变弱，但是透过率增大，既保证与硅薄膜的接触性能，又保证有更多的光透射进电池。

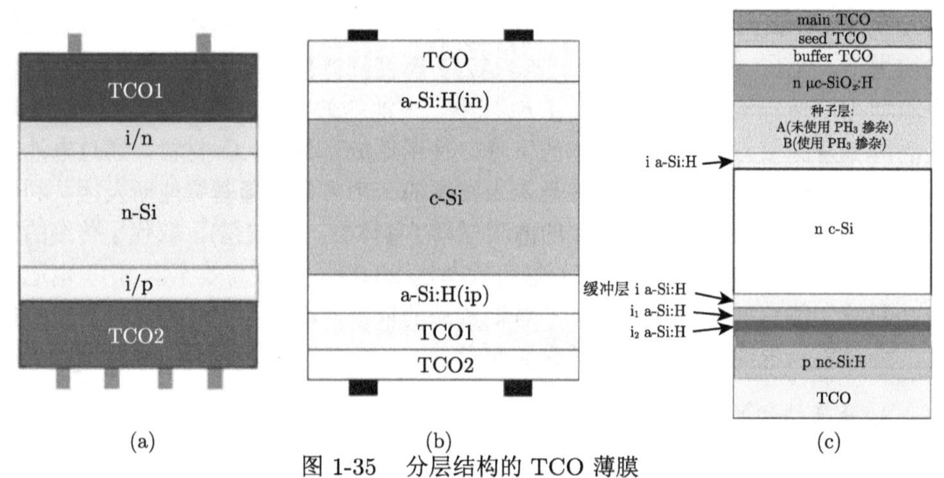

图 1-35 分层结构的 TCO 薄膜

(a) 正、背面采用不同 TCO 薄膜的 SHJ 电池示意图 [109]；(b) 背面采用双层结构 TCO 薄膜的 SHJ 电池示意图 [139]；(c) 正面采用三层结构 TCO 薄膜的 SHJ 电池示意图 [140]

1.4.5 金属化进展

太阳电池的正反面一般都会有电极，以与 pn 结两端形成紧密欧姆接触。在电池光照面上的电极称为上电极，通常是栅线状，以收集光生电流；而在电池背面的电极称为下电极或背电极。下电极可以布满电池背面 (如常规铝背场电池)，这样则形成单面电池；也可以是栅线状，以形成双面电池，背面栅线数目通常几倍于正面栅线数目，以减少电池串联电阻。制作电极的材料一般是具有优良导电性能、收集效率高的 Ag、Cu、Al 等金属材料，制作电极的方法目前主要是丝网印刷。对 SHJ 电池而言，降低电池正面遮光损失、减小栅线的欧姆损耗、改善电极与 TCO 的接触、低成本的电极制备方式是金属化的研究方向。选择低电阻的银浆、减小栅线宽度及提高栅线的高宽比 [3]，是常规应用于改善 SHJ 电池电极性能的方法 [52-55]。近年来在栅线技术、低银含量浆料及无银电极技术方面都有进一步的发展。

1. 栅线技术的发展

太阳电池的栅线会遮挡部分太阳光进入电池，为提高电池转换效率则希望栅线越细越好，然而栅线越细则电阻损失越大，填充因子也因此降低，所以太阳电池栅线设计的核心是平衡遮光和导电的关系。在太阳电池片上，主栅线 (busbar，BB) 的主要作用是收集电流并进行汇流。从电池片电流收集角度考虑，一方面随主栅线数量的增加，通过每根主栅线的电流减小，电阻损耗减小；另一方面细栅线的电阻损失随主栅线数量的增加而显著降低 [141]，因为主栅线数量的增加使得载流子通过细栅线的传输距离极大地缩短，细栅线上承载的电流减小，从而欧姆损失也显著降低。因此，增加主栅线的数量，可以实现减小主栅线和细栅线物理尺寸，从而实现减少遮光和降低单位银耗量。目前主栅的发展趋势是多主栅 (multi busbar，MBB)。所谓多主栅，一般是指太阳电池有 5 根以上的主栅线，图 1-36(a) 是 12BB 的太阳电池实物照片。根据大量数据和研究显示，多主栅技术在电池端转换效率可提升大约 0.2%，节省正面银耗量 25%~35%。多主栅技术在同质结晶体硅太阳电池上获得的效果，完全可以复制到异质结太阳电池上。

为进一步减少正面的遮挡和降低银浆的消耗量，太阳电池栅线的发展方向是无主栅 (busbarless, 0BB)。在制作此类无主栅电池时，保留传统的正面丝网印刷，在电池上制作底层的细栅线，而后通过不同的方法将多条垂直于细栅的栅线覆盖在其上，形成交叉的导电网格结构，第二层栅线仍可称为主栅，主栅的材料目前多为金属线。这里金属线其实更可以看作是替代了传统焊带的角色，让更多更细的焊带直接连接电池细栅，汇集电流的同时实现电池互连，取消了常规组件工艺中电池焊带串焊的环节，在电池层面取消了传统的主栅，故该技术也称无主栅技术。瑞士 Meyer Burger 公司利用所谓的 Smart Wire Connection Technology(SWCT) 技术 [78]，将一层内嵌铜线的聚合物薄膜覆盖在异质结电池正面，这层薄膜内嵌的铜线表面镀有低熔点金属，可在组件层压过程中，依靠层压机的压力和温度使得铜线和丝网印刷的细栅线直接结合在一起，如图 1-34(b) 所示。金属线的材料目前多为铜线，代替银主栅，节省了材料成本。无主栅技术能够提升电池的效率，瑞士 Meyer Burger 公司制作的 6 英寸 (1 英寸 = 2.54 cm) 大小的无主栅异质结电池，其效率超过了 24%，并且正面银浆的耗量减少约 80%[78]。

进一步地，异质结电池的金属化方案可以往无栅线电池方向发展，即在沉积 TCO 薄膜后，不再制备金属栅线电极，直接贴合低温合金包覆的铜丝到 TCO 上面，通过热压促使低温合金熔化，与 TCO 形成良好的欧姆接触。无栅线技术的应用，将使太阳电池不再消耗昂贵的银浆，大大降低成本。Levrat 等 [142] 用 InSn

合金包覆的铜丝 (InSn/Cu) 与 TCO 直接接触，得到了效率为 19.9%的异质结单电池组件，但是由于没有银栅线，载流子的传输和收集能力下降，接触电阻变大，使无栅线电池组件的填充因子降低，限制了性能的进一步提升。采用聚合物包覆的 C/Cu 线直接焊接到背结 SHJ 电池的 TCO 层上，获得了效率超过 22%的异质结电池 [109]，展现出实用化的前景。直接 C/Cu 金属化的背结异质结电池的结构示意图见图 1-36(c)。

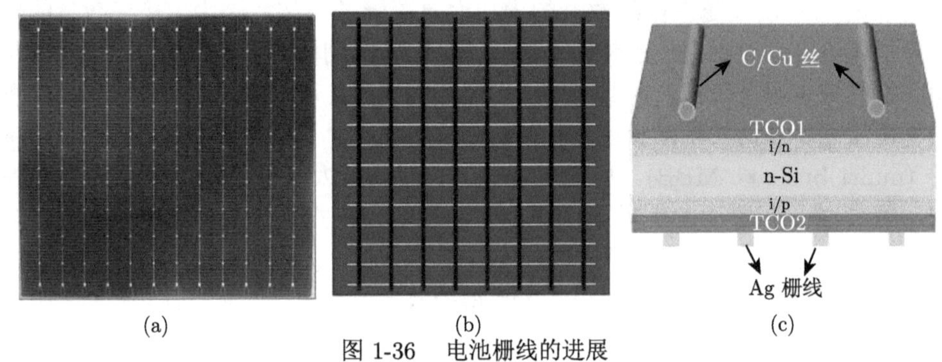

图 1-36　电池栅线的进展

(a) 多主栅 (12 主栅) 太阳电池照片；(b) 无主栅太阳电池示意图；(c) C/Cu 丝直接金属化无栅线背结异质结电池结构示意图 [109]

2. 银包铜低温浆料

采用丝网印刷技术制作 SHJ 电池的电极，银浆的消耗量远大于常规晶体硅电池，因为 SHJ 电池的上下电极均需要使用银浆。另外，SHJ 电池需使用可在低温下烧结的银浆，即低温银浆。为保证导电性，其银含量高于常规电池使用的高温银浆，银粉成本占低温银浆成本超过 95%，高成本的银粉严重地限制了 SHJ 电池的度电成本 [143]。低温银浆的高耗量和高成本成为制约 SHJ 电池成本降低的主要因素之一。因此，降低低温银浆耗量，用其他金属代替银应用于 SHJ 电池的电极一直是产业的目标。除使用上述基于铜线的无主栅和无栅线技术外，开发能代替银浆的导电浆料也是实现目标的方法之一。其中金属铜的导电性仅次于银，但其储量比银更丰富且价格便宜得多，是理想的替代金属，因此低温铜浆受到关注 [144]。但是铜浆受限于其相对较差的可印刷性及更高的体电阻率，以及铜的抗氧化性较差，在户外环境中容易被氧化而失去高导电性，因此铜浆在 SHJ 电池中不能单独应用。

为减少异质结电池中的银耗量，又能克服铜金属使用过程中的问题，一种在铜粉颗粒外表面包覆银粉颗粒，再制成所谓的银包铜低温浆料，在近期受到普遍关注。银包铜浆料的关键是银包铜粉的制备，用于制备银包铜粉工艺的方法通常有电镀 [145]、化学镀 [146]、真空过程 [147]。其中化学镀应用最为广泛，因其工艺简单、成本低、产物质量高。Shin 等 [146] 利用化学镀合成了硫氰酸盐修饰银包铜颗粒。图 1-37(a) 是硫氰酸盐修饰银包铜颗粒的 SEM 图像，图 1-37(b) 是银包铜颗粒的背散射电子像 (BSE)，从图中可见铜–银颗粒的核壳结构，铜颗粒被银均匀地包覆，包覆银厚度在 300 nm 左右。这类银包铜粉具有优异的抗氧化性，通过硫氰酸盐的改性，使银包铜粉的氧化温度增加了 150 °C。Schube 等 [148] 比较了以纯低温银浆和银包铜浆料 (比纯低温银浆的银含量质量分数少 30%) 制备电极的 SHJ 电池性能，发现使用两种浆料所制备的电池转换效率基本接近。另有报道，银包铜浆料代替纯银浆料用作 SHJ 电池正、背面的细栅线，效率损失在 0.09%[149]。目前一致的看法是由于 SHJ 电池的低温工艺，不会使铜的氧化失效，同时由于铜表面的银包裹及 TCO 薄膜在硅片表面的均匀阻挡，抑制了铜在硅中的电子迁移，因此银包铜浆料在 SHJ 电池上应用是可行的，只要电池效率的损失控制在较低水平。使用银包铜浆料的目标是将浆料中银含量降低到质量分数 50%以下，金属化成本下降 30%以上。

图 1-37 银包铜颗粒的显微图像 [146]

(a) 银包铜颗粒的 SEM 图像；(b) 银包铜颗粒的背散射电子像

当然，银包铜浆料也面临着与低温银浆类似的问题和挑战 [150]。一是银包铜电极与 TCO 薄膜的附着力较低；二是低温浆料的树脂含量高，会影响到丝网印刷速度，产能会受到影响；三是低温银浆的固化时间偏长，也使得产能受到影响。另外，使用银包铜电极的 SHJ 电池的长期稳定性及效率衰减还需进一步验证。

3. 铜电镀技术

多主栅及银包铜浆料能够减少 SHJ 电池中银的使用量，但是仍然需要使用一定量的银。无银的铜电镀金属化技术一直受到关注。一般异质结电池在 TCO 镀膜工序后会进行银浆印刷和烧结，而铜电镀金属化则是分为栅线的图形化与金属化这两部分主要工序 [79]，即在 TCO 工序后，先图形化，然后不使用银浆而是使用铜来做电镀。图形化是先使用 PVD 设备沉积一层铜的种子层，然后使用油墨印刷机 (掩模一体机) 的湿膜法制作掩模，在经过掩模一体机的印刷、烘干、曝光处理后，在感光胶或光刻胶上的图形可以通过显影的方法显现出来，所需的电极图形化就完成了。金属化则是首先完成铜的沉积 (电镀铜)，然后使用不同的抗氧化方法进行处理 (电镀锌或使用抗氧化剂制作保护层)。最后去掉之前的掩模、铜种子层，露出原本的 TCO，就完成了铜电镀金属化的所有过程。图 1-38 是铜电镀金属化的工艺流程。

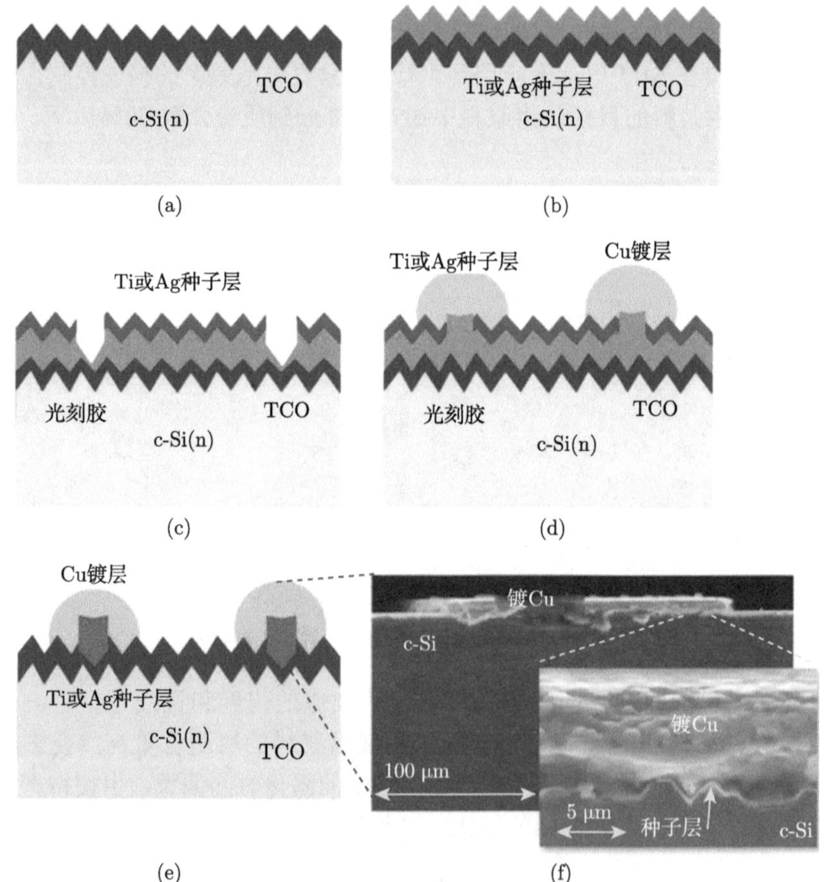

图 1-38　铜金属化工艺流程示意图 [79]

(a) 未金属化的 SHJ 电池；(b) 在 TCO 上沉积种子层；(c) 光刻图形化；(d) 铜电镀；(e) 返刻蚀掩模和种子层；(f) 铜电镀电极的 SEM 照片

铜电极的电阻率接近于散装铜材料，是印刷银电极的 1/3~1/2 [79]，可减少电池的电阻损失。而且基于光刻技术的优势，铜电镀栅线的宽度可以低于 20 μm，栅线宽度更窄可以使得电池片设置更多的栅线，更多的栅线能更好地把光照产生的内部载流子通过电流形式导出电池片，有利于提高电池效率。图 1-39(a)、(b) 分别是丝网印刷银栅线和电镀铜栅线的 3D 形貌 [151]。Geissbühler 等 [152] 报道，以栅线宽度 15 μm、高宽比 1∶1 的电镀铜细栅线为电极的异质结电池，相比于印刷丝网印刷 SHJ 电池，获得了 1.1 $mA·cm^{-2}$ 的短路电流密度提升。苏州迈为科技股份有限公司和 SunDrive 公司联合报道了用无种子层铜电镀金属化技术，使电极高宽比得到提升 (栅线宽度可达 9 μm，高度 7 μm)，结合优化的钝化层、掺杂层和 TCO 层等新工艺，获得了效率为 26.41%的全面积 (M6 尺寸，274.5 cm^2)SHJ 电池 [153]，其 *I-V* 曲线见图 1-39(c)，展现了铜电镀技术的可量产性。日本 Kaneka 公司在背接触异质结电池也采用了铜电镀技术，并获得了 26.63%效率的 HBC 电池 [58]。

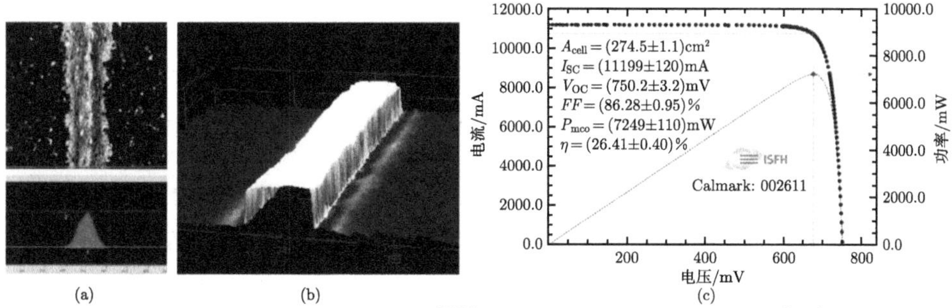

图 1-39　(a) 丝网印刷银栅线的 3D 形貌 [151]；(b) 电镀铜栅线的 3D 形貌 [151]；(c) 采用铜电镀等技术的异质结电池 *I-V* 曲线 [153]

铜电镀能够获得更细的栅线，有利于提升电池的短路电流密度，因此能够获得高效的异质结电池。但是整个铜电镀技术的工艺流程还比较长，工艺设备投资成本也比较高，且铜电镀的环保需引起重视，要想通过铜电镀金属化实现异质结电池的降本，还需不断优化与简化铜电镀金属化工艺流程 [154]，减少铜电镀金属化设备投资。另外，异质结电池的铜电镀金属化技术还面临着如下问题：① 铜栅线的附着力不够，比银栅线更容易脱落，而栅线脱落会导致栅线接触出现问题，会影响电池片和组件后期的使用；② 铜栅线的长期稳定性还有待时间的验证，长期使用要避免出现氧化失效。

1.5　晶硅异质结太阳电池发展应用

异质结电池的工艺技术在近年来取得了长足的进展，转换效率不断提高，但是成本不断降低也是太阳电池发展的要求。围绕 SHJ 电池的降本，主要从硅材料和非硅材料两方面展开，其中硅材料的降本主要是采用薄硅片来制造薄型异质结电池。同时，SHJ 电池也正在融合光伏电池领域内其他技术，包括结合 IBC 技术的全背接触异质结电池、结合载流子选择性钝化接触技术的免掺杂硅异质结电池等。当前晶硅光伏正处于技术变革中，SHJ 电池是发展方向之一，这里还将介绍异质结电池的产业化发展现状。

1.5.1　薄型异质结电池

SHJ 电池的成本是其能否获得规模推广的关键，而硅片的成本在很大程度上决定着硅异质结电池的成本，因此使用薄型硅片有利于降低异质结电池的成本。常规晶硅太阳电池的工艺涉及高温过程，过薄的硅片容易引起弯曲，使碎片率上升，当前 PERC 电池用的硅片厚度可低至 150 μm。但是 SHJ 电池的对称结构及其低温工艺，减小了制造过程中的机械应力和热应力，因此 SHJ 电池可以使用更薄的硅片。

随着硅片厚度的减小，异质结电池的性能会发生相应的变化。① SHJ 电池的开路电压随硅片厚度的减小而增加，而常规晶硅电池的开路电压随硅片减薄而下降。理论计算和实验都表明，当电池的表面复合速度小于 100 $cm\cdot s^{-1}$ 时，电池的 V_{OC} 随硅片厚度的减小反而增大 [155,156]，得益于 SHJ 电池优异的钝化性能，其表面复合速度可低至 4 $cm\cdot s^{-1}$ 或更低，因此 SHJ 电池的开路电压是随硅片厚度的减小而增加的。用 98 μm 厚的硅片制作的 SHJ 电池的 V_{OC} 也高达 750 mV[55]。② SHJ 电池的短路电流随硅片厚度的减小而减小。因为硅是间接带隙半导体材料，在近红外区的吸收系数较低，近红外波长的光穿透薄型硅片而不会被吸收，造成电池短路电流的下降。因此，需要优化硅片的表面制绒技术以减少光反射损失，同时减小 SHJ 电池中 a-Si:H 薄膜和 TCO 薄膜的光吸收，尽量将硅片减薄对电池 I_{SC} 的影响降到最低。

Meyer Burger 公司曾研究过硅片厚度与 SHJ 电池性能的关系，发现以 180 μm 硅片制作的 SHJ 电池为基准，即使硅片厚度降到 120 μm，其转换效率基本不变 [157]。隆基绿能研究了 50~130 μm 硅片厚度的 SHJ 电池性能的关系 [124]，如图 1-40 所示。从中可见，电池的 V_{OC} 随硅片厚度的减小反而增大 (图 1-40(c))；而 I_{SC} 随硅片厚度的减小而减小 (图 1-40(b))，这是由于硅片减薄以后，电池在近红外波范围的吸收减小，量子效率亦随硅片厚度的减小而减小 (图 1-41(a))，从而导致 I_{SC} 减小；FF 随硅片厚度的减小而略有减小 (图 1-40(d))；这样整体导致在硅片厚度小于 100 μm 时电池效率随硅片厚度的减小而减小 (图 1-40(a))。因此在硅片厚度小于 100 μm 时，需要平衡厚度与性能的关系，不能无限制地减小硅片厚度。硅片变薄以后，制备的 SHJ 电池还具有一定的柔性，在一定范围内可以弯曲。隆基绿能就曾以 56 μm 的硅片制备出 25.68%效率的可弯曲异质结电池 [124]，弯曲电池照片见图 1-41(b)。

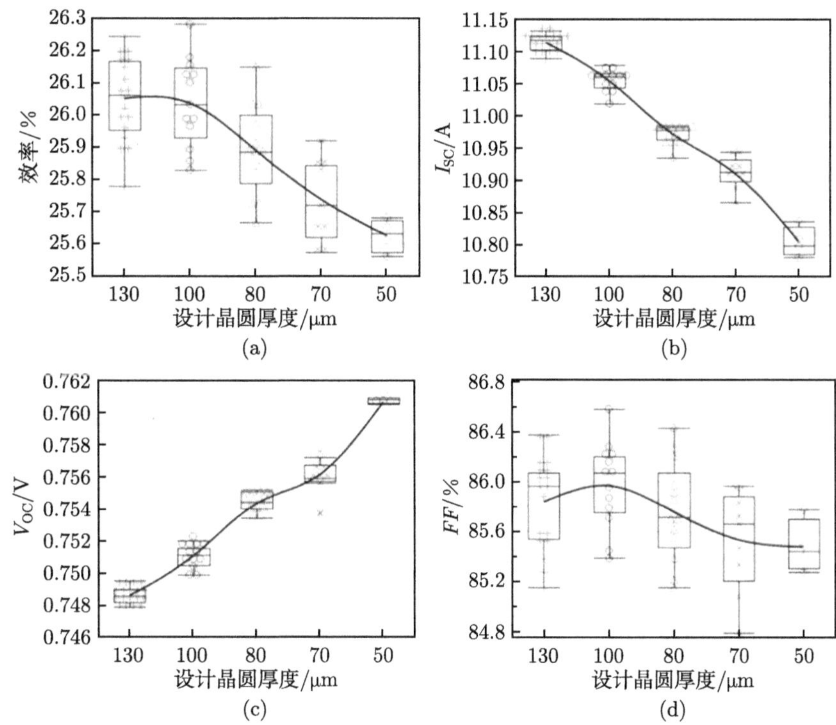

图 1-40 硅片厚度与 SHJ 电池效率、短路电流、开路电压和填充因子的关系 [124]

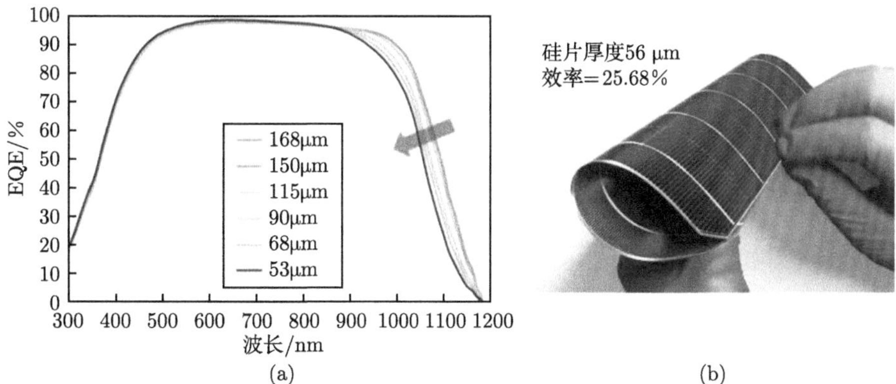

图 1-41 (a) 近红外波长范围 EQE 随硅片厚度减小而减小 [124]；(b) 可弯曲薄型异质结电池 [124]

超薄 (<50 μm) 晶硅太阳电池的研究一直受到重视。已经报道过许多种薄硅技术，大体可以分为两类：一类是需要其他衬底 (如玻璃、不锈钢) 支撑的薄型硅，如在衬底上沉积或再晶化多晶硅薄膜或非晶硅薄膜 [158]、在多孔硅上外延生

长硅薄层并转移到衬底上 [159]；另一类是不需其他衬底支撑的薄型硅，如在多孔硅上外延生长硅薄层并层转移的独立薄硅 [160]、商业硅片的机械或化学减薄获得的薄型硅 [161]。从制作薄型晶硅电池的情况来看，吸收层厚度在 40~50 μm 的电池效率可达 20%以上，而吸收层厚度在 20 μm 以下的电池效率还普遍较低。因此，可以认为，未来要使超薄硅电池能够实现产业应用，硅吸收层的厚度不应低于 20 μm，否则制备出的电池效率过低而没有商业意义。然而现有 SHJ 电池的制绒工艺形成的是微米金字塔陷光结构，需要刻蚀几微米的硅片厚度。如果使用超薄硅制作超薄硅 SHJ 电池，为保证吸收层的厚度，微米金字塔制绒技术可能不再适合制作超薄 SHJ 电池的陷光结构。相反，纳米结构硅表面制绒仅消耗很少的硅片厚度，可以获得有效减少表面反射的陷光结构，可以应用于超薄硅电池的制作。有学者使用化学减薄获得厚度为 30 μm 的超薄硅片，并用一种简单、经济的“全溶液”(all-solution) 方法在超薄硅片表面形成随机硅纳米金字塔陷光结构 [162]，实验证实，随机硅纳米金字塔陷光效果大大优于平面硅表面，甚至可以达到接近于朗伯 (Lambertian) 极限的陷光效果，展现出应用于超薄 SHJ 电池制绒的应用前景 [163]。

1.5.2 全背接触异质结电池

尽管硅异质结太阳电池目前获得了较高的转换效率，但是这种双面结构的异质结电池仍然受限于前表面的光吸收和反射，电池短路电流密度的提升受到限制。而叉指形背接触 (IBC) 太阳电池的 pn 结和金属接触都放在电池的背面，因此能最大程度优化电池正面结构的钝化性能和光学性能。IBC 和 SHJ 两种已经实现量产的高效硅基太阳电池，近年来有结合的趋势，将 IBC 技术应用于 SHJ 电池而得到的新结构全背接触异质结电池 (HBC)，其结构如图 1-16(a) 所示。相比于 SHJ 电池，HBC 电池的特点在于：① 在电池背面形成叉指形分布的 a-Si:H(n) 层和 a-Si:H(p) 层，并用丝网印刷或电镀工艺制备正负电极；② 由于避免了前电极的光学遮阴，可以最大程度优化电池前表面光学性质；③ 由于载流子只需往下输运到达电池背电极，可以取消前表面本身有寄生光吸收的 TCO 膜的使用，也消除了 TCO 和 a-Si:H 之间的接触电阻，从而可以提高电池的 J_{SC} 和 FF。

自 2007 年出现 HBC 电池的报道以来 [164]，当时获得的电池效率还比较低，仅为 11.8%，但是证明了 HBC 电池的可行性，当时电池结构如图 1-42(a) 所示。但是理论模拟和实验研究都表明 HBC 电池有获得高效率的潜力 [165]。在实验研究中，韩国 LG 公司 [166] 在 2012 年就报道获得了效率为 23.4%的小面积 (4 cm^2)HBC 太阳电池;2014 年,日本夏普 (Sharp) 公司 [56] 报道了效率达 25.1%的小面积 (3.72 cm^2)HBC 电池，如图 1-42(b) 所示；同在 2014 年日本松下公司 [57] 宣布制作出大面积 (143.7 cm^2)、效率达到 25.6%的 HBC 电池，如图 1-42(c)

所示；日本 Kaneka 公司 [31,58] 在 2017 年发表了大面积 ($180.4cm^2$)、效率高达 26.33%(V_{OC}=0.744 V, J_{SC} = 42.3 mA·cm^{-2}, FF = 0.838) 的 HBC 电池，其后效率进一步提升至 26.63%(V_{OC}=740.3 mV, J_{SC}= 42.5 mA·cm^{-2}, FF = 0.8465)，如图 1-16 所示，这是硅基电池效率首次突破 26%，创造了当时硅基太阳电池效率的世界纪录。无疑，这些高效的 HBC 电池既保持了良好的界面钝化 (体现在较高的 V_{OC})，又结合了正面无遮光损失 (体现在较高的 J_{SC}，比图 1-15 中当前最高效率的 SHJ 电池 J_{SC} 高 1 mA·cm^{-2})，完美地将 SHJ 电池和 IBC 电池的优势整合在一起，因而实现了高效率。

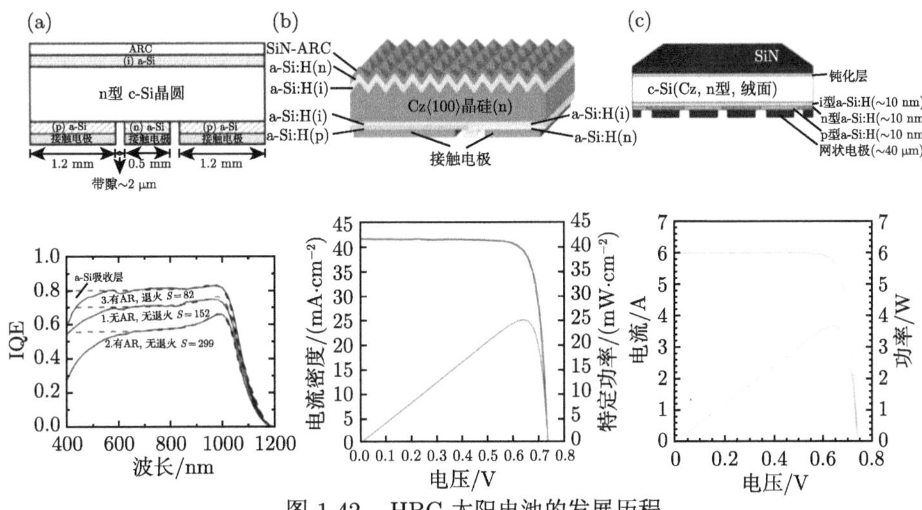

图 1-42 HBC 太阳电池的发展历程

(a) 2007 年 Lu 等首先提出 HBC 电池，电池的转换效率还比较低 (11.8%)，但是证明了 HBC 电池的可行性 [164]；(b) Sharp 公司 [56] 研发的效率为 25.1%的小面积 HBC 电池；(c) 松下公司研发的大面积、效率为 25.6%的 HBC 电池 [57]

HBC 电池的效率受到前表面钝化性能、背表面钝化性能、背面几何尺寸 (发射极宽带、背场宽度以及两者之间的距离) 和硅片本身性能的诸多因素的影响。HBC 电池虽然具备大短路电流和高开路电压的双重优势，但也兼具了 IBC 太阳电池与 SHJ 电池在工艺上的难点。HBC 太阳电池不仅需要解决 SHJ 技术存在的 TCO 靶材和低温银浆成本高等问题，还需要解决 IBC 技术严格的电极隔离、制程复杂及工艺窗口窄等问题。虽然 HBC 电池的转换效率有了很大提升，但工艺复杂，材料成本较高，不利于产业化推广，未来的发展方向是在保持高效率的前提下，如何降低工艺难度和减少材料制备成本。

HBC 电池前表面无电极遮挡，因此可以获得较高的短路电流，从而提高效率。但是这样 HBC 电池就不是双面电池，无双面发电能力，其发电能力并不一定比双面 SHJ 电池高。HBC 是背结背接触电池，载流子只需往下输运到达电池背电极，因此前表面可以不用 TCO 层，背表面的 TCO 层可以只用 AZO 等廉价材料，这样有利于利用无铟 TCO 来实现降本。另外，HBC 电池由于栅线都置于背面，栅线的尺寸不再受到过多限制，栅线可以更粗大一些，因此有可能可以采用铝、铜等贱金属代替银。因此，从这些角度来讲，HBC 电池不一定是增效的技术，但或许是一种降本技术 [140]。

针对降低工艺难度，Tomasi 等 [167] 做了有益的尝试，提出隧穿结 HBC 电池结构。首先在 a-Si:H(i) 钝化的电池背面形成叉指形分布的 a-Si:H(n) 层，再形成全面积 a-Si:H(p) 层，电子依靠 a-Si:H(n)/a-Si:H(p) 隧穿结导出，从而减少一步制备 HBC 电池的对准工艺。小面积 (24.97 cm^2) 隧穿结 HBC 电池效率达到 24.8%[168]。2018 年，Sharp 公司 [169] 报道了效率达 25.09%的全尺寸 (6 英寸)HBC 电池，为 HBC 电池的产业化带来希望。

1.5.3 载流子选择性钝化接触异质结电池

太阳电池的工作机制涉及载流子的产生、分离和输运三个过程。其中载流子的分离通常被认为由电池器件的内建电场完成，但 Würfel 等 [170] 的工作说明载流子的分离本质上是依赖于载流子选择性接触的存在，而内建电场只是形成某种载流子选择性接触的结果；理论上可以构筑无内建电场的太阳电池器件。如图 1-43(a) 所示，载流子选择性接触是允许一种载流子通过，而对另一种载流子传输有阻碍作用的结构，具体表现在其对一种载流子的电导率远大于另一种载流子的电导率。

在常规晶硅同质结太阳电池中，电子和空穴选择性接触由对硅吸收层 (硅基底) 两侧实施 n 型和 p 型掺杂实现。而在载流子需要导出器件的局部，不可避免地使用金属和硅的直接接触，该接触具有很大的复合 (复合电流密度 $J_0=10^3\sim10^5$ $fA{\cdot}cm^{-2}$)[171]，即使是将接触面积控制在较小比例的 PERC 电池，金属/硅的接触也成为提高电池开路电压和效率的瓶颈。德国 Fraunhofer ISE 提出的隧穿氧化钝化接触电池 (TOPCon)[36-38]，如图 1-11 所示，该电池在背面使用超薄 (<2 nm)SiO_x 和磷掺杂硅薄膜 (poly-Si(n)) 叠层形成电子选择性钝化接触，正面以成熟常规工艺制备钝化发射极。TOPCon 电池已具备了较好的电子选择性接触，但尚缺少空穴选择性接触，电池的发射极仍使用扩散结而不能完全避免金属/硅接触。Feldmann 等 [172] 尝试使用超薄 SiO_x 和硼掺杂硅薄膜的叠层结构作为空穴选择性接触，但未获得好的效果，采用该叠层双面钝化器件的隐开路电压 (implied-V_{OC}) 仅为 680 mV。经分析 [39]，TOPCon 电池效率受限于正面发射极，尤其是正面金属/硅接触处的复合，通过优化正面发射极 (如使用选择性发射极)，完善工艺技术，而逐步将电池效率提高，目前已成为主流的新一代晶硅电池量产技术之一。

而 SHJ 电池展示了另一种可能，如图 1-43(b) 所示，n 型和 p 型掺杂氢化非晶硅 (a-Si:H(n), a-Si:H(p)) 使 n 型硅基底两侧形成积累层和反型层，实现载流子的选择性接触。但掺杂氢化非晶硅和晶硅若直接接触，则界面缺陷很高，难以有效抑制界面复合。在掺杂氢化非晶硅和硅基底之间引入本征氢化非晶硅 a-Si:H(i)，能很好地钝化硅表面，且载流子可以通过隧穿或跳跃传导 (hopping) 的机制通过 a-Si:H(i) 而不引起很大的接触电阻，从而避免了金属和硅的直接接触，极大地降低了电池的复合 (J_0< 10 fA·cm^{-2})。正是因为异质结电池具备上述的选择性全钝化接触特性，其最高开路电压可达 751 mV 以上 [61,62]，最高效率达 26.81%[61,62]。

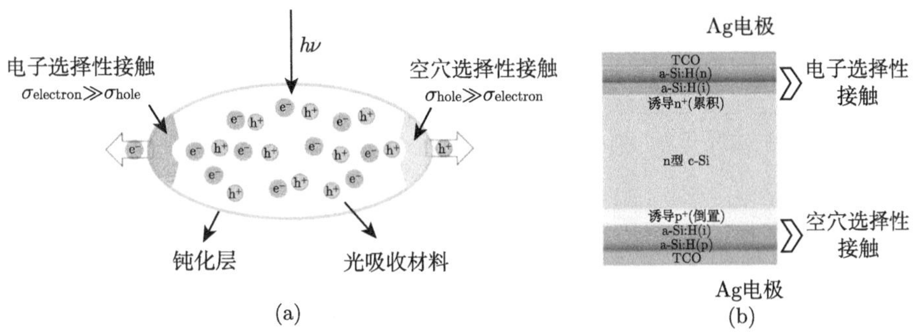

图 1-43 (a) 太阳电池中的载流子选择性接触；(b) SHJ 电池中的载流子选择性钝化接触

研究发现，除掺杂硅薄膜材料和晶硅形成的异质结可作为选择性接触外，使用一些具有较低功函数 (<4.0 eV) 或较高功函数 (>5.2 eV) 的材料与晶硅构成的异质结，可使晶硅表面能带发生弯曲，形成具有不对称载流子电导率的区域，从而也可以实现选择性接触的功能。具有电子选择性接触功能的材料主要有 TiO_x 等金属氧化物以及 LiF_x、MgF_x 等金属卤化物 [173]，这些材料通常也称作电子传输层 (electron transport layer, ETL) 材料。具有空穴选择性接触功能的材料主要有 MoO_x、WO_x、VO_x 等金属氧化物 [174,175] 以及有机半导体材料如 PEDOT: PSS，这些材料通常也称作空穴传输层 (hole transport layer，HTL) 材料。进而，在电子 (空穴) 传输层材料和晶硅之间引入非晶硅或氧化硅钝化硅表面，可形成电子 (空穴) 选择性钝化接触。

类似于 TOPCon 电池，Yang 等 [176,177] 使用 TiO_2/SiO_2 作为电子选择性钝化接触 (图 1-44(a))，在 4 cm^2 电池上取得了 22.1%的效率。而如图 1-44(b) 所示，Battaglia 等 [178] 使用 MoO_x 代替异质结电池中的 a-Si:H(p)，制备了新型异质结电池，初始效率为 18.8%，后又提高到 22.5%[179] 和 23.5% [180]。因 MoO_x 禁带宽度大，其对光的吸收小，该电池的 J_{SC} 较参比异质结电池有近 1%的提高；但同时发现在 130 ℃ 以上，MoO_x 将会与 TCO 材料发生反应，生成界面层，阻碍空穴的传输，进而使电池的 FF 显著下降。因而，MoO_x 等选择性接触材料的稳定性是一个需要关注的问题。经过近几年的发展，无掺杂钝化接触作为电子或空穴传输层的晶硅电池，其效率均超过了 23%。进一步，Bullock 等 [181] 尝试用 MoO_x 和 LiF_x 分别替代异质结电池中的 a-Si:H(p) 和 a-Si:H(n)，制备了所谓的无掺杂非对称异质结电池 (dopant-free asymmetric heterocontacts, DASH)，得到 19.4%的效率 (见图 1-44(c))。经过不断改进，该类双面无掺杂的异质结电池效率提高到 21.4%[182]。结合 IBC 技术，无掺杂异质结电池的效率提升到 23.61%[183]。总体来讲，该类无掺杂载流子选择性钝化接触异质结电池的效率尚待提高。而且，对于较低功函数 (<4.0 eV) 或较高功函数 (>5.2 eV) 的氧化物等材料作为电子 (空穴) 选择性接触的器件，其长期稳定性有待提高和验证。

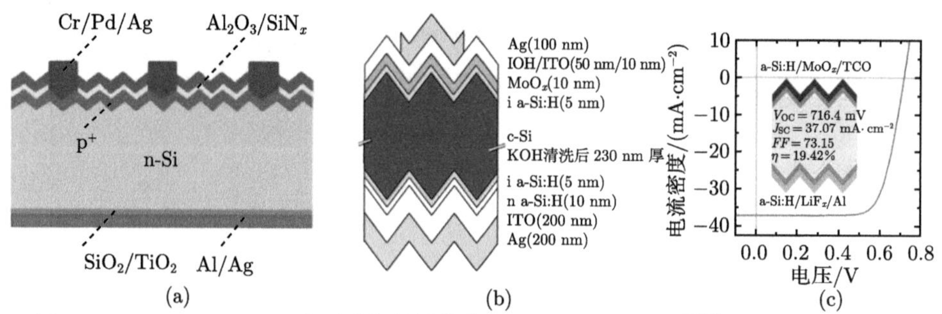

图 1-44　(a) TiO_2/SiO_2 电子选择性钝化接触电池结构示意图 [177]；(b) MoO_x 代替 a-Si:H(p) 的新型异质结电池结构示意图 [179]；(c) 用 MoO_x 和 LiF_x 分别替代 a-Si:H(p) 和 a-Si:H(n) 的 DASH 电池结构和 J-V(电流密度–电压) 曲线 [181]

1.5.4　晶硅异质结电池产业化发展

1. 异质结电池的产业化进程

20 世纪 90 年代，日本三洋电机公司 (后被松下公司收购) 首次将本征非晶硅薄膜用于非晶硅/晶硅异质结太阳电池 [49,50]，实现异质结界面的良好钝化效果，获得了高效的异质结电池，他们将该电池命名为 HIT 电池。也是 20 世纪 90 年代，三洋电机公司就开始了 HIT 电池的产业化工作，1997 年实现 HIT 电池的量产，并推出了命名为 HIT Power 21^{TM} 的太阳电池组件 [51]。随着技术的不断进步，松下公司也曾经创造出 24.7%[55] 的 HIT 电池和 25.6%[57] 的 HBC 电池效率纪录，HIT 电池和组件的产能也曾达到过 GW 量级。但是由于制造成本较高，没有竞争优势，松下公司在 2021 年宣布停止生产自己的太阳电池和组件。日本长洲产业也曾建造过产能 80 MW 的异质结电池生产线，但是也由于成本较高，没有后续进一步地发展。

自 21 世纪 10 年代，HIT 电池专利到期以后，我国加大了对 SHJ 电池的研发力度，“十二五” 期间，国家高技术研究发展计划 (863 计划) 支持了两家公司独立进行“MW 级薄膜硅/晶体硅异质结太阳电池产业化关键技术”项目，均顺利通过验收，项目的实施有力地促进了异质结电池技术的发展。在 2010~2015 年，国内杭州赛昂电力有限公司、上澎太阳能科技 (嘉兴) 有限公司和国电光伏 (江苏) 有限公司等都建立了几十 MW 的生产线，但是由产能规模小、设备和关键原材料依赖进口等因素导致成本过高，没能持续地发展。中智 (泰兴) 电力科技有限公司依托 863 计划成果，2017 年在江苏泰兴建设了两条异质结电池生产线，总产能 160 MW(单条线产能 80 MW)，是当时国内最大的异质结电池生产线，关键设备和低温银浆、靶材等原材料依靠进口，因此异质结电池的成本仍然较高，也没能持续发展。

经过近些年的发展，异质结电池产线的四大关键设备都实现了国产化，而且低温银浆、靶材也逐渐实现国产化，硅片技术不断进步，这些关键设备和原材料的降本促进了异质结电池的降本，再加上异质结电池效率的不断提升，异质结电池的竞争力已经开始显现。因此自 2020 年后，我国出现了 GW 级的异质结电池产线，众多公司开始投身到异质结电池产业，近期规划的产能超过 200 GW[184]，异质结电池产业将迎来快速发展期。国外企业，包括瑞士 Meyer Burger、意大利 Enel(3Sun)、俄罗斯 Hevel Solar 等都确定以异质结电池作为唯一发展方向，意欲超越我国的晶硅电池优势。

2. 异质结电池的产业化降本

正如上述，SHJ 电池的设备投资和生产成本仍然较高，制约着异质结电池的发展。与其他晶硅电池技术一样，降本增效也一直是异质结电池的主题。异质结电池的降本空间巨大，其技术路线明确，在本章的相关章节已经有所论述，这里再分析一下异质结电池的产业化降本路径。

(1) 降低设备初始投资。虽然异质结电池的主要生产设备已经实现国产化，但是单 GW 的设备投资还是明显高于 PERC 电池和 TOPCon 电池的设备投资，因此降低异质结电池生产设备投资，有利于促进异质结电池的降本和规模量产。

(2) 使用薄片化硅片。硅片成本占据较大比例的异质结电池成本，因此降低硅材料的使用量无疑将有利于异质结电池的降本。正如前述，由于异质结电池优异的钝化性能，在一定范围内使用薄型硅片，并不会影响异质结电池的效率。当 PERC 电池还在使用 150 μm 厚度的硅片时，异质结电池已经实现规模化使用 120 μm 厚度的硅片，更薄硅片也已进入研发阶段，使用 90 μm 以上厚度的硅片制造异质结电池不会对性能产生影响。必须充分发挥异质结电池能够使用薄硅片的优势，提升异质结电池产品的成本竞争力。

(3) 减少银的使用量。异质结电池的银浆耗量是 PERC 电池的 2~3 倍，电极成本成为制约其规模产业化的关键因素之一，因此一直在寻求需求少银或不使用银的金属化方案。多主栅技术可以大幅减少异质结电池的银耗量，但是作为一种通用技术，多主栅技术在其他晶硅电池中也得到应用，并不能成为异质结电池的优势。主栅占据着银浆耗量的一半以上，因此以 SWCT 为代表的无主栅技术可以进一步减少在异质结电池层面的银耗量，但是在后续的组件封装环节使用铜线替换主栅，需要高精度设备且设备造价仍较高，影响着无主栅技术的发展。使用银包铜低温浆料，可以从浆料上来减少银耗量。进一步地，铜电镀电极，能够完全摆脱对银的依赖，但是铜电镀的设备投资还较高，工艺也仍需优化。

(4) 使用少铟或无铟的 TCO 靶材。在异质结电池的非硅材料成本中，TCO 也占据着较大的份额。当前使用的 TCO 是 ITO 基的靶材，里面的重要成分是铟，铟是一种稀有金属，因此减少铟的消耗有利于异质结电池的降本。一方面通过设备改进和工艺优化减少靶材的耗量，另一方面通过设计应用 ITO/AZO 等叠层透明导电薄膜来减少铟的耗量，更进一步地用其他 TCO 材料替代 ITO 实现无铟化，在保证效率性能的前提下，这些措施均能促进异质结电池的降本。

(5) 异质结电池组件封装增效。异质结电池最终是要封装成组件的，采用紫外光转胶膜封装异质结电池，可以将 380nm 以下的紫外光转换成蓝光，充分利用光照资源，实现异质结电池组件的增效。

通过不断地提升异质结电池的效率和不断地降低异质结电池的制造成本，晶硅异质结电池的规模将不断扩大，在光伏产品中将占有重要地位。

参 考 文 献

[1] Lee J W, Tan S, Sang I S, et al. Rethinking the a cation in halide perovskites[J]. Science, 2022, 375: eabj1186.

[2] Kojima A, Teshima K, Shirai Y, et al. Organometal halide perovskites as visible-light sensitizers for photovoltaic cells[J]. J. Am. Chem. Soc., 2009, 131: 6050-6051.

[3] Zhao Y, Ma F, Qu Z H, et al. Inactive $(PbI_2)_2RbCl$ stabilizes perovskite films for efficient solar cells[J]. Science, 2022, 377: 531-534.

[4] Ba L X, Liu H, Shen W Z. Perovskite/c-Si tandem solar cells with realistic inverted architecture: Achieving high efficiency by optical optimization[J]. Prog. Photovolt.: Res. Appl., 2018, 26: 924-933.

[5] 刘恩科, 朱秉升, 罗晋生. 半导体物理学 [M]. 7 版. 北京: 电子工业出版社, 2008.

[6] 熊绍珍, 朱美芳. 太阳能电池基础与应用 [M]. 北京: 科学出版社, 2009.

[7] 杨德仁. 太阳电池材料 [M]. 北京: 化学工业出版社, 2006.

[8] 杨金焕, 于化从, 葛亮. 太阳能光伏发电应用技术 [M]. 北京: 电子工业出版社, 2009.

[9] 沈文忠. 太阳能光伏技术与应用 [M]. 上海: 上海交通大学出版社, 2013.

[10] 沈文忠，李正平. 硅基异质结太阳电池物理与器件 [M]. 北京: 科学出版社, 2014.

[11] https://www.longi.com/cn/news/propelling-the-transformation/[2023-04-10].

[12] Green M A, Dunlop E D, Hohl-Ebinger J, et al. Solar cell efficiency tables (Version 60)[J]. Prog. Photovolt: Res. Appl., 2022, 30: 687-701.

[13] Nakamura M, Yamaguchi K, Kimoto Y, et al. Cd-free $Cu(In,Ga)(Se,S)_2$ thin-film solar cell with a new world record efficiency of 23.35%[J]. IEEE J. Photovolt., 2019, 9: 1863-1867.

[14] Green M A, Blakers A W, Zhao J, et al. Characterization of 23-percent efficiency silicon solar cells[J]. IEEE Trans. Electron Dev., 1990, 37: 331-336.

[15] Agostinelli G, Delabie A, Vitanov P, et al. Very low surface recombination velocities on p-type silicon wafers passivated with a dielectric with fixed negative charge[J]. Sol. Energy Mater. Sol. Cells, 2006, 90: 3438-3443.

[16] Hoex B, Heil S B S, Langereis E, et al. Ultralow surface recombination of c-Si substrates passivated by plasma-assisted atomic layer deposited Al_2O_3[J]. Appl. Phys. Lett., 2006, 89: 042112.

[17] Hoex B, Gielis J J H, van de Sanden M C M, et al. On the c-Si surface passivation mechanism by negative-charge-dielectric Al_2O_3[J]. J. Appl. Phys., 2008, 104: 113703.

[18] Benick J, Richter A, Hermle M, et al. Thermal stability of the Al_2O_3 passivation on p-type silicon surfaces for solar cell application[J]. Phys. Status Solidi RRL, 2009, 3: 233-235.

[19] Dullweber T, Kranz C, Peibst R, et al. PERC+: industrial PERC solar cells with rear Al grid enabling bifaciality and reduced Al paste consumption[J]. Prog. Photovolt.: Res. Appl., 2016, 24: 1487-1498.

[20] https://www.trinasolar.com/cn/our-company/innovation [2023-04-10].

[21] Schmidt J, Peibst R, Brendel R. Surface passivation of crystalline silicon solar cells: Present and future[J]. Sol. Energy Mater. Sol. Cells, 2018, 187: 39-54.

[22] Zhao J, Wang A, Green M A. 24.5% efficiency silicon PERT cells on MCZ substrates and 24.7% efficiency PERL cells on FZ substrates[J]. Prog. Photovolt.: Res. Appl., 1999, 7: 471-474.

[23] van Kerschaver E, Beaucarne G. Back-contact solar cells: A review[J]. Prog. Photovolt.: Res. Appl., 2006, 14: 107-123.

[24] Lammert M D, Schwartz R J. The interdigitated back contact solar cell: A silicon solar cell for use in concentrated sunlight[J]. IEEE Trans. Electron Dev., 1977, 24: 337-342.

[25] Verlinden P J, van de Wiele F, Stehelin G, et al. Optimized interdigitated back contact (IBC) solar cell for high concentrator sunlight[C]. Proceedings of the 18th IEEE Photovoltaic Specialists Conference, Las Vegas, NV, USA, 1985: 55-60.

[26] Verlinden P J, Sinton R A, Wickham K, et al. Backside-contact silicon solar cells with improved efficiency for the '96 world solar challenge[C]. Proceedings of the 14th European Photovoltaic Solar Energy Conference, Barcelona, Spain, 1997: 96-99.

[27] Mulligan W P, Rose D H, Cudzinovic M J, et al. Manufacture of solar cells with 21% efficiency[C]. Proceedings of the 19th European Photovoltaic Solar Energy Conference, Paris, France, 2004: 387-390.

[28] Liu J J, Yao Y, Xiao S Q, et al. Review of status developments of high-efficiency crystalline silicon solar cells[J]. J. Phys. D: Appl. Phys., 2018, 51: 123001.

[29] Smith D D, Reich G, Baldrias M, et al. Silicon solar cells with total area efficiency above 25%[C]. Proceeding of the 43rd IEEE Photovoltaic Specialists Conference, Portland, OR, USA, 2016: 3351-3355.

[30] 席珍珍, 吴翔, 屈小勇, 等. IBC 太阳电池技术的研究进展 [J]. 微纳电子技术, 2021, 58: 371-378.

[31] Yoshikawa K, Kawasaki H, Yoshida W, et al. Silicon heterojunction solar cell with interdigitated back contacts for a photoconversion efficiency over 26%[J]. Nat. Energy, 2017, 2: 17032.

[32] Haase F, Hollemann C, Schafer S, et al. Laser contact openings for local poly-Si-metal contacts enabling 26.1%-efficient POLO-IBC solar cells[J]. Sol. Energy Mater. Sol. Cells, 2018, 186: 184-193.

[33] Jaysankar M, Qiu W, van Eerden M, et al. Four-terminal perovskite/silicon multijunction solar modules [J]. Adv. Energy Mater., 2017, 7: 1602807.

[34] Stodolny M K, Lenes M, Wu Y, et al. n-type polysilicon passivating contact for industrial bifacial n-type solar cells[J]. Sol. Energy Mater. Sol. Cells, 2016, 158: 24-28.

[35] VDMA. International Technology Roadmap for Photovoltaic (ITRPV), Eleventh Edition[R]. Germany, 2020.

[36] Feldmann F, Bivour M, Reichel C, et al. A passivated rear contact for high-efficiency n-type silicon solar cells enabling high V_{OC}s and $FF > 82\%$[C]. Proceeding of the 28th European Photovoltaic Solar Energy Conference and Exhibition, Paris, France, 2013: 988-992.

[37] Feldmann F, Bivour M, Reichel C, et al. Tunnel oxide passivated contacts as an alternative to partial rear contacts[J]. Sol. Energy Mater. Sol. Cells, 2014, 131: 46-50.

[38] Richter A, Benick J, Feldmann F, et al. n-type Si solar cells with passivating electron contact: Identifying sources for efficiency limitations by wafer thickness and resistivity variation[J]. Sol. Energy Mater. Sol. Cells, 2017, 173: 96-105.

[39] Römer U, Peibst R, Ohrdes T, et al. Recombination behavior and contact resistance of n^+ and p^+ poly-crystalline Si/mono-crystalline Si junctions[J]. Sol. Energy Mater. Sol. Cells, 2014, 131: 85-91.

[40] Peibst R, Rienacker M, Larionova Y, et al. Towards 28%-efficient Si single-junction solar cells with better passivating POLO junctions and photonic crystals[J]. Sol. Energy Mater. Sol. Cells, 2022, 238: 111560.

[41] Ding D, Lu G L, Li Z P, et al. High-efficiency n-type silicon PERT bifacial solar cells with selective emitters and poly-Si based passivating contacts[J]. Solar Energy, 2019, 193: 494-501.

[42] Gubanov A I. Theory of the contact of two semiconductors of the same type of conductivity [J]. Zh. Tekh. Fiz., 1951, 21: 304.

[43] Gubanov A I. Theory of the contact of two semiconductors with mixed conductivity[J].

Zh. Eksper. Teor. Fiz., 1951, 21: 79.

[44] Anderson R L. Ge-GaAs heterojunctions [J]. IBM. J. Rev. Dev., 1960, 4: 283.

[45] Grigorovici R, Croitoru N, Marina M, et al. Heterojunctions between amorphous Si and Si single crystals[J]. Rev. Roumaine Phys., 1968, 13: 317-325.

[46] Fuhs W, Niemann K, Stuke J. Heterojunctions of amorphous silicon and silicon single crystals[C]. Proceedings of International Conference on Tetrahedrally Bound Amorphous Semiconductors, Yorktown Heights, NY, USA, 1974: 345-350.

[47] Dunn B, Mackenzie J D, Clifton J K, et al. Heterojunctions formation using amorphous materials[J]. Appl. Phys. Lett., 1975, 26: 85-86.

[48] Okuda K, Okamoto H, Hamakawa Y. Amorphous Si/polycrystalline Si stacked solar cell having more than 12% conversion efficiency[J]. Jpn. J. Appl. Phys., 1983, 22: L605-L607.

[49] Wakisaka K, Taguchi M, Sawada T, et al. More than 16% solar cells with a new "HIT"(doped a-Si/nondoped a-Si/crystalline Si) structure[C]. Proceedings of the 22nd IEEE Photovoltaic Specialists Conference, Las Vegas, NV, USA, 1991: 887-892.

[50] Tanaka M, Taguchi M, Matsuyama T, et al. Development of new a-Si/c-Si heterojunction solar cells: ACJ-HIT (artificially constructed junction-heterojunction with intrinsic thin-layer)[J]. Jpn. J. Appl. Phys., 1992, 31: 3518-3522.

[51] Taguchi M, Sakata H, Yoshimine Y, et al. HIT^{TM} cells—high-efficiency crystalline Si cells with novel structure[J]. Prog. Photovolt.: Res. Appl., 2000, 8: 503-513.

[52] Tanaka M, Okamaoto S, Sadaji T, et al. Development of HIT solar cells with more than 21% conversion efficiency and commercialization of highest performance hit modules[C]. Proceedings of the 3rd World Conference on Photovoltaic Energy Conversion, Osaka, Japan, 2003: 955-958.

[53] Tsunomura Y, Yoshimine Y, Taguchi M, et al. Twenty-two percent efficiency HIT solar cell[J]. Sol. Energy Mater. Sol. Cells, 2009, 93: 670-673.

[54] Mishima T, Taguchi M, Sakata H, et al. Development status of high-efficiency HIT solar cells[J]. Sol. Energy Mater. Sol. Cells, 2011, 95: 18-21.

[55] Taguchi M, Yano A, Tohoda S, et al. 24.7% record efficiency HIT solar cell on thin silicon wafer[J]. IEEE J. Photovolt., 2014, 4: 96-99.

[56] Nakamura J, Asano N, Hieda T, et al. Development of heterojunction back contact Si solar cells[J]. IEEE J. Photovolt., 2014, 4: 1491-1495.

[57] Masuko K, Shigematsu M, Hashiguchi T, et al. Achievement of more than 25% conversion efficiency with crystalline silicon heterojunction solar cell[J]. IEEE J. Photovolt., 2014, 4: 1433-1435.

[58] Yoshikawa K, Yoshida W, Irie T, et al. Exceeding conversion efficiency of 26% by heterojunction interdigitated back contact solar cell with thin film Si technology[J]. Sol. Energy Mater. Sol. Cells, 2017, 173: 37-42.

[59] Ru X N, Qu M H, Wang J Q, et al. 25.11% efficiency silicon heterojunction solar cell with low deposition rate intrinsic amorphous silicon buffer layers[J]. Sol. Energy Mater.

Sol. Cells, 2020, 215: 110643.

[60] Shen W Z, Zhao Y X, Liu F. Highlights of mainstream solar cell efficiencies in 2021[J]. Front. Energy, 2022, 16: 1-8.

[61] https://www.longi.com/cn/feature-report/world-record-for-solar-cell-efficiency/[2023-04-10].

[62] Green M A, Dunlop E D, Siefer G, et al. Solar cell efficiency tables (Version 61)[J]. Prog. Photovolt.: Res. Appl., 2023, 31: 3-16.

[63] Wang Q, Page M R, Iwaniczko E, et al. Efficient heterojunction solar cells on p-type crystal silicon wafers[J]. Appl. Phys. Lett., 2010, 96: 013507.

[64] De Wolf S, Descoeudres A, Holman Z C, et al. High-efficiency silicon heterojunction solar cells: A review[J]. Green, 2012, 2: 7-24.

[65] Fenner D B, Biegelsen D K, Bringans R D. Silicon surface passivation by hydrogen termination: A comparative study of preparation methods[J]. J. Appl. Phys., 1989, 66: 419-424.

[66] Fujiwara H, Kondo M. Effect of a-Si:H layer thicknesses on the performance of a-Si:H/c-Si heterojunction solar cells[J]. J. Appl. Phys., 2007, 101: 054516.

[67] Page M R, Iwaniczko E, Xu Y Q, et al. Amorphous/crystalline silicon heterojunction solar cells with varying i-layer thickness[J]. Thin Solid Films, 2011, 519: 4527-4530.

[68] Fujiwara H, Kondo M. Real-time monitoring and process control in amorphous/crystalline silicon heterojunction solar cells by spectroscopic ellipsometry and infrared spectroscopy[J]. Appl. Phys. Lett., 2005, 86: 032112.

[69] De Wolf S, Kondo M. Abruptness of a-Si:H/c-Si interface revealed by carrier lifetime measurements[J]. Appl. Phys. Lett., 2007, 90: 042111.

[70] De Wolf S, Kondo M. Nature of doped a-Si:H/c-Si interface recombination[J]. J. Appl. Phys., 2009, 105: 103707.

[71] Tanaka M, Makino H, Chikugo R, et al. Application of the ion plating process utilized high stable plasma to the deposition technology[J]. J. Vac. Soc. Jpn., 2001, 44: 435-439.

[72] Ruske F. Deposition and properties of TCOs[M]// van Sark W G J H M, Korte L, Roca F. Physics and Technology of Amorphous-crystalline Heterostructure Silicon Solar Cells. Berlin Heidelberg: Springer-Verlag, 2012.

[73] Okamoto S. Technology trends of high efficiency crystalline silicon solar cells[C]. 6th International Photovoltaic Power Generation Expo (PV EXPO 2013), Tokyo, Japan, 2013.

[74] Dao V A, Choi H, Heo J, et al. RF-magnetron sputtered ITO thin films for improved heterojunction solar cell application[J]. Curr. Appl. Phys., 2010, 10: S506-S509.

[75] Koida T, Fujiwara H, Kondo M. High-mobility hydrogen-doped In_2O_3 transparent conductive oxide for a-Si:H/c-Si heterojunction solar cells[J]. Sol. Energy Mater. Sol. Cells, 2009, 93: 851-854.

[76] Lu Z, Meng F, Cui Y, et al. High quality of IWO films prepared at room temperature by reactive plasma deposition for photovoltaic devices[J]. J. Phys. D: Appl. Phys.,

2013, 46: 075103.

[77] Zeng Y L, Peng C W, Hong W, et al. Review on metallization approaches of high-efficiency silicon heterojunction solar cells[J]. Trans. Tianjin Univ., 2022, 28: 16.

[78] Papet P, Andreetta L, Lachenal D, et al. New cell metallization patterns for heterojunction solar cells interconnected by the smart wire connection technology[J]. Energy Procedia, 2015, 67: 203-209.

[79] Yu J, Li J, Zhao Y, et al. Copper metallization of electrodes for silicon heterojunction solar cells: Process, reliability and challenges[J]. Sol. Energy Mater. Sol. Cells, 2021, 224: 110993.

[80] 中岛武, 丸山英治, 田中诚. 高性能 HIT 太阳电池的特性及其应用前景 [J]. 林宗汉, 译. 上海电力, 2006, (4): 372-375.

[81] Schmidt J, Aberle A G, Hezel R. Investigation of carrier lifetime instabilities in Cz-grown silicon[C]. Proceeding of the 26th IEEE Photovoltaic Specialists Conference, Anaheim, CA, USA, 1997.

[82] Yablonovitch E, Gmitter T, Swanson R M, et al. A 720 mV open circuit voltage SiO_x:c-Si:SiO_x double heterostructure solar cell[J]. Appl. Phys. Lett., 1985, 47: 1211-1213.

[83] Fahrenbruch A L, Bube R H. Fundamentals of Solar Cells: Photovoltaic Solar Energy Conversion[M]. New York: Academic Press, 1983.

[84] Sebastiani M, Di Gaspare L, Capellini G, et al. Low-energy yield spectroscopy as a novel technique for determining band offsets: Application to the c-Si(100)/a-Si:H heterostructure[J]. Phys. Rev. Lett., 1995, 75: 3352-3355.

[85] Anderson R L. Experiments on Ge-GaAs heterojunctions[J]. Solid State Electron., 1962, 5: 341-351.

[86] Cuniot M, Lequeux N. Determination of the energy band diagram for a-$Si_{1-x}Y_x$:H/c-Si (Y = C or Ge) heterojunctions: Analysis of transport properties[J]. Philos. Mag. B, 1991, 64: 723-729.

[87] Wang T H, Page M R, Iwaniczko E, et al. Toward better understanding and improved performance of silicon heterojunction solar cells[C]. 14th Workshop on Crystalline Silicon Solar Cells and Modules, Winter Park, CO, USA, 2004: 74.

[88] Jensen N, Rau U, Hausner R M, et al. Recombination mechanisms in amorphous silicon/crystalline silicon heterojunction solar cells[J]. J. Appl. Phys., 2000, 87: 2639-2645.

[89] Sproul A B. Dimensionless solution of the equation describing the effect of surface recombination on carrier decay in semiconductors[J]. J. Appl. Phys., 1994, 76: 2851-2854.

[90] Shockley W, Read W T. Statistics of the recombination of holes and electrons[J]. Phys. Rev., 1952, 87: 835-842.

[91] Hall R N. Electron-hole recombination in germanium[J]. Phys. Rev., 1952, 87: 387.

[92] De Wolf S. Intrinsic and doped a-Si:H/c-Si interface passivation[M]// van Sark W G J H M, Korte L, Roca F. Physics and Technology of Amorphous-crystalline Heterostructure

Silicon Solar Cells. Berlin: Springer, 2012.

[93] Pankove J I, Tarng M L. Amorphous silicon as a passivant for crystalline silicon[J]. Appl. Phys. Lett., 1979, 34: 156-157.

[94] Tarng M L, Pankove J I. Passivation of pn junction in crystalline silicon by amorphous silicon[J]. IEEE Trans. Electron Dev., 1979, 26: 1728-1734.

[95] Weitzel I, Primig R, Kempter K. Preparation of glow discharge amorphous silicon for passivation layers[J]. Thin Solid Films, 1981, 75: 143-150.

[96] Connell G A N, Pawlik J R. Use of hydrogenation in structural and electronic studies of gap states in amorphous germanium[J]. Phys. Rev. B, 1976, 13: 787-804.

[97] Pankove J I, Lampert M A, Tarng M L. Hydrogenation and dehydrogenation of amorphous and crystalline silicon[J]. Appl. Phys. Lett., 1978, 32: 439-441.

[98] Knights J C, Lucovsky G, Nemanich R J. Defects in plasma-deposited a-Si:H[J]. J. Non-Cryst. Solids, 1979, 32: 393-403.

[99] Yablonovitch E, Allara D L, Chang C C, et al. Unusually low surface-recombination velocity on silicon and germanium surfaces[J]. Phys. Rev. Lett., 1986, 57: 249-252.

[100] Burrows V A, Chabal Y J, Higashi G S, et al. Infrared spectroscopy of Si(111) surfaces after HF treatment: Hydrogen termination and surface morphology[J]. Appl. Phys. Lett., 1988, 53: 998-1000.

[101] Van de Walle C G, Street R A. Silicon-hydrogen bonding and hydrogen diffusion in amorphous silicon[J]. Phys. Rev. B, 1995, 51: 10615-10618.

[102] Beyer W, Herion J, Wagner H. Fermi energy dependence of surface desorption and diffusion of hydrogen in a-Si:H[J]. J. Non-Cryst. Solids, 1989, 114: 217-219.

[103] Beyer W. Hydrogen-effusion—A probe for surface desorption and diffusion[J]. Physica B, 1991, 170: 105-114.

[104] De Wolf S, Kondo M. Boron-doped a-Si:H/c-Si interface passivation: Degradation mechanism[J]. Appl. Phys. Lett., 2007, 91: 112109.

[105] De Wolf S, Kondo M. Nature of doped a-Si:H/c-Si interface recombination[J]. J. Appl. Phys., 2009, 105: 103707.

[106] Rath J K. Electrical characterization of HIT type solar cells [M]// van Sark W G J H M, Korte L, Roca F. Physics and Technology of Amorphous-crystalline Heterostructure Silicon Solar Cells. Berlin: Springer, 2012.

[107] Adachi D, Hernández J L, Yamamoto K. Impact of carrier recombination on fill factor for large area heterojunction crystalline silicon solar cell with 25.1% efficiency[J]. Appl. Phys. Lett., 2015, 107: 233506.

[108] Gogolin R, Turcu M, Ferré R, et al. Analysis of series resistance losses in a-Si:H/c-Si heterojunction solar cells[J]. IEEE J. Photovolt., 2014, 4: 1169-1176.

[109] Yang L F, Zhong S H, Zhang W B, et al. Study and development of rear-emitter Si heterojunction solar cells and application of direct copper metallization[J]. Prog. Photovolt.: Res. Appl., 2018, 26: 385-396.

[110] Bivour M, Schröer S, Hermle M, et al. Silicon heterojunction rear emitter solar cells:

Less restrictions on the optoelectrical properties of front side TCOs[J]. Sol. Energy Mater. Sol. Cells, 2014, 122: 120-129.

[111] Kern W. The evolution of silicon wafer cleaning technology[J]. J. Electrochem. Soc., 1990, 137: 1887-1892.

[112] Zhang Z H, Huber M, Corda M. Key equipments for O_3-based wet-chemical surface engineering and PVD processes tailored for high-efficiency silicon heterojunction solar cells[J]. Energy Procedia, 2017, 130: 31-35.

[113] Moldovan A, Fischer A, Dannenberg T, et al. Ozone-based conditioning: combining excellent surface passivation and industrial feasibility for SHJ solar cells[C]. Proceedings of the 26th International Photovoltaic Science and Engineering Conference, Singapore, 2016.

[114] Wang Q. Hot-wire CVD amorphous Si materials for solar cell application[J]. Thin Solid Films, 2009, 517: 3570-3574.

[115] Zheng W, Gallagher A. Hot wire radicals and reactions[J]. Thin Solid Films, 2006, 501: 21-25.

[116] Wang Q. Combinatorial approach to studying tungsten filament ageing in fabricating hydrogenated amorphous silicon using the hot-wire chemical vapour deposition technique[J]. Meas. Sci. Technol., 2005, 16: 162-166.

[117] Matsumura H, Higashimine K, Koyama K, et al. Comparison of crystalline-silicon/amorphous-silicon interface prepared by plasma enhanced chemical vapor deposition and catalytic chemical vapor deposition[J]. J. Vac. Sci. Technol. B, 2015, 33: 031201.

[118] Liu W, Zhang L, Chen R, et al. Underdense a-Si:H film capped by a dense film as the passivation layer of a silicon heterojunction solar cell[J]. J. Appl. Phys., 2016, 120: 175301.

[119] Zhang Y, Yu C, Yang M, et al. Significant improvement of passivation performance by two-step preparation of amorphous silicon passivation layers in silicon heterojunction solar cells[J]. Chin. Phys. Lett., 2017, 34: 038101.

[120] Sai H, Chen P W, Hsu H J, et al. Impact of intrinsic amorphous silicon bilayers in silicon heterojunction solar cells[J]. J. Appl. Phys., 2018, 124: 103102.

[121] Qu X L, He Y C, Qu M H, et al. Identification of embedded nanotwins at c-Si/a-Si:H interface limiting the performance of high-efficiency silicon heterojunction solar cells[J]. Nat. Energy, 2021, 6: 194-202.

[122] Tsu D V, Lucovsky G, Davidson B N. Effects of the nearest neighbors and the alloy matrix on SiH stretching vibration in the amorphous SiO_r:H ($0 < r < 2$) alloy system[J]. Phys. Rev. B, 1989, 40: 1795-1805.

[123] Ouwens J D, Schropp R E I. Hydrogen microstructure in hydrogenated amorphous silicon[J]. Phys. Rev. B, 1996, 54: 17759-17762.

[124] 杨苗, 汝小宁, 殷实, 等. 高效硅异质结太阳电池技术进展 [C]. 第十八届中国太阳级硅及光伏发电研讨会会议文集, 太原, 2022.

[125] Holman Z C, Descoeudres A, Barraud L, et al. Current losses at the front of silicon

heterojunction solar cells[J]. IEEE J. Photovolt., 2012, 2: 7-15.

[126] 沈文忠, 李正平. 基于宽带隙窗口层的背结硅异质结太阳电池: ZL 202110022467.6[P]. 2022-11-15.

[127] Köhler M, Pomaska M, Procel P, et al. A silicon carbide-based highly transparent passivating contact for crystalline silicon solar cells approaching efficiencies of 24%[J]. Nature Energy, 2021, 6: 529-537.

[128] Sharma M, Panigrahi J, Komarala V K. Nanocrystalline silicon thin film growth and application for silicon heterojunction solar cells: A short review[J]. Nanoscale Adv., 2021,3: 3373-3383.

[129] Mazzarella L, Kirner S, Gabriel O, et al. Nanocrystalline silicon emitter optimization for Si-HJ solar cells: Substrate selectivity and CO_2 plasma treatment effect[J]. Physica Status Solidi (A), 2017, 214: 1532958.

[130] Qiu D, Duan W, Lambertz A, et al. Front contact optimization for rear-junction SHJ solar cells with ultra-thin n-type nanocrystalline silicon oxide[J]. Sol. Energy Mater. Sol. Cells, 2020, 209: 110471.

[131] Zhao Y, Procel P, Han C, et al. Design and optimization of hole collectors based on nc-SiO_x:H for high-efficiency silicon heterojunction solar cells[J]. Sol. Energy Mater. Sol. Cells, 2021, 219: 110779.

[132] Schropp R E I. Industrialization of hot wire chemical vapor deposition for thin film applications[J]. Thin Solid Films, 2015, 595: 272-283.

[133] Koida T, Ueno Y, Shibata H. In_2O_3-based transparent conducting oxide films with high electron mobility fabricated at low process temperatures[J]. Phys. Status Solidi A, 2018, 215(7): 1700506.

[134] Morales-Masis M, De Nicolas S M, Holovsky J, et al. Low-temperature high-mobility amorphous IZO for silicon heterojunction solar cells[J]. IEEE J. Photovolt., 2015, 5: 1340-1347.

[135] Kobayashi E, Watabe Y, Yamamoto T, et al. Cerium oxide and hydrogen co-doped indium oxide films for high-efficiency silicon heterojunction solar cells[J]. Sol. Energy Mater. Sol. Cells, 2016, 149: 75-80.

[136] Tohsophon T, Dabirian A, De Wolf S, et al. Environmental stability of high-mobility indium-oxide based transparent electrodes[J]. APL Mater., 2015, 3: 116105.

[137] Carroy G R P, Muñoz D, Ozanne F, et al. Analysis of different front and back TCO on heterojunction solar cells[C]. Proceedings of 31st European Photovoltaic Solar Energy Conference, Hamburg, Germany, 2015, 2: 1-2.

[138] Cruz A, Neubert S, Erfurt D, et al. Optoelectronic performance of TCO on silicon heterojunction rear-emitter solar cells[C]. Proceedings of 35th European Photovoltaic Solar Energy Conference, Brussels, Belgium, 2018, 1: 452-455.

[139] 石建华. TCO 薄膜及其对 a-Si:H/c-Si 太阳电池性能的影响研究 [D]. 上海: 中国科学院上海微系统与信息技术研究所, 2018.

[140] 王文静. 晶体硅太阳电池的技术进展 [C]. 第十七届中国太阳级硅及光伏发电研讨会会议文

集, 苏州, 2021.
[141] Mette A. New concepts for front side metallization of industrial silicon solar cells[D]. Freiburg: University of Freiburg, 2007.
[142] Levrat J, Thomas K, Faes A, et al. Metal-free crystalline silicon solar cells in module[C]. Proceedings of the 42nd IEEE Photovoltaic Specialist Conference, New Orleans, LA, USA, 2015.
[143] Chung K, Bang J, Thacharon A, et al. Non-oxidized bare copper nanoparticles with surface excess electrons in air[J]. Nat. Nanotechnol., 2022, 17: 285-291.
[144] Yoshida M, Tokuhisa H, Itoh U, et al. Novel low-temperature-sintering type Cu-alloy pastes for silicon solar cells[J]. Energy Procedia, 2012, 21: 66-74.
[145] Wang B, Ji Z, Zimone F T, et al. A technique for sputter coating of ceramic reinforcement particles[J]. Surf. Coat. Technol., 1997, 91: 64-68.
[146] Shin J, Kim H, Song K H, et al. Synthesis of silver-coated copper particles with thermal oxidation stability for a solar cell conductive paste[J]. Chem. Lett., 2015, 44: 1223-1225.
[147] Liang S H, Zhang Q, Zhuo L C. Fabrication and properties of the W-30wt%Cu gradient composite with W@WC core-shell structure[J]. J. Alloys Compd., 2017, 708: 796-803.
[148] Schube J, Fellmeth T, Jahn M, et al. Advanced metallization with low silver consumption for silicon heterojunction solar cells[C]. AIP Conf. Proc., 2019, 2156: 020007.
[149] Hong W. Research direction and progress of low-temperature paste for high-efficiency heterojunction cells[C]. 19th China Photovoltaic Academic Conference, 2022.
[150] Hatt T, Kluska S, Yamin M, et al. Native oxide barrier layer for selective electroplated metallization of silicon heterojunction solar cells[J]. Sol. RRL, 2019, 3: 1900006.
[151] Chang J, Chen F, Chen M, et al. Development of copper electroplating technique for silicon heterojunction solar cells with efficiency over 23.1%[C]. Proceeding of 29th European Photovoltaic Solar Energy Conference and Exhibition, Amsterdam, Netherlands, 2014.
[152] Geissbühler J, De Wolf S, Faes A, et al. Silicon heterojunction solar cells with copper-plated grid electrodes: Status and comparison with silver thick-film techniques[J]. IEEE J. Photovolt., 2014, 4: 1055-1062.
[153] https://business.sohu.com/a/582117585_121124362 [2023-04-10].
[154] Shen W Z, Zhao Y X, Liu F. Highlights of mainstream solar cell efficiencies in 2022[J]. Front. Energy, 2023, 17: 9-15.
[155] Maki K, Fujishima D, Inoue H, et al. High-efficiency HIT solar cells with a very thin structure enabling a high $V_{\rm oc}$[C]. Proceedings of the 37th IEEE Photovoltaic Specialists Conference, Seattle, WA, USA, 2011: 57-61.
[156] Tohoda S, Fujishima D, Yano A, et al. Future directions for higher-efficiency HIT solar cells using a thin silicon wafer[J]. J. Non-Cryst. Solids, 2012, 358: 2219-2222.
[157] 李正平, 杨黎飞, 沈文忠. 硅基异质结太阳电池新进展 [J]. 物理学进展，2019, 39: 1-22.
[158] Haschke J, Amkreutz D, Korte L, et al. Towards wafer quality crystalline silicon thin-film solar cells on glass[J]. Sol. Energy Mater. Sol. Cells, 2014, 128: 190-197.

[159] Wang L, Lochtefeld A, Han J S, et al. Development of a 16.8% efficient 18-μm silicon solar cell on steel[J]. IEEE J. Photovolt., 2014, 4: 1397-1403.

[160] Petermann J H, Zielke D, Schmidt J, et al. 19%-efficient and 43 μm-thick crystalline Si solar cell from layer transfer using porous silicon[J]. Prog. Photovoltaics: Res. Appl., 2012, 20: 1-5.

[161] Hadibrata W, Es F, Yerci S, et al. Ultrathin Si solar cell with nanostructured light trapping by metal assisted etching[J]. Sol. Energy Mater. Sol. Cells, 2018, 180: 247-252.

[162] Zhong S H, Wang W J, Zhuang Y F, et al. All-solution-processed random Si nanopyramids for excellent light trapping in ultrathin solar cells[J]. Adv. Funct. Mater., 2016, 26: 4768-4777.

[163] Li Y, Zhong S H, Zhuang Y F, et al. Quasi-omnidirectional ultrathin silicon solar cells realized by industrially compatible processes[J]. Adv. Electron. Mater., 2019: 5: 1800858.

[164] Lu M, Bowden S, Das U, et al. Interdigitated back contact silicon heterojunction solar cell and the effect of front surface passivation[J]. Appl. Phys. Lett., 2007, 91: 063507.

[165] Shu Z, Das U, Allen J, et al. Experimental and simulated analysis of front versus all-back-contact silicon heterojunction solar cells: Effect of interface and doped a-Si:H layer defects[J]. Prog. Photovolt.: Res. Appl., 2015, 23: 78-93.

[166] Ji K, Syn H, Choi J, et al. The emitter having microcrystalline surface in silicon heterojunction interdigitated back contact solar cells[J]. Jpn. J. Appl. Phys., 2012, 51: 10NA05.

[167] Tomasi A, Paviet-Salomon B, Jeangros Q, et al. Simple processing of back-contacted silicon heterojunction solar cells using selective-area crystalline growth[J]. Nat. Energy, 2017, 2: 17062-17070.

[168] Ballif C. Silicon heterojunction cells: How to understand better, make better and produce cheaper[C]. Presentation on 1st International Workshop on SHJ Solar Cells, Shanghai, China, 2018.

[169] https://taiyangnews.info/technology/sharp-25-09-sihjt-record-cell/[2023-04-10].

[170] Würfel U, Cuevas A, Würfel P. Charge carrier separation in solar cells[J]. IEEE J. Photovolt., 2015, 5: 461-469.

[171] Mader C, Müller J, Eidelloth S, et al. Local rear contacts to silicon solar cells by in-line high-rate evaporation of aluminum[J]. Sol. Energy Mater. Sol. Cells, 2012, 107: 272-282.

[172] Feldmann F, Simon M, Bivour M, et al. Efficient carrier-selective p- and n-contacts for Si solar cells[J]. Sol. Energy Mater. Sol. Cells, 2014, 131: 100-104.

[173] Bullock J, Wan Y, Hettick M, et al. Survey of dopant-free carrier-selective contacts for silicon solar cells[C]. IEEE 43rd Photovoltaic Specialists Conference, Portland, OR, USA, 2016: 0210-0214.

[174] Bivour M, Temmler J, Steinkemper H, et al. Molybdenum and tungsten oxide: High

work function wide band gap contact materials for hole selective contacts of silicon solar cells[J]. Sol. Energy Mater. Sol. Cells, 2015, 142: 34-41.

[175] Gerling L G, Mahato S, Morales-Vilches A, et al. Transition metal oxides as hole-selective contacts in silicon heterojunctions solar cells[J]. Sol. Energy Mater. Sol. Cells, 2016, 145: 109-115.

[176] Yang X, Weber K, Hameiri Z, et al. Industrially feasible, dopant-free, carrier-selective contacts for high-efficiency silicon solar cells[J]. Prog. Photovolt.: Res. Appl., 2017, 25: 896-904.

[177] Yang X, Bi Q, Ali H, et al. High-performance TiO_2-based electron-selective contacts for crystalline silicon solar cells[J]. Adv. Mater., 2016, 28: 5891-5897.

[178] Battaglia C, De Nicolás S M, De Wolf S, et al. Silicon heterojunction solar cell with passivated hole selective MoO_x contact[J]. Appl. Phys. Lett., 2014, 104: 113902.

[179] Geissbühler J, Werner J, De Nicolás S M, et al. 22.5% efficient silicon heterojunction solar cell with molybdenum oxide hole collector[J]. Appl. Phys. Lett., 2015, 107: 081601.

[180] Dréon J, Jeangros Q, Cattin J, et al. 23.5%-efficient silicon heterojunction silicon solar cell using molybdenum oxide as hole-selective contact[J]. Nano Energy, 2020, 70: 104495.

[181] Bullock J, Hettick M, Geissbühler J, et al. Efficient silicon solar cells with dopant-free asymmetric heterocontacts[J]. Nat. Energy, 2016, 1: 15031.

[182] Zhong S H, Dreon J, Jeangros Q, et al. Mitigating plasmonic absorption losses at rear electrodes in high-efficiency silicon solar cells using dopant-free contact stacks[J]. Adv. Funct. Mater., 2020, 30: 1907840.

[183] Liu Z L, Lin H, Wang Z L, et al. Dual functional dopant-free contacts with titanium protecting layer: Boosting stability while balancing electron transport and recombination losses[J]. Adv. Sci., 2022, 9: 2202240.

[184] https://www.sohu.com/a/648500845_121124362[2023-04-10].

第 2 章　钙钛矿太阳电池

2.1　钙钛矿太阳电池 (PSC) 结构与工作原理

2.1.1　钙钛矿材料组分及特性

1839 年，俄罗斯矿物学家古斯塔夫・罗斯 (Gustav Rose) 在乌拉尔山脉发现了一种分子式为 $CaTiO_3$ 的矿物质，并以矿物学家列夫・佩罗夫斯基 (Lev Perovski) 的名字将其命名为 perovskite。由于独特的超导电性和铁电性，钙钛矿氧化物材料得到科学家们的广泛研究。1994 年，研究人员发现一种新的钙钛矿结构材料有机–无机金属卤化物钙钛矿，且该体系材料的电学性质会随着其晶体维度的变化而变化 [1]。由此，钙钛矿材料的半导体特性得到了广泛的重视，也为其进一步应用于光伏领域提供了可能。

钙钛矿光电材料的晶体结构如图 2-1 所示，其分子式为 ABX_3 [2]。其中，A 位常为有机阳离子 (如 $CH_3NH_3^+$ (MA^+)、$HC(NH_2)_2^+$ (FA^+))、无机阳离子 (如 Cs^+、Rb^+) 及其混合物；B 位则是二价阳离子 Pb^{2+}、Sn^{2+} 等；X 则代表一价卤素阴离子 Cl^-、Br^-、I^- 等或类卤素阴离子 [3-5]。A 位阳离子位于立方晶胞中心，被占据 X 位阴离子构成的截角八面体间隙，配位数为 12。B 位阳离子占据立方晶胞顶角，与 X 位阴离子形成 $[BX_6]^{4-}$ 八面体，配位数为 6。其中，由于 A 位离子和 X 位离子半径相近，构成立方密堆积。

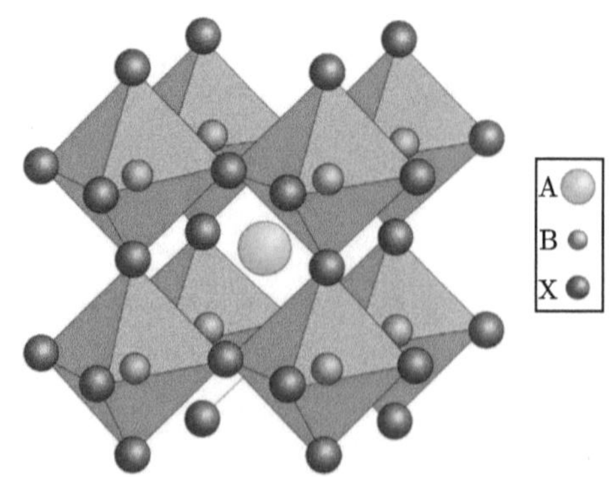

图 2-1　钙钛矿 ABX_3 的晶体结构 [2]

通常用容忍因子 t 来衡量 ABX_3 型钙钛矿晶体结构的稳定性，其表达式为

$$t=\frac{R_{\mathrm{A}}+R_{\mathrm{X}}}{\sqrt{2}\,(R_{\mathrm{B}}+R_{\mathrm{X}})} \tag{2-1}$$

式中，R_{A}、R_{B} 和 R_{X} 分别代表 A，B 和 X 离子的有效半径。当 t 介于 0.813~1.107 时，钙钛矿晶体结构稳定。当 t 接近 1 时，晶体结构为高对称的立方相结构，其空间群为 $Pm3m$；当 t 偏离 1 时，晶体结构会转变为对称性较低的正交晶系或四方晶系。$FAPbI_3$ 钙钛矿的 t 值为 1.02，属于立方晶系；而 $CsPbI_3$ 和 $MAPbI_3$ 的容忍因子分别为 0.81 和 0.91，使得 $CsPbI_3$ 室温稳定相为正交晶系，而 $MAPbI_3$ 室温稳定相为四方晶系 [6]。

金属卤化物钙钛矿材料的禁带宽度 (E_{g}) 是影响钙钛矿太阳电池 (PSC) 光电转换效率的关键因素之一，其主要由 B 位金属离子和 X 位卤素离子之间的反键轨道耦合决定。以 $MAPb_{1-x}Sn_xI_3$ 为例，对于 B 位为 Pb、X 位为 I 的铅碘型钙钛矿材料，Pb 6p 反键轨道是其导带电子态的主要组成，而其价带电子态是通过 Pb 6s 和 I 5p 反键轨道耦合而成。类似地，对于 B 位为 Sn、X 位为 I 的锡碘型钙钛矿材料，Sn 5p 反键轨道组成导带电子态，而其价带电子态则由 Sn 5s 和 I 5p 反键轨道耦合而成 (图 2-2(a))[7]。钙钛矿材料的 E_{g} 受到元素比例的影响，通过调控元素种类及占比，能够实现钙钛矿材料 E_{g} 的连续可调。根据肖克利–奎伊瑟极限 (Shockley-Queisser limit) 理论计算得的单结太阳电池的最大功率转换效率 (power conversion efficiency，PCE) 约为 33%，对应的半导体最佳 E_{g} 为 1.37 eV。当前所报道的甲脒锡碘钙钛矿 ($FASnI_3$) 的 E_{g}(1.41 eV) 已经接近理想值。此外，通过调控 Pb、Sn 比例，铅锡共混的金属卤化物钙钛矿可以实现 1.17 eV 的最小 E_{g}；用溴取代碘化物钙钛矿中的部分碘元素，可以提高 E_{g}，如当 Br 部分取代 $MAPbI_3$ 中的 I 时，钙钛矿的 E_{g} 可以从 1.55 eV($MAPbI_3$) 提升至 2.29 eV($MAPbBr_3$)(图 2-2(b))[8]；如图 2-2(c) 所示，在 $FAPb(I_yBr_{1-y})_3$ 中 y 从 0 增加至 100%时，相应的钙钛矿 E_{g} 从 1.48 eV 增加至 2.23 eV，使得相应光伏器件在理论上的开路电压 (V_{OC}) 会大大提升 [9]。由此可见，通过元素的比例调控，钙钛矿材料的吸收光谱可以实现从红外光区至紫外光区连续可调。

由于金属和卤化物之间具有较强的反键轨道耦合并且导带和价带中的态密度较高，则相应的钙钛矿材料具有较高的吸光系数。例如，在紫外可见波段，$MAPbI_3$ 钙钛矿的吸光系数 ($10^5\ \mathrm{cm}^{-1}$) 是常用的有机半导体材料吸光系数 ($10^3\ \mathrm{cm}^{-1}$) 的 100 倍。另外，金属卤化物钙钛矿半导体为直接带隙半导体，具有尖锐的吸收边，这使得其只需几百纳米的厚度就可以吸收大部分的太阳光。这一特点有利于缩短载流子在钙钛矿中的传输距离，减少载流子非辐射复合。与之相反，作为间接带隙半导体的单晶硅，吸收系数低，需要上百微米的厚度才能吸收足够的太阳光，且

要求材料纯度高于 99.999%才能实现较高的 PCE。

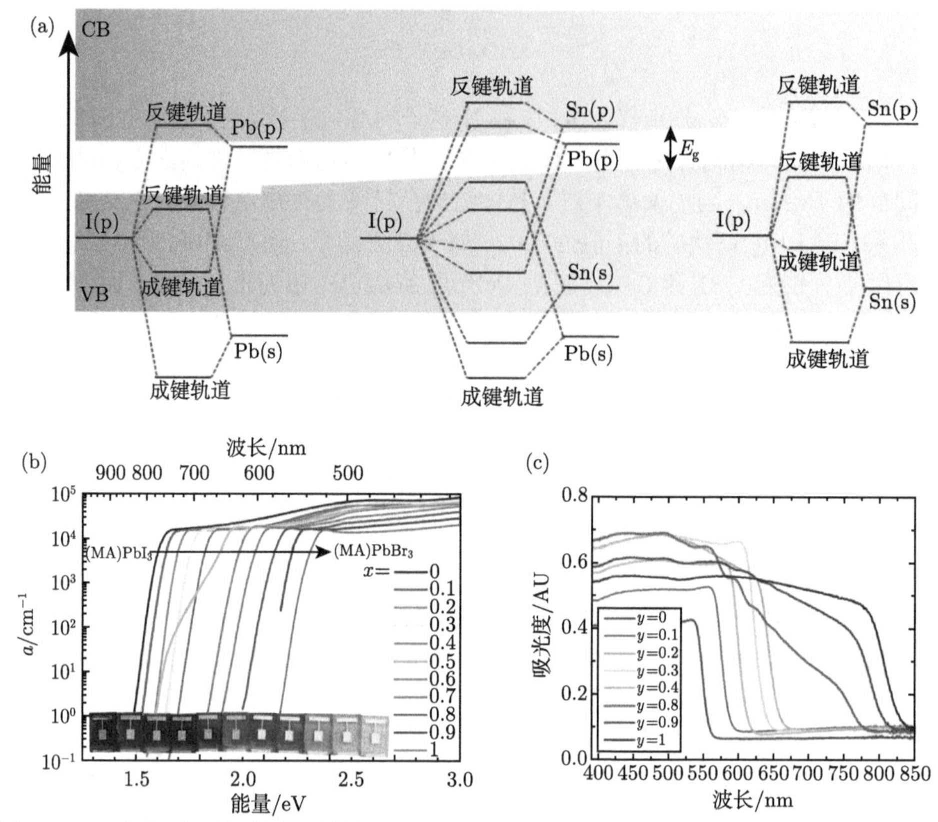

图 2-2　(a) 铅锡共混体系钙钛矿材料 $MAPb_{1-x}Sn_xI_3$ 在 $x=0$ (左)、$x=0.5$ (中) 和 $x=1$ (右) 的情况下导带和价带的分子轨道构成图 [7]；(b) 不同 x 值的 $MAPb(I_{1-x}Br_x)_3$ 钙钛矿紫外–可见光 (UV-Vis) 图谱 [8]；(c) 不同 y 值的 $FAPb(I_yBr_{1-y})_3$ 钙钛矿 UV-Vis 图谱 [9]

此外，金属卤化物钙钛矿材料具有高的晶体缺陷态容忍度，使其具有长的载流子扩散距离、高迁移率等优势，保证了光生载流子的高效传输。例如，通过简便的结晶调控，$MAPbI_xCl_{1-x}$ 载流子扩散长度可达到微米级别 [10,11]。另外，溶液沉积法制备的钙钛矿载流子迁移率可达到 10 $cm^2 \cdot V^{-1} \cdot s^{-1}$，且单晶化可将载流子迁移率进一步提升为原来的 6~7 倍。得益于此，钙钛矿中的载流子的复合率大大降低 [10,12]。

2.1.2　钙钛矿薄膜制备方法

钙钛矿薄膜是 PSC 最为核心的部分，其结晶质量将直接影响器件的光吸收、电荷传输及扩散等光伏特性，是实现高效稳定 PSC 的关键因素。制备具有平整表面、均匀覆盖且高晶体取向的钙钛矿薄膜，一直是该领域的研究重点。在钙钛矿薄膜制备工艺的探索过程中，形成了几种典型的薄膜制备方法，主要可分为一步旋涂法、一步反溶剂旋涂法、两步旋涂法、双源共蒸发法、溶液蒸发辅助法和电化学沉积法等。

1. 一步旋涂法

一步旋涂法是最早被开发的钙钛矿薄膜制备方法。在一步法制备钙钛矿薄膜的过程中，过量溶剂的蒸发和钙钛矿结晶是钙钛矿薄膜形成所需的两个主要过程。研究初期，钙钛矿前驱体溶液常采用 N, N-二甲基甲酰胺 (N, N-dimethylformamide，DMF) 作为溶剂，并将不同浓度的用基碘化胺 (CH_3NH_3T, MAI) 和 $PbCl_2$ 按照 3:1 的摩尔比混合，将混合前驱体溶液旋涂于衬底表面，经 100 ℃ 退火后形成多晶钙钛矿薄膜 [13]。虽然一步法沉积钙钛矿薄膜制备过程简单，但是钙钛矿的成膜质量对衬底浸润性、退火时间和温度、前驱体溶液配比、溶剂类型、溶剂黏度和沸点等因素非常敏感。此外，退火过程中钙钛矿晶体因为原料、溶剂的挥发而易发生团聚。因此，该方法制备的钙钛矿薄膜形貌不易控制，且重现性较差。

2. 一步反溶剂旋涂法

为解决一步旋涂法中结晶控制困难的问题，一步反溶剂旋涂法的思路是快速结晶，通过加快溶液中的形核速度，快速形成钙钛矿晶体。这类方法通常在旋涂钙钛矿前驱体时加入氯仿 (chloroform，CF)、氯苯 (chlorobenzene，CB)、乙酸乙酯 (ethyl acetate)、甲苯 (toluene)、二氯苯 (dichlorobenzene，2-CB) 以及乙醚 (diethyl ether) 等有机溶剂。这些溶剂能快速与前驱体中的溶剂结合而不分解钙钛矿前驱体，使得溶质快速析出结晶并形成均匀致密的钙钛矿薄膜 (图 2-3)。Spiccia 团队最先报道了将氯苯作为反溶剂促进快速结晶，优化钙钛矿薄膜质量 [14]。Cheng 团队将 MAI 和 PbI_2 以一定比例溶解在 DMF 溶液中，探究了氯苯、二甲苯 (dimethylbenzene)、CF、异丙醇 (isopropanol，IPA) 等 12 种不同反溶剂对钙钛矿结晶质量的影响；在反溶剂的作用下，钙钛矿晶粒达到了微米级，使得相应的器件获得了 14%的 PCE[15]。此外，Seok 团队利用黏度较大的二甲基亚砜 (dimethyl sulfoxide，DMSO) 作为钙钛矿前驱体溶剂，获得较为平整的前驱体薄膜，再以甲苯作为反溶剂，使钙钛矿从前驱体薄膜中快速析出结晶；通过该溶剂工程他们获得了平整致密的钙钛矿薄膜，相应器件实现了 17.9%的认证 PCE [16]。

3. 两步旋涂法

一步法制备钙钛矿薄膜存在结晶窗口不易控制、成膜质量难以调控等问题。为此，Grätzel 团队报道了一种两步旋涂法 [17]，他们将溶于 DMF 的 PbI_2 溶液旋涂在衬底上，再将溶于 IPA 的 MAI 旋涂在 PbI_2 薄膜上，在热驱动下相互扩散，形成表面平整均匀的钙钛矿薄膜 (图 2-4)。

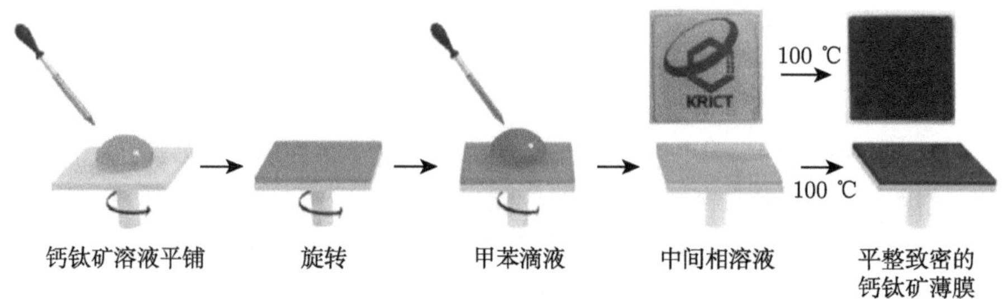

图 2-3　一步反溶剂旋涂法制备钙钛矿层示意图 [16]

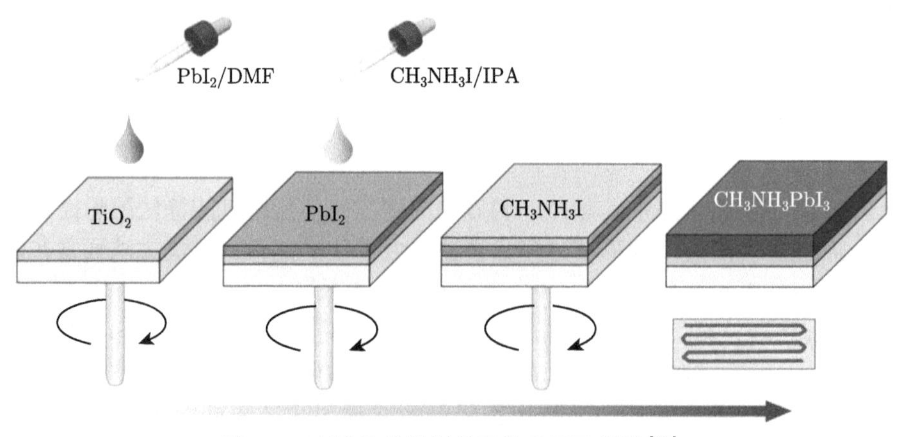

图 2-4　两步旋涂法制备钙钛矿层示意图 [17]

传统的两步法是异相反应过程，即固态 PbI_2 薄膜被浸泡在 MAI 溶液中与其反应。在此反应过程中，PbI_2 薄膜质量很大程度上决定最终钙钛矿薄膜形貌。早期两步法中通常采用加热后的 PbI_2 溶液来制备 PbI_2 薄膜，因为热的 PbI_2 溶液更易在基底上浸润，且具有更大溶解度，有利于得到平整的薄膜。另一方面，MAI 在 PbI_2 薄膜中的扩散速度也是影响最终钙钛矿薄膜质量的关键因素。相对而言，介孔结构的 PbI_2 薄膜比致密的 PbI_2 薄膜更有利于 MAI 溶液的渗透，能够在更短的时间内形成钙钛矿薄膜。Grätzel 团队报道的两步法中发现，从 PbI_2 完全转变为钙钛矿薄膜只需要 10 s。然而，在平面的 PbI_2 结构中，这种转换过程需要数小时来完成，并且长时间的浸泡易造成钙钛矿的分解，甚至从衬底上脱落，因此严重影响 PSC 的效率和重现性 [18]。此外，表面 PbI_2 与 MAI 形成致密的钙钛矿，可能会进一步阻挡 MAI 同下一层 PbI_2 的反应，导致下层 PbI_2 反应不完全，影响最终器件性能。为了促进 MAI 与 PbI_2 反应，许多的团队对此展开研究并提出了不同的路径。Gong 团队将旋涂后的 PbI_2 放置一段时间取代加热烘干以控制溶剂的挥发，获得结晶度低、疏松多孔的 PbI_2，从而促进 MAI 与 PbI_2 之间的反应 [19]。Zhao 团队在 PbI_2 溶液中加入 MACl，通过加热分解使得 MACl 挥发，在 PbI_2 薄膜中留下孔洞，从而有助于后续的 MAI 的渗入 [20]。Han 团队将 PbI_2 溶于 DMSO 中，利用 DMSO 与 PbI_2 的强配位作用，获得形貌均匀的无定形的 PbI_2 薄膜。同时，DMSO 与 PbI_2 的配位还为后续 MAI 进入 PbI_2 提供空间，有利于实现钙钛矿的完全转换。

4. *双源共蒸发法*

一步旋涂法和两步旋涂法都是基于溶液制备钙钛矿薄膜。由于早期制备工艺不成熟，上述方法虽然制备工艺简单，但制备的钙钛矿薄膜晶粒表面粗糙度大，易产生针孔，造成较为严重的载流子非辐射复合。为此，Snaith 团队利用热蒸发薄膜的致密性优势，将 MAI 和 PbI_2 置于真空环境中，按一定摩尔比同时蒸发到基底上，使得两者反应生成致密的钙钛矿薄膜，最后再将钙钛矿薄膜在惰性环境中进行 100 ℃ 退火处理 (图 2-5)[21]。利用该方法制备出的钙钛矿薄膜均匀致密且无孔洞，具有良好的重现性及工业大规模制备的潜力。

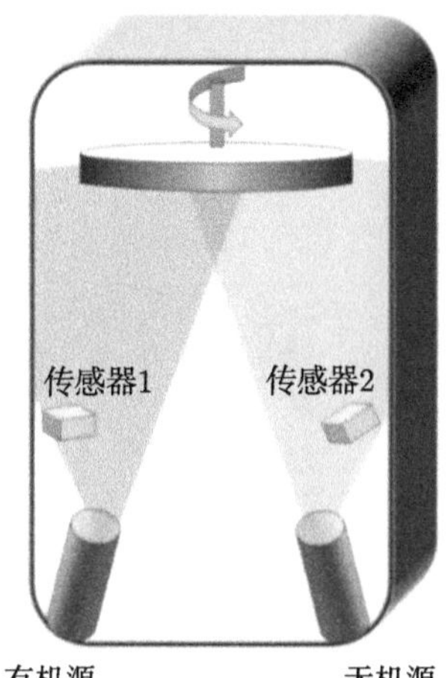

图 2-5　双源共蒸发法制备钙钛矿层示意图 [21]

5. *溶液蒸发辅助法*

虽然双源共蒸发法制备出的钙钛矿薄膜致密性较高，但是该方式对操作技术、设备和环境等要求严格，与商业化高生产节拍、低成本的要求不兼容。为此，Yang 团队结合溶液法和蒸发法的优势，提出了溶液蒸发辅助法 [22]。他们首先在衬底上

旋涂一层 PbI_2 薄膜，采用 MAI 蒸气与之反应生成钙钛矿薄膜 (图 2-6)，再将其用异丙醇涮洗后，进行退火处理，最终获得晶粒均一、表面平整的钙钛矿薄膜。

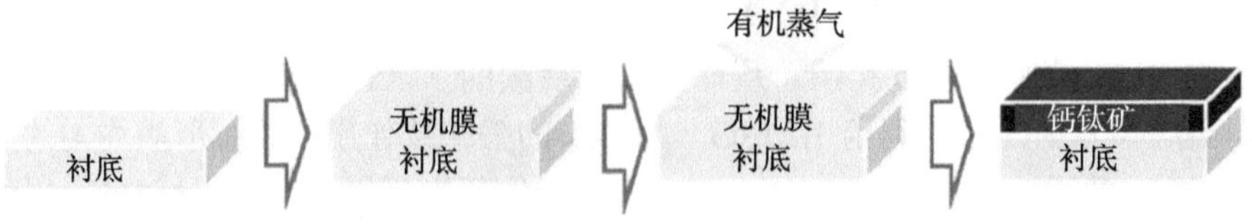

图 2-6 溶液蒸发辅助法制备钙钛矿薄膜示意图 [22]

6. 电化学沉积法

前面提到的制备方法，需要有毒溶剂以及高真空设备的引入，使得钙钛矿制备流程较为烦琐。因此，Shen 团队基于传统工业中常用到的电沉积镀膜技术，开发了一套室温大气环境下全电化学制备钙钛矿的工艺流程 [23]；如图 2-7 所示，他们在致密 TiO_2(compact-TiO_2，c-TiO_2) 层的基底上，电沉积一层 Pb 金属薄膜，然后将 Pb 薄膜浸入 MAI 的异丙醇溶液中施加电场，促进 Pb 薄膜向 $MAPbI_3$ 钙钛矿薄膜的转化；得到的 $MAPbI_3$ 钙钛矿薄膜覆盖均匀且结晶性良好，无需后续的退火处理，减少了制备步骤以及制备时长，最终基于此方法制备的钙钛矿器件效率为 15.65%。

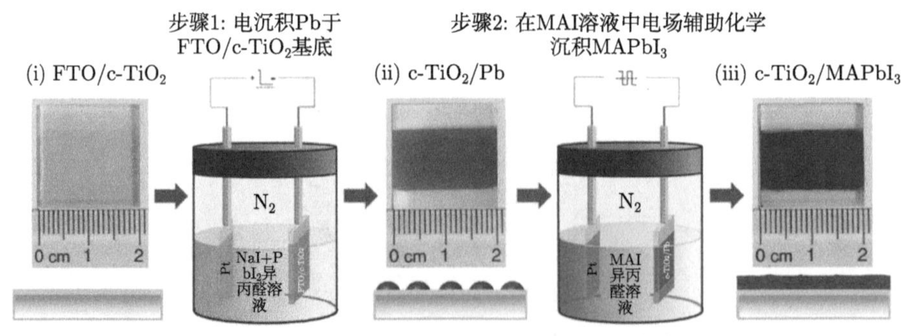

图 2-7 电化学制备钙钛矿薄膜示意图 [23]

2.1.3 钙钛矿电池结构及组成

PSC 主要由透明导电玻璃、电子传输层 (electron transport layer，ETL)、钙钛矿层、空穴传输层 (hole transport layer，HTL) 和背电极组成。其中，钙钛矿层作为 PSC 的吸光层，其两侧分别为 ETL 和 HTL。根据电荷传输方向的不同，半导体结构可分为 p-i-n 型或 n-i-p 型异质结。异质结两侧分别与透明电极和背电极形成欧姆接触。根据各功能层的相对位置及材料类型，PSC 可以分为正式介孔结构、正式平面结构 (n-i-p) 和反式结构 (p-i-n)(图 2-8)。

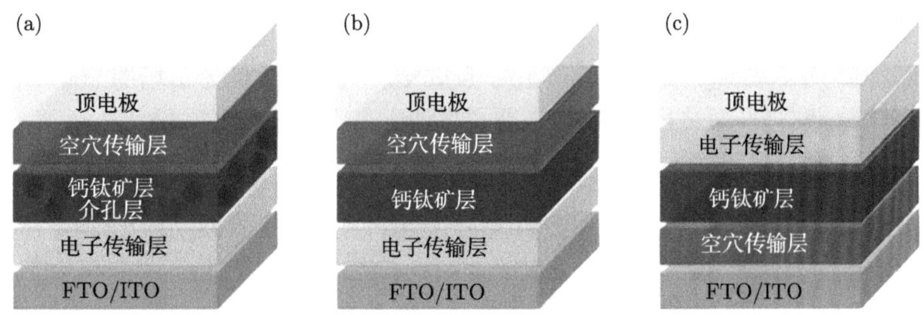

图 2-8 (a) 正式介孔、(b) 正式平面和 (c) 反式平面结构 PSC

在早期的 PSC 研究工作中，大多数器件属于介孔结构。2009 年，在染料敏化太阳电池中被广泛使用的介孔 TiO_2(mesoporous-TiO_2，mp-TiO_2) 被应用于首个钙钛矿敏化结构太阳电池中 [24]。该器件以氟掺杂的 SnO_2(FTO) 导电玻璃作为基底，c-TiO_2 和 mp-TiO_2 分别作为 ETL 和支撑骨架，钙钛矿被填充在 mp-TiO_2 的空隙中，之后在钙钛矿表面沉积 HTL，最后蒸镀金属电极。2012 年，为证明钙钛矿的双极性电荷传输特性，Snaith 团队报道了采用绝缘的 mp-Al_2O_3 取代了 mp-TiO_2，在器件中不参与电子传输，仅作为钙钛矿层的骨架支撑 [13]。研究表明，介孔层为钙钛矿提供骨架支撑的同时增大了钙钛矿的接触面积，从而提高器件的电子传输效率，有效降低电子和空穴的非辐射复合。然而，介孔结构的制备温度往往高达 400~500 ℃，增加了钙钛矿器件的制备工艺要求，并限制了柔性器件开发的可能。

随着钙钛矿薄膜制备工艺的优化，无需介孔支撑层就可以制备出均匀平整的钙钛矿薄膜。例如，Snaith 团队以 c-TiO_2 作为 ETL，通过双源热蒸法实现了高质量的钙钛矿薄膜，制备了首个正式平面结构 PSC，器件效率达到 15.4%[21]。该工作简化了钙钛矿器件结构，对高效 PSC 的发展具有重要意义，例如目前高效的 PSC 仍借鉴该结构。

2013 年，基于有机太阳电池结构，Guo 团队制备了第一个反式平面 PSC，获得 3.9%的 PCE[25]。反式器件具有与正式结构相反的电荷传输层位置，且制备温度大多低于 150 ℃，兼容柔性衬底钙钛矿器件的制备工艺。其 HTL 材料通常是 NiO_x、聚 [双 (4-苯基)(2, 4, 6-三甲基苯基) 胺](poly[bis(4-phenyl) (2, 4, 6-trimethylphenyl)amine]，PTAA)、聚 (3,4-亚乙二氧基噻吩)-聚 (苯乙烯磺酸)(poly(3, 4-ethylenedioxythiophene)-poly(styrenesulfonate)，PEDOT:PSS) 等。ETL 则采用富勒烯 (fullerene，C_{60}) 和 [6, 6]-苯基 C_{61} 丁酸甲酯 ((6, 6)-phenyl-

C_{61} butyrie acid methyl ester，PCBM) 等衍生物。由于采用导电性及电荷传输能力较强的有机物作为 ETL，从而反式 PSC 几乎没有“迟滞”现象。此外，受到 Shockley-Queisser 极限的限制，单结 PSC 极限效率为 33%。为了突破这一极限，PSC 可以借助带隙可调的优势，与其他类型的太阳电池组成叠层电池，提高吸收光谱的利用率，实现更高的 PCE。由于反式结构与占据大部分市场的晶硅电池结构相匹配，反式平面结构的 PSC 在叠层电池中有广泛的应用前景。

2.1.4　钙钛矿电池工作原理及能带图

PSC 基于光生伏特效应，其运行主要可以分为几个步骤：① 激子的产生和分离；② 自由载流子的传输；③ 载流子的收集和电流的产生。

PSC 中,作为直接带隙半导体的钙钛矿材料具有较高的吸光系数 ($\sim 10^5\ cm^{-1}$)，几百纳米厚的钙钛矿薄膜就可以充分吸收太阳光入射光子。相比于吸光层厚度需要达到微米级的无机半导体器件，高吸收系数很大程度上降低了器件成本。钙钛矿层吸收光子后，价带中的电子跃迁至导带，同时在价带中留下相应的空穴，产生电子–空穴对。由于钙钛矿材料的激子束缚能很小，电子–空穴对在室温下迅速分离成自由电子和空穴。自由载流子在钙钛矿薄膜中传输，其传输距离可达到 1 μm，为有机聚合物中的 5~10 倍。较长的载流子传输距离有利于载流子在较大厚度的钙钛矿薄膜中有效传输，并到达钙钛矿和电荷传输层界面被有效收集。在内建电场的作用下，钙钛矿导带中的电子和价带中的空穴分别被两侧的 ETL 和 HTL 提取及传输。通过电荷传输层的电子和空穴分别被两端电极收集并传输至外电路，从而产生电流、电压，完成整个光电转换过程 (图 2-9(a)、(b))。

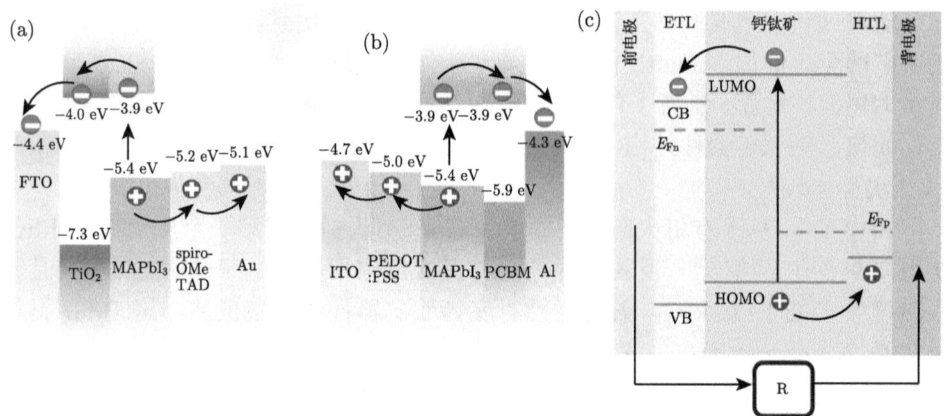

图 2-9　(a) 正式和 (b) 反式器件能带示意图；(c) PSC 工作原理图

2.2 PSC 的效率优化

PSC 的效率是其最重要的性能指标，为了实现对器件效率的进一步优化，大量的研究从溶剂工程、添加剂工程、界面工程和叠层电池技术等方面展开。

2.2.1 溶剂工程

钙钛矿薄膜的质量是决定 PSC 性能的关键。溶液法制备钙钛矿薄膜具有成本低廉的优势，并且所制备的薄膜均匀致密、结晶度高，因此被广泛应用于 PSC 的研究中。在溶液法制备钙钛矿薄膜的过程中，溶剂不仅起到溶解溶质的作用，还对控制结晶过程的反应速率、形核生长等起到多重作用 [26]。溶剂自身的蒸气压、沸点、互溶性、路易斯酸碱度、分子尺寸等性质都对钙钛矿的结晶过程有重要影响。因此，大量的工作通过溶剂工程改善钙钛矿薄膜质量，实现高效的 PSC。

LaMer 图被广泛用于解释前驱体溶液的晶体形核和生长过程，用于描述在溶剂恒定和等温蒸发速率下钙钛矿前驱体溶液的浓度和随时间的变化关系 [27]。如图 2-10(a) 所示，当溶液浓度达到临界值并过饱和时，溶质胶体开始形核并生长成晶体。在该过程中，形核率和生长率主要由溶剂的蒸发速率决定。当溶剂的蒸发速率低时，溶液浓度会在很长一段时间内保持接近临界浓度。在该情况下，晶核的浓度很低，有充足的时间和空间生长成大晶粒。但是，低浓度的晶核会导致溶质在衬底上团聚，从而导致形成的钙钛矿薄膜表面覆盖率低 (图 2-10(b))[27,28]。反之，当溶剂的蒸发速率高时，溶液在短时间内就超过临界浓度。此时，晶核浓度高，其生长的时间和空间都受到限制，有利于获得小而均匀的晶粒，生成覆盖完整的钙钛矿薄膜。因此，为了获得覆盖率高、晶粒尺寸大而均匀的钙钛矿薄膜，控制溶剂的蒸发速率至关重要。

溶剂的蒸发速率不仅受到其蒸气压、沸点、黏度的影响，还与溶剂和溶质之间的配位作用高度相关。因此，调节溶剂和钙钛矿前驱体之间的配位作用被认为是控制钙钛矿晶体形核和生长的最有效策略 [29]。溶剂的特定官能团与钙钛矿前驱体之间的配位作用对钙钛矿的形核、生长以及薄膜的最终形貌会产生重要影响。例如，DMF 和 DMSO 的作用方式是分别通过羰基 (C=O) 和亚磺酰基 (S=O) 与 PbI_2 中的 Pb^{2+} 之间的配位 [29-31]。通常，研究人员以配位数 D_N 来衡量溶剂与溶质之间的配位能力，D_N 越高代表溶剂提供电子与电子受体配位的能力越强 [32]。在钙钛矿前驱体溶液中，D_N 高的溶剂会与 Pb^{2+} 形成强的配位络合物；反之则与 Pb^{2+} 之间的相互作用较弱。例如，高 D_N 的溶剂使其在钙钛矿薄膜的退火过程中越不易挥发，从而延缓钙钛矿晶体长大；而低 D_N 的溶剂则会在退火过程中快速挥发，加速形核 [33]。因此，大量的工作通过掺入不同配位数的溶剂来调控溶剂与钙钛矿前驱体之间的相互作用，从而有效控制钙钛矿结晶过程。

Ostwald 熟化模型是另一种常用来解释晶体形核和生长过程的重要模型，描述了晶核生长成大晶粒的热力学自发过程 (图 2-10(c))[34]。具体地说，具有高表面能和溶解度的小尺寸晶粒会趋向于溶解并沉积在表面能低的相邻大尺寸晶粒表面，随着大晶粒一同粗化，从而导致体系中的晶粒和溶质浓度降低，并使得晶粒的平均尺寸增大。

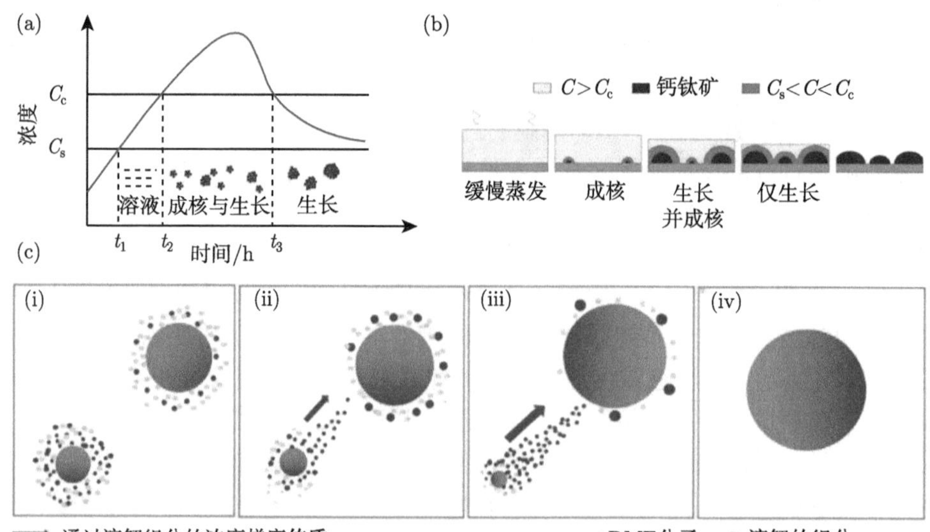

图 2-10　(a) LaMer 图，在溶剂的恒定蒸发速率下钙钛矿前驱体溶液的浓度随时间的变化；(b) 在缓慢溶剂蒸发和快速溶剂蒸发下从前驱体溶液生长的钙钛矿晶体的成核/生长竞争模型 [27]，C_c 为临界浓度，C_s 为饱和浓度；(c) Ostwald 熟化模型示意图，显示了钙钛矿晶粒随退火时间的动态粗化过程 [34]

卤化铅是钙钛矿前驱体材料的重要组成。然而，其几乎不溶于大部分常规溶剂，导致钙钛矿前驱体溶液在溶剂的选择上受到很大的限制 [32]。目前，DMF、DMSO、二甲基乙酰胺 (DMA)、N-甲基-2-吡咯烷酮 (NMP) 和 γ-丁内酯 (gamma butyrolactone，GBL) 等具有高配位数的极性和非质子溶剂能与卤化铅配位，从而被广泛用于钙钛矿薄膜的制备中 [35-38]。这些溶剂均作为强电子供体与 Pb^{2+} 配位形成均匀的配位胶体溶液。然而，由于不同溶剂的物理、化学性质差异，溶剂的选择对最终形成的钙钛矿薄膜质量和器件性能表现出不同的影响。

钙钛矿前驱体溶液中最常用的溶剂为 DMF。下面以 PbI_2 为例解释溶剂化过程。首先，DMF 通过羰基 (C=O) 与 Pb^{2+} 相互作用，形成 PbI_2-DMF 中间体。当将 MAI 引入 PbI_2-DMF 中，PbI_2-DMF 配合物将逐渐转变为碘铅酸盐配位配合物 [36]。相比于 Pb—I 键，DMF 与 Pb^{2+} 之间的相互作用较弱，这导致在前驱体溶液中形成小的 $MAPbI_3$ 钙钛矿胶体簇，并且，由于 MAI 会与 PbI_2 沿

(001) 平面边缘配位形成具有纳米棒形貌的三角 PbI_2，从而使钙钛矿胶体簇呈现出针状形貌，尤其是当 MAI 与 PbI_2 的摩尔比低于 1:1 时这种现象更为明显。然而，DMF 与 Pb^{2+} 的配位能力低，导致 DMF 快速挥发并使得钙钛矿结晶较快，最终导致钙钛矿薄膜表面粗糙且存在大量孔洞 [39,40]。为了解决这一问题，高 D_N 的溶剂 DMSO 被用于延缓钙钛矿晶体的形核和生长。相比于 DMF 中的 C=O，DMSO 中的亚磺酰基 (S=O) 具有更高的电子云密度，能与 PbI_2 形成更强的配位作用，相应的 Pb—O 从 2.431 Å 缩短到 2.386 Å[30,31,41-43]。在成膜过程中形成稳定的 MAI-PbI_2-DMSO 中间相 (图 2-11(a))，从而延缓钙钛矿晶体的形核、生长过程 [31]。如图 2-11(b) 所示，随着 DMSO 含量的增加，生成的钙钛矿薄膜表面更加均匀平整，孔洞逐渐减少，晶粒尺寸增大并与衬底形成更好的界面接触 [44]。这主要归功于 MAI-PbI_2-DMSO 中间相的形成，以及高沸点的 DMSO 有效延缓了钙钛矿的结晶速率。然而，当进一步增加 DMSO 浓度时，钙钛矿晶体的结晶速率过慢，会导致薄膜表面粗糙度大且晶粒大小不均。以上结果表明，通过合理调节不同溶剂体系的配位能力，能够有效控制钙钛矿薄膜形貌。此外，GBL、NMP、DMA、六甲基磷酰胺等 D_N 较高的溶剂也被作为钙钛矿前驱体溶液的单一溶剂或者助溶剂，以实现合理的溶剂调控 [45,46]。例如，Seok 团队以 DMSO 和 GBL 混合溶剂溶解钙钛矿，以甲苯作为反溶剂，通过 MAI-PbI_2-DMSO 中间相产生极其均匀致密的钙钛矿薄膜，克服了传统一步法制备的钙钛矿薄膜表面不均匀且易产生针孔等问题 [16]。尽管如此，DMF 和 DMSO 的组成仍是目前最常用于制备高质量钙钛矿薄膜的溶剂体系，这与该溶剂体系的配位能力、黏度、极性等性能密切相关 [16,47,48]。较为特别地，在 $FAPbI_3$ 制备过程中，DMSO 不能形成稳定的中间相，因此用 DMSO 所制备的 $FAPbI_3$ 薄膜表面形貌不均匀且重现性差。为此，Yang 团队用物理和化学特性相似的 NMP 取代 DMSO，形成稳定的 NMP-FAI-PbI_2 中间相，实现均匀平整、无针孔的高质量钙钛矿薄膜 (图 2-11(c))[30]。

溶剂工程除了用于调节三维 (3D) 钙钛矿薄膜质量，还同样适用于二维 (2D) 钙钛矿，其对 2D Ruddlesden-Popper 钙钛矿的结晶动力学有重要影响，特别是 2D 晶体的生长方向。Liu 团队通过调节溶剂中 DMF 和 DMSO 的比例，实现具有择优垂直量子阱取向、高相纯度和平滑表面形貌的 2D Ruddlesden-Popper 钙钛矿薄膜 ($BA_2MA_3Pb_4I_{13}$)，相应器件获得 12.17%的 PCE[49]。Huang 团队使用了极性极低、沸点适宜的溶剂二甲基乙酰胺 (dimethylacetamide，DMAc) 代替高沸点的极性非质子溶剂 DMF 和 DMSO，制备了高取向性的 2D Ruddlesden-Popper 钙钛矿 ($BA_2MA_3Pb_4I_{13}$)[50]；由于 DMAc 与 Pb^{2+} 以及胺盐的配位作用较弱，并且在成膜过程中容易挥发，因此可以提高 2D Ruddlesden-Popper 钙钛矿的结晶速率；此外，DMAc 可以强烈诱导 2D Ruddlesden-Popper 钙钛矿的结晶取向，实现良好的载流子传输；基于此，最终器件实现了 12.15%的 PCE 以及

14.61 mA·cm^{-2} 的高短路电流密度 (J_{SC})。Yao 团队以 DMAc 作为主溶剂，添加弱配位的丙烯酸酯和强配位的 DMSO 调控胶体性质，利用不同前驱体溶剂的配位能力，实现对 2D Ruddlesden-Popper 钙钛矿薄膜中的相纯度和分布的精准调控；最终，基于 $(TEA)_2(MA)_2Pb_3I_{10}$ ($n = 3$) 的 PSC 实现了 14.68%的纪录效率 [51]。

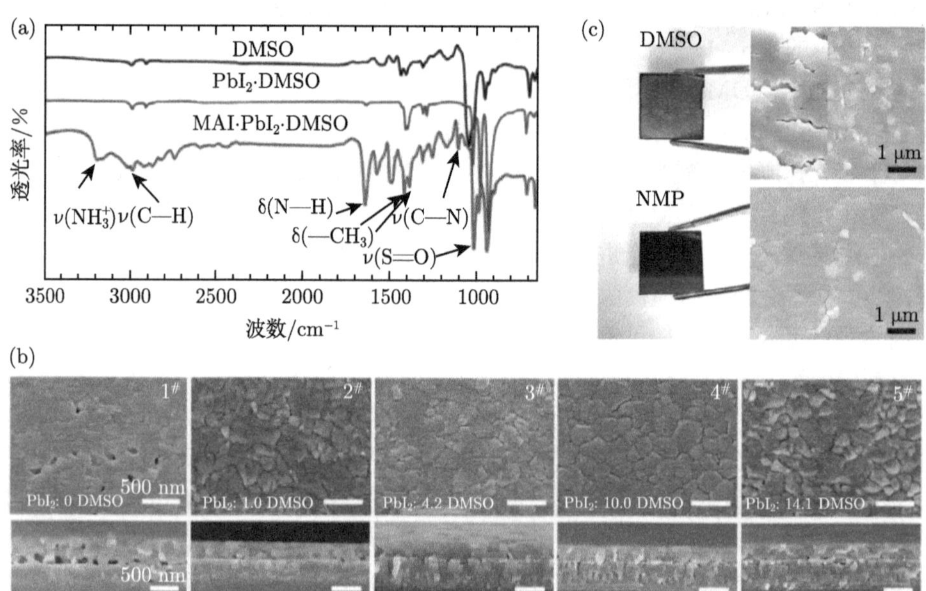

图 2-11　(a) DMSO(溶液)、PbI_2·DMSO(粉末) 和 MAI·PbI_2·DMSO(粉末) 的近红外傅里叶变换红外吸收光谱；(b) $MAPbI_3$ 薄膜的 SEM 图像和横截面 SEM 图像，1#～5# 表示在前驱体溶液中 PbI_2 与 DMSO 比例分别为 0:1、1.0:1、4.2:1、10.0:1 和 14.1:1[31]；(c) 使用 DMSO 和 NMP 溶剂形成 $FAPbI_3$ 钙钛矿薄膜的光学照片和 SEM 图像 [30]

如上所述，具有高 D_N 的溶剂能够延缓钙钛矿晶体的结晶速率，改善薄膜的结晶质量。与之相反的是，对于大面积涂布的钙钛矿薄膜制备技术，如刮涂法 (blade coating)、狭缝涂布法 (slot-die coating)、喷涂法 (spray coating) 等需要溶剂快速挥发。配位能力强、沸点高的溶剂挥发速度较慢，导致所形成的钙钛矿薄膜表面粗糙且存在大量针孔。此外，高沸点、高 D_N 的溶剂难以从大面积薄膜中彻底清除，影响器件的性能及长期稳定性 [52,53]。

为此，Snaith 团队用低沸点、低配位数和低黏度的溶剂乙腈 (acetonitrile, ACN) 来制备钙钛矿前驱体溶液 [54]；由于 ACN 的 D_N 较小，难以完全溶解钙钛矿前驱体，从而形成 $MAPbI_3$ 黑色沉淀；为了促进钙钛矿前驱体的溶解，他们在前驱体溶液中通入 MA 气体，从而获得稳定的无色透明溶液 (图 2-12(a))；通过 ACN/MA 溶剂体系制备出的大面积钙钛矿薄膜 (125 cm^2) 均匀致密、无针孔

(图 2-12(b))；随后，该团队利用 ACN/MA 体系制备出了均匀平整的 $MAPbBr_3$ 钙钛矿薄膜。相比于传统的 DMF 溶剂体系，ACN/MA 体系处理得到的钙钛矿薄膜晶粒取向更趋向于垂直，有利于载流子在钙钛矿薄膜内的传输 (图 2-12(c)，(d))[55]。此外，Park 团队也基于 ACN/MA 体系并用棒涂法制备了超过 100 cm^2 的钙钛矿薄膜，其相应的器件效率达到 17.82%(图 2-12(e))[56]。

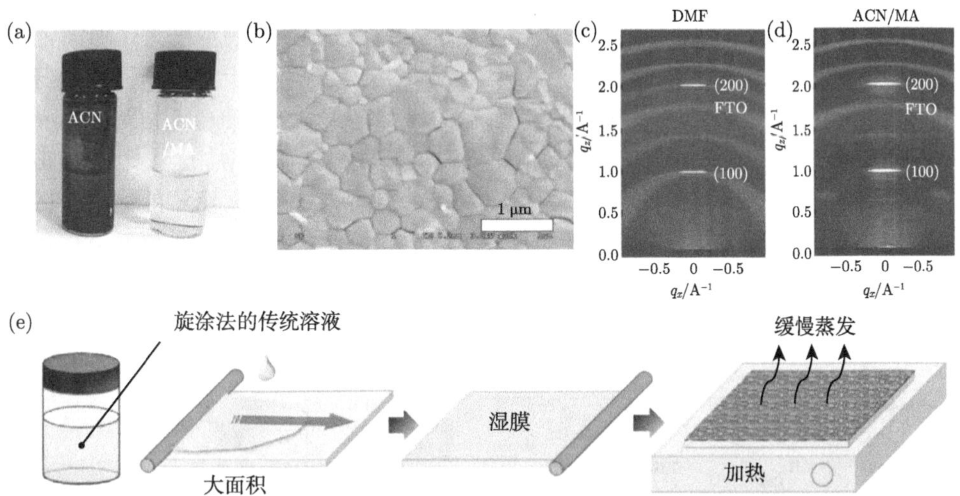

图 2-12 (a) 纯 ACN 和 ACN/MA 溶剂混合物作为溶剂的钙钛矿前驱体 MAI:PbI_2 (摩尔比为 1:1.06)；(b) 由 ACN/MA 溶液加工而成的 $MAPbI_3$ 薄膜 SEM 图像 [54]；基于 (c) DMF 和 (d) ACN/MA 溶剂制备的钙钛矿薄膜二维 X 射线衍射 (X-ray diffraction，XRD) 图谱 [55]；(e) 棒涂法制备大面积钙钛矿薄膜涂层工艺示意图 [56]

传统溶剂体系制备的钙钛矿前驱体溶液是含有大量可移动离子的离子前驱体溶液，需要克服大的热力学能垒以诱发这些无序的离子向钙钛矿结构转变。在生成高度有序钙钛矿晶体结构的过程中，还需要与外界环境进行额外的能量交换以实现这些无序离子的重取向。实际研究中多采用高温退火或反溶剂法以提供所需能量，然而通过上述两种处理来克服能垒具有许多不可控性。近期，Wang 团队报道了一种—甲胺 (methylamine，MMA)/四氢呋喃 (tetrahydrofuran，THF)/ACN 混合溶剂体系 [57]。通过将钙钛矿晶体溶解到 MMA 溶液中，再用 ACN 稀释后得到非离子性质的钙钛矿前驱体溶液 $MA(MMA)_nPbI_3$。不同于传统的前驱体溶液需要所有无序离子同时旋转并移动到相应的晶格位置以组成有序晶体，这种非离子性前驱体溶液具有相对有序的 (110) 方向取向，更易生产出缺陷少且取向性优异的钙钛矿晶体，所制备的高质量钙钛矿薄膜的载流子扩散长度达到 4.6 μm。最终，器件在刚性衬底上实现了 21.8%的纪录 PCE，并在柔性衬底上实现了 12.1%的 PCE。此外，将器件面积从 0.096 cm^2 增加到 0.5 cm^2 后，PCE 几乎不产生损失，仍保持在 21%以上。总之，基于 MMA/THF/ACN 溶剂体系的非离子性钙钛矿前驱体溶液为制备大面积均匀高质量钙钛矿薄膜提供了新的可能。

钙钛矿前驱体溶液所用溶剂的毒性是规模化商业制备的 PSC 面临的一大重要挑战。为此，寻找清洁无毒溶剂取代传统有毒溶剂，成为实现绿色、安全 PSC 制备的关键 [54,58]。近期，Tait 团队将一系列无毒醇类溶剂用于制备钙钛矿前驱体溶液，以降低溶液毒性 [53]；他们将乙醇 (ethanol，EtOH)、异丙醇、1-丙醇 (n-propanol，PrOH)、二甲基乙醇胺 (2-dimethylaminoethanol，DMEA) 等溶剂与 GBL/乙酸 (acetate acid，AcOH) 混合制备钙钛矿前驱体溶液，并用一步法沉积钙钛矿薄膜 (图 2-13(a))；他们发现，在 GBL/EtOH/AcOH 溶剂体系中，EtOH 相对于 AcOH 体积分数从 0%增加到 40%时，制备的钙钛矿薄膜表面覆盖率增加，针孔数量减少；特别是当 GBL/EtOH/AcOH 的体积比为 60%/20%/20%时，沉积的钙钛矿薄膜与 DMF 溶剂体系表现出相近的表面形貌 (图 2-13(b))；此外，基于该低毒性溶剂体系，他们在 4 cm^2 模块上实现了 11.9%的 PCE，证实了 GBL/EtOH/AcOH 溶剂体系制备的钙钛矿薄膜的可大面积化特性 (图 2-13(c))。

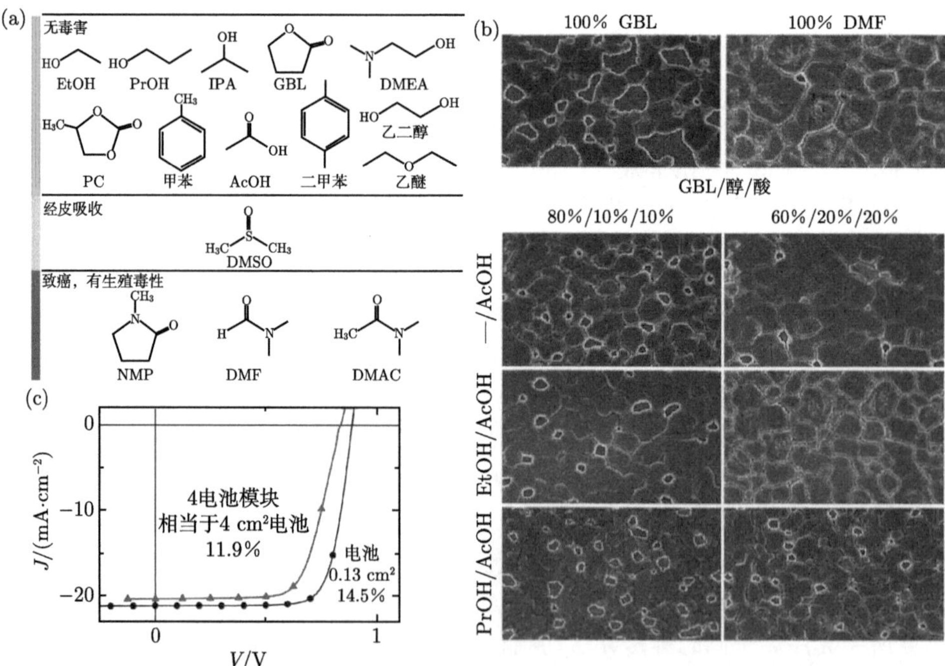

图 2-13 (a) 各种溶剂的分子式；(b) 基于各种溶剂制备的钙钛矿薄膜 SEM 图像，其中带有彩色轮廓的为针孔；(c)4 cm^2 的 PSC 模块的 J-V 曲线 [53]

上述的醇类溶剂显著降低了钙钛矿前驱体溶液毒性，但是仍具有易燃易爆的特性，这会给 PSC 的制备带来一定安全隐患。为此，最为安全无毒的清洁溶剂 H_2O 被引入钙钛矿前驱体溶剂中。Grätzel 团队在 DMF 中掺入 H_2O 作为助溶剂以促进 PbI_2 的溶解度 [59]；如图 2-14(a) 所示，在纯 DMF 溶剂中，PbI_2 的溶解度较低且易形成淡黄色的悬浮液；当 DMF 中的 H_2O 含量增加时，DMF 的极性、介电常数和溶解有所增加，使得浑浊的悬浮液逐渐变为澄清透明的溶液；基于 H_2O 添加量为 2%的 PbI_2 溶液制备的 PbI_2 薄膜最为均匀完整，进一步诱导了相应的表面光滑致密、几乎无针孔钙钛矿薄膜 (图 2-14(b))；最终，基于这种高质量钙钛矿薄膜的反式器件实现了 18%的 PCE 以及 85%的高 FF。同期，Liao 团队在钙钛矿前驱体溶液中加入 2%的 H_2O，通过一步法制备出均匀平整的高质量钙钛矿薄膜，并将器件效率从 12.1%提升至 16.0%[60]。然而，以上工作都是添加极少量的 H_2O 制备钙钛矿前驱体溶液。

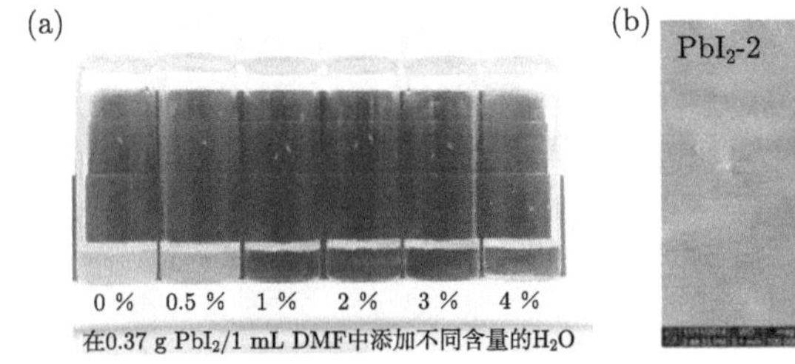

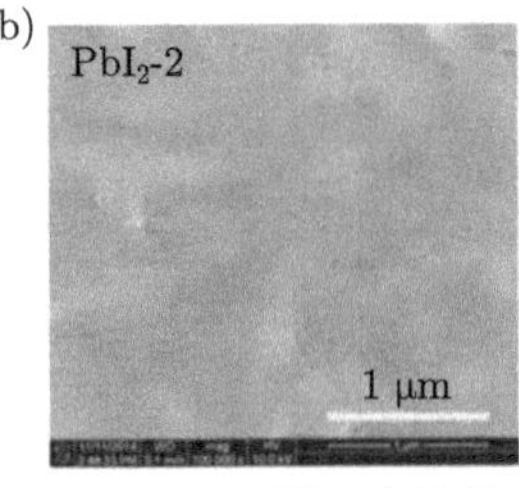

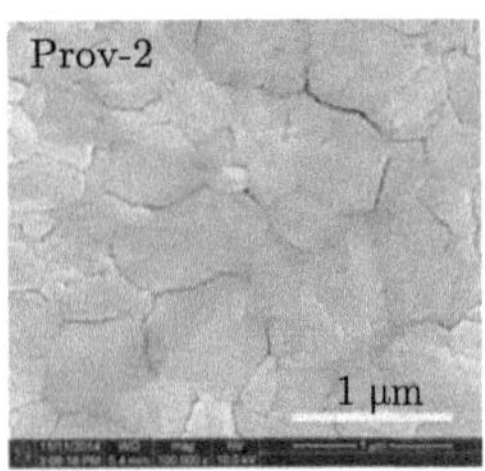

图 2-14 (a) H_2O 与 DMF 含量不同的 PbI_2/DMF 悬浮液的照片；(b) H_2O 添加量为 2%的 PbI_2 溶液制备的 PbI_2 薄膜和钙钛矿薄膜 SEM 图像 [59]

通过醇类、H_2O 等能够有效降低溶剂毒性，但是难以彻底去除溶剂毒性，并且往往会使钙钛矿薄膜的制备工艺更加复杂。此外，使用这些无毒溶剂所制备的 PSC 性能往往不及传统有机溶剂。因此，开发能实现高性能的无毒溶剂仍然是 PSC 实现商业化制备的必由之路。近年来，离子液体作为一种低毒性的溶剂被应用到钙钛矿前驱体溶液的制备中，并获得了良好的器件性能 [58,61,62]。

早在 2015 年，Estroff 团队利用离子液体甲基甲酸胺 (methylammonium formate，MAFa) 作为钙钛矿前驱体溶液的溶剂，制备了稳定高质量的 $MAPbI_3$ 钙钛矿薄膜，其多种退火温度和退火时间下都没有出现相分离 [61]。2019 年，Huang 团队报道了一种新型离子液体溶剂，甲基醋酸胺 (methylammonium acetate，MAAc)。MAAc 是一种高黏度、低蒸气压的无毒害溶剂，其与铅盐和甲基胺盐的相互作用较弱，因此容易形成均匀致密的钙钛矿薄膜 [58]。此外，用 MAAc 作为溶剂的高质量钙钛矿薄膜可以在不受湿度、氧气和温度等环境限制下通过简单的一步法在空气中获得。通过条件优化后，基于 $MAPbI_3$ 的器件实现了 20.05%的功率转换效率。此外，MAAc 作为溶剂还被广泛地用于制备 2D Ruddlesden-Popper、2D Dion-Jacobson 以及全无机钙钛矿薄膜 [63-65]。

2.2.2 添加剂工程

溶液法制备的多晶钙钛矿薄膜中存在大量的缺陷，根据前驱体溶液的成分和制备条件会形成各种不同类型的缺陷。早期的研究中将 $MAPbI_3$ 钙钛矿薄膜中的缺陷分为三种间隙缺陷 (Pb_i，MA_i，I_i)、三种空位缺陷 (V_{Pb}，V_{MA}，V_I) 和六种替位缺陷 (MA_{Pb}，MA_I，Pb_{MA}，Pb_I，I_{Pb}，I_{MA})[66]。间隙缺陷 (如 Pb_i) 和替位缺陷 (如 I_{MA}，I_{Pb}，Pb_I) 会形成能级缺陷，导致器件中载流子非辐射复合增加，影响器件最终性能。V_{Pb}^{2-}、V_I^+ 和 V_{MA}^- 等带电的空位是 $MAPbI_3$ 钙钛矿中的主要缺陷类型 [67]，它们作为浅能级缺陷，会形成非本征的掺杂位点。此外，钙钛矿晶界处存在大量的缺陷，可能是纯碘化物材料中的主要非辐射复合途径 [68]。因此，添加剂被广泛地应用于 PSC 中，以钝化钙钛矿中的缺陷并优化薄膜质量，提高器件的效率及稳定性。如图 2-15 展示了钙钛矿晶体表面和晶界处的各种缺陷及其相应的钝化方法 [69]。

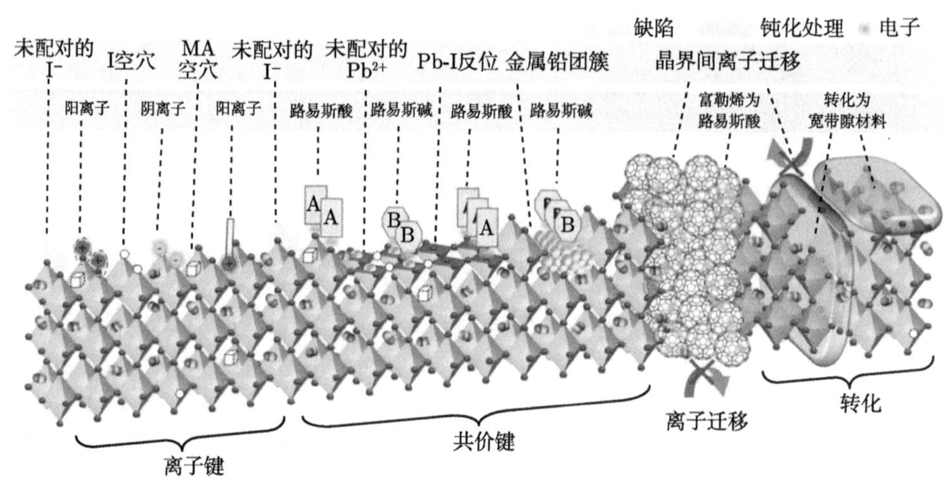

图 2-15　钙钛矿中常见的缺陷类型以及各种相应的钝化方法 [69]

路易斯酸是具有亲电子能力的试剂，其能够与富电子的路易斯碱结合 [70]。钙钛矿薄膜中的不饱和卤素离子以及 Pb-I 反位缺陷作为富电子缺陷可以与路易斯酸添加剂通过离子键或配位键相互作用，从而减少载流子非辐射复合，延长钙钛矿薄膜中的载流子寿命。

金属阳离子是一类常见的路易斯酸，其与钙钛矿中富电子的缺陷通过离子键相互作用，从而达到钝化缺陷的效果 [71]。早在 2014 年，Yang 团队提出一种可控的自诱导钝化法，通过控制 MAI 渗入 PbI_2 框架以及 MAI 的释放，使钙钛矿薄膜经过退火后在晶界处存在 PbI_2。PbI_2 作为路易斯酸能够实现对晶界处的缺陷钝化，减少平面异质结中的载流子复合，从而提高器件性能。之后，Seok 团队也利用钙钛矿薄膜中过量的 PbI_2 改善器件性能；他们发现过量的 PbI_2 有利于减少 J-V 曲线的迟滞和器件中的离子移动；最终，器件获得了 19.75%的认证 PCE[72]。

碱金属离子也常被作为添加剂，用于钝化钙钛矿薄膜中带负电的路易斯碱缺陷[73]。当将 KI 添加到 $Cs_{0.06}FA_{0.79}MA_{0.15}Pb(I_{0.85}Br_{0.15})_3$ 钙钛矿前驱体中时，来自 KI 中的 I^- 可以填补 I^- 空位，从而减少离子移动途径[74]。其次，K^+ 还可以与不饱和的卤化物离子键合或钝化晶粒表面的带负电的缺陷态，从而提高离子移动的活化能 (图 2-16(a))。最终，Stranks 团队获得了 21.5%的 PCE。Sagawa 团队系统地研究了掺杂各种碱金属阳离子对钙钛矿晶体结构和性质的影响[75]；如图 2-16(b) 所示，他们发现，掺入 Li^+、K^+ 或 Na^+ 的钙钛矿的晶格常数增大，而掺入 Cs^+、Rb^+ 对钙钛矿的晶格常数没有显著影响；从光致发光 (PL) 光谱中可见，Li^+、Na^+

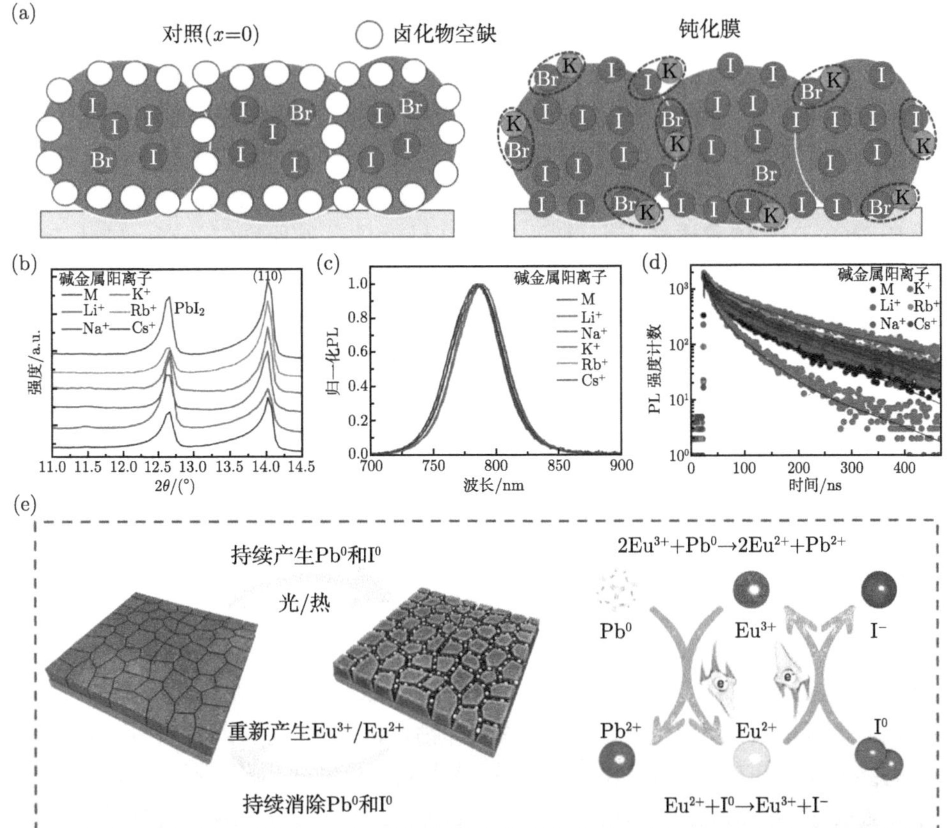

图 2-16 (a) KI 钝化钙钛矿薄膜示意图[74]；(b) 含有各种碱金属阳离子的钙钛矿 XRD 图谱；(c) PL 图谱；(d)PL 衰减曲线，M 表示 $MA_{0.15}FA_{0.85}Pb(I_{0.85}Br_{0.15})_3$，而 Li^+、Na^+、K^+、Rb^+ 和 Cs^+ 分别表示摩尔分数为 5%的碱金属阳离子掺杂钙钛矿[75]；(e)Eu^{3+}-Eu^{2+} 通过循环的氧化还原反应钝化 Pb^0 和 I^0 缺陷示意图[39]

或 K^+ 的掺入导致钙钛矿的吸收峰红移，而 Rb^+ 或 Cs^+ 的掺入导致蓝移，说明钙钛矿晶体的带隙发生相应变化 (图 2-16(c))；此外，载流子寿命的测试结果表明，除了 Li^+ 以外，其他碱金属离子掺入都提高了载流子的寿命，尤其是 K^+ 对于钙钛矿薄膜的钝化作用最为明显 (图 2-16(d))；基于 K^+ 钝化的 PSC 获得了超过 20%的 PCE，并几乎无迟滞。

Zhou 团队提出利用稀土离子 Eu^{2+} 和 Eu^{3+} 钝化钙钛矿中的 Pb^0 和 I^0 缺陷；在钙钛矿薄膜中离子对 Eu^{3+}-Eu^{2+} 通过循环的氧化还原反应，选择性地氧化 Pb^0 并还原 I^0 缺陷 (图 2-16(e))[39]；由此，器件获得了 20.52%的认证 PCE，并且在最大功率点运行 500 h 后仍保持原始效率的 91%。此外，其他金属离子 (如 Mg^{2+}、Ca^{2+}、Zn^{2+}、Fe^{2+}、Rb^+、Ag^+、Sr^{2+}、Ba^{2+}、Cu^+、Cu^{2+}) 也被证实具有缺陷钝化作用。

除了金属阳离子外，富勒烯及其衍生物是另一类重要的路易斯酸钝化剂。富勒烯由于具有高电子迁移率、高电子亲和力等特性而被广泛地应用于 PSC 中，作为缺陷钝化、电子传输或界面改性等材料 [76,77]。当作为钝化材料时，富勒烯分子能覆盖钙钛矿表面或晶界，通过物理阻挡抑制离子移动，增加离子移动的空间位阻 [78]。Sargent 团队利用富勒烯衍生物 [6,6]-苯基-C_{61}-丁酸甲酯 ($PC_{61}BM$) 构建钙钛矿-$PC_{61}BM$ 体异质结 [79]。$PC_{61}BM$ 在钙钛矿晶界处均匀分布，钝化 PbI_3^- 反位缺陷，并促进了电子提取。

除了路易斯酸添加剂对 PSC 性能的优化外，钙钛矿薄膜中另一类缺电子的缺陷 (如不饱和 Pb^{2+} 缺陷) 则需要用富电子的路易斯碱钝化。例如在 2.2.1 节中提到的 DMF、DMSO 和 NMP 等都属于 O 供体型路易斯碱，其通过氧原子所带孤对电子与不饱和 Pb^{2+} 形成配位共价键，从而调控钙钛矿结晶生长过程，减少钙钛矿薄膜缺陷 [30,31,36]。除了以上溶剂分子外，还存在大量由氧原子提供孤对电子的路易斯碱添加剂。Grätzel 团队将一种聚合物路易斯碱聚甲基丙烯酸甲酯 (PMMA) 加入反溶剂中，PMMA 通过与 PbI_2 形成中间络合物，诱发钙钛矿异质形核，改善晶粒尺寸并促进晶粒择优取向 [80]；基于此，PMMA 处理后的钙钛矿薄膜获得了超长的光致发光寿命 ($\tau_1 = 23.9$ ns，$\tau_2 = 259.3$ ns)，相应器件获得了 21.02%的认证 PCE。Yang 团队报道了一种双功能非挥发性路易斯碱添加剂来改善钙钛矿薄膜的异质性 [81]；他们利用尿素和钙钛矿前驱体溶液相互作用延缓结晶并提高结晶度，并在完成结晶后沉积在钙钛矿晶界处钝化缺陷 (图 2-17(a))；导电原子力显微镜 (conductive atomic force microscope，c-AFM) 结果表明，尿素处理后钙钛矿薄膜的导电均匀性得到显著改善 (图 2-17(b))；4%(摩尔分数) 尿素的添加使得光致发光寿命从 200.5 ns 提升到 752.4 ns，并消除了陷阱导致的非辐射复合。随后，该团队还提出用 1,3,7-三甲基黄嘌呤 (俗称咖啡因) 的羧基 (—COOH) 与 Pb^{2+} 形成较强的相互作用，以提高钙钛矿结晶过程中的活化能，延缓晶粒长大，并诱导晶粒择优取向 (图 2-17(c)，(d))[82]；最终，器件的 PCE 从 17.59%提升至 20.25%(图 2-17(e))。此外，Liu 团队还用 n 型和 p 型半导体分子 (如 (3,9-双(2-亚甲基-(3-(1,1-二氰亚甲基)-茚满酮))-5,5,11,11-四 (4-己基苯基)-二噻吩并 [2,3-d:2′,3′-d′]-s-茚并 [1,2-b:5,6-b′] 二噻吩)(ITIC)，77,7′-[4,4-双（2-乙基己基）-4H-硅氧烷 [3,2-b:4,5-b′] 二噻吩-2,6-二基] 双 [6-氟-4-（5′-己基-[2,2′-双噻吩]-5-基）苯并 [c][1,2,5] 噻二唑])，以及基于苯并二噻吩 (BDT) 的 DR3TBDTT(DR3T)) 钝化钙钛矿薄膜晶界以改善薄膜的光电性能 [83]。根据这些分子所带的路易斯官能团，它们能够钝化 Pb-I 反位缺陷和不饱和的 Pb^{2+} 缺陷。如图 2-17(f) 所示，引入 ITIC 和 DR3T 使该陷阱态更浅，从而有利于相邻钙钛矿晶粒之间的电荷传输；优化后的钙钛矿薄膜表现出更低的缺陷态密度、更高的电荷迁移率与更有效的电荷分离和提取 (图 2-17(g))。

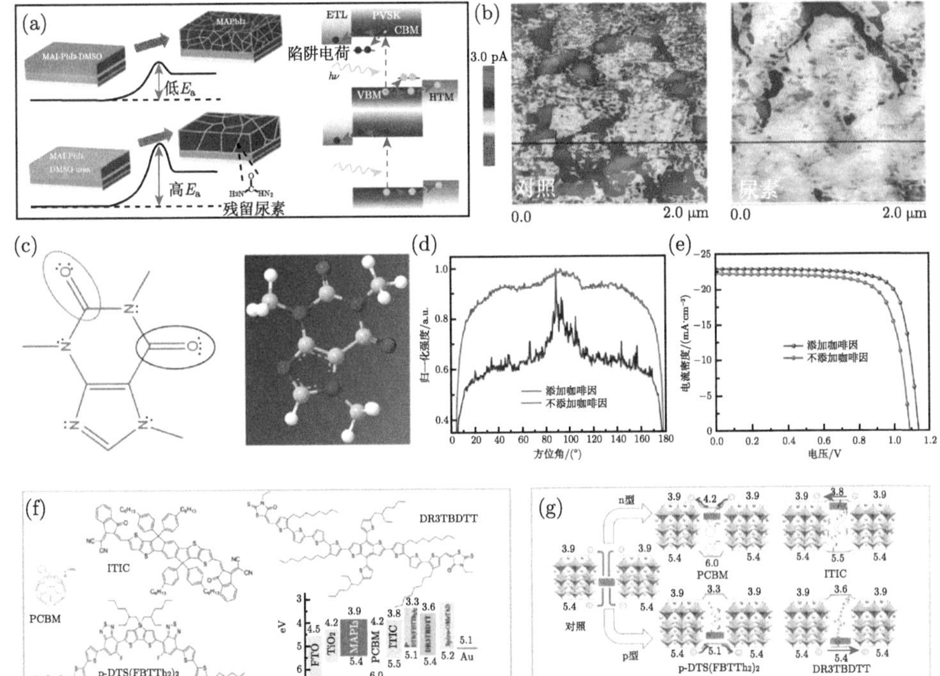

图 2-17 (a) 使用尿素添加剂对薄膜结晶的影响以及相应的电荷传输特性；(b) 有/无尿素处理的钙钛矿薄膜 c-AFM 图像 [81]；(c) 咖啡因分子结构；(d) 有/无咖啡因处理的钙钛矿薄膜沿 (110) 晶面的径向积分强度图；(e) 有/无咖啡因处理的钙钛矿器件 J-V 曲线 [82]；(f) n 型和 p 型半导体分子及相应能带结构 [83]；(g) 钙钛矿晶体和分子间的能级变化和晶粒间电荷传输 [83]

S 作为供体的路易斯碱比上述 O 作为供体的路易斯碱具有更强的供电子能力 [84]。噻吩、硫脲及其衍生物都是常用的 S 供体的路易斯碱衍生物。2014 年，

Snaith 团队用吡啶和噻吩分子钝化钙钛矿中的不饱和 Pb^{2+} 缺陷，减少钙钛矿薄膜中的载流子非辐射复合，使光致发光寿命提高了一个数量级 (图 2-18(a))[85]。Grätzel 团队提出了一种路易斯酸和路易斯碱相结合的钝化方法 (图 2-18(b))[86]；他们通过钙钛矿前驱体溶液中的路易斯碱 N-(4-溴苯基) 硫脲 (BrPh-ThR) 和反溶剂中的路易斯酸 bis-PCBM 混合异构体协同钝化 Pb^{2+} 和 Pb-I 反位缺陷，从而使钙钛矿的缺陷密度从 17.67×10^{15} cm^{-3} 减少到 4.76×10^{15} cm^{-3}，迁移率从 9.26 $cm^2\cdot V^{-1}\cdot s^{-1}$ 增加到 20.91 $cm^2\cdot V^{-1}\cdot s^{-1}$(图 2-18(c))，相应器件的 PCE 从 19.3% 提高到 21.7%。

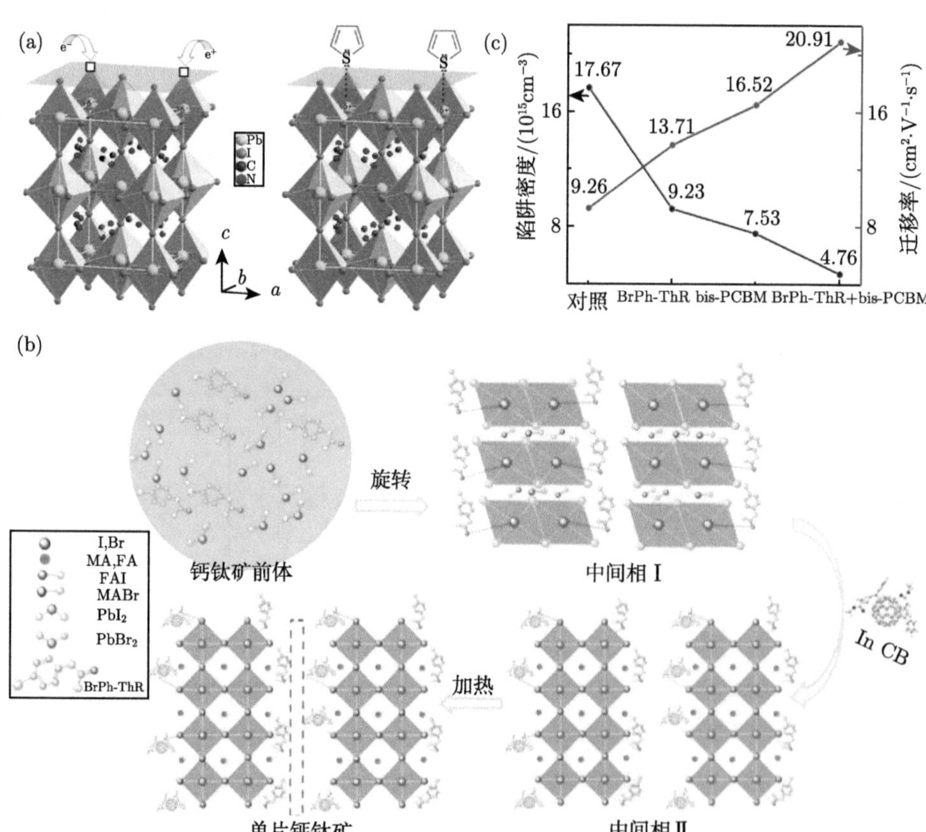

图 2-18　(a) 吡啶和噻吩分子钝化钙钛矿中的不饱和 Pb^{2+} 缺陷 [85]；(b) BrPh-ThR 和 bis-PCBM 共同作用下钙钛矿生长的反应过程；(c) 不同钙钛矿薄膜的缺陷密度和迁移率 [86]

氨气、吡啶及其衍生物是 N 供体的路易斯碱，可与不饱和的 Pb^{2+} 相互作用，从而调控钙钛矿的结晶过程 [87]。Huang 团队用双边烷基胺 (BAA) 添加剂 (例如 1,3-二氨基丙烷 (DAP)、1,6-二氨基己烷 (DAH) 和 1,8-二氨基辛烷 (DAO)) 调控钙钛矿前驱体溶液，实现对钙钛矿晶粒的表面钝化并形成晶粒尺寸均匀、无针孔的钙钛矿薄膜 [88]；如图 2-19 所示，BAA 分子上的—NH_2 能与不饱和的 Pb^{2+} 形成配位键或填补 A 位阳离子空位，从而钝化钙钛矿表面缺陷；由此，器件在 0.08 cm^2 和 1.1 cm^2 上分别实现了 21.5%和 20.0%的 PCE。

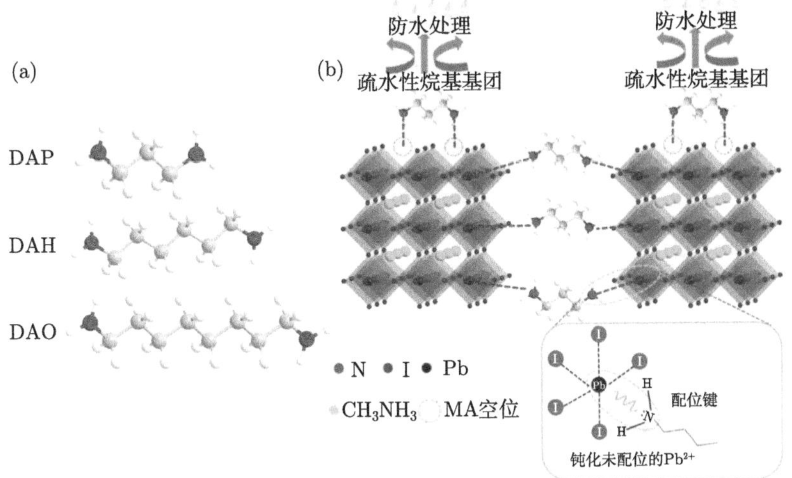

图 2-19 (a) BAA 分子结构图；(b) BAA 分子在钙钛矿中的钝化机理 [88]

在理想情况下，符合化学计量且无缺陷的钙钛矿晶体中不应有任何多余的原子。对于各种无机材料，非化学计量的原子比可能导致在成膜过程中体内或表面出现相偏析 [89]。在钙钛矿中，通过调控不同原子比，例如引入过量 PbI_2 钝化钙钛矿晶界，可以实现“自钝化”[72]。此外，胺盐衍生物添加剂 (如 MAI[90,91]、MABr[92]、MACl[93]、氯化铵 (NH_4Cl)[94]、硫氰酸铵 (NH_4SCN)[95]、硫氰酸胍 (GuaSCN)[96] 等) 也被广泛用于改善钙钛矿的结晶质量和表面形貌。2014 年，MACl 就被作为添加剂，用于延缓 $MAPbI_3$ 的结晶过程，导致钙钛矿薄膜颜色加深及光吸收增强 (图 2-20(a))[97]。由此，平面结构 PSC 的 PCE 从 2%提升到 12%，介孔结构器件的 PCE 从 8%提升到 10%。此后，MACl 作为添加剂还被广泛用于 FA 基、FAMA 基、FAMACs 基等多种组分的钙钛矿中，但是其作用机理仍然不明确 [93,98,99]。Kim 团队系统研究了 MACl 添加剂在 $FAPbI_3$-PSC 中的作用 [47]；如图 2-20(b)，(c) 所示，他们发现 MACl 处理的钙钛矿晶粒尺寸增大了 6 倍；更为重要的，MACl 能稳定中间相并诱导其转变为纯 α-$FAPbI_3$，该过程仅通过有机阳离子的部分取代而无需退火 (图 2-20(d))；最终，所获得的 PSC 获得了 24.02% 的 PCE (认证 PCE 为 23.48%)。尽管已经有诸多工作利用较短的烷基氯化胺 (RACl)MACl 调控钙钛薄膜生长，然而较长的 RACl，如氯化丙基胺 (PACl) 和氯

化丁基胺 (BACl) 对于钙钛矿薄膜的结晶调控却鲜少被研究。Seok 团队报道了添加到 $FAPbI_3$ 中的 RACl 的组合对于钙钛矿薄膜的结晶控制；通过原位掠入射广角 XRD 和 SEM 研究了涂覆不同 RACl 对于 $FAPbI_3$ 的相变以及薄膜的结晶过程和表面形态的影响 (图 2-20(e))，在含有 35%(摩尔分数)MACl 的 $FAPbI_3$ 前驱体溶液中加入 10%(摩尔分数) 的 PACl 后，显著减少了钙钛矿薄膜表面孔洞，获得均匀平整的钙钛矿薄膜；他们发现，添加到前驱体溶液中的 RACl 在涂覆和退火过程中易挥发，这是由于 $RA\cdots H^+\text{-}Cl^-$ 与 $FAPbI_3$ 中的 PbI_2 结合使 RA^+ 脱质子化，分解为 RA^0 和 HCl；因此，RACl 的组分决定了最终 $FAPbI_3$ 从 δ 相转变为 α 相的相变速率、结晶度、晶粒取向和表面形态；通过 RACl 调控的器件最终实现了 25.7%的最高认证效率 [100]。此外，Park 团队在钙钛矿前驱体溶液中添加 6%(摩尔分数) 过量的 MAI，导致晶界处形成 MAI 层 (图 2-20(f))[91]；该层作

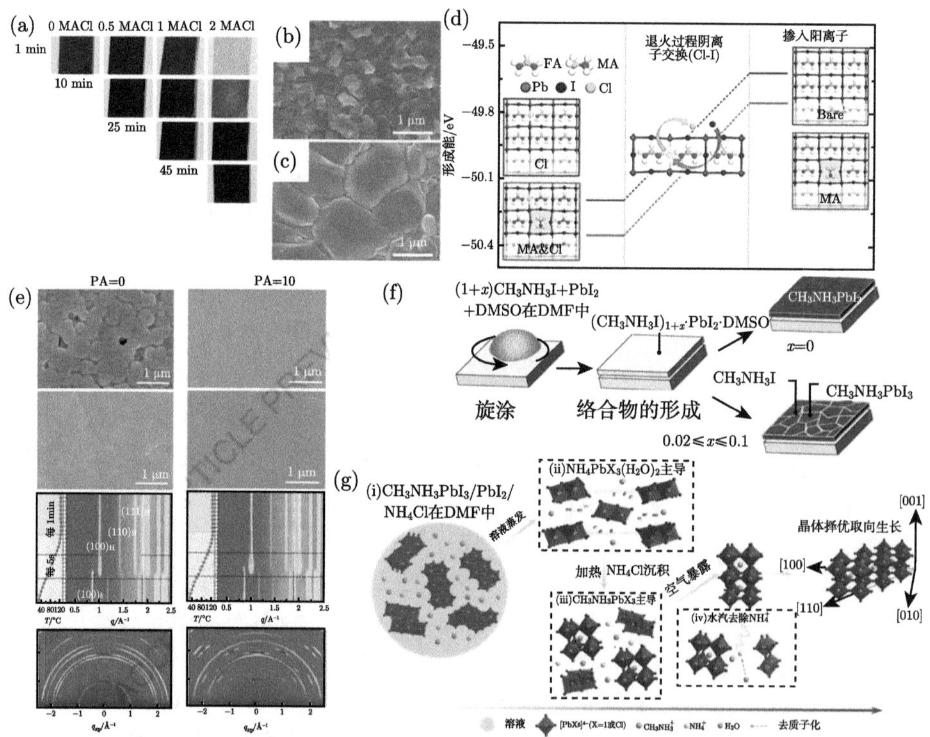

图 2-20　(a) 不同 MACl 添加量下并在 100 ℃ 下以不同持续时间退火的 $MAPbI_3$ 钙钛矿薄膜图像 [97]；(b) 未添加和 (c) 添加 40%(摩尔分数)MACl 制备而成的钙钛矿薄膜 SEM 图像；(d) MACl 在钙钛矿结晶过程的作用机理 [47]；(e) 原始的及添加 10%(摩尔分数) PACl 的 $FAPbI_3$ 薄膜表面形貌及结晶相；(f) MAI 钝化钙钛矿薄膜晶界示意图 [91]；(g) 在 NH_4Cl 和 H_2O 作用下钙钛矿晶体生长过程示意图 [101]

为晶界处的导电通道，有效地抑制非辐射复合并改善晶界处的电子、空穴提取。Han 团队用 NH_4Cl 作为添加剂辅助钙钛矿结晶，通过形成 $MAX·NH_4PbX_3(H_2O)_2$ (X=I 或 Cl) 中间相，获得沿着 (110) 方向择优取向的高质量钙钛矿薄膜 (图 2-20(g))[101]。

2.2.3 界面工程

通过溶剂调控和添加剂工程，钙钛矿层内的非辐射复合及光学损失可以得到显著抑制。为了进一步提高器件性能，必须进一步解决界面处的非辐射复合和能级失配等问题。界面工程的目的为在不破坏各功能层的情况下调控界面性质并减少界面损失。此外，界面优化还能抑制离子移动，阻挡外部水分子、氧气侵蚀等，从而提升器件的稳定性，这部分内容将在 2.4 节作具体阐述。

1. ETL/*钙钛矿层界面*

能级匹配和权限钝化对于 ETL 和钙钛矿层界面与钙钛矿器件中的电子提取和注入起到关键的作用 [102]。对于正式器件而言，该界面还对钙钛矿薄膜形貌有着重要影响。因此，大量的工作集中于利用富勒烯及其衍生物、两性离子分子、金属氧化物等材料对这一界面进行优化，从而进一步改善器件性能 [103]。

金属氧化物因具有良好的电荷迁移率、适合的能带结构、较低的成本和长期稳定性而被认为是 PSC 中电子传输材料的理想之选 [104]。此外，金属氧化物材料还作为中间层以改善 ETL/钙钛矿层界面性能，进而提高器件效率。SnO_2、Al_2O_3、MgO 和 ZrO_2 等宽带隙的金属氧化物被广泛地用于抑制电荷传输层和钙钛矿界面处的载流子复合，改善界面处的电荷提取和注入 [105]。Zhang 团队提出了一种低温处理的 In_2O_3/SnO_2 双 ETL 结构；由于 In_2O_3 与氧化铟锡 (ITO) 形成良好的能带匹配，降低了 ITO/电子传输材料界面能垒，从而促进电子电荷从钙钛矿转移到 ITO，并最大限度地减少了器件的 V_{OC} 损失 [106]；此外，基于 In_2O_3/SnO_2 衬底的钙钛矿薄膜致密均匀、缺陷显著减少；最终，基于 In_2O_3/SnO_2 双 ETL 的器件获得 23.2%的 PCE。

ETL 和钙钛矿界面处存在的离子缺陷会导致严重的载流子非辐射复合，从而损害器件性能。研究证实，金属卤化物盐能够钝化 ETL 和钙钛矿层界面处的阴、阳离子缺陷，从而改善界面处的电子提取 [107]。Hao 团队证明，采用同时具有 K^+ 阳离子和 Cl^- 阴离子的 KCl 钝化层可以钝化 SnO_2 和钙钛矿界面处带正电和负电的缺陷 [108]；界面处的缺陷密度显著降低，使得 V_{OC} 增加了 0.176 V，相应器件效率从 14.25%提高到 20.5%，且几乎无迟滞现象；除了作为单独的钝化层，KCl 还被掺入 SnO_2 层中而获得具有高电子迁移率的 SnO_2-KCl 复合 ETL；K^+ 和 Cl^- 不但可以钝化 SnO_2 和钙钛矿界面缺陷，同时 K^+ 可以扩散进入钙钛矿层中并钝化晶界；最终，优化后 PSC 的 PCE 从 20.2%提升到 22.2%。Seok 团队利

用自身含有 Cl^- 的 $SnCl_2·2H_2O$ 制备 SnO_2 ETL；在沉积含有 35%(摩尔分数)的 MACl 的钙钛矿薄膜后，ETL/钙钛矿界面处形成晶格匹配的界面层 $FASnCl_x$(图 2-21(a)~(c))[109]；通过理论计算，表面 $FASnCl_x$ 可以稳定存在于 SnO_2/钙钛矿界面，并不会带来 SnO_2 或钙钛矿的晶格扭曲，有效地减少器件 R_S 和载流子非辐射复合；相应的器件获得了 25.5%的认证效率。由于本身的电子提取能力较差，TiO_2 需要通过掺杂来优化性能。Kim 团队比较了掺杂不同锂盐 (Li_2CO_3、LiTFSI、LiF 和 LiCl) 对 mp-TiO_2 电学性质的影响 (图 2-21(d))[110]；掺杂 Li_2CO_3 后 mp-TiO_2 的导带从 −3.92 eV 转变为 −4.17 eV，提高电子在钙钛矿和 mp-TiO_2 界面的电子提取效率 (图 2-21(e))；优化后，器件获得了 25.28%的 PCE(认证 PCE 为 24.68%，图 2-21(f))。

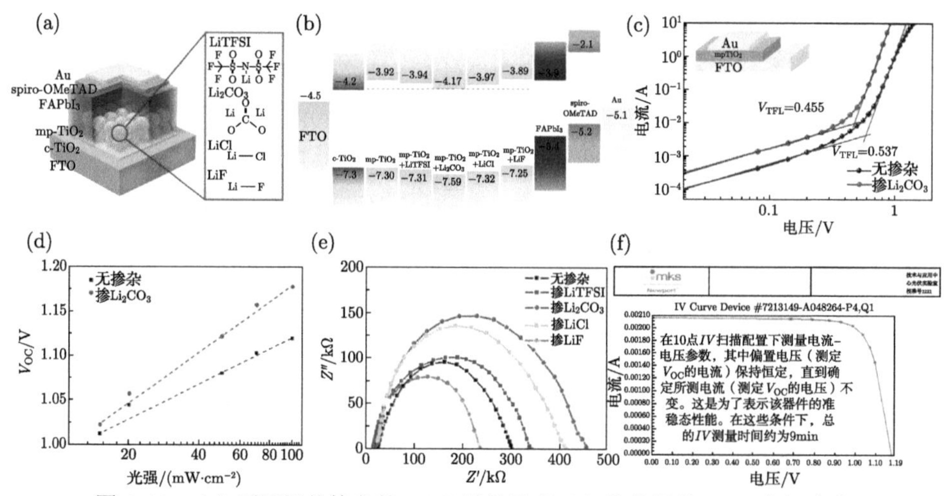

图 2-21 (a) 不同锂盐掺杂的 PSC 结构及其 (b) 能带结构；(c) 空间电荷限制电流曲线 [109]；(d) 器件在不同光强下的 V_{OC}；(e) 阻抗谱；(f) Li_2CO_3 掺杂器件的认证 J-V 曲线 [110]

在 2.2.2 节中，介绍了富勒烯及其衍生物作为添加剂，用于改善钙钛矿结晶或钝化钙钛矿晶界处缺陷等作用。此外，其更多地被用作反式器件中的电子传输材料，或者 ETL 与钙钛矿层界面的表面改性剂，以改善界面的电荷提取，减少界面处的非辐射复合 [111,112]。Li 团队报道了一种碘化物离子化后的路易斯酸富勒烯骨架 (PCBB-3N-3I) 作为界面层 [113]；PCBB-3N-3I 上的 I 能够钝化钙钛矿表面带正电的缺陷，这也使其择优取向组装在钙钛矿表面，形成具有强分子–电偶极子的偶极层以调整界面能带结构，从而增强内建电场，提高电荷收集效率 (图 2-22(a)，(b))；所制备的反式平面 PSC 的 PCE 从 17.7%提高到了 21.1%。Zhan 团队用一种富勒烯衍生物 9-(1-(6-(3,5-bis(hydroxymethyl)phenoxy)-1-hexyl)-1H-

1,2,3-triazol-4-yl)-1-nonyl [60]fullerenoacetate(C_9) 来修饰 SnO_2 ETL 表面 [114]；C_9 中的羟基末端通过与 SnO_2 中不饱和的 Sn 相互作用形成路易斯加合物，有效钝化 SnO_2 表面上与氧空位相关的缺陷，从而抑制载流子复合；另一方面，C_9 具有高电子亲和力和合适的最低未被占据能级，从而增强了光生电荷提取；此外，在 SnO_2/C_9 衬底上生长的钙钛矿薄膜晶粒尺寸增大，结晶度提高；基于此，C_9 优化后的器件的 PCE 从 20%提升到 21.3%。

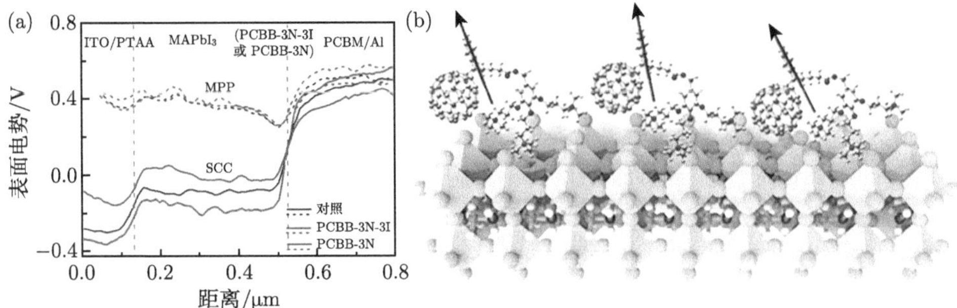

图 2-22 (a) PCBB-3N-3I 器件和 PCBB-3N 器件的表面电势深度分布，其中 SCC 表示短路电流状态，MPP 表示最大功率状态；(b) PCBB-3N-3I 在 $MAPbI_3$ 上的分子取向示意图 [113]

由于具有形成界面偶极子的特性，从而同时包含阴、阳离子的两性离子分子能够有效提高电荷提取和注入，并且通过阴、阳离子基团锚定钙钛矿、ETL 界面以实现缺陷钝化，被广泛作为 PSC 中的表面改性剂 [115,116]。Park 团队报道了一种两性离子分子 3-(1-pyridinio)-1-propanesulfonate 作为 SnO_2 和钙钛矿界面的化学连接剂 (图 2-23(a))[117]；两性离子分子对 SnO_2 修饰，使其功函数 (work function，WF) 从 4.34 eV 降低至 4.23 eV，增加了内建电场强度，并促进了界面处的电荷提取 (图 2-23(b))；两性离子分子形成界面偶极子，阻挡了电子的反向传输，从而抑制载流子复合；此外，该分子中带正电的原子与钙钛矿相互作用，钝化了 Pb-I 反位缺陷；由此，器件的 PCE 从 19.63%提升到 21.43%。两性离子分子不仅在提高界面电荷提取上发挥重要作用，还被用于调控界面应力。除了作为单独的中间层，两性离子分子可以通过掺杂辅助界面优化来改性界面。Liu 团队将乙二胺四乙酸 (EDTA) 掺入 SnO_2 中使其与钙钛矿实现更好的能带匹配 [118]；另一方面，基于 EDTA 掺杂的 SnO_2 衬底所制备的钙钛矿薄膜，其晶粒尺寸增大且结晶度提高。

2. *HTL/钙钛矿层界面*

HTL 和钙钛矿层界面对于提取空穴和阻挡电子起到关键作用。溶液法制备的多晶钙钛矿薄膜表面存在大量悬挂键和离子空位，造成钙钛矿薄膜中严重的复合

损失 [119]。此外，在正式结构中，HTL(如 2,2′,7,7′-四 [N,N-二 (4-甲氧基苯基) 氨基]-9,9′-螺二芴，spiro-OMeTAD) 中吸湿性的掺杂剂、有害的氧化还原产物等都会对下层的钙钛矿薄膜造成破坏 [120]。因此，设计合理的中间层以提高空穴提取效率以及器件稳定性至关重要。

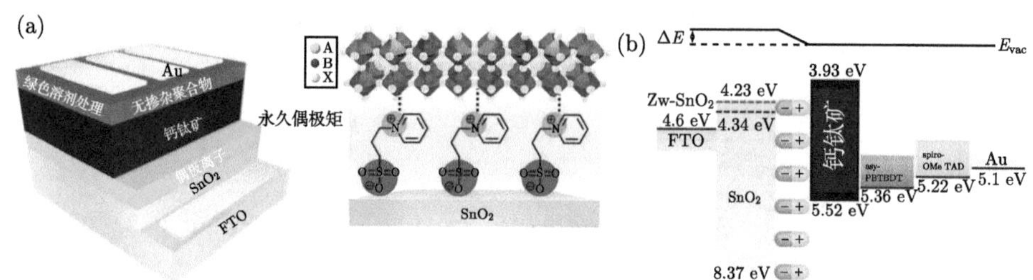

图 2-23　(a) 两性离子分子修饰的钙钛矿器件结构 (左) 及其与 SnO_2 和钙钛矿界面的相互作用示意图 (右)；(b) 两性离子分子修饰的器件能带结构 [117]

共轭聚合物是一类具有半导体特性且容易形成高质量薄膜的材料。研究人员将其作为 HTL 和钙钛矿界面处的改性层，用于实现电荷隧穿，减少界面复合损失并提高器件的稳定性 [121,122]。Sargent 团队报道了一种原位背接触钝化 (back contact passivation，BCP) 方法，他们在 HTL 和钙钛矿层界面处引入了一层很薄的非掺杂半导体聚合物聚 (4-丁基苯基二苯胺)(PTPD)[123]；钙钛矿和聚合物钝化层之间的平带排列提高了界面处的电荷提取，减少了复合损失 (图 2-24(a))；PTPD 处理后的器件 V_{OC} 和 FF 分别达到 1.15 V 和 83%。

虽然绝缘聚合物的导电性较差，但是足够薄的绝缘层也被作为中间层抑制缺陷引起的载流子复合。反式器件 HTL 中常用的 p 型掺杂剂 2,3,5,6-四氟-7,7,8,8-四氰基醌二甲烷 (F4-TCNQ) 会诱发电荷陷阱和电子传输通道的产生，从而导致器件的 V_{OC} 损失。为此，Qu 团队将绝缘聚合物 PMMA 和聚苯乙烯 (PS) 引入 HTL 和钙钛矿层界面，抑制界面处的复合损失和漏电流，使器件的 PCE 从 16.18%提高的 20.16%(图 2-24(b)，(c))[124]。Xu 团队通过引入具有随机纳米级开口的厚绝缘层 Al_2O_3(~100 nm) 来同时实现良好的电荷传输和界面缺陷钝化 (图 2-24(d))[125]；他们对具有这种多孔绝缘体接触 (porous insulator contact，PIC) 的器件进行了漂移扩散模拟，发现 PCE、V_{OC} 和 FF 都随着绝缘体覆盖率的增加而稳定增加 (图 2-24(e))；接触面积减少约 25%的 PIC 反式器件实现了高达 24.7%的认证效率，且 V_{OC} 和 FF 的乘积为 Shockley-Queisser 极限的 87.9%。

有机胺盐可以通过化学键来钝化钙钛矿表面的正、负离子缺陷，并且其偶极子的介电特性有助于抑制载流子复合。因此，有机胺盐被广泛地用于优化 PSC 界面。You 团队采用有机卤化物盐苯乙基碘化胺 (PEAI) 来钝化钙钛矿表面，使钙钛矿表面的 Pb/I 原子比从 1:1.55 增加到 1:2.34，填补了钙钛矿表面的 I 空位

(图 2-24(f))[126]；由此，器件中的非辐射复合显著减少并且获得了 23.3%的认证 PCE(图 2-24(g)，(h))。Gao 团队将另一种胺盐 1-萘基甲胺碘化物 (NMAI) 用于 HTL 和钙钛矿界面 [127]；NMAI 通过化学钝化抑制了缺陷辅助复合，还通过诱导能带弯曲，以抑制电荷积累及由电荷阻挡导致的少数载流子的复合；由此，器件 (吸光层带隙为 1.61 eV) 获得了 1.20 eV 的高 V_{OC}。最近，Kim 团队将辛基碘化胺 (OAI) 作为 $FAPbI_3$ 和 spiro-OMeTAD 之间的钝化层，相应器件获得了 25.2% 的认证 PCE[128]。

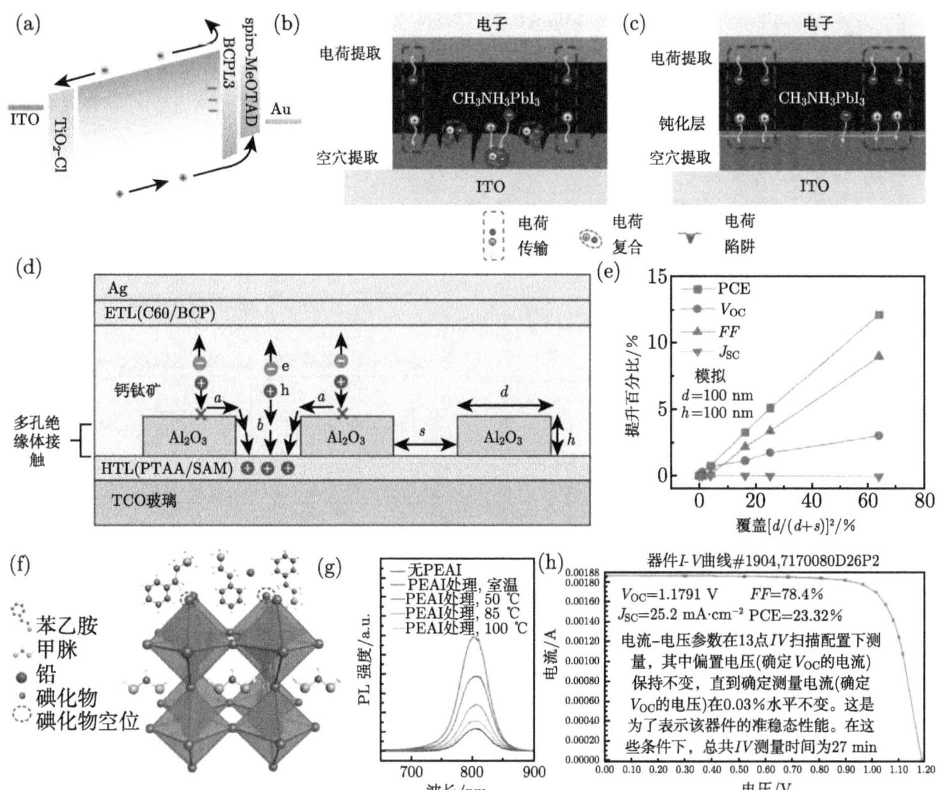

图 2-24 (a) BCP 处理后的器件能带结构 [123]；(b) 未处理和 (c) 绝缘聚合物钝化层处理后器件的电荷传输示意图 [124]；(d) PIC 器件结构示意图，模拟参数 h、d 和 s 表示局部 Al_2O_3 绝缘体的高度；(e) PIC 器件的 2D 漂移扩散模拟 [125]；(f)PEAI 对钙钛矿层的钝化机理；(g) PEAI 处理的钙钛矿薄膜稳态 PL 图谱；(h) PEAI 优化后的器件认证 I-V 曲线 [126]

有机分子因具有易于溶液法处理和化学改性的特点而被广泛应用于制备 PSC 界面层。有机分子上的各种官能团能够与钙钛矿表面形成键合，从而钝化缺陷，并使 HTL、钙钛矿层之间实现良好的能带匹配，改善器件性能 [129,130]。为了探究分子构型对于钝化效果的影响，Yang 团队研究了不同化学环境下相同基团对钙钛矿缺陷钝化效果的差异 [131]；他们用三种有机分子茶碱、咖啡因和可可碱钝化 HTL 和钙钛矿层界面，并发现茶碱分子中 N—H 和 C═O 处于最佳构型，N—H 和 I 之间的氢键形成有助于 C═O 与 Pb—I 反位缺陷中的 Pb 结合，使表面缺陷钝化构型得到了优化，从而导致界面处的非辐射复合减少 (图 2-25(a)，(b))；另外，茶碱分子与表面缺陷之间的强键合作用抑制了界面处的离子迁移；最终，茶碱处理后的器件的 PCE 从 21.02%提升到 23.48%，并获得了优异的工作稳定性。除了单独作为界面钝化剂，有机分子同时还能作为钙钛矿掺杂剂以诱导钙钛矿的能带弯曲。4,4′,4″,4‴-(吡嗪-2,3,5,6-四基) 四 (N,N-双 (4-甲氧基苯基) 苯胺)(PT-TPA) 能够夺取钙钛矿表面电子，实现对钙钛矿表面的 p 型掺杂，从而使钙钛矿发生能带弯曲，促进空穴向 HTL 转移 (图 2-25(c)，(d))[132]。PT-TPA 优化后的器件的 V_{OC} 从 1.12 eV 提升到了 1.17 eV，并实现了 23.4%的 PCE。

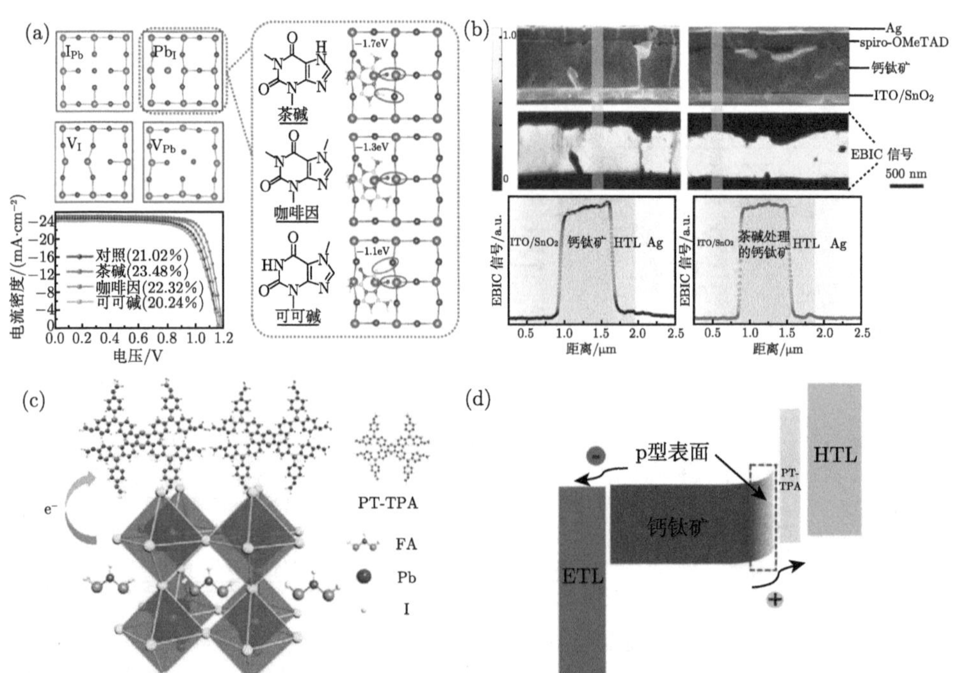

图 2-25　(a) 各种类型表面缺陷的俯视图 (左上)，用茶碱、咖啡因和可可碱对 Pb-I 反位缺陷进行分子表面钝化的钙钛矿理论模型 (右)；有/无小分子处理的 PSC 的 J-V 曲线 (反扫，左下)；(b) 经 (右) 或未经 (左) 茶碱处理的 PSC 的横截面 SEM 图像及相应的电子束感应电流 (EBIC) 图像和线轮廓 [131]；(c)PT-TPA 与钙钛矿之间的电子交换以及表面钝化；(d)PT-TPA 处理后器件中的电子传输示意图 [132]

2D 钙钛矿层因为具有大尺寸有机阳离子和良好疏水性而被用于提高器件的

湿、热稳定性。但由于 2D 钙钛矿光吸收较差，激子结合能较高且电荷传输各向异性，所以 2D 钙钛矿难以实现高性能器件。但是经过合理的分子设计，在 3D 钙钛矿顶部制备 2D 钙钛矿界面层能够实现良好的界面修饰效果，并提高器件的稳定性。Noh 团队在 3D 钙钛矿薄膜上使用无溶剂固相面内生长高结晶度的 2D 钙钛矿薄膜 $(C_4H_9NH_3)_2PbI_4$，从而在 3D/2D 异质结处产生强内建电场，提高了器件的电荷收集效率 (图 2-26(a)，(b))[133]；基于这种 3D/2D 异质结的器件获得了 24.35%的认证 PCE。

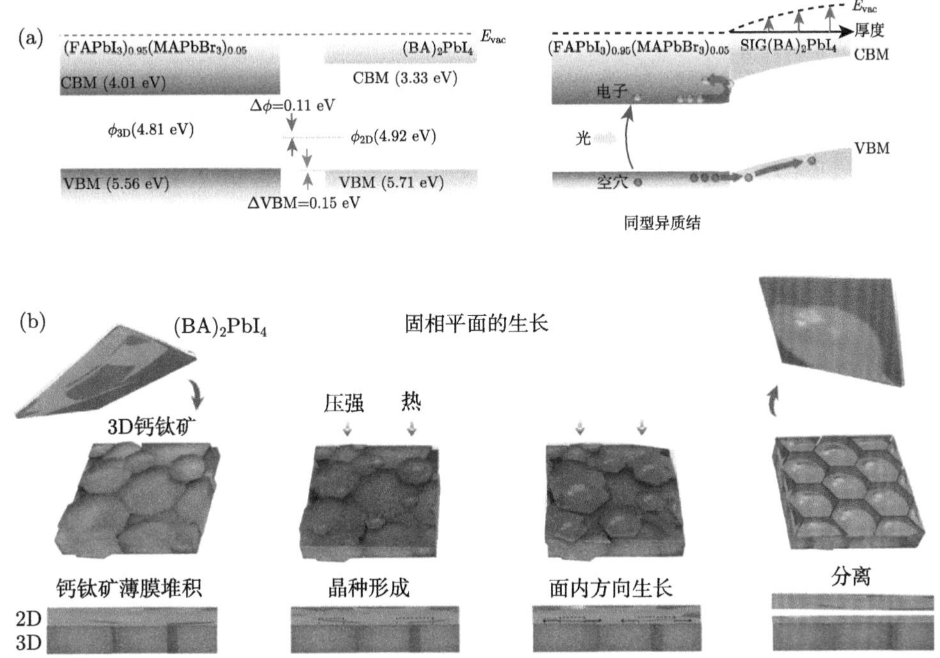

图 2-26 (a) 3D、2D 钙钛矿的能带结构及 3D/2D 异质结的内建电场变化；(b) 无溶液固态面内生长 2D 钙钛矿示意图 [133]

3. 电荷传输层/电极界面

对电荷传输层与电极界面的研究主要集中于离子移动或外部水、氧侵蚀等稳定性问题。此外，在该界面同样存在能级失配、复合损失以及光反射等对器件效率有重大影响的问题 [134,135]。经阴极夹层修饰后的器件 FF 和 PCE 分别达到 83.52%和 21.29%。Bao 团队在 PCBM 和 Al 电极界面引入靛红分子作为中间层，钝化了界面缺陷并形成界面负偶极子，从而提高了电子提取效率；所得器件的 PCE 从 17.68%提升到 19.74%[136]。Liu 团队以金属氧化物 MoO_3 作为 HTL 和电极中间层，以制备优异电学、光学性能的透明电极 [137]；他们以具有大表面

张力的 MoO_3 作为衬底，生长出了高导电性和透光率的金纳米网；此外，金纳米网顶部的 MoO_3 减少了金电极反射，进一步提高了透光率。

2.2.4 叠层电池技术

以上已经从溶剂工程、添加剂工程和界面工程阐述了单结 PSC 的 PCE 优化方案。然而，单结电池仍然受到 Shockley-Queisser 极限的限制，其理论极限效率约为 33%。换言之，大约 67%的太阳能量都不能被利用。造成这种限制的主要原因有两方面：① 光子传输能量低于材料 E_g 不能被吸收；② 光子能量高于 E_g 时，多余的那部分能量通过位于连续谱带的旋转和振动能级的声子发射而损耗。因此，为了进一步提高 PSC 的 PCE，研究者们提出了叠层电池技术，将带隙互补的吸收层结合起来，以充分利用太阳能量并减少热损失。叠层电池的光活性层由不同的光吸收材料或来自同一体系但 E_g 不同的材料组成。它包括具有宽带隙的顶电池和具有窄带隙的底电池，分别吸收高能量和低能量的光子，从而提高光利用率以获得更高的 PCE。PSC 可通过低成本方法 (如真空处理、溶液法) 在玻璃衬底、聚合物柔性衬底等任意衬底上进行制备 [138]。更为重要的是，钙钛矿吸光层具有陡峭的吸收边，较低的载流子复合率、较低的子带隙吸收，以及理想的 V_{OC} 且带隙可调 (1.48~2.23 eV)[139]。基于上述特性使钙钛矿成为叠层电池中宽带隙顶电池的优良选择。目前基于 PSC 的叠层器件组合主要有钙钛矿/Si、钙钛矿/钙钛矿、钙钛矿/铜铟镓锡 (CIGS) 和钙钛矿/有机叠层太阳电池。其中钙钛矿/晶硅叠层太阳电池效率已经达到 32.5%，远超目前单结 PSC(25.7%) 以及硅太阳电池 (26.81%) 的最高效率 [140]。随着叠层电池受到越来越多的关注，更多的科研工作者投入其中，叠层电池技术将会成为进一步提高 PSC 效率的重要路径。

2.3 宽带隙 PSC

为了提高光利用率，顶电池中的吸光层通常选用宽带隙 ($E_g > 1.63$ eV) 的钙钛矿材料。以钙钛矿/Si 叠层太阳电池为例，最佳顶部电池的 E_g 约为 1.72 eV。即使考虑工作温度 (20~100 ℃) 引起硅带隙红移，实现电流匹配的最佳钙钛矿的 E_g 也在 1.65 eV 以上 [141]。除了对叠层电池具有重要意义外，宽带隙钙钛矿材料也拓宽了相应器件在其他领域的应用。宽带隙钙钛矿拓宽了钙钛矿薄膜的透明度范围，使 PSC 的颜色可以从棕红色变到黄色，有利于其在光伏建筑一体化 (BIPV) 上的应用 [142,143]。此外，具有高 V_{OC} 的宽带隙 PSC 在二氧化碳还原和光电水解制氢等光电催化领域也具有良好的发展前景 [144]。因此，探索和开发高质量宽带隙钙钛矿材料及其器件具有重要意义。下面我们将阐述宽带隙钙钛矿材料结构及其对带隙的影响，并从体材料调控、晶界及表面钝化阐述改进宽带隙钙钛矿性能的策略。

2.3.1 宽带隙钙钛矿结构及对带隙的影响

在 2.1.1 节中，我们介绍了钙钛矿晶体结构并简要介绍了通过调控钙钛矿组分能实现对钙钛矿材料的带隙调控。通过 A、B 和 X 位元素和比例的合理调控，就能够改变钙钛矿的能带结构，从而获得宽带隙的钙钛矿材料。在钙钛矿的能带结构中，其最高未被占据能级和最低被占据能级分别主要源于 B 位原子的 s 轨道和 p 轨道，B—X 的键长和键角对钙钛矿带隙具有重要影响。若将 B 位的 Sn 部分替换为 Pb 则会使 B—X 键角减小，使得带隙增大，并导致相应的钙钛矿吸收光谱可向短波区域拓展 [145]。当用 Br 替换 X 位的 I 时，B—X 键长相应减小，导致 B 位原子与 X 位原子之间的相互作用力增强，获得宽带隙的钙钛矿材料，从而减弱钙钛矿对长波段的吸收能力 [9]。此外，不同尺寸 A 位阳离子会导致晶格膨胀或收缩，从而影响 B—X 键角和键长，并最终改变钙钛矿的带隙。

2013 年，Seok 团队首次报道了一系列不同 E_g、不同颜色的 $MAPb(I_{1-x}Br_x)_3$ 钙钛矿薄膜 [146]；通过 Br、I 比例的调控使得钙钛矿的 E_g 在 1.55~2.3 eV 变化，由此获得不同颜色的钙钛矿薄膜，为 BIPV 提供了理想的选择。此后，Snaith 团队首次用 FA^+ 替代 MA^+，实现了在 1.48~2.23 eV 范围 E_g 可调且颜色随之变化的钙钛矿薄膜 (图 2-27(a)，(b))[9]；他们制备的 1.48 eV 钙钛矿展现出了较长的电子和空穴扩散长度，使其适用于平面异质结太阳电池 (图 2-27(c))；得益于较小的带隙，相应的器件实现了大于 23 $mA·cm^{-2}$ 的高 J_{SC} 和 14.2%的 PCE。此外，全无机钙钛矿材料相比于有机–无机杂化的钙钛矿材料具有更宽的 E_g，是叠

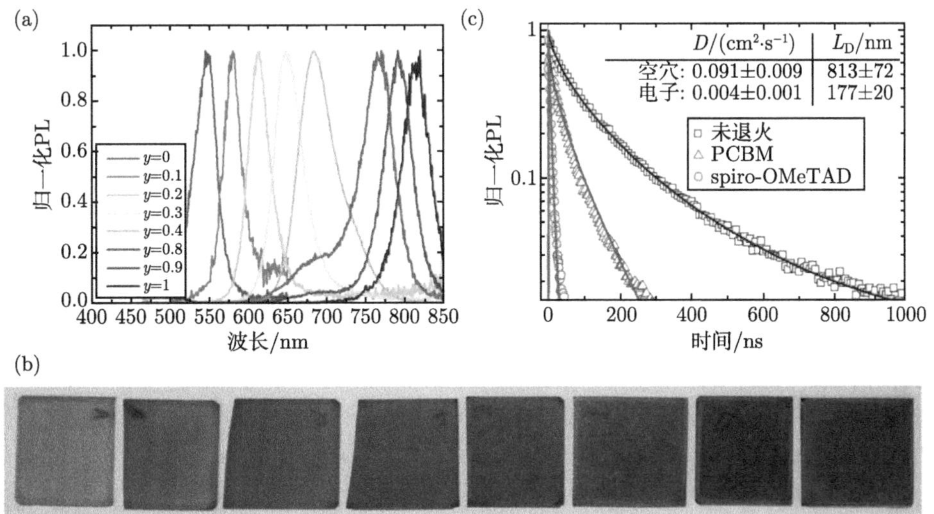

图 2-27 $FAPb(I_yBr_{1-y})_3$ 薄膜的 (a) PL 光谱和 (b) 不同颜色薄膜图片；(c) $FAPbI_3$ 薄膜样品及具有电子或空穴层的薄膜样品的 TRPL 图谱 [9]

层电池中顶部吸光层的优良选择。例如，$CsPb(I_{1-x}Br_x)_3$ 钙钛矿的 E_g 在 1.72~3.06 eV 范围内可调。其中，$CsPbI_3$ 满足叠层电池顶部吸光层的最佳带隙要求，其对可见光具有高透过率并且可以完全过滤紫外光，从而避免底电池受到紫外光的辐射，提高器件的光稳定性。

2.3.2 宽带隙钙钛矿体材料调控

尽管目前宽带隙钙钛矿已经得到了广泛研究，但是由于宽带隙 PSC 受到载流子扩散长度短、电荷传输层与活性层能级失配，以及光诱导下钙钛矿相分离等影响，相比于窄带隙 PSC 具有更大的 V_{OC} 损失 (>550 mV)。为此，需要通过组分工程、添加剂工程以及界面工程等进行调控，从而降低 V_{OC} 损失，获得高效稳定的宽带隙 PSC [147-150]。

$AB(I_{1-x}Br_x)_3$ 薄膜很容易在光照下发生卤化物偏析，尤其是当 $x > 0.2$ 时，易导致富碘相的形成。由于富碘相的带隙小于未偏析部分，将在钙钛矿中形成大量的量子阱，从而造成载流子的缺陷态复合以及器件的 V_{OC} 损失 [8]。此外，偏析导致的陷阱态还会降低器件的稳定性。为了解决钙钛矿中卤素偏析带来的问题，大量的工作对其机理进行了研究。Ginsberg 团队从分子动力学角度出发解释了偏析机理 [151]：钙钛矿在光照下产生的弱束缚电子–空穴对迅速解离成自由电子，再通过电子–声子耦合使周围晶格产生畸变。该电荷围绕它的晶格畸变场形成极易捕获卤素离子的极化子，从而形成卤素团簇。因此，抑制卤素离子的移动、电子–声子耦合可以阻碍光诱导的相分离发生。换言之，制备高结晶度、低缺陷态密度以及底极化程度的钙钛矿薄膜，是实现高效稳定的宽带隙钙钛矿电池的重要基础。

在 2.2.1 节中，已经介绍了大量通过引入添加剂改善器件性能的工作。对于宽带隙钙钛矿而言，在钙钛矿前驱体溶液中加入特定组分的添加剂也是制备高结晶度、高光稳定性薄膜常用的方法。

近年来 Cl^- 被证实能够通过调整钙钛矿结晶动力学过程从而提高器件性能 [152,153]。Huang 团队将 MACl 和 MAH_2PO_2 添加剂引入钙钛矿前驱体溶液中，显著改善了宽带隙 (1.64~1.70 eV) 钙钛矿薄膜的结晶形态 [154]。MACl 的引入增大了钙钛矿的晶粒尺寸，MAH_2PO_2 则钝化钙钛矿晶界以减少载流子非辐射复合，同时延缓 MACl 从钙钛矿中逃逸 (图 2-28(a)~(c))。MACl 和 MAH_2PO_2 的协同作用使宽带隙钙钛矿薄膜质量显著提高。最终，以 E_g 为 1.64 eV 的钙钛矿作为顶电池吸收层，相应的钙钛矿/硅叠层太阳电池获得了 1.8 V 的高 V_{OC} 和 25.4%的 PCE。McGehee 团队用三卤素 (Cl，Br，I) 调控宽带隙钙钛矿；他们以 Cs 和 Br 作为桥梁以缩小晶格参数，使 Cl 进入钙钛矿晶格，从而增大钙钛矿带隙 (图 2-28(d)，(e))[155]。经三卤素优化后的钙钛矿薄膜光载流子寿命和载流子迁移率增加了 2 倍 (图 2-28(f), (g))；此外，在 100 倍光照强度下薄膜的光诱导卤素偏析得以改善。在 60 ℃ 下，MPP 运行 1000 h 后，半透明顶电池的衰减小于 4% (图 2-28(h))。最终，相应的钙钛矿/硅叠层太阳电池实现了 27%的功率转换效率，其 V_{OC} 接近 1.9 V。

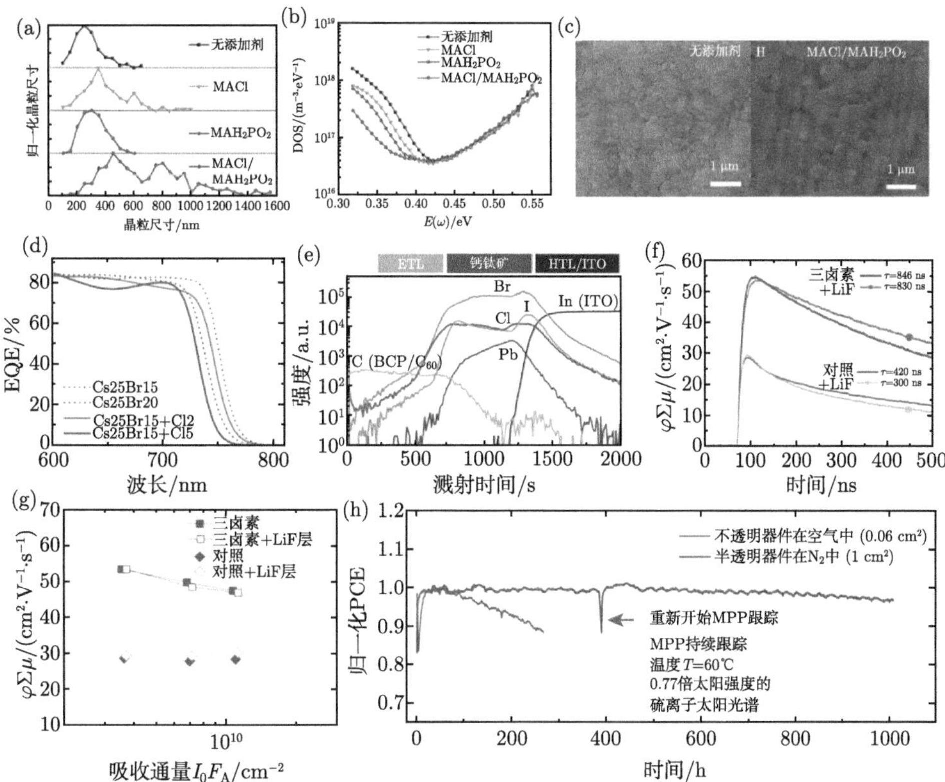

图 2-28 无添加剂、MACl、MAH_2PO_2 以及 MACl 和 MAH_2PO_2 作用的钙钛矿的 (a) 晶粒尺寸分布，(b) 缺陷态密度和 (c) SEM 图像 [154]；三卤素 PSC 的 (d) 外量子效率 (EQE) 图谱和 (e) 飞行时间二次离子质谱仪 (time-of-flight secondary ion mass spectroscopy, ToF-SIMS) 测得的截面元素分布；(f) 三卤素钙钛矿薄膜通过时间分辨微波电导率测量的光电导瞬态 (指示寿命)；(g) 三卤素钙钛矿薄膜在不同激发强度下的光电导率，其中 $\varphi\Sigma\mu$ 为产量–迁移率乘积；(h) 三卤素 PSC 在 60 ℃ 下，MPP 运行下的稳定性测试曲线 [155]

碱金属阳离子作为添加剂能够调节钙钛矿的容忍因子 (图 2-29(a))[156]，钝化晶界和表面缺陷，同时还被用于降低电子–声子的耦合程度，抑制卤素偏析，从而增强宽带隙钙钛矿的光稳定性。Snaith 团队用 FA、Cs 替代 MA，制备了 E_g 约为 1.74 eV 的 $FA_{0.83}Cs_{0.17}Pb(I_{0.6}Br_{0.4})_3$ 基钙钛矿 [157]。他们发现在该体系下卤化物分离的相不稳定区域被抑制，实现了良好的光稳定性 (图 2-29(b))。此外，基于此钙钛矿的器件获得了超过 17%的 PCE。Grätzel 团队将尺寸更小的 Rb^+ 加入 FAMACs 基的钙钛矿中，制备了 E_g 为 1.63 eV 的四重阳离子钙钛矿薄膜，相应器件的 V_{OC} 和 PCE 分别达到 1.24 eV 和 21.45%[156]。此外，由于 Rb^+、Cs^+ 比 MA^+ 的极性更小，可以减少电子–声子耦合，从而提高了该宽带隙钙钛矿的光稳定性。该器件在 85 ℃ 下连续光照 500 h 后仍保持原始 PCE 的 95%。Fenning 团队通过纳米 X 射线荧光成像技术探究了碱金属在钙钛矿中的作用 [158]。他们发现，在混合卤化物钙钛矿中引入 CsI/RbI 能够促进卤素的均匀分布，从而提高钙钛矿薄膜的载流子寿命，优化载流子空间动力学，使器件效率得以提升。除了 Rb^+、Cs^+ 之外，尺寸更小的碱金属离子 K^+、Na^+ 也被用于改善宽带隙钙钛矿薄膜质量 [74]。K^+、Na^+ 虽然难以满足钙钛矿的容忍因子而无法进入晶格，但是其在薄膜晶界或界面处可有效钝化缺陷并固定易发生移动的卤化物离子，从而改善器件的 PCE 及稳定性。

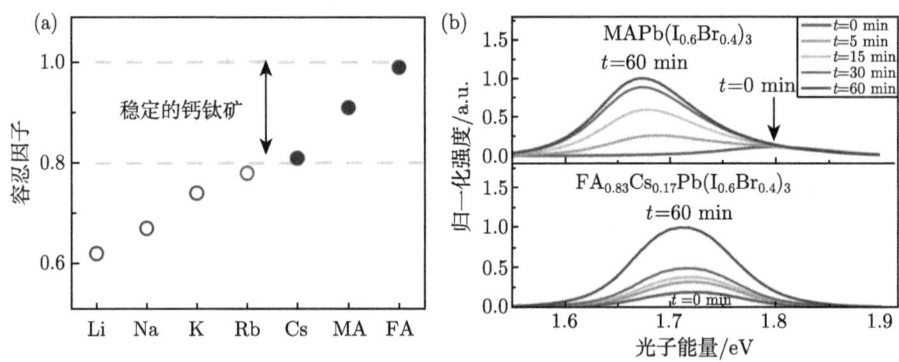

图 2-29　(a) 不同 A 位阳离子的碘化铅基钙钛矿容忍因子 [156]；(b) MA 基和 FACs 基钙钛矿的 PL 强度随时间变化，其中时间 (t) 为 0~60 min [157]

通过有机阳离子调控钙钛矿组分，以增大钙钛矿中的缺陷容忍度，抑制卤素偏析，也是制备高效稳定宽带隙钙钛矿的重要手段。Sargent 团队在光稳定的 CsFA 基宽带隙钙钛矿中引入了偶极阳离子 MA^+ [159]。由于具有较大的偶极矩，MA^+ 在空间中较易旋转并同晶格附近的陷阱中心发生静电相互作用，从而获得缺陷容忍度更高的宽带隙钙钛矿薄膜 (图 2-30(a)，(b))。他们基于 E_g 为 1.65 eV 和 1.74 eV 的 PSC 分别获得了 20.7%和 19.1%的 PCE。

除了调控钙钛矿组分外，各类添加剂也被用于改善宽带隙钙钛矿薄膜结晶质量及表面形貌。Yan 团队在钙钛矿前驱体溶液中加入 $Pb(SCN)_2$，结合 DMF 溶剂辅助退火，使宽带隙钙钛矿薄膜 (1.75 eV) 的平均晶粒尺寸从 (66 ± 24) nm 增加到 (1036 ± 111) nm，平均载流子寿命增加为原有寿命的 3 倍以上，相应的器件 V_{OC} 提高了 80 mV，PCE 从 14.20%增加到 17.18%(图 2-31(a))[160]。Shin 团队提出了一种基于聚醚胺 (PEA) 的 2D 添加剂的阴离子工程 [161]；他们在钙钛矿前驱体溶液中引入苯乙胺硫氰酸盐 (PEASCN) 和苯乙胺碘盐 (PEAI)，并发现

SCN^- 和 I^- 分别对于提高器件 J_{SC} 和 V_{OC} 具有显著作用 (图 2-31(b)，(c))。通过透射电子显微镜 (transmission electron microscope，TEM)，他们证实了这种 2D 添加剂的阴离子工程可以控制 2D 钝化层的电学特性及物理位置；基于该阴离子工程的宽带隙钙钛矿，钙钛矿/硅叠层电池实现了 26.7%的 PCE。Sargent 团队在 FACs 基钙钛矿前驱体溶液加入高极性的甲酰胺添加剂以增加 Cs 盐的溶解度，并且抑制非钙钛矿相的形成，使其直接形成所需的黑色钙钛矿相，从而降低了薄膜的缺陷态密度 (图 2-31(d))[162]。最终，E_g 为 1.75 eV 的 PSC 的 V_{OC} 和 PCE 分别达到 1.23 V 和 17.8%。

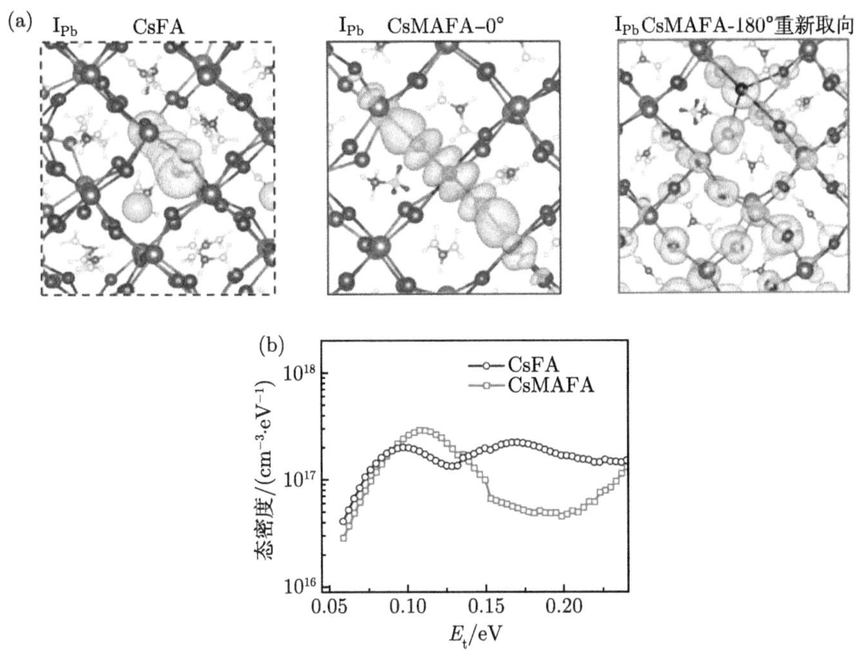

图 2-30 (a) 具有 I_{Pb} 缺陷的 CsFA、CsMAFA(MA 在 0° 方向和 180° 最低能量方向) 基钙钛矿的波函数；(b) CsFA、CsMAFA 基钙钛矿的缺陷态密度 [159]

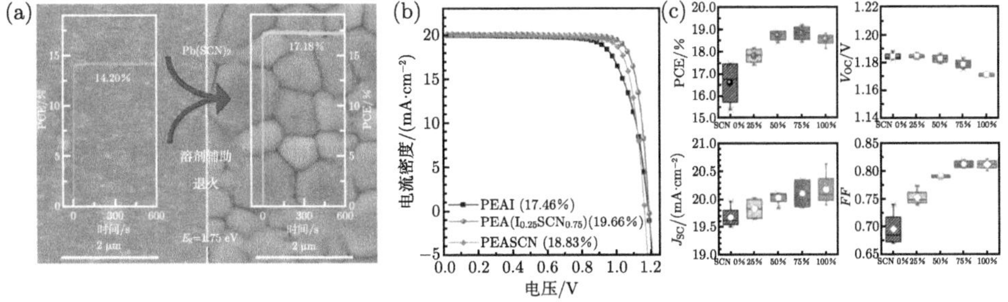

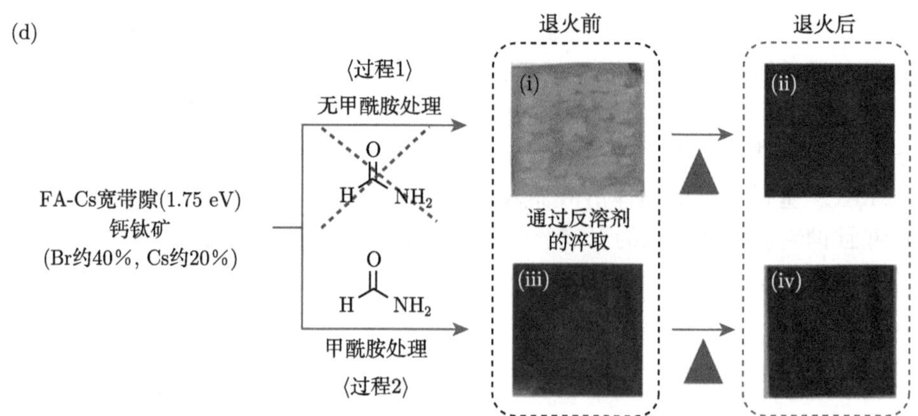

图 2-31　(a) $Pb(SCN)_2$ 及 DMF 溶剂辅助退火对钙钛矿薄膜形貌及器件性能的改善 [160]；(b) PEASCN、PEAI 或 PEASCN 和 PEAI 共同处理后的 PSC 的 J-V 曲线；(c) 不同 PEASCN 和 PEAI 比例的添加剂处理后的器件性能，其中 2D 添加剂中 SCN 与 (SCN+I) 的比值 $x=0$，0.25，0.5，0.75，1[161]；(d) 有/无甲酰胺处理的钙钛矿形成过程 [162]

2.3.3　宽带隙钙钛矿的界面工程

通过界面工程以解决钙钛矿吸光层与电荷传输层之间的能级排列以及界面复合等问题，是进一步提高宽带隙 PSC 的 PCE 及稳定性的重要手段。为了降低界面处的 V_{OC} 损失，Zhou 团队利用真空退火和电子束沉积获得的高功函数 (WF) 的 MoO_x 和 ALD 生长的 ZrO_2 分别作为 $MAPbBr_3/NiO_x$ 和 $MAPbBr_3$/PCBM 之间的界面层 [163]。MoO_x 的深费米能级降低了空穴提取的能垒，提高了空穴提取率。同时，具有极低最高被占据能级的 ZrO_2 层阻止了反向空穴传输 (图 2-32(a)~(c))。两者的协同作用有效抑制了载流子复合损失，增大了准费米能级劈裂，从而使器件获得了 1.653 V 的高 V_{OC}。Liu 团队用 $SmBr_3$ 来修饰 $TiO_2/CsPbIBr_2$ 界面。$SmBr_3$ 改善 ETL 与钙钛矿的界面接触，优化了钙钛矿薄膜的结晶质量和表面形貌 [164]。另外，$SmBr_3$ 渗透入钙钛矿体中，在界面处形成梯度能带，提高了界面处的空穴阻挡能力 (图 2-32(d))。基于此，$SmBr_3$ 优化后的器件 PCE 达到 10.88%，相比于原始器件性能提升了 30%。除此之外，TiO_2[165]、Sb_2S_3[166]、KOH[167]、Cu(Cr,Ba)O_2[168]、CsBr[169] 等无机物也被用于宽带隙钙钛矿/电荷传输层界面，以改善界面能带排列并减少表面缺陷态。

Yan 团队采用常见的钝化剂 PEAI 处理宽带隙钙钛矿表面，并发现芳基胺界面层能够提高离子扩散所需克服的能垒，从而减少钙钛矿晶界和表面的离子缺陷 (图 2-32(e))[170]。最终，基于 E_g 为 1.73 eV 吸光层的 PSC 的 PCE 和 V_{OC} 分别达到 19.07%和 1.25 V，其中 V_{OC} 损失仅为 0.48 V。Hayase 团队首次将具有—NH^{3+} 的电子云离域的有机阳离子引入无机钙钛矿 $CsPbI_2Br$ 表面 [171]。含有 S 或 N 的氨

基噻唑碘化物 (ATI) 或碘化咪唑 (IAI) 可以有效地钝化钙钛矿表面上由 Cs^+ 或卤离子诱导的缺陷，从而抑制载流子非辐射复合。经 ATI 表面钝化后，器件的 PCE 从 10.12%提升到 13.91%。Liu 团队用乙酸铯 (CsOAc) 的乙酸甲酯 (MeOAc) 溶液对 mp-TiO_2 进行处理以提高其表面润湿性，促进 α-$CsPbI_3$ 钙钛矿量子点移动到 TiO_2 中，使界面处的电子注入速率提高为初始值的三倍 [172]。由此，基于该量子点 PSC 获得了 14.32%的 PCE 和 17.77 mA·cm^{-2} 的高 J_{SC}。Yip 团队分别用氨基官能化聚合物 (PN4N) 和 poly[5,5′-bis(2-butyloctyl)-(2,2′-bithiophene)-4,4′-dicarboxylate-alt-5,5′-2,2′-bithiophene](PDCBT) 修饰 $CsPbI_2Br/SnO_2$ 和 $CsPbI_2Br/MoO_3$ 界面层 [173]。PN4N 在界面形成偶极子使 SnO_2 的 WF 降低，而具有更深最高被占据能级的 PDCBT 与钙钛矿形成更好的能级匹配，从而使器件的 V_{OC}

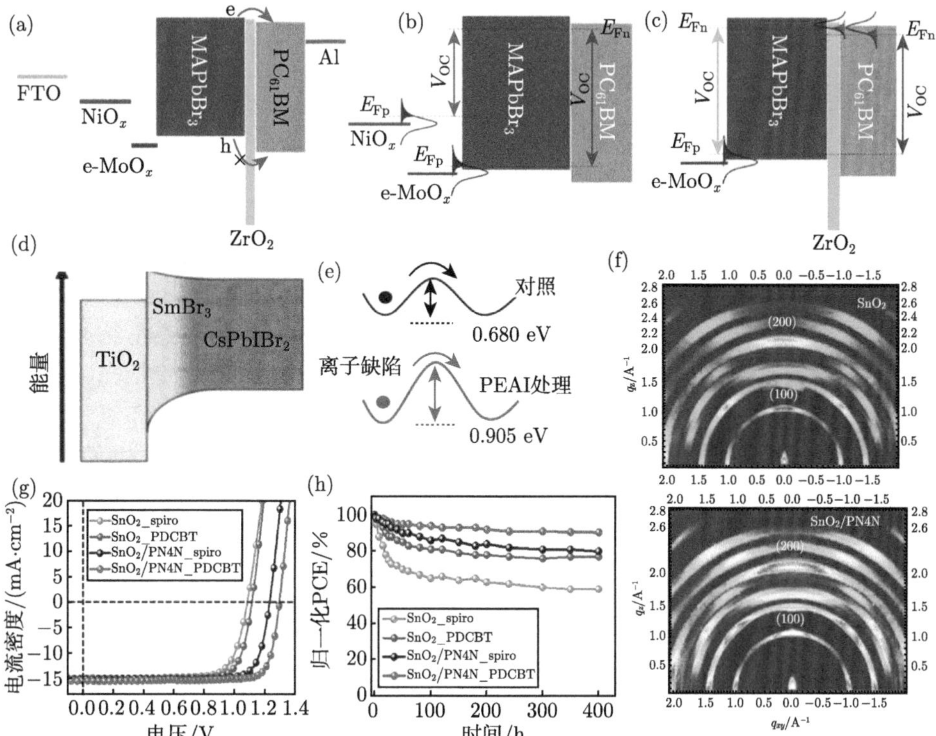

图 2-32 (a) MoO_x 和 ZrO_2 作为界面层的器件能级结构；(b) MoO_x 和 (c) ZrO_2 分别提供较低空穴准费米能级 (E_{Fp}) 和较高电子准费米能级 (E_{Fn}) 示意图 [163]；(d) $SmBr_3$ 优化后 $TiO_2/CsPbIBr_2$ 界面形成梯度能带示意图 [164]；(e) 有/无 PEAI 处理的器件离子移动能垒示意图 [170]；(f) 在 SnO_2 和 SnO_2/PN4N 上的 $CsPbI_2Br$ 薄膜掠入射广角 X 射线散射 (GIWAXS) 图像；(g) PN4N 和 PDCBT 修饰的 PSC 的 J-V 曲线，以及 (h) 在 1 太阳光连续照射下的稳定性测试曲线 [173]

显著提高。同时，PN4N 改善了表面润湿性，使 $CsPbI_2Br$ 薄膜晶粒尺寸增大，结晶度提高 (图 2-32(f))。此外，PN4N 和 PDCBT 与钙钛矿晶体强烈相互作用有效地钝化了表面陷阱态，并抑制宽带隙 $CsPbI_2Br$ 薄膜的卤素偏析。由此，优化后的 $CsPbI_2Br$ 钙钛矿器件实现了当时全无机 PSC 的最高效率 (16.2%)，并在连续光照 400 h 后仍保持 90%以上的原始 PCE(图 2-32(g)，(h))。

2.4　PSC 稳定性

从实验研究走向生产线是光伏器件的最终目的，同时也是衡量这项研究成果是否具备生产、应用价值的黄金标准。高效率、高稳定性和低发电成本是光伏器件的黄金三角。目前，单结 PSC 的认证效率已经达到 25.7%。相比于光伏领域的其他竞争者，其具有更低的制备和发电成本。因此稳定性成为 PSC 能否够实现产业化的关键。

2.4.1　影响 PSC 稳定性的因素

PSC 的稳定性主要可以分为本征稳定性和非本征稳定性。本征稳定性是由内部因素决定的，通常与钙钛矿和电荷传输材料本身的性质有关。钙钛矿材料的晶体结构不稳定，有机成分易从无机框架中分解溢出。鉴于钙钛矿的离子特性，器件中存在离子移动现象，从而导致钙钛矿分解并对其他功能层造成破坏。此外，常用的空穴传输材料 spiro-OMeTAD 玻璃化转变温度 (T_g) 低，受热易结晶化，从而影响器件的电荷传输性能。非本征稳定性则与外部条件相关，包括光、热、电场、水和氧气等。光、热和电场等会引发钙钛矿内部结构分解；水和氧气的侵蚀易使钙钛矿发生相变。内部成分的不稳定性和外部条件协同作用，造成了 PSC 的不稳定性。水和氧气作用下的钙钛矿分解，在光照下混合卤素钙钛矿的卤素偏析，外加电场作用下的离子移动及热作用下钙钛矿的组分损失，这些是 PSC 失效的主要机制。

水和氧气是影响卤化钙钛矿材料稳定性的两个主要因素。由于钙钛矿中的有机阳离子与周围的卤素离子之间的相互作用力较弱，过量的水分会破坏钙钛矿结构。水分子进入 $MAPbI_3$ 钙钛矿内部，会形成无色的一水合物钙钛矿 ($MAPbI_3 \cdot H_2O$)，而当水合物重新放置于干燥环境中时可转变为原钙钛矿结构 (图 2-33(a))[174]。若长期暴露在潮湿环境中，钙钛矿则会失去部分离子，不可逆地转变为浅黄色的二水合物 ($MA_4PbI_6 \cdot 2H_2O$)[174]。Angelis 团队通过第一性原理 (*ab initio*) 分子动力学模型研究了钙钛矿表面与液态水环境之间相互作用；模拟结果表明，$MAPbI_3$ 水合过程由具有孤对电子的 H_2O 吸附到 Pb 位点，随后 I 被 H_2O 亲核取代而释放构成 [175]。

除了水分子以外，氧气对钙钛矿稳定性的影响也不容忽视，尤其是在 Sn 基钙钛矿中 Sn^{2+} 很容易被氧化为 Sn^{4+} [176,177]。对于 Pb 基钙钛矿而言，当器件放置于黑暗环境中时相对稳定，但在光照下氧气与钙钛矿之间的反应则被激发 [178]。Haque 团队报道称，光生载流子与氧气反应生成超氧化物，其与 $MAPbI_3$ 的甲基胺部分反应引发钙钛矿的降解 (图 2-33(b))[179]。此后，该团队进一步探究氧气对钙钛矿的分解作用，他们发现，氧气可以迅速扩散进 $MAPbI_3$ 和 $MAPbI_{3-x}Cl_x$ 薄膜。由于离子大小相似，超氧化物更倾向位于 V_I^+。因此，可以通过用碘化物盐钝化以提高薄膜和器件的稳定性。

光照能够提供额外的电荷和热能促进反应的发生 [180,181]。关于钙钛矿光降解的机理众多，其中有机部分的光降解是较为可能的一种解释。当钙钛矿处于高能光子 (>2.72 eV) 辐照下时，钙钛矿中的 MA^+ 发生 C—N 键的断裂而分解为 CH_3NH_2 和 H_2。Yan 团队通过时间分辨质谱仪分析了 $MAPbI_3$ 在光致分解的过程中所产生的气体 [182]。测试结果表明，在光照情况下，钙钛矿主要释放的挥发性产物是 MA 和 I/HI、少量 NH_3 以及 H_2；他们推测，光照产生热电荷载流子导致 MA^+ 去质子化。此外，钙钛矿的离子特性是其易发生光分解的重要原因。在杂化钙钛矿中，离子迁移的活化能很低，在室温下 I^- 的活化能仅为 0.1~0.6 eV[183]，

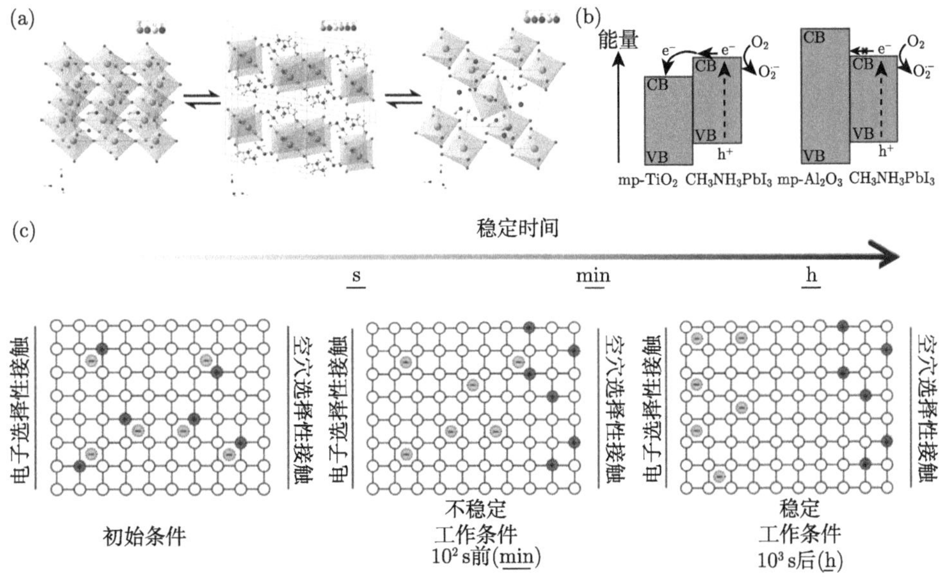

图 2-33 (a) $MAPbI_3$ 立方相、一水合物相 $MAPbI_3·H_2O$ 和二水合物相 $MA_4PbI_6·2H_2O$ 结构 [174]；(b) $MAPbI_3$ 中的光生电子转移向 O_2，形成超氧化物 [179]；(c) 器件在工作条件下钙钛矿层内离子分布演变的示意图 [185]

且在光照下进一步降低。例如，在 0.25 个太阳光下，$MAPbI_3$ 中离子迁移的活化能低至 0.08 eV，离子漂移速度为 1.2 μm·s^{-1}[184]。光照下，特定的离子移动导致缺陷的产生，从而加速器件退化 (图 2-33(c))[185,186]。

高温会加速钙钛矿的破坏，从而导致器件性能的下降。高温下钙钛矿的降解与相变相关。例如，在 160 K 下 $MAPbI_3$ 会从斜方晶相转变为四方晶相，而在 330 K 时，四方晶相则转变为立方晶相。当温度继续升高到 358 K(85 ℃) 时，立方相开始发生分解，其分解反应为：$CH_3NH_3PbI_3 \longrightarrow CH_3NH_2\uparrow + HI\uparrow + PbI_2$ [187,188]。

温度对稳定性没有直接影响，然而升高的温度会增大分解反应的速率。在 85 ℃(工作温度范围内) 下的分解就对钙钛矿薄膜及器件性能造成破坏。Yan 团队研究了在空气中混合钙钛矿 $(FAPbI_3)_{1-x}MAPb(Br_{3-y}Cl_y)_x$ 薄膜和器件在不同温度下的热分解行为 [189]。他们发现，基于 MA 的钙钛矿在温度较高的情况下会迅速分解为 PbI_2。如图 2-34(a) 所示，随着温度的升高，钙钛矿表面的 PbI_2 相 (亮

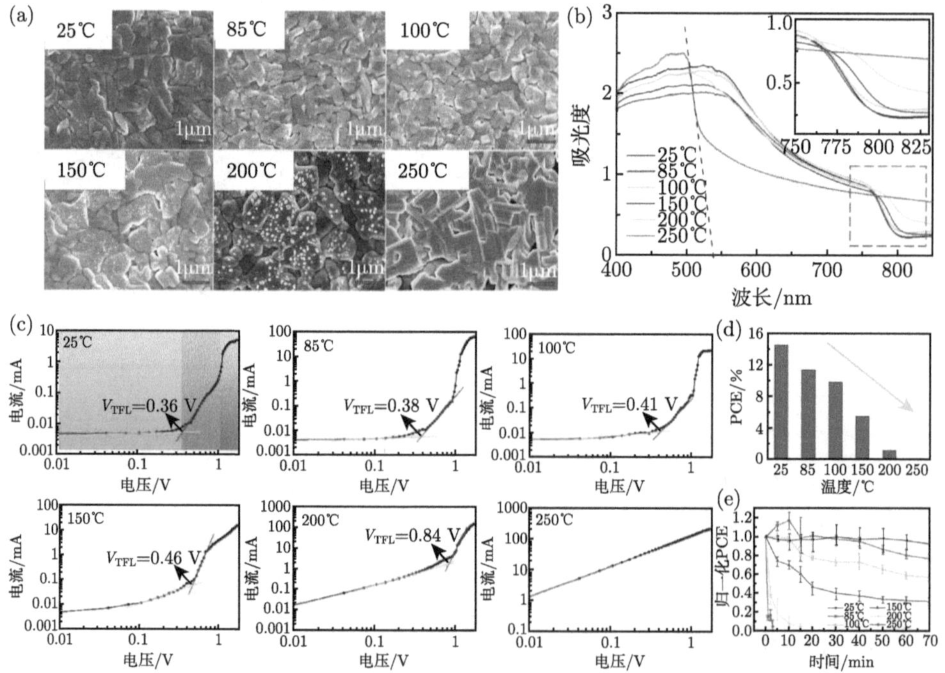

图 2-34 在不同温度下处理 70 min 后钙钛矿薄膜的 (a) SEM 图像、(b)UV-Vis 吸收光谱及相应器件的 (c) 空间电荷限制电流曲线；(d) 在不同温度下加热的器件最佳效率 (在 25 ℃、85 ℃、100 ℃ 和 150 ℃ 加热 70 min，在 200 ℃ 加热 15 min，在 250 ℃ 加热 3 min)；(e) 在不同温度加热下的器件稳定性测试曲线 [189]

相) 逐渐增多，在 200 ℃ 时几乎覆盖整个表面；温度升高还引起钙钛矿吸收边的红移，带隙从 1.569 eV 减小到 1.508 eV(图 2-34(b))。此外，温度升高也导致钙钛矿薄膜的缺陷密度增加，造成严重的复合损失 (图 2-34(c))。值得注意的是，随着加热温度的升高，温度对器件的效率及稳定性的负面作用将显著增大 (图 2-34(d),(e))。

2.4.2 提升 PSC 稳定性的方法

1. 钙钛矿的本征稳定性

钙钛矿的物理化学性质主要取决于其自身组分的物理性质。例如，用 FA^+ 取代易挥发的 MA^+ 可提高钙钛矿薄膜的耐热性，$FAPbI_3$ 钙钛矿在空气中以 150 ℃ 退火后不会出现明显降解 [190,191]。此外，全无机钙钛矿的加工温度远高于有机–无机混合钙钛矿 (例如，$CsBrI_3$ 的加工温度在 250~350 ℃)，使其具有更高的热稳定性 [192]。尽管上述钙钛矿相比于 $MAPbI_3$ 的热稳定性有所提升，但是对水和光热耐受性并没有显著改善。此外，这些材料的另一缺点是由离子半径不匹配引起的结构不稳定。例如，$FAPbI_3$ 在高湿度空气环境下，极易从黑色钙钛矿相 (α-phase) 转变成黄色非钙钛矿相 (δ-phase)[193]。为此，大量工作是通过合金化策略来调整钙钛矿的容忍因子，从而改善钙钛矿的本征稳定性。Zhu 团队通过混合容忍因子较大的 $FAPbI_3$ 和容忍因子较小的 $CsPbI_3$ 来获得具有有效容忍因子的 $FA_{1-x}Cs_xPbI_3$ 混合钙钛矿 (图 2-35(a))[194]。温度决定的 XRD 测试结果表明，随着 Cs 含量的增加，$FA_{1-x}Cs_xPbI_3$ 混合钙钛矿从 δ 相到 α 相的相变温度降低，说明合金化使钙钛矿室温结构稳定性显著提高 (图 2-35(b))。此外，α 相 $FA_{1-x}Cs_xPbI_3$ 在高湿度环境中的稳定性显著提高 (图 2-35(c))。根据理论研究，混合钙钛矿通过降低形成能及自由能，从而从热力学上稳定钙钛矿结构。Grätzel 团队发现混合阳离子会使体系熵增 ($-T\Delta S$)，从而降低体系自由能 ($\Delta F = \Delta E - T\Delta S$)(图 2-35(d))[195]。Park 团队用 Cs^+ 部分取代 $FAPbI_3$ 中的有机阳离子使立方八面体体积收缩，从而增强了 FA-I 相互作用。由此，基于 $FA_{0.9}Cs_{0.1}PbI_3$ 的器件光稳定性和湿度稳定性都显著提高 (图 2-35(e))[4]。此外，三重甚至四重阳离子钙钛矿因具有高性能、高稳定性和良好的重现性而被广泛研究。Saliba 团队基于四重阳离子 FA、MA、Rb 和 Cs 制备了宽带隙钙钛矿，相应器件获得了良好的稳定性 [156]。之后，他们去除挥发性的 MA 制备了 FACsRb 三重阳离子钙钛矿，并在钙钛矿与电荷传输层界面引入聚合物缓冲层 (图 2-35(f))[196]。鉴于此，器件在室温下的 N_2 环境中以 MPP 运行在 1000 h 后效率衰减不到 10%(图 2-35(g))。

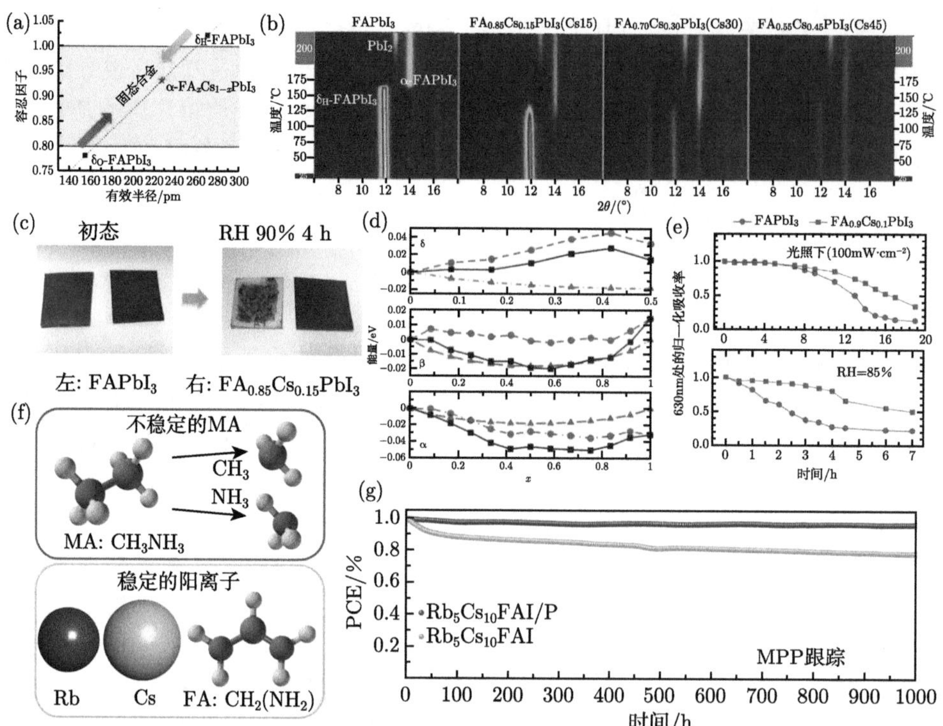

图 2-35　(a) 钙钛矿材料容忍因子与晶体结构的关系；(b) $FA_{1-x}Cs_xPbI_3$ 温度决定的 XRD 图谱；(c) $FAPbI_3$ 和 $FA_{0.85}Cs_{0.15}PbI_3$ 薄膜在高湿条件下的照片 [194]；(d) $Cs_xFA_{1-x}PbI_3$ 内能随 Cs 含量变化，蓝色虚线为 ΔE，红色虚线为 $-T\Delta S$，黑色实线为 $\Delta F = \Delta E - T\Delta S$[195]；(e) $FAPbI_3$ 和 $FA_{0.9}Cs_{0.1}PbI_3$ 在光照和相对湿度 (RH)85%条件下的稳定性测试曲线 [4]；(f) MA 分子的挥发性, 在低至 80 ℃ 的温度下将 CH_3NH_3I 转化为 CH_3I 和 NH_3[196]，相比之下 Rb、Cs 和 FA 热稳定性更高，更适合长期稳定性；(g) 没有聚合物层 (绿色曲线) 和聚合物改性 (蓝色曲线) 的 $Cs_{10}Rb_5FAPbI_3$ 器件在室温下氮气环境中以 MPP 运行 1000 h 后的稳定性测试曲线 [196]

除了混合 A 位阳离子，卤素阴离子的合金化也是提高卤化物钙钛矿稳定性的有效策略。Seok 团队用 Br 部分取代 $MAPbI_3$ 中的 I，使钙钛矿的晶格常数减小，并诱导钙钛矿由四方相转变为立方相 (图 2-36(a))[146]。如图 2-36(b) 所示，上述紧密而稳定的钙钛矿结构降低了器件对湿度的敏感性。除了卤素离子外，其他阴离子也被用于调控钙钛矿组分，例如拟卤素 BF_4^-[197]、SCN^- [197,198] 和 $HCOO^-$[199]。Yan 团队用 $Pb(SCN)_2$ 制备了高质量的 $MAPbI_{3-x}(SCN)_x$ 钙钛矿薄膜，SCN^- 上带有孤对电子的 N 和 S 与 Pb 形成强相互作用力，同时 SCN^- 还与 MA^+ 形成氢键，从而使钙钛矿具有良好的化学稳定性 [200]。未封装的 $MAPbI_{3-x}(SCN)_x$ 器件在 70%RH 的露天环境下储存超过 500 h 后，仍保持初始 PCE 的 86.7%。Kim 团队采用 $HCOO^-$ 抑制存在于钙钛矿晶界和表面的阴离子空位缺陷，同时

与 FA^+ 形成氢键网络，改善了 $FAPbI_3$ 钙钛矿薄膜的结晶度 (图 2-36(c))[199]。由此，经 $HCOO^-$ 修饰后的器件获得了 25.2%的高认证 PCE。此外，其长期工作稳定性得到显著提高，在 MPP 运行 450 h 后 PCE 仅下降了 15%(图 2-36(d))。为了稳定 α-$FAPbI_3$，Seo 团队则通过添加微量 (摩尔分数 0.8%) 的 $MAPbBr_3$ 抑制了 $FAPbI_3$ 中的 δ 相，形成具有优异光电性能的稳定 α-$FAPbI_3$ 薄膜 (图 2-36(e))[201]。此外，Seok 团队报道了采用 MDA^{2+} 部分取代 FA^+ 来稳定 α-$FAPbI_3$，但是离子半径较大的 MDA^{2+} 易导致钙钛矿产生晶格应变，从而影响载流子动力学及稳定性 [202]。为此，他们同时用离子半径较大的 MDA^{2+} 和离子半径较小的 Cs^+ 取代 FA^+，以减少钙钛矿晶格中的局部压缩、拉伸应变以及缺陷

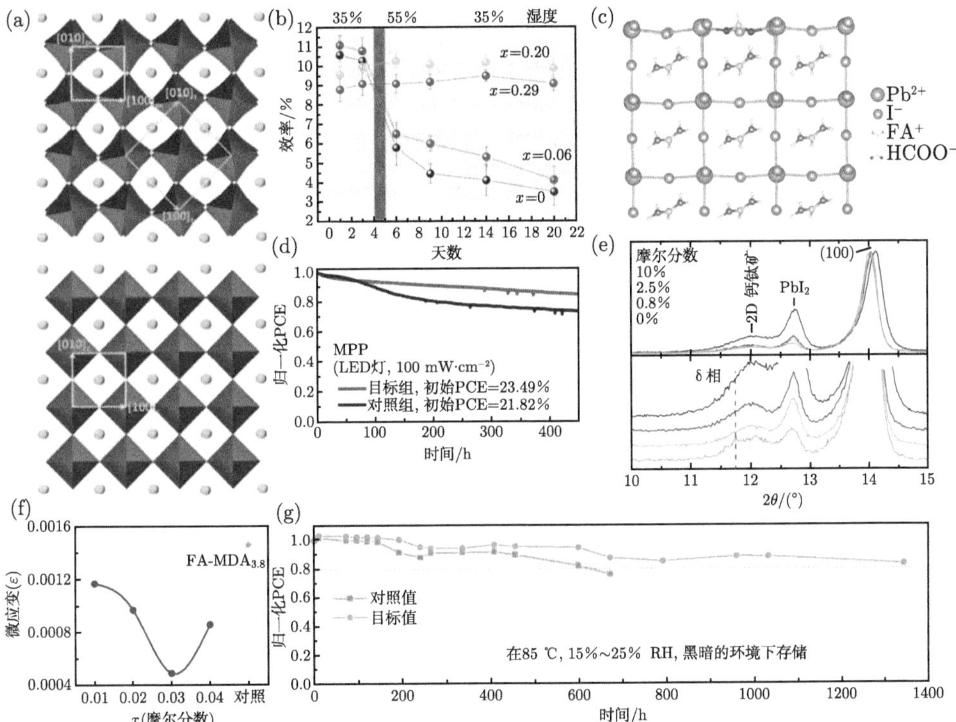

图 2-36 (a) 四方相 (顶部) 和立方相 (底部) 在 (00l) 平面上的晶体结构和单位晶格矢量；(b) $MAPb(I_{1-x}Br_x)_3$ ($x = 0, 0.06, 0.20, 0.29$) 器件的稳定性测试曲线，器件未封装并存储在 35%RH 的空气中，其中第四天 55%RH[146]；(c) $HCOO^-$ 对 $FAPbI_3$ 表面上的 I^- 空位的钝化的计算结构图；(d) $HCOO^-$ 处理后的 $FAPbI_3$(目标组) 和原始 $FAPbI_3$(对照组) 器件的 MPP 工作稳定性测试曲线 [199]；(e) 不同量 $MAPbBr_3$ 添加量的钙钛矿薄膜的 XRD 图谱 [201]；(f) 钙钛矿晶格应变随 MDA^{2+} 和 Cs^+ 掺杂量的变化曲线，x 为 MDA^{2+} 和 Cs^+ 的摩尔分数 (MDA^{2+} 和 Cs^+ 摩尔比为 1:1)；(g)MDA^{2+} 和 Cs^+ 掺杂的 PSC 在 85 ℃(15%～25%RH) 下的稳定性测试曲线 [203]

态密度 (图 2-36(f))[203]。相应的器件表现出优异的热稳定性，在 85°C(15%～25% RH) 下储存 1300 h 后仍保持初始 PCE 的 80%以上 (图 2-36(g))。

除 A 位及 X 位离子的调控策略外，对于 B 位金属离子的调控同样有望提高钙钛矿的本征稳定性。Mg^{2+}、Ca^{2+} 、Sr^{2+}、Ba^{2+}、Bi^{3+}、Cd^{2+} 和 Eu^{2+} 等离子被报道可通过部分取代 Pb^{2+} 优化钙钛矿的容忍因子，从而稳定钙钛矿结构 [204-207]。Sargent 团队通过模拟发现 $FAPbI_3$ 中的离子尺寸失配会引起 $[MX_6]^{4-}$ 八面体倾斜，从而导致晶格应变并诱发 Pb、I 空位的形成 [205]。他们将离子半径较小的 Cd^{2+} 掺入钙钛矿晶格中以释放剩余的晶格应变并增加空位形成能，从而抑制了与水、氧具有高亲和力的空位形成 (图 2-37(a))。鉴于此，Cd^{2+} 掺杂的器件的稳定性提高了一个数量级 (图 2-37(b))。Hagfeldt 团队将离子半径较小的 Eu^{2+} 掺入 $CsPbI_2Br$ 晶格以增加钙钛矿的容忍因子，从而获得热力学稳定的无机 PSC[204]。Eu^{2+} 掺杂的器件在 100 $mW·cm^{-2}$ 白光照射和 MPP 下运行 370 h 后保持其初始 PCE 的 93%。Zhou 团队利用 Eu^{2+} 和 Eu^{3+} 之间的循环氧化还原，选择性地氧化 Pb^0 和还原 I^0 缺陷 [39]。所得器件实现了 20.52%的认证 PCE 以及优异的长期工作稳定性：在连续标准太阳光照或 85 ℃ 加热 1500 h 后，器件分别保留了原始 PCE 的 92%和 89%；在 MPP 运行 500 h 后保留了原始 PCE 的 91%(图 2-37(c)，(d))。

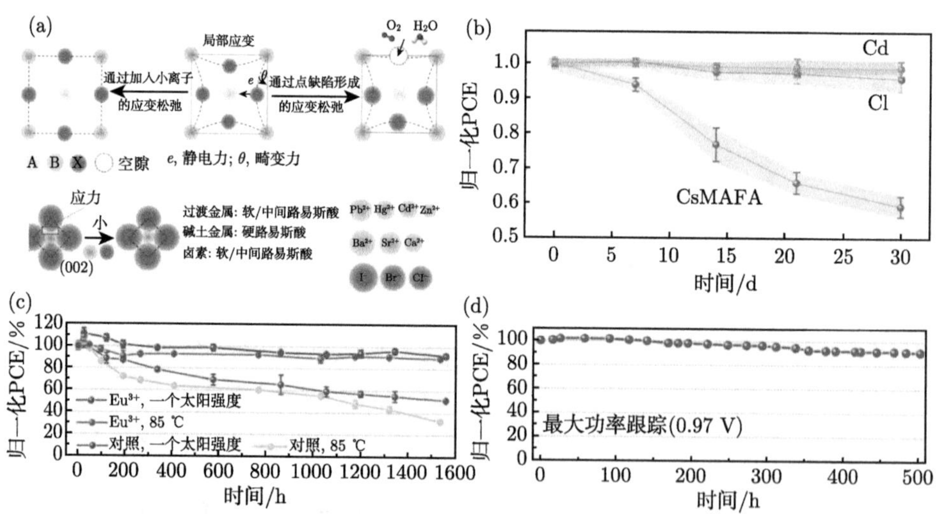

图 2-37　(a) 钙钛矿晶格应变释放方式及不同离子半径的 B、X 位离子；(b) 器件在 50%RH 的空气环境中的稳定性测试曲线，阴影区域连接误差线，定义为六个器件的标准偏差 [205]；(c) 添加 Eu^{3+} 的器件和原始器件在连续标准太阳光照或 85 ℃ 加热下的稳定性测试曲线；(d) 添加 Eu^{3+} 的器件在 MPP 运行的稳定性测试曲线 [39]

此外，组分调控还能够实现钙钛矿的结构可调，使其在晶体结构上获得 0D、

1D、2D、3D 结构。低维钙钛矿具有更为优异的疏水性，将其引入器件中有利于提高器件稳定性，尤其是化学稳定和湿稳定性。此外，二维钙钛矿的带隙和层厚可调，且具有边缘态、量子阱结构等物理特性 [208,209]。通常，研究人员将低维钙钛矿引入器件以构建多维异质结构和表面低维钙钛矿层等两种结构。后者将在 2.4.2 节 2. 中展开介绍。2014 年，Karunadasa 团队首次将 2D 钙钛矿引入 PSC 中，尽管只获得了 4.73%的 PCE，但是所制备的 Ruddlesden-Popper 钙钛矿 $(PEA)_2(MA)_2Pb_3I_{10}$ 使器件的湿稳定性得到显著提高 [210]。Sargent 团队通过密度泛函理论 (density function theory，DFT) 模拟证实降低钙钛矿的维度将提高其形成能，从而抑制其分解 (图 2-38(a))[211]。此外，表面的 PEAI 可以成为对水敏感的 PbX_2 终端的保护层，使钙钛矿表面的悬挂键出现显著减少。相比于 MAI，从钙钛矿中去除 PEAI 所需的解吸能提高了 0.36 eV，这使得水的解吸率及薄膜分解速度分别降低了 6 个和 3 个数量级，最终使相应器件的稳定性显著提高 (图 2-38(b)，(c))。此外，Huang 团队报道称，得益于有机离子形成的间隔层，低维钙钛矿的本征稳定性和光稳定性显著提升，从而有效抑制离子迁移以及相关的降解过程 [212]。

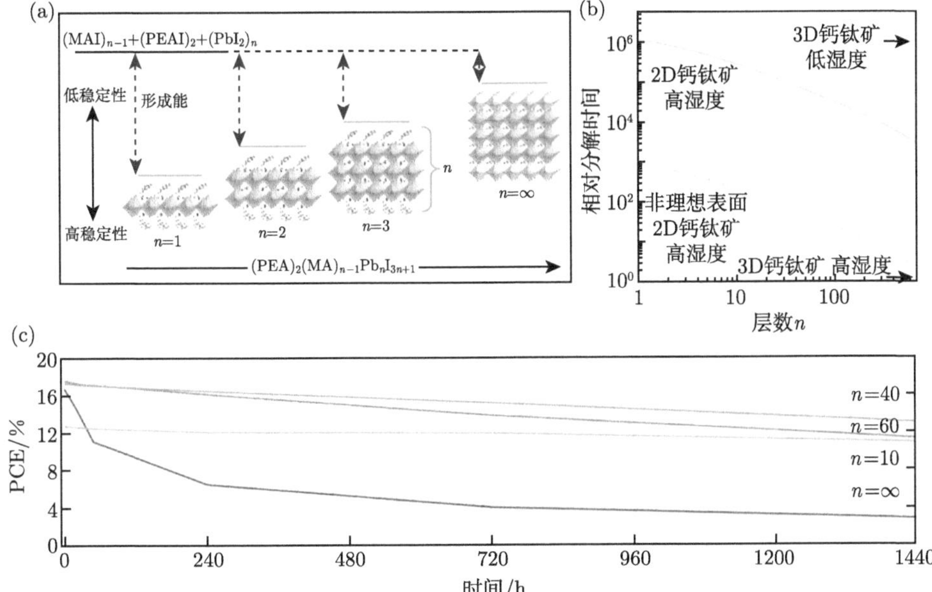

图 2-38 (a) 具有不同 n 值的 $(PEA)_2(MA)_{n-1}Pb_nI_{3n+1}$ 钙钛矿的晶胞结构及相应的形成能，维数从 2D($n=1$) 到 3D($n=\infty$)；(b) 具有不同 n 值的 $(PEA)_2(MA)_{n-1}Pb_nI_{3n+1}$ 钙钛矿的相对分解时间；(c) 具有不同 n 值的 $(PEA)_2(MA)_{n-1}Pb_nI_{3n+1}$-PSC 在 N_2 环境中储存的稳定性测试曲线 [211]

尽管 2D 钙钛矿在稳定性上具有优势，但是纯 2D 钙钛矿器件相比于 3D 钙钛矿而言性能仍较低。为此，研究者们通过制备 2D-3D 多维钙钛矿以结合两者优势，实现高效稳定的 PSC。Snaith 团队将正丁基胺阳离子 (BA^+) 引入 3D 钙钛矿中制备 $BA_x(FA_{0.83}Cs_{0.17})_{1-x}Pb(I_{0.6}Br_{0.4})_3$ 钙钛矿的 2D-3D 异质结构。“板状”2D 相微晶散布在高度取向的 3D 钙钛矿晶粒之间，显著提高了结晶度并抑制了薄膜内的非辐射复合 (图 2-39)[213]。鉴于此，E_g 为 1.61 eV 和 1.72 eV 的带隙钙钛矿器件分别获得 17.5%和 15.8%的 PCE。在空气中以标准太阳光照射下，未封装和封装器件的 PCE 衰减到初始值的 80%所用的时间分别为 1005 h 和 3880h。Nazeeruddin 团队设计了一种 2D-3D 梯度结构钙钛矿：2D 层作为水阻挡层，保护具有全色吸收和优异电荷传输性能的 3D 钙钛矿 [214]。鉴于此，他们所制备的 10 cm×10 cm PSC 模块在标准太阳光照射、55 ℃ 稳定温度和短路条件下实现了超过 10000 h 的长期稳定性。虽然研究人员已开发出多种低维钙钛矿，但是其结晶过程较为复杂，使其易出现混合相产物。因此，未来仍需要对其具体结构、生长机理以及工作原理进行深入探究。

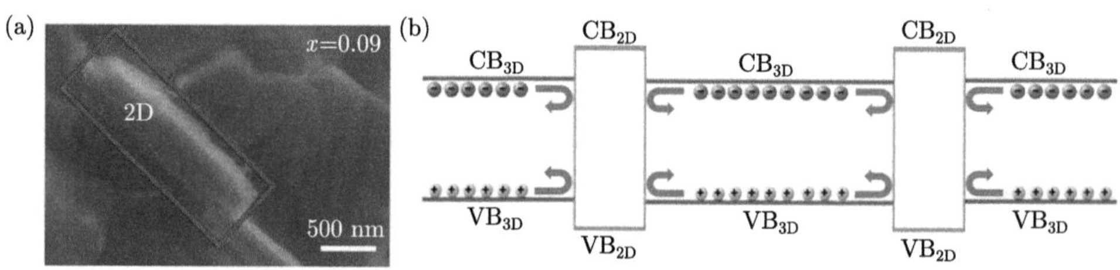

图 2-39　(a)2D-3D 钙钛矿薄膜 SEM 图像；(b) 2D-3D 异质结的能带结构及电荷移动示意图 [213]

从 2.4.1 节中可以发现，钙钛矿中的晶体缺陷对环境刺激较为敏感。例如，氧气对钙钛矿的破坏倾向于通过 V_I^+ 进行。此外，研究表明，水分子引起的降解始于钙钛矿晶界，并强烈依赖于钙钛矿的晶粒尺寸 [215]。因此，通过控制钙钛矿的结晶过程或沉积方法来获得晶粒尺寸大、缺陷态密度低的高质量薄膜，对钙钛矿的稳定性具有重要意义 [216,217]。Grätzel 团队提出了用 MASCN 蒸气处理方法使 δ-$FAPbI_3$ 薄膜在 100 ℃ 下转变为 α-$FAPbI_3$ [218]。分子动力学模拟结果表明，SCN^- 优先吸附在 δ-$FAPbI_3$ 表面，以取代 I^- 与 Pb^{2+} 相互作用。这个过程使顶层面共享八面体转变为 α-$FAPbI_3$ 的角共享八面体结构，并作为模板进一步诱导整个钙钛矿从 δ-$FAPbI_3$ 转变为 α-$FAPbI_3$ (图 2-40(a))。此外，纯 α-$FAPbI_3$ 后需克服较高的能垒以转变为 δ-$FAPbI_3$，从而可获得稳定存在的纯 α-$FAPbI_3$ (图 2-40(b))。MASCN 蒸气处理制得的 $FAPbI_3$ 薄膜的结晶度和取向性都得以改善，并且具有极低的非辐射损失 (图 2-40(c))。基于此，器件获得了良好的长期工作稳定性，在标准太阳光下以 MPP 运行 500 h 后仍保持原始 PCE 的 90% (21.4%)。

值得注意的是，上述老化器件的 PCE 在黑暗中保持开路条件 12 h 后可恢复至原始值的 94.4%(图 2-40(d))。Huang 团队利用离子液体 MAFa 作为溶剂生长出垂直排列的 PbI_2 薄膜，为 FAI 的渗透提供了许多纳米级离子通道，从而降低了形成能垒，使之快速、稳定地转变为 α-$FAPbI_3$ [219]。基于此，器件实现了 24.1%的 PCE，未封装的器件在 85 ℃ 和持续光照条件下 500 h 后分别保持初始 PCE 的 80%和 90%。Zhou 团队开发了一种液体介质退火 (liquid media annealing，LMA) 技术，为钙钛矿薄膜提供了恒定的全向加热场，以更高的加热速率加速钙钛矿的晶体生长 (图 2-40(e))[220]。所用的液体介质还会萃取钙钛矿前驱体薄膜中残留溶剂，以减轻其对结晶过程的干扰。同时，液体介质还能防止挥发性成分损失，避免造成不利的化学计量。得益于此，该方法制备的钙钛矿薄膜具有高结晶度、高

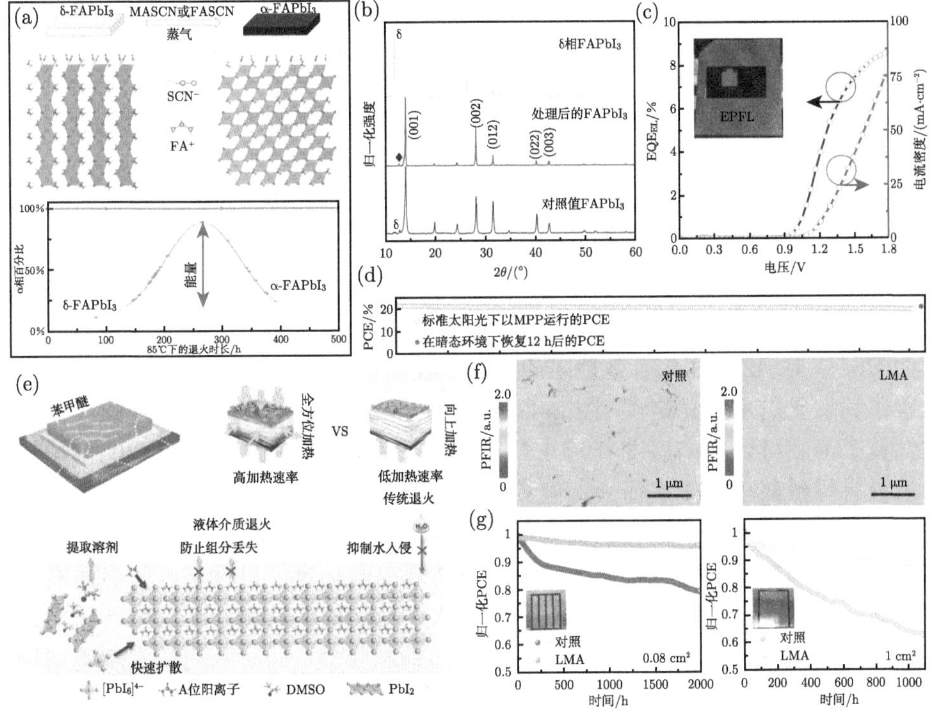

图 2-40 (a) MASCN 蒸气处理的 $FAPbI_3$ 示意图；(b) MASCN 蒸气处理前后的 $FAPbI_3$ 钙钛矿薄膜以及用常规方法制备的 $FAPbI_3$ 钙钛矿薄膜的 XRD 图谱；(c) MASCN 蒸气处理的 $FAPbI_3$ 器件在 0～1.8 V 偏置电压下的 EQE_{EL} (EL 为电致发光) 和电流密度；(d) MASCN 蒸气处理的 $FAPbI_3$ 器件在标准太阳光下以 MPP 运行的稳定性测试曲线，其中粉色点表示器件在黑暗中保持开路条件 12 h 后的 PCE[218]；(e) LMA 过程及相关工作原理示意图；(f) LMA (右) 和传统工艺 (左) 制备的钙钛矿薄膜峰值力红外 (PFIR) 显微测试图像；(g) 活性面积为 0.08 cm^2 (左) 和 1 cm^2 (右) 的 LMA 和传统工艺制备的器件在 N_2 环境中，1 太阳光 LED 照射下以稳态功率输出 (SPO) 运行的稳定性测试曲线 [220]

均匀性和较低缺陷数量等特点 (图 2-40(f))。如图 2-40(g) 所示，由 LMA 技术制备的 0.08 cm^2 的器件 (认证效率为 23.7%) 在运行 2000 h 后仍保持其初始 PCE 的 95%；1 cm^2 的器件 (认证效率为 22.3%) 在运行 1120 h 后保持其初始 PCE 的 90%。综上所述，通过溶剂工程、添加剂工程以及调整后处理工艺等方式优化钙钛矿薄膜结晶质量，获得高结晶度、大晶粒尺寸和具有较低缺陷态密度的钙钛矿薄膜，这是改善其本征稳定性的重要手段。

2. 钙钛矿的非本征稳定性

通过调控组分、改善结晶等手段有效改善了钙钛矿的本征稳定性，但是钙钛矿薄膜仍然对外部环境较为敏感，并且由于钙钛矿的离子特性而较易发生离子迁移。为了进一步延长器件的使用寿命，就需要通过表界面钝化、阻挡层引入和器件封装等外部手段提高非本征稳定性。

大量的实验研究表明，在光、热、水、氧等外界刺激下，钙钛矿的降解始于缺陷较多的晶界和表面。为此，需要通过钝化表面或晶界的活性降解位点来减缓降解动力学。研究初期，对杂化钙钛矿的表面研究主要集中于阻挡水分对钙钛矿的侵蚀。例如，Yang 团队提出了一种简单的表面功能化技术，他们用疏水的叔胺和季胺阳离子取代亲水性 MA^+，成功地在钙钛矿表面构建了有效的水阻挡层 [221]。钙钛矿的无机骨架通过氢键和离子键与胺阳离子锚定，而疏水性烷基则向外阻挡水分；根据第一性原理计算结果，大体积疏水胺阳离子引起的空间效应和表面 Pb_{5c}—I_{1c} 键的变化有效地阻碍水分子在活性 Pb_{5c} 位点上的吸附，从而显著改善了钙钛矿的水湿稳定性 (图 2-41(a))。如图 2-41(b) 所示，表面功能化处理后的钙钛矿薄膜可以在高湿度 ($(90 \pm 5)\%$RH) 下保持光活性结构超过 30 d。虽然该方法没有导致显著的效率损失，但实际上上述有机分子大多数都是绝缘的，将对器件中的电荷收集和传输造成不利影响。为此，该团队将疏水性的导电分子 3-烷基噻吩组装到钙钛矿薄膜表面上，以同时实现高湿稳定性以及更好的界面电学性能 [222]。具体而言，通过将噻吩基团与疏水烷基结构相结合，利用杂环结构提供高度离域的 π 电子，增强了界面处的电荷传输和收集，同时利用疏水烷基结构有效阻挡了水分子对钙钛矿的侵蚀。基于此，3-烷基噻吩处理后的器件的 PCE 从 18.08%提升到 19.89%。更重要的是，未封装器件在 $(40 \pm 10)\%$RH 的空气中暗态储存 30 d 后 PCE 损失未超过 20%。Padture 团队用碘封端自组装单分子层 (I-SAM) 将 SnO_2 ETL 与钙钛矿界面黏合起来，以增强界面韧性并减少界面处的带电缺陷 (图 2-41(c))[223]。相较于传统的氢封端自组装单分子层 (H-SAM)，I-SAM 处理后器件的 PCE 从 20.2%提高到 21.4%，且工作稳定性也得到显著改善。他们根据外推稳定性测试曲线预计，在标准太阳光照下以 MPP 运行的 t_8 约从 700 h 增加到 4000 h (图 2-41(d))。Huang 团队通过硫酸根或磷酸根离子在钙钛矿表面进行原位反应，生成薄、致密且不溶于水的铅含氧盐层 (图 2-41(e))[224]。宽带隙铅含氧盐层还通过钝化不饱和 Pb^{2+} 降低了钙钛矿表面的缺陷密度。鉴于此，铅含氧盐层增加了载流子复合寿命，并使得器件的 PCE 从 19.16%提高到 20.18%。如图 2-41(f)，(g) 所示，含氧铅盐层改善了钙钛矿的耐湿性，且相应器件的工作稳定性显著提高，形成强化学键，提高了钙钛矿薄膜的耐湿性。封装器件在 65 ℃ 空气中标准太阳光照下以 MPP 运行 1200 h 后仍保持其初始 PCE 的 96.8%。此外，大量材料被开发用于改性钙钛矿表面或晶界，如氨 [225-227]、两性离子 [228]、卤素离子 [229]、硅烷 [230]、聚合物 [231]、离子化合物 [232]，以及其他有

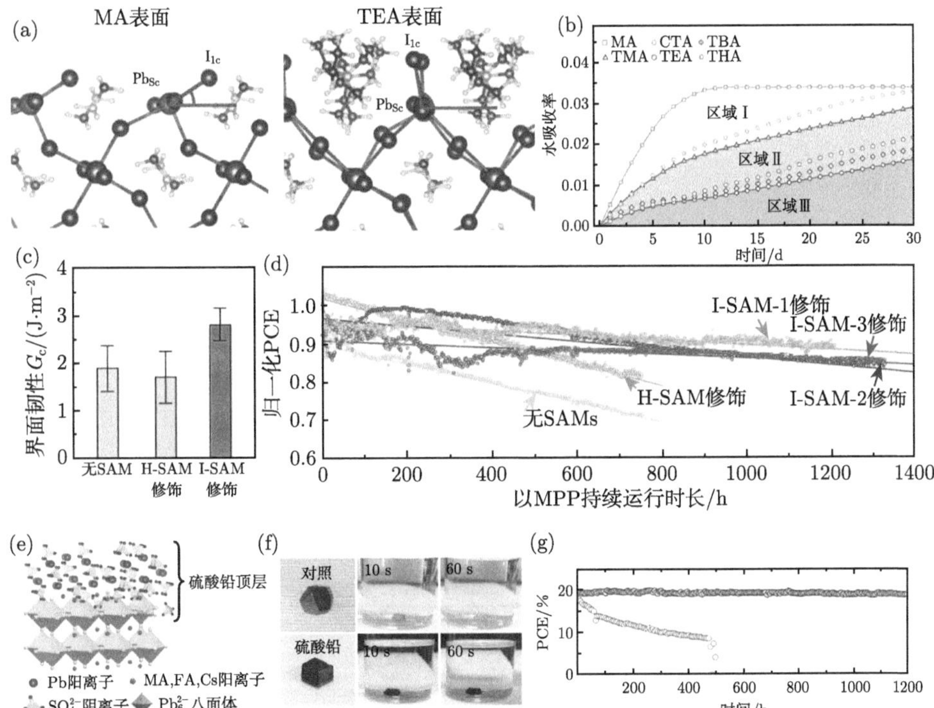

图 2-41 (a) 经不同胺阳离子表面功能化后的钙钛矿样品 (100) 表面的优化结构；(b) 经不同胺阳离子表面功能化后的钙钛矿薄膜在 (90 ± 5)%RH 的暗态环境下存储的水吸收率，其中五种胺阳离子分别为四甲基胺 (TMA)、十六烷基三甲基胺 (CTA)、四乙基胺 (TEA)、四丁基胺 (TBA) 和四己基胺 (THA)[221]；(c) 无自组装单分子层 (无 SAM)、H-SAM 或 I-SAM 修饰的 ETL 和钙钛矿界面的韧性；(d) 未封装的无 SAMs、H-SAM 或 I-SAM 器件在标准太阳光照下以 MPP 跟踪运行的稳定性测试曲线及其线性拟合线 [223]；(e) 在钙钛矿表面原位形成铅含氧盐层保护钙钛矿的示意图；(f) 有/无铅含氧盐层的 $MAPbI_3$ 单晶浸入水中前后图片；(g) 铅含氧盐层器件 (红色) 和原始器件 (蓝色) 在 65 ℃ 空气中标准太阳光照下以 MPP 运行 1200 h[224]

机物 [233,234]。在钙钛矿前驱体溶液中直接添加某些钝化分子作为添加剂，可进一步简化制备过程。由于这些分子大多体积较大，可以在结晶过程中被排出到晶界，包裹并钝化晶界，从而抑制外界环境对钙钛矿的侵蚀。

在 2.4.2 节 1. 中，我们介绍了通过引入低维钙钛矿构建多维异质结构来提高钙钛矿薄膜的本征稳定的策略，而构建独立表面低维钙钛矿层来钝化界面缺陷、改善界面接触和阻挡外界水分子等，则是提高非本征稳定性的重要手段。由于具有更多的有机配体，2D 钙钛矿比相应的 3D 钙钛矿更为稳定。Seo 团队采用正己基三甲基溴化胺，在钙钛矿表面进行原位反应，在窄带隙吸光层的顶部生成一层准 2D 宽带隙卤化物 (wide bandgap halide,WBH) 钙钛矿，获得双层卤化物结构 (DHA)(图 2-42(a))[235]。准 2D 的正己基三甲基胺阳离子包括脂肪族部分 ($C_6H_{13}^-$) 和功能化部分 ($N^+(CH_3)_3^-$)，其中 $C_6H_{13}^-$ 使得 HTL P3HT 与钙钛矿之间形成有利的范德瓦耳斯相互作用。如图 2-42(b) 所示，这种界面结构诱导使得 P3HT 具

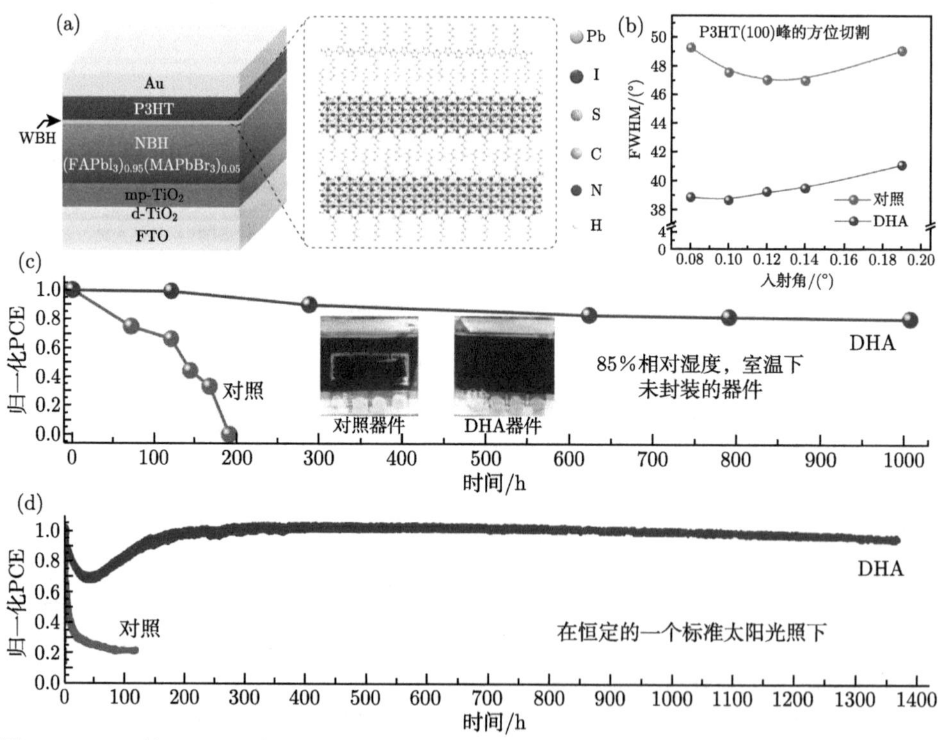

图 2-42 (a) 基于 DHA 的 PSC 的结构 (左) 和 WBH 与 P3HT 之间的界面结构 (右) 示意图；(b) 基于 DHA 的和原始器件的极坐标方位角切割的半高全宽 (FWHM)；(c) 未封装 DHA 的和原始器件在 85%RH 的室温下的稳定性测试曲线；(d) 封装 DHA 的和原始器件在标准太阳光照下以 MPP 跟踪运行的稳定性测试曲线 [235]

有高度的边缘取向。另外，$N^+(CH_3)_3^-$ 使钙钛矿表面在高湿环境下不易分解。基于此，未封装的器件在 85%RH 的室温下 1008 h 后仍保持其初始 PCE 的 80%。此外，封装器件在标准太阳光照下以 MPP 跟踪运行 1440 h 后仍保持初始 PCE 的 90%以上 (图 2-42(c)，(d))。

3. 其他功能层的稳定性

PSC 的不稳定主要源于钙钛矿活性层的本征不稳定性，然而其他功能层的退化也会对器件性能造成严重影响。一些降解机制通常起源于其他功能层，并最终到达易被破坏的钙钛矿层，从而影响器件的稳定性。

mp-TiO_2 是 PSC 中最常用的电子传输材料之一，基于 mp-TiO_2 的器件可以获得较高的性能 (PCE > 22%)，但是其作为钙钛矿层的支架，存在填充不理想、易形成深能级缺陷以及表面针孔等问题，从而导致器件效率的快速衰减 [236]。尽管 mp-TiO_2 中的深能级陷阱可以被氧气填充，但是氧气的进入会引发钙钛矿层的降解。另一方面，TiO_2 在紫外线的作用下易产生超氧分子破坏钙钛矿，从而影响器件的稳定性 [237]。为此，研究者们通过开发一系列的电子传输材料并设计了多种合理的界面层以解决 TiO_2 对器件工作稳定性的不利影响。Haque 团队利用 Al_2O_3 和 TiO_2 制备了双层 ETL 结构，TiO_2 起到电子传输作用而 Al_2O_3 则钝化 TiO_2 中的深能级缺陷。得益于此，基于 Al_2O_3 和 TiO_2 双层结构的器件性能优于 TiO_2 或 Al_2O_3 的单层结构的器件性能。

spiro-OMeTAD 和 PTAA 是高效 PSC 最常用的空穴传输材料，但上述 HTL 的电导率较低，必须通过有效的掺杂以提高电荷传输效率。目前，HTL 一般采用吸湿性的双 (三氟甲磺酰基) 亚胺锂 (lithium bis(trifluoromethanesulfon)imide，Li-TFSI) 添加剂辅助氧气进行 p 型掺杂以提高电导率。然而，这种对环境高度依赖的氧化方式不适用于大规模工业化生产。同时，该方法存在着 Li-TFSI 的聚集问题，并通过吸水引发钙钛矿层的降解。此外，Li^+ 会扩散进入钙钛矿层，诱发其分解，显著降低器件的重现性和稳定性。为此，Han 团队提出了一种掺杂–钝化一体化策略 (all-in-one，AIO)(图 2-43(a))[120]。他们用 p 型掺杂剂 1-乙基-3-甲基咪唑啉双 (三氟甲基磺酰基) 亚胺 (1-ethyl-3-methylimidazolium bis(trifluoromethylsulfonyl)imide，EIm-TFSI) 替代吸水性的 Li-TFSI，在无氧环境实现对 HTL 的 p 型掺杂 (图 2-43(b))。相比于 Li-TFSI 附加氧气的掺杂方式，EIm-TFSI 掺杂形成的 HTL 表面导电性更为均匀，这表明 EIm-TFSI 具有大面积均匀掺杂的优异性能 (图 2-43(c))。更为重要的是，掺杂过程产生的反应产物可作为钝化剂，自发地从 HTL 向钙钛矿层渗透，实现对钙钛矿体及其上下界面缺陷的均匀钝化 (图 2-43(d))。该方法避免了吸湿性的 Li-TFSI、氧气以及 Li 基产物对器件的破坏，从而提高了器件的稳定性和重现性。此外，基于孔径面积为 0.09 cm^2 和 1.04 cm^2 的钙钛矿太阳电池效率分别达到了 24.05% 和 23.75%，绝对效率损失仅为 0.3%(图 2-43(e))。经过第三方机构认证，基于 1.04 cm^2 的 AIO 器件还获得了 23.12%的认证效率，封装后的 AIO 器件在标准太阳光照下以 MPP 运行 1000 h 后仍然保持初始 PCE 的 91%(图 2-43(f))。

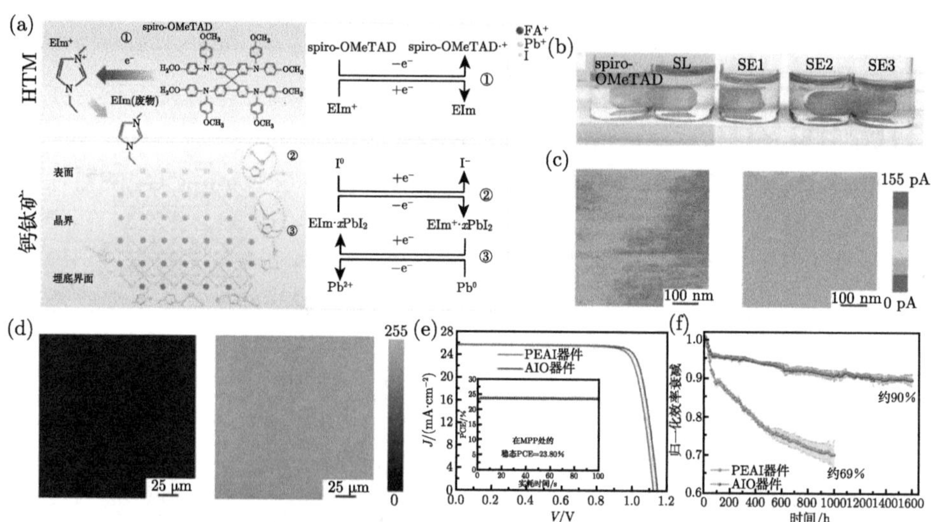

图 2-43　(a) 掺杂–钝化一体化策略示意图及设计的反应式；(b) 无掺杂 spiro-OMeTAD 和 17.15 %(质量分数) Li-TFSI 掺杂 spiro-OMeTAD(SL) 或 3.43%，8.58%，17.15% EIm-TSFI 掺杂 spiro-OMeTAD(SE1，SE2，SE3) 在 N_2 中存放 24 h 后的图片；(c) SL (左) 及 SE2 (右) 薄膜样品的 c-AFM 图像；(d) 表面 SL (左) 或 SE2 (右) 被冲去后的钙钛矿薄膜的共聚焦激光扫描显微镜 (confocal laser scanning microscopy，CLSM) 图像；(e) 1.04 cm^2 的 AIO 器件及传统 PEAI 钝化方法制备的器件 *J-V* 曲线；(f) 封装后的 AIO 器件在标准太阳光照下以 MPP 运行的稳定性测试曲线 [120]

Yang 团队为了解决 Li-TFSI 添加剂辅助氧气掺杂带来的问题，提出了一种通过离子交换过程将正聚合物自由基和分子阴离子耦合而实现稳定的有机 HTL 的方案 [238]。1, 1, 2, 2, 3, 3-六氟丙烷-1, 3-二磺酰亚胺 ($HFDF^-$) 分子阴离子在 PTAA 中进行交换生成 HFDF-HTL，其空穴电导率是传统锂掺杂层 (Li-HTL) 的 8 倍 (图 2-44(a))。此外，在 85 ℃ 下光照 200 h 导致碘化物严重侵蚀后，HFDF HTL 保持了高空穴电导率和良好匹配的能带排列 (图 2-44(b)，(c))。这种离子交换策略使制备的钙钛矿太阳电池实现 23.9%的认证效率，在 85 ℃ 的标准照明 1000 h 后仍保持初始效率的 92%(图 2-44(d))。

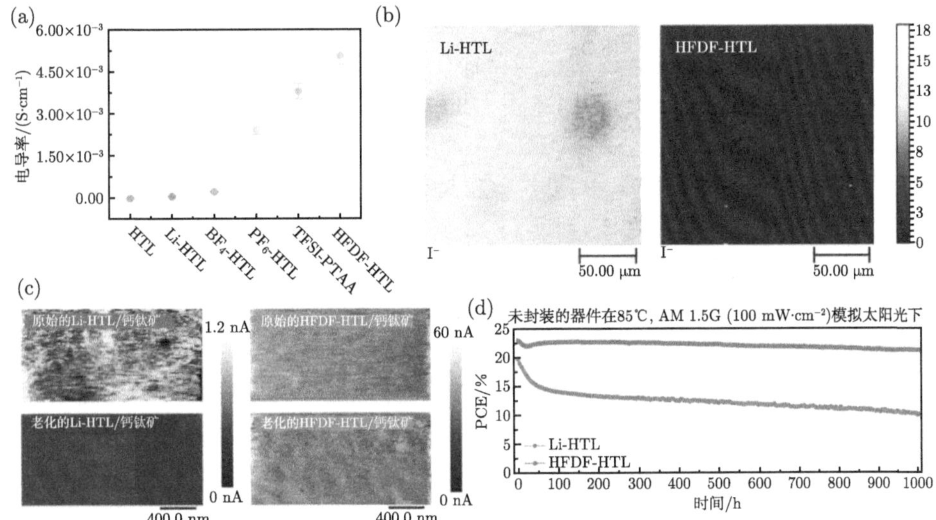

图 2-44 (a) 不同空穴传输层的电导率；(b) Li-HTL 和 HFDF-HTL 中 I^- 信号的 2D ToF-SIMS 元素分布；(c) Li-HTL/钙钛矿和 HFDF-HTL/钙钛矿在老化之前 (顶部) 和之后 (底部) 的表面电导率变化，所有样品均在 85 ℃ 的光浸泡 (AM 1.5G，100 $mW \cdot cm^{-2}$) 下以 MPP 老化 200 h；(d) 未封装的 Li-HTL 和 HFDF-HTL 器件在 85 ℃，AM 1.5G (100 $mW \cdot cm^{-2}$) 模拟太阳光下的稳定性测试曲线 [238]

除了会带来上述问题外，传统的掺杂方式还会导致 spiro-OMeTAD 的玻璃化转变温度 (T_g) 从 120 ℃ 降低到 50 ℃ 左右，从而影响器件的热稳定性。为此，Seo 团队合成了一种 F 封端的空穴传输材料 N^2, $N^{2'}$, N^7, $N^{7'}$-tetrakis(9, 9-dimethyl-9H-fluoren-2-yl)-N^2, $N^{2'}$, N^7, $N^{7'}$-tetrakis(4-methoxyphenyl)-9, 9′-spirobi[fluorene]-2, 2′, 7, 7′-tetraamine(DM) 替代 spiro-OMeTAD (图 2-45(a))[239]。DM 在同等掺杂条件下 T_g 达到 90 ℃，高于器件的运行温度 (图 2-45(b))。由此，以 DM 作为 HTL 的器件热稳定性显著提升，器件在 60 ℃ 热退火超过 500 h 后，保持 95% 的初始 PCE (图 2-45(c)，(d))。此外，其他稳定的空穴传输材料也被开发以替代 spiro-OMeTAD 来提高器件的稳定性。其中包括有机空穴传输材料 (如聚 (3-己基噻吩)(P3HT)) 和无机空穴传输材料 (如 NiO_x、$CuCrO_2$、CuSCN)[235,240-242]。

杂化钙钛矿晶体中有机和无机组分之间的相互作用较弱，导致 I^- 迁移的活化能仅为 0.58 eV 左右，从钙钛矿表面到金属电极之间几十纳米的距离内 I^- 浓度梯度高达 10^{26} $atom \cdot cm^{-3}$ [243,244]。因此，钙钛矿中的 I^- 易向金属电极扩散，导致钙钛矿层降解，电极和电荷传输层等遭到破坏。此外，Ag、Au 等元素从电极扩散到钙钛矿也是导致器件退化的另一重要因素。为了解决这些问题，大量的工作通过引入阻挡层以阻碍离子移动，同时还能起到阻挡外界水和氧气侵蚀的作用。化学气相沉积法制备的石墨烯 (CVD-G) 被作为 spiro-OMeTAD 和金属电极之间的界面层[241,245]，有效地阻止钙钛矿层在水和氧气存在下的降解，并抑制金属原子从电极向钙钛矿层移动。由此，该器件在 45%RH 的空气中老化 96 h 后保持了初始 PCE 的 94%。Grätzel 团队用无机 HTL CuSCN 代替昂贵且不利于长期工作稳定性的 spiro-OMeTAD 或 PTAA，获得了 20.4%的 PCE [241]。该器件在 85 ℃ 的空气中在黑暗条件下 1000 h 后保持初始效率的 85%以上。然而，在电场下 CuSCN 易与 Au 电极发生反应。为了解决这个问题，他们在 CuSCN 和 Au 之间插入了还原氧化石墨烯 (RGO) 作为阻挡层，抑制两者发生反应，从而提高了器件的工作稳定性。优化后的器件在 60 ℃、标准太阳光照下，以 MPP 跟踪运行 1000 h 后保持了初始 PCE 的 95%以上。上述工作主要集中在离子移动对钙钛矿和电极的损伤。然而，直接连接钙钛矿层，并形成异质结构实现电荷提取的电荷传输层仍然受到卤素离子的破坏。电荷传输层易于与碘化物发生反应，从而影响电荷提取能力。因此，构建稳定结构来保护电荷传输材料非常重要。Han 团队设计并合成了一种氯离子修饰的氧化石墨烯 (Cl-GO)；相较于传统的氧化石墨烯 (GO) 而言，Cl-GO 在钙钛矿表面具有更为均匀的铺展性 (图 2-46(a)，(b))[246]。此外，由于 Cl-GO 和钙钛矿薄膜之间形成了强 Pb—O 和 Pb—Cl 键，从而获得了

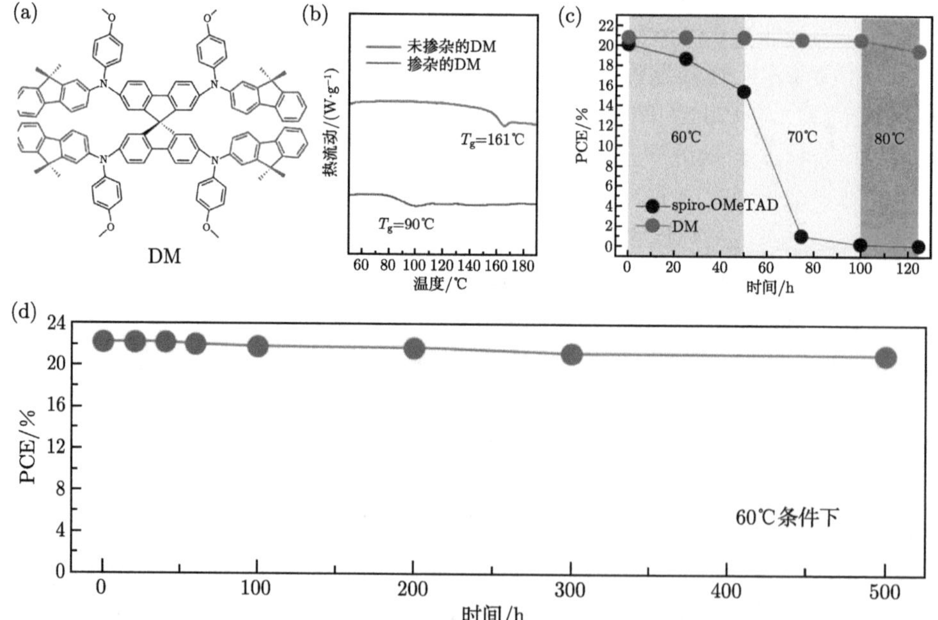

图 2-45　(a) DM 分子结构示意图；(b) 掺杂前后 DM 的差示扫描量热 (differential scanning calorimetry，DSC) 热分析图；(c) DM 及 spiro-OMeTAD 作为 HTL 的器件在不同温度下的效率变化；(d)DM 作为 HTL 的器件在黑暗条件的空气中以 60 ℃ 加热的稳定性测试曲线[239]

稳定的异质结构，极大地抑制了钙钛矿的分解和碘化物的迁移。根据 ToF-SIMS 结果，在 200 h 加速老化测试后，基于 Cl-GO 的器件电荷传输层中 I^- 信号强度显著低于基于 GO 的器件 (图 2-46(c)，(d))。基于这种稳定结构的器件在 60 ℃ 下以 MPP 跟踪运行 1000 h 后仍保持其初始 PCE 的 90%。除了碘化物迁移，其他离子也可能影响器件的稳定性，例如上述提到的 spiro-OMeTAD 中常用的添加剂 Li-TFSI 上的 Li^+ [247,248]。Liu 团队将 RGO 添加到 spiro-OMeTAD 中，可以阻止 Li^+ 迁移到表面并与水反应，也抑制了由 Li^+ 迁移引起的 spiro-OMeTAD/钙钛矿薄膜中针孔的形成，从而显著减少了水和氧气进入器件的通道，提高了器件的稳定性 [249]。

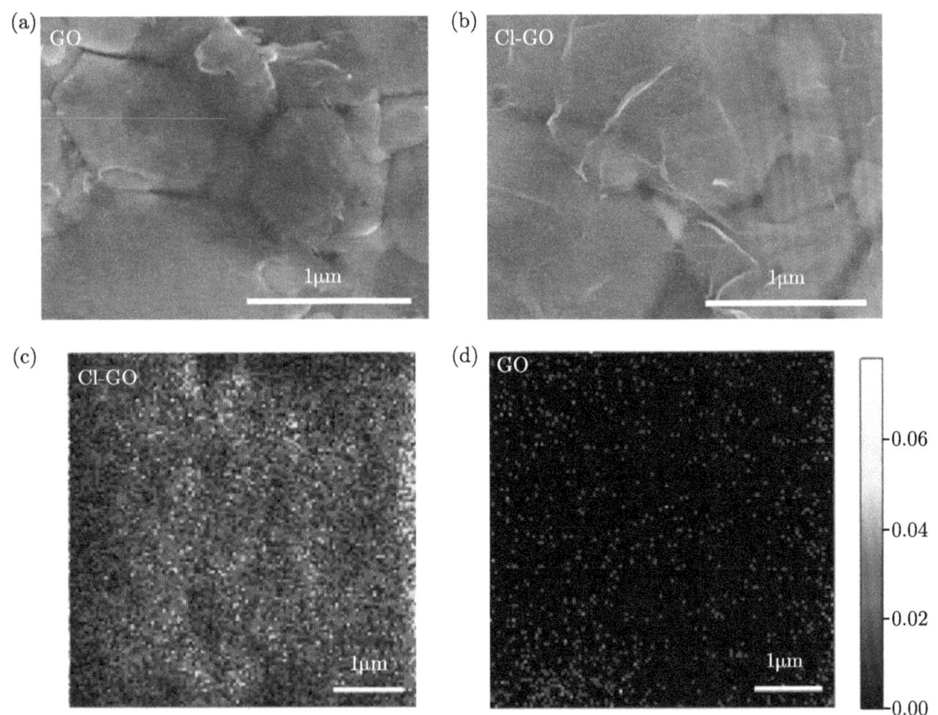

图 2-46　(a) GO 和 (b)Cl-GO 覆盖的钙钛矿表面 SEM 图像；(c) 钙钛矿/spiro-OMeTAD 和 (d) 钙钛矿/Cl-GO/spiro-OMeTAD 结构的 HTL 中 I^- 的 ToF-SIMS 信号图像 [246]

Au 是高效稳定器件中最常用的电极 [250]。然而，生命周期评估 (life cycle assessment，LCA) 研究发现，使用 Au 电极的能量回收时间非常长。在一些研究中，Ag 虽然也被用作背电极，但其稳定性不如基于 Au 电极的器件 [251]。Ag 电极易与钙钛矿中迁移出的 I^- 发生反应生成 AgI，从而难以实现长期稳定的器件 [248]。Huang 团队发现，在 80 ℃ 下退火处理 100 h 后，Cu 与直接接触的 $MAPbI_3$ 并不会发生任何化学反应，电荷陷阱态在连续退火或光照下保持恒定[252]。以 Cu 作为电极的器件获得了超过 20%的 PCE，在 25 ℃、55%RH 的环境中储存 816 h 后仍保持初始 PCE 的 98%。然而，金属电极材料基于高温真空蒸发工艺，其复杂沉积工艺及高真空度要求增加了器件的制备成本，并且高温条件可能会破坏钙钛矿晶格结构。此外，金属电极透光率低，难以实现半透明钙钛矿太阳电池，限制了其在叠层电池、可穿戴电子设备和光伏窗帘等方面的应用。石墨烯材料具有良好的导电性、高透光度以及化学惰性，是制备高效稳定电极的潜在候选者。2015 年，Yan 团队首次将石墨烯作为透明电极用于钙钛矿太阳电池中，他们用 PMMA/PDMS 作为载体将 CVD-G 组装在器件顶部[253]。作为顶电极的双层石墨烯透光度达到 90%以上，当光从 FTO 侧入射时器件效率达到 12.37%，且从石墨烯面入射时器件的绝对效率损失不到 3%。Grätzel 提出了一种基于石墨烯的可拆卸模块化器件，其任何部分都可以回收或更换以节省成本[254]。模块化器件可分为半电池 A(FTO/SnO_2/钙钛矿/spiro-OMeTAD) 和电荷收集器 B(FTO/石墨烯)。通过在低压下堆叠电荷收集器 B 和半电池 A 来组装模块化器件，模块化装置的制备过程如图 2-47(a) 所示。由于石墨烯具有良好的机械延展性，当半电池 A 和电荷收集器 B 反复组装和分离时，模块化器件的效率几乎不会受到影响 (图 2-47(b))。石墨烯的疏水特性和模块化结构可以有效地阻碍水分子的进入。另一方面，石墨烯结构中的碳原子通过强共价键连接，具有良好的化学稳固性和惰性。得益于此，基于石墨烯的模块化器件相对于传统 Au 电极器件的湿、热稳定性得到显著提升，在 40%~80%RH 的空气下以 85 ℃ 加热老化 1000 h 后，器件仍保持初始 PCE 的 90%以上 (图 2-47(c))。近期，Han 团队设计了一种原位生长的双面石墨烯铜镍 (Cu-Ni) 合金稳定复合电极 (CNG)[255]。Cu 与 Ni 的合金化提高了其电化学稳定性而不影响电性能，并且通过简单地改变 Ni 的含量就可以使 Cu-Ni 合金的 WF 适用于正式钙钛矿太阳电池。另一方面，Cu-Ni 合金是通过 CVD 制备双面高质量石墨烯的理想基材。这种原位生长的石墨烯起到天然屏障的作用，大大增强了 Cu-Ni 合金的稳定性，因为外层石墨烯可以阻挡水和氧气的侵蚀，而内层石墨烯可以抑制由光和热引起的钙钛矿组分或金属原子迁移 (图 2-47(d)，(e))。复合电极在热塑性共聚物的辅助下热压在半器件上，确保了半器件和电极界面处的有效电荷收集。由此产生的活性面积为 0.09 cm^2 和 1.02 cm^2 的器件分别实现了 24.34%和 20.76%(认证为 20.86%) 的 PCE。基于稳定的复合电极，这些器件在 85 ℃ 和 85%RH 条件下经过 1440 h 后仍保持其初始 PCE 的 97%，并且封装的器件在标准太阳光照射下以 MPP 连续运行 5000 h 后保持了初始 PCE 的 95% (图 2-47(f))。

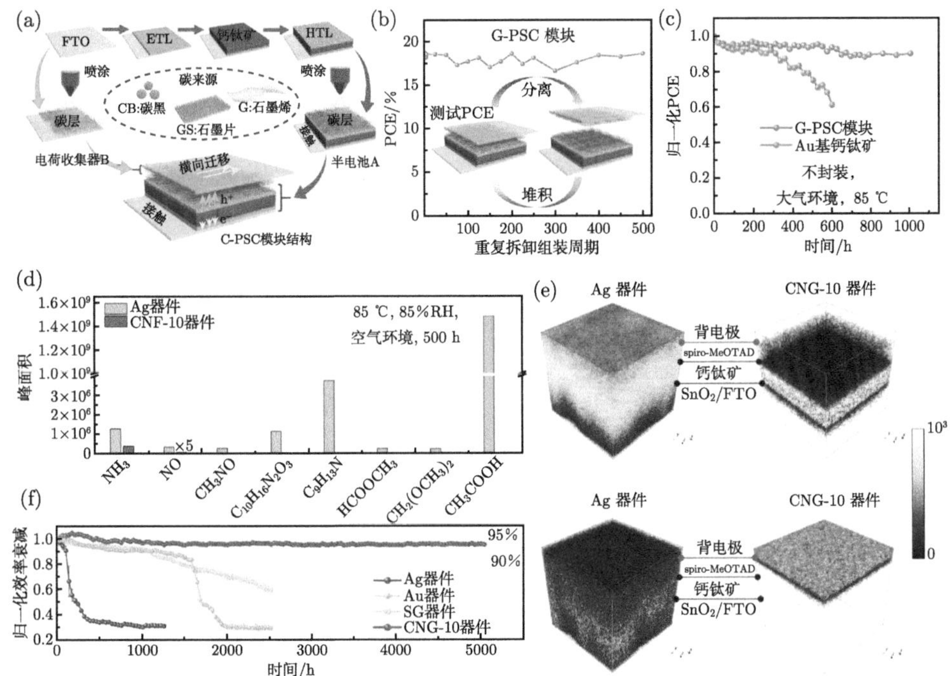

图 2-47 (a) 模块化器件制备过程，插图中的三种碳材料为炭黑 (CB)、石墨烯 (G)、石墨片 (GS)；(b) 模块化器件的效率在多次组装和拆卸测试的效率变化，插图是重复组装和拆卸实验的示意图；(c) 未封装的模块化器件和 Au 电极器件在 40%～80%RH，85 ℃ 的空气下的稳定性测试曲线 [254]；(d) 老化的 Ag 和 CNG-10 器件的产物的气相色谱–质谱峰面积；(e) 老化的 Ag 和 CNG-10 器件中 I^- (上)、Ag^- (左下) 和 Cu^- (右下) ToF-SIMS 信号的空间分布；(f) 封装的 Ag、Au、SG 和 CNG-10 器件在标准太阳光照下以 MPP 运行的稳定性测试曲线，其中 SG 为喷涂石墨烯，CNG-10 为双面原位生长单层石墨烯的 Cu-Ni 复合电极 [255]

2.5 PSC 大面积化技术

高效率、低成本和高稳定性是光伏器件最终实现商业化的黄金三角，但是这必须建立在大面积模块组件的制备这一基础上。目前，认证效率超过 25%的高效率器件其活性面积都小于 0.1 cm^2，且随着活性面积的增大，PSC 的 PCE 显著下降 (图 2-48(a))[120]，这主要是因为在大面积上各功能层的不均匀沉积。其中，钙钛矿薄膜的大面积均匀沉积是最为重要也最具挑战的部分。虽然旋涂法广泛地应用于 PSC 的实验室制备，但是由于材料的利用率低且在大面积上难以涂布均匀，不适用于钙钛矿模块的大规模生产。因此，研究人员引入了各种可大面积化的沉积方法以制备高质量的大面积 PSC，主要包括刮涂法 (blade coating)、狭缝涂布法 (slot-die coating)、棒涂法 (bar coating)、喷涂法 (spray coating) 以及喷墨印

刷法 (inkjet printing) 等。

2.5.1 刮涂法/棒涂法

刮涂法和棒涂法都是弯月面涂布。“弯月面”是指在涂布溶液的过程中形成弯月形状。由于其加工速度快、原材料利用率高等优势，刮涂法和棒涂法被广泛应用于大面积薄膜制备 [256]。刮涂法和棒涂法分别用刮刀和圆柱形线棒在基板上以合适的速度移动，在基板和涂布工具之间形成弯月面形状 (图 2-48(b)，(c))[256,257]。弯月面边缘的蒸发速度较快，导致边缘处最先出现饱和相，诱导钙钛矿溶质在弯月面边缘形核并生长成晶体 (图 2-48(d))[258]。

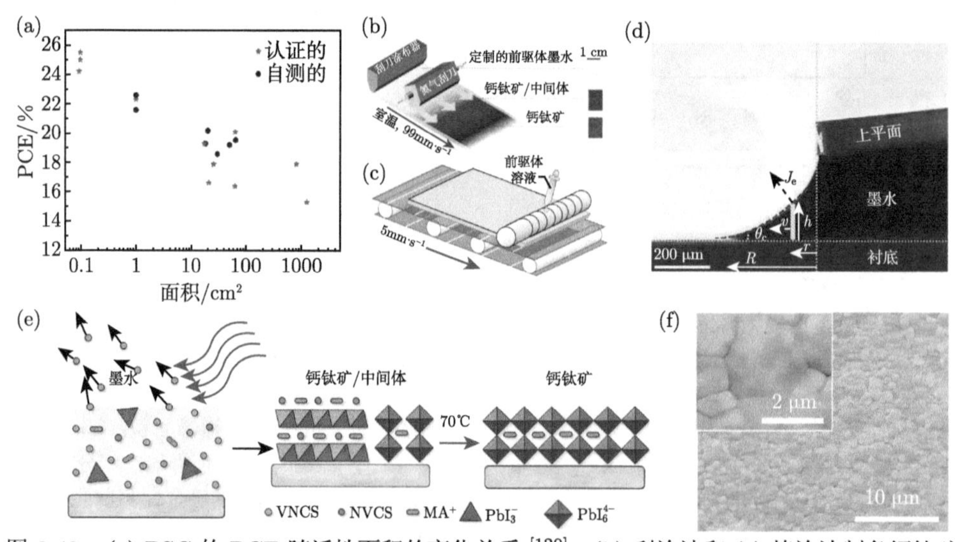

图 2-48 (a) PSC 的 PCE 随活性面积的变化关系 [120]；(b) 刮涂法和 (c) 棒涂法制备钙钛矿薄膜示意图 [256,257]；(d) 下基板和涂布工具之间溶液形成弯月面的侧视光学显微照片 [258]；(e) 挥发性非配位溶剂和非挥发性配位溶剂共同作用下的钙钛矿薄膜形成过程；(f) 所生产的钙钛矿薄膜 SEM 图像 [256]

相比于旋涂法，刮涂法或棒涂法制备钙钛矿薄膜过程中溶剂挥发速度慢，所制得的钙钛矿薄膜晶粒尺寸大但致密性差。因此，在制备过程中需要精确控制涂布工具的移动速度、衬底温度，以及涂布工具与衬底之间的距离等参数，以制备出高质量的大面积钙钛矿薄膜。2016 年，Mohite 团队探究基于刮涂法制备高结晶度、高均匀性的钙钛矿薄膜所需的物理条件，主要包括衬底温度、溶液体积和刀片速度 [259]。

对于刮涂法制备钙钛矿薄膜，室温下的刮刀移动速度过快会导致钙钛矿前驱体溶液的干燥过程变慢，所制得的钙钛矿薄膜结晶度低，晶粒尺寸小且缺陷密度高。因此，研究常采用较慢的刮刀移动速度，然而高配位数的有机溶剂 (例如 DMF、

DMSO 等) 对 Pb^{2+} 的配位能力强且不易挥发，使得在室温下难以得到致密光滑的钙钛矿薄膜。为此，Huang 团队使用挥发性非配位溶剂 (VNCS，如 DMF、DMSO 等) 和非挥发性配位溶剂 (NVCS，如 2-甲氧基乙醇 (2-methoxyethanol，2-ME)、GBL、ACN 等) 混合溶剂制备钙钛矿前驱体溶液 [256]。挥发性非配位溶剂在涂布过程中迅速蒸发，有利于形成平整光滑的钙钛矿薄膜。然而，基于单纯的挥发性非配位溶剂所形成的钙钛矿晶粒尺寸较小，且不利于与衬底形成良好的界面接触。鉴于此，通过引入 2%的非挥发性配位溶剂，利用其与 Pb^{2+} 之间的强键合作用形成固态中间相，在退火过程中缓慢释放，为钙钛矿晶粒长大和衬底形成良好界面接触提供更加充分的时间和更低的能垒 (图 2-48(e))。最终，基于该溶剂体系，刮涂法以前所未有的 99 $mm{\cdot}s^{-1}$ 的刮涂速度制备了 63.7 cm^2 的大面积高质量钙钛矿薄膜，晶粒尺寸达到 1~2 μm(图 2-48(f))，相应的 PSC 模块还获得了 16.4%的认证 PCE。

2.5.2 狭缝涂布法

与刮涂法、棒涂法类似，狭缝涂布法亦属于弯月面涂布，不同之处在于所用的涂布工具不同。如图 2-49(a) 所示，钙钛矿前驱体墨水被存储在储液泵中, 并通过控制系统设定参数将其均匀地从狭缝涂布头中连续挤压到衬底上以形成均匀、连续的钙钛矿液膜 [260]。狭缝涂布法是无接触式的液膜制备过程，因此可以避免由衬底不平整而导致的涂布头与衬底刮擦的弊端。另外，该方法可通过系统参数设定来精确控制钙钛矿液膜相关参数，且钙钛矿前驱体溶液存储在密闭储液罐中，使其相比于刮涂法和棒涂法具有更高的重现性。可以想象的是，为了获得高质量的钙钛矿薄膜，狭缝涂布法需要控制钙钛矿前驱体墨水黏度、涂布头的移动速度以及墨水的流速等因素，增加了制备工艺的复杂性。2015 年，Vak 团队首次用带有 N_2 气体淬火处理的狭缝涂布机制备无针孔的 PbI_2 薄膜，再将其浸入 MAI 溶

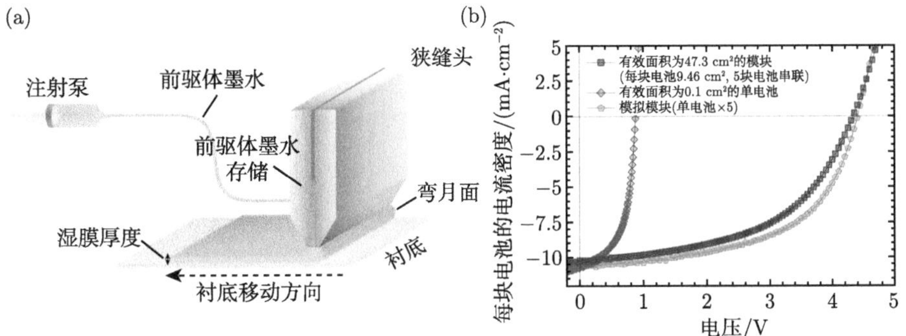

图 2-49 (a) 狭缝涂布工艺示意图 [260]；(b) 具有 47.3 cm^2 活性面积的模块和具有 0.1 cm^2 活性面积电池的 J-V 曲线 [261]

液中获得 $MAPbI_3$ 钙钛矿薄膜 [261]。经该方法制备的器件在 0.1 cm^2 和 47.3 cm^2 上分别获得 11.96%和 4.57%的 PCE (图 2-49(b))。2018 年，Galagan 团队在 6 英寸 × 6 英寸玻璃/ITO 基板上开发了片对片 (sheet to sheet，S2S) 狭缝涂布工艺，用于制备钙钛矿层和 spiro-OMeTAD HTL [262]。使用该工艺所制备的 PSC 模块在 149.5 cm^2 和 168.75 cm^2 上分别实现了 11.8%和 11.1%的 PCE。虽然狭缝涂布法是一种成熟的可大面积化的薄膜沉积方法，但是仍需进一步改进以获得均匀、高结晶度的薄膜。因此，未来需要对流体动力学和狭缝设计进行更系统的研究。

2.5.3　喷涂法

在喷涂法中，喷嘴在一定温度下将前驱体溶液的微小液滴喷射到预热的基板上。喷涂法制备温度低且易于放大薄膜尺寸，因此被广泛地应用于制备大面积钙钛矿薄膜、c-TiO_2ETL 等各功能层。此外，喷涂工艺对于前驱体溶液的浓度要求低于弯月面涂布方法，这进一步提高了材料的利用率。喷涂过程主要可以分为液滴形成、液滴在基板上的传输、液滴聚集成湿膜，以及干燥成膜等四个过程 [263]。根据液滴形成方式的不同，喷涂工艺主要有超声波喷涂和气动喷涂两种 (图 2-50(a)，(b))[264,265]。2014 年，Lidzey 团队报道了一种超声喷涂法制备 $MAPb_{3-x}Cl_x$ 钙钛矿薄膜 [266]。在优化衬底温度、溶剂挥发性以及退火工艺后，获得了表面覆盖率高于 85%的致密钙钛矿薄膜，使得相应器件实现了 11%的 PCE。2016 年，Im 团队利用气动喷涂法，通过控制喷涂过程中钙钛矿前驱体的溶剂组成以及薄膜的再溶解和晶粒长大，从而制备了 10 cm × 10 cm 的钙钛矿薄膜 [265]。经该喷涂技术所制备的活性面积为 40 cm^2 的模块实现了 15.5%的 PCE(图 2-50(c))。与上述弯月面的沉积方法类似，必须严格控制喷涂过程中的液滴大小、喷嘴与基板距离以及基板温度等参数，从而获得致密的高质量薄膜。此外，通过喷嘴设计和对前驱体溶液性质的调控以进一步控制液滴移动，这也具有重要意义。

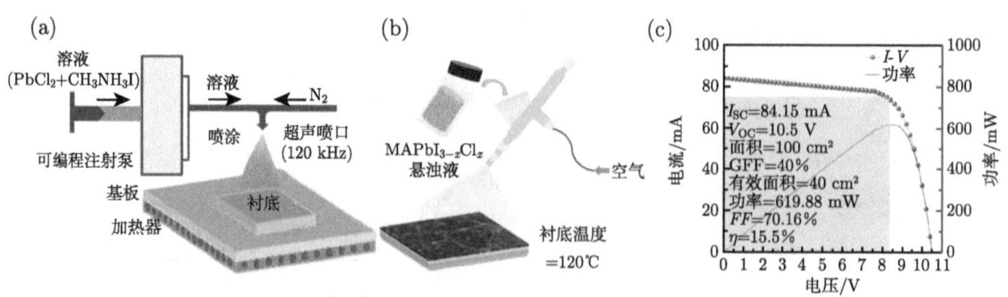

图 2-50　(a) 超声喷涂示意图 [264]；(b) 气动喷涂示意图；(c) 气动喷涂法制备的活性面积为 40 cm^2 的模块 I-V 曲线 [265]

2.5.4 喷墨印刷法

喷墨印刷是一种数字印刷技术，其通过精确控制液滴大小和轨迹，实现精确的图案化功能并且表现出极高的材料利用率。目前，根据墨滴的产生方式，喷墨打印分为连续喷墨打印 (continuous inkjet printing，CIP) 和按需喷墨打印 (drop-on-demand inkjet printing，DOD)(图 2-51(a)，(b))[267]。其中，DOD 因对材料的利用率更高而使用更加广泛。2018 年，Song 团队研究了前驱体墨水的工程设计，并通过喷墨打印实现了大型实验室 PSC 制备 [268]。他们首先研究了 mp-TiO_2 衬底上的液滴润湿性和前驱体墨水的物理特性，并调整两步法中 PbI_2 前驱体油墨的溶剂组成。相比旋涂法，研究人员通过喷墨打印法获得了更均匀的大面积 PbI_2 薄膜。随后，该团队进一步引入真空辅助退火处理并优化溶剂组成，改善了喷墨打印的钙钛矿结晶质量，并在 0.04 cm^2 上获得了 17.04%的 PCE[269]。2020 年，该团队又提出了一种由 NMP/DMF 和 PbX_2·DMSO(X=Br，I) 配合物组成的混合阳离子油墨体系 (图 2-51(c))[270]。NMP 延缓了钙钛矿的结晶速率，所获得的钙钛矿薄膜大晶粒尺寸超过 500 nm 并表现出高均匀性。基于该方法制备出的 1.01 cm^2、2.02 cm^2 和 4.04 cm^2 的器件分别获得 17.9%、15.8%和 14.5%的 PCE。此外，松下公司采用喷墨印刷法制备了世界上最大的 (活性面积为 804 cm^2) PSC 模块，并实现了 17.9%的 PCE[271]。除了用于打印钙钛矿薄膜外，喷墨打印也被用于打印各种电荷传输层。例如，Nüesch 团队用喷墨打印制备了介孔钙钛矿器件，除 HTL 外，其他功能层均是采用喷墨打印制备的，包括 mp-TiO_2、c-TiO_2、mp-ZrO_2 和钙钛矿层 [272]，基于此，活性面积为 1.5 cm^2 的器件获得了 9.1%的 PCE。

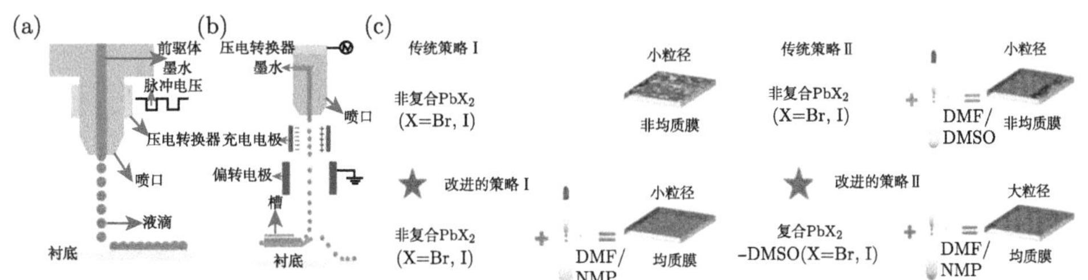

图 2-51 (a) 按需喷墨打印示意图；(b) 连续喷墨打印示意图 [267]；(c) NMP/DMF 溶剂调控下的喷墨打印制备大晶粒钙钛矿薄膜过程 [270]

为了获得高性能、高稳定性的 PSC，喷墨打印技术仍需要克服诸多挑战。例如，由于喷墨打印与萃取步骤 (例如，反溶剂工艺和氮气辅助工艺) 不匹配，则需要对仪器进行优化设计或开发无需萃取步骤就能获得高质量钙钛矿膜的钙钛矿油墨。此外，打印头的材料需要进行改进，以提高喷墨打印机的耐用性。

2.5.5　丝网印刷法

丝网印刷法中，浆料经过纤维或者钢网制成的图案化筛网中的开口，在刮板施压下固定于基底上。丝网印刷薄膜的厚度由网尺寸、网孔厚度以及浆料的材料比决定。丝网印刷主要来源于染料敏化太阳电池领域 [273]。在钙钛矿太阳电池领域通常用于制备碳电极或介孔层 [274,275]。近期，Huang 团队将丝网印刷直接用于沉积钙钛矿层，通过由甲基乙酸胺离子液体溶剂制成的稳定且黏度可调 (40～44000 cP) 的钙钛矿油墨，实现了对不同钙钛矿薄膜厚度 (从约 120 nm 到约 1200 nm)、面积 (从 0.5 cm×0.5 cm 到 5 cm×5 cm) 和不同基板上的图案控制 (图 2-52(a), (b))[276]。他们在环境空气中使用这种沉积方法而不受湿度影响，获得了 20.52% (0.05 cm^2) 和 18.12%(1 cm^2) 的最佳效率。最值得注意的是，他们成功地在环境空气中使用一台机器制备全丝网印刷器件，相应的器件在 0.05 cm^2、1.00 cm^2 和 16.37 cm^2(小模块) 面积上分别表现出 14.98%、13.53%和 11.80%的高 PCE，并且器件经 MPP 运行 300 h 后仍保持初始效率的 96.75%。

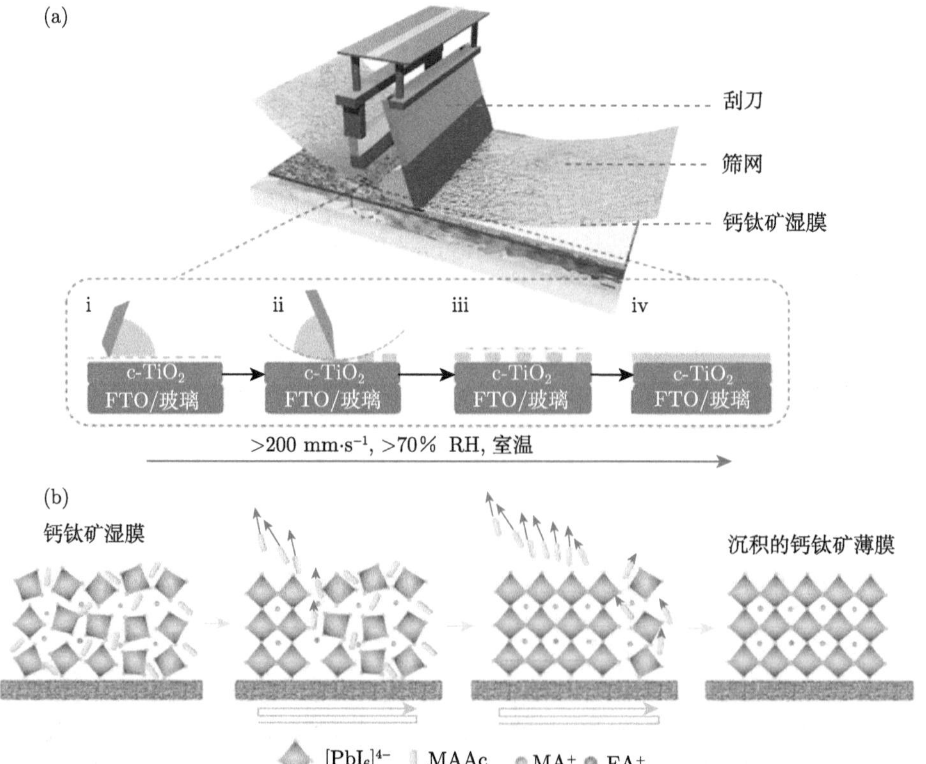

图 2-52　(a) 通过丝网印刷工艺形成钙钛矿薄膜的转移/整平程序示意图；(b) 钙钛矿薄膜的热退火沉积示意图 [276]

2.5.6 其他方法

除了基于溶液法的沉积方法以外，基于气相的沉积方法也被用于制备大面积的钙钛矿太阳电池。Fan 团队报道了一种简便、高效和可重复的单源热蒸发法，制备出了均匀致密、孔隙少、结晶度高的大面积 (10 cm × 10 cm) 钙钛矿薄膜 [277]。然而，该器件的 PCE 仅为 7.73%。Johnston 团队用双源共蒸法在大面积 (8 cm × 8 cm) 上沉积均匀的 $FAPbI_3$ 基钙钛矿薄膜 (图 2-53(a))[278]。该方法能够实现对薄厚的精确控制，并且所制备的薄膜表现出高载流子迁移率 ($26\ cm^2{\cdot}V^{-1}{\cdot}s^{-1}$)、低双分子复合常数 ($7\times10^{-11}\ cm^3{\cdot}s^{-1}$) 和优异的光学性能，相应的器件获得了 14.2%的稳态 PCE。然而，与单源热蒸发法相比，该方法更难形成具有理想化学计量的钙钛矿薄膜。更重要的是，对于制备更大面积的薄膜，该方法制备的薄膜的均匀性仍面临巨大挑战。除了蒸发沉积方法，Han 团队通过对胺络合物施加压力使其快速转变为钙钛矿薄膜的加工方法 (图 2-53(b))[279]。该方法所沉积的钙钛矿薄膜高度均匀且无针孔。重要的是，这种沉积方法可以在低温下的空气环境中进行，有利于大面积钙钛矿器件的制备。基于该方法制备的孔径面积为 36.1 cm^2 的钙钛矿太阳模块实现了 12.1%的认证 PCE。Grätzel 团队设计了一种简单的真空闪蒸辅助溶液处理方法，以在大面积上获得具有高电子质量、高光滑度和高结晶度的钙钛矿薄膜 (图 2-53(c))[280]。基于此，他们制备的孔径面积超过 1 cm^2 的器件获得了 19.6%的认证 PCE。

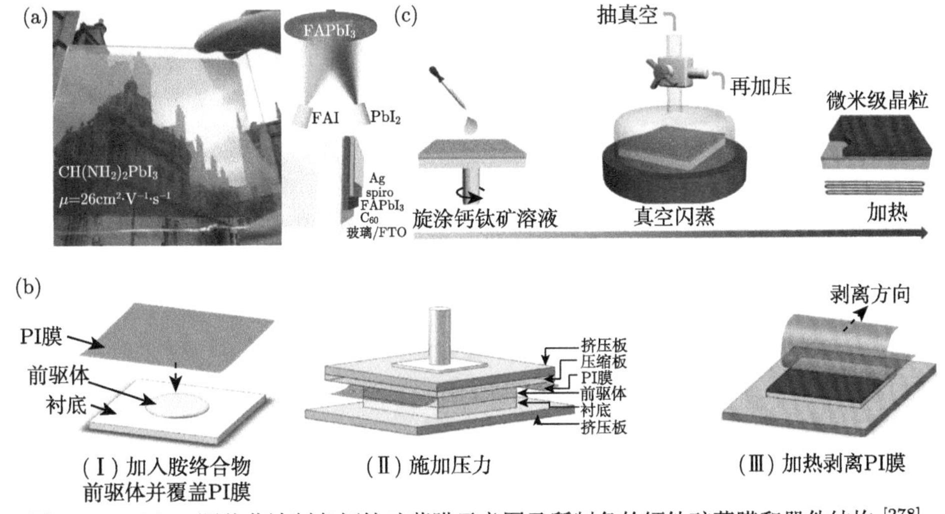

图 2-53 (a) 双源共蒸法制备钙钛矿薄膜示意图及所制备的钙钛矿薄膜和器件结构 [278]；(b) 压力加工方法的步骤 [279]；(c) 通过真空闪蒸辅助溶液处理形成钙钛矿薄膜过程中的成核和结晶过程示意图 [280]

2.6　PSC 产业化及应用前景

2.6.1　PSC 产业化发展

近年来，国内多家能源电力集团都在积极推动钙钛矿产业布局，如国家电网有限公司、中国华能集团有限公司、中国长江三峡集团有限公司以及中国华电集团有限公司等。国内的一些民营企业也在如火如荼地开展钙钛矿产业化技术研究，如杭州纤纳光电科技有限公司、无锡极电光能科技有限公司、杭州众能光电科技有限公司、苏州协鑫纳米科技有限公司、湖北万度光能有限责任公司和仁烁光能(苏州) 有限公司等。此外，英国的牛津光伏公司、荷兰的 Solliance 公司以及日本松下公司等外国公司都在钙钛矿产业化方面取得一定成果。

中国华能集团清洁能源技术研究院有限公司研制出了面积约 1 m^2，峰值功率大于 115.9 Wp 的钙钛矿光伏组件，建设了钙钛矿太阳电池屋顶多元互证示范系统，总接入功率达到 400 Wp 以上。昆山协鑫光电材料有限公司建成 10 MWp 级别的大面积钙钛矿组件中试产线，尺寸为 45 cm × 65 cm 的组件 PCE 达到 15.3% (图 2-54(a)，(b))。无锡极电光能科技有限公司制备的 64 cm^2 钙钛矿组件稳态输出效率 (stabilized power output，SPO) 达到 20.1%。而后，该企业 756 cm^2 的大尺寸组件获得了 18.2%的认证 PCE。目前正在建设 150 MWp 钙钛矿光伏中试线项目。此外，该企业的钙钛矿幕墙系列产品在保证 16%以上 PCE 的前提下，仍有 10%以上的透光率 (图 2-54(c)，(d))。杭州纤纳光电科技有限公司近期在面积为 19.32 cm^2 的钙钛矿小组件获得了 21.4%的 SPO。2019 年，该公司还获得了钙钛矿组件稳定性认证，具备了薄膜光伏组件进入市场前的准入条件，钙钛矿组件满足 25 年使用寿命要求。2020 年，该公司的钙钛矿组件按照 IEC 61215:2016 标准中三项环境老化测试标准老化后的 PCE 均与初始值相当。这三项环境老化测试标准分别为 1000 h 的光衰老化实验 (在 1 个标准太阳光辐照度下，组件老化温度为 70 ℃)、3000 h 的湿热老化实验以及 100 kW·h 紫外老化实验。湖北万度光能有限责任公司实现了 110 m^2 印刷介观钙钛矿光伏发电系统 (图 2-54(e))，器件在 (55 ± 5) ℃ 下以 MPP 运行 9000 h 后依然没有明显衰减。杭州众能光电科技有限公司已于 2019 年建成 10 kWp 级大面积钙钛矿太阳能器件中试平台，可快速进行工艺优化和迭代，并于 2020 年进入了 100 kWp 以上级小规模量产。深圳黑晶光电技术有限公司专注于高效叠层太阳电池研发，其两端 (2-T) 串联型钙钛矿/PERC 叠层电池效率已突破 26%。荷兰的 Solliance 公司实现了四端 (4-T) 钙钛矿/硅异质结叠层太阳电池 29.2%的认证效率。南京大学团队制备的钙钛矿/钙钛矿叠层太阳电池实现了 29.0%的认证效率，超过单晶硅电池最高效率，该项技术的产业化由致力于大面积钙钛矿叠层电池的研发和制造的仁烁光能 (苏州) 有限公司承接。

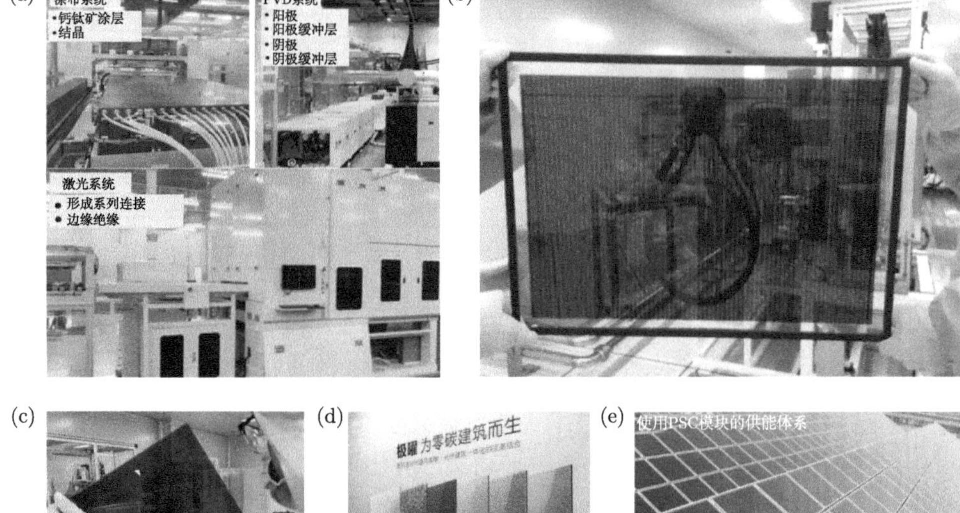

图 2-54 (a) 协鑫光电的钙钛矿器件制造设备；(b) 协鑫光电生产的钙钛矿组件；(c) 极电光能研发的钙钛矿组件；(d) 极电光能“极曜”系列 BIPV 产品；(e) 万度光能的 110 m^2 印刷介观钙钛矿光伏发电系统

2.6.2 PSC 应用前景及展望

基于高的功率比质量及可柔性化等特点，PSC 成为平流层飞艇、无人机等飞行器的潜在能源供给选择。特别地，近年来各种飞行器向着小型化、纯电驱动、个性化的方向发展，这对能源供给系统的比能量和柔性化程度等提出了更高的要求。高效的单结钙钛矿电池和钙钛矿叠层太阳电池在这些方面具有显著优势，其研发也受到了科研单位及企业的广泛重视。

由于 PSC 可实现基于柔性衬底的低温制备，从而在智能可穿戴电子设备上的应用具有独特优势，可以无需其他黏合材料而直接实现与需要供电的设备的紧密贴合。更为重要的是，柔性钙钛矿太阳电池经过反复弯曲测试后可以保持较高的初始效率，因此可以作为日常可穿戴设备 (如智能衣物、智能手表、智能眼镜等) 的能源供给。同时，柔性 PSC 也可集成于军用装备上，如通信设备、武器、手表、背包等。

随着光伏发电的发展，其应用领域不再局限于传统形式，而逐渐向特殊场景方向发展。将光伏发电技术应用在建筑幕墙、汽车用太阳贴膜等领域，不但可以充分利用建筑物和交通工具的纵向空间，无须占有额外空间，减少电流传输过程带来的能耗和费用，还能实现外观美化。钙钛矿太阳电池质量轻、厚度薄、柔性大、半透明，且能够通过组分调控而实现多种颜色，这使得其在 BIPV 上具有得天独厚的优势。此外，PSC 在航空航天领域也具有良好的应用潜力 [281]。日本航空航天研究所的研究表明，封装的 PSC 在 $-80\sim+100$ ℃ 的温度区间内表现出良好的热稳定性。值得注意的是，硅和 Ⅲ-V 族太阳电池在比自然空间条件高 10^7 倍的质子束强度照射下都会遭到破坏，而 PSC 仍表现出良好的稳定性。此外，在太空环境中，PSC 免受了环境中水、氧气的影响，从而具有更好的稳定性。慕尼黑科技大学已经将 PSC 连接在探空火箭上，进行亚轨道往返飞行 [282]。结果显示，PSC 经受住了发射和飞行时的极端条件，并在太空中成功地收集到阳光，这表明 PSC 在空间探测领域具有光明的应用前景。

随着 PSC 技术的发展，其技术优势日益突显，发展路线逐渐清晰，越来越多的企业和资本进入钙钛矿光伏领域中推动其产业化进程。可以预见，在能源结构调整、转型升级加快的大趋势下，钙钛矿太阳电池技术的发展将迎来历史性的机遇。下一步，PSC 的产业化发展应注重以下几点。

(1) 进一步提升电池效率。单结 PSC 的太阳能理论极限效率约 33%，且钙钛矿双结叠层太阳电池理论极限效率可达 40%以上，表明 PSC 的效率仍有较大的提升空间。例如，钙钛矿/硅异质结叠层电池能够更加合理地利用全光谱范围内的光子，减少能力损失，理论极限效率在 43%左右，是突破单结太阳电池效率极限的重要方法。不断提升电池效率，是降低发电成本、提高光利用率、实现电池规模化应用的技术基础，也是光伏行业永恒的追求。

(2) 增强电池的稳定性。鉴于 PSC 与生俱来的高效率、低成本优势，则 PSC 的长期工作稳定性问题是制约其产业化发展和电池技术应用的主要因素。例如，根据美国能源部 (DOE) 太阳能技术办公室 (SETO) 提出的 2030 年平准化电力成本 (LCOE) 达到 0.02 美元/(kW·h) 的目标，钙钛矿光伏的使用寿命必须达到 2 年以上 [283]。一方面，要深入研究钙钛矿电池老化机制，研发高效稳定的电池制备技术和封装技术，这是解决其本征及环境稳定性问题的重要手段；另一方面，建立基于 PSC 的性能和寿命的评测标准，并建设稳定性测试平台，为 PSC 的寿命预估及产业化提供可靠技术评估，这是 PSC 技术发展的必由之路。

(3) 优化规模化制备方法。溶液旋涂法是实验室制备 PSC 的常用方法。溶液旋涂工艺虽然具有操作简单、成膜速度快和重复性好等优势，但是无法满足 PSC 大规模商业化制备所需的大面积、低成本的要求。目前已经研发了刮涂法、狭缝涂布法等制备方法以改善大面积薄膜质量，但是大面积 PSC 效率与小面积器件仍然存在较大的差异。未来应继续研发和改进 PSC 的大面积涂布技术，发展适用于钙钛矿组件的大面积钝化技术，设计稳定高效且可实用的钙钛矿组件，这是实现钙钛矿光伏技术产业化的关键要素。探究实验室开发的钝化等关键技术的产业化可能性，将是实现钙钛矿高效组件的关键。此外，研发光伏组件制备的配套设备和关键装置，以保证规模化生产的可靠性，是其产业化的重要技术保证。

(4) 提高产量及重现性。钙钛矿光伏组件商业化必须克服的最后一个主要技术障碍是实现足够高的产量和效率重现性。然而，在 PSC 的工艺窗口期，薄膜沉积过程中环境温度的微小波动、前驱体中摩尔比的细微变化以及前驱体油墨储存时间等都会显著影响器件效率。考虑成本效益的沉积工艺需要对沉积工具条件、沉积环境、前驱体成分等具有一定容忍度。未来在开发和改善 PSC 的制备工艺以及研发相关设备的过程中，应充分考虑高通量生产过程中的工艺灵活性。

(5) 大型电站示范。钙钛矿光伏技术的商业化应用依赖发电应用的验证。因此，需要依托钙钛矿组件的规模化制备技术及产线设备，建设兆瓦级钙钛矿光伏发电示范电站，再通过对系统进行数据采集和发电性能分析，积累电站运行、并网、维护等方面的实际管理经验，从而指导钙钛矿光伏产业技术的进一步迭代升级。

参 考 文 献

[1] Mitzi D B, Feild C A, Harrison W T A, et al. Conducting tin halides with a layered organic-based perovskite structure[J]. Nature, 1994, 369: 467-469.

[2] Zarick H F, Soetan N, Erwin W R, et al. Mixed halide hybrid perovskites: A paradigm shift in photovoltaics[J]. J. Mater. Chem. A, 2018, 6: 5507-5537.

[3] Jeon N J, Noh J H, Yang W S, et al. Compositional engineering of perovskite materials for high-performance solar cells[J]. Nature, 2015, 517: 476-480.

[4] Lee J W, Kim D H, Kim H S, et al. Formamidinium and cesium hybridization for photo- and moisture-stable perovskite solar cell[J]. Adv. Energy Mater., 2015, 5: 1501310.

[5] Feng H J, Paudel T R, Tsymbal E Y, et al. Tunable optical properties and charge separation in $CH_3NH_3Sn_xPb_{1-x}I_3/TiO_2$-based planar perovskites cells[J]. J. Am. Chem. Soc., 2015, 137: 8227-8236.

[6] Green M A, Ho-Baillie A, Snaith H J. The emergence of perovskite solar cells[J]. Nat. Photonics, 2014, 8: 506-514.

[7] Goyal A, McKechnie S, Pashov D, et al. Origin of pronounced nonlinear band gap behavior in lead-tin hybrid perovskite alloys [J]. Chem. Mater., 2018, 30: 3920-3928.

[8] Hoke E T, Slotcavage D J, Dohner E R, et al. Reversible photo-induced trap formation in mixed-halide hybrid perovskites for photovoltaics[J]. Chem. Sci., 2015, 6: 613-617.

[9] Eperon G E, Stranks S D, Menelaou C, et al. Formamidinium lead trihalide: A broadly tunable perovskite for efficient planar heterojunction solar cells[J]. Energy Environ. Sci., 2014, 7: 982-988.

[10] Stranks S D, Eperon G E, Grancini G, et al. Electron-hole diffusion lengths exceeding 1 micrometer in an organometal trihalide perovskite absorber[J]. Science, 2013, 342:

341-344.

[11] Xing G, Mathews N, Sun S, et al. Long-range balanced electron- and hole-transport lengths in organic-inorganic $CH_3NH_3PbI_3$[J]. Science, 2013, 342: 344-347.

[12] Dong Q F, Fang Y J, Shao Y C, et al. Electron-hole diffusion lengths > 175 μm in solution-grown $CH_3NH_3PbI_3$ single crystals[J]. Science, 2015, 347: 967-970.

[13] Lee M M, Teuscher J, Miyasaka T, et al. Efficient hybrid solar cells based on meso-superstructured organometal halide perovskites[J]. Science, 2012, 338: 643-647.

[14] Xiao M D, Huang F Z, Huang W C, et al. A fast deposition-crystallization procedure for highly efficient lead iodide perovskite thin-film solar cells[J]. Angew. Chem. Int. Ed., 2014, 53: 9898-9903.

[15] Giorgi G, Fujisawa J I, Segawa H, et al. Small photocarrier effective masses featuring ambipolar transport in methylammonium lead iodide perovskite: A density functional analysis[J]. J. Phys. Chem. Lett., 2013, 4: 4213-4216.

[16] Jeon N J, Noh J H, Kim Y C, et al. Solvent engineering for high-performance inorganic-organic hybrid perovskite solar cells[J]. Nat. Mater., 2014, 13: 897-903.

[17] Im J H, Jang I H, Pellet N, et al. Growth of $CH_3NH_3PbI_3$ cuboids with controlled size for high-efficiency perovskite solar cells[J]. Nat. Nanotechnol., 2014, 9: 927-932.

[18] Zhou Y, Yang M, Vasiliev A L, et al. Growth control of compact $CH_3NH_3PbI_3$ thin films via enhanced solid-state precursor reaction for efficient planar perovskite solar cells[J]. J. Mater. Chem. A, 2015, 3: 9249-9256.

[19] Hu Q, Wu J, Jiang C, et al. Engineering of electron-selective contact for perovskite solar cells with efficiency exceeding 15%[J]. ACS Nano, 2014, 8: 10161-10167.

[20] Zhao Y, Zhu K. Three-step sequential solution deposition of PbI_2-free $CH_3NH_3PbI_3$ perovskite[J]. J. Mater. Chem. A, 2015, 3: 9086-9091.

[21] Liu M, Johnston M B, Snaith H J. Efficient planar heterojunction perovskite solar cells by vapour deposition[J]. Nature, 2013, 501: 395-397.

[22] Chen Q, Zhou H, Hong Z, et al. Planar heterojunction perovskite solar cells via vapor-assisted solution process[J]. J. Am. Chem. Soc., 2014, 136: 622-625.

[23] Zhou F, Liu H, Wang X, et al. Fast and controllable electric-field-assisted reactive deposited stable and annealing-free perovskite toward applicable high-performance solar cells[J]. Adv. Funct. Mater., 2017, 27: 1606156.

[24] Kojima A, Teshima K, Shirai Y, et al. Organometal halide perovskites as visible-light sensitizers for photovoltaic cells[J]. J. Am. Chem. Soc., 2009, 131: 6050-6051.

[25] Jeng J Y, Chiang Y F, Lee M H, et al. $CH_3NH_3PbI_3$ perovskite/fullerene planar-heterojunction hybrid solar cells[J]. Adv. Mater., 2013, 25: 3727-3732.

[26] Zha W, Zhang L, Wen L, et al. Controllable formation of PbI_2 and PbI_2(DMSO) nano domains in perovskite films through precursor solvent engineering[J]. Acta Phys.-Chim. Sin., 2022, 38: 2003022.

[27] Ding B, Li Y, Huang S Y, et al. Material nucleation/growth competition tuning towards highly reproducible planar perovskite solar cells with efficiency exceeding 20%[J]. J.

Mater. Chem. A, 2017, 5: 6840-6848.

[28] Ng J, Xu S P, Zhang X W, et al. Hybridized nanowires and cubes: A novel architecture of a heterojunctioned $TiO_2/SrTiO_3$ thin film for efficient water splitting[J]. Adv. Funct. Mater., 2010, 20: 4287-4294.

[29] Seo Y H, Kim E C, Cho S P, et al. High-performance planar perovskite solar cells: Influence of solvent upon performance[J]. Appl. Mater. Today, 2017, 9: 598-604.

[30] Lee J W, Dai Z, Lee C, et al. Tuning molecular interactions for highly reproducible and efficient formamidinium perovskite solar cells via adduct approach[J]. J. Am. Chem. Soc., 2018, 140: 6317-6324.

[31] Ahn N, Son D Y, Jang I H, et al. Highly reproducible perovskite solar cells with average efficiency of 18.3%and best efficiency of 19.7%fabricated via Lewis base adduct of lead(Ⅱ) iodide[J]. J. Am. Chem. Soc., 2015, 137: 8696-8699.

[32] Hamill J C, Schwartz J, Loo Y L. Influence of solvent coordination on hybrid organic-inorganic perovskite formation[J]. ACS Energy Lett., 2018, 3: 92-97.

[33] Ng A, Ren Z, Hu H, et al. A cryogenic process for antisolvent-free high-performance perovskite solar cells[J]. Adv. Mater., 2018, 30: 1804402.

[34] Cao X, Zhi L, Li Y, et al. Fabrication of perovskite films with large columnar grains via solvent-mediated Ostwald ripening for efficient inverted perovskite solar cells[J]. ACS Appl. Energy Mater., 2018, 1: 868-875.

[35] Yang W S, Noh J H, Jeon N J, et al. High-performance photovoltaic perovskite layers fabricated through intramolecular exchange[J]. Science, 2015, 348: 1234-1237.

[36] Stamplecoskie K G, Manser J S, Kamat P V. Dual nature of the excited state in organic-inorganic lead halide perovskites[J]. Energy Environ. Sci., 2015, 8: 208-215.

[37] Sharenko A, Mackeen C, Jewell L, et al. Evolution of lodoplumbate complexes in methylammonium lead iodide perovskite precursor solutions[J]. Chem. Mater., 2017, 29: 1315-1320.

[38] Yan K Y, Long M Z, Zhang T K, et al. Hybrid halide perovskite solar cell precursors: Colloidal chemistry and coordination engineering behind device processing for high efficiency[J]. J. Am. Chem. Soc., 2015, 137: 4460-4468.

[39] Wang L G, Zhou H P, Hu J N, et al. A Eu^{3+}-Eu^{2+} ion redox shuttle imparts operational durability to Pb-I perovskite solar cells[J]. Science, 2019, 363: 265-270.

[40] Zhang H J, Hou M H, Xia Y D, et al. Synergistic effect of anions and cations in additives for highly efficient and stable perovskite solar cells[J]. J. Mater. Chem. A, 2018, 6: 9264-9270.

[41] Wu Y Z, Islam A, Yang X D, et al. Retarding the crystallization of PbI_2 for highly reproducible planar-structured perovskite solar cells via sequential deposition[J]. Energy Environ. Sci., 2014, 7: 2934-2938.

[42] Rong Y G, Tang Z J, Zhao Y F, et al. Solvent engineering towards controlled grain growth in perovskite planar heterojunction solar cells[J]. Nanoscale, 2015, 7: 10595-10599.

[43] Wakamiya A, Endo M, Sasamori T, et al. Reproducible fabrication of efficient perovskite-based solar cells: X-ray crystallographic studies on the formation of $CH_3NH_3PbI_3$ layers[J]. Chem. Lett., 2014, 43: 711-713.
[44] Bai Y, Xiao S, Hu C, et al. A pure and stable intermediate phase is key to growing aligned and vertically monolithic perovskite crystals for efficient PIN planar perovskite solar cells with high processibility and stability[J]. Nano Energy, 2017, 34: 58-68.
[45] Cao X B, Zhi L L, Li Y H, et al. Elucidating the key role of a Lewis base solvent in the formation of perovskite films fabricated from the Lewis adduct approach[J]. ACS Appl. Mater. Interfaces, 2017, 9: 32868-32875.
[46] Chen J Z, Xiong Y L, Rong Y G, et al. Solvent effect on the hole-conductor-free fully printable perovskite solar cells[J]. Nano Energy, 2016, 27: 130-137.
[47] Kim M, Kim G H, Lee T K, et al. Methylammonium chloride induces intermediate phase stabilization for efficient perovskite solar cells[J]. Joule, 2019, 3: 2179-2192.
[48] Bu T L, Wu L, Liu X P, et al. Synergic interface optimization with green solvent engineering in mixed perovskite solar cells[J]. Adv. Energy Mater., 2017, 7: 1700576.
[49] Zhang X, Munir R, Xu Z, et al. Phase transition control for high performance Ruddlesden-Popper perovskite solar cells [J]. Adv. Mater., 2018, 30: 1707166.
[50] Qiu J, Zheng Y T, Xia Y D, et al. Rapid crystallization for efficient 2D Ruddlesden-Popper (2DRP) perovskite solar cells [J]. Adv. Funct. Mater., 2019, 29: 1806831.
[51] Qin Y, Zhong H, Intemann J J, et al. Coordination engineering of single-crystal precursor for phase control in Ruddlesden-Popper perovskite solar cells [J]. Adv. Energy Mater., 2020, 10: 1904050.
[52] Tait J G, Merckx T, Li W Q, et al. Determination of solvent systems for blade coating thin film photovoltaics[J]. Adv. Funct. Mater., 2015, 25: 3393-3398.
[53] Gardner K L, Tait J G, Merckx T, et al. Nonhazardous solvent systems for processing perovskite photovoltaics[J]. Adv. Energy Mater., 2016, 6: 1600386.
[54] Noel N K, Habisreutinger S N, Wenger B, et al. A low viscosity, low boiling point, clean solvent system for the rapid crystallisation of highly specular perovskite films[J]. Energy Environ. Sci., 2017, 10: 145-152.
[55] Noel N K, Wenger B, Habisreutinger S N, et al. Highly crystalline methylammonium lead tribromide perovskite films for efficient photovoltaic devices[J]. ACS Energy Lett., 2018, 3: 1233-1240.
[56] Jeong D N, Lee D K, Seo S, et al. Perovskite cluster-containing solution for scalable d-bar coating toward high-throughput perovskite solar cells[J]. ACS Energy Lett., 2019, 4: 1189-1195.
[57] Wang K, Wu C C, Hou Y C, et al. A nonionic and low-entropic $MA(MMA)_nPbI_3$-ink for fast crystallization of perovskite thin films [J]. Joule, 2020, 4: 615-630.
[58] Chao L F, Xia Y D, Li B X, et al. Room-temperature molten salt for facile fabrication of efficient and stable perovskite solar cells in ambient air[J]. Chem., 2019, 5: 995-1006.
[59] Wu C G, Chiang C H, Tseng Z L, et al. High efficiency stable inverted perovskite solar

cells without current hysteresis[J]. Energy Environ. Sci., 2015, 8: 2725-2733.

[60] Gong X, Li M, Shi X B, et al. Controllable perovskite crystallization by water additive for high-performance solar cells[J]. Adv. Funct. Mater., 2015, 25: 6671-6678.

[61] Moore D T, Tan K W, Sai H, et al. Direct crystallization route to methylammonium lead iodide perovskite from an ionic liquid[J]. Chem. Mater., 2015, 27: 3197-3199.

[62] Cho N, Li F, Turedi B, et al. Pure crystal orientation and anisotropic charge transport in large-area hybrid perovskite films[J]. Nat. Commun., 2016, 7: 13407.

[63] Ren H, Yu S D, Chao L F, et al. Efficient and stable Ruddlesden-Popper perovskite solar cell with tailored interlayer molecular interaction[J]. Nat. Photonics, 2020, 14: 154-163.

[64] Zheng Y T, Niu T T, Qiu J, et al. Oriented and uniform distribution of Dion-Jacobson phase perovskites controlled by quantum well barrier thickness[J]. Sol. RRL, 2019, 3: 1900090.

[65] Wang X J, Ran X Q, Liu X T, et al. Tailoring component interaction for air-processed efficient and stable all-inorganic perovskite photovoltaic [J]. Angew. Chem. Int. Ed., 2020, 59: 13354-13361.

[66] Yin W J, Shi T T, Yan Y F. Unusual defect physics in $CH_3NH_3PbI_3$ perovskite solar cell absorber[J]. Appl. Phys. Lett., 2014, 104: 063903.

[67] Walsh A, Scanlon D O, Chen S Y, et al. Self-regulation mechanism for charged point defects in hybrid halide perovskites[J]. Angew. Chem. Int. Ed., 2015, 54: 1791-1794.

[68] Long R, Liu J, Prezhdo O V. Unravelling the effects of grain boundary and chemical doping on electron-hole recombination in $CH_3NH_3PbI_3$ perovskite by time-domain atomistic simulation[J]. J. Am. Chem. Soc., 2016, 138: 3884-3890.

[69] Chen B, Rudd P N, Yang S, et al. Imperfections and their passivation in halide perovskite solar cells[J]. Chem. Soc. Rev., 2019, 48: 3842-3867.

[70] Lee J W, Kim H S, Park N G. Lewis acid-base adduct approach for high efficiency perovskite solar cells[J]. Acc. Chem. Res., 2016, 49: 311-319.

[71] Zhang W, Saliba M, Moore D T, et al. Ultrasmooth organic-inorganic perovskite thin-film formation and crystallization for efficient planar heterojunction solar cells[J]. Nat. Commun., 2015, 6: 6142.

[72] Kim Y C, Jeon N J, Noh J H, et al. Beneficial effects of PbI_2 incorporated in organo-lead halide perovskite solar cells[J]. Adv. Energy Mater., 2016, 6: 1502104.

[73] Li Z, Xiao C X, Yang Y, et al. Extrinsic ion migration in perovskite solar cells[J]. Energy Environ. Sci., 2017, 10: 1234-1242.

[74] Abdi-Jalebi M, Andaji-Garmaroudi Z, Cacovich S, et al. Maximizing and stabilizing luminescence from halide perovskites with potassium passivation[J]. Nature, 2018, 555: 497-501.

[75] Tang Z G, Uchida S, Bessho T, et al. Modulations of various alkali metal cations on organometal halide perovskites and their influence on photovoltaic performance[J]. Nano Energy, 2018, 45: 184-192.

[76] Li C Z, Chueh C C, Yip H L, et al. Evaluation of structure-property relationships of solution-processible fullerene acceptors and their n-channel field-effect transistor performance[J]. J. Mater. Chem., 2012, 22: 14976-14981.

[77] Deng L L, Xie S Y, Gao F. Fullerene-based materials for photovoltaic applications: Toward efficient, hysteresis-free, and stable perovskite solar cells[J]. Adv. Electron. Mater., 2018, 4: 1700435.

[78] Shao Y C, Fang Y J, Li T, et al. Grain boundary dominated ion migration in polycrystalline organic-inorganic halide perovskite films[J]. Energy Environ. Sci., 2016, 9: 1752-1759.

[79] Xu J, Buin A, Ip A H, et al. Perovskite-fullerene hybrid materials suppress hysteresis in planar diodese[J]. Nat. Commun., 2015, 6: 7081.

[80] Bi D Q, Yi C Y, Luo J S, et al. Polymer-templated nucleation and crystal growth of perovskite films for solar cells with efficiency greater than 21%[J]. Nat. Energy, 2016, 1: 16142.

[81] Lee J W, Bae S H, Hsieh Y T, et al. A bifunctional Lewis base additive for microscopic homogeneity in perovskite solar cells[J]. Chem., 2017, 3: 290-302.

[82] Wang R, Xue J J, Meng L, et al. Caffeine improves the performance and thermal stability of perovskite solar cells[J]. Joule, 2019, 3: 1464-1477.

[83] Niu T Q, Lu J, Munir R, et al. Stable high-performance perovskite solar cells via grain boundary passivation[J]. Adv. Mater., 2018, 30: 1706576.

[84] Wharf I, Gramstad T, Makhija R, et al. Synthesis and vibrational-spectra of some lead(Ⅱ) halide adducts with O-donor, S-donor, and N-donor atom ligands[J]. Can. J. Chem., 1976, 54: 3430-3438.

[85] Noel N K, Abate A, Stranks S D, et al. Enhanced photoluminescence and solar cell performance via Lewis base passivation of organic inorganic lead halide perovskites[J]. ACS Nano, 2014, 8: 9815-9821.

[86] Zhang F, Bi D Q, Pellet N, et al. Suppressing defects through the synergistic effect of a Lewis base and a Lewis acid for highly efficient and stable perovskite solar cells[J]. Energy Environ. Sci., 2018, 11: 3480-3490.

[87] Zhang H, Cheng J Q, Li D, et al. Toward all room-temperature, solution-processed, high-performance planar perovskite solar cells: A new scheme of pyridine-promoted perovskite formation [J]. Adv. Mater., 2017, 29: 1604695.

[88] Wu W Q, Yang Z B, Rudd P N, et al. Bilateral alkylamine for suppressing charge recombination and improving stability in blade-coated perovskite solar cells[J]. Sci. Adv., 2019, 5: eaav8925.

[89] Aydin E, De Bastiani M, De Wolf S. Defect and contact passivation for perovskite solar cells[J]. Adv. Mater., 2019, 31: 1900428.

[90] Cohen B E, Gamliel S, Etgara L. Parameters influencing the deposition of methylammonium lead halide iodide in hole conductor free perovskite-based solar cells[J]. APL Mater., 2014, 2: 081502.

[91] Son D Y, Lee J W, Choi Y J, et al. Self-formed grain boundary healing layer for highly efficient $CH_3NH_3PbI_3$ perovskite solar cells[J]. Nat. Energy, 2016, 1: 16081.

[92] Yang M J, Kim D H, Yu Y, et al. Effect of non-stoichiometric solution chemistry on improving the performance of wide-bandgap perovskite solar cells[J]. Mater. Today Energy, 2018, 7: 232-238.

[93] Tavakoli M M, Saliba M, Yadav P, et al. Synergistic crystal and interface engineering for efficient and stable perovskite photovoltaics[J]. Adv. Energy Mater., 2019, 9: 1802646.

[94] Zuo C T, Ding L M. An 80.11%FF record achieved for perovskite solar cells by using the NH_4Cl additive[J]. Nanoscale, 2014, 6: 9935-9938.

[95] Zhang X Q, Wu G, Fu W F, et al. Orientation regulation of phenylethylammonium cation based 2D perovskite solar cell with efficiency higher than 11%[J]. Adv. Energy Mater., 2018, 8: 1702498.

[96] Cheng N, Li W W, Zhang M H, et al. Enhance the performance and stability of methylammonium lead iodide perovskite solar cells with guanidinium thiocyanate additive[J]. Curr. Appl. Phys., 2019, 19: 25-30.

[97] Zhao Y X, Zhu K. CH_3NH_3Cl-assisted one-step solution growth of $CH_3NH_3PbI_3$: Structure, charge-carrier dynamics, and photovoltaic properties of perovskite solar cells [J]. J. Phys. Chem. C, 2014, 118: 9412-9418.

[98] Li Q, Zhao Y C, Fu R, et al. Efficient perovskite solar cells fabricated through CsCl-enhanced PbI_2 precursor via sequential deposition[J]. Adv. Mater., 2018, 30: 1803095.

[99] Nie W Y, Tsai H H, Asadpour R, et al. High-efficiency solution-processed perovskite solar cells with millimeter-scale grains[J]. Science, 2015, 347: 522-525.

[100] Park J, Kim J, Yun H S, et al. Controlled growth of perovskite layers with volatile alkylammonium chlorides[J]. Nature, 2023. https://doi.org/10.1038/s41586-023-05825-y.

[101] Rong Y G, Hou X M, Hu Y, et al. Synergy of ammonium chloride and moisture on perovskite crystallization for efficient printable mesoscopic solar cells[J]. Nat. Commun., 2017, 8: 14555.

[102] Balis N, Zaky A A, Perganti D, et al. Dye sensitization of titania compact layer for efficient and stable perovskite solar cells[J]. ACS Appl. Energy Mater., 2018, 1: 6161-6171.

[103] Zhao X J, Tao L M, Li H, et al. Efficient planar perovskite solar cells with improved fill factor via interface engineering with graphene[J]. Nano Lett., 2018, 18: 2442-2449.

[104] Shin S S, Lee S J, Seok S I. Metal oxide charge transport layers for efficient and stable perovskite solar cells[J]. Adv. Funct. Mater., 2019, 29: 1900455.

[105] Marin-Beloqui J M, Lanzetta L, Palomares E. Decreasing charge losses in perovskite solar cells through mp-TiO_2/MAPI interface engineering[J]. Chem. Mater., 2016, 28: 207-213.

[106] Wang P Y, Li R J, Chen B B, et al. Gradient energy alignment engineering for planar perovskite solar cells with efficiency over 23%[J]. Adv. Mater., 2020, 32: 1905766.

[107] Li W Z, Zhang W, Van Reenen S, et al. Enhanced UV-light stability of planar hetero-

junction perovskite solar cells with caesium bromide interface modification[J]. Energy Environ. Sci., 2016, 9: 490-498.

[108] Liu X, Zhang Y F, Shi L, et al. Exploring inorganic binary alkaline halide to passivate defects in low-temperature-processed planar-structure hybrid perovskite solar cells[J]. Adv. Energy Mater., 2018, 8: 1800138.

[109] Min H, Lee D Y, Kim J, et al. Perovskite solar cells with atomically coherent interlayers on SnO_2 electrodes[J]. Nature, 2021, 598: 444-450.

[110] Kim M, Choi I W, Choi S J, et al. Enhanced electrical properties of Li-salts doped mesoporous TiO_2 in perovskite solar cells[J]. Joule, 2021, 5: 659-672.

[111] Zhu Z L, Bai Y, Liu X, et al. Enhanced efficiency and stability of inverted perovskite solar cells using highly crystalline SnO_2 nanocrystals as the robust electron-transporting layer[J]. Adv. Mater., 2016, 28: 6478-6484.

[112] Tian C B, Lin K B, Lu J X, et al. Interfacial bridge using a cis-fulleropyrrolidine for efficient planar perovskite solar cells with enhanced stability[J]. Small Methods, 2020, 4: 1900476.

[113] Zhang M Y, Chen Q, Xue R M, et al. Reconfiguration of interfacial energy band structure for high-performance inverted structure perovskite solar cells[J]. Nat. Commun., 2019, 10: 4593.

[114] Liu K, Chen S, Wu J, et al. Fullerene derivative anchored SnO_2 for high-performance perovskite solar cells[J]. Energy Environ. Sci., 2018, 1: 3463.

[115] Zheng X P, Chen B, Dai J, et al. Defect passivation in hybrid perovskite solar cells using quaternary ammonium halide anions and cations[J]. Nat. Energy, 2017, 2: 17102.

[116] Islam A, Li J G, Pervaiz M, et al. Zwitterions for organic/perovskite solar cells, light-emitting devices, and lithium ion batteries: Recent progress and perspectives[J]. Adv. Energy Mater., 2019, 9: 1803354.

[117] Choi K, Lee J, Kim H I, et al. Thermally stable, planar hybrid perovskite solar cells with high efficiency[J]. Energy Environ. Sci., 2018, 11: 3238-3247.

[118] Yang D, Yang R X, Wang K, et al. High efficiency planar-type perovskite solar cells with negligible hysteresis using EDTA-complexed SnO_2[J]. Nat. Commun., 2018, 9: 3239.

[119] Yusoff A B, Vasilopoulou M, Georgiadou D G, et al. Passivation and process engineering approaches of halide perovskite films for high efficiency and stability perovskite solar cells[J]. Energy Environ. Sci., 2021, 14: 2906-2953.

[120] Su H Z, Lin X S, Wang Y B, et al. Stable perovskite solar cells with 23.12%efficiency and area over 1 cm^2 by an all-in-one strategy[J]. Sci. China Chem., 2022, 65: 1321-1329.

[121] Li F C, Yuan J Y, Ling X F, et al. A universal strategy to utilize polymeric semiconductors for perovskite solar cells with enhanced efficiency and longevity[J]. Adv. Funct. Mater., 2018, 28: 1706377.

[122] Li B W, Xiang Y R, Jayawardena K, et al. Tailoring perovskite adjacent interfaces by conjugated polyelectrolyte for stable and efficient solar cells[J]. Sol. RRL, 2020, 4:

2000060.

[123] Tan F R, Tan H R, Saidaminov M I, et al. *In situ* back-contact passivation improves photovoltage and fill factor in perovskite solar cells[J]. Adv. Mater., 2019, 31: 1807435.

[124] Zhang F, Song J, Hu R, et al. Interfacial passivation of the p-doped hole-transporting layer using general insulating polymers for high-performance inverted perovskite solar cells [J]. Small, 2018, 14: 1704007.

[125] Peng W, Mao K, Cai F, et al. Reducing nonradiative recombination in perovskite solar cells with a porous insulator contact[J]. Science, 2023, 379: 683-690.

[126] Jiang Q, Zhao Y, Zhang X W, et al. Surface passivation of perovskite film for efficient solar cells[J]. Nat. Photonics, 2019, 13: 460-466.

[127] Liang L S, Luo H T, Hu J J, et al. Efficient perovskite solar cells by reducing interface-mediated recombination: A bulky amine approach[J]. Adv. Energy Mater., 2020, 10: 2000197.

[128] Kim H, Lee S U, Lee D Y, et al. Optimal interfacial engineering with different length of alkylammonium halide for efficient and stable perovskite solar cells[J]. Adv. Energy Mater., 2019, 9: 1902740.

[129] Liu B B, Bi H, He D M, et al. Interfacial defect passivation and stress release via multi-active-site ligand anchoring enables efficient and stable methylammonium-free perovskite solar cells [J]. ACS Energy Lett., 2021, 6: 2526-2538.

[130] Zhang H K, Chen Z L, Qin M C, et al. Multifunctional crosslinking-enabled strain-regulating crystallization for stable, efficient alpha-$FAPbI_3$-based perovskite solar cells[J]. Adv. Mater., 2021, 33: 2008487.

[131] Wang R, Xue J J, Wang K L, et al. Constructive molecular configurations for surface-defect passivation of perovskite photovoltaics[J]. Science, 2019, 366: 1509-1513.

[132] Jiang Q, Ni Z Y, Xu G Y, et al. Interfacial molecular doping of metal halide perovskites for highly efficient solar cells[J]. Adv. Mater., 2020, 32: 2001581.

[133] Jang Y W, Lee S, Yeom K M, et al. Intact 2D/3D halide junction perovskite solar cells via solid-phase in-plane growth[J]. Nat. Energy, 2021, 6: 63-71.

[134] Wang J T, Li J H, Zhou Y C, et al. Tuning an electrode work function using organometallic complexes in inverted perovskite solar cells [J]. J. Am. Chem. Soc., 2021, 143: 7759-7768.

[135] Liu Y, Bag M, Renna L A, et al. Understanding interface engineering for high-performance fullerene/perovskite planar heterojunction solar cells[J]. Adv. Energy Mater., 2016, 6: 1501606.

[136] Xiong S B, Yuan M, Yang J M, et al. Engineering of the back contact between PCBM and metal electrode for planar perovskite solar cells with enhanced efficiency and stability[J]. Adv. Opt. Mater., 2019, 7: 1900542.

[137] Wang Z Y, Zhu X J, Zuo S N, et al. 27%-efficiency four-terminal perovskite/silicon tandem solar cells by sandwiched gold nanomesh[J]. Adv. Funct. Mater., 2020, 30: 1908298.

[138] Su H, Wu T, Cui D, et al. The application of graphene derivatives in perovskite solar cells[J]. Small Methods, 2020, 4: 2000507.

[139] Saliba M, Matsui T, Seo J Y, et al. Cesium-containing triple cation perovskite solar cells: Improved stability, reproducibility and high efficiency[J]. Energy Environ. Sci., 2016, 9: 1989-1997.

[140] Green M A, Dunlop E D, Siefer G, et al. Solar cell efficiency tables (Version 61)[J]. Prog. Photovolt., 2023, 31: 3-16.

[141] Aydin E, Allen T G, De Bastiani M, et al. Interplay between temperature and bandgap energies on the outdoor performance of perovskite/silicon tandem solar cells[J]. Nat. Energy, 2020, 5: 851-859.

[142] Xue Q, Xia R, Brabec C J, et al. Recent advances in semi-transparent polymer and perovskite solar cells for power generating window applications[J]. Energy Environ. Sci., 2018, 11: 1688-1709.

[143] Shi B, Duan L, Zhao Y, et al. Semitransparent perovskite solar cells: From materials and devices to applications[J]. Adv. Mater., 2020, 32: 1806474.

[144] Park S, Chang W J, Lee C W, et al. Photocatalytic hydrogen generation from hydriodic acid using methylammonium lead iodide in dynamic equilibrium with aqueous solution[J]. Nat. Energy, 2017, 2: 16185.

[145] Anaya M, Correa-Baena J P, Lozano G, et al. Optical analysis of $CH_3NH_3Sn_xPb_{1-x}I_3$ absorbers: A roadmap for perovskite-on-perovskite tandem solar cells[J]. J. Mater. Chem. A, 2016, 4: 11214-11221.

[146] Noh J H, Im S H, Heo J H, et al. Chemical management for colorful, efficient, and stable inorganic-organic hybrid nanostructured solar cells[J]. Nano Lett., 2013, 13: 1764-1769.

[147] Leijtens T, Bush K A, Prasanna R, et al. Opportunities and challenges for tandem solar cells using metal halide perovskite semiconductors[J]. Nat. Energy, 2018, 3: 828-838.

[148] Mahesh S, Ball J M, Oliver R D J, et al. Revealing the origin of voltage loss in mixed-halide perovskite solar cells[J]. Energy Environ. Sci., 2020, 13: 258-267.

[149] Song Z, Chen C, Li C, et al. Wide-bandgap, low-bandgap, and tandem perovskite solar cells[J]. Semicond. Sci. Tech., 2019, 34: 093001.

[150] Cui X H, Xu Q J, Shi B, et al. Research progress of wide bandgap perovskite materials and solar cells[J]. Acta Phys. Sin., 2020, 69: 207401.

[151] Bischak C G, Hetherington C L, Wu H, et al. Origin of reversible photoinduced phase separation in hybrid perovskites[J]. Nano Lett., 2017, 17: 1028-1033.

[152] Dong Q, Yuan Y, Shao Y, et al. Abnormal crystal growth in $CH_3NH_3PbI_{3-x}Cl_x$ using a multi-cycle solution coating process[J]. Energy Environ. Sci., 2015, 8: 2464-2470.

[153] Yu H, Wang F, Xie F, et al. The role of chlorine in the formation process of "$CH_3NH_3Pb I_{3-x}Cl_x$" perovskite[J]. Adv. Funct. Mater., 2014, 24: 7102-7108.

[154] Chen B, Yu Z, Liu K, et al. Grain engineering for perovskite/silicon monolithic tandem solar cells with efficiency of 25.4%[J]. Joule, 2019, 3: 177-190.

[155] Xu J, Boyd C C, Yu Z J, et al. Triple-halide wide-band gap perovskites with suppressed

phase segregation for efficient tandems[J]. Science, 2020, 367: 1097-1104.

[156] Saliba M, Matsui T, Domanski K, et al. Incorporation of rubidium cations into perovskite solar cells improves photovoltaic performance[J]. Science, 2016, 354: 206-209.

[157] McMeekin D P, Sadoughi G, Rehman W, et al. A mixed-cation lead mixed-halide perovskite absorber for tandem solar cells[J]. Science, 2016, 351: 151-155.

[158] Correa-Baena J P, Luo Y, Brenner T M, et al. Homogenized halides and alkali cation segregation in alloyed organic-inorganic perovskites[J]. Science, 2019, 363: 627-631.

[159] Tan H, Che F, Wei M, et al. Dipolar cations confer defect tolerance in wide-bandgap metal halide perovskites[J]. Nat. Commun., 2018, 9: 3100.

[160] Yu Y, Wang C, Grice C R, et al. Synergistic effects of lead thiocyanate additive and solvent annealing on the performance of wide-bandgap perovskite solar cells[J]. ACS Energy Lett., 2017, 2: 1177-1182.

[161] Kim D, Jung H J, Park I J, et al. Efficient, stable silicon tandem cells enabled by anion-engineered wide-bandgap perovskites[J]. Science, 2020, 368: 155-160.

[162] Kim J, Saidaminov M I, Tan H, et al. Amide-catalyzed phase-selective crystallization reduces defect density in wide-bandgap perovskites [J]. Adv. Mater., 2018, 30: 1706275.

[163] Hu X, Jiang X F, Xing X, et al. Wide-bandgap perovskite solar cells with large open-circuit voltage of 1653 mV through interfacial engineering[J]. Sol. RRL, 2018, 2: 1800083.

[164] Subhani W S, Wang K, Du M, et al. Interface-modification-induced gradient energy band for highly efficient $CsPbIBr_2$ perovskite solar cells [J]. Adv. Energy Mater., 2019, 9: 1803785.

[165] Zhu W, Chai W, Zhang Z, et al. Interfacial TiO_2 atomic layer deposition triggers simultaneous crystallization control and band alignment for efficient $CsPbIBr_2$ perovskite solar cell[J]. Org. Electron., 2019, 74: 103-109.

[166] Xu Z, Wang L, Han Q, et al. Suppression of iodide ion migration via Sb_2S_3 interfacial modification for stable inorganic perovskite solar cells[J]. ACS Appl. Mater. Interfaces, 2020, 12: 12867-12873.

[167] Deng F, Li X, Lv X, et al. Low-temperature processing all-inorganic carbon-based perovskite solar cells up to 11.78%efficiency via alkali hydroxides interfacial engineering[J]. ACS Appl. Energy Mater., 2020, 3: 401-410.

[168] Duan J, Zhao Y, Wang Y, et al. Hole-boosted $Cu(Cr,M)O_2$ nanocrystals for all-inorganic $CsPbBr_3$ perovskite solar cells [J]. Angew. Chem. Int. Ed., 2019, 58: 16147-16151.

[169] Zhang Y, Wu C, Wang D, et al. High efficiency (16.37%) of cesium bromide-passivated all-inorganic $CsPbI_2Br$ perovskite solar cells[J]. Sol. RRL, 2019, 3: 1900254.

[170] Chen C, Song Z, Xiao C, et al. Arylammonium-assisted reduction of the open-circuit voltage deficit in wide-bandgap perovskite solar cells: The role of suppressed ion migration[J]. ACS Energy Lett., 2020, 5: 2560-2568.

[171] Wang Z, Baranwal A K, Kamarudin M A, et al. Delocalized molecule surface electronic

modification for enhanced performance and high environmental stability of $CsPbI_2Br$ perovskite solar cells[J]. Nano Energy, 2019, 66: 104180.

[172] Chen K, Jin W, Zhang Y, et al. High efficiency mesoscopic solar cells using $CsPbI_3$ perovskite quantum dots enabled by chemical interface engineering[J]. J. Am. Chem. Soc., 2020, 142: 3775-3783.

[173] Tian J, Xue Q, Tang X, et al. Dual interfacial design for efficient $CsPbI_2Br$ perovskite solar cells with improved photostability[J]. Adv. Mater., 2019, 31: 1901152.

[174] Leguy A M A, Hu Y, Campoy-Quiles M, et al. Reversible hydration of $CH_3NH_3PbI_3$ in films, single crystals, and solar cells[J]. Chem. Mater., 2015, 27: 3397-3407.

[175] Mosconi E, Azpiroz J M, De Angelis F. *Ab initio* molecular dynamics simulations of methylammonium lead iodide perovskite degradation by water[J]. Chem. Mater., 2015, 27: 4885-4892.

[176] Hao F, Stoumpos C C, Cao D H, et al. Lead-free solid-state organic-inorganic halide perovskite solar cells[J]. Nat. Photonics, 2014, 8: 489-494.

[177] Serrano-Lujan L, Espinosa N, Larsen-Olsen T T, et al. Tin- and lead-based perovskite solar cells under scrutiny: An environmental perspective [J]. Adv. Energy Mater., 2015, 5: 1501119.

[178] Leijtens T, Eperon G E, Pathak S, et al. Overcoming ultraviolet light instability of sensitized TiO_2 with meso-superstructured organometal tri-halide perovskite solar cells[J]. Nat. Commun., 2013, 4: 2885.

[179] Aristidou N, Sanchez-Molina I, Chotchuangchutchaval T, et al. The role of oxygen in the degradation of methylammonium lead trihalide perovskite photoactive layers[J]. Angew. Chem. Int. Ed., 2015, 54: 8208-8212.

[180] Wei J, Wang Q W, Huo J D, et al. Mechanisms and suppression of photoinduced degradation in perovskite solar cells[J]. Adv. Energy Mater., 2021, 11: 2002326.

[181] Park B W, Seok S I. Intrinsic instability of inorganic-organic hybrid halide perovskite materials[J]. Adv. Mater., 2019, 31: 1805337.

[182] Song Z N, Wang C L, Phillips A B, et al. Probing the origins of photodegradation in organic-inorganic metal halide perovskites with time-resolved mass spectrometry[J]. Sustain. Energy Fuels, 2018, 2: 2460-2467.

[183] Azpiroz J M, Mosconi E, Bisquert J, et al. Defect migration in methylammonium lead iodide and its role in perovskite solar cell operation[J]. Energy Environ. Sci., 2015, 8: 2118-2127.

[184] Yuan Y B, Chae J, Shao Y C, et al. Photovoltaic switching mechanism in lateral structure hybrid perovskite solar cells [J]. Adv. Energy Mater., 2015, 5: 1500615.

[185] Domanski K, Roose B, Matsui T, et al. Migration of cations induces reversible performance losses over day/night cycling in perovskite solar cells[J]. Energy Environ. Sci., 2017, 10: 604-613.

[186] Nie W, Blancon J C, Neukirch A J, et al. Light-activated photocurrent degradation and self-healing in perovskite solar cells[J]. Nat. Commun., 2016, 7: 11574.

[187] Frost J M, Butler K T, Brivio F, et al. Atomistic origins of high-performance in hybrid halide perovskite solar cells[J]. Nano Lett., 2014, 14: 2584-2590.

[188] Li B B, Li Y F, Zheng C Y, et al. Advancements in the stability of perovskite solar cells: Degradation mechanisms and improvement approaches[J]. RSC Adv., 2016, 6: 38079-38091.

[189] Meng Q, Chen Y C, Xiao Y Y, et al. Effect of temperature on the performance of perovskite solar cells[J]. J. Mater. Sci-Mater. El., 2021, 32: 12784-12792.

[190] Rehman W, McMeekin D P, Patel J B, et al. Photovoltaic mixed-cation lead mixed-halide perovskites: Links between crystallinity, photo-stability and electronic properties[J]. Energy Environ. Sci., 2017, 10: 361-369.

[191] Pool V L, Dou B, Van Campen D G, et al. Thermal engineering of $FAPbI_3$ perovskite material via radiative thermal annealing and *in situ* XRD[J]. Nat. Commun., 2017, 8: 14075.

[192] Sutton R J, Eperon G E, Miranda L, et al. Bandgap-tunable cesium lead halide perovskites with high thermal stability for efficient solar cells[J]. Adv. Energy Mater., 2016, 6: 1502458.

[193] Zheng X J, Wu C C, Jha S K, et al. Improved phase stability of formamidinium lead triiodide perovskite by strain relaxation[J]. ACS Energy Lett., 2016, 1: 1014-1020.

[194] Li Z, Yang M J, Park J S, et al. Stabilizing perovskite structures by tuning tolerance factor: Formation of formamidinium and cesium lead iodide solid-state alloys[J]. Chem. Mater., 2016, 28: 284-292.

[195] Yi C Y, Luo J S, Meloni S, et al. Entropic stabilization of mixed A-cation ABX_3 metal halide perovskites for high performance perovskite solar cells[J]. Energy Environ. Sci., 2016, 9: 656-662.

[196] Turren-Cruz S H, Hagfeldt A, Saliba M. Methylammonium-free, high-performance, and stable perovskite solar cells on a planar architecture[J]. Science, 2018, 362: 449-453.

[197] Jiang Q L, Rebollar D, Gong J, et al. Pseudohalide-induced moisture tolerance in perovskite $CH_3NH_3Pb(SCN)_2I$ thin films[J]. Angew. Chem. Int. Ed., 2015, 54: 7617-7620.

[198] Nagane S, Bansode U, Game O, et al. $CH_3NH_3PbI_{3-x}(BF_4)_x$: Molecular ion substituted hybrid perovskite[J]. Chem. Comm., 2014, 50: 9741-9744.

[199] Jeong J, Kim M, Seo J, et al. Pseudo-halide anion engineering for alpha-$FAPbI_3$ perovskite solar cells[J]. Nature, 2021, 592: 381-385.

[200] Tai Q D, You P, Sang H Q, et al. Efficient and stable perovskite solar cells prepared in ambient air irrespective of the humidity[J]. Nat. Commun., 2016, 7: 11105.

[201] Yoo J J, Seo G, Chua M R, et al. Efficient perovskite solar cells via improved carrier management[J]. Nature, 2021, 590: 587-593.

[202] Min H, Kim M, Lee S U, et al. Efficient, stable solar cells by using inherent bandgap of alpha-phase formamidinium lead iodide[J]. Science, 2019, 366: 749-753.

[203] Kim G, Min H, Lee K S, et al. Impact of strain relaxation on performance of alpha-

formamidinium lead iodide perovskite solar cells[J]. Science, 2020, 370: 108-112.

[204] Xiang W C, Wang Z W, Kubicki D J, et al. Europium-doped $CsPbI_2Br$ for stable and highly efficient inorganic perovskite solar cells [J]. Joule, 2019, 3: 205-214.

[205] Saidaminov M I, Kim J, Jain A, et al. Suppression of atomic vacancies via incorporation of isovalent small ions to increase the stability of halide perovskite solar cells in ambient air[J]. Nat. Energy, 2018, 3: 648-654.

[206] Chan S H, Wu M C, Lee K M, et al. Enhancing perovskite solar cell performance and stability by doping barium in methylammonium lead halide[J]. J. Mater. Chem. A, 2017, 5: 18044-18052.

[207] Hu Y Q, Bai F, Liu X B, et al. Bismuth incorporation stabilized alpha-$CsPbI_3$ for fully inorganic perovskite solar cells[J]. ACS Energy Lett., 2017, 2: 2219-2227.

[208] Wang N N, Cheng L, Ge R, et al. Perovskite light-emitting diodes based on solution-processed self-organized multiple quantum wells[J]. Nat. Photonics, 2016, 10: 699-704.

[209] Blancon J C, Tsai H, Nie W, et al. Extremely efficient internal exciton dissociation through edge states in layered 2D perovskites[J]. Science, 2017, 355: 1288-1291.

[210] Smith I C, Hoke E T, Solis-Ibarra D, et al. A layered hybrid perovskite solar-cell absorber with enhanced moisture stability[J]. Angew. Chem. Int. Ed., 2014, 53: 11232-11235.

[211] Quan L N, Yuan M J, Comin R, et al. Ligand-stabilized reduced-dimensionality perovskites[J]. J. Am. Chem. Soc., 2016, 138: 2649-2655.

[212] Lin Y, Bai Y, Fang Y J, et al. Suppressed ion migration in low-dimensional perovskites[J]. ACS Energy Lett., 2017, 2: 1571-1572.

[213] Wang Z P, Lin Q Q, Chmiel F P, et al. Efficient ambient-air-stable solar cells with 2D-3D heterostructured butylammonium-caesium-formamidinium lead halide perovskites[J]. Nat. Energy, 2017, 2: 17135.

[214] Grancini G, Roldan-Carmona C, Zimmermann I, et al. One-year stable perovskite solar cells by 2D/3D interface engineering[J]. Nat. Commun., 2017, 8: 15684.

[215] Chiang C H, Wu C G. Film grain-size related long-term stability of inverted perovskite solar cells[J]. Chemsuschem, 2016, 9: 2666-2672.

[216] Wang Q, Chen B, Liu Y, et al. Scaling behavior of moisture-induced grain degradation in polycrystalline hybrid perovskite thin films[J]. Energy Environ. Sci., 2017, 10: 516-522.

[217] Yang H F, Zhang J C, Zhang C F, et al. Effects of annealing conditions on mixed lead halide perovskite solar cells and their thermal stability investigation[J]. Materials, 2017, 10: 837.

[218] Lu H Z, Liu Y H, Ahlawat P, et al. Vapor-assisted deposition of highly efficient, stable black-phase $FAPbI_3$ perovskite solar cells[J]. Science, 2020, 370: eabb8985.

[219] Hui W, Chao L F, Lu H, et al. Stabilizing black-phase formamidinium perovskite formation at room temperature and high humidity[J]. Science, 2021, 371: 1359-1364.

[220] Li N, Niu X, Li L, et al. Liquid medium annealing for fabricating durable perovskite

solar cells with improved reproducibility[J]. Science, 2021, 373: 561-567.

[221] Yang S, Wang Y, Liu P R, et al. Functionalization of perovskite thin films with moisture-tolerant molecules[J]. Nat. Energy, 2016, 1: 15016.

[222] Wen T Y, Yang S, Liu P F, et al. Surface electronic modification of perovskite thin film with water-resistant electron delocalized molecules for stable and efficient photovoltaics[J]. Adv. Energy Mater., 2018, 8: 1703143.

[223] Dai Z H, Yadavalli S K, Chen M, et al. Interfacial toughening with self-assembled monolayers enhances perovskite solar cell reliability[J]. Science, 2021, 372: 618-622.

[224] Yang S, Chen S S, Mosconi E, et al. Stabilizing halide perovskite surfaces for solar cell operation with wide-bandgap lead oxysalts[J]. Science, 2019, 365: 473-478.

[225] Jokar E, Chien C H, Fathi A, et al. Slow surface passivation and crystal relaxation with additives to improve device performance and durability for tin-based perovskite solar cells[J]. Energy Environ. Sci., 2018, 11: 2353-2362.

[226] Zhang H, Ren X G, Chen X W, et al. Improving the stability and performance of perovskite solar cells via off-the-shelf post-device ligand treatment[J]. Energy Environ. Sci., 2018, 11: 2253-2262.

[227] Bi D Q, Gao P, Scopelliti R, et al. High-performance perovskite solar cells with enhanced environmental stability based on amphiphile-modified $CH_3NH_3PbI_3$[J]. Adv. Mater., 2016, 28: 2910-2915.

[228] Yang S, Dai J, Yu Z H, et al. Tailoring passivation molecular structures for extremely small open-circuit voltage loss in perovskite solar cells[J]. J. Am. Chem. Soc., 2019, 141: 5781-5787.

[229] Tan H R, Jain A, Voznyy O, et al. Efficient and stable solution-processed planar perovskite solar cells via contact passivation[J]. Science, 2017, 355: 722-726.

[230] Zhang J, Hu Z L, Huang L K, et al. Bifunctional alkyl chain barriers for efficient perovskite solar cells[J]. Chem. Comm., 2015, 51: 7047-7050.

[231] Guo Y L, Shoyama K, Sato W, et al. Polymer stabilization of lead(Ⅱ) perovskite cubic nanocrystals for semitransparent solar cells[J]. Adv. Energy Mater., 2016, 6: 1502317.

[232] Lin Y H, Sakai N, Da P, et al. A piperidinium salt stabilizes efficient metal-halide perovskite solar cells[J]. Science, 2020, 369: 96-102.

[233] Bai Y, Dong Q F, Shao Y C, et al. Enhancing stability and efficiency of perovskite solar cells with crosslinkable silane-functionalized and doped fullerene[J]. Nat. Commun., 2016, 7: 12806.

[234] Xu L M, Li J H, Cai B, et al. A bilateral interfacial passivation strategy promoting efficiency and stability of perovskite quantum dot light-emitting diodes[J]. Nat. Commun., 2020, 11: 3902.

[235] Jung E H, Jeon N J, Park E Y, et al. Efficient, stable and scalable perovskite solar cells using poly(3-hexylthiophene)[J]. Nature, 2019, 567: 511-515.

[236] Ito S, Tanaka S, Manabe K, et al. Effects of surface blocking layer of Sb_2S_3 on nanocrystalline TiO_2 for $CH_3NH_3PbI_3$ perovskite solar cells[J]. J. Phys. Chem. C, 2014, 118:

16995-17000.

[237] Lee S W, Kim S, Bae S, et al. UV degradation and recovery of perovskite solar cells[J]. Sci. Rep., 2016, 6: 38150.

[238] Wang T, Zhang Y, Kong W Y, et al. Transporting holes stably under iodide invasion in efficient perovskite solar cells[J]. Science, 2022, 377: 1227-1231.

[239] Jeon N J, Na H, Jung E H, et al. A fluorene-terminated hole-transporting material for highly efficient and stable perovskite solar cells[J]. Nat. Energy, 2018, 3: 682-689.

[240] Cao J, Yu H, Zhou S, et al. Low-temperature solution-processed NiO_x films for air-stable perovskite solar cells[J]. J. Mater. Chem. A, 2017, 5: 11071-11077.

[241] Arora N, Dar M I, Hinderhofer A, et al. Perovskite solar cells with CuSCN hole extraction layers yield stabilized efficiencies greater than 20%[J]. Science, 2017, 358: 768-771.

[242] Qin P L, He Q, Chen C, et al. High-performance rigid and flexible perovskite solar cells with low-temperature solution-processable binary metal oxide hole-transporting materials[J]. Sol. RRL, 2017, 1: 1700058.

[243] Eames C, Frost J M, Barnes P R F, et al. Ionic transport in hybrid lead iodide perovskite solar cells[J]. Nat. Commun., 2015, 6: 7497.

[244] Bi E B, Chen H, Xie F X, et al. Diffusion engineering of ions and charge carriers for stable efficient perovskite solar cells[J]. Nat. Commun., 2017, 8: 15330.

[245] Hu X H, Jiang H, Li J, et al. Air and thermally stable perovskite solar cells with CVD-graphene as the blocking layer[J]. Nanoscale, 2017, 9: 8274-8280.

[246] Wang Y B, Wu T H, Barbaud J, et al. Stabilizing heterostructures of soft perovskite semiconductors[J]. Science, 2019, 365: 687-691.

[247] Luo Q, Zhang Y, Liu C Y, et al. Iodide-reduced graphene oxide with dopant-free spiro-OMeTAD for ambient stable and high-efficiency perovskite solar cells[J]. J. Mater. Chem. A, 2015, 3: 15996-16004.

[248] Palma A L, Cina L, Pescetelli S, et al. Reduced graphene oxide as efficient and stable hole transporting material in mesoscopic perovskite solar cells[J]. Nano Energy, 2016, 22: 349-360.

[249] Guo X C, Li J Y, Wang B, et al. Improving and stabilizing perovskite solar cells with incorporation of graphene in the spiro-OMeTAD layer: suppressed Li ions migration and improved charge extraction[J]. ACS Appl. Energy Mater., 2020, 3: 970-976.

[250] Ming W, Yang D, Li T, et al. Formation and diffusion of metal impurities in perovskite solar cell material $CH_3NH_3PbI_3$: Implications on solar cell degradation and choice of electrode[J]. Adv. Sci., 2018, 5: 1700662.

[251] Lin L J, Gu C J, Zhu J Y, et al. Engineering of hole-selective contact for high-performance perovskite solar cell featuring silver back-electrode[J]. J. Mater. Sci., 2019, 54: 7789-7797.

[252] Zhao J J, Zheng X P, Deng Y H, et al. Is Cu a stable electrode material in hybrid perovskite solar cells for a 30-year lifetime?[J]. Energy Environ. Sci., 2016, 9: 3650-

3656.

[253] You P, Liu Z K, Tai Q D, et al. Efficient semitransparent perovskite solar cells with graphene electrodes[J]. Adv. Mater., 2015, 27: 3632-3638.

[254] Zhang C Y, Wang S, Zhang H, et al. Efficient stable graphene-based perovskite solar cells with high flexibility in device assembling via modular architecture design[J]. Energy Environ. Sci., 2019, 12: 3585-3594.

[255] Lin X, Su H, He S, et al. *In situ* growth of graphene on both sides of a Cu-Ni alloy electrode for perovskite solar cells with improved stability[J]. Nat. Energy, 2022: 520-527.

[256] Deng Y, Van Brackle C H, Dai X, et al. Tailoring solvent coordination for high-speed, room-temperature blading of perovskite photovoltaic films[J]. Sci. Adv., 2019, 5: eaax7537.

[257] Lee D K, Jeong D N, Ahn T K, et al. Precursor engineering for a large-area perovskite solar cell with $> 19\%$ efficiency[J]. ACS Energy Lett., 2019, 4: 2393-2401.

[258] He M, Li B, Cui X, et al. Meniscus-assisted solution printing of large-grained perovskite films for high-efficiency solar cells[J]. Nat. Commun., 2017, 8: 16045.

[259] Mallajosyula A T, Fernando K, Bhatt S, et al. Large-area hysteresis-free perovskite solar cells via temperature controlled doctor blading under ambient environment[J]. Appl. Mater. Today, 2016, 3: 96-102.

[260] Patidar R, Burkitt D, Hooper K, et al. Slot-die coating of perovskite solar cells: An overview[J]. Mater. Today Commun., 2020, 22: 2352-4928.

[261] Vak D, Hwang K, Faulks A, et al. 3D printer based slot-die coater as a lab-to-fab translation tool for solution-processed solar cells[J]. Adv. Energy Mater., 2015, 5: 1401539.

[262] Di Giacomo F, Shanmugam S, Fledderus H, et al. Up-scalable sheet-to-sheet production of high efficiency perovskite module and solar cells on 6-in. substrate using slot die coating[J]. Sol. Energy Mater Sol. Cells, 2018, 181: 53-59.

[263] Tait J G, Manghooli S, Qiu W, et al. Rapid composition screening for perovskite photovoltaics via concurrently pumped ultrasonic spray coating[J]. J. Mater. Chem. A, 2016, 4: 3792-3797.

[264] Das S, Yang B, Gu G, et al. High-performance flexible perovskite solar cells by using a combination of ultrasonic spray-coating and low thermal budget photonic curing[J]. ACS Photonics, 2015, 2: 680-686.

[265] Heo J H, Lee M H, Jang M H, et al. Highly efficient $CH_3NH_3PbI_{3-x}Cl_x$ mixed halide perovskite solar cells prepared by re-dissolution and crystal grain growth via spray coating[J]. J. Mater. Chem. A, 2016, 4: 17636-17642.

[266] Barrows A T, Pearson A J, Kwak C K, et al. Efficient planar heterojunction mixed-halide perovskite solar cells deposited via spray-deposition[J]. Energy Environ. Sci., 2014, 7: 2944-2950.

[267] Karunakaran S K, Arumugam G M, Yang W T, et al. Recent progress in inkjet-printed

solar cells[J]. J. Mater. Chem. A, 2019, 7: 13873-13902.

[268] Li P W, Liang C, Bao B, et al. Inkjet manipulated homogeneous large size perovskite grains for efficient and large-area perovskite solar cells[J]. Nano Energy, 2018, 46: 203-211.

[269] Liang C, Li P W, Gu H, et al. One-step inkjet printed perovskite in air for efficient light harvesting[J]. Sol. RRL, 2018, 2: 1700217.

[270] Li Z H, Li P W, Chen G S, et al. Ink engineering of inkjet printing perovskite[J]. ACS Appl. Mater. Interfaces, 2020, 12: 39082-39091.

[271] Green M A, Dunlop E D, Hohl-Ebinger J, et al. Solar cell efficiency tables (version 59)[J]. Prog. Photovolt., 2022, 30: 3-12.

[272] Verma A, Martineau D, Abdolhosseinzadeh S, et al. Inkjet printed mesoscopic perovskite solar cells with custom design capability[J]. Mater. Adv., 2020, 1: 153-160.

[273] Kay A, Gratzel M. Low cost photovoltaic modules based on dye sensitized nanocrystalline titanium dioxide and carbon powder[J]. Sol. Energy Mater Sol. Cells, 1996, 44: 99-117.

[274] Mei A Y, Li X, Liu L F, et al. A hole-conductor-free, fully printable mesoscopic perovskite solar cell with high stability[J]. Science, 2014, 345: 295-298.

[275] Ku Z L, Rong Y G, Xu M, et al. Full printable processed mesoscopic $CH_3NH_3PbI_3/TiO_2$ heterojunction solar cells with carbon counter electrode[J]. Sci. Rep., 2013, 3: 3132.

[276] Chen C S, Chen J X, Han H C, et al. Perovskite solar cells based on screen-printed thin films[J]. Nature, 2022, 612: 266-271.

[277] Liang G X, Lan H B, Fan P, et al. Highly uniform large-area (100 cm^2) perovskite $CH_3NH_3PbI_3$ thin-films prepared by single-source thermal evaporation[J]. Coatings, 2018, 8: 256.

[278] Borchert J, Milot R L, Patel J B, et al. Large-area, highly uniform evaporated formamidinium lead triiodide thin films for solar cells[J]. ACS Energy Lett., 2017, 2: 2799-2804.

[279] Chen H, Ye F, Tang W T, et al. A solvent- and vacuum-free route to large-area perovskite films for efficient solar modules[J]. Nature, 2017, 550: 92-95.

[280] Li X, Bi D Q, Yi C Y, et al. A vacuum flash-assisted solution process for high-efficiency large-area perovskite solar cells[J]. Science, 2016, 353: 58-62.

[281] Tu Y, Wu J, Xu G, et al. Perovskite solar cells for space applications: progress and challenges[J]. Adv. Mater., 2021, 33: 2006545.

[282] Reb L K, Boehmer M, Predeschly B, et al. Perovskite and organic solar cells on a rocket flight[J]. Joule, 2020, 4: 1880-1892.

[283] Siegler T D, Dawson A, Lobaccaro P, et al. The path to perovskite commercialization: A perspective from the United States Solar Energy Technologies Office[J]. ACS Energy Lett., 2022, 7: 1728-1734.

第 3 章　钙钛矿/晶硅异质结叠层太阳电池物理

20 世纪，随着量子力学的诞生与发展，创造了诸多科学奇迹。其中，光子波动性的应用在于传递信息，而粒子性的应用在于传递能量，这种波粒二象性应用实现了光电产业的两个方向，太阳电池就是其中之一。太阳电池物理不涉及光子波动性，但是却建立在光子的粒子性基础上。太阳电池利用光传递能量的粒子特性，将光能转换为电能，即一个光子被半导体材料吸收后会产生一个电子–空穴对，生成的电子–空穴对数目决定了电流大小。第一届诺贝尔奖于 1901 年 12 月颁发，截至现今，在光电子学和半导体物理学上有重大贡献而获此殊荣的科学家已数不胜数。太阳电池作为半导体物理学和光电产业的一部分，光伏效应的发现实际上比爱迪生发明灯泡更早。1839 年，法国物理学家贝可勒尔 (Becquerel)[1] 观察到在光照条件下，电解液中镀银的铂金电极之间有电压的产生，从而提出了光生伏特效应。

1954 年，美国贝尔 (Bell) 实验室 [2] 首次报道了能量转换效率为 6%的单晶硅太阳电池，这种太阳电池仅为最简单的 pn 结。随着太阳电池物理技术的发展，科学家已经知道可以利用不同材料的极性，为太阳电池的结构增添一些光电功能层，以实现效率的最优化。对于光学性质而言，可以添加减反射功能材料；对于电学性质而言，可以添加钝化层材料。如何把光学吸收功能全部收纳于本征活性层，如何把电学传输功能全部收纳于载流子传输层，这是物理技术推动太阳电池技术发展所要考虑的关键。因此，目前单结晶硅太阳电池从简单 pn 结发展为多功能层堆叠结构，进一步，依据太阳光谱的光子吸收原理，多结太阳电池具有更大潜力，可以打破单结太阳电池在 1 个标准太阳光照下带隙为 1.34 eV 的 33.7% 的效率限制 [3-5]，从而降低光伏系统的平准化度电成本 (LCOE)[6-8]。在 1 个标准太阳的照射下，通过假设 100%的辐射复合并考虑太阳辐射和电致发光，两结、三结和无限结的理论能量转换效率分别为 43%、50%和 65%[9-13]。特别地，在高度聚光的太阳光谱下，无限结的理论预测效率为 86.8%[14,15]。

自 2015 年钙钛矿/晶硅叠层太阳电池首次被提出以来，其能量转换效率从初始的 13.7%[16] 到目前的 32.5%[17] 获得了惊人的增长。由于晶硅子电池具有产业成熟的基础，因此钙钛矿/晶硅异质结叠层太阳电池是两结太阳电池领域中被产业界最为看好的。钙钛矿/晶硅异质结叠层太阳电池的物理本质是一种半导体串联器件，为了满足光伏行业的巨大需求和半导体器件领域的长久发展，本章将从钙钛矿/晶硅异质结叠层太阳电池的物理机制出发，详细探讨其光电特性、能量损失以及各个功能层机理。

3.1 钙钛矿/晶硅异质结叠层太阳电池光电特性

钙钛矿/晶硅异质结叠层太阳电池已经清楚地显示出可以有效提高光电转换效率。在过去，制造这些器件的挑战往往是在材料科学领域，绕过不同材料的限制，满足晶格常数和带隙的要求。然而，低维结构领域的发展，特别是超晶格，可能允许采用通用方法来开发太阳电池的串联堆叠结构 [18]。首先，本节从太阳光谱的分光吸收原理出发，指出钙钛矿/晶硅异质结叠层太阳电池的光学吸收过程；其次，借助等效电路模型分析叠层太阳电池中子电池的连接方式；最后，依据微观层面载流子的输运过程分析叠层太阳电池的电学性能。

3.1.1 太阳光谱分配吸收

在钙钛矿/晶硅异质结叠层太阳电池中，对应于分光原理，使用两种带隙材料进行有效串联，通常是顶部宽带隙太阳电池吸收高能光子，底部窄带隙太阳电池吸收低能光子 (图 3-1(a)~(d))，从而实现了更宽的波长吸收区域，减轻了能量不匹配的载流子热损失，可以突破单结的 Shockley-Queisser 极限 [5]，实现高能量转换效率。钙钛矿/晶硅异质结叠层太阳电池的能量转换效率估算可以使用 Henry 提出的梯形规则 [19]，此图形程序可以定量分析两子电池内部损失以及展示其原因：单结太阳电池无法完全匹配宽范围的太阳光谱，并且存在着一定的辐射复合。在这种方法中，两子电池的工作温度被假定为 298 K，对应于标准测试条件 (AM 1.5G, 25 ℃)。理论上的光子通量 ($n_{\mathrm{ph}}(E_{\mathrm{g}})$ 为光子数，单位为 $\mathrm{m}^{-2}\cdot\mathrm{s}^{-1}$) 用梯形规则计算，如式 (3-1) 所示。

$$
\begin{aligned}
n_{\mathrm{ph}}\left(E_{\mathrm{g}}\right) &= \int_{E_{\mathrm{g}}}^{\infty} \frac{\mathrm{d}n_{\mathrm{ph}}}{\mathrm{d}hv}\mathrm{d}h\nu \\
&= \sum_{i=E_{\mathrm{g}}}^{\infty}\left(h\nu_{i+1}-h\nu_{i}\right)\frac{1}{2}\left[\frac{\mathrm{d}n_{\mathrm{ph}}}{\mathrm{d}h\nu}\left(h\nu_{i+1}\right)+\frac{\mathrm{d}n_{\mathrm{ph}}}{\mathrm{d}h\nu}\left(h\nu_{i}\right)\right]
\end{aligned}
\tag{3-1}
$$

其中，h 是普朗克常量 ($h=6.626\times10^{-34}$ J·s)；$\nu=c/\lambda$ 是光的频率，这里 c 是光的速度，λ 是波长。

因此，AM 1.5G 光谱辐照度是以光子通量为单位给出的，太阳电池总电流密度可按以下方式计算 [19]：

$$
J = J_{\mathrm{ph}} + J_{\mathrm{th}} - J_{\mathrm{rad}} \tag{3-2}
$$

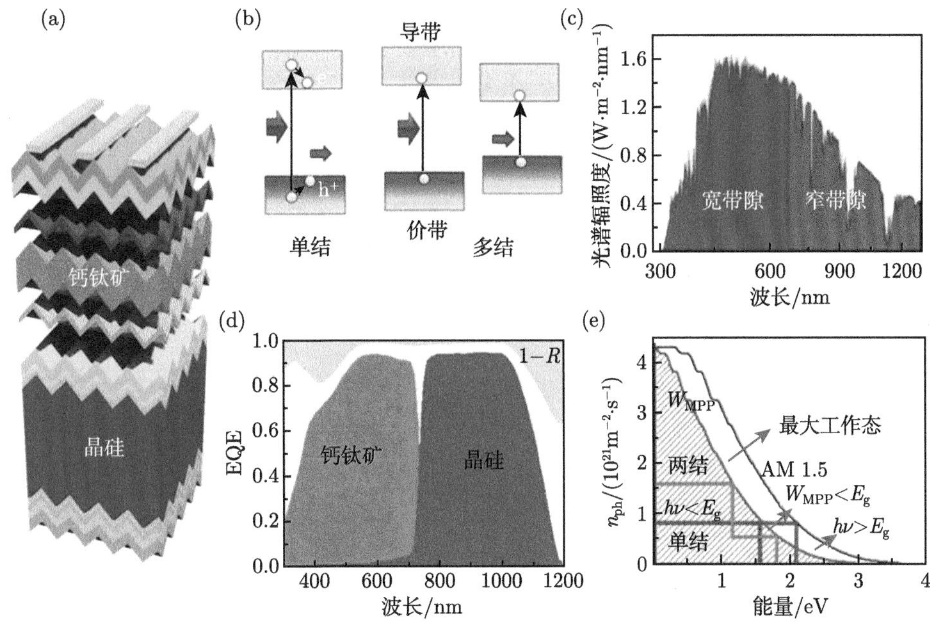

图 3-1　钙钛矿/晶硅异质结叠层太阳电池分光吸收原理

(a) 钙钛矿/晶硅异质结叠层太阳电池结构示意图；(b) 分光吸收的带隙原理图；(c) 标准太阳光谱的分光吸收分布机理；(d) 钙钛矿/晶硅异质结叠层太阳电池的外部量子效率 (EQE) 和反射曲线；(e) 标准太阳光谱和太阳电池吸收光谱的光子通量随太阳电池带隙的依赖关系 [18]

其中，J_{ph} 是由吸收太阳辐射而产生的电流密度；J_{th} 是由热辐射而产生的电流密度；J_{rad} 是来自太阳电池顶部表面发射辐射的电流密度。在此，我们假设半导体在光子能量大于其 E_{g} 值时是不透明的，但在光子能量小于其 E_{g} 值时是透明的。J_{rad} 的具体公式为 [19]

$$J_{\mathrm{rad}} = \frac{q\left(n^2+1\right)}{4\pi^2 c^2}\int_{E_{k_{\mathrm{B}}/\hbar}}^{\infty} \mathrm{d}\Omega\omega^2 \exp\left(\frac{qV-\hbar\omega}{k_{\mathrm{B}}T}\right)$$
$$\approx \Theta \exp\left(\frac{eV-E_{\mathrm{g}}}{k_{\mathrm{B}}T}\right) \tag{3-3}$$

其中，ω 为单位角频率；k_{B} 为玻尔兹曼常量；T 为温度；Θ 的具体表达式为 [19]

$$\Theta \approx \frac{q\left(n^2+1\right)E_{\mathrm{g}}^2 k_{\mathrm{B}}T}{4\pi^2\hbar^3 c^2} \tag{3-4}$$

另外两项分别为 [19]

$$J_{\mathrm{th}} = \Theta \exp\left(-\frac{E_{\mathrm{g}}}{k_{\mathrm{B}}T}\right) \tag{3-5}$$

$$J_{\mathrm{ph}} = qn_{\mathrm{ph}} \tag{3-6}$$

与 J_{ph} 相比，J_{th} 对于 $E_{\mathrm{g}} \geqslant 0.3$ eV 的半导体来说是可以忽略的。因此，为了简化讨论，忽略 J_{th} 这一项，得出以下公式：

$$J = qn_{\mathrm{ph}} - \frac{2\pi\exp\left(n^2+1\right)E_{\mathrm{g}}^2 k_{\mathrm{B}}T}{h^3c^2}\left(\frac{qV-E_{\mathrm{g}}}{k_{\mathrm{B}}T}\right) \tag{3-7}$$

开路电压 (V_{OC}) 是通过设置 $J=0$，由以下公式计算：

$$qV_{\mathrm{OC}} = E_{\mathrm{g}} - k_{\mathrm{B}}T\ln\left(\frac{\dfrac{2\pi\exp\left(n^2+1\right)E_{\mathrm{g}}^2 k_{\mathrm{B}}T}{h^3c^2}}{qn_{\mathrm{ph}}}\right) \tag{3-8}$$

最大功率点 (MPP) (J_{MPP}，V_{MPP}) 是通过设定导数 $\mathrm{d}(JV)/\,\mathrm{d}V=0$ 得到：

$$qV_{\mathrm{MPP}} = qV_{\mathrm{OC}} - k_{\mathrm{B}}T\ln\left(1+\frac{qV_{\mathrm{MPP}}}{k_{\mathrm{B}}T}\right) \tag{3-9}$$

$$J_{\mathrm{MPP}} = \frac{qn_{\mathrm{ph}}}{1+\dfrac{k_{\mathrm{B}}T}{qV_{\mathrm{MPP}}}} \tag{3-10}$$

结合式 (3-9) 和式 (3-10)，可以得到最大功率 W_{MPP}：

$$W_{\mathrm{MPP}} = E_{\mathrm{g}} - k_{\mathrm{B}}T\left[\ln\left(\frac{\dfrac{2\pi\exp\left(n^2+1\right)E_{\mathrm{g}}^2 k_{\mathrm{B}}T}{h^3c^2}}{qn_{\mathrm{ph}}}\right) + \ln\left(1+\frac{qV_{\mathrm{MPP}}}{k_{\mathrm{B}}T}\right)+1\right] \tag{3-11}$$

在上述公式的基础上，可以得到不同 E_{g} 和 n_{ph} 值的关系，如图 3-1(e) 所示。因此，使用 Henry 图解分析 [19]，考虑到两个主要的内在损失，通过改变钙钛矿/晶硅异质结叠层太阳电池两子电池带隙差 ΔE_{g}，以找到最大的能量转换效率，通俗地说，也就是找到梯形所包围的最大面积。从图中阴影区域可以看出，钙钛矿/晶硅异质结叠层太阳电池的能量转换效率与顶部和底部吸收材料的 E_{g} 值有密切关系，并且还与 AM 1.5G 存在着光子固有的能量差距，这是由高能光子热损失和复合作用造成的。因此，根据 Henry 梯形图解 (图 3-1(e))[19]，本节得出结论：钙钛矿/晶硅异质结叠层太阳电池的太阳光谱分配吸收原理并不是完美的，其只能对一定能量范围内的光子进行最大程度的俘获吸收，但是其仍然存在着带隙不匹配的光谱能量损失，这也是无法从源头上避免的。

3.1.2 钙钛矿/晶硅异质结叠层太阳电池连接方式

太阳电池的简易等效电路包括一个电流源和一个或几个并联的二极管，通常在电路中加入串联电阻 R_s 和并联电阻 R_{sh} 来考虑太阳电池焊锡键、互连、接线盒等损耗以及通过 pn 结的电流泄漏。单结太阳电池的最流行等效电路如图 3-2 所示，包括一个电流源、一个二极管和一些电阻。电流–电压 (I-V) 曲线很好地再现了太阳电池的光伏行为，即 I-V 曲线。图 3-2 的电路模型用式 (3-12) 定义 [20]：

$$I = I_{pv} - I_0 \left[\exp\left(\frac{V + IR_s}{NaV_T}\right) - 1\right] - \frac{V + IR_s}{R_{sh}} \tag{3-12}$$

其中，I_{pv} 是恒流源传递的光生电流；I_0 是对应二极管的反向饱和电流；N 是串联的太阳电池数；a 是考虑到二极管偏离 Shockley 扩散理论的理想因子 (对于单结太阳电池，该因子的值在 1~1.5)；V_T 是二极管的热电压，取决于温度 T。

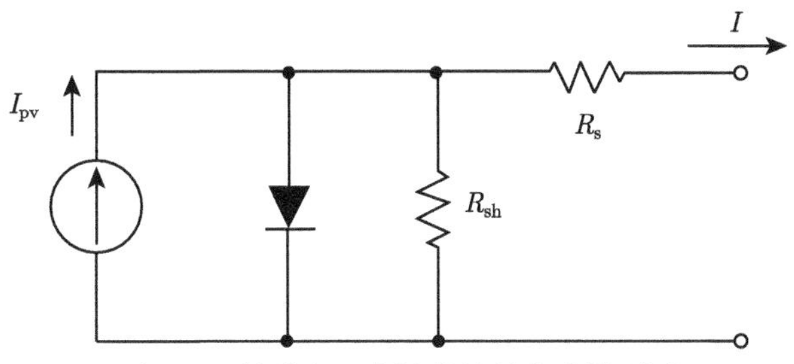

图 3-2 单结太阳电池的等效电路模型图

钙钛矿/晶硅异质结叠层太阳电池根据拥有的端数目可以细分为以下三种结构，分别为：两端叠层太阳电池 [21-25]、三端叠层太阳电池 [26,27] 和四端叠层太阳电池 [28-34]。两端钙钛矿/晶硅异质结叠层太阳电池仅有一类，其是通过中间复合结来将两个子电池进行串联，其两端的电学性质为 p 或者 n 型。三端钙钛矿/晶硅异质结叠层太阳电池可以分为两类：三端插指式背接触式和三端复合结位式串联太阳电池。四端钙钛矿/晶硅异质结叠层太阳电池根据吸光方式可以细分为三类：四端物理堆垛式、四端反射聚光式和四端分光反射式串联太阳电池。无论是几端串联钙钛矿/晶硅异质结叠层太阳电池，每种结构都有各自的优缺点 [35]。这里将从太阳电池的成本和制造难易程度出发，探讨其背后的物理等效电路原理，并结合三种配置的优劣分析，为后续的太阳电池制造和产线组件提供可靠的选择方案。

1. 两端钙钛矿/晶硅异质结叠层太阳电池

两端钙钛矿/晶硅异质结叠层太阳电池的单独子电池的等效电路图与单结太阳电池情况基本相同，但是两者串联之后，钙钛矿和晶硅器件之间的直接连接造成了一个反向电势，所以一般使用复合结 (隧穿结) 来避免 V_{OC} 的损失，其两端串联的等效电路如图 3-3(a) 所示 (两子电池极性相异的一端串联在一起)。复合结的等效电路模型由一个恒电流源和一个二极管组成，其电流的方向与两个子电池的方向相反。在任何反向偏置电压和小的正向偏置电压下，复合结类似于一个电阻。更重要的是，在正向偏置电压条件下，当电流密度大于隧穿峰值电流时，复合结的行为被热离子发射所支配。

两端钙钛矿/晶硅异质结叠层太阳电池的构建配置如图 3-3(b) 所示，由于只需要一层透明导电电极，所以减少了沉积步骤以及材料的使用，节约了生产成本。特殊功能结的使用减少也使得光学寄生吸收损失减少，电学损耗进一步降低。此外，两端钙钛矿/晶硅异质结叠层太阳电池的 V_{OC} 等于两个子电池的 V_{OC} 之和，较高的 V_{OC} 可以有效减少光伏系统因串联电阻带来的损失。当然，两端钙钛矿/晶硅异质结叠层太阳电池也有缺点。其一是两端钙钛矿/晶硅异质结叠层太阳电池的电流密度不再是两个子电池的和，而会被最小电流密度的子电池所限制。如果两子电池的电流密度不匹配，其失配的电流会产生严重的热效应，热量的积累必然会导致钙钛矿材料寿命缩短。其二是全球各地不同时间的太阳光谱也各有差异，两端钙钛矿/晶硅异质结叠层太阳电池无法保证在天气、时间等不同条件下仍然可以达到电流密度匹配要求，这必然会带来实际发电量损失。其三是两个子电池的制备工艺必须尽可能兼容，例如，钙钛矿薄膜生长所需的温度值必须要低于晶硅异质结底电池的温度耐受性，否则将会导致底电池过热而损坏。

在串联成本和制备工艺的限制条件下，两端钙钛矿/晶硅异质结叠层太阳电池技术是目前研究最为火热的方向之一。在晶硅太阳电池制造中使用的有金字塔纹理的硅片具有卓越的光俘获能力，这是实现高性能晶硅光伏的一个关键推动因素。同时纹理结构的使用，在两端钙钛矿/晶硅异质结叠层太阳电池中可以获得类似的光学效益，提高晶硅底电池的电流输出。然而，这种复杂的晶硅表面可能会影响上层钙钛矿薄膜的结构和光电性能，如图 3-3(c)～(e) 所示，De Wolf 团队 [36] 通过基于光学和微观结构光谱的实验表征发现，金字塔纹理化衬底形貌的主要影响在于改变钙钛矿的光致发光效应，这与钙钛矿的厚度变化有关，而不是晶格应变或成分变化，最终他们制备的两端钙钛矿/晶硅异质结叠层太阳电池的认证能量转换效率超过 28%。

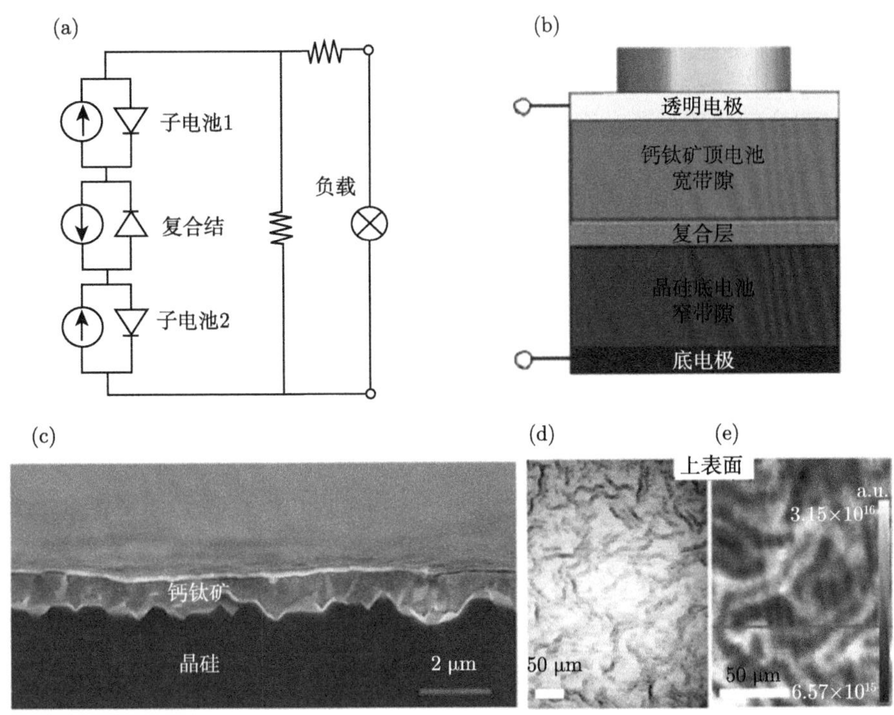

图 3-3 两端钙钛矿/晶硅异质结叠层太阳电池

(a) 两端等效电路示意图；(b) 两端串联配置示意图 [35]；(c) 沉积在金字塔纹理上的钙钛矿薄膜 SEM 截面图像，钙钛矿薄膜被覆盖在晶硅顶部触点上，厚度约为 1 μm；样品的 (d) 光学显微镜图像和 (e) 高光谱光致发光图像 [36]

2. 三端钙钛矿/晶硅异质结叠层太阳电池

三端钙钛矿/晶硅异质结叠层太阳电池根据目前研究的结构配置方案可以分为两类，包括三端插指式背接触式串联太阳电池 [27] 和三端复合结位式串联太阳电池 [26]，但是其等效电路图只有一种，如图 3-4(a) 所示，与两端情形相比，其多出来的一端可以有效地利用某个子电池的失配电流密度。这种配置增加了负载 2，优势在于将由电流密度失配所造成的能量损失再次利用，以最大化能量产出。

三端插指式背接触式串联太阳电池 [27] 配置结构如图 3-4(b) 所示，它是由一个插指式结构的晶硅底电池和一个沉积在晶硅底电池上的宽带隙钙钛矿顶电池组成。其优势在于，它与两端钙钛矿/晶硅异质结叠层太阳电池相比，其中间的复合结不需要完全的复合作用，因此可以采用较薄的厚度，从而寄生吸收损失相对较小，来达到更高的实际串联效率，同时，这可以有效降低太阳电池的制造成本。其缺点在于，三个电极中必然有两个电极是同性质的，这就导致了此类电池的 V_{OC} 较低，电阻所造成的损耗较大。并且，目前插指式背电极的制备工艺复杂、要求极高，这些原因导致了三端插指式背接触式串联太阳电池的制备成本高，研究较为稀少。

三端复合结位式串联太阳电池 [26] 配置结构如图 3-4(c) 所示，与插指式情形不同的是它的第三端位于复合结位置，利用电路开关转换来进行失配电流密度的二次利用。图 3-4(c) 显示三端复合结位式串联太阳电池相对于两端钙钛矿/晶硅异质结叠层太阳电池只多了一组导线，因此两端的所有优势，这种三端配置都具备。由于复合结位置的第三端电极制备可以与正面或者背面电极同时进行 (简化了制造步骤)，因此三端复合结位式串联太阳电池是三端配置中最被研究者们看好的。然而，太阳电池实际工作情形下，电流密度匹配程度也随着天气、时间等变化，因此这种结构的缺陷在于电路开关的切换较为频繁和复杂，这导致了失配电流密度的二次利用率较低。

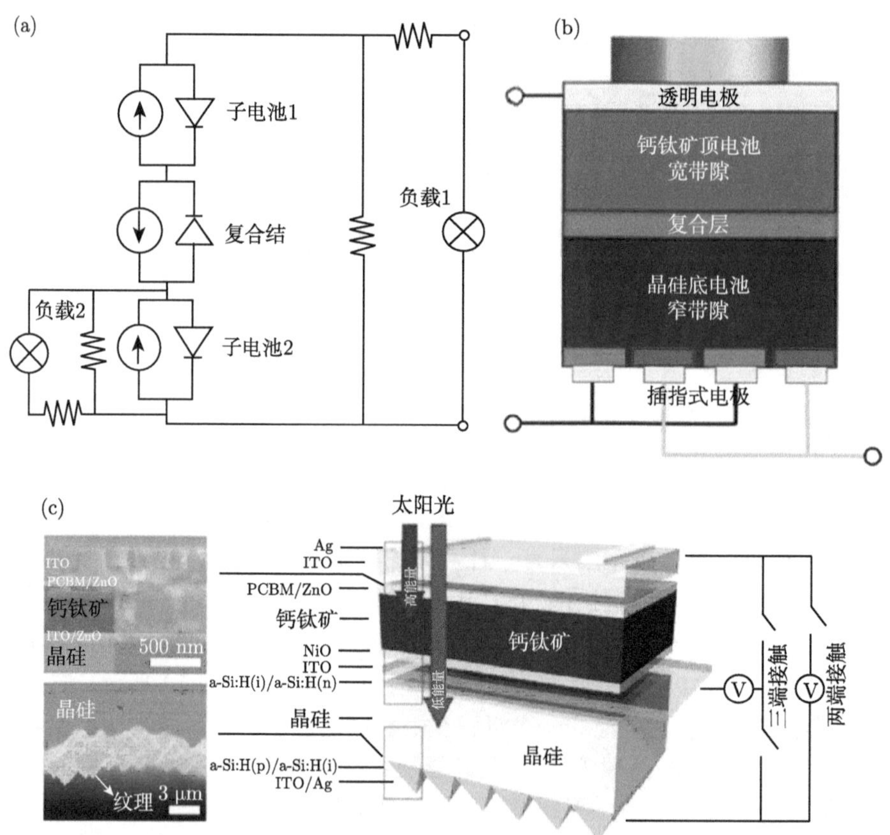

图 3-4 三端钙钛矿/晶硅异质结叠层太阳电池

(a) 三端等效电路示意图；(b) 三端插指式背接触式串联太阳电池配置示意图 [35]；(c) 三端复合结位式串联太阳电池 SEM 图像以及示意图 [26]

3. 四端钙钛矿/晶硅异质结叠层太阳电池

四端钙钛矿/晶硅异质结叠层太阳电池有三类，包括四端物理堆垛式、四端反射聚光式和四端分光反射式串联太阳电池，它们的等效电路如图 3-5 (a) 所示，其是单独两子电池以并联的形式给负载提供电力 (两子电池极性相同的一端并联在负载的一端)。根据图 3-5 (a) 可以得知，与两端和三端配置的等效电路图相比，这种四端式连接不存在断路的情形，因此太阳电池元件组合的容错率较高。

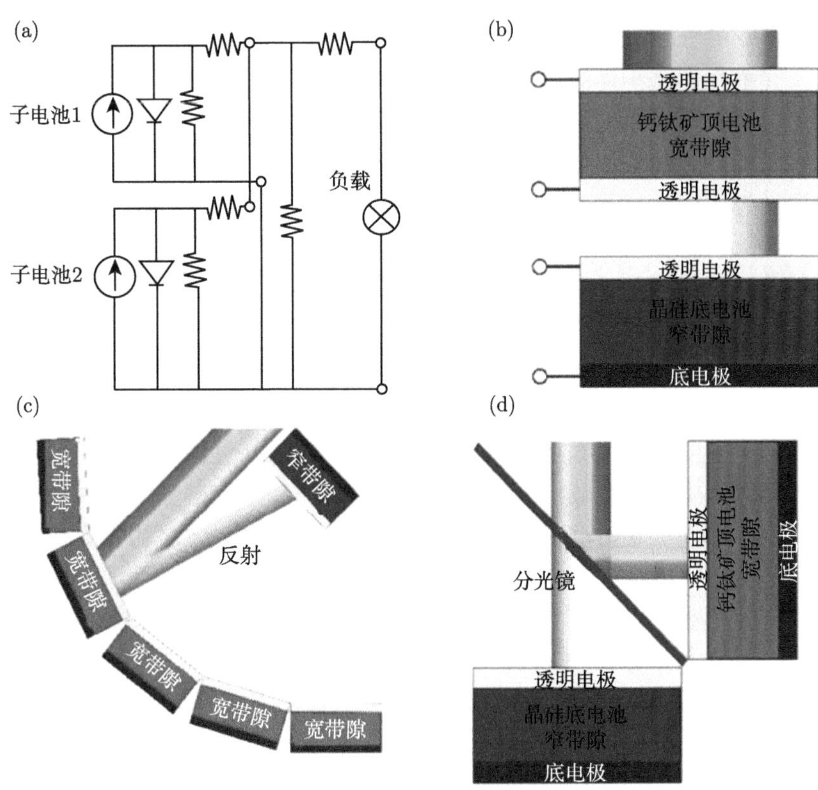

图 3-5 四端钙钛矿/晶硅异质结叠层太阳电池

(a) 四端等效电路示意图；(b) 四端物理堆垛式、(c) 四端反射聚光式和 (d) 四端分光反射式串联太阳电池配置示意图 [35]

从太阳电池结构开发的角度来看，四端物理堆垛式串联太阳电池 [28-30] 是最简单配置的钙钛矿/晶硅异质结叠层太阳电池。这两子电池是独立制备的，顶电池的下表面与底电池的上表面物理接触或者不接触，其电路独立连接。两子电池只需要彼此达到各自的最大功率输出点就可以实现完美的光电能量转换；此外，由于电路的并联性，因此两子电池之间不存在电流密度匹配要求，实际工作情形下的光谱变化影响几乎可以忽略。因此，这种结构的太阳电池具有制备工艺独立、无需子电池的电流密度匹配、工艺条件互不限制等优点。然而，这种配置也存在缺点。四端配置必须有四个输出端，即四个电极。由于透光性的要求，在特定的光谱范围内，至少有三个电极需要良好的透光率和较低的寄生吸收损耗。并且，四端配置存在较多数目的金属电极和封装材料的大量使用情况，这造成了串联太阳电池总成本的增加。

四端反射聚光式串联太阳电池 [31,34] 结构外围由一系列弯曲的宽带隙钙钛矿材料组成，以吸收太阳光谱中的短波光子，配置中央是一块窄带隙晶硅太阳电池，以吸收光谱中的长波光子。同时，这些外围的钙钛矿太阳电池的顶部有一块集分光镜、反光镜功能于一体的特殊光学镜。这枚特殊功能的光学镜是用来反射宽带隙钙钛矿材料不能吸收的太阳光谱中的长波部分，运用这些曲面将光子反射并聚焦在中央的晶硅太阳电池上。由于晶硅太阳电池位于光学曲面镜的焦点上，所以其光功率受光学镜性能的影响。这种太阳电池的主要优势在于：一是任何太阳电池都无法避免反射损失的存在，但是此类太阳电池却可以充分利用被太阳电池前表面反射的光子能量；二是晶硅太阳电池的用量得到减少，一定程度上节省制造成本。四端反射聚光式串联配置的缺点在于：必须要考虑特殊光学镜的成本问题还有宽带隙钙钛矿材料的用量问题，并且光学镜的研发程度还不够，与实际应用还有一定距离。

四端分光反射式串联太阳电池 [32,33] 配置结构必须包含一个与四端反射聚光式串联太阳电池中功能类似的光学镜，其可以将总太阳光谱分为短波部分和长波部分，并最终被顶、底电池吸收并转化为电能。这种太阳电池的优点在于其分光机理简单，实验室的优化研究完全可以集中在串联太阳电池本身，而避免了一些位于中间层的特殊结研究，包括低功函数的复合结以及载流子传输层等。然而，这种配置的缺点也十分明显，其一是分光镜的成本问题；其二是实际工作情形下，太阳光谱随时间变化性质而造成的光谱分配吸收不均问题。

在分析了两端、三端以及四端钙钛矿/晶硅异质结叠层太阳电池技术后，不难看出，相比于三端和四端，两端的优势在于简易的制造工艺和相对低的成本。这两个参数对于钙钛矿/晶硅异质结叠层太阳电池的商业化至关重要，有利于实现最低的度电成本。因此，本章接下来将重点阐述两端情形下的钙钛矿/晶硅异质结叠层太阳电池物理。

3.1.3　钙钛矿/晶硅异质结叠层太阳电池载流子输运基本过程

钙钛矿/晶硅异质结叠层太阳电池除了拥有单结太阳电池固有的电输运特性外，还包括载流子在复合结中的输运过程。一方面，钙钛矿/晶硅异质结叠层太阳电池如同单结太阳电池一样，在光照情况下，非平衡载流子在内建电场的作用下被分离；另一方面，由于结与结之间的连接，多数载流子会在复合结处被复合掉，以减轻电荷的累积效应，用来增大太阳电池的开路电压 V_{OC} 值。

在钙钛矿/晶硅异质结叠层太阳电池的两子电池中，载流子输运与单结太阳电池情况基本一致，如图 3-6 所示，非平衡载流子在太阳光谱光场中被分离开来，进而在内建电场和能级位错作用下被有效地输运。不同的是，由于是串联配置，两子电池的多数载流子都会汇聚在复合结位置，从而达到复合的目的，提高太阳电池的 V_{OC}。因此复合结在钙钛矿/晶硅异质结叠层太阳电池领域的作用非同一般，解析其实际的载流子物理输运过程，对于串联能量转换效率的提升具有重大意义。

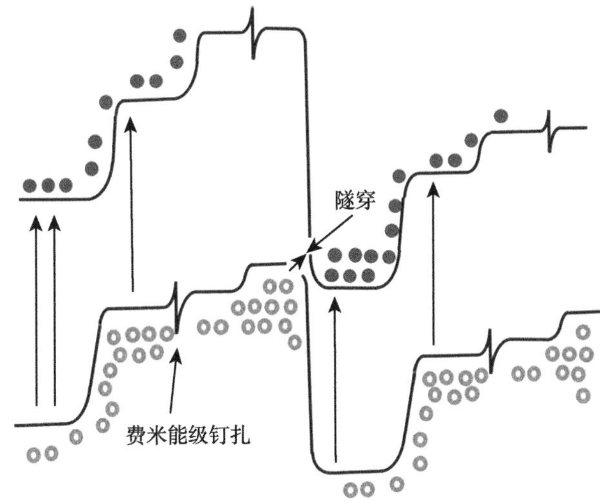

图 3-6 钙钛矿/晶硅异质结叠层太阳电池的基本载流子输运能带示意图

对于单结太阳电池而言，在接触堆叠的每个界面上都可能存在较多缺陷态。在与光吸收层共享的界面上，从少数载流子的角度来看，这种缺陷态会通过 Shockley-Read-Hall (SRH) 复合而导致太阳电池电压损失，因此必须采取有效的表面钝化策略。从多数载流子的角度来看，这些缺陷态也可能导致费米能级钉扎 (图 3-6)，这可能导致在界面上存在传输障碍，损害载流子的选择性接触。事实上，费米能级钉扎导致在接触处形成的预测能量势垒与肖特基–莫特 (Schottky-Mott) 理论势垒 (其中势垒高度由接触材料功函数和半导体电子亲和能之间的差异值决定) 存在偏差。现在，我们考虑太阳电池的层接触位置和复合结附近位置，很明显，复合结也会受到费米能级钉扎的影响。例如，在硅中由于存在高度集中的表面缺陷 (硅悬挂键) 以及金属诱导的间隙态，费米能级钉扎是通过直接金属化形成的载流子选择性接触的一个重要势垒。这些缺陷和金属诱导的间隙态限制了金属功函数控制晶硅表面电势的能力，损害了载流子的选择性和输运能力。为了克服费米能级钉扎的影响，就必须在晶硅界面处进行重掺杂，以缩小势垒宽度，使载流子隧穿通过肖特基势垒，或者实现所谓的钝化接触，以钝化表面缺陷并使金属电极离开界面能级。如果两子电池的相互连接确实受到费米能级钉扎的影响 (接触势垒的存在严重阻碍了多数载流子的复合效应)，则可以通过复合结两边材料的功函数调谐工程来进行优化改进。

3.1.4　钙钛矿/晶硅异质结叠层太阳电池电流–电压特性

钙钛矿/晶硅异质结叠层太阳电池的载流子定向移动生成电流，由于其本身的二极管特性，因此电流的输运会引发电势差，从而形成电势 (即电流–电压特性)。本小节将重点介绍钙钛矿/晶硅异质结叠层太阳电池的隧穿结电流–电压特性以及太阳电池整体电流–电压特性。

1. 隧穿结电流–电压特性

如图 3-7 所示，静态 I-V 特性是三个电流分量的结果：隧穿电流、过载电流和扩散电流。对于理想的隧穿二极管，隧穿电流在 $V > (V_{\mathrm{p}}' + V_{\mathrm{n}}')$ 的偏置电压处降为零，其中 V_{p}' 和 V_{n}' 分别是 p 侧和 n 侧的简并电压。在较大的偏置电压值时，只有由正向注入的少数载流子流引起的正常二极管电流。然而，在实际情况中，这种偏差的实际电流大大超过正常二极管电流，因此称为过载电流。

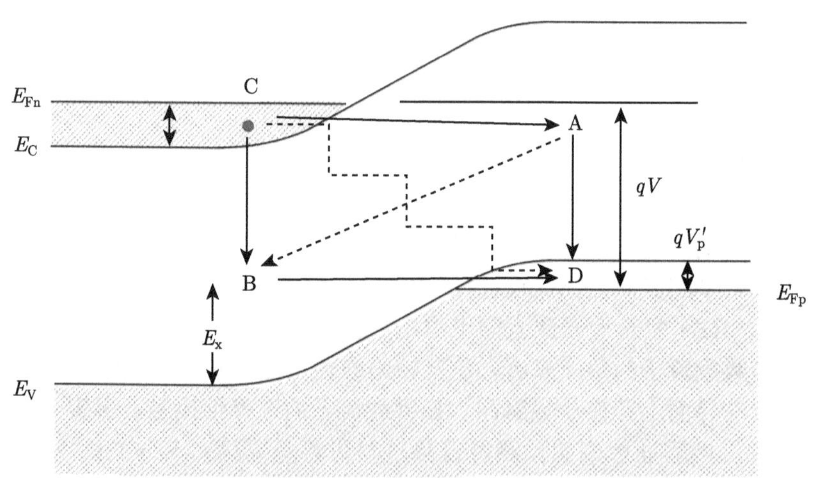

图 3-7　过量载流子隧穿状态下的能带机制图

过载电流主要是由载流子在禁带内通过隧穿产生的，图 3-7 显示了一些可能的隧穿路径。① 一个电子可以从 C 下降到 B 空能级处，然后可以隧穿到 D (路径 CBD)。② 在导带中从 C 处开始的电子可能会隧穿到适当的局部能级 A，进而下降到价带 D (路径 CAD)。③ 第三种是 CABD 路径，电子在 A 和 B 之间的杂质能带中传导消耗多余的能量。④ 最后一种路径是从 C 到 D 的阶梯路径。它包括局部能级之间的一系列隧穿跃迁和一系列垂直变化，在垂直阶梯中，电子从一个能级转移到另一个能级从而损失能量。这是当中间能带的杂质浓度水平足够高时，才可能发生的过程。第一种 CBD 路径可被视为基本隧穿机制，而其他路径被视为复杂隧穿过程。

假设结处于正向偏置电压 V，并考虑一个电子从 B 到 D 的隧穿跃迁，它必须具有的能量 E_{x} 为 [37,38]

$$\begin{aligned} E_{\mathrm{x}} &\approx E_{\mathrm{g}} + q\left(V_{\mathrm{n}}' + V_{\mathrm{p}}'\right) - qV \\ &\approx q\left(\psi_{\mathrm{bi}} - V\right) \end{aligned} \tag{3-13}$$

其中，ψ_{bi} 是内建电场。B 能级上的电子隧穿概率 T_{t} 的表达式为 [39,40]

$$T_{\mathrm{t}} \approx \exp\left(-\frac{4\sqrt{2m_{\mathrm{x}}^{*}}E_{\mathrm{x}}^{\frac{3}{2}}}{3q\hbar\mathcal{E}}\right) \tag{3-14}$$

设 B 处的占据态体积密度为 D_{x}，则过载电流密度 J_{x} 为 [41-43]

$$J_{\mathrm{x}} \approx C_2 D_{\mathrm{x}} T_{\mathrm{t}} \tag{3-15}$$

其中，C_2 是常数。假定过载电流主要随 T_{t} 中的参数变化，而不随因子 D_{x} 中的参数变化，将式 (3-13)、式 (3-14) 代入式 (3-15) 得到过载电流密度的表达式为 [41,42]

$$J_{\mathrm{x}} \approx C_2 D_{\mathrm{x}} \exp\left\{-C_3\left[E_{\mathrm{g}} + q\left(V_{\mathrm{n}}' + V_{\mathrm{p}}'\right) - qV\right]\right\} \tag{3-16}$$

其中，C_3 是常数。由式 (3-16) 可知，过载电流密度将随占据态体积密度的增加而增加，并随外加电压 V 呈指数型增长。式 (3-16) 也可以改写为 [42]

$$J_{\mathrm{x}} = J_{\mathrm{v}} \exp\left[C_4\left(V - V_{\mathrm{v}}\right)\right] \tag{3-17}$$

其中，V_{v} 为谷电压；J_{v} 为谷电流密度；C_4 是常数。在普通隧穿二极管中，$\ln(J_{\mathrm{x}})$ 与 V 的实验结果呈线性关系，很好地符合式 (3-17)。

扩散电流 J_{d} 为 pn 结中常见的少数载流子注入电流 [38]：

$$J_{\mathrm{d}} = J_0\left[\exp\left(\frac{qV}{k_{\mathrm{B}}T}\right) - 1\right] \tag{3-18}$$

其中，J_0 为饱和电流密度。结合隧穿电流密度 J_{t} 的经验公式 [37,44]：

$$J_{\mathrm{t}} = \frac{J_{\mathrm{p}}V}{V_{\mathrm{p}}} \exp\left(1 - \frac{V}{V_{\mathrm{p}}}\right) \tag{3-19}$$

其中，J_{p} 为隧穿峰值电流密度；V_{p} 为隧穿峰值电压。因此，完整的静态电流–电压特性是三个电流密度分量的和：

$$\begin{aligned}J &= J_{\mathrm{t}} + J_{\mathrm{x}} + J_{\mathrm{d}} \\ &= \frac{J_{\mathrm{p}}V}{V_{\mathrm{p}}}\exp\left(1-\frac{V}{V_{\mathrm{p}}}\right) + J_{\mathrm{v}}\exp\left[C_4\left(V-V_{\mathrm{v}}\right)\right] + J_0\exp\left(\frac{qV}{k_{\mathrm{B}}T}\right)\end{aligned} \tag{3-20}$$

因此，二极管元件在某个电压范围内的支配电流为：当 $V < V_{\mathrm{v}}$ 时，隧穿电流密度对总电流的贡献显著；当 $V = V_{\mathrm{v}}$ 时，过载电流密度对总电流的贡献显著；当 $V > V_{\mathrm{v}}$ 时，扩散电流密度对总电流的贡献显著。

2. 太阳电池整体电流–电压特性

对于任何一组 N 个串联连接的子电池，其单独的电流–电压 (J-V) 曲线用第 i 个器件的 $V_i(J)$ 来描述，钙钛矿/晶硅异质结叠层太阳电池的 J-V 曲线可以简化为

$$V(J) = \sum_{i=1}^{N} V_i(J) \tag{3-21}$$

也就是说，给定电流下的电压等于该电流下的各子电池电压之和。每个子电池都有自己的最大功率点 ($V_{\mathrm{MPP},i}$，$J_{\mathrm{MPP},i}$) 使 $J \times V_i(J)$ 最大化。然而，在这些子电池串联连接的多结太阳电池中，通过每个子电池的电流密度被限制为相同值，因此，只有当 $J_{\mathrm{MPP},i}$ 对所有子电池都相同时，每个子电池才能够在其最大功率点运行，即 $J_{\mathrm{MPP},1} = J_{\mathrm{MPP},2} = \cdots = J_{\mathrm{MPP},N}$。如果是这种情况，则多结器件的最大功率输出为 i 个子电池的最大功率输出 $J_{\mathrm{MPP},i} \times V_{\mathrm{MPP},i}$ 之和。另一方面，如果子电池并非都具有相同的 $J_{\mathrm{MPP},i}$ 值，那么在串联连接的多结组合中，一些子电池必然会远离它们的最大功率点，并造成电流密度不匹配的热损失。

为了定量地对多结器件建模，我们需要定义单独子电池 J-V 曲线的表达式为 $V_i(J)$。为了计算方便，这里使用了经典理想光电二极管 J-V 方程 [45,46]：

$$J = J_0\left[\exp\left(\frac{qV}{k_{\mathrm{B}}T}\right) - 1\right] - J_{\mathrm{SC}} \tag{3-22}$$

其中，J_{SC} 为电池的短路电流密度。根据二极管公式得到电池开路电压：

$$V_{\mathrm{OC}} \approx \left(\frac{k_{\mathrm{B}}T}{q}\right)\ln\left(\frac{J_{\mathrm{SC}}}{J_0}\right) \tag{3-23}$$

因为，在实际中 $J_{\mathrm{SC}}/J_0 > 1$。暗电流密度 J_0 是由基底和发射极的暗电流密度组成 [37,47]：

$$J_0 = J_{0,\mathrm{base}} + J_{0,\mathrm{emitter}} \tag{3-24}$$

其中，

$$J_{0,\text{base}} = q\left(\frac{D_\text{b}}{L_\text{b}}\right)\left(\frac{n_\text{i}^2}{N_\text{b}}\right)\left[\frac{\dfrac{S_\text{b}L_\text{b}}{D_\text{b}} + \tanh\left(\dfrac{x_\text{b}}{L_\text{b}}\right)}{\dfrac{S_\text{b}L_\text{b}}{D_\text{b}}\tanh\left(\dfrac{x_\text{b}}{L_\text{b}}\right) + 1}\right] \tag{3-25}$$

$$J_{0,\text{emitter}} = q\left(\frac{D_\text{e}}{L_\text{e}}\right)\left(\frac{n_\text{i}^2}{N_\text{e}}\right)\left[\frac{\dfrac{S_\text{e}L_\text{e}}{D_\text{e}} + \tanh\left(\dfrac{x_\text{e}}{L_\text{e}}\right)}{\dfrac{S_\text{e}L_\text{e}}{D_\text{e}}\tanh\left(\dfrac{x_\text{e}}{L_\text{e}}\right) + 1}\right] \tag{3-26}$$

式 (3-25) 和式 (3-26) 中，$x_\text{b}(x_\text{e})$ 分别为有限基底 (发射极) 厚度；$D_\text{b}(D_\text{e})$、$L_\text{b}(L_\text{e})$ 和 $S_\text{b}(S_\text{e})$ 分别为基底 (发射极) 中少数载流子的扩散系数、扩散长度和表面复合速率；$N_\text{b}(N_\text{e})$ 为基底 (发射极) 中的电离杂质密度；本征载流子浓度 n_i 为 [37,38]

$$n_\text{i}^2 = 4M_\text{c}M_\text{v}\left(\frac{2\pi k_\text{B}T}{h^2}\right)^3 (m_\text{e}^* m_\text{h}^*)^{\frac{3}{2}} \exp\left(-\frac{E_\text{g}}{k_\text{B}T}\right) \tag{3-27}$$

其中，m_e^* 和 m_h^* 分别为电子和空穴的有效质量；M_c 和 M_v 分别为导带和价带中的等效极小值数目。

这些方程式完全定义了多结 J-V 曲线特性，如式 (3-21) 所述。最大功率点 $(J_\text{MPP}, V_\text{MPP})$ 可以用数值方法计算为 $V(J)$ 曲线上使 $J\times V(J)$ 乘积最大的点。因此钙钛矿/晶硅异质结叠层太阳电池的各种电池性能参数可以从 J-V 曲线中以常规的方式进行提取，例如，$V_\text{OC} = V(0)$，填充因子 $FF = J_\text{MPP}\times V_\text{MPP}/(V_\text{OC}\times J_\text{SC})$。

3.2 钙钛矿/晶硅异质结叠层太阳电池能量损失分析

钙钛矿/晶硅异质结叠层太阳电池是提高光伏光电转换效率的可靠方案，但也存在固有的能量损失。除两子电池由固定带隙值造成的固有的光谱能量吸收损失外，流经钙钛矿/晶硅异质结叠层器件的电流密度必须受到限制，以便它在堆叠的所有子电池中是相同的，以避免产生热效应以致降低钙钛矿子电池的稳定性和能量转换效率。同时，本节依据细致平衡理论，针对钙钛矿/晶硅异质结叠层太阳电池的极限效率进行了探讨，研究发现，钙钛矿/晶硅异质结叠层太阳电池的能量转换效率与钙钛矿子电池的带隙值存在密切的相关性。

3.2.1 串联电流密度失配能量损失

尽管单片钙钛矿/晶硅异质结叠层太阳电池的能量转换效率提高令人印象深刻，但实验中实现的转换效率仍然远落后于 43%理论预测值 [9,10]。在实际太阳电池工作情形中，尽管太阳电池功率和电流密度匹配条件不同，但后者可作为最大功率点 (MPP) 的第一影响要素，并且更容易从标准 EQE 测量中提取 [48,49]。在户外运行期间，电流密度匹配条件可能会受到时间、天气和太阳光谱变化的影响，一个在 AM 1.5G 照明下的电流密度匹配的钙钛矿/晶硅异质结叠层太阳电池，并不一定会随着时间的推移而都具备最高能量产出的特性。此外，钙钛矿子电池的不同退化分解程度可能会导致随着时间推移出现不同的不匹配情况。因此，分析和了解钙钛矿/晶硅异质结叠层太阳电池的光伏性能和电流密度失配之间的联系，这是很重要的。

钙钛矿/晶硅异质结叠层太阳电池的能量损失由很多因素控制，电流密度失配影响着部分因素的大小变化。其中，钙钛矿/晶硅异质结叠层太阳电池的 FF 对子电池之间电流密度失配表现出极强的依赖性。这种影响已经在其他串联技术中进行了研究 [50,51]，如 a-Si:H/μc-Si:H 和 a-Si:H/a-Si:H，显示出与电流密度失配有关的 FF，并强调需要功率匹配 (即两子电池的 J_{MPP} 相同) 而不是短路电流密度匹配 (即非 J_{SC} 相同)。

图 3-8(a) 显示了钙钛矿/晶硅异质结叠层太阳电池的利用太阳光谱，包括 AM 1.5G 的参考标准太阳光谱。Albrecht 团队 [48] 从远高于 AM 1.5G 光谱中蓝色强度的蓝光开始，测量每个光谱的串联 J-V 曲线，研究发现，随着蓝光强度 (即在钙钛矿子电池中产生的电流) 的降低，串联太阳电池的迟滞开始增加，揭示了钙钛矿子电池的迟滞受到电流密度失配的影响，迟滞即 J-V 曲线的走势，因此展示了电流密度失配会影响串联 FF。

为了简化，电流密度失配因子 $m = J_{\mathrm{Si}} - J_{\mathrm{Pero}}$ 被定义为 J_{Si} 和 J_{Pero} 之间的电流密度差值。图 3-8(b)~(d) 显示了串联的 J_{SC}、FF 和能量转换效率之间的函数关系。由于太阳电池的 V_{OC} 与 J_{SC} 存在对数依赖关系，则 V_{OC} 受变化的太阳光谱影响很小。从图 3-8(a) 和 (b) 的比较中可以看出，在蓝色波长范围内更强的光生 J_{Pero} 并不影响串联 J_{SC}，这是由于不变的晶硅异质结底电池电流密度限制。这证实了在硅材料带隙属性的影响下，晶硅异质结子电池对 AM 1.5G 辐照条件和高强度蓝光的响应是有限的。一旦蓝光强度低于 AM 1.5G 光谱，钙钛矿/晶硅异质结叠层太阳电池就会被钙钛矿顶电池所限制，其中 J_{SC} 随着强度的降低而减少。

如图 3-8(c) 所示，Albrecht 团队 [48] 研究发现，当钙钛矿/晶硅异质结叠层太阳电池在接近电流密度匹配点时，FF 是相对较低的；并且 FF 最低点不一定在电流密度匹配点，而是取决于子电池的个别性能；由于 1 mA·cm^{-2} 失配的 FF 为 −1.31%，预计失配为 2.8 mA·cm^{-2} 时的 FF 为 79%；在电流密度失配情况下预测的 FF 值接近实验认证的太阳电池 FF，这揭示了减少光电流密度失配后的 FF 减少主要是由于叠层器件固有的物理特性而不是串联的影响 [52]。图 3-8(d)

显示了钙钛矿/晶硅异质结叠层太阳电池的能量转换效率作为电流密度失配的函数。Albrecht 团队 [48] 由 FF 计算的能量转换效率的二次拟合显示了接近电流密度匹配的最大效率为 26.3%。恒定和非恒定的 FF 之间的比较表明：变化的 FF 大部分补偿了 J_{SC} 的下降，从而导致最大能量转换效率周围有一个更宽的峰值。电流密度稍微不匹配的单片钙钛矿/晶硅异质结叠层太阳电池的效率仅略微受到 J_{SC} 下降的影响。这对能量产出分析非常重要，在两端单片串联器件中，FF 随着电流密度失配而增加 (图 3-8(c) 中的彩色数据点)。因此，J_{SC} 的下降大部分被补偿了，这导致了能量转换效率对电流密度失配不太敏感。

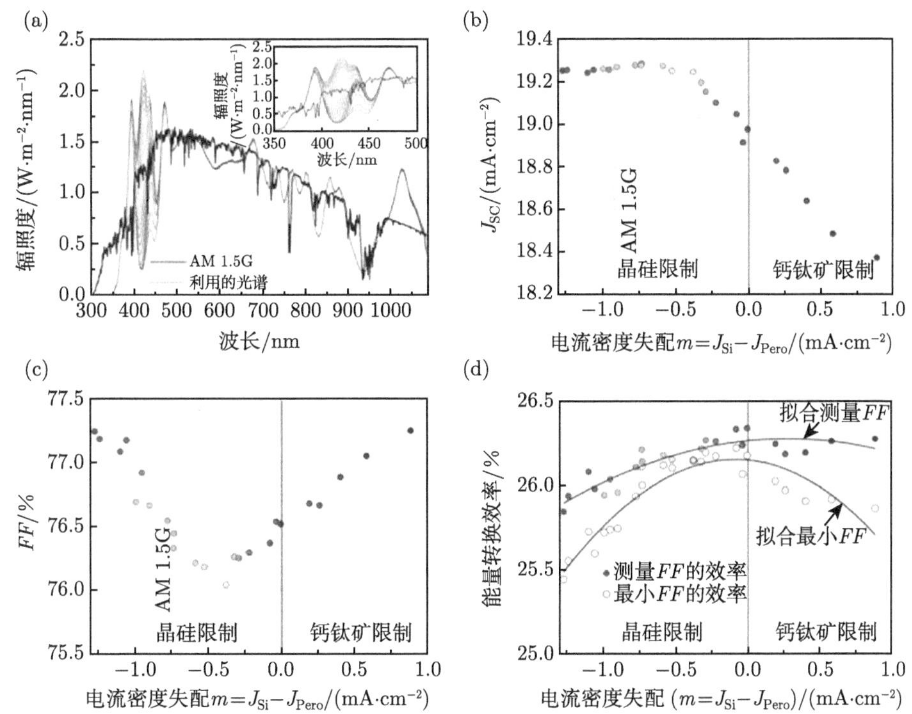

图 3-8 (a) 标准 AM 1.5G 太阳光谱以及基于光发射二极管的太阳模拟器的使用光谱；钙钛矿/晶硅异质结叠层太阳电池的 (b) 短路电流密度、(c) 填充因子、(d) 能量转换效率与两子电池之间计算的光电流密度不匹配情况的函数依赖关系 [48]

对于钙钛矿/晶硅异质结叠层太阳电池电流密度不匹配的子电池，载流子会在复合接触处积累，这会影响复合行为。此外，内建电场以及子电池的载流子收集也会受到电荷积累的影响。如果在钙钛矿/晶硅异质结叠层太阳电池中设计一个理想的接触结，例如丝网印刷金属栅线，则会大大提高载流子的传输和收集效率。通过忽略主要来自复合接触处和两子电池的串联电阻，串联 FF 将增加，以削减顶底子电池电流密度失配所造成的直接或间接的能量损失。

除了上述的电流密度失配对能量损失的间接作用外，钙钛矿/晶硅异质结叠层太阳电池电流密度失配本身会对其效率产生极大的影响。对于钙钛矿/晶硅异质结叠层太阳电池的每个子电池的短路电流密度 (J_{SC}) 由子电池的 EQE 和入射到该子电池上的太阳光谱 ($\varPhi(\lambda)$) 决定，其中 EQE 的具体值为活性层生成的电子–空穴对数与照射到太阳电池的总光子数的比例，其反映了太阳电池将光谱能量转换为电能的效率。因此，J_{SC} 可以表达为 [53]

$$J_{\mathrm{SC}} = q\int_{0}^{\infty} \mathrm{EQE}\left(\lambda\right)\varPhi\left(\lambda\right)\mathrm{d}\lambda \tag{3-28}$$

假定耗尽层宽度为 W (总厚度 $x = x_{\mathrm{s}} + x_{\mathrm{e}} + W$)，因此，理想太阳电池的定量 EQE 方程为 [37,47]

$$\mathrm{EQE} = \mathrm{EQE}_{\mathrm{emitter}} + \mathrm{EQE}_{\mathrm{depl}} + \exp\left[-\alpha\left(x_{\mathrm{e}} + W\right)\right]\mathrm{EQE}_{\mathrm{base}} \tag{3-29}$$

其中，发射极的光谱响应为

$$\begin{aligned}&\mathrm{EQE}_{\mathrm{emitter}}\\&=f_{\alpha}\left(L_{\mathrm{e}}\right)\left[\frac{\ell_{\mathrm{e}}+\alpha L_{\mathrm{e}}-\exp\left(-\alpha x_{\mathrm{e}}\right)\left[\ell_{\mathrm{e}}\cosh\left(\dfrac{x_{\mathrm{e}}}{L_{\mathrm{e}}}\right)+\sinh\left(\dfrac{x_{\mathrm{e}}}{L_{\mathrm{e}}}\right)\right]}{\ell_{\mathrm{e}}\sinh\left(\dfrac{x_{\mathrm{e}}}{L_{\mathrm{e}}}\right)+\cosh\left(\dfrac{x_{\mathrm{e}}}{L_{\mathrm{e}}}\right)}-\alpha L_{\mathrm{e}}\exp\left(-\alpha x_{\mathrm{e}}\right)\right]\end{aligned} \tag{3-30}$$

耗尽层的光谱响应为

$$\mathrm{EQE}_{\mathrm{depl}} = \exp\left(-\alpha x_{\mathrm{e}}\right)\left[1 - \exp\left(-\alpha W\right)\right] \tag{3-31}$$

有限厚度的基底的光谱响应为

$$\mathrm{EQE}_{\mathrm{base}}=f_{\alpha}\left(L_{\mathrm{b}}\right)\left[\alpha L_{\mathrm{b}} - \frac{\ell_{\mathrm{b}}\cosh\left(\dfrac{x_{\mathrm{b}}}{L_{b}}\right)+\sinh\left(\dfrac{x_{\mathrm{b}}}{L_{b}}\right)+\left(\alpha L_{\mathrm{b}} - \ell_{\mathrm{b}}\right)\exp\left(-\alpha x_{\mathrm{b}}\right)}{\ell_{b}\sinh\left(\dfrac{x_{\mathrm{b}}}{L_{b}}\right)+\cosh\left(\dfrac{x_{\mathrm{b}}}{L_{b}}\right)}\right] \tag{3-32}$$

其中，

$$\ell_{\mathrm{b}} = \frac{S_{\mathrm{b}}L_{\mathrm{b}}}{D_{\mathrm{b}}},\quad \ell_{\mathrm{e}} = \frac{\mathrm{S}_{\mathrm{e}}L_{\mathrm{e}}}{D_{\mathrm{e}}},\quad D_{\mathrm{b}} = \frac{k_{\mathrm{B}}T\mu_{\mathrm{b}}}{q},\quad D_{\mathrm{e}} = \frac{k_{\mathrm{B}}T\mu_{\mathrm{e}}}{q} \tag{3-33}$$

$$f_{\alpha}\left(L\right) = \frac{\alpha L}{(\alpha L)^{2} - 1} \tag{3-34}$$

在这些方程中，光子的波长依赖性不是显式的，而是通过吸收系数 $\alpha(\lambda)$ 的波长依赖性进入公式。上述公式中的 $\mu_{\mathrm{b}}\,(\mu_{\mathrm{e}})$ 为基底 (发射极) 中少数载流子的迁移率。在本节中，我们将作一个简化的假设，即每个吸收的光子都被转换为光电流，这是一个高质量的钙钛矿/晶硅异质结叠层串联连接的近似。在这种情况下，EQE 将简单地依赖于器件的总厚度 x，即 [47]

$$\mathrm{EQE}\,(\lambda) = 1 - \exp\left[-\alpha\,(\lambda)\,x\right] \tag{3-35}$$

因为入射光的一部分 $\exp\left[-\alpha\,(\lambda)\,x\right]$ 穿过了太阳电池，而不是被吸收。

现在考虑光子被多结太阳电池中的每个结吸收和转换的情况。假设一个太阳电池有 N 个电池，从上到下编号为 $1, 2, \cdots$ 和对应的带隙 $E_{\mathrm{g1}}, E_{\mathrm{g2}}, \cdots$。对于低于子电池带隙的光子，$\alpha\,(\lambda) = 0$，因此 $\exp\left[-\alpha\,(\lambda)\,x\right] = 1$。对于顶电池来说，照射在其表面的太阳光谱不受任何影响，为 $\Phi(\lambda)$。相反，打在第 s 个子电池上的光谱是被其上部子电池过滤过，因此第 s 个子电池的入射太阳光谱 $(\Phi_s\,(\lambda))$ 为

$$\Phi_s\,(\lambda) = \Phi\,(\lambda) \exp\left[-\sum_{i=1}^{s-1} \alpha_i\,(\lambda)\,x_i\right] \tag{3-36}$$

其中，x_i 和 $\alpha_i(\lambda)$ 分别为第 i 个子太阳电池的厚度和吸收系数；第 s 个子电池的 J_{SC} 为

$$J_{\mathrm{SC},s} = q \int_{\lambda_{s-1}}^{\lambda_s} \left\{1 - \exp\left[-\alpha_s\,(\lambda)\,x_s\right]\right\} \Phi_s\,(\lambda)\,\mathrm{d}\lambda \tag{3-37}$$

其中，$\lambda_s = hc/E_{\mathrm{g}s}$ 为对应于第 s 个子电池带隙的波长。如果第 s 个子电池在光学上很厚，基本上可以吸收入射到其上表面的所有大于带隙的光子，对于带隙 $E_{\mathrm{g}s}$ 以上的所有光子能量，指数项将趋近于零。

清楚地理解和解析 J_{SC} 与各种结带隙的依赖关系，将有助于解决钙钛矿/晶硅异质结叠层太阳电池电流密度失配的问题。由于晶硅异质结底电池被钙钛矿顶电池滤波，因此底电池的电流密度 $J_{\mathrm{sc,Bottom}}$ 同时依赖于 E_{g1} 和 E_{g2}，而 $J_{\mathrm{SC,Top}}$ 只依赖 E_{g1}，式 (3-37) 在光学材料层较厚的情况下，清晰地显示了这种相关性。在这种情况下，钙钛矿顶电池的能量转换效率计算可依据式 (3-38) 和式 (3-39)：

$$J_{\mathrm{SC,Top}} = q \int_{0}^{\lambda_1} \left\{1 - \exp\left[-\alpha_1\,(\lambda)\,x_1\right]\right\} \Phi_1\,(\lambda)\,\mathrm{d}\lambda \tag{3-38}$$

$$\mathrm{PCE}_{\mathrm{Top}} = \frac{FF_{\mathrm{Top}} \times V_{\mathrm{OC,Top}} \times J_{\mathrm{SC,Top}}}{P_{\mathrm{in}}} \tag{3-39}$$

晶硅异质结底电池的能量转换效率的计算可以依据以下公式：

$$J_{\mathrm{SC,Bottom}} = q\int_{\lambda_1}^{\lambda_2} \{1-\exp\left[-\alpha_2(\lambda)\,x_2\right]\}\,\Phi_2(\lambda)\,\mathrm{d}\lambda \tag{3-40}$$

$$\mathrm{PCE_{Bottom}} = \frac{FF_{\mathrm{Bottom}} \times V_{\mathrm{OC,Bottom}} \times J_{\mathrm{SC,Bottom}}}{P_{\mathrm{in}}} \tag{3-41}$$

两子电池的串联结果为：钙钛矿/晶硅异质结叠层太阳电池的 V_{OC} 值为钙钛矿顶电池与晶硅异质结底电池之和，而电流密度则会被子电池中的最小值所束缚，因此，钙钛矿/晶硅异质结叠层太阳电池的串联效率计算如式 (3-42)：

$$\mathrm{PCE_{Tandem}} = \frac{FF_{\mathrm{Tandem}} \times (V_{\mathrm{OC,Top}} + V_{\mathrm{OC,Bottom}}) \times \mathrm{Min}(J_{\mathrm{SC,Top}}, J_{\mathrm{SC,Bottom}})}{P_{\mathrm{in}}} \tag{3-42}$$

对于电流密度失配所造成的能量损失，可以从两子电池的独立转换效率之和与串联之后的转换效率差值中被定量分析，如式 (3-43)：

$$\mathrm{PCE_{Loss}} = \mathrm{PCE_{Top}} + \mathrm{PCE_{Bottom}} - \mathrm{PCE_{Tandem}} \tag{3-43}$$

从上述分析可知，电流密度的失配程度会严重影响钙钛矿/晶硅异质结叠层太阳电池的实际工作能力。并且，这种失配情形下的热效应对钙钛矿子电池的稳定性会造成极大的破坏，进一步影响钙钛矿顶电池的电流密度产出，由于钙钛矿的衰退分解，其带隙值会不稳定，更多的光子会直接透过钙钛矿材料从而被晶硅异质结底电池所吸收，进一步增大晶硅异质结太阳电池的电流密度值，最终导致两子电池的电流密度差异被继续拉大，热效应继续加剧，对钙钛矿材料造成不可逆的损坏后果。因此，钙钛矿/晶硅异质结叠层太阳电池的电流密度失配是关联性的，一旦出现就可能导致级联式的后果，钙钛矿顶电池的分解，意味着钙钛矿/晶硅异质结叠层太阳电池的能量转换效率甚至不如单结晶硅异质结太阳电池。

3.2.2　钙钛矿/晶硅异质结叠层太阳电池极限效率

过去 20 年里，光伏太阳能转换的主力是单结晶硅太阳电池。在这些器件中，如果太阳光谱的光子能量大于带隙 ($h\nu > E_{\mathrm{g}}$)，则太阳电池材料中的电子就会从价带被激发到导带。这些产生的载流子通过与半导体晶格的碰撞而失去部分能量，直到它们弛豫到接近导带边缘的能量状态。然后，一部分电子会被缺陷态复合掉，能量以热的形式散发；另一部分电子则会在半导体的内建电场作用下被分离开，进而产生电势，这就是光生伏特效应。如 3.1.1 节所述，在单结器件中存在着一种能量损失机制：有相当数量的光子的能量低于带隙值，这些低能量光子就会穿过材料而不激发任何的电子–空穴对。如果能减少因晶格碰撞而损失的能量，并利用低能量光子来激发电子跃迁，那么就有可能提高能量转换效率。

钙钛矿/晶硅异质结叠层太阳电池提供了一种减少这两种能量损失的解决方案：通过过滤入射光子辐射，使其通过一些带隙值递减的光伏材料，光子可以被带隙值接近入射光能量的材料所吸收。这意味着由于载流子与晶格作用热化而损失的能量将被减少，从而获得更大的能量转换效率。本节将探讨钙钛矿/晶硅异质结叠层太阳电池在串联配置时的理论极限效率。使用到的细致平衡理论作了如下假设：① 钙钛矿/晶硅异质结叠层太阳电池内唯一的复合过程是辐射复合，目前已知优良的 Ⅲ-V 族器件，具有的辐射复合占器件总复合的比例高达 97%[54]；② 对于每个太阳电池材料带隙以下能量的光子吸收被认为是零，假设所有能量在带隙以上的光子都可以被吸收；③ 准费米能级假设在整个器件中是恒定的，它们的差等于偏置电压。这可以通过拥有非常大的载流子迁移率来确保；④ 每个被吸收的光子只产生一个电子–空穴对 [5,55-57]。

对于多结太阳电池来说，假设所有 N 个太阳电池具有相同的温度 T_c。第 i 个太阳电池的电流–电压 (I-V) 特性为 [55]

$$I_i\left(V_i\right)=I_{0i}\left[\exp\left(\frac{qV_i}{kT_\mathrm{c}}\right)-1\right]-I_{1i} \tag{3-44}$$

其中，$I_i(V_i)$ 为第 i 个太阳电池的电流值 (电压值)；反向饱和电流 I_{0i} 是由自由空穴和电子之间的辐射复合决定的：

$$I_{0i}=qF_{0i}=2qA\int_{\frac{E_{gi}}{h}}^{\infty}N\left(\nu,T_\mathrm{c}\right)\mathrm{d}\nu \tag{3-45}$$

式中，A 是太阳电池的表面积；E_{gi} 为第 i 个太阳电池材料的带隙值；F_{0i} 为入射到第 i 个太阳电池的饱和光子通量。式 (3-45) 中的黑体辐射强度 $N\left(\nu,T\right)$ (普朗克辐射定律) 为

$$N\left(\nu,T\right)=\frac{2\pi}{c^2}\frac{\nu^2}{\exp\left(\frac{h\nu}{k_\mathrm{B}T}\right)-1} \tag{3-46}$$

式 (3-44) 中的光生电流 I_{1i} 为

$$I_{1i}=q\left(F_{si}-F_{0i}\right) \tag{3-47}$$

其中，F_{si} 是入射到第 i 个太阳电池的光子通量。第一个太阳电池被太阳照射，第二个太阳电池接收被第一个太阳电池滤过的光子，因此光子通量 F_{s1} 和几何因子 f_ω 被描述为 [5,55]

$$F_{s1} = f_\omega A \int_{\frac{E_{g1}}{h}}^{\infty} N(\nu, T_s)\, d\nu + A \exp\left(\frac{qV_2}{kT_c}\right) \int_{\frac{E_{g1}}{h}}^{\infty} N(\nu, T_c)\, d\nu \tag{3-48}$$

$$f_\omega = \left(\frac{R_s}{R_{se}}\right)^2 \approx \frac{\omega_s}{\pi} \approx 2.18 \times 10^{-5} \tag{3-49}$$

考虑这一项的原因是太阳电池只能在太阳有限固定角度下工作。其中 T_s 表示太阳的黑体温度 (假设 6000 K)。对于多结太阳电池而言，任意一个子电池都被部分太阳光谱辐照，被前一个太阳电池滤过的光照亮。如果各种子太阳电池的排列使材料带隙形成一个递减的序列 ($E_{g1} > E_{g2} > \cdots > E_{gn}$)，因此有 ($i = 2, 3, \cdots, n-1$)

$$\begin{aligned} F_{si} = & f_\omega A \int_{\frac{E_{g1}}{h}}^{\frac{E_{g(i-1)}}{h}} N(\nu, T_s)\, d\nu \\ & + A \exp\left(\frac{qV_{i-1}}{kT_c}\right) \int_{\frac{E_{g(i-1)}}{h}}^{\infty} N(\nu, T_c)\, d\nu \\ & + A \exp\left(\frac{qV_{i+1}}{kT_c}\right) \int_{\frac{E_{gi}}{h}}^{\infty} N(\nu, T_c)\, d\nu \end{aligned} \tag{3-50}$$

最后一块太阳电池的光子通量为

$$F_{sn} = f_\omega A \int_{\frac{E_{gN}}{h}}^{\frac{E_{g(N-1)}}{h}} N(\nu, T_s)\, d\nu + A \exp\left(\frac{qV_{N-1}}{k_B T_c}\right) \int_{\frac{E_{g(N-1)}}{h}}^{\infty} N(\nu, T_c)\, d\nu \tag{3-51}$$

多结太阳电池的总功率为

$$P = -\sum_{i=1}^{N} V_i I_i \tag{3-52}$$

当 $\partial P / \partial V_i = 0$ 时，多结系统产生的能量最大。令 $x_i = qV_i / k_B T_c$，得到以下方程组：

$$
\begin{cases}
(1+x_1)\exp x_1 = \left(\dfrac{F_{\mathrm{s}1}}{F_{01}}\right) + \dfrac{1}{2}x_2 \exp x_1 \\
(1+x_i)\exp x_i = \dfrac{F_{\mathrm{s}i}}{F_{0i}} + \dfrac{1}{2}x_{i-1}\exp x_i \dfrac{\displaystyle\int_{\frac{E_{\mathrm{g}(i-1)}}{h}}^{\infty} N(\nu, T_{\mathrm{c}})\,\mathrm{d}\nu}{\displaystyle\int_{\frac{E_{\mathrm{g}i}}{h}}^{\infty} N(\nu, T_{\mathrm{c}})\,\mathrm{d}\nu} + \dfrac{1}{2}x_{i+1}\exp x_i \\
\cdots\cdots \\
(1+x_N)\exp x_N = \dfrac{F_{\mathrm{s}N}}{F_{0N}} + \dfrac{1}{2}x_{N-1}\exp x_N \dfrac{\displaystyle\int_{\frac{E_{\mathrm{g}(N-1)}}{h}}^{\infty} N(\nu, T_{\mathrm{c}})\,\mathrm{d}\nu}{\displaystyle\int_{\frac{E_{\mathrm{g}N}}{h}}^{\infty} N(\nu, T_{\mathrm{c}})\,\mathrm{d}\nu}
\end{cases}
\tag{3-53}
$$

x_1, x_2, $\cdots$, x_N 解这些集合决定了多结太阳电池的工作点 (V_1, I_1), (V_2, I_2), $\cdots$, (V_N, I_N)，可以从中提取最大功率点。值得注意的是，最大功率点的矩形面积 $I_i \times V_i$ 是由电压 $V_i = (k_{\mathrm{B}}T_{\mathrm{c}}/q)y_i$ 决定的，其中 y_1, y_2, $\cdots$, y_N 是以下方程组的解：

$$
(1+y_i)\exp y_i = \frac{F_{\mathrm{s}i}}{F_{0i}\,(i=1,2,\cdots,N)} \tag{3-54}
$$

因此，可以得出结论，最大功率点与最大矩形点并不重合 (更准确地说，所有 x_i 都比相应的 y_i 稍大)。这与单结太阳电池形成对比，单结的最大功率点和最大矩形点在特性上是同一个点。

一旦 x_i 的集合方程被解出，最大功率 $P_{\max}$ 为

$$
\begin{aligned}
P_{\max} = {} & k_{\mathrm{B}}T_{\mathrm{c}}x_1 \exp\left[x_1\left(x_1 - \frac{1}{2}x_2\right)F_{01}\right] \\
& + \sum_{i=2}^{N-1} k_{\mathrm{B}}T_{\mathrm{c}}x_i \exp x_i \times \left[\left(x_i - \frac{1}{2}x_{i+1}\right)F_{0i} - \frac{1}{2}x_{i-1}F_{0(i-1)}\right] \\
& + k_{\mathrm{B}}T_{\mathrm{c}}x_N \exp\left[x_N\left(x_N F_{0N} - \frac{1}{2}x_{N-1}F_{0(N-1)}\right)\right]
\end{aligned}
\tag{3-55}
$$

太阳的黑体辐射功率 P_{in} 为

$$
P_{\mathrm{in}}(\nu, T_{\mathrm{s}}) = \frac{2\pi}{c^2}\int_0^{\infty}\frac{h\nu}{\mathrm{e}^{\frac{h\nu}{T_{\mathrm{v}}}}-1}\nu^2\mathrm{d}\nu = \frac{2\pi k_{\mathrm{B}}^4 T_{\mathrm{v}}^4}{h^3c^2}\int_0^{\infty}\frac{x^3}{\mathrm{e}^x-1}\mathrm{d}x = \frac{2\pi^5(k_{\mathrm{B}}T_{\mathrm{s}})^4}{15h^3c^2}
\tag{3-56}
$$

对于钙钛矿/晶硅异质结叠层太阳电池而言，由于其是特殊的两结堆叠结构，所以

满足 $N=2$ 的情形，其能量转换效率可以表达为

$$\begin{aligned}&\mathrm{PCE}\left(\nu_{\mathrm{g}}, T_{\mathrm{s}}\right)\\&=\frac{P_{\max}}{P_{\mathrm{in}}(\nu, T_{\mathrm{s}})}\\&=\frac{k_{\mathrm{B}}T_c x_1 \exp\left[x_1\left(x_1-\frac{1}{2}x_2\right)F_{01}\right]+k_{\mathrm{B}}T_c x_2 \exp\left[x_2\left(x_2F_{02}-\frac{1}{2}x_1F_{01}\right)\right]}{P_{\mathrm{in}}\left(\nu, T_{\mathrm{s}}\right)}\end{aligned} \tag{3-57}$$

因此，钙钛矿/晶硅异质结叠层太阳电池的能量转换效率主要受 x_1、x_2 和 F_{01} 的影响。入射到钙钛矿子电池的饱和光子通量 F_{01} 对串联效率有着重大的影响，这部分反映了太阳光谱的作用。除此之外，通常两子电池的带隙值决定了叠层器件的电压 V_i，因此依据 $x_i=qV_i/k_{\mathrm{B}}T_{\mathrm{c}}$ 可以得知，顶底太阳电池的带隙性质通过产生不同的 x_1、x_2 进而影响到钙钛矿/晶硅异质结叠层太阳电池的 $P_{\max}$。因此，这里在细致平衡理论下，预测某个带隙值下的理想 V_{OC}，并进一步结合此方法从而计算出不同带隙的顶底太阳电池的串联效率理论最大值，结果如图 3-9 所示。

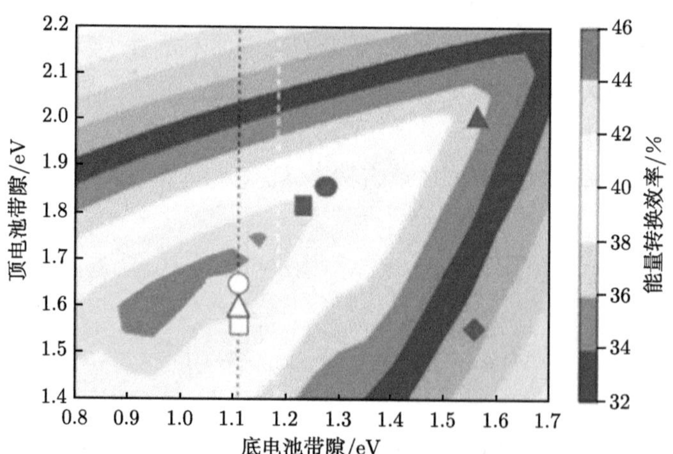

图 3-9 两端叠层太阳电池的理论极限效率

灰色阴影表示低于 1.1 eV 带隙的单结 Shockley-Queisser 极限，白色虚线标志着卤化物钙钛矿半导体目前可获得的最低带隙，实心符号表示迄今为止用于制造全钙钛矿叠层器件的带隙组合，黑色虚线代表晶硅 1.12 eV 带隙，而空心符号代表实际情况下最佳的钙钛矿/晶硅叠层太阳电池组合 [9]

多结太阳电池通过使用几个具有不同带隙的半导体层来缓解载流子的热损失。在双结串联中，具有宽带隙的顶电池吸收高能量的光子，但允许低能量的光子通过，被具有窄带隙的底电池所吸收 [58-60]。通过这种方式，高能量的光子在顶

电池中产生高电压，而低能量的光子在底电池中被吸收，提高了组合串联电池的能量转换效率 [61-64]。图 3-9 中的黑色虚线代表了带隙值为 1.12 eV 的晶硅太阳电池与 1.4~2.2 eV 带隙范围内的钙钛矿串联情形。在钙钛矿的带隙调控中，Br 组分的含量固然可以改变带隙，但是迄今为止，在富溴钙钛矿中，电压并没有随着带隙的增加而线性变化，电势损失却随着带隙的增加而增加，并且 Br 含量的过高也会造成器件在运行中产生稳定性问题。因此，考虑实际情形下钙钛矿带隙的调控难题，并依据细致平衡理论，可以得出钙钛矿/晶硅叠层太阳电池理论极限效率约为 43%[9]。这种类型的混合串联方法，即钙钛矿以很少的额外成本提高了串联效率，为制造更高效率的太阳电池组件提供了一条有效途径。这可能是实现基于钙钛矿光伏技术商业化的最直接途径，也是实现市售晶硅组件效率提升的最快途径之一。因此，钙钛矿/晶硅叠层太阳电池一直是研究的重点，最近的串联能量转换效率已经达到了 32.5%, 远超世界纪录为 26.81%的晶硅太阳电池 [17]。钙钛矿/晶硅叠层太阳电池是钙钛矿基叠层器件商业化基础，其除了具备晶硅固有的产业优势外，还具有薄膜光伏制造的所有优势：高产量、低成本和使用灵活轻质基材的能力。

串联太阳电池通过最大限度地减少高能光子的热损失而超越了单结太阳电池性能，因此必须使用高效的宽带隙太阳电池来最大限度地提高串联电压性能。应根据每个太阳电池的光谱效率来选择顶、底电池。图 3-10 (a) 显示了最有希望的钙钛矿顶电池候选者和最佳单结晶硅底电池的光谱效率，并表明宽带隙 (1.55~2.3 eV) 钙钛矿太阳电池在低波长的光谱效率大大高于晶硅和窄带隙钙钛矿底电池。由于大多数钙钛矿太阳电池的 EQE 非常高，顶电池的光谱效率的主要限制因素是 FF 和 V_{OC}，它们也可以表示为电势损失 [9]。一些钙钛矿薄膜已经显示出可与最好的半导体如砷化镓和晶硅相一致的电势损失；1.25 eV 带隙损失约为 0.33 V，1.57 eV

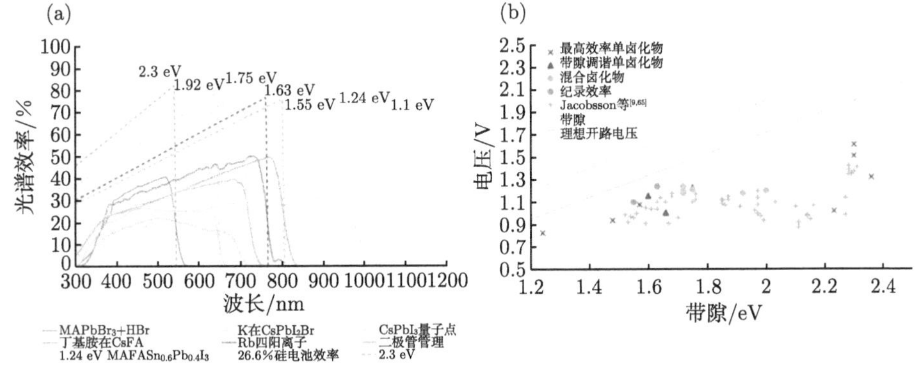

图 3-10 宽带隙钙钛矿太阳电池能量损失分析

(a) 使用已发表的模型 (实线) 计算各种钙钛矿基顶电池的光谱效率，光谱效率为 $q \times V_{OC} \times FF \times$EQE; (b) 显示了不同带隙的单结钙钛矿太阳电池的 V_{OC}，并与从细致平衡中确定的理想 V_{OC} 进行比较 [9,65]

带隙损失约为 0.36 V，以及 1.63 eV 带隙损失约为 0.39 V。理想情况下，这些低电压损失将普遍适用于任何成分的卤化物钙钛矿。然而，迄今为止，在富溴钙钛矿化合物中，电压并没有随着带隙的增加而线性增加，甚至电势损失随着带隙的增加而增加，如图 3-10(b) 所示。这导致了一个奇特的现象，即 1.75 eV 带隙的钙钛矿太阳电池并没有超过 1.63 eV 的四元阳离子电池或 1.55 eV 的世界纪录钙钛矿太阳电池所达到的光谱效率 (图 3-10(a))。在单结情况中，1.55~1.63 eV 带隙范围内的钙钛矿材料显示出高能量转换效率的优势，因为它们有更高的光谱效率，并且由于较低的 Br 含量，它们在工作运行中更加稳定。事实上，约 1.68 eV 带隙的钙钛矿顶电池是实现 43%极限串联效率的关键，其也是目前最高串联效率的钙钛矿/晶硅叠层太阳电池普遍采用的带隙值。

通过减少宽带隙钙钛矿的电势损失，可以获得串联效率的进一步提升，但是在钙钛矿太阳电池中，V_{OC} 和光谱效率不跟随带隙值而变化，这可能是由于：在光照时，发生了卤化物相分离为富 I 和富 Br 的区域 (这一过程被称为 Hoke 效应 [66])，并将费米能级分裂限制在窄带隙富 I 的区域，这些区域有效地充当了缺陷态。此外，即使 Hoke 效应 [66] 没有发生，含溴化物的宽带隙钙钛矿材料的载流子寿命仍然低于研究较多的碘化物钙钛矿材料。目前仍然不清楚，快速的载流子非辐射复合是由于与溴化物有关的缺陷态，还是仅仅由于对含溴化物的宽带隙材料和相关的选择性接触的研究和优化不够。

3.3　钙钛矿/晶硅异质结叠层太阳电池功能层机理

钙钛矿/晶硅异质结叠层太阳电池具有丰富的材料堆叠，每一种材料都有着独一无二的功能性，根据其性质可以分为光学和电学两个主体方向。钙钛矿/晶硅异质结叠层太阳电池与单结钙钛矿、晶硅太阳电池的不同之处在于，其是后两者的串联，除了单结固有的陷光光学策略和载流子电学钝化性质外，其内部的接触区域需要形成一种独特的隧穿结 (复合结)，来满足两结中的载流子输运过程 [67-70]。了解钙钛矿/晶硅异质结叠层太阳电池每一层的光电性质，对于提升串联能量转换效率是意义重大的，本节将重点介绍钙钛矿/晶硅异质结叠层太阳电池功能层的物理原理以及相关的研究进展。

3.3.1　减反与陷光

关于单结晶硅太阳电池技术的国际光伏技术路线图 (ITRPV) 已经确定了晶硅太阳电池的几个改进领域，如前金属接触、前后表面钝化、晶硅片厚度减薄和最大化减反技术 [71]。在这种情况下，高效的光收集和光吸收成为技术发展和降低成本的关键。对于钙钛矿/晶硅异质结叠层太阳电池而言，必然是继承晶硅底电池的技术路线，由平面结构走向金字塔绒面结构，因此减反和光俘获技术研究将在未来串联太阳电池提升效率、降低成本中发挥关键作用 [68,72-74]。针对这一问题，本节将介绍反射、折射和陷光等方面的物理知识，包括介质膜的光学减反作用以及纹理界面的光学陷光机理。

1. 介质膜的光学减反作用

钙钛矿/晶硅异质结叠层太阳电池的介质膜光学减反作用的根本原理是基于光干涉，以达到增强光子俘获的目的 [75,76]。当两个具有恒定相位差的单色相干波相遇时，可以观察到光干涉现象。本节从光学中间层的研究进展出发，由单一介质薄膜对光的简单反射和干涉开始，将增透现象探讨并扩展到多层增透涂层的应用中，介质层的厚度和折射率是它们作为减反射涂层使用的两个最重要的参数。最后，在钙钛矿/晶硅异质结叠层太阳电池金字塔绒面光学研究火热的背景下，本节将讨论介质膜的反射原理、优势。

钙钛矿/晶硅异质结叠层太阳电池中间减反射层的构建可以有效降低串联结构太阳电池的光学损耗。钙钛矿和晶硅层之间的菲涅耳反射可以通过引入光学中间层来消除。White 团队 [77] 通过光学模拟证明，常用的氧化铟锡 (ITO) 中间结和晶硅层之间的反射可以通过在层与层之间引入减反射层来缓解。Weber 团队 [78] 采用了与硅片相匹配的折射率材料 SiN_x 薄膜来抑制底电池的反射。特别地，如图 3-11(a), (b) 所示，Schlatmann 团队 [73] 引入了纳米氧化硅 (nc-SiO_x:H) 作为光学定制中间层来减少光反射，与 Zeman 团队 [79] 早先在光学模拟中提出的 SiO_x:H 中间层相比，前者还研究了 SiO_x 的折射率 (n_{SiOx}) 和厚度 (t_{SiOx}) 在 $\lambda = 800$ nm 处的光学定量损耗。如式 (3-55) 和式 (3-56) 所示，通过折射率 (n_{SiO_x}) 和厚度 (t_{SiO_x}) 工程设计可以进一步降低中间层的光学损失，来实现钙钛矿/晶硅异质结叠层太阳电池的最佳光子俘获性能 [73,80-82]。

$$n_{SiO_x} \approx \sqrt{n_{Si} \times n_{pero}} \tag{3-58}$$

$$t_{SiO_x} \approx \frac{\lambda^*_{BC}}{4n_{SiO_x}} \tag{3-59}$$

其中，n_{Si} 为晶硅的折射率；n_{pero} 为钙钛矿的折射率；λ^*_{BC} 为入射到底电池中的波长。

除此之外，为了减少入射光的前反射逃逸和寄生吸收损失，De Wolf 团队 [83] 通过折射率工程对太阳电池组件重新进行了光学设计，来减少这种前反射损失。首先，他们通过对钙钛矿/晶硅串联组件中所采用的光学薄膜的折射率 n (在 550 nm 处) 分析 (图 3-11(c)) 发现，由于折射率不匹配，用作减反射涂层 (ARC) 的 MgF_2 薄膜在太阳电池表面时，严重阻碍了光子的进入和传递。然而，将 MgF_2 ARC 从太阳电池表面位置移到正面组件玻璃外表面时，可以恢复正面材料的折射率梯度，并实现有效的光子耦合目的。如图 3-11(d) 所示，将 MgF_2 ARC 从串联太阳电池表面上移到组件前玻璃的顶部时，从实验测得的 EQE 可以观察到，前表面反射普遍减少，钙钛矿和晶硅子电池的 EQE 得到增加。

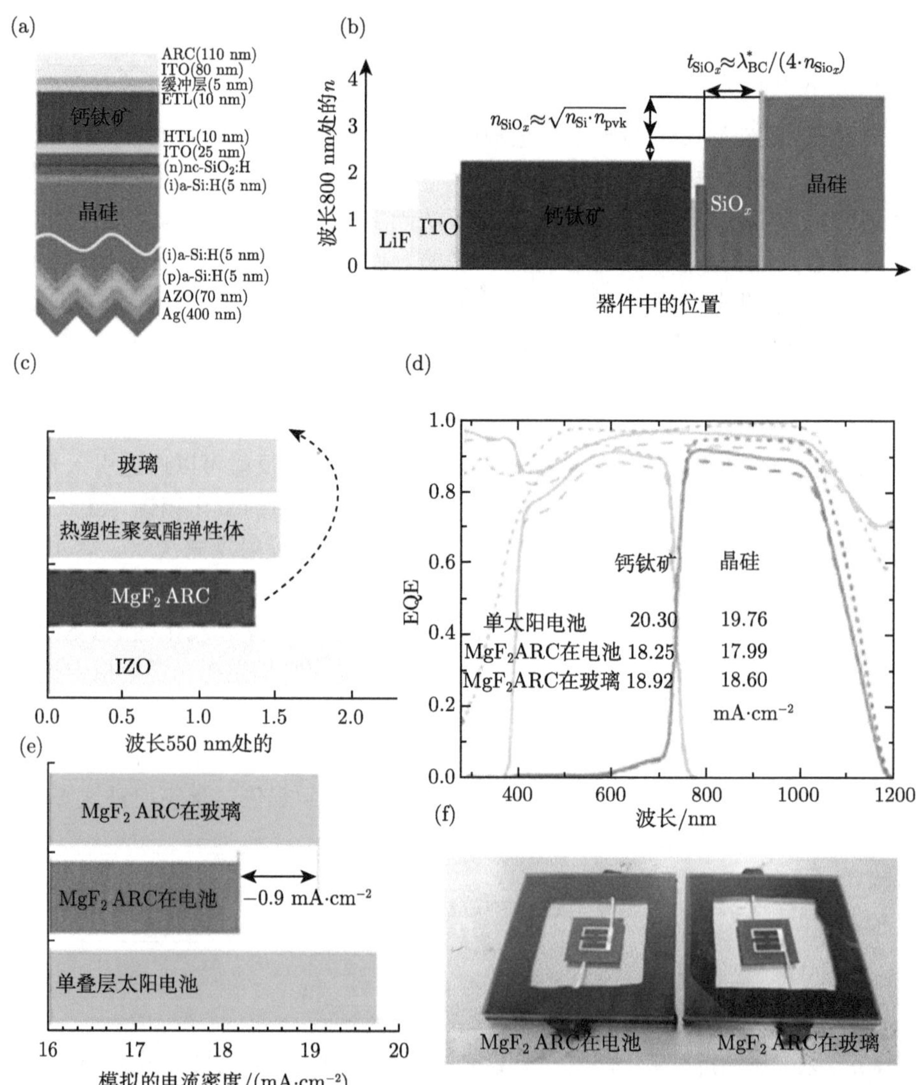

图 3-11　(a) 钙钛矿/晶硅异质结叠层太阳电池横截面示意图；(b) 钙钛矿/晶硅异质结叠层太阳电池堆叠材料的折射率序列示意图 [73]；(c) 钙钛矿/晶硅异质结叠层太阳电池的几个顶层膜的折射率 n，箭头表示把 MgF_2 ARC 从太阳电池表面上移到组件前玻璃顶部；(d) 在光学优化前后，实验测量的钙钛矿/晶硅异质结叠层太阳电池的 EQE；(e) 钙钛矿/晶硅异质结叠层太阳电池的模拟电流密度；(f) 实验组件的照片：MgF_2 ARC 在太阳电池表面 (左) 和 MgF_2 ARC 在组件前玻璃顶部 (右)[83]

由于折射率 n 随波长的变化而变化，于是，De Wolf 团队 [83] 对钙钛矿/晶硅异质结叠层太阳电池组件进行了光学模拟，以验证移动 MgF_2 ARC 是否能在 280~1200 nm 波长范围内有效地增强子电池的光吸收。如图 3-11 (e) 所示，他们研究分析了单叠层太阳电池的模拟 J_{SC}，叠层太阳电池上有 MgF_2 ARC 的模拟 J_{SC} (即光学优化前)，以及串联组件前玻璃顶部有 MgF_2 ARC 的模拟 J_{SC} (即光学优化后)。最终，实验结果表明，即使钙钛矿/晶硅异质结叠层太阳电池组件的 J_{SC} 总是低于单叠层太阳电池的 J_{SC}，但是通过将 MgF_2 ARC 从叠层太阳电池表面上移到组件前玻璃顶部，可以大大减轻 J_{SC} 损失约 0.9 $mA·cm^{-2}$。图 3-11(f) 显示了实验中钙钛矿/晶硅异质结叠层太阳电池的组件情况：MgF_2 ARC 在叠层太阳电池表面 (左) 和 MgF_2 ARC 在组件前玻璃顶部 (右)[83]。这项研究表明，从太阳电池到组件过程中，光学损失的考虑是必要的，这可以充分提高钙钛矿/晶硅异质结叠层太阳电池的能量转换效率。

菲涅耳方程是不同折射率界面上光相互作用的电磁方程的解，它说明了光从介电材料界面的反射和传输，有助于计算从界面反射或传输的光/电磁辐射强度。在推导菲涅耳方程时，假定表面/界面是平坦的，介质是均匀的。在菲涅耳方程中，光被视为平面波，太阳射向地球的光是随机偏振或非偏振的。然而，非偏振光的数学处理是复杂的。为了简化分析，假定非偏振光为两个振荡面相互垂直的偏振波的叠加。图 3-12(a) 显示了由随机方向电场波组成的非偏振光，图 3-12(b) 显示了两个振荡面相互垂直的偏振波叠加组成的等效非偏振光。这是为了表示 s 偏振光和 p 偏振光在物理行为上的差异，两者结合起来可以用来表示非偏振光。在数学上无法直接对非偏振光进行计算，因此我们等同地对 s 偏振光和 p 偏振光进行了计算，并将这些计算结果结合起来，得出了非偏振光的结论。这里的 s 偏振光被定义为其电场矢量垂直于入射平面的光，入射平面定义为包含入射、反射、折射电磁辐射平面 (图 3-13 中的 y-z 平面)。同理，p 偏振光被定义为其电场矢量平行于入射平面的光。

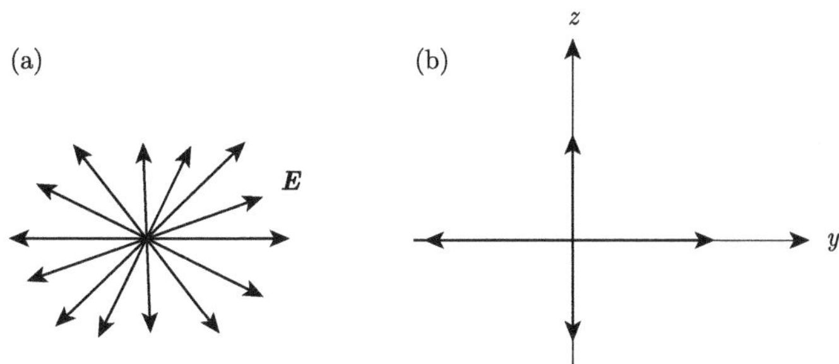

图 3-12 (a) 由具有随机方向电场波组成的非偏振光；(b) 以振荡面相互垂直的两个偏振波叠加形式组成的等效非偏振光

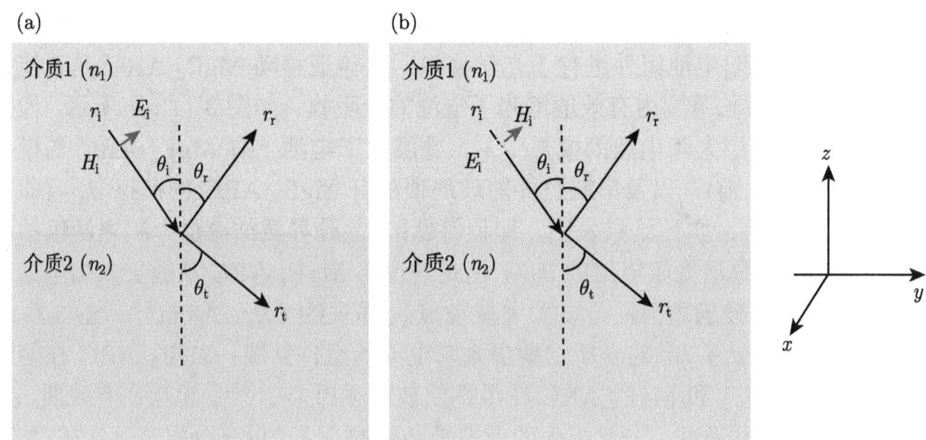

图 3-13　(a) 入射电磁波平行于入射面 (p 偏振光) 和 (b) 入射电磁波垂直于入射面 (s 偏振光) 时，介电材料界面的入射、反射、折射和光相互作用的示意图

用边界条件求解麦克斯韦电磁方程组，给出了 p 偏振光和 s 偏振光的归一化反射 (r_r) 和透射 (r_t) 电磁辐射振幅的菲涅耳方程。这些方程如式 (3-60)~ 式 (3-63) 所示，其中介质被假定为非磁性，这对于大多数光学材料都是可行的 [80,81,84]。

$$r_r^p = \frac{n_2 \cos\theta_i - n_1 \cos\theta_t}{n_2 \cos\theta_i + n_1 \cos\theta_t} \tag{3-60}$$

$$r_r^s = \frac{n_1 \cos\theta_i - n_2 \cos\theta_t}{n_1 \cos\theta_i + n_2 \cos\theta_t} \tag{3-61}$$

$$r_t^p = \frac{2n_1 \cos\theta_i}{n_2 \cos\theta_i + n_1 \cos\theta_t} \tag{3-62}$$

$$r_t^s = \frac{2n_1 \cos\theta_i}{n_1 \cos\theta_i + n_2 \cos\theta_t} \tag{3-63}$$

其中，r_r^p 和 r_r^s 分别表示 p 偏振和 s 偏振情况下反射光的归一化振幅；r_t^p 和 r_t^s 分别表示 p 偏振和 s 偏振情况下透射/折射光的归一化振幅；n_1 为第一种介质的折射率；n_2 为第二种介质的折射率；如图 3-6 所示，θ_i 和 θ_t 分别为入射角和折射角。

p 偏振光和 s 偏振光的反射率 (R) 定义为归一化反射光振幅 (r_r) 的平方。p 偏振光和 s 偏振光的反射率分别由式 (3-64) 和式 (3-65) 给出：

$$R^p = (r_r^p)^2 = \frac{(n_2 \cos\theta_i - n_1 \cos\theta_t)^2}{(n_2 \cos\theta_i + n_1 \cos\theta_t)^2} \tag{3-64}$$

$$R^{\mathrm{s}}=(r_{\mathrm{r}}^{\mathrm{s}})^2=\frac{(n_1\cos\theta_{\mathrm{i}}-n_2\cos\theta_{\mathrm{t}})^2}{(n_1\cos\theta_{\mathrm{i}}+n_2\cos\theta_{\mathrm{t}})^2} \tag{3-65}$$

进一步，假设在边界界面处没有能量损失，p 偏振光和 s 偏振光的透射率 (T) 分别由式 (3-66) 和式 (3-67) 给出：

$$T^{\mathrm{p}}=1-R^{\mathrm{p}}=\frac{4n_1n_2\cos^2\theta_{\mathrm{i}}}{(n_2\cos\theta_{\mathrm{i}}+n_1\cos\theta_{\mathrm{t}})^2} \tag{3-66}$$

$$T^{\mathrm{s}}=1-R^{\mathrm{s}}=\frac{4n_1n_2\cos^2\theta_{\mathrm{i}}}{(n_1\cos\theta_{\mathrm{i}}+n_2\cos\theta_{\mathrm{t}})^2} \tag{3-67}$$

对于非偏振光，反射率和透射率分别计算为 p 偏振光和 s 偏振光反射率的平均值，如式 (3-68) 和式 (3-69) 所示：

$$R=\frac{R^{\mathrm{p}}+R^{\mathrm{s}}}{2} \tag{3-68}$$

$$T=\frac{T^{\mathrm{p}}+T^{\mathrm{s}}}{2} \tag{3-69}$$

由于折射率随着介电介质的变化而变化，当光落在两种不同介质的界面上时，会观察到反射、折射和透射现象。在太阳电池的运行中，需要最小化来自表面的反射，以允许最大限度的光进入活性吸收材料并被吸收。反射的减少可以通过在吸收层的顶部引入一层薄介质薄膜来实现。根据所引入的介质薄膜的厚度和折射率，可以调节表面的反射。在折射率为 n_1 和 n_3 的两层介质层之间引入折射率为 n_2 的介电层，可以形成一个光子俘获界面，如图 3-14(a) 所示。

在这种情况下，干涉发生在从两个界面反射的光线之间。根据两个反射光线之间的相位差 (波振幅 r_{12} 和 r_{23})，会发生减弱或增强性干涉，这就导致了界面的高或低反射。两束反射光线 (r_{12} 和 r_{23}) 之间的相位差与两束光线之间的路径差有关 (其中，r_{12} 为介质 1 与介质 2 界面之间的反射振幅；r_{23} 为介质 2 与介质 3 界面之间的反射振幅)，如式 (3-70) 所示 [80,81]：

$$\Delta\phi=\frac{2\pi n}{\lambda}\times 2l \tag{3-70}$$

其中，λ 为光的波长；l 为介质薄膜的厚度。因此，通过薄介质的两束反射光线之间的相位差为

$$\Delta\phi=\frac{2\pi n_2}{\lambda}\times 2l \tag{3-71}$$

当总相位差为 0，2π，4π，6π 等，即 π 的偶数倍时，反射光线在波长 λ 的界面产生高的总反射；如果总相位差为 0，π，3π，5π 等，即 π 的奇数倍时，则会导致最小的总反射。计算总相位差时，要知道当光从较稀疏介质 (低折射率) 入射到较致密介质 (高折射率) 时，总会发生 π 的相变。然而，在折射过程中，光从密度较大的介质入射到密度较小的介质时，不发生相变。介质界面的相位移动与介质薄膜光程差所引起的相位移动之和为反射光线之间的总相位差。p 偏振光和 s 偏振光的归一化反射 (r_r) 和透射 (r_t) 电磁辐射振幅的菲涅耳方程可用于计算介质界面反射率，在这种情况下，反射率的菲涅耳方程如式 (3-72) 所示：

$$R=\frac{r_{12}^2+r_{23}^2+2r_{12}r_{23}\cos(\Delta\phi)}{1+r_{12}r_{23}+2r_{12}r_{23}\cos(\Delta\phi)} \tag{3-72}$$

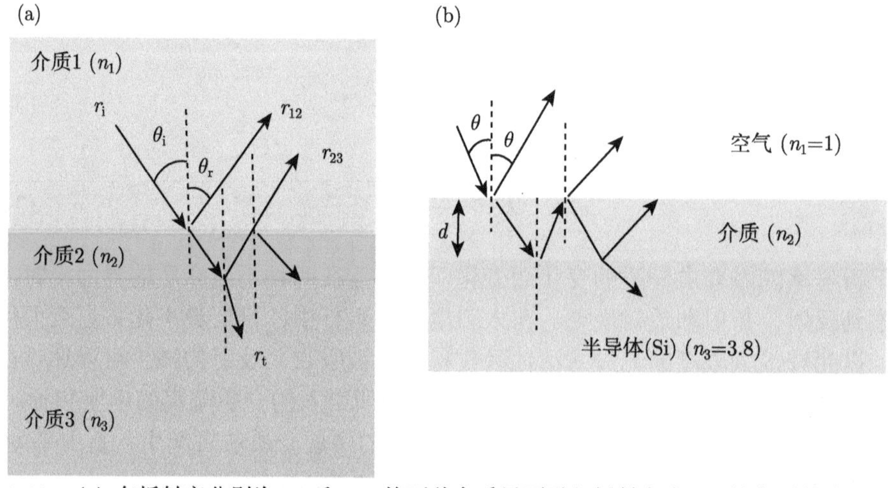

图 3-14　(a) 在折射率分别为 n_1 和 n_3 的两种介质界面引入折射率为 n_2 的介质薄膜所产生的光反射、折射示意图；(b) 介质薄膜引入 Si 半导体的光学作用示意图

对各种钙钛矿/晶硅异质结叠层太阳电池结构的详细光学分析表明，光学损耗主要来自于反射和寄生吸收损失，特别是在钙钛矿顶电池的各种材料中，这意味着除了钙钛矿本征吸收层外，其他所有层都需要低反射和寄生吸收。根据 Ho-Baillie 团队 [85] 的光学模拟研究，对于单片钙钛矿/晶硅异质结叠层太阳电池结构，其最大光学损失是由全反射引起的 (超过 17%)，这可以通过使用减反射涂层和梯度折射率结构来减少。

2. 纹理界面的光学陷光机理

对于任何实际应用的太阳电池，陷光结构可以综合成本效益，在给定太阳光谱下产生更高电流密度，以提升太阳电池的能量产出 [86-88]。目前，对于钙钛矿/晶硅异质结叠层太阳电池的纹理化光俘获，人们已进行了诸多探索。图 3-15(a)，(b) 显示了底部纹理优化的光学优势，以及两子电池的测量总吸光度 $(1-R)$ 和 EQE 曲线 [89]。该图被划分为几个区域，以帮助可视化串联的损失机制。整合积分 AM 1.5G 光谱的 EQE 曲线显示，钙钛矿顶电池和晶硅底电池分别产生的电流密度值为 18.9 mA·cm^{-2} 和 18.5 mA·cm^{-2}。可以注意到，晶硅底电池的 EQE 在 800 nm 和 875 nm 之间超过了 90%，这种高 EQE 是由于较薄的 ITO 电极。并且，从图 3-15(b) 中不难发现，反射和长波寄生吸收损耗仍然占据主导地位，损失甚至分别高达 4.8 mA·cm^{-2} 和 3.3 mA·cm^{-2}，这说明了底部纹理的作用是极其有限的，前表面纹理仍然是亟需的。为了进一步减少光学反射损失，如图 3-15(c)~(e) 所示，Zhang 团队 [90] 设计了由聚二甲基硅氧烷 (PDMS) 聚合物制成的光管理减反射薄

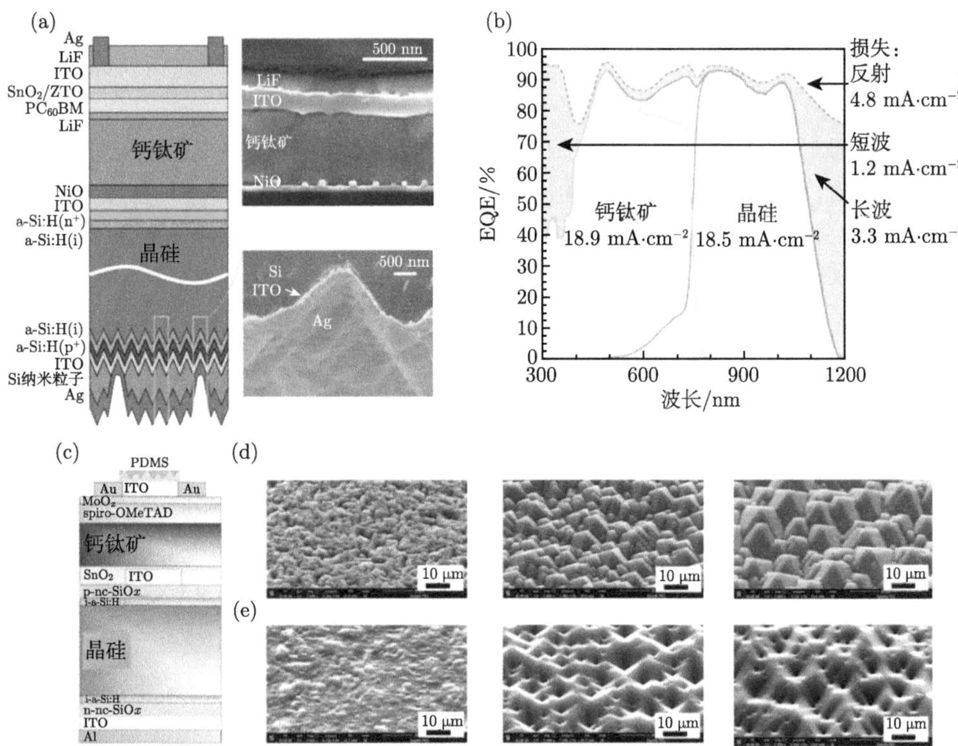

图 3-15 (a) 钙钛矿/晶硅异质结叠层太阳电池示意图 (左)，以及前表面 (右上) 和后表面 (右下) 的截面 SEM 图像；(b) 总吸光度 $(1-R$，灰色虚线)、钙钛矿顶电池的 EQE (蓝色实线) 和晶硅底电池的 EQE (红色实线)，灰色实线表示 EQE 的总和，阴影区域分别代表因反射和寄生吸收而损失的光，相关的电流密度损失也被标明 [89]；(c) 钙钛矿/晶硅异质结叠层太阳电池 PDMS 光学管理示意图；(d) 作为纹理模板的硅片 SEM 图像；(e) 携带这些纹理结构的 PDMS 复制品的相应 SEM 图像 [90]

膜，该薄膜带有三种不同的金字塔尺寸 (1~3 μm，3~8 μm，8~15 μm，其是通过晶硅金字塔纹理的转载复制进行制备的)。其中，尺寸为 3~8 μm 的 PDMS 层表现出相对较强的光散射特性，并具有较高的平均雾度，这源于适当的金字塔尺寸和随机金字塔分布的协同效应。因此，在将 PDMS 减反射薄膜层压到串联器件前表面后，钙钛矿/晶硅异质结叠层太阳电池的 $J_{\rm SC}$ 提高了 1.72 mA·cm^{-2}，从而使其串联效率从 19.38%提高到 21.93%。这种表面纹理化研究为太阳电池光管理技术提供了一种简便且具有成本效益的方法，并提出了提高钙钛矿/晶硅异质结叠层太阳电池光学性能的广泛策略。

上面对光程长度增加的晶硅太阳电池陷光结构案例进行了探讨，下面对钙钛矿/晶硅异质结叠层太阳电池前后表面的纹理化结构的物理机制进行分析。当光入射到任何物体表面时，都会发生反射、折射和透射的现象。在平面表面，反射光与入射光在同一平面上，反射角与入射角相同，根据反射定律，即 $\theta_{\rm i}=\theta_{\rm r}$。界面的折射、透射光处于同一平面，折射角与入射角相关，称为折射定律。典型的光反射、折射和透射示意图如图 3-16(a) 所示。

当表面粗糙时，光在材料表面的相互作用发生改变。反射光不是在同一平面上观察到的，光的入射角与反射角不一定相同，即 $\theta_{\rm i}\neq\theta_{\rm r}$。反射和折射定律对给定条件总是有效的，而在粗糙表面的情况下，相邻点的表面方向变化造成了最终观测到的反射角与入射角不同，如图 3-16(b) 所示。

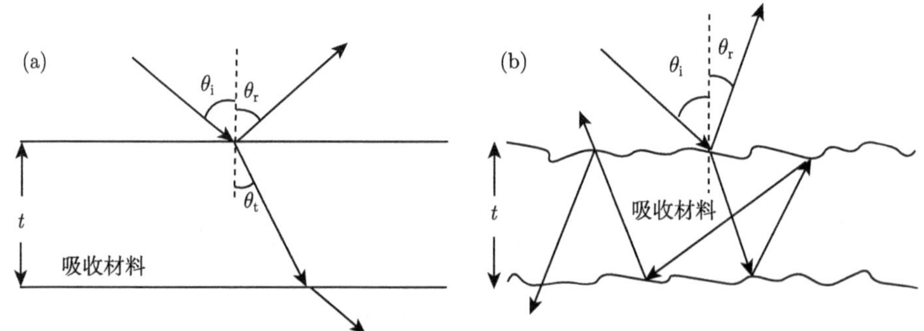

图 3-16　光在 (a) 平面和 (b) 粗糙界面上的反射、折射和透射示意图

当平行光线落在光滑表面上时，反射角与入射角相同，这种反射现象称为镜面反射，如图 3-17(a) 所示。在这种情况下，通过将探测器置于与入射角相同的角度来测量镜面反射率，以量化反射现象。然而，当相似的平行光线落在粗糙表面上时，会观察到随机方向的反射。在这种情况下，观测到的反射角不等于入射角，这种反射称为漫反射，如图 3-17(b) 所示。对于太阳电池而言，总反射率为镜面反射加漫反射，因此，为了表征太阳电池表面的反射率，通常采用积分球测

量全反射，探测器收集反射到各个方向的光来积分量化反射率。

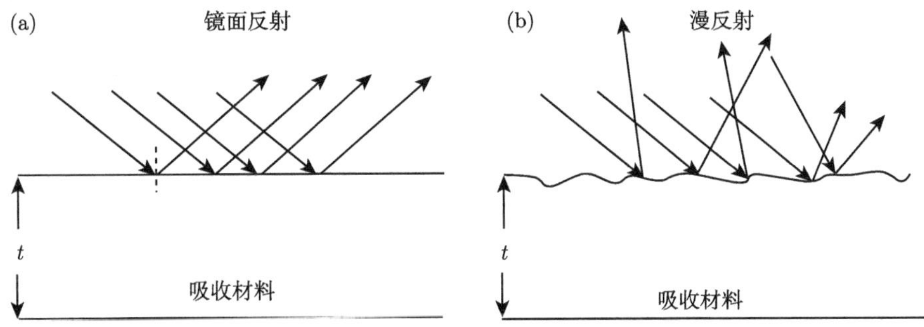

图 3-17 平行光线在 (a) 平面和 (b) 粗糙界面上的反射示意图

表面粗糙化不仅使反射角随机化，还会影响折射角，导致光在吸光材料中的传播距离变长、光程增长。入射光随机分布到任意方向的粗糙表面上的反射现象也称为朗伯 (Lambertian) 反射。表面粗糙化有助于调整入射角，并达到所需的条件，导致全内反射。通过表面粗糙化对全内反射的调谐作用，可以理解为粗糙表面吸光材料光程增长。当光以大于临界角 (θ_c) 的角度从密度较大 (折射率较高) 的介质射向密度较小 (折射率较低) 的介质时，可以观察到全内反射。临界角 (θ_c) 由斯涅耳 (Snell) 定律定义，该定律使用的条件是光在相同介质中反射，即当 θ_t 为 $90°$ 或更大的情况。对于图 3-18(a) 所示吸光材料 (折射率为 n) 与空气 (折射率为 1) 界面的情况，斯涅耳定律按公式 (3-73) 表示，临界角度 (θ_c) 也由公式 (3-74) 给出 [84,91]：

$$n\sin\theta_c = \sin 90° \tag{3-73}$$

$$\theta_c = \arcsin\left(\frac{1}{n}\right) \tag{3-74}$$

如果入射角小于图 3-18(a) 中光线 1 的临界角 (θ_c)，则任何经过内反射后落在吸光材料/空气界面上的光都会从表面逸出。如果光线入射角大于临界角 (θ_c)，则会发生全内反射现象，即光线再次返回到吸光材料中，与图 3-18(a) 中的光线 2 情况一致。在这种情况下，光停留在吸光介质中至少多作用一次，因此观察到光程长度的增加。光只有在底面界面反射后，在 θ_c 角范围内落在前界面处，才有可能从吸光材料中逸出，这样的光逸出现象会增加来自前表面的初级反射，并且可以在反射率测量中观察到。

术语"逃逸锥"用于定义反射逃逸，即从材料表面反射的各方向光之和，这种逃逸锥是三维的，如图 3-18(a) 所示。它不仅能使光从某一特定方向的前表面逸出，而且能使光从锥内任何角度方向逸出 [92,93]。逃逸光的比例为逃逸锥 (f_{esc}) 内光的比例，假设上表面的透射率为 100%，后表面为完美全反射面 ($R = 100\%$)，则 f_{esc} 由式 (3-75) 给出 (球坐标)[94,95]：

$$f_{esc} = \frac{\int_0^{\theta_c}\int_0^{2\pi}\cos\theta\sin\theta d\theta d\phi}{\int_0^{\frac{\pi}{2}}\int_0^{2\pi}\cos\theta\sin\theta d\theta d\phi} = \frac{1-\cos 2\theta_c}{2} = \frac{1}{n^2} \tag{3-75}$$

其中，θ_c 为临界角。因此，式 (3-75) 说明了吸光材料的折射率对反射逸出具有重大影响。

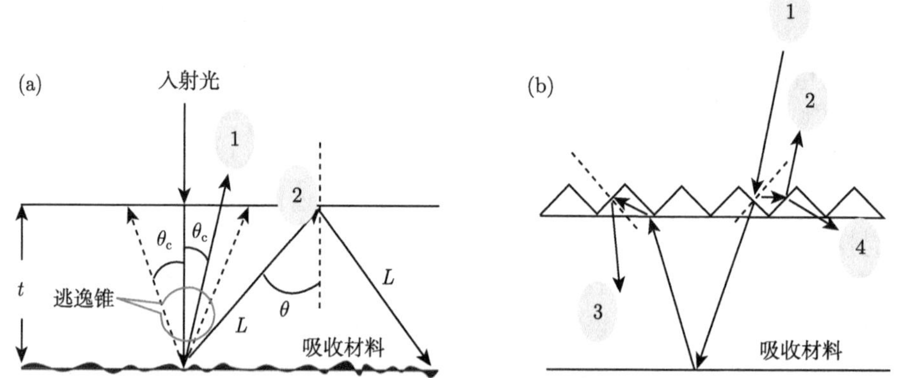

图 3-18 (a) 光线在吸光材料中的内反射以及临界角示意图；(b) 上表面有随机金字塔纹理的光子俘获示意图

此外，在朗伯光俘获几何情况下，由于光的斜向传播，光穿过吸收材料前后表面之间的平均路径长度至少是吸收材料厚度 (t) 的两倍。通过追踪逃逸光线的路径长度，可以计算出朗伯顶面和反射底面的光线的平均路径长度，平均路径长度计算如下 [95]：

$$\bar{P} = t\left[2(1-R) + 4fR + 6R(1-f)(1-R) + 8f(1-f)R^2 + \cdots\right] \tag{3-76}$$

这里，f 是每次光线照射到顶表面时逸出/耦合的光的比例；t 是吸收材料/衬底的厚度。式 (3-76) 可以用幂级数形式表示为 [95]

$$\bar{P} = 2t\left\{\sum_{m=0}^{\infty}[(2m+1)(1-R) + (2m+2)fR][R(1-f)]^m\right\} \tag{3-77}$$

可以进一步化简为

$$\bar{P} = \frac{2t(1+R)}{1-R(1-f)} \tag{3-78}$$

在顶面透射率为 100%，后表面为完美全反射面 ($R = 100\%$) 的极限情况下 (这是太阳电池的理想条件)，f 为 $1/n^2$，如式 (3-75) 所示。在这种情况下，平均光程长度将是 $4tn^2$，其中 n 为吸光材料的折射率。现在，如果后表面被认为是非完美反射面，那么后表面的反射率将是 $1-f$，在这种情况下，光程长度将下降到 $2n^2$。

逃逸锥的立体角 (Ω_c) 为 4π 的分数，可由式 (3-79) 给出 [91]：

$$\Omega_\mathrm{c} = \frac{4\pi}{2n^2} \tag{3-79}$$

Ω_c 可以与光在一次散射事件中的逸出概率联系起来，该概率为 $1/2n^2$。

为了在晶硅吸收材料中实现较强的光俘获能力，一般需要确保完美的全内反射和后续反射光的角度随机化。如果光线落在逃逸锥的外面，那么光线的正面逸出将是最小的。为了使得反射角度随机化，入射光必须以高于临界角的角度入射。这就要求对材料表面进行纹理化处理，即将晶硅表面湿法刻蚀形成随机金字塔形貌，如图 3-18(b) 所示。当光照射到一个表面 (光线 1) 时，它被反射并落在另一个金字塔表面 (光线 2 和光线 3)，光与界面的多次相互作用增加了光内耦合 (光线 4) 的概率。另外，从背面反射后，如果光线的落角大于临界角 (光线 3)，则会发生全内反射。入射角可以通过金字塔的大小、形状和表面角度来调节。因此，通过优化表面形貌，可以最大程度地减少前表面的反射和逃逸，从而实现增强的光俘获能力。

3.3.2 钝化机制

对于钙钛矿/晶硅异质结叠层太阳电池而言，有效的钝化策略可以降低载流子的无关复合作用和缺陷态密度，并显著提高串联能量转换效率。如图 3-19(a), (b) 所示，氢化的本征非晶硅 (a-Si:H(i)) 与氧化硅相结合可以有效提高晶硅异质结底电池的载流子寿命，以及金属化前的隐开路电压 (i-V_OC)[96]。进一步地，为了优化钙钛矿顶电池的载流子特性，De Wolf 团队 [97] 将咔唑 (一种含氮的杂环分子) 作为添加剂加入钙钛矿层中，咔唑的处理抑制了卤化物的分离，减少了非辐射复合损失，并降低了缺陷态密度。图 3-19(c), (d) 展示了咔唑/钙钛矿分子界面结构，其中钙钛矿表面被最外层的 I 或碘化甲脒 (FAI) 层所截止。研究发现，咔唑分子倾向于通过氢键 (即 N—H···I) 与表面 I^- 结合，对于富 FAI 的表面 (100) 和富 I 的表面 (111)，这种相互作用导致的结合能 (E_b) 变化范围为 −0.4～−0.7 eV。对于富 I 的 (101) 表面，发现了较短的氢键长度 (2.60 Å) 以及较大的 E_b 值 (−2.26 eV)，这表明，咔唑分子可以通过与卤化物离子的氢键相互作用来稳定钙钛矿表面，防止卤化物离子从表面迁移。利用一个优化的 1.68 eV 的钙钛矿顶电池和双面金字塔纹理化晶硅异质结底电池，De Wolf 团队 [97] 最终获得了认证的 28.2%的串联效率 (有效面积超过 1 cm^2)。

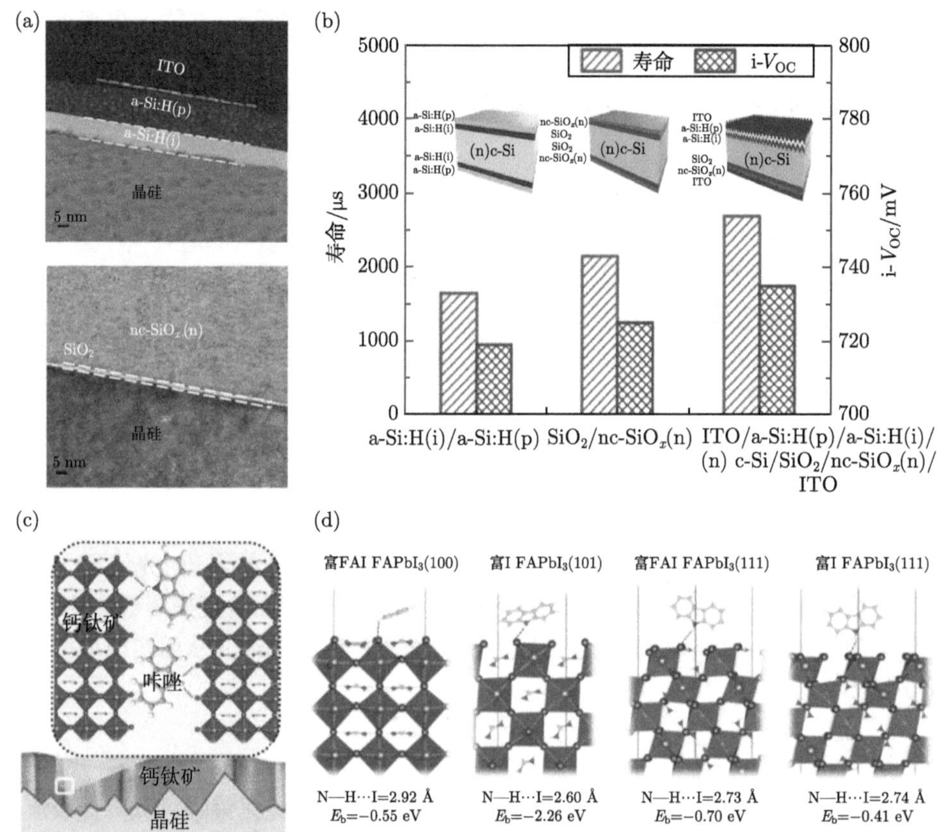

图 3-19　(a) 晶硅异质结底电池的非晶硅和氧化硅的 SEM 图像以及 (b) 金属化前的有效寿命和隐开路电压 (i-V_{OC}) 测量 [96]；(c) 咔唑分子钝化钙钛矿分子的微观示意图以及 (d) 各种界面晶向钝化示意图 [97]

下面将探讨太阳电池内部载流子的动力学行为，并建立合适的太阳电池模型，解决太阳电池内电子密度 ($\delta n(z,t)$) 的连续性方程，以了解缺陷态的物理机制。太阳电池用角频率为 ω、强度为 $I(\omega,t)$ 的正弦波光信号进行激发 [98]。

$$I(\omega,t)=I_0+I_{\mathrm{A}}\cos(\omega t) \tag{3-80}$$

其中，I_0 是平均值；I_{A} 是调制成分。此外，为了简单起见，太阳电池本征层被建模为厚度为 d、吸收系数为 α 的单层材料，如图 3-20 所示。在这种条件下，连续

性方程可以写为 [38,40,98]

$$\frac{\partial\left(\delta n\left(z,t\right)\right)}{\partial t}=\alpha I_{\mathrm{A}}\exp\left(-\alpha z\right)\exp\left(\mathrm{j}\omega t\right)+D_{\mathrm{e}}\frac{\partial^2\left(\delta n\left(z,t\right)\right)}{\partial z^2}$$
$$-\frac{\delta n\left(z,t\right)}{\tau_{\mathrm{e}}}-k_{\mathrm{trap}}\delta n\left(z,t\right)+k_{\mathrm{detrap}}N_{\mathrm{r}}\left(z,t\right) \tag{3-81}$$

其中，z 是太阳电池中的深度坐标，$0<z<d$；D_{e} 和 τ_{e} 分别是扩散系数和寿命。另外，k_{trap} 和 k_{detrap} 是太阳电池内部缺陷态的电子捕获率和分离率。由于这个过程涉及缺陷态的参与，所以应考虑占用缺陷态密度 (N_{r})，同时也应解 N_{r} 的动态方程 [98]：

$$\frac{\partial N_{\mathrm{r}}\left(z,t\right)}{\partial t}=k_{\mathrm{trap}}\delta n\left(z,t\right)-k_{\mathrm{detrap}}N_{\mathrm{r}}\left(z,t\right) \tag{3-82}$$

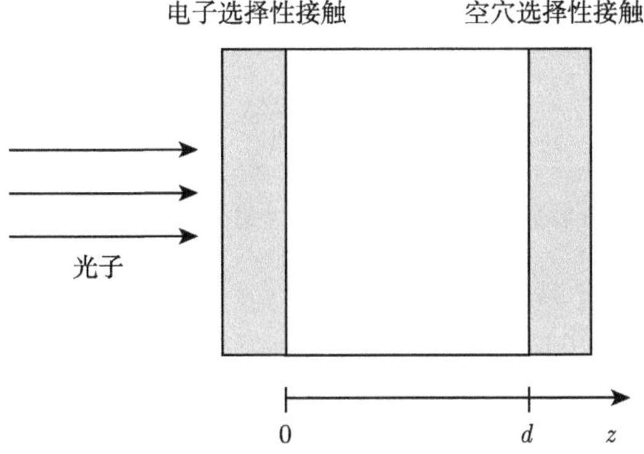

图 3-20 计算中所考虑的太阳电池模型

最后，为了解公式 (3-81)，需要 $\delta n(z,t)$ 的边界条件如下所示：

$$D_{\mathrm{e}}\frac{\partial\left[\delta n\left(z,t\right)\right]}{\partial z}\bigg|_{x=0}=k_{\mathrm{sep}}\delta n\left(z,t\right)\big|_{z=0} \tag{3-83}$$

$$D_{\mathrm{e}}\frac{\partial\left[\delta n\left(z,t\right)\right]}{\partial z}\bigg|_{x=d}=0 \tag{3-84}$$

其中，k_{sep} 代表在 $z=0$ 时太阳电池和电子选择性接触界面的电子提取常数。通过选择 k_{sep} 的值，可以定义太阳电池的工作条件：当 $k_{\mathrm{sep}}=0$ 时可以获得开路条件；当 $k_{\mathrm{sep}}\neq 0$ 时可以获得短路条件。由于光激发是被调制的，所有涉及的光生量都会被调制。因此，通过固定式 (3-83) 中的 k_{sep} 值，可以得到太阳电池内部的光伏性质。通过求解式 (3-81) 和式 (3-82)，可以计算出调制的 $J_{\mathrm{SC}}(\omega)$ 和 $V_{\mathrm{OC}}(\omega)$，

其结果如式 (3-85) 和式 (3-86) 所示 [98]：

$$J_{\mathrm{SC}}(\omega)=k_{\mathrm{sep}}\frac{\alpha I_{\mathrm{A}}}{(\beta^2-\alpha^2)}\times\frac{2\alpha\exp(-\alpha d)+\beta[\exp(\beta d)-\exp(-\beta d)]-\alpha[\exp(\beta d)+\exp(-\beta d)]}{\beta D_{\mathrm{e}}[\exp(\beta d)-\exp(-\beta d)]+k_{\mathrm{sep}}[\exp(\beta d)+\exp(-\beta d)]}\tag{3-85}$$

$$V_{\mathrm{OC}}(\omega)\propto\frac{\alpha I_{\mathrm{A}}}{D_{\mathrm{e}}(\beta^2-\alpha^2)}\times\left\{1+\frac{\alpha[2\exp(-\alpha d)-\exp(\beta d)-\exp(-\beta d)]}{\beta[\exp(\beta d)-\exp(-\beta d)]}\right\}\tag{3-86}$$

$$\beta^2=\frac{\gamma^2}{D_{\mathrm{e}}}\tag{3-87}$$

其中，γ 是一个与频率有关的系数：

$$\gamma^2=\frac{1}{\tau_{\mathrm{e}}}-\frac{k_{\mathrm{detrap}}k_{\mathrm{trap}}}{k_{\mathrm{detrap}}+\mathrm{j}\omega}+k_{\mathrm{trap}}+\mathrm{j}\omega\tag{3-88}$$

如果不考虑缺陷态，可以使用式 (3-81) 的一个更简单表达式 (由于不需要缺陷态的占用方程)[98]：

$$\frac{\partial[\delta n(z,t)]}{\partial t}=\alpha I_{\mathrm{A}}\exp(-\alpha z)\exp(\mathrm{j}\omega t)+D_{\mathrm{e}}\frac{\partial^2[\delta n(z,t)]}{\partial^2 z}-\frac{\delta n(z,t)}{\tau_{\mathrm{e}}}\tag{3-89}$$

另外，对于无缺陷态的太阳电池，γ 可以获得类似的简单表达式：

$$\gamma^2=\frac{1}{\tau_{\mathrm{e}}}+\mathrm{j}\omega\tag{3-90}$$

缺陷态的净效应可以通过定义两个新的有效参数作为扩散系数和寿命 (分别为 D_{ef} 和 τ_{ef}) 的替代来解释。通过比较式 (3-87) 和式 (3-89)，这两个新参数可以定义为

$$D_{\mathrm{ef}}=\frac{D_{\mathrm{e}}}{1+\dfrac{k_{\mathrm{detrap}}k_{\mathrm{trap}}}{k_{\mathrm{detrap}}^2+\omega^2}}\tag{3-91}$$

$$\frac{1}{\tau_{\mathrm{ef}}}=\frac{1}{\tau_{\mathrm{e}}}+k_{\mathrm{trap}}\left(1-\frac{k_{\mathrm{detrap}}^2}{k_{\mathrm{detrap}}^2+\omega^2}\right)\tag{3-92}$$

从这两个表达式可以看出，缺陷态的主要影响是扩散系数的减少和太阳电池中电子复合率的增加 (τ_{ef}^{-1} 增加)，这些因素导致了太阳电池内部动力学的整体退化。重要的是，在无缺陷态的情况下，式 (3-89) 是负责太阳电池载流子动力学过程的。因此，可以通过在边界条件下 (式 (3-83) 和式 (3-84)) 选择合适 k_{sep} 来获得参数 D_{ef}、τ_{ef}、α、d 和 k_{sep} 的函数，以用于分析太阳电池的载流子行为，为参数的选择提供确定性。

3.3.3 隧穿结 (复合结)

晶硅太阳电池占光伏市场的 95%以上 [99]，晶硅太阳电池技术正逐渐达到其理论能量转换效率极限。串联配置带隙减小的叠层光伏吸收材料能更有效地利用太阳光谱，从而克服传统太阳电池的单结效率限制。具体来说，单片两端钙钛矿/晶硅异质结叠层太阳电池的实现有望成为一种简单而又高性能的技术，具有很高的应用价值。实际上，钙钛矿和晶硅子电池需要载流子复合，其中界面结构应保证多数载流子 (从每个子电池收集) 的有效复合，而不诱发少数载流子复合。

在钙钛矿/晶硅异质结叠层太阳电池中，目前常用的复合结有两种，如图 3-21 (a)~(e) 所示，包括 TCO 基的复合结和重掺杂区域的硅基复合结。对于第一种情况，保留这种 TCO 作为复合结可能是有益的，因为它通常是一种退化掺杂的 n 型材料，其功函数可以调整到较低值，所以这种 TCO 层实际上可以被用作复合结的 n^{+} 型区域；然后，根据串联的极性，复合结中 p^{+} 型区域的作用可以由顶或底电池的 HTL 来完成。为了避免由自由载流子吸收在 TCO 层中造成的长波光子的不必要寄生吸收损失，其厚度必须保持在最低值。此外，由于钙钛矿有可能具有针孔，保持 TCO 的高电阻率 (同时保持其低的功函数) 可能是至关重要的，否则该器件可能会被短路。如图 3-21(a)~(c) 所示，McGehee 团队 [100] 报告了使用 ITO 来组成合适的复合结，他们制备的钙钛矿/晶硅异质结叠层太阳电池的光生载流子寿命和载流子迁移率增加了 2 倍，最终观察到，在 60℃ 下最大功率点 (MPP) 工作 1000 h 后，半透明的顶电池的衰退降解率低于 4%；通过将钙钛矿顶电池与晶硅异质结底电池集成，他们在有效面积为 1 cm^2 的单片串联太阳电池中实现了 27%的能量转换效率。

对于第二种重掺杂的硅基复合结而言，首先是由 Buonassisi 团队 [16] 发明，后来由 Ballif 团队 [101] 进一步优化。目前单片钙钛矿/晶硅异质结叠层太阳电池的设计依赖于 TCO 作为中间复合结，这导致了光学损失和并联电阻的降低，如图 3-21(d)，(e) 所示，Ballif 团队 [101] 展示了一种基于纳米晶硅层的改进复合结，以减轻这些损失；当在具有平面正面的单片钙钛矿/晶硅异质结叠层太阳电池中使用时，他们发现，该结可以使底电池的光电流密度增加 1 $\mathrm{mA\cdot cm^{-2}}$ 以上，与铯基钙钛矿顶电池相结合，这导致串联电池的能量转换效率在 J-V 测量中高达

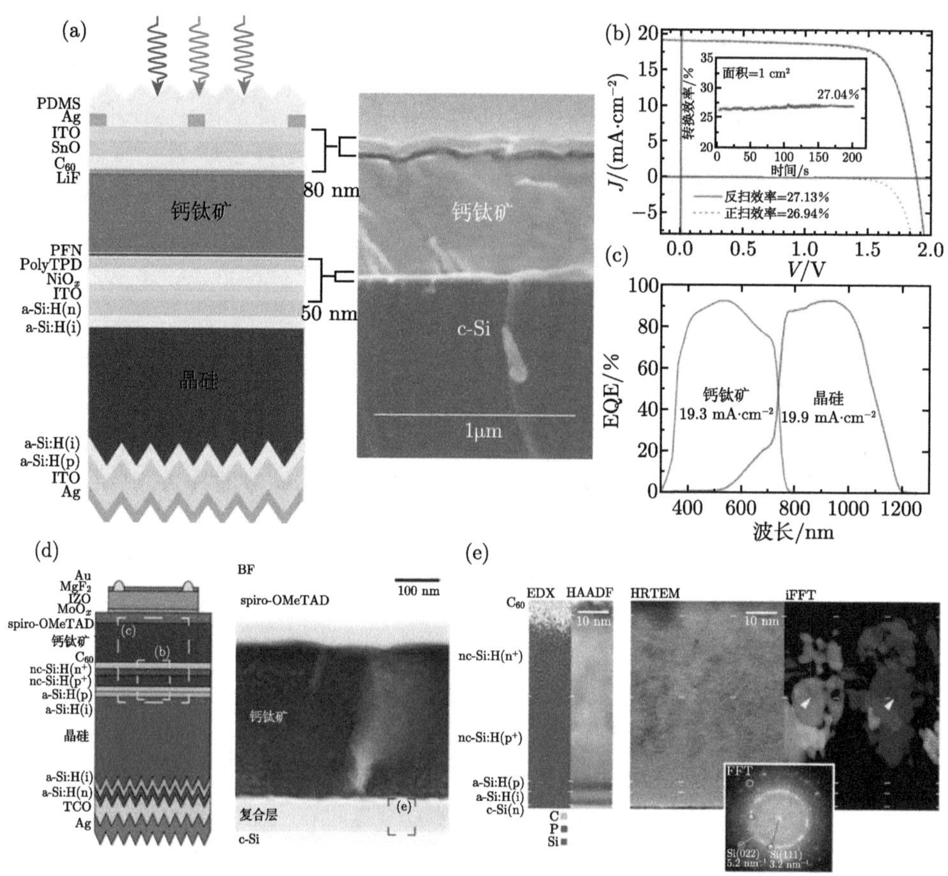

图 3-21　钙钛矿/晶硅异质结叠层太阳电池的两种复合结

透明导电氧化物基的复合结：(a) 示意图 (左) 以及 SEM 图像 (右)；(b) J-V 图像以及稳定功率输出；(c) EQE 曲线 [100]。重掺杂的硅基复合结：(d) 示意图 (左) 以及 TEM 的亮场图像 (右)；(e) 能量弥散型 X 射线光谱 (EDX)、高角度环形暗场 (HAADF)、高分辨透射 (HRTEM)、彩色快速傅里叶逆变换 (iFFT) [101]

22.7%，在 MPP 跟踪中稳态效率高达 22.0%。由于其增强的导电性，纳米晶硅复合结使单片钙钛矿/晶硅异质结叠层太阳电池的有效面积得以扩大，从而使有效面积 12.96 cm^2 的串联稳态效率达到 18%。值得注意的是，这种掺杂的硅基层可以通过沉积例如 SiO_x 基薄膜而被光学调谐到较低的折射率，以助于有效的光耦合。并且，目前实验室中的钝化接触型晶硅太阳电池越来越多地采用所谓无掺杂的载流子选择层，取代了掺杂的硅层，通常是金属氧化物。这主要的动机是减少晶硅太阳电池前表面层的寄生光吸收损失。一个突出的例子是使用高功函数的 HTL (如 MoO_x) 取代 Si(p^+) 层，这已被证明可以实现高转换效率的单结太阳电池性能。用于晶硅子电池的替代 HTL 材料可以是 VO_x、WO_x、CuO_x 和 CuSCN，NiO_x 也是一个潜在的候选材料，但 NiO_x 与晶硅的连接仍然具有挑战性。过渡金

属氧化物 MoO_x、VO_x 和 WO_x 特别有趣：由于其高功函数，它们可以作为晶硅太阳电池的高效 HTL。然而，由于它们本身是 n 型的，在晶硅界面收集的空穴将与 n 型 MoO_x 的电子通过带间隧穿在晶硅/MoO_x 界面重新复合。因此，这些 HTL 在沉积到晶硅上时，本质上引入了一个复合结，其复合界面在晶硅/MoO_x 界面。在整体钙钛矿/晶硅异质结叠层太阳电池情况下，保留这种材料可能是有益的，因为它们可以直接作为复合结实施。在这种情况下，形成复合结的是底电池的光吸收层/HTL 界面，而不是简单的两子电池的 HTL/ETL 堆叠层。

在实际的钙钛矿/晶硅叠层太阳电池中，构成复合结 (隧穿结) 的两层通常只是各自子电池的电子和空穴传输层 (ETL 和 HTL)，从而实现了载流子复合作用：从其中一个子电池收集载流子，并通过它们在堆叠时形成的复合结，从而实现有效的多数载流子复合。当采用晶硅异质结或多晶硅接触技术时，即沉积的掺杂硅薄膜 (氢化非晶硅 (a-Si:H) 或纳米晶硅 (nc-Si:H))，通常在掺杂的硅薄膜和晶硅衬底之间有一个薄的内在缓冲层 (通常是 a-Si:H 或 SiO_x)，以帮助表面钝化。可以注意到，晶硅异质结太阳电池在器件的两边都采用了所谓的钝化触点，使工作电压达到世界纪录水平。此外，由于晶硅异质结太阳电池的前后两边都有设计良好的透明电极 (通常是透明导电氧化物 (TCO))，晶硅异质结太阳电池对长波光子具有很高的 EQE，这要归功于钝化接触和无掺杂材料结构。根据串联的极性，这些晶硅薄膜至少可以在原则上作为 $Si(n^+)$ 与钙钛矿 HTL 结合或作为 $Si(p^+)$ 与钙钛矿 ETL 结合，分别产生 $Si(n^+)$/HTL 和 $Si(p^+)$/ETL 复合结。假设 HTL 和 ETL 分别是 p 型和 n 型，图 3-22 (a)，(b) 显示了两种极性的钙钛矿/晶硅叠层太阳电池中复合结的能带图 [102]。实际上，沉积硅薄膜的掺杂物类型 (n 或者 p) 通常可以在薄膜沉积期间改变。特别是当使用等离子体沉积工艺时，通过沉积 $Si(n^+)/Si(p^+)$ 或 $Si(p^+)/Si(n^+)$ 同质结堆叠在晶硅底电池上原位制备复合结。这种掺杂的硅堆叠层早已在以隧穿结为基础的、ETL 背接触为特征的晶硅异质结太阳电池中得到应用。在这种同质结复合结的顶部，人们可以直接沉积钙钛矿顶电池的相关载流子传输层 (即 $Si(n^+)/Si(p^+)$/HTL 或 $Si(p^+)/Si(n^+)$/ETL) 以构建完美的极性选择区域。

在多层混合复合结的情况下，实现梯度掺杂往往是不可能的，特别是当其中一层是钙钛矿的 HTL 或 ETL 时。在这种情况下，根据能量排列，应增强复合结界面的多数载流子复合，以避免过度的电阻损失，这可以通过陷阱辅助隧穿结来实现。在陷阱辅助隧穿结中，载流子隧穿进入陷阱态，位于两个子电池之间的复合结界面。从能量上看，这个过程类似于 SRH 陷阱辅助复合，尽管所有参与的载流子都是从各自子电池收集的多数载流子，然后通过界面上的亚带隙态复合。在单结晶硅异质结电池中，ITO 或类似的 TCO 通常被用作透明顶电极，与下面的晶硅载流子传输层形成低电阻接触，从而形成复合结，如图 3-22(c) 所示。

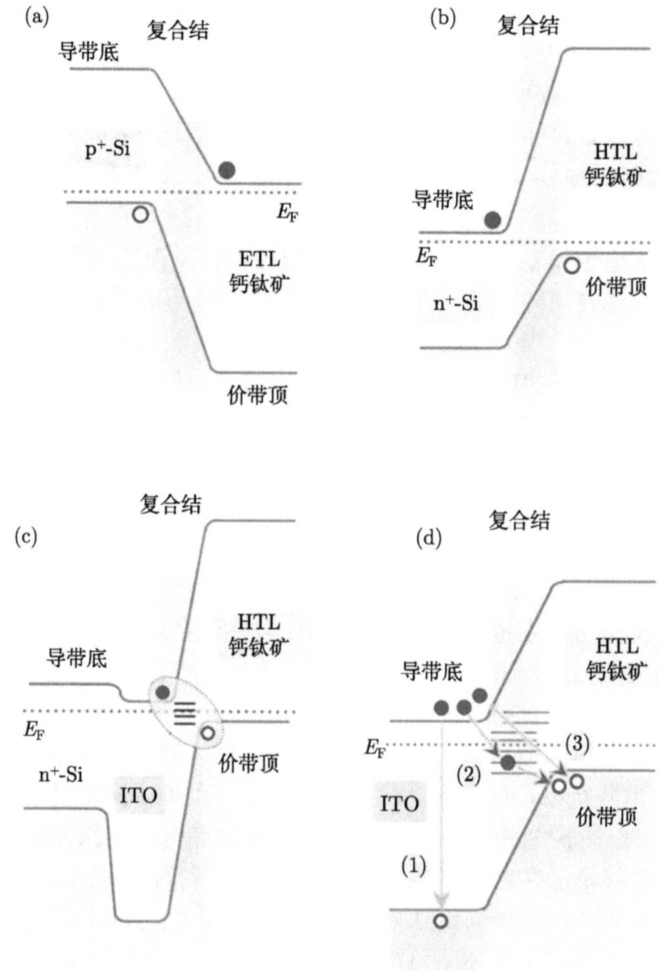

图 3-22　钙钛矿/晶硅叠层太阳电池中复合结能带图

(a) 和 (b) 基于钙钛矿顶电池配置的 p-i-n 和 n-i-p 串联的一般情况；(c) ITO 基复合结的能带图；(d) ITO 基复合结的能带局域放大图 [102]

由于钙钛矿顶电池材料的低温制备限制，目前，在钙钛矿/晶硅叠层太阳电池中，p-i-n 配置比 n-i-p 配置更受欢迎。事实上，到目前为止，只有少数高透明的 HTL 被开发用于钙钛矿太阳电池。因此，最常报道的复合结是基于 p-i-n 顶电池结构，这意味着顶、底电池之间普遍是 $Si(n^+)$/ITO/HTL 结构。在 ITO/HTL 的复合结界面上，原则上载流子可以通过三种不同机制进行复合，如图 3-22(d) 所示：由于不利的能带排列，直接隧穿 (1) 很少发生。幸运的是，界面通常是有相当数目的缺陷，则允许通过 ITO 和 HTL 之间的界面陷阱辅助隧穿 (2) 进行有效复合。然而，我们注意到，界面态的存在可能诱导肖特基势垒，在复合结材料之间的功函数差异不足的情况下，这种势垒的宽度可能阻止有效载流子传输，而采用具有较大功函数差异的界面材料可以减少势垒。从理论上讲，电子/空穴在同一位置重新结合的局部隧穿 (3) 是可能发生的，然而这种机制对于宽带隙材料是罕见的，并且由于相关的电压损失而不受欢迎 [102]。

表面上，钙钛矿/晶硅异质结叠层太阳电池的中间结由于复合作用而被称为复合结，然而其物理本质为隧穿模型。在量子力学隧穿理论中，能量小于势垒高度的载流子完全被势垒限制或阻挡。考虑到载流子的波动性质，波不会在势垒边界处突然终止，因此，载流子在势垒内部存在的概率是有限的，如果势垒宽度足够小，载流子可以穿透势垒，这就引出了隧穿概率和隧穿电流的概念。

基于这种现象的隧穿过程和半导体器件具有一些有趣的特性。首先，隧穿现象是一种多数载流子效应，载流子通过势垒的隧穿时间不受传统力学时间概念的支配 ($t = W/v$)，而是受单位时间内的量子跃迁概率支配，该概率与 $\exp[-2\langle k(0)\rangle W]$ 成正比，其中 $\langle k(0)\rangle$ 是横动量为零且能量等于费米能的入射波对应的隧穿路径中的动量平均值。这种隧穿的时间非常短。其次，由于隧穿概率依赖于初始端和接收端，隧穿电流不是单调依赖于偏压，而是依赖于负的微分电阻。

本节将钙钛矿/晶硅异质结叠层太阳电池的隧穿结考虑为简易的隧穿二极管模型。隧穿二极管是 1958 年由 Esaki 发现的，因此也称为 Esaki 二极管 [103]；他在研究重掺杂锗 pn 结在高速双极晶体管中的应用时，发现了一个异常的电流–电压特性，即在某段正向电压上有一个负的差阻区域 (负 $\mathrm{d}I/\mathrm{d}V$)；Esaki 用量子隧穿的概念解释了这种反常特性，得到的隧穿理论值与实验结果十分吻合。随后，研究人员在其他半导体材料上也制备了隧穿二极管。

隧穿二极管由一个简单的 pn 结组成，其中 p 和 n 侧都是简并的 (即重掺杂情况) 和急剧过渡变化的。图 3-23 显示了热平衡状态下隧穿二极管的能带示意图。由于重掺杂，费米能级位于电子未占据态范围内。简并电压 V_{p}' 和 V_{n}' 通常为几个 $k_{\mathrm{B}}T$，耗尽层宽度约为 10 nm 或更小，比传统的 pn 结窄得多。

图 3-24(a) 显示了隧穿二极管的经典静态电流–电压特性。在负半轴时，随着 p 侧到 n 侧的负偏压的增加，电流单调增加；在正半轴时，电流首先增大到最大值 (峰值电流 I_{p} 在峰值电压 V_{p} 处)，然后在谷电压 V_{v} 处下降到最小值 I_{v}。对于比 V_{v} 大得多的电压，电流随电压呈指数增长。静态特性是三个电流成分的结果：隧穿电流、扩散电流和过载电流，如图 3-24(b) 所示。

我们首先定性地讨论绝对零度下的隧穿过程，使用图 3-25 所示的简化能带结构，该结构显示了施加偏压时 p 和 n 侧的能带排列情况以及相应的 I-V 曲线上的点。值得注意的是，费米能级位于半导体能级的未占据态内，如图 3-25(a) 所示，在热平衡时，费米能级在结两端是恒定的。在费米能级以上，结的两边都有未被填满的态，而在费米能级以下，结的两边都是占据态。因此，在偏置电压为零的情况下，净隧穿电流为零。

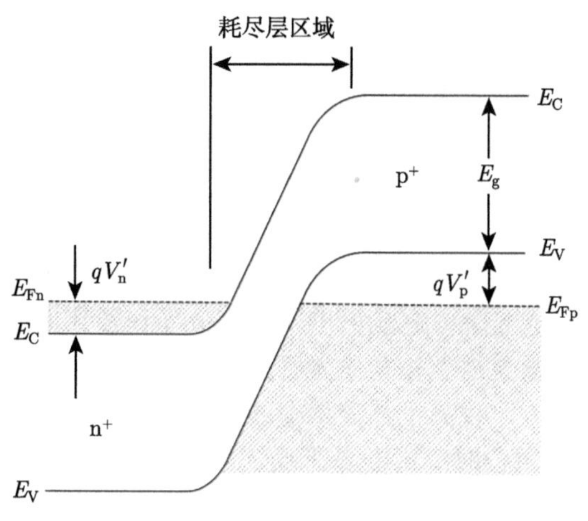

图 3-23 热平衡时隧穿二极管能带图

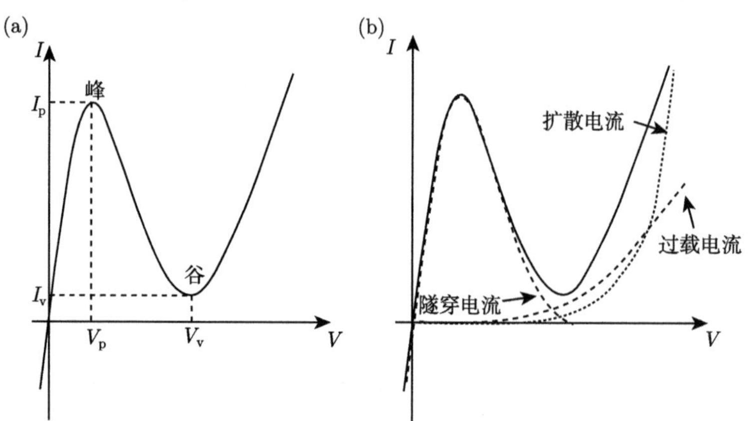

图 3-24 (a) 隧穿二极管的静态电流–电压特性；(b) 总静态电流分为三个电流成分：隧穿电流、扩散电流和过载电流

当施加偏置电压时，电子可以从导带隧穿到价带，反之亦然。隧穿的必要条件是：① 电子隧穿的一侧存在占据态；② 电子隧穿的对侧存在未占据态，且位于同一能级上；③ 隧穿势垒高度较低，势垒宽度较小，隧穿概率有限；④ 隧穿过程中动量守恒。

当施加正向偏置电压时 (图 3-25(b))，存在一个相同能量的能级，其中 n 侧有占据态，p 侧有未占据态。因此，电子可以从 n 侧向 p 侧隧穿，并且能量守恒。当正向电压进一步增大时，该能级减小 (图 3-25(c))。如果施加正向偏置电压使能级不交叉，即 n 型导带底与 p 型价带顶完全不相交，则与满态相反的未占据态是不存在的。因此在这一点上继续增大偏置电压，隧穿电流不再增加。随着电压的进一步增加，正常扩散电流和过载电流开始占主导地位，如图 3-25(d) 所示。

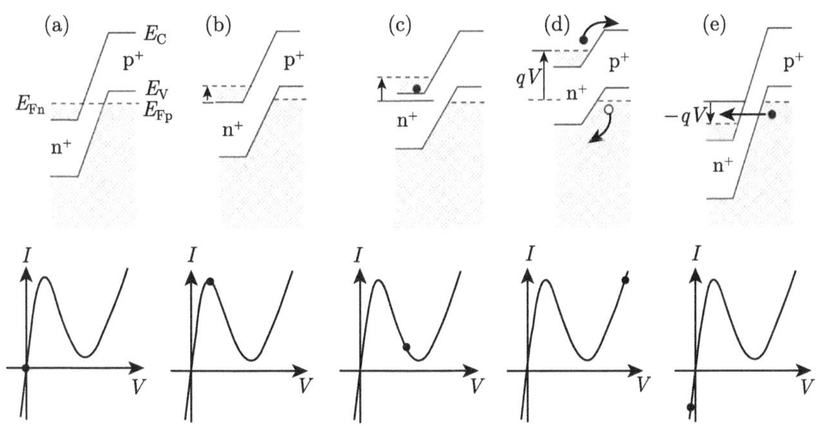

图 3-25 隧穿二极管的简化能带图以及 I-V 特性

(a) 热平衡、零偏压的情况；(b) 正向偏置电压，从而获得峰值电流；(c) 正向偏置电压，从而接近谷电流；(d) 扩散电流、无隧穿电流的正向偏置电压情况；(e) 随着隧穿电流的增加，反向偏置电压情况

因此可以预期，随着正向偏置电压从零增加，隧穿电流从零增加到最大值 I_p，然后当 $V = V_n' + V_p'$ 时隧穿电流减小到零，其中 V 为施加的正向偏置电压，$V_n' = (E_{Fn} - E_C)/q$，$V_p' = (E_V - E_{Fp})/q$，如图 3-23 所示。峰值电流后减小的电流产生负微分电阻，简并半导体的费米能级位于导带或价带内，因此可以得到 [37,38,40]

$$qV_n' \equiv E_F - E_C \approx k_B T \left[\ln\left(\frac{n}{N_C}\right) + 2^{-\frac{3}{2}}\left(\frac{n}{N_C}\right)\right] \tag{3-93}$$

$$qV_p' \equiv E_V - E_F \approx k_B T \left[\ln\left(\frac{p}{N_V}\right) + 2^{-\frac{3}{2}}\left(\frac{p}{N_V}\right)\right] \tag{3-94}$$

其中，N_V 和 N_C 分别为价带和导带的有效状态密度。

图 3-25(e) 显示了当施加反向偏置电压时，电子从价带隧穿到导带的过程，在这个方向上，隧穿电流随偏置电压的增加而增加，且无负微分电阻。

隧穿过程可以是直接的，也可以是间接的，如图 3-26 所示，E-k 色散关系叠加在隧穿结的典型能带位置上。图 3-26(a) 显示了当电子从导带最小值附近隧穿到价带最大值附近，同时不改变动量的直接穿隧现象。要发生直接隧穿，则导带底和价带顶必须具有相同的动量，这一条件可以通过具有直接带隙特性的半导体材料来实现，如 GaAs 和钙钛矿。间接隧穿发生在具有间接带隙特性的半导体材料中，即在 E-k 色散关系中，导带底与价带顶的动量不一致 (图 3-26(b))，如晶硅材料。为了保持动量，导带底和价带顶之间的动量差必须由声子或杂质等散射提供。对于声子辅助隧穿，它们的能量和动量都必须是守恒的，即声子能量和初始电子能量的和等于隧穿后的最终电子能量，初始电子动量与声子动量的和等于隧穿后的最终电子动量。一般来说，在直接隧穿情况下，间接隧穿的概率要比直接隧穿的概率低得多，此外，涉及多个声子的间接隧穿比只涉及一个声子的间接隧穿的概率要低得多。

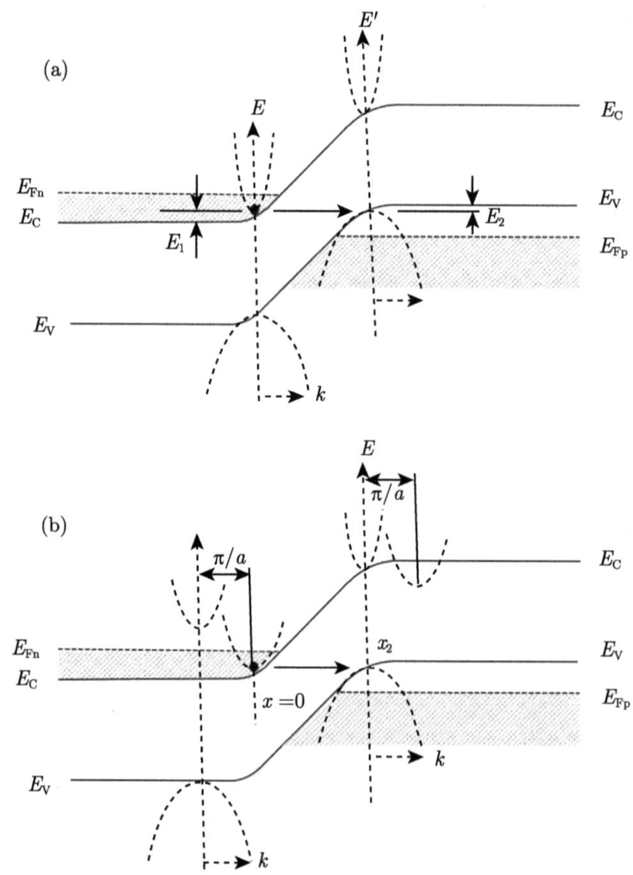

图 3-26 隧穿结的典型能带位置上 ($x = 0$ 和 x_2) 的 E-k 色散关系叠加的直接和间接隧穿过程

(a) $k_{\min} = k_{\max}$ 的直接隧穿过程；(b) $k_{\min} \neq k_{\max}$ 的间接隧穿过程

本节将着重讨论隧穿电流的影响因素，当半导体中的电场足够高，达到 $10^6\ \mathrm{V\cdot cm^{-1}}$ 量级时，能带间量子隧穿存在有限的概率，即电子从导带直接跃迁到价带的隧穿概率 T_t 可以由温策尔–克拉默斯–布里渊 (Wentzel-Kramers-Brillouin, WKB) 近似给出 [39,104]：

$$T_\mathrm{t} \approx \exp\left[-2\int_0^{x_2} |k(x)|\,\mathrm{d}x\right] \tag{3-95}$$

其中，$|k(x)|$ 为势垒内波矢的绝对值，$x=0$ 和 x_2 为图 3-26 所示的经典边界。

电子穿过禁带的隧穿在形式上与粒子穿过势垒的隧穿是一样的。通过对图 3-27(a) 分析发现，隧穿势垒可以绘制为图 3-27(b) 中的三角形势垒，从 E-k 色散关系可以得到如下方程 [39]：

$$k(x) = \sqrt{\frac{2m^*}{\hbar^2}(PE - E_\mathrm{C})} \tag{3-96}$$

其中，PE 是势能。出于隧穿的考虑，入射电子的 PE 等于禁带底部。因此，式 (3-96) 的平方根内的值是负的，k 是虚数。此外，变化的导带边 E_C 可以用电场 ε 表示，因此三角形势垒内的波矢为

$$k(x) = \sqrt{\frac{2m^*}{\hbar^2}(-q\mathcal{E}x)} \tag{3-97}$$

将式 (3-97) 代入式 (3-95) 可以得到

$$T_\mathrm{t} \approx \exp\left[-2\int_0^{x_2} \sqrt{\frac{2m^*}{\hbar^2}(q\mathcal{E}x)}\mathrm{d}x\right] \tag{3-98}$$

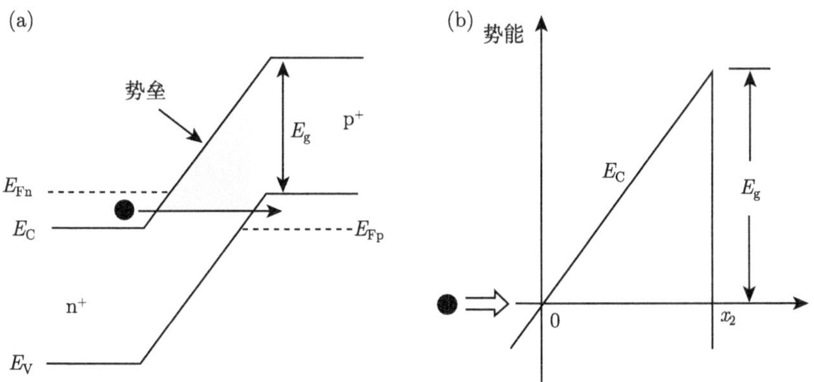

图 3-27 (a) 隧穿二极管的隧穿机理可以通过 (b) 三角形势垒进行分析

由于对于具有均匀场的三角形势垒，$x_2 = E_g/\varepsilon q$，因此得到

$$T_t \approx \exp\left(-\frac{4\sqrt{2m^*}E_g^{\frac{3}{2}}}{3q\hbar\mathcal{E}}\right) \tag{3-99}$$

结果表明，要获得大的隧穿概率，有效质量和带隙都应较小，电场值应较大。

我们接下来将继续计算隧穿电流，并提出利用导带和价带的有效状态密度推导的一阶计算方法，此外还将计算动量在直接带隙材料中守恒的直接隧穿情况。在热平衡时，从导带到价带的隧穿电流 $I_{C\to V}$ 和从价带到导带的隧穿电流 $I_{V\to C}$ 应保持平衡，$I_{C\to V}$ 和 $I_{V\to C}$ 的表达式如下 [102,105]：

$$I_{C\to V} = C_1\int F_C(E)\,N_C(E)\,T_t\left[1-F_V(E)\right]N_V(E)\,\mathrm{d}E \tag{3-100}$$

$$I_{V\to C} = C_1\int F_V(E)\,N_V(E)\,T_t\left[1-F_C(E)\right]N_C(E)\,\mathrm{d}E \tag{3-101}$$

其中，C_1 为常数；隧穿概率 T 在两个方向上均相等；$F_C(E)$ 和 $F_V(E)$ 为费米–狄拉克分布函数；$N_C(E)$ 和 $N_V(E)$ 分别为导带和价带的有效状态密度。当隧穿结被赋予正向偏置电压时，净隧穿电流 I_t 为 [106]

$$I_t = I_{C\to V} - I_{V\to C} = C_1\int_{E_{Cn}}^{E_{V_p}}\left[F_C(E)-F_V(E)\right]T_tN_C(E)\,N_V(E)\,\mathrm{d}E \tag{3-102}$$

注意积分的极限是从 n 侧的 $E_C(E_{Cn})$ 到 p 侧的 $E_V(E_{Vp})$。式 (3-102) 的进一步推导可得到以下结果 [107]：

$$J_t = \frac{q^2\mathcal{E}}{36\pi\hbar^2}\sqrt{\frac{2m^*}{E_g}}D\exp\left(-\frac{4\sqrt{2m^*}E_g^{\frac{3}{2}}}{3q\hbar\mathcal{E}}\right) \tag{3-103}$$

其中，积分 D 为

$$D \equiv \int\left[F_C(E)-F_V(E)\right]\left[1-\exp\left(-\frac{2E_S}{\bar{E}}\right)\right]\mathrm{d}E \tag{3-104}$$

平均电场为

$$\mathcal{E} = \sqrt{\frac{q\left(\psi_{bi}-V\right)N_AN_D}{2\varepsilon_s\left(N_A+N_D\right)}} \tag{3-105}$$

其中，ψ_{bi} 是内建电场。在式 (3-104) 中，E_S 是 E_1 和 E_2 中较小的 (图 3-28(a))，$\bar{E}$ 为

$$\bar{E} \equiv \frac{\sqrt{2}q\hbar\mathcal{E}}{\pi\sqrt{m^*E_g}} \tag{3-106}$$

式 (3-104) 中的 D 是一个重叠积分，它调节了 I-V 曲线的形状。它有能量的维度，取决于温度和简并电压 V_{n}' 和 V_{p}'，当 $T=0\ \mathrm{K}$ 时，F_{C} 和 F_{V} 都是跃迁函数。图 3-28 显示了在 $V_{\mathrm{n}}'>V_{\mathrm{p}}'$ 的情况下，相对比例的积分 D 与正向偏置电压 V 的关系。D 降至零时对应于谷电压，它发生在

$$V_{\mathrm{v}}=V_{\mathrm{n}}'+V_{\mathrm{p}}' \tag{3-107}$$

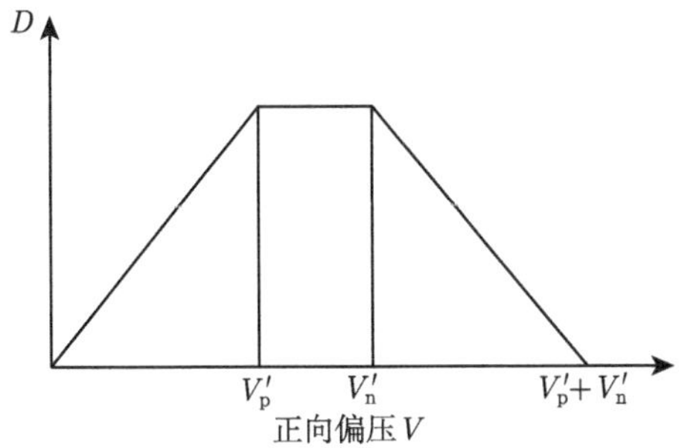

图 3-28 当 $\bar{E}$ 较小和 $V_{\mathrm{n}}'>V_{\mathrm{p}}'$ 直接隧穿时，正向偏置电压 V 与积分 D 的关系图

式 (3-103) 给出了隧穿电流密度大小的概念，然而式 (3-103) 的解析解是复杂的，因此隧穿电流已被给出一个非常符合实际的经验公式，如下所示 [106,107]：

$$I_{\mathrm{t}}=\frac{I_{\mathrm{p}}V}{V_{\mathrm{p}}}\exp\left(1-\frac{V}{V_{\mathrm{p}}}\right) \tag{3-108}$$

其中，I_{p} 和 V_{p} 分别为图 3-24 所示的峰值电流和峰值电压。这种峰值电压可以通过另一种方法得到：在 n 侧找到导带电子的密度分布，在 p 侧找到价带空穴的密度分布，在偏置电压作用下，当这两个剖面的峰值以相同的能量排列时，这就是隧穿电流的峰值电压，如图 3-29 所示。

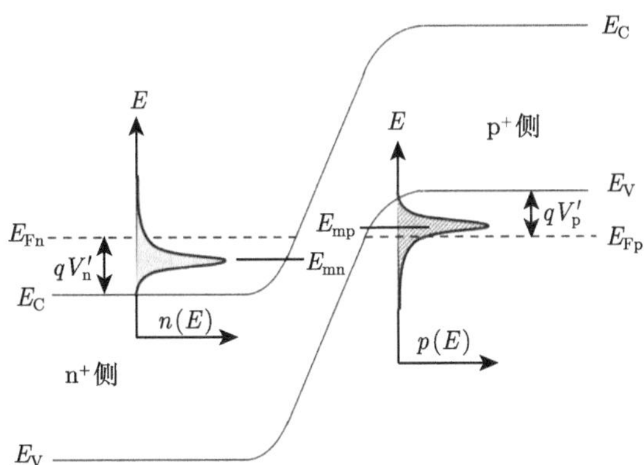

图 3-29 n 型和 p 型简并半导体中电子和空穴的密度分布情况，E_{mn} 和 E_{mp} 是它们的峰值能量

载流子浓度是由分布函数和有效状态密度的乘积给出，因此，电子和空穴的浓度分别为 [38,40]

$$n(E) = F_C(E)\,N_C(E) \tag{3-109}$$

$$p(E) = [1 - F_V(E)]\,N_V \tag{3-110}$$

简并 n 型半导体的电子浓度可写成 [37,38,105]

$$n(E) = \frac{8\pi (m^*)^{\frac{3}{2}}\sqrt{2(E - E_C)}}{h^3\left\{1 + \exp\left[\dfrac{E - E_F}{kT}\right]\right\}} \tag{3-111}$$

峰值浓度的能量可以通过式 (3-111) 对 E 求导得到。虽然，所得的方程不能显性求解，但已经表明，在理想的近似下，最大电子密度的能量出现在如下能级处 [105]：

$$E_{mn} = E_{Fn} - \frac{qV_n'}{3} \tag{3-112}$$

对 p 型来说，可以得到类似的结果：

$$E_{mp} = E_{Fp} + \frac{qV_p'}{3} \tag{3-113}$$

峰值电压只是校准这两个峰值能量所需的偏置电压，具体值为

$$V_p = \frac{E_{mp} - E_{mn}}{q} = \frac{V_n' + V_p'}{3} \tag{3-114}$$

到目前为止，我们还没有考虑动量守恒的要求。这可能会产生两种效应，都将降低隧穿概率和隧穿电流。① 第一个效应是间接隧穿材料在 k 空间中的动量变化必须由一些散射效应来补偿，如声子散射和杂质散射。对于声子辅助的间接隧穿，隧穿概率通过乘法操作降低到式 (3-99)，只是在式 (3-99) 中，E_g 被 $E_g + E_p$ 所取代，其中 E_p 为声子能量。隧穿电流的表达形式与式 (3-103) 相似，但其大小要低得多。② 第二个效应是动量方向与隧穿方向的关系。在前面的讨论中，所有的动能都假设是在隧穿方向上。实际上，我们必须把总能量分成 E_x 和 $E_\perp$，其中 $E_\perp$ 为垂直于隧穿方向动量的相关能量，E_x 为隧穿方向动量的相关能量，因此总能量 E 可以表达为 [106]

$$E = E_x + E_\perp = \frac{\hbar^2 k_x^2}{2m_x^*} + \frac{\hbar^2 k_\perp^2}{2m_\perp^*} \tag{3-115}$$

考虑到只有 E 分量对隧穿过程有贡献，因此，隧穿概率为[106,107]

$$T_{\mathrm{t}} \approx \exp\left(-\frac{4\sqrt{2m^*}E_{\mathrm{g}}^{\frac{3}{2}}}{3q\hbar\mathcal{E}}\right)\exp\left(-\frac{E_{\perp}\pi\sqrt{2m^*E_{\mathrm{g}}}}{q\hbar\mathcal{E}}\right) \tag{3-116}$$

换句话说，垂直能量通过第二个指数项的因子进一步减小了隧穿概率。

3.4 总结与展望

木章详细探讨了钙钛矿/晶硅异质结叠层太阳电池的基本物理原理，以便为目前的技术和未来的发展提供基础性指导，希望为读者提供全面的两结太阳电池知识，并满足光伏行业的巨大需求。太阳电池的能量转换由两个步骤组成：第一步是吸光材料吸收太阳辐射；第二步是通过产生电流–电压将其转化为电能。首先，本章介绍了钙钛矿/晶硅异质结叠层太阳电池的光电特性，包括太阳光谱的分配吸收、等效电路和相关的电学传输特性，以展示串联发电的基本物理过程。其次，本章从电流密度失配损失以及理论极限效率的角度出发，详细评估了钙钛矿/晶硅异质结叠层太阳电池的内在能量损失。最后，本章分析了钙钛矿/晶硅异质结叠层太阳电池各个功能层的光电机理，以帮助读者了解薄膜的减反、陷光机制、界面钝化以及隧穿结 (复合结) 原理。对这些物理原理的探讨，将助力于钙钛矿/晶硅异质结叠层太阳电池的光谱能量利用最大化，以及为开发性能优异的功能层光电材料提供借鉴和指导。

参 考 文 献

[1] Becquerel E. Mémoire sur les effets électriques produits sous l'influence des rayons solaires[J]. Comptes Rendus, 1839, 9: 561-567.

[2] Chapin D M, Fuller C S, Pearson G L. A new silicon p-n junction photocell for converting solar radiation into electrical power[J]. J. Appl. Phys., 1954, 25: 676-677.

[3] Rühle S. Tabulated values of the Shockley-Queisser limit for single junction solar cells[J]. Sol. Energy, 2016, 130: 139-147.

[4] Ten Kate O M, De Jong M, Hintzen H T, et al. Efficiency enhancement calculations of state-of-the-art solar cells by luminescent layers with spectral shifting, quantum cutting, and quantum tripling function[J]. J. Appl. Phys., 2013, 114: 084502.

[5] Shockley W, Queisser H J. Detailed balance limit of efficiency of p-n junction solar cells[J]. J. Appl. Phys., 1961, 32: 510-519.

[6] Corregidor V, Barreiros M A, Salomé P M P, et al. In-depth inhomogeneities in CIGS solar cells: Identifying regions for performance limitations by PIXE and EBS[J]. J. Phys. Chem. C, 2021, 125: 16155-16165.

[7] Wang P, Li W, Sandberg O J, et al. Tuning of the interconnecting layer for monolithic perovskite/organic tandem solar cells with record efficiency exceeding 21%[J]. Nano Lett., 2021, 21: 7845-7854.

[8] Ren S, Shou C, Jin S, et al. Silicon quantum dot luminescent solar concentrators and downshifters with antireflection coatings for enhancing perovskite solar cell performance[J]. ACS Photonics, 2021, 8: 2392-2399.

[9] Leijtens T, Bush K A, Prasanna R, et al. Opportunities and challenges for tandem solar cells using metal halide perovskite semiconductors[J]. Nat. Energy, 2018, 3: 828-838.

[10] Yu Z, Leilaeioun M, Holman Z. Selecting tandem partners for silicon solar cells[J]. Nat. Energy, 2016, 1: 16137.

[11] Wang J, Li J, Zhou Y, et al. Tuning an electrode work function using organometallic complexes in inverted perovskite solar cells[J]. J. Am. Chem. Soc., 2021, 143: 7759-7768.

[12] Shockley W, Queisser H J. Detailed balance limit of efficiency of p-n junction solar cells[J]. J. Appl. Phys., 1961, 32: 510-519.

[13] Bremner S P, Levy M Y, Honsberg C B. Analysis of tandem solar cell efficiencies under AM1.5G spectrum using a rapid flux calculation method[J]. Prog. Photovoltaics, 2008, 16: 225-233.

[14] Araújo G L, Martí A. Absolute limiting efficiencies for photovoltaic energy conversion[J]. Sol. Energy Mater. Sol. Cells, 1994, 33: 213-240.

[15] Yamaguchi M, Dimroth F, Geisz J F, et al. Multi-junction solar cells paving the way for super high-efficiency[J]. J. Appl. Phys., 2021, 129: 240901.

[16] Mailoa J P, Bailie C D, Johlin E C, et al. A 2-terminal perovskite/silicon multijunction solar cell enabled by a silicon tunnel junction[J]. Appl. Phys. Lett., 2015, 106: 121105.

[17] National Renewable Energy Laboratory (NREL). Best research-cell efficiency chart[EB/OL]. https://www.nrel.gov/pv/cell-efficiency.html [2023-03-16].

[18] Li H, Zhang W. Perovskite tandem solar cells: From fundamentals to commercial deployment[J]. Chem. Rev., 2020, 120: 9835-9950.

[19] Henry C H. Limiting efficiencies of ideal single and multiple energy gap terrestrial solar cells[J]. J. Appl. Phys., 1980, 51: 4494-4500.

[20] Green M A. Solar cell fill factors: general graph and empirical expressions[J]. Solid State Electron., 1981, 24: 788-789.

[21] Chen B, Wang P, Li R, et al. A two-step solution-processed wide-bandgap perovskite for monolithic silicon-based tandem solar cells with >27% efficiency[J]. ACS Energy Lett., 2022, 7: 2771-2780.

[22] Li R, Chen B, Ren N, et al. $CsPbCl_3$ -cluster-widened bandgap and inhibited phase segregation in a wide-bandgap perovskite and its application to NiO_x-based perovskite/silicon tandem solar cells[J]. Adv. Mater., 2022, 34: 2201451.

[23] Wang L, Song Q, Pei F, et al. Strain modulation for light-stable n-i-p perovskite/silicon tandem solar cells[J]. Adv. Mater., 2022, 34: 2201315.

[24] Wu Y, Zheng P, Peng J, et al. 27.6% perovskite/c-Si tandem solar cells using industrial fabricated TOPCon device[J]. Adv. Energy Mater., 2022, 12: 2200821.

[25] Sveinbjörnsson K, Li B, Mariotti S, et al. Monolithic perovskite/silicon tandem solar cell with 28.7% efficiency using industrial silicon bottom cells[J]. ACS Energy Lett., 2022, 7: 2654-2656.

[26] Park I J, Park J H, Ji S G, et al. A three-terminal monolithic perovskite/Si tandem solar cell characterization platform[J]. Joule, 2019, 3: 807-818.

[27] Schnabel M, Rienacker M, Warren E L, et al. Equivalent performance in three-terminal and four-terminal tandem solar cells[J]. IEEE J. Photovolt., 2018, 8: 1584-1589.

[28] Chen B, Bai Y, Yu Z, et al. Efficient semitransparent perovskite solar cells for 23.0%-efficiency perovskite/silicon four-terminal tandem cells[J]. Adv. Energy Mater., 2016, 6: 1601128.

[29] Duong T, Wu Y, Shen H, et al. Rubidium multication perovskite with optimized bandgap for perovskite-silicon tandem with over 26% efficiency[J]. Adv. Energy Mater., 2017, 7: 1700228.

[30] Jaysankar M, Qiu W, van Eerden M, et al. Four-terminal perovskite/silicon multijunction solar modules[J]. Adv. Energy Mater., 2017, 7: 1602807.

[31] Li Y, Hu H, Chen B, et al. Reflective perovskite solar cells for efficient tandem applications[J]. J. Mater. Chem. C, 2017, 5: 134-139.

[32] Sheng R, Ho-Baillie A W, Huang S, et al. Four-terminal tandem solar cells using $CH_3NH_3PbBr_3$ by spectrum splitting[J]. J. Phys. Chem. Lett., 2015, 6: 3931-3934.

[33] Uzu H, Ichikawa M, Hino M, et al. High efficiency solar cells combining a perovskite and a silicon heterojunction solar cells via an optical splitting system[J]. Appl. Phys. Lett., 2015, 106: 013506.

[34] Yu Z J, Fisher K C, Wheelwright B M, et al. PVMirror: A new concept for tandem solar cells and hybrid solar converters[J]. IEEE J. Photovolt., 2015, 5: 1791-1799.

[35] Werner J, Niesen B, Ballif C. Perovskite/silicon tandem solar cells: marriage of convenience or true love story? — An overview[J]. Adv. Mater. Interfaces, 2017, 5: 1700731.

[36] De Bastiani M, Jalmood R, Liu J, et al. Monolithic perovskite/silicon tandems with >28% efficiency: Role of silicon-surface texture on perovskite properties[J]. Adv. Funct. Mater., 2022, 33: 2205557.

[37] Sze S M, Ng K K. Physics of Semiconductor Devices[M]. New York: John Wiley & Sons, 2006.

[38] Grundmann M. The Physics of Semiconductors[M]. Berlin: Springer, 2016.

[39] Bes D R. Quantum Mechanics[M]. Berlin: Springer, 2012.

[40] Yu P Y, Cardona M. Fundamentals of Semiconductors[M]. Berlin: Springer, 2010.

[41] Chynoweth A G, Feldmann W L, Logan R A. Excess tunnel current in silicon Esaki junctions[J]. Phys. Rev., 1961, 121: 684-694.

[42] Roy D K. On the prediction of tunnel diode *I-V* characteristics[J]. Solid State Electron., 1971, 14: 520-523.

[43] Esaki L. Tunneling in Solids[M]. Berlin: Springer, 1969.

[44] Rudan M, Brunetti R, Reggiani S. Handbook of Semiconductor Devices[M]. Berlin: Springer, 2023.

[45] Esaki L. Long journey into tunneling[J]. Science, 1974, 183: 1149-1155.

[46] Ba L, Wang T, Wang J, et al. Perovskite/c-Si monolithic tandem solar cells under real solar spectra: Improving energy yield by oblique incident optimization[J]. J. Phys. Chem. C, 2019, 123: 28659-28667.

[47] Luque A, Hegedus S. Handbook of Photovoltaic Science and Engineering[M]. New York: John Wiley & Sons, 2011.

[48] Koehnen E, Jost M, Morales-Vilches A B, et al. Highly efficient monolithic perovskite silicon tandem solar cells: Analyzing the influence of current mismatch on device performance[J]. Sustain. Energy Fuels, 2019, 3: 1995-2005.

[49] Zhang Y, Yu Y, Meng F, et al. Experimental investigation of the shading and mismatch effects on the performance of bifacial photovoltaic modules[J]. IEEE J. Photovolt., 2020, 10: 296-305.

[50] Zeman M, Willemen J A, Vosteen L L A, et al. Computer modelling of current matching in a-Si:H/a-Si:H tandem solar cells on textured TCO substrates[J]. Sol. Energy Mater. Sol. Cells, 1997, 46: 81-99.

[51] Bonnet-Eymard M, Boccard M, Bugnon G, et al. Optimized short-circuit current mismatch in multi-junction solar cells[J]. Sol. Energy Mater. Sol. Cells, 2013, 117: 120-125.

[52] Jošt M, Köhnen E, Morales-Vilches A B, et al. Textured interfaces in monolithic perovskite/silicon tandem solar cells: Advanced light management for improved efficiency and energy yield[J]. Energy Environ. Sci., 2018, 11: 3511-3523.

[53] Ba L, Liu H, Shen W. Perovskite/c-Si tandem solar cells with realistic inverted architecture: Achieving high efficiency by optical optimization[J]. Prog. Photovoltaics, 2018, 26: 924-933.

[54] Schnitzer I, Yablonovitch E, Caneau C, et al. Ultrahigh spontaneous emission quantum efficiency, 99.7% internally and 72% externally, from AlGaAs/GaAs/AlGaAs double heterostructures[J]. Appl. Phys. Lett., 1993, 62: 131-133.

[55] De Vos A. Detailed balance limit of the efficiency of tandem solar cells[J]. J. Phys. D, 1980, 13: 839-846.

[56] Hossain M I, Qarony W, Ma S, et al. Perovskite/silicon tandem solar cells: From detailed balance limit calculations to photon management[J]. Nanomicro Lett., 2019, 11: 58.

[57] Brown A S, Green M A. Limiting efficiency for current-constrained two-terminal tandem cell stacks[J]. Prog. Photovoltaics, 2002, 10: 299-307.

[58] Chang C Y, Tsai B C, Hsiao Y C, et al. Solution-processed conductive interconnecting layer for highly-efficient and long-term stable monolithic perovskite tandem solar cells[J]. Nano Energy, 2019, 55: 354-367.

[59] Eperon G E, Leijtens T, Bush K A, et al. Perovskite-perovskite tandem photovoltaics

with optimized band gaps[J]. Science, 2016, 354: 861-865.

[60] Forgács D, Gil-Escrig L, Pérez-Del-Rey D, et al. Efficient monolithic perovskite/perovskite tandem solar cells[J]. Adv. Energy Mater., 2017, 7: 1602121.

[61] De Bastiani M, Mirabelli A J, Hou Y, et al. Efficient bifacial monolithic perovskite/silicon tandem solar cells via bandgap engineering[J]. Nat. Energy, 2021, 6: 167-175.

[62] Hou Y, Aydin E, De Bastiani M, et al. Efficient tandem solar cells with solution-processed perovskite on textured crystalline silicon[J]. Science, 2020, 367: 1135-1140.

[63] Subbiah A S, Isikgor F H, Howells C T, et al. High-performance perovskite single-junction and textured perovskite/silicon tandem solar cells via slot-die-coating[J]. ACS Energy Lett., 2020, 5: 3034-3040.

[64] Zheng X, Liu J, Liu T, et al. Photoactivated p-doping of organic interlayer enables efficient perovskite/silicon tandem solar cells[J]. ACS Energy Lett., 2022, 7: 1987-1993.

[65] Jesper Jacobsson T, Correa-Baena J-P, Pazoki M, et al. Exploration of the compositional space for mixed lead halogen perovskites for high efficiency solar cells[J]. Energy Environ. Sci., 2016, 9: 1706-1724.

[66] Hoke E T, Slotcavage D J, Dohner E R, et al. Reversible photo-induced trap formation in mixed-halide hybrid perovskites for photovoltaics[J]. Chem. Sci., 2015, 6: 613-617.

[67] Hou F, Yan L, Shi B, et al. Monolithic perovskite/silicon-heterojunction tandem solar cells with open-circuit voltage of over 1.8 V[J]. ACS Appl. Energy Mater., 2019, 2: 243-249.

[68] Jošt M, Koehnen E, Morales-Vilches A B, et al. Textured interfaces in monolithic perovskite/silicon tandem solar cells: Advanced light management for improved efficiency and energy yield[J]. Energy Environ. Sci., 2018, 11: 3511-3523.

[69] Kim C U, Yu J C, Jung E D, et al. Optimization of device design for low cost and high efficiency planar monolithic perovskite/silicon tandem solar cells[J]. Nano Energy, 2019, 60: 213-221.

[70] Kim D, Jung H J, Park I J, et al. Efficient, stable silicon tandem cells enabled by anion-engineered wide-bandgap perovskites[J]. Science, 2020, 368: 155-160.

[71] 11th edition of the International Technology Roadmap Photovoltaics (ITRPV)[EB/OL]. https://itrpv.vdma.org[2022-04-01].

[72] Farag A, Schmager R, Fassl P, et al. Efficient light harvesting in thick perovskite solar cells processed on industry-applicable random pyramidal textures[J]. ACS Appl. Energy Mater., 2022, 5: 6700-6708.

[73] Mazzarella L, Lin Y H, Kirner S, et al. Infrared light management using a nanocrystalline silicon oxide interlayer in monolithic perovskite/silicon heterojunction tandem solar cells with efficiency above 25%[J]. Adv. Energy Mater., 2019, 9: 1803241.

[74] Lee S, Kim C U, Bae S, et al. Improving light absorption in a perovskite/Si tandem solar cell via light scattering and UV-down shifting by a mixture of SiO_2 nanoparticles and phosphors[J]. Adv. Funct. Mater., 2022, 32: 2204328.

[75] Babics M, De Bastiani M, Balawi A H, et al. Unleashing the full power of per-

ovskite/silicon tandem modules with solar trackers[J]. ACS Energy Lett., 2022, 7: 1604-1610.

[76] Liu J, De Bastiani M, Aydin E, et al. Efficient and stable perovskite-silicon tandem solar cells through contact displacement by MgF_x[J]. Science, 2022, 377: 302-306.

[77] Grant D T, Catchpole K R, Weber K J, et al. Design guidelines for perovskite/silicon 2-terminal tandem solar cells: An optical study[J]. Opt. Express, 2016, 24: 1454-1470.

[78] Wu Y, Yan D, Peng J, et al. Monolithic perovskite/silicon-homojunction tandem solar cell with over 22% efficiency[J]. Energy Environ. Sci., 2017, 10: 2472-2479.

[79] Santbergen R, Mishima R, Meguro T, et al. Minimizing optical losses in monolithic perovskite/c-Si tandem solar cells with a flat top cell[J]. Opt. Express, 2016, 24: 1288-1299.

[80] Hahn G, Joos S. State-of-the-art Industrial Crystalline Silicon Solar Cells[M]. Amsterdam: Elsevier, 2014.

[81] Hui R, O'Sullivan M. Fundamentals of Optical Devices[M]. New York: Academic Press, 2009.

[82] Xu Q, Zhao Y, Zhang X. Light management in monolithic perovskite/silicon tandem solar cells[J]. Sol. RRL, 2019, 4: 1900206.

[83] Xu L, Liu J, Toniolo F, et al. Monolithic perovskite/silicon tandem photovoltaics with minimized cell-to-module losses by refractive-index engineering[J]. ACS Energy Lett., 2022, 7: 2370-2372.

[84] Solanki C S, Singh H K. Anti-reflection and Light Trapping in c-Si Solar Cells[M]. Berlin: Springer, 2017.

[85] Jiang Y, Almansouri I, Huang S, et al. Optical analysis of perovskite/silicon tandem solar cells[J]. J. Mater. Chem. C, 2016, 4: 5679-5689.

[86] Aydin E, Allen T G, De Bastiani M, et al. Interplay between temperature and bandgap energies on the outdoor performance of perovskite/silicon tandem solar cells[J]. Nat. Energy, 2020, 5: 851-859.

[87] Li Y C, Shi B A, Xu Q J, et al. Wide bandgap interface layer induced stabilized perovskite/silicon tandem solar cells with stability over ten thousand hours[J]. Adv. Energy Mater., 2021, 11: 2102046.

[88] Mao L, Yang T, Zhang H, et al. Fully textured, production-line compatible monolithic perovskite/silicon tandem solar cells approaching 29% efficiency[J]. Adv. Mater., 2022, 34: 2206193.

[89] Bush K A, Palmstrom A F, Yu Z J, et al. 23.6%-efficient monolithic perovskite/silicon tandem solar cells with improved stability[J]. Nat. Energy, 2017, 2: 17009.

[90] Hou F, Han C, Isabella O, et al. Inverted pyramidally-textured PDMS antireflective foils for perovskite/silicon tandem solar cells with flat top cell[J]. Nano Energy, 2019, 56: 234-240.

[91] Yablonovitch E. Statistical ray optics[J]. J. Opt. Soc. Am. B., 1982, 72: 899.

[92] Lanz T, Lapagna K, Altazin S, et al. Light trapping in solar cells: numerical modeling

with measured surface textures[J]. Opt. Express, 2015, 23: 539-546.

[93] Mokkapati S, Catchpole K R. Nanophotonic light trapping in solar cells[J]. J. Appl. Phys., 2012, 112: 101101.

[94] McDowall S, Butler T, Bain E, et al. Comprehensive analysis of escape-cone losses from luminescent waveguides[J]. Appl. Opt., 2013, 52: 1230-1239.

[95] Campbell P, Green M A. Light trapping properties of pyramidally textured surfaces[J]. J. Appl. Phys., 1987, 62: 243-249.

[96] Khokhar M Q, Hussain S Q, Chowdhury S, et al. High-efficiency hybrid solar cell with a nano-crystalline silicon oxide layer as an electron-selective contact[J]. Energy Convers. Manag., 2022, 252: 115033.

[97] Liu J, Aydin E, Yin J, et al. 28.2%-efficient, outdoor-stable perovskite/silicon tandem solar cell[J]. Joule, 2021, 5: 3169-3186.

[98] Pereyra C J, Di Iorio Y, Berruet M, et al. Carrier recombination and transport dynamics in superstrate solar cells analyzed by modeling the intensity modulated photoresponses[J]. Phys. Chem. Chem. Phys., 2019, 21: 20360-20371.

[99] Gao C, Du D, Ding D, et al. A review on monolithic perovskite/c-Si tandem solar cells: Progress, challenges, and opportunities[J]. J. Mater. Chem. A, 2022, 10: 10811-10828.

[100] Xu J, Boyd C C, Yu Z J, et al. Triple-halide wide-band gap perovskites with suppressed phase segregation for efficient tandems[J]. Science, 2020, 367: 1097-1104.

[101] Sahli F, Kamino B A, Werner J, et al. Improved optics in monolithic perovskite/silicon tandem solar cells with a nanocrystalline silicon recombination junction[J]. Adv. Energy Mater., 2018, 8: 1701609.

[102] De Bastiani M, Subbiah A S, Aydin E, et al. Recombination junctions for efficient monolithic perovskite-based tandem solar cells: Physical principles, properties, processing and prospects[J]. Mater. Horizons, 2020, 7: 2791-2809.

[103] Esaki L. New phenomenon in narrow germanium p-n junctions[J]. Phys. Rev., 1958, 109: 603-604.

[104] Hermle M, Létay G, Philipps S P, et al. Numerical simulation of tunnel diodes for multi-junction solar cells[J]. Prog. Photovoltaics, 2008, 16: 409-418.

[105] Demassa T A, Knott D P. The prediction of tunnel diode voltage-current characteristics[J]. Solid State Electron., 1970, 13: 131-138.

[106] Kane E O. Theory of tunneling[J]. J. Appl. Phys., 1961, 32: 83-91.

[107] Kane E O. Zener tunneling in semiconductors[J]. J. Phys. Chem. Solids, 1960, 12: 181-188.

第 4 章　钙钛矿/晶硅异质结叠层太阳电池制备

作为实现全球碳中和的光伏领域的重要分支，晶硅太阳电池技术由于具有产业成熟、制造成本低、材料可靠性高等优势，市场占有率超过 95%[1-4]。目前，晶硅行业的研究热点主要集中在钝化发射极及背面电池 (PERC)、隧穿氧化物钝化接触 (TOPCon) 电池、硅异质结 (SHJ) 电池 [5,6]。PERC 自 1989 年诞生以来，已经成为光伏市场上的主流选择 [7]。目前大规模生产的 p 型 PERC 的光电转换效率 (power conversion efficiency，PCE) 在 23.0%~23.5%，2022 年天合光能股份有限公司宣布的纪录 PCE 为 24.5%[8]。TOPCon 电池由 Feldmann 团队 [9] 在 2013 年首次提出，通过使用超薄 SiO_x 和掺杂多晶硅的钝化结构，从而实现低复合的载流子选择性接触。Hollemann 团队 [10] 利用 TOPCon 结构与插指式背接触 (IBC) 相结合，实现了 26.1%的 PCE。SHJ 电池是目前业界最成熟的高效太阳电池之一，由于其有效的载流子选择性接触和异质结界面特性，SHJ 电池在晶硅电池领域一直保持着世界最高效率。2022 年，隆基绿能中试线上的 SHJ 太阳电池已经实现在 274.4 cm^2 有效面积上达到 26.81%的 PCE[11]，这是目前世界上最高效率的单结非聚光型晶硅太阳电池。日本 Yoshikawa 团队 [12] 早在 2017 年采用 SHJ 结构与 IBC 结构相结合，将太阳电池 PCE 提高到认证的 26.7%。总之，SHJ 结构的太阳电池具有强大钝化作用的本征非晶硅层、对称金字塔绒面的陷光结构以及固有的透明导电氧化物层，使其成为应用于钙钛矿/晶硅异质结叠层太阳电池的理想底电池。

单结晶硅太阳电池存在着 29.4%的 Shockley-Queisser 极限 [13]，这意味着光伏产业必须考虑多结串联方案以实现 PCE 的长期提升和可持续性发展。目前，在 143 个标准太阳光照的聚光条件下，六结的 Ⅲ-V 族太阳电池的最高认证 PCE 已高达 47.1%[14]。然而，考虑到成本、制备工艺和行业现状等实际因素，钙钛矿和晶硅电池的组合最受研究人员的认可 [15-17]。对于它们的单结情形来说，钙钛矿和晶硅太阳电池的认证 PCE 也分别高达 25.7%[18] 和 26.81%[11,18]。根据文献报道，带隙为 1.12 eV 的晶硅底电池与带隙为 1.68 eV 的钙钛矿顶电池串联，可以确保太阳光谱的最佳分配吸收，并减少由带隙不匹配而导致的热损失 [19]。在短短几年时间内，钙钛矿/晶硅叠层太阳电池的实验室 PCE 已经从最初的 13.7%[20] 飙升到现在的 32.5%[18]。根据理论研究发现，全太阳光谱匹配的两结太阳电池的理论极限 PCE 可以超过 43%，具有很大的提升空间和应用潜力 [21,22]。

钙钛矿/晶硅异质结叠层太阳电池由于硅底电池的现有产业优势而被视作未来光伏领域的曙光[23]。本章 4.1 节首先对钙钛矿/晶硅叠层太阳电池的制备方案展开讨论，系统地阐述和展望五种制备钙钛矿顶电池的方案，包括旋涂法、双源共蒸法、刮涂法、狭缝涂布法以及物理堆垛法。随后，本章 4.2 节将有关文献报道的钙钛矿/晶硅叠层太阳电池，依据结构分类为平面结构、单绒面结构、保形全绒面结构和机械堆垛结构。为了对这四种结构的优势和劣势进行深入的研究和探讨，本节将它们的最佳实验光谱响应与模拟的光学特性结合起来，并得出结论：保形全绒面结构具有最高的 32.2%理论效率和最佳的光学特性。然而，为了解决保形全绒面结构的 PCE 提升挑战，本章 4.3 节将回顾绒面界面优化的可行性，并提出电学优化的实用建议。最后，4.4 节将讨论钙钛矿/晶硅异质结叠层太阳电池的实际应用进展，包括大面积制造、稳定性问题和双面性能[24]。

4.1 钙钛矿/晶硅异质结叠层太阳电池制备技术

在钙钛矿/晶硅异质结叠层太阳电池研究领域中，由于晶硅底电池的界面存在两种粗糙度 (平面和金字塔绒面结构)，从而材料合成情况具有多样性。对于平面的底电池，钙钛矿/晶硅异质结叠层太阳电池的顶电池的制备工艺与单结钙钛矿太阳电池完全一致[25-27]。但是对于绒面结构来说，百纳米级厚度的钙钛矿与几微米尺寸的金字塔很难达成匹配。一旦金字塔尖戳破钙钛矿层，就会造成钙钛矿器件的短路，并且钙钛矿层的存在会影响一部分的光吸收，因此短路的叠层太阳电池的 PCE 甚至还不如单结的晶硅底电池[28-31]。虽然目前钙钛矿太阳电池技术的发展迅速[32,33]，但是由于晶硅衬底绒面的存在，目前的一些钙钛矿的制备的主流技术，比如一步共蒸、喷涂和喷墨印刷法等，并没有在叠层太阳电池领域得到很好的沿用[34,35]。至于沿用问题是直接采纳还是在单结制备技术上改进，这个话题仍需科研工作者们去研究。因此，本节依据所有的叠层领域的文献并且为了与单结钙钛矿的制备技术相区分，概括了五种常用于钙钛矿/晶硅异质结叠层太阳电池的顶电池制备方法：旋涂法、双源共蒸法、刮涂法、狭缝涂布法以及物理堆垛法。

4.1.1 旋涂法

由于较低的技术门槛、成本和制造上的诸多优势，旋涂法逐渐成为制备钙钛矿顶电池的常用方法，其原理如图 4-1(a) 所示。根据步骤数量，旋涂法可以大致分为一步和两步工艺[36]，其都在钙钛矿/晶硅异质结叠层太阳电池领域有所运用，其对于叠层太阳电池的制备工艺影响颇深。2015 年，Buonassisi 团队[20] 在晶硅底电池上采用两步旋涂法，获得了第一个钙钛矿/晶硅叠层太阳电池，初始 PCE 为 13.7%。随着研究的深入，如图 4-1(b)，(c) 所示，2020 年，Albrecht 团队[25]通过引入自组装单分子层以加强空穴的提取，最终一步法实现了 29.15%的叠层效率。但是这并不能说明一步法在叠层太阳电池中的运用要优于两步法。如图 4-1(d)，(e) 所示，Zhang 团队[37]通过在第一步中引入碘化甲脒 (FAI) 和醋酸铷 (RbAc)，形成了卤化铅复合物。结果显示，卤化铅复合物改变了结晶动力学，促进了钙钛矿薄膜的取向 (100) 生长，碘化铅 (PbI_2) 的残留减少，最终使单片叠层效率达到 27.64%。此外，他们还实现了 PCE 为 22.81% (活性面积为 11.879 cm^2) 的较大规模的叠层器件。他们的工作提供了一种有效的策略，通过旋涂法制造高性能、可重复性和大面积的钙钛矿/晶硅异质结叠层太阳电池，加速了叠层太阳电池技术的产业化进程。

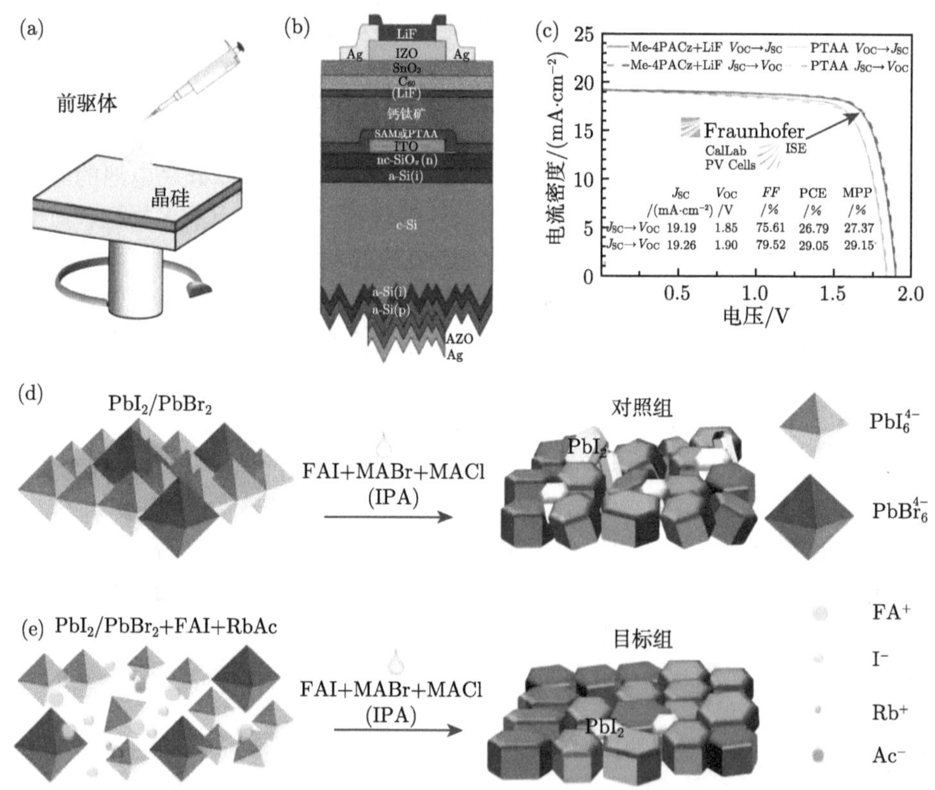

图 4-1 旋涂法在钙钛矿/晶硅叠层太阳电池领域的运用

(a) 旋涂法原理图；(b) 该方法制备的叠层太阳电池的示意图；(c) 基于自组装材料 Me-4PACz 的叠层太阳电池的认证 *J-V* 曲线[25]。钙钛矿制备过程示意图：(d) $PbI_2/PbBr_2$ 晶体和对照组钙钛矿薄膜；(e) $PbI_2/PbBr_2$ + FAI + RbAc 晶体和实验组钙钛矿薄膜[37]

目前，旋涂法是常用的单结钙钛矿太阳电池的制备方案之一，其工艺成熟，生产的太阳电池的 PCE 较高。对于平滑的硅电池基底来说，基底的粗糙度与导电玻璃的粗糙度是一致的。因此，单结钙钛矿的制备工艺可以完全遵循。但是，平面基底也会带来诸多不利。首先，抛光的表面与晶硅光伏产业制造不兼容；其次，平面的反射损失严重，这降低了短路电流密度 (J_{SC})。因此，这就迫切需要使旋涂法适用于绒面硅基底上，降低光学损失的同时，可以有效提高叠层电池的 J_{SC}，并且增加制备工艺的适用性。De Wolf 团队 [38] 通过改进旋涂技术中钙钛矿前驱体的浓度，采用一步法加反溶剂的方案，最终实现了金字塔绒面的全覆盖，该钙钛矿的厚度达到微米级别；并且他们通过添加咔唑分子来抑制二次相，以制备高质量宽带隙的钙钛矿薄膜，该器件达到了 28.6%的串联 PCE。这种制备方案虽然保住了晶硅底电池表面的绒面优势，但是这种微米级厚度的钙钛矿的缺点是使载流子的提取和传输变得复杂且困难，而且其前表面仍然缺乏光捕获，这仍然会造成一定的光电损失。但是，将旋涂法用于钙钛矿/晶硅异质结叠层太阳电池的实验室制备探索阶段是值得采用的方案，毕竟目前有文献报道的、有明确制备步骤的 PCE 为 29.15%的叠层太阳电池 [25]，就是利用以反溶剂为基础的一步旋涂法制备的。

为了解决钙钛矿的覆盖难题，旋涂法或许可以通过添加剂或溶剂工程改变前驱体溶液的黏度，以实现钙钛矿在晶硅金字塔绒面上的生长。无论是作为添加剂 [39] 还是主要溶剂，空气条件下制备的、环保的、黏稠的离子液体 [40] 都可能是一种可行的选择。另外，钙钛矿晶粒的限域生长策略 [41,42]，可以在晶硅的金字塔形貌上得以尝试，运用合理的化学生长辅助实现钙钛矿层的生长覆盖，是旋涂工艺值得考虑的。总之，旋涂法的改进，对于钙钛矿/晶硅异质结叠层太阳电池的未来实验制备探索意义非凡。

4.1.2 双源共蒸法

由于不同粗糙度衬底体系下的钙钛矿结晶动力学不同，因此对于绒面晶硅电池来说，单单依靠溶液基的旋涂法来制备钙钛矿并不是一种理想的方案。为了保证覆盖在金字塔绒面上的钙钛矿层具有双重绒面，真空条件下的蒸发技术是一种可行的选择 [43,44]，如图 4-2(a) 所示。双源共蒸法首先是热共蒸发形成无机卤化物的介孔模板，依靠热蒸发均匀气氛下镀膜的优势，用该方法制备的模板具有附着力强、保形性优良、质地均匀、结晶性好等优点。

虽然该方法下制备的钙钛矿具有双绒面的特点，并且对于光学的捕获是极佳的，但真空技术下的组分控制一直都是难题，特别是化合物的化学计量比控制问题。因此，如何控制该制备过程中的各组分严格的比例，是实验成败的关键所在 [45,46]。例如，对于钙钛矿/晶硅叠层太阳电池来说，1.68 eV 的宽带隙钙钛矿才是合理的选择 [19]，因此溴与碘元素的比例是带隙工程中的热点话题。如图 4-2(b), (c) 所示，Ballif 团队 [47] 在 2018 年运用双源共蒸法成功制备了宽带隙的钙钛矿层，使得具有独特光学特性的前表面绒面的叠层太阳电池的认证 PCE 达到了 25.2%。该实验中，第一步必须对无机卤化物 (PbI_2 和 CsBr) 进行热共蒸发形成中间产物，第二步采用有机卤化物 (FAI 和 FABr) 进行旋涂，并最终化学反应转化为钙钛矿薄膜。这意味着高质量且具有优异陷光结构的钙钛矿层的制备必然面临许多困难，比如钙钛矿的成核到成膜过程的控制。除此之外，图 4-2(d) 显示了基于 ITO 复合结的叠层 J-V 特性远不如 nc-Si:H 复合结，基于 ITO 的叠层太阳电池的 J-V 曲线与单结 SHJ 相当，开路电压 (V_{OC}) 小于 700 mV，这表明顶电池被短路了。叠层太阳电池性能的这一重大差异来自于不理想的 ITO/2, 2′, 7, 7′-四 (N, N-二对甲苯基) 氨基-9, 9-螺二芴 (spiro-TTB) 界面。尽管 spiro-TTB 是通过热蒸发在 ITO 上保形沉积的，但在使钙钛矿结晶所需的 150 ℃ 退火步骤中，使得它从金字塔顶部和谷部分离、聚集起来，如图 4-2(e) 所示的能量色散 X 射

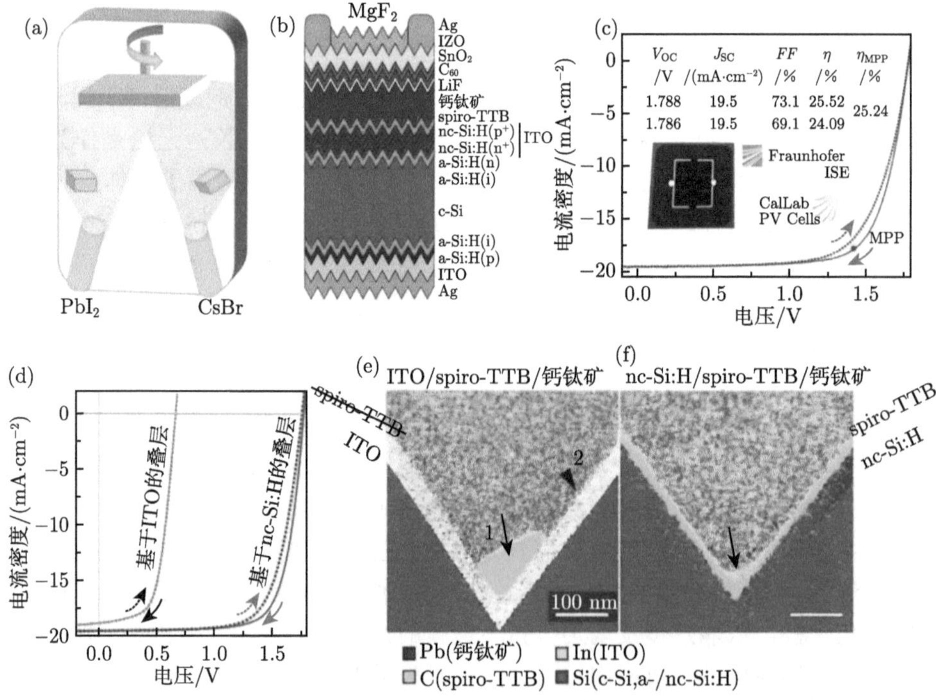

图 4-2　双源共蒸法在钙钛矿/晶硅叠层太阳电池领域的运用

(a) 双源共蒸法原理图；(b) 该方法制备的叠层太阳电池示意图；(c) 叠层太阳电池的认证 J-V 曲线；(d) 根据图 (b) 中描述的结构，具有 ITO 或 nc-Si:H 复合结的钙钛矿/晶硅叠层器件的 J-V 特性；(e) 谷底的 ITO/spiro-TTB/钙钛矿堆叠的截面 EDX 图；(f) 处于谷底的 nc-Si:H/spiro-TTB/钙钛矿堆叠的 EDX 图，在退火过程中，当 spiro-TTB 沉积在 nc-Si:H 结上时，会在谷底轻微积聚，而对 ITO 的影响则更为严重 (箭头 1 代表 spiro-TTB 聚集情况)，这最终导致了 ITO 的局部暴露 (箭头 2 代表 ITO)[47]

线 (EDX) 图像中显示为绿色的区域 (用箭头 1 表示)，这就造成在局部暴露出 ITO 层，EDX 图像中显示为明亮区域 (用箭头 2 表示)。这些与 ITO/钙钛矿直接接触的区域会形成载流子的复合中心，相比之下，如图 4-2(f) 所示的 EDX 图像，在 nc-Si:H 表面蒸发 spiro-TTB，其仍然是保形的，且具有更好的界面特性，因此基于 nc-Si:H 复合结的叠层太阳电池要明显优于 ITO 复合结的情形。

我们知道，双源共蒸法固然具有大面积制造的优势，但其仅仅是前步骤，最终转化为钙钛矿还需要第二步，该过程涉及溶液法。在溶液处理步骤中，如果采用旋涂的方式，该条件下器件的大面积优势可能受到限制。因此第二步转化过程采用浸泡的方案或许是可以得到大面积制造的保证，但浸泡法目前只是在单结钙钛矿太阳电池的制备中被采用，对于叠层太阳电池领域来说，其仍然缺乏探索。目前，产业化的大面积晶硅太阳电池的制造工艺基本上是在真空条件下实现，因此，将晶硅的传统工艺延伸到叠层太阳电池钙钛矿制备上是一种可行性的尝试。对于本节的双源共蒸法的发展应着力于：如何将面积的约束性从第二步的旋涂方案中解放出来，并彻底地发挥真空技术的优势。我们有理由相信，在未来一定可以发展出新的一步真空技术，将有机源和无机源共蒸发并直接转化为钙钛矿薄膜，在绒面晶硅衬底上沉积具有绒面结构的钙钛矿层 [46]。

4.1.3 刮涂法

为了加速钙钛矿/晶硅异质结叠层太阳电池的产业化进程，一些大面积的钙钛矿制备方案是值得尝试的 [48,49]。目前，刮涂法对于钙钛矿太阳电池的制备是相对成熟的，如图 4-3(a) 所示，并且该工艺具有简易性和产业化应用的优势。该方法对晶硅基底的粗糙度要求并不严苛，由于结晶过程可以在氮气流情况下得到很好的控制，因此晶硅绒面上涂有的钙钛矿前驱体溶液浓度可以挥发到合适值时再进行退火成膜。钙钛矿前驱体溶液浓度的精准控制，使得刮涂法在相对粗糙度的晶硅绒面界面上总可以实现大晶粒钙钛矿的覆盖，并且相对于旋涂法，该方法在绒面上制备钙钛矿层的重复性相对较高。刮涂法运用于具有绒面结构的晶硅太阳电池基底上，将会大大保证光学性能的同时，使制备大面积、高结晶质量的钙钛矿薄膜成为可能。

如图 4-3(b)，(c) 所示，目前该方法下实现的最高 PCE 是 2020 年 Huang 团队 [50] 实现的，他们在 SHJ 上采用了氮气辅助的刮涂工艺，通过快速吹干结晶宽带隙钙钛矿获得了 26.2%的叠层效率。该工艺中，他们将刮涂法分为三种制备过程，湿润过程、干燥过程以及退火过程，其中湿润过程是前驱体溶液平铺的初始阶段，由于并不涉及钙钛矿的成核成膜，因此晶硅绒面衬底对此过程影响较小。然而，干燥过程和退火过程是钙钛矿层生长的关键时期，其直接决定了钙钛矿材料能否与晶硅绒面达成匹配。为了优化钙钛矿/晶硅绒面界面处的匹配程度，他们通

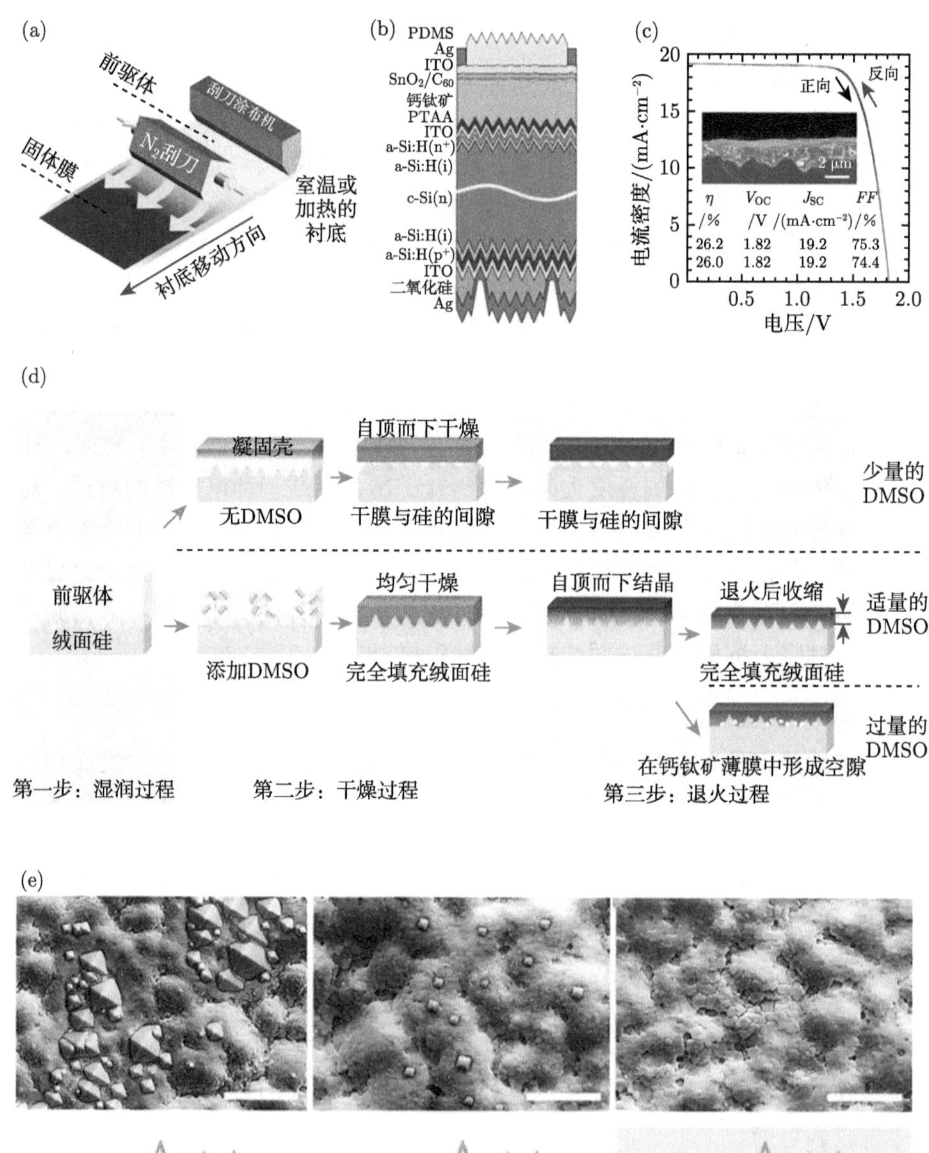

图 4-3　刮涂法在钙钛矿/晶硅叠层太阳电池领域的运用

(a) 刮涂法原理图；(b) 该方法制备的叠层太阳电池示意图；(c) 叠层太阳电池的 J-V 特性；(d)DMSO 量对刮涂法钙钛矿薄膜的形成机制的影响 [50]；(e) 使用三种不同浓度值 (M) 的前驱体溶液在绒面晶硅基底上制备的三种钙钛矿薄膜的俯视 SEM 图像，从左往右依次为 1.2 mol/L，1.4 mol/L 和 1.6 mol/L，图中比例尺为 5 μm，薄膜厚度随着浓度的增加而增加，在 1.6 mol/L 的情况下达到全覆盖 [51]

过图 4-3(d) 揭示了适量的极性溶剂二甲基亚砜 (DMSO) 使得刮涂法在钙钛矿薄膜的制备过程中起到促进作用，无论是钙钛矿的干燥过程还是退火工艺，DMSO 的使用量调控可以避免钙钛矿悬空结晶和减少在金字塔界面处出现空隙。除此之外，2022 年，如图 4-3(e) 所示，Paetzold 团队 [51] 采用了不同前驱体溶液浓度 (1.2 mol/L，1.4 mol/L 和 1.6 mol/L) 的刮涂法方案来实现产业界比较普遍适用的随机金字塔绒面上的钙钛矿全覆盖，其中 1.6 mol/L 的成膜效果最好，其他两种浓度会造成金字塔尖的裸露，从而造成电池的短路。他们开发了具有接近微米厚的钙钛矿吸收层的钙钛矿太阳电池，该吸收层通过使用路易斯碱添加剂实现了高效的载流子提取，并展现出高达 18%的 PCE。在具有倒金字塔的绒面单结钙钛矿中采用这些厚膜，与平面参考电池相比，其改善了其光管理，标准光谱 AM 1.5G 的加权反射率从 9.9%降至 5.2%，使电流密度相对增加了 7.7%。最终，采用刮涂法制备的冠军绒面单结钙钛矿太阳电池在最大功率点 (MPP) 追踪 5 min 后表现出 18.7%的稳定效率输出。

刮刀具有很好的控流作用，对钙钛矿前驱体溶液在基底上的展开是有利的，并且在粗糙度较大的晶硅衬底上，溶液的平铺方向是可以被有效控制的。另外，由于钙钛矿层本身较薄，材料的需求量少，刮涂法的控流作用可以在一定程度上避免前驱体溶液的浪费，并且该方法还可以在空气环境中进行 [52]。尽管刮涂法拥有以上种种优势，但是面对今后的产业化要求，我们依然需要正视它的局限性。由于晶硅基底和刮刀之间的接触，不适当的钙钛矿结晶可能导致刮刀被污染和叠层器件制备的重复性差，因此实验过程中一步一清洗，减少污染源的操作是不可避免的。对刮刀的接触技术与钙钛矿结晶动力学过程的掌控，是将刮涂法推广到钙钛矿/晶硅异质结叠层太阳电池领域的关键，并且在刮涂工艺中运用无机纳米颗粒来调节钙钛矿晶体的成核和生长，或许是一个有潜力的方向 [53]。总之，绒面晶硅界面上的钙钛矿薄膜结晶过程的控制，仍然是目前亟需解决的课题之一，它对于刮涂法运用于叠层太阳电池的大面积制造至关重要。

4.1.4 狭缝涂布法

针对如何实现钙钛矿/晶硅异质结叠层太阳电池的大面积制备问题，文献还报道了狭缝涂布法，如图 4-4(a) 所示。该方法应用于粗糙度较高的晶硅基底时，等量的钙钛矿前驱体沿着狭缝流出，并平铺在晶硅上，因此钙钛矿层的均匀性可以得到保证。对于该方法的运用，2020 年，De Wolf 团队 [54] 首次在 SHJ 上使用狭缝涂布工艺制造了 1.68 eV 带隙的钙钛矿薄膜。其中，图 4-4(b)，(c) 分别代表狭缝涂布法制备的叠层器件原理图和 SEM 截面图。除此之外，如图 4-4(d) 所示，他们还研究了 PCE 随槽模头涂布速度的变化趋势，以制备最优的叠层太阳电池。在较低的涂布速度 (5 mm·s^{-1}) 时，厚的钙钛矿层被涂在有金字塔结构的晶硅底电池上，导致载流子收集效率低下和性能损失。然而，较高的涂布速度 (15 mm·s^{-1}) 产生了无覆盖的硅金字塔，这对叠层器件产生了更为不利的影响。在最优 7.5 mm·s^{-1} 的涂布速度情况下，该团队使用“乙腈 + 甲胺”溶解于“甲醇溶剂 +L-α-磷脂酰胆碱添加剂”，并运用半胱氨酸盐酸盐对钙钛矿表面进行处理，最终制备的冠军器件 (图 4-4(e)) 的 J-V 曲线显示 (活性面积约 1 cm^2)，串联 PCE 为 23.8% (稳定的 MPP 约 24.05%)，V_{OC} 为 1.76 V，J_{SC} 为 19.2 mA·cm^{-2}，FF 为 70%。

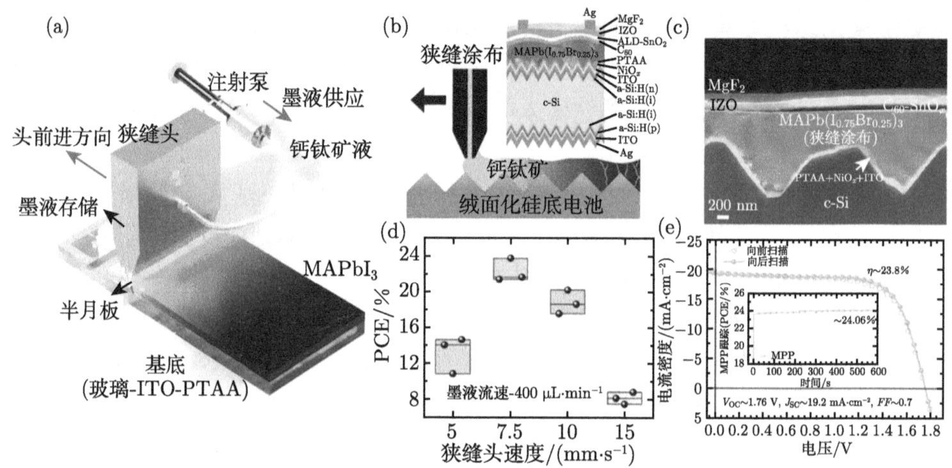

图 4-4 狭缝涂布法在钙钛矿/晶硅叠层太阳电池领域的运用

(a) 狭缝涂布法原理图；(b) 该方法的截面以及制备的叠层太阳电池结构示意图；(c) 通过优化狭缝涂布参数得到的绒面叠层器件的横截面 SEM 图像；(d) 不同槽模头涂布速度的叠层太阳电池的 PCE 统计；(e) 冠军狭缝涂布叠层太阳电池的 J-V 曲线 (插图为 10 min 的 MPP 追踪 PCE)[54]

狭缝涂布法运用于钙钛矿/晶硅异质结叠层太阳电池的钙钛矿制备，完全可以继承刮涂法的材料用量少、重复性高、空气环境制备、高结晶质量等优势。由于钙钛矿前驱体事先存储在注射泵中，因此狭缝涂布过程中可以有效避免晶硅绒面上的钙钛矿不恰当结晶过程，甚至可以将它视作改进的刮涂工艺。并且，在涂布过程中，刀头始终与晶硅衬底保持一定的距离，这可以有效避免污染源在衬底上对前驱液平铺的作用，并且晶硅的粗糙度也对该制备过程无任何影响。随着狭缝涂布法的进一步研究推广，作为一种改进型刮涂工艺，其对于钙钛矿/晶硅异质结叠层太阳电池的大面积制造具有积极的意义。

尽管如此，其局限性也是不可避免的。除了具有狭缝的刮刀移速会影响钙钛矿前驱体溶液平铺展开的均匀性外，狭缝中溶剂的流速对于钙钛矿的成膜也是关键因素，并且其相对于移速来说更加难以控制。其中的原因是前驱体的流速除了受到注射泵的压力以外，还会受到重力、狭缝形状、前驱体溶液浓度等诸多因素的影响 [55,56]。并且狭缝涂布法在绒面晶硅基底上制备的钙钛矿层，具有全覆盖的结构。这种结构的缺点是钙钛矿层太厚，使得载流子的提取和传输变得困难，而且其前表面仍然缺乏光捕获能力。因此，控制钙钛矿前驱体溶液在晶硅金字塔上的覆盖度来制备一定陷光度的前表面，或许是科学研究值得尝试的方向之一。总之，对于狭缝涂布法来说，在绒面结构的晶硅界面上实现控量涂布，是将该工艺推广于钙钛矿/晶硅异质结叠层太阳电池领域所必须克服的难题，其中充满了机遇与挑战。随着钙钛矿太阳电池技术的成熟 [57,58]，可以坚信的是，钙钛矿/晶硅异质结叠层太阳电池的大面积产业化制造问题一定可以得到解决。

4.1.5 物理堆垛法

除 4.1.1~4.1.4 节已经阐述的在晶硅表面制备钙钛矿层的方案以外，绒面晶硅基底上的另一种实现串联的方式是便捷的物理堆垛，如图 4-5(a)，(b) 所示。与钙钛矿在晶硅衬底上的直接成核成膜不同，物理堆垛是在导电玻璃上进行钙钛矿的生长过程。众所周知，单结钙钛矿薄膜在导电玻璃上的制备工艺已经十分成熟，因此物理堆垛的操作最简单易行，并且可以将钙钛矿的超基底优势发挥出来 [59,60]。物理堆垛法制备的叠层太阳电池是导电玻璃面入光，这与目前单结钙钛矿太阳电池的研究和开发完全一致。其特征是将钙钛矿与晶硅太阳电池分别单独制备出来，不存在任何制备工艺上的不兼容问题。该方法的优势在于可以将两个子太阳电池单独优化，直到最高 PCE 后进行串联，这对实现最优叠层效率是最为可行的方案，并避免了无关参数对结果的影响，筛选机制有效且明确。但对于该制备方法的应用，目前只有一例，仍然缺乏探索。2020 年，Di Carlo 团队 [61] 首次将钙钛矿太阳电池和 SHJ 太阳电池通过一个中间银栅线结合起来，并在 1.43 cm^2 的面积上获得了 26.3%的叠层效率。为了将高效的介观钙钛矿太阳电池和纹理化、金属化的 SHJ 太阳电池两者的优势结合到一个两端叠层装置中，他们报告了一个独立制造和优化的子电池的简单机械堆叠，同时保留了钙钛矿吸收层的溶液加工性和 ITO 层的光学厚度修饰 (图 4-5(c))。他们还研究了掺有石墨烯片的致密 TiO_2 ($cTiO_2$) 和介孔 TiO_2 ($mTiO_2$)，以进一步提高双面介观钙钛矿太阳电池的光伏性能。

与面接触串联相比，物理堆垛只有银栅线接触互连，因此叠层太阳电池中间层的金属网格会造成光遮挡，对底电池造成一定的光学损失。两个独立制备的器件在工作或测试时需要特殊的连接夹具，如果去掉中间层的金属键，则类似于四端配置 [62-64]，在该条件下的叠层器件，在光学意义上与四端配置基本一致。由于无法实现全天候的电流匹配，电流密度不匹配所带来的损失较为严重，因此两端物理堆垛法相对于四端更为劣势。此外，该方法制备的叠层太阳电池的中间层就需要两层透明电极，这会带来严重的寄生吸收损失，同时也会增加光伏元件的成本。并且，对于正、反式结构的钙钛矿子电池来说，中间载流子传输材料的光寄生吸收也是不同的，因此实现空穴、电子传输层的光寄生吸收损失最低化，对于晶硅底电池的光伏特性是利好的。寻求较低寄生吸收功能层材料并增加光捕获能力，或许是物理堆垛法长久发展的必经之路，同时也是叠层效率的突破口之一 [65]。在实验或未来生产线上，必须根据器件配置的特殊性，选择合适的制备方案，这对制造高效率、低成本、大面积的钙钛矿/晶硅异质结叠层太阳电池十分有利。

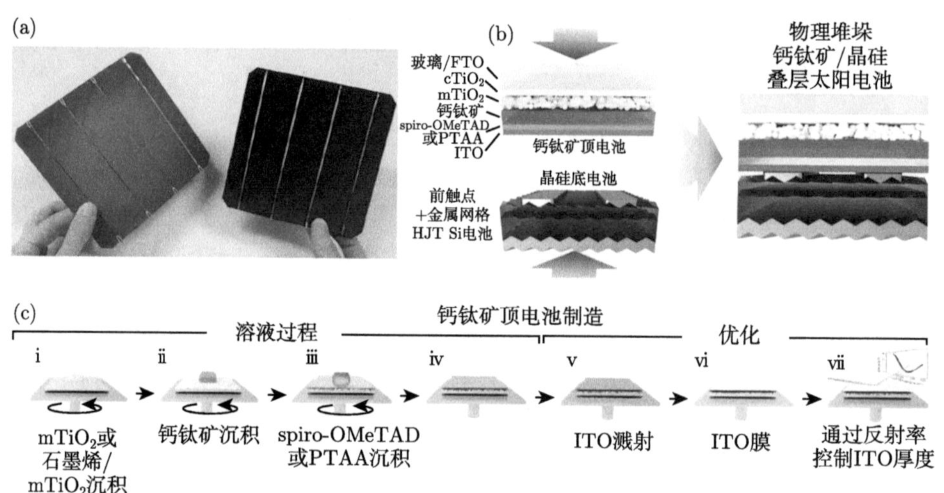

图 4-5　物理堆垛法在钙钛矿/晶硅叠层太阳电池领域的运用

(a) 市售或类似市售的双面绒面金属化晶硅底电池；(b) 通过物理堆垛法在子电池的接触区域施加压力，获得两端钙钛矿/晶硅异质结叠层太阳电池的流程；(c) 双面介观钙钛矿顶电池的 (i～iv) 溶液制备过程和 (v～vii) 光电优化 [61]

4.2　钙钛矿/晶硅异质结叠层太阳电池光学结构

目前，基于高平整度基底的钙钛矿/晶硅异质结叠层太阳电池得到了广泛的研究，有关平面结构的叠层太阳电池的文献报道也是最多的，但是其串联 PCE 也逐步逼近瓶颈 [25-27]。若要进一步地提升叠层效率，或许我们可以从发展近几十年的晶硅太阳电池技术中得到启示。对于传统晶硅太阳电池产线来说，追求极限效率的背后是对光俘获的能力的要求，并且碱溶液湿法制绒是晶硅制造过程中必不可少的环节 [66,67]。平均尺寸在 2 μm 左右的金字塔结构具有极佳的陷光性，在特定波长范围内，光反射损失甚至可以接近零 [68]。将传统晶硅太阳电池绒面结构应用于钙钛矿/晶硅异质结叠层太阳电池是一种合适的光结构设计选择。这种将晶硅绒面结构继承于叠层太阳电池领域的方式，除了简易的优势以外，还可以拥有实验可行性。因此，抛光的平面和绒面结构的晶硅电池基底都可以在钙钛矿/晶硅异质结叠层太阳电池领域被运用。在平整度较高的晶硅界面上，有平面结构的叠层太阳电池；在绒面结构的晶硅衬底上，钙钛矿层的堆叠方式可以是多样的，包括单绒面结构、保形全绒面结构和机械堆垛结构。本节将详细介绍由于晶硅衬底粗糙度的不同，文献中所涉及的各种叠层太阳电池的光学结构。

4.2.1 平面结构

单结钙钛矿薄膜太阳电池的厚度普遍在百纳米量级，因此对基底的粗糙度的要求较为严苛，基底的起伏过大会造成钙钛矿层的短路。在平整度较好的导电玻璃上，钙钛矿单结太阳电池的 PCE 已经可以达到 25.7%[18]。为了继承钙钛矿平面制备的超基底优势，抛光晶硅基底，制备平面结构的钙钛矿/晶硅异质结叠层太阳电池是一种科研的选择，如图 4-6(a) 所示 [20,69-95]。平面结构对钙钛矿的制备没有任何特殊要求，并与钙钛矿的制备完全兼容。该结构的制备方案可以采用简易的旋涂法、大面积的刮涂法和狭缝涂布法等，凡是有关单结钙钛矿薄膜的制备方法都可以采纳。

目前平面结构的叠层太阳电池的主流制备方法还是旋涂法，其他方法虽然具有可行性，但是仍然缺乏相关的实验报道。Ballif 团队 [81] 采用运用广泛的旋涂法制备钙钛矿层，他们分析得出多层纳米晶硅复合结可以有效提升叠层太阳电池的 PCE。随后，纳米晶硅复合结技术被普遍采纳于钙钛矿/晶硅异质结叠层太阳电池领域，推动了叠层太阳电池的发展。随后旋涂技术在平面结构中得到广泛发展，2020 年，Albrecht 团队 [25] 已经利用此技术制备了 PCE 达到 29.15%的钙钛矿/晶硅叠层太阳电池。随着技术的研究深入，如图 4-6(b)，(c) 所示，2022 年，Chen 团队 [95] 报告了一种应变调制策略来制造光稳定的钙钛矿/晶硅叠层太阳电池。通过采用三磷酸腺苷 (ATP)，宽带隙钙钛矿吸收体中的残余拉伸应变被成功地转化为压缩应变，从而缓解了光诱导的离子迁移和相分离。太阳电池在 MPP 下运行 2500 h 后，也能保持 83.60%的初始 PCE。他们制备的顶电池与晶硅底电池集成的两端单片串联器件，实现了 26.95%的 PCE，并提高了叠层太阳电池的光稳定性。

如图 4-6(d)~(g) 所示，2022 年，Lee 团队 [96] 为了控制可见光的反射率和紫外线的寄生吸收，将硅基绿色荧光粉 (SGA) 和 SiO_2 纳米颗粒嵌入有纹理的聚二甲基硅氧烷 (PDMS) 薄膜中，该薄膜被用作由单片钙钛矿/晶硅叠层太阳电池组成的装置上的减反涂层 (ARC)。对于紫外光的寄生吸收问题，他们加入了荧光粉以将紫外光转换为可见光。然而，由于荧光粉的大颗粒尺寸 (大于 5 μm) 和高折射率 (平均 n 约为 1.9)，嵌入的荧光粉增加了 ARC 薄膜的反射率。荧光粉的这种后向散射问题通过添加球形 SiO_2 纳米颗粒得到了补偿。实验和计算结果

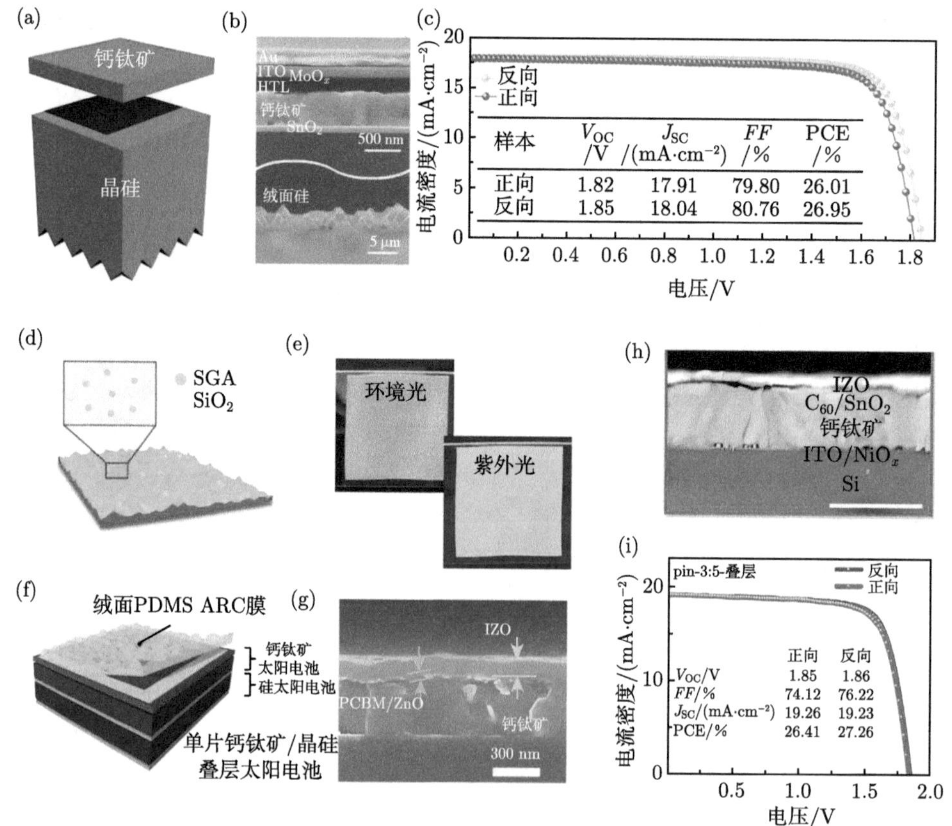

图 4-6　平面结构钙钛矿/晶硅异质结叠层太阳电池

(a) 平面结构的示意图；(b) ATP 应力修饰的平面结构叠层电池 SEM 图像；(c) 对于 ATP 叠层器件和参考叠层器件，稳定输出功率 J-V 曲线在 1.60 V 和 1.54 V 的偏置电压下测量 [95]；(d) 含有 SGA 和 SiO_2 纳米颗粒的 PDMS 层的示意图；(e) 含有 SGA 和 SiO_2 纳米颗粒的 PDMS 层在环境光和紫外光 ($\lambda = 365$ nm) 下的照片；(f) 含有 SGA 和 SiO_2 纳米颗粒的 PDMS 层的叠层太阳电池示意图；(g) 叠层太阳电池的横截面 SEM 图像 [96]；(h) 两端串联的平面结构 SEM 图像；(i) 最佳 $[PbCl_2]/[CsCl] = 3:5$ 掺杂叠层太阳电池的 J-V 曲线 [94]

表明，ARC 薄膜中的 SiO_2 纳米颗粒通过增加漫反射率来降低反射率，这种光学工程 ARC 膜成功地促进了钙钛矿/晶硅叠层太阳电池的光吸收，导致叠层电池的 PCE 从 22.48%提高到 23.50%。进一步地，如图 4-6(h)，(i) 所示，2022 年，Zhang 团队 [94] 在平面旋涂技术上进一步优化，通过在钙钛矿前驱体溶液中添加无机 $CsPbCl_3$ 簇 (最佳比例为 $[PbCl_2]/[CsCl] = 3:5$) 来抑制氧化镍界面的氧化还原反应，界面的 Cl 元素的富集抑制了相分离的发生，并提高了钙钛矿的光稳定性，最终实现了 27.26%的叠层效率。特别地，在 2022 年 7 月，瑞士电子与微技术中心 (CSEM) 和洛桑联邦理工学院 (EPFL) 研究团队联合报道了一个面积为 1 cm^2，PCE 为 30.93%的平面结构钙钛矿/晶硅异质结叠层太阳电池，该器件是基于溶液法的钙钛矿制备工艺 [97]。尽管溶液基的旋涂法在大面积制造方面不被看好，但值得注意的是，目前最大面积的钙钛矿/晶硅异质结叠层太阳电池仍然采用的是旋涂法制备钙钛矿层。并且平面结构的叠层太阳电池的面积已经达到 57.4 cm^2，PCE 为 22.6%，这项纪录是由 Kamino 团队 [98] 实现的。这项研究的顶电极的设计采用了低温丝网印刷银浆方案，其实验思路符合大面积制造的根本要求。但是，面积的增大也造成了叠层太阳电池 PCE 的低下，而扩大电池有效面积、提升 PCE 是钙钛矿产业化发展永恒不变的话题。

虽然，平面结构的制备与单结钙钛矿太阳电池的制备是相似的，但是也存在着差别，并且这些差别是不能被忽视的。其一，单结钙钛矿太阳电池的太阳光谱通常从玻璃面入射，因此透明导电氧化物仅仅镀膜在玻璃上，另一面采用全金属电极。单结下的优势在于透明导电氧化物薄膜的高温沉积过程不会破坏钙钛矿层，且金属电极会有镜面效果，达到光谱反射的二次利用 [99]。但是对于叠层太阳电池来说，入光面不再是不透明的晶硅衬底，因此需要探讨在钙钛矿上表面低温沉积透明导电氧化物层。由于沉积温度会对透明导电氧化物的电阻率和透光性产生巨大影响，因此钙钛矿上表面透明电极的温和制备是具有巨大挑战性的 [100-102]。其二，导电玻璃的浸润性与晶硅衬底是不一致的，这就意味着钙钛矿前驱体在基底界面上的平铺接触角是不同的。因此，对于晶硅衬底需要紫外臭氧更长的时间来修饰表面的亲和性，避免钙钛矿前驱体溶液在界面上无法展开的情况，以达成钙钛矿薄膜的均匀性和较强的附着力。其三，平面结构会造成严重的光学损失，它是进一步提升叠层太阳电池的 PCE 的绊脚石 [73]。总之，平面结构的钙钛矿/晶硅异质结叠层太阳电池对钙钛矿层的制备要求不高，但是其局限性也是存在的，并且值得科研工作者们去攻关克服。

4.2.2 单绒面结构

为了最大化光学增益，并与溶液法制备钙钛矿的工艺相兼容，采用足够浓度的钙钛矿前驱体来全覆盖晶硅衬底可以制备单绒面结构的叠层太阳电池，如图 4-7(a) 所示 [38,50,54,103-107]。单绒面结构要求晶硅基底的金字塔高度不能超过 2 μm 左右，并且金字塔高度差较小，否则塔尖裸露会造成钙钛矿器件短路。该结构可以在一定程度上，使得晶硅底电池的长波光吸收得到保证。单绒面结构可以通过旋涂法、刮涂法以及狭缝涂布法等来实现，并且一般单结钙钛矿的溶液基制备方案都是无须改进，可以直接沿用。因此，基于光学优势与制备的简易性和兼容性，该结构在叠层太阳电池领域中的应用是具有产业化前景的。

有关钙钛矿/晶硅叠层太阳电池的文献数量表明，除了平面结构，单绒面结构是最受欢迎的，并且其发展趋势也逐步向好。在单绒面结构的前提下，如图 4-7(b)~(d) 所示，典型反式结构 (p-i-n) 案例是 De Wolf 团队 [38] 采用旋涂法制备了微米量级全覆盖的钙钛矿层，该器件在 1 cm^2 以上，PCE 稳定在 28.6% (独立认证为 28.2%)，在 3.8 cm^2 以上，PCE 稳定在 27.1%。他们分析发现，钙钛矿层中加入咔唑分子后有效地抑制了相分离，咔唑为一种含氮的杂环分子，作为添加剂加入钙钛矿层中，减缓了卤化物的偏析，降低了非辐射复合损失以及缺陷密度。户外的长期稳定性试验也表明，经咔唑处理的串联装置的稳定性显著提高。在单绒面结构的正式 (n-i-p，单结钙钛矿领域中较为常用，且 PCE 高) 叠层太阳电池中，如图 4-7(e) 所示，De Wolf 团队 [103] 溅射非晶氧化铌 (NbO_x) 配体桥接 C_{60} 作为有效的电子选择接触，增强了载流子的抽取能力，最终实现了 27.1%的叠层效率。并且从 HRTEM 图像和 EDX 元素图谱中，可以看出钙钛矿层在晶硅金字塔绒面上的覆盖情况以及 Nb、V 元素的分布。

除此之外，单绒面结构最为突出的案例是，2021 年，柏林亥姆霍兹中心在 1 cm^2 面积上制备了 29.8%认证 PCE 的钙钛矿/晶硅叠层太阳电池 [18]。与之前的晶硅绒面纹理不同的是，该器件的底电池不再是微观金字塔形貌，而是采用了纳米结构的黑硅。为了进一步加强光管理，纳米纹理的正面和背面均带有介质反射层，用于增强晶硅在红外波段的光吸收，并最终证实了该介质层增强了光电流密度。纳米纹理改进的衬底结构更加兼容和匹配钙钛矿的制备要求，这种单绒面纳米结构的全覆盖不会造成钙钛矿层的过厚，在 2021 年创造了钙钛矿/晶硅叠层太阳电池的 PCE 世界纪录。2022 年，De Wolf 团队 [108] 在钙钛矿/C_{60} 界面上的厚度为 1 nm 的 MgF_x 夹层通过热蒸发有效地调整了钙钛矿层的表面能量，这有利于高效的电子提取，并将 C_{60} 从钙钛矿表面置换出来，以减轻非辐射复合。图 4-7(f) 的紫外光电子能谱 (UPS) 和逆向光电子发射谱 (IPES) 展示了钙钛矿的价带最大值 (VBM) 相对于其费米能级 (E_F) 降低了，这意味着金属氟化物在钙钛矿界面造成了向下的带状弯曲，有利于电子的提取。另外，C_{60} 层的最低未占分子轨道 (LUMO) 向钙钛矿界面弯曲，这意味着 MgF_x 夹层促进了低界面电阻的电子选择性接触的形成，并形成了载流子的壁垒 (图 4-7(g))。这些效应使得单片叠层太阳电池的 V_{OC} 达到 1.92 V，FF 提高到 80.7%，独立认证的稳定 PCE 达到 29.3%，这也是有文献报道的单绒面结构的典型案例。

钙钛矿层的厚度相对于平面钙钛矿太阳电池来说也不是固定值，它的厚度随空间位置会产生变化，较薄的位置在几百纳米，较厚的位置可以达到几微米 [106]。因此单绒面结构的电输运在空间上的强弱是不同的，塔尖具有强的载流子抽取能力，但是塔谷的载流子却需要越过微米厚度的钙钛矿活性层，其中距离的拉长避免不了复合损失。因此开发新界面材料以提高绒面底金字塔谷的载流子抽取，对于减弱电学复合作用是十分利好的 [105]。另外，单绒面结构下钙钛矿前驱体溶液填充在晶硅绒面上，随后进行退火生长，这造成了钙钛矿薄膜层前后的粗糙度是不同的，其钙钛矿的结晶性会受到金字塔界面起伏的影响，很难做到质优的生长。一般情况下，晶体随着溶剂的蒸发，在金字塔的各个方向面上附着并逐步成核成膜。由于生长方向的差异，钙钛矿薄膜在单绒面结构上很容易产生晶裂的情况，这也是该结构下钙钛矿顶电池制备的难点之一[109,110]。虽然单绒面结构的存在使得晶硅底电池的光学性质得到了保证，但是钙钛矿层前表面仍然是平面，因此存在着严重的光反射损失，这是该结构的短板所在。因此研究先进的减反薄膜或者纹理的界面层材料，是将该结构的光学优势扩大的可行性方案。

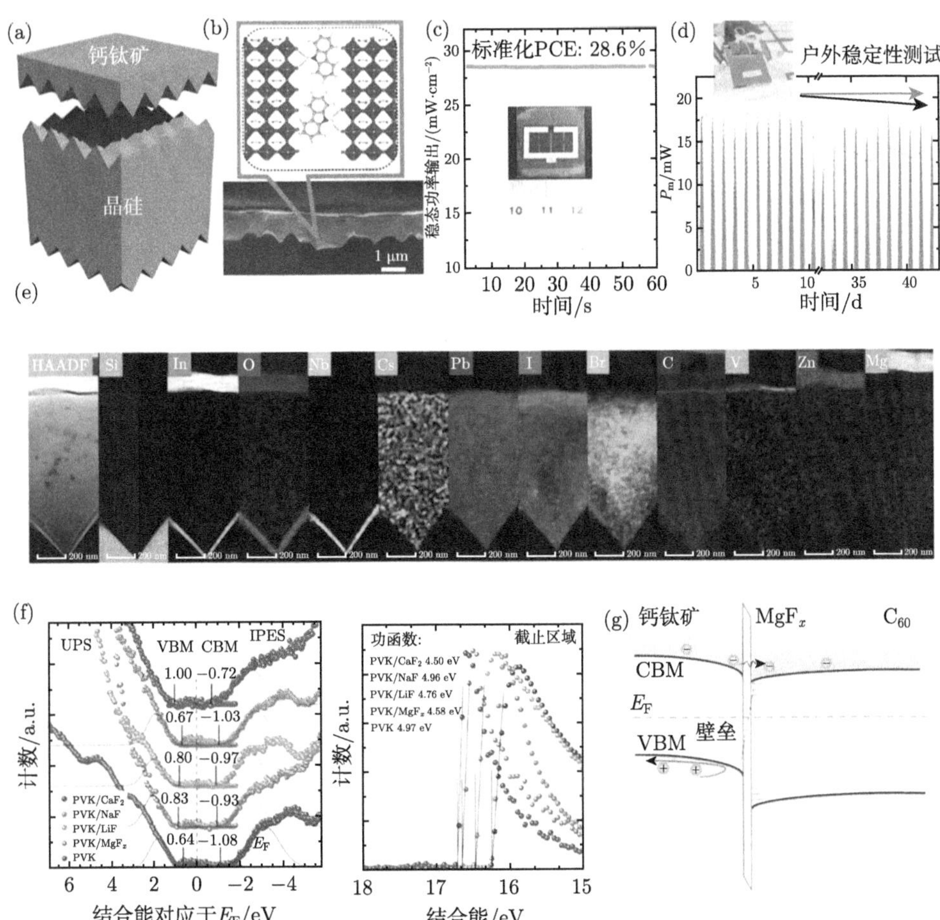

图 4-7 单绒面结构钙钛矿/晶硅异质结叠层太阳电池

(a) 单绒面结构的示意图；(b) 咔唑分子钝化钙钛矿晶界示意图以及叠层器件的 SEM 图；(c) 咔唑分子修饰的叠层器件的稳定功率输出图以及实物照片；(d) 单绒面结构的叠层太阳电池的户外稳定性测试以及实物图[38]；(e) HRTEM 图像和 EDX 元素图谱，为单绒面结构的每一层的元素分布情况[103]；(f) 使用 UPS 和 IPES 测得的钙钛矿和钙钛矿/1 nm 夹层的价带和光电子截止边；(g) 带有 MgF_x 夹层的钙钛矿/C_{60} 界面的能级图[108]

4.2.3 保形全绒面结构

为了进一步降低光学反射损失，在钙钛矿前表面制备绒面结构是一种可尝试的方案，该结构为保形全绒面结构，如图 4-8(a) 所示 [19,47,111,112]。该结构对太阳光谱利用是最大化的，在所有叠层太阳电池结构中，唯有其可以做到入光第一界面就具有陷光作用，因此保形全绒面结构可以将光学损失降到最低。由于钙钛矿层前后面绒面的存在，该结构对制备方法的要求比较严苛，它要求制备方案具有基底粗糙度的适应性。该结构普遍是采用双源共蒸法实现第一步的无机卤化物模板的制备，然后通过旋涂法实现钙钛矿的转化。蒸法的制备过程的优势在于可以适用于任何粗糙度的界面，并且重复率极高，薄膜的附着性、均匀性也是极好的。并且，百纳米厚度的钙钛矿层制备技术也是与单结情形相一致的，而合适的钙钛矿层厚度对于叠层太阳电池的光伏性能是有益的。

虽然该结构具有光学上的优势，但是其实验研究数量相对于平面结构和单绒面结构仍然较少。保形全绒面结构的首次案例是 2018 年由 Ballif 团队 [47] 实现的，他们提出了双源共蒸法与溶液法相结合，在 SHJ 金字塔形貌上制备了较薄且保形的钙钛矿层，最终实现了 25.2%的叠层效率。图 4-8(b)，(c) 展示了 Albrecht 团队 [112] 采用共蒸法在晶硅绒面上制备的保形的 $FAPbI_3$ 钙钛矿，通过在蒸发过程中使用过量的 FAI 与来自空穴传输层的膦酸基团相结合，在室温下黑色钙钛矿相的稳定性被有效解决。这种高度稳定的钙钛矿由于是保形覆盖晶硅金字塔绒面，这些叠层太阳电池显示出最小的光反射损失，从而串联 PCE 达到 24.6%。

随后几年时间里，保形全绒面结构的 PCE 一直没有新的突破。直到 2021 年，如图 4-8(d)，(e) 所示，Zhang 团队 [111] 在前人的基础上，通过溴化铯改进钙钛矿活性层的能级匹配方式，并结合空穴传输层的优化，该结构的叠层效率高达 27.48%，并且在氮气氛围下超过 10000 h，PCE 没有明显衰减。2022 年，Liu 团队 [113] 通过设计 NiO_x/[2-(9H-咔唑-9-基) 乙基] 膦酸 (2PACz) 作为 ITO 复合结上方的超薄混合空穴传输层，开发了一种分子水平的纳米技术，这是实现高质量钙钛矿层在顶部保形沉积的重要支点。NiO_x 夹层有利于 2PACz 分子均匀地自组装到完全纹理的绒面上，从而避免了 ITO 和钙钛矿顶电池之间的直接接触，使电流损失降到最低。最终，这种界面工程的结果，使得保形全绒面结构的钙钛矿/晶硅叠层太阳电池在 1.2 cm^2 的遮光区获得了 28.84%的认证串联 PCE。与此同时，保形全绒面结构的钙钛矿/晶硅异质结叠层太阳电池的 PCE 在 2022 年又有了新的突破。如图 4-8(f) 所示，EPFL 的 Ballif 研究团队和 CSEM 的 Jeangros 研究团队使用双源共蒸法将两种材料叠加，并将硅衬底加热到低温，在硅金字塔形结构上结晶均匀的钙钛矿薄膜，叠层太阳电池在 1 cm^2 的面积上实现了 31.25%的 PCE[18,97]。关键是，该底太阳电池与商业上可用的硅电池非常相似，在硅结构大电流密度的帮助下，这已经开辟了一条超过 30%的叠层效率路径，在未来有望降低平准化度电成本。此外，柏林亥姆霍兹中心 (HZB) 的研究人员实现了钙钛矿/晶硅叠层太阳电池 PCE 的一个新的世界纪录，认证 PCE 为 32.5%[18]。一种改进的钙钛矿界面修饰方案可以将载流子复合损失基本抑制，从实现高 PCE，其有助于在未来几年内实现可持续的绿色能源供应。

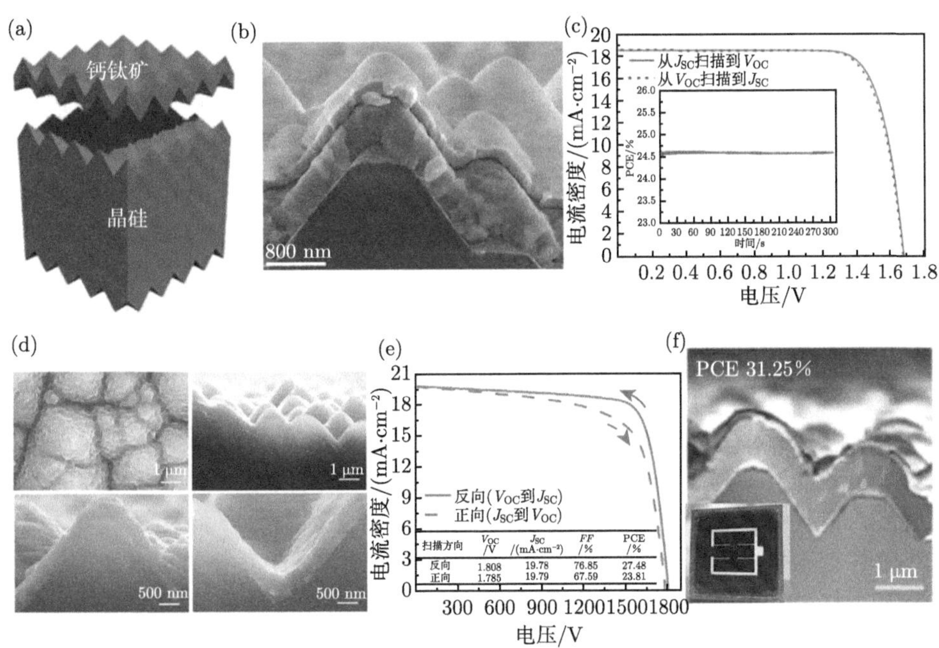

图 4-8 保形全绒面结构钙钛矿/晶硅异质结叠层太阳电池

(a) 保形全绒面结构的示意图；(b) 该结构叠层太阳电池的 SEM 图像以及 (c) 其 J-V 特性，插图为最大功率点跟踪 [112]；(d) 在全绒面的硅电池上保形沉积的钙钛矿的俯视和横截面 SEM 图像以及 (e) 其经过溴化铯界面修饰的叠层器件的 J-V 曲线 [111]；(f) EPFL 和 CSEM 研究机构制备的保形全绒面结构 SEM 图像以及实物图 [18]

保形全绒面结构制备方案的局限性在于蒸发过程复杂度较高，并且由于第二步旋涂法无法实现大面积的制造，则开发简易的制备方法 (比如有机无机源一步共蒸法)，是将该结构推广的必然所在。其次，由于目前钙钛矿薄膜的制备工艺仍然是针对平面结构，双绒面的钙钛矿层的研究是极度缺乏的，则在制备过程中可以参考的文献是较少的。保形全绒面结构的钙钛矿结晶质量是难以控制的，这需要对晶粒的结晶过程予以控制，并且适当地钝化晶界和界面。对于保形全绒面结构，其优化改进方向可以是溶剂、添加剂、界面工程 [114-116]，并降低电学输运过程中的损耗。由于该结构在光学性能上相对于其他结构是最好的，从而其应用前景是广阔的。

4.2.4　机械堆垛结构

除了 4.2.1~4.2.3 节所述的三种结构外，机械堆垛结构作为一种最为简单的和子电池制备工艺兼容的方案，是叠层太阳电池领域发展的新选择 [61]，如图 4-9(a) 所示。两个子电池的独立制备，使钙钛矿在导电玻璃基底上的超基底优势得以保证，钙钛矿薄膜的制备与晶硅绒面的陷光优势也不冲突。考虑到在晶硅上表面制备钙钛矿层的产业制造工艺仍然不成熟，使用机械堆垛结构来制备产业化的叠层太阳电池必然是值得尝试的。该结构除了钙钛矿层上表面需要透明导电氧化物层以外，其他工艺 (如丝网印刷、传输层制备等) 都无需任何改进，因此该结构的普适性是最强的。

使用物理堆垛法制备的钙钛矿/晶硅叠层太阳电池，其工作原理和四端的器件基本上没有太大差别，并且有关该结构的报道只有一例。2020 年，如图 4-9(b), (c) 所示，Di Carlo 团队 [61] 研究了通过钙钛矿吸收体并到达空穴选择层/ITO 界面的光的总平均反射率 (average reflectance) 与 ITO 厚度的关系。对于聚 [双 (4-苯基) (2, 4, 6-三甲基苯基) 胺] (PTAA) 来说，在 ITO 厚度为 80 nm 时，总平均反射率最小为 16.4%, 而对于 2, 2′, 7, 7′-四 [N, N-二 (4-甲氧基苯基) 氨基]-9, 9′-螺二芴 (spiro-OMeTAD) 来说，平均反射率随着 ITO 厚度的增加而单调地增加。并且该团队还研究了基于 spiro-OMeTAD 和基于 PTAA 的双界面中子电池的光学透光率，以提高钙钛矿子电池在叠层模块中的光学特性。与平均反射率的结果一致，使用 PTAA 作为空穴选择层，与使用 spiro-OMeTAD 获得的透光率相比，在红色和近红外光波长范围内，介观钙钛矿子电池的透光率明显增加。此外，尽管 spiro-OMeTAD 在很大程度上被用作双面钙钛矿太阳电池的空穴选择层，但是其在可见光波长范围存在寄生吸收损失，并已被确定为叠层太阳电池的一个限制因素。如图 4-9(d)~(f) 所示，Di Carlo 团队 [61] 将商品化的 SHJ 太阳电池切成小矩形模块，并制定了合适的测试夹具，通过机械应力将钙钛矿电池的透明导电层与 SHJ 的银栅线互连。他们通过设计空穴选择层、背接触结构，以及在钙钛矿顶电池中使用掺杂石墨烯的介孔电子选择层，将光学损失降至最低，最终在 1.43 cm^2 的面积上获得了 26.3%的叠层效率。

针对结构的优化，第一，需要考虑银金属栅线的遮光效应，以及中间两层透明导电氧化物所带来的寄生吸收损失。研究银浆料在晶硅表面上的展开性质，做到银电极最细化，是机械堆垛结构避免遮光的一种方式。对于寄生吸收损失，可以采用高透掺杂的陶瓷氧化物来降低无关的光吸收，因此透明导电氧化物层的元素掺杂至关重要 [117,118]。第二，需要考虑电极层的电导率以及中间键合的电阻率所带来的影响。通过改变制备时的温度可以有效地提高透明导电氧化物层的电导率，并且对于连接方式，普通的夹具仍然存在巨大的接触电阻 [119]，因此运用合适的键合压力来改变电阻率，是发挥机械堆垛结构的电学优势的必然途径。

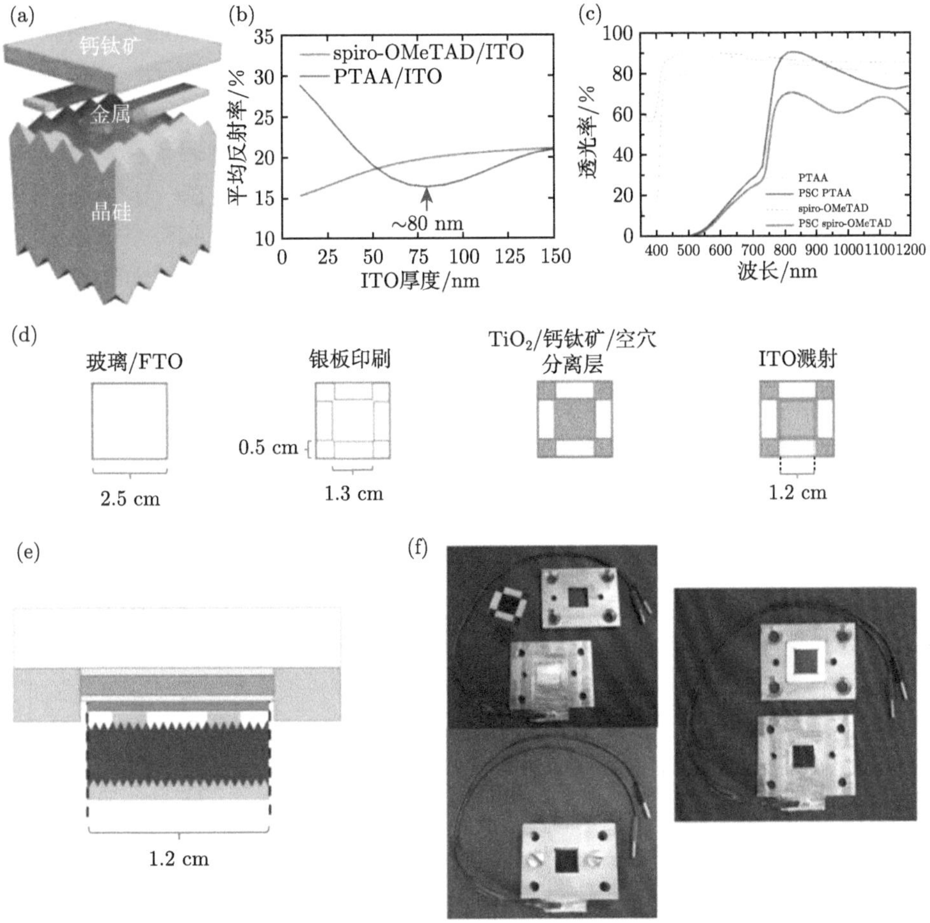

图 4-9 机械堆垛结构钙钛矿/晶硅异质结叠层太阳电池

(a) 机械堆垛结构的示意图；(b) 双面钙钛矿太阳电池中，通过钙钛矿吸收层到达空穴传输层/ITO 界面的近红外光的平均反射率与 ITO 厚度的关系；(c) 优化的基于 spiro-OMeTAD 和 PTAA 的双界面中子电池的透光率，以及直接沉积在玻璃上的 spiro-OMeTAD 和 PTAA 的透光度；(d) 钙钛矿太阳电池工艺流程示意图，包括衬底的定义、触点和有效面积尺寸；(e) 叠层电池的示意图，显示晶硅底电池的金属栅线与钙钛矿顶电池的 ITO 背电极之间的直接接触；(f) 用于保持子电池接触的测试夹具装置的实物照片 [61]

4.2.5 各结构叠层太阳电池的光谱响应与理论效率预测

图 4-10(a)~(d) 分别展示了前面所述的四种结构 (平面结构 [25]、单绒面结构 [38]、保形全绒面结构 [120] 和机械堆垛结构 [61]) 的钙钛矿/晶硅异质结叠层太阳电池的实验文献中最佳 EQE 谱。对比四种结构的 EQE 谱，我们分析发现保形全绒面结构的优势表现在两方面。一方面，在保形全绒面结构的情况下，反射率 (R) 曲

线值是最小的，这表明绒面的加入有助于光子捕获。由于晶硅底电池的厚度约为 250 μm，基本上没有透射，所以理论上总是可以通过调整钙钛矿层的厚度来实现两个子电池的电流匹配，这意味着除了载流子电学损失外，$1-R$ 越大，其获得的电流密度越高。并且，根据四种结构的叠层太阳电池的光学特性分析，我们发现保形全绒面结构在 300~600 nm 波段的 $1-R$ 值约为零，表明全绒面结构的钙钛矿层在此波段范围内几乎没有反射损失。另一方面，EQE 谱代表了在不同波长下将光子转换为电子–空穴对的效率，相应的电流密度可以通过在一定光谱范围内对吸收率进行加权积分来计算。由于叠层太阳电池的 J_{SC} 会受到两个子单元的最小电流密度的限制，从图 4-10(a)~(d) 可以得出，平面结构、单绒面结构、保形全绒面结构和机械堆垛结构的电流密度分别为 19.41 mA·cm^{-2}、19.74 mA·cm^{-2}、20.3 mA·cm^{-2} 和 18.4 mA·cm^{-2}，保形全绒面结构的电流密度值最大，则表明其光谱响应最强。

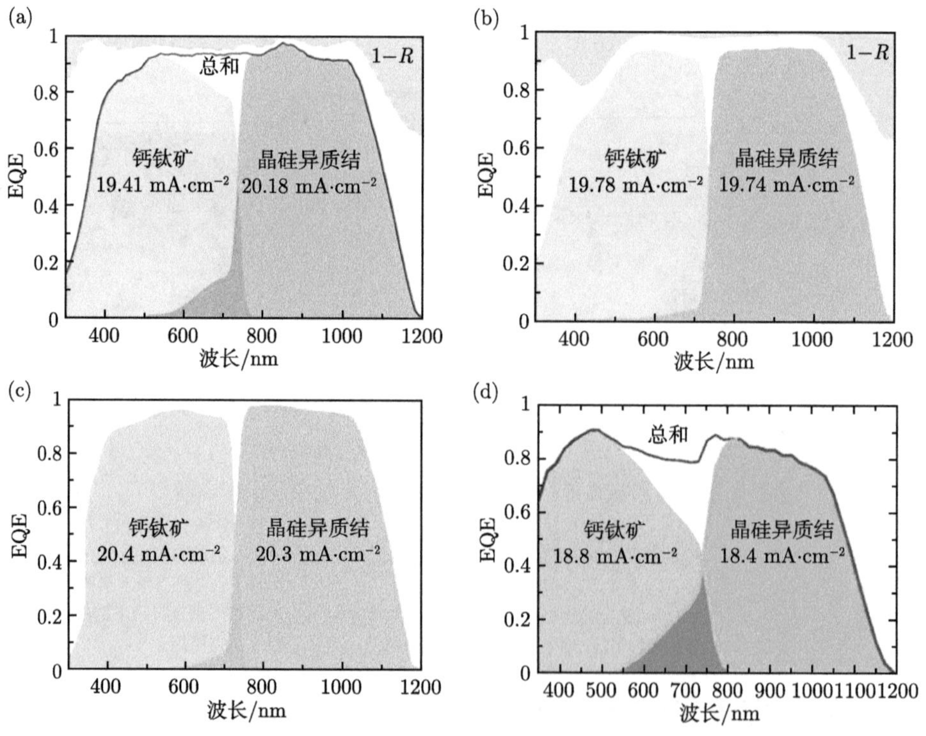

图 4-10　钙钛矿/晶硅异质结叠层太阳电池的光谱响应 EQE 图

(a) 平面结构 [25]；(b) 单绒面结构 [38]；(c) 保形全绒面结构 [120]；(d) 机械堆垛结构 [61]

为了进一步研究光谱响应的实质性影响，我们将晶硅和钙钛矿太阳电池视为理想的 Shockley 二极管，并进行了数值计算，这种方法已被许多文献采用 [39,121,122]，

我们依据式 (4-1)～式 (4-4)，计算得到的结果见图 4-11(a)～(d)。式 (4-1) 中，$J_{\mathrm{SC}}^{(\mathrm{layer})}$ 为根据太阳光谱吸收强度积分得到的太阳电池短路电流密度；q 为单位电荷量；h 为普朗克常量；c 为光速；λ 为波长；$E_{\mathrm{AM\ 1.5G}}(\lambda)$ 为太阳光谱在 λ 波长下的辐照强度；$P_{\mathrm{abs}}^{(\mathrm{layer})}(\lambda)$ 为特定层在 λ 波长下的吸收强度；该公式可以从器件的光谱吸收情况推导出 J_{SC}。式 (4-2) 中，k_{B} 为玻尔兹曼常量；T 为温度；J_0 为饱和电流密度，该公式为 Shockley 二极管公式，可以从 J_{SC} 出发推导出 V_{OC}。并结合式 (4-3) 可以求出太阳电池的填充因子 FF，最后依据式 (4-4)，就能得到太阳电池的 PCE。这四个公式分别对应于电池的四个重要的光伏参数 (J_{SC}、V_{OC}、FF 以及 PCE)，它们组成了一套完整的求解太阳电池光伏性能的理论方法。

$$J_{\mathrm{SC}}^{(\mathrm{layer})} = \frac{q}{hc}\int \lambda E_{\mathrm{AM\ 1.5G}}(\lambda) P_{\mathrm{abs}}^{(\mathrm{layer})}(\lambda)\,\mathrm{d}\lambda \tag{4-1}$$

$$V_{\mathrm{OC}} = \frac{k_{\mathrm{B}}T}{q}\mathrm{In}\left(\frac{J_{\mathrm{SC}}}{J_0}+1\right) \tag{4-2}$$

$$FF = \frac{V_{\mathrm{OC}} - \dfrac{k_{\mathrm{B}}T}{q}\mathrm{In}\left(\dfrac{qV_{\mathrm{OC}}}{k_{\mathrm{B}}T}+0.72\right)}{V_{\mathrm{OC}} + \dfrac{k_{\mathrm{B}}T}{q}} \tag{4-3}$$

$$\mathrm{PCE} = \frac{FF \times V_{\mathrm{OC}} \times J_{\mathrm{SC}}}{0.1\mathrm{W}\cdot\mathrm{cm}^{-2}} \tag{4-4}$$

为了预测平面结构、单绒面结构、保形全绒面结构和机械堆垛结构的理论 PCE，本章引用了目前已公布的四种结构最佳 EQE 图。依据上述方法，将 20.3 mA·cm^{-2} 作为 J_{SC}，计算出保形全绒面结构的理论 V_{OC} 为 1.92 V，FF 为 82.57%, PCE 为 32.2%, 然而，平面结构、单绒面结构和机械堆垛结构的 PCE 分别为 30.6%、31.0%和 28.5%, 这表明保形全绒面结构具有最高的叠层效率。因此，我们可以得出结论，保形全绒面结构将在钙钛矿/晶硅异质结叠层太阳电池中表现突出，因为纳米量级厚度的钙钛矿层对光捕获和低寄生吸收都是有利的。2022 年，EPFL 的 Ballif 研究团队和 CSEM 的 Jeangros 研究团队 [120] 制备的保形全绒面结构的钙钛矿/晶硅叠层太阳电池，其实验 J-V 测试认证 PCE 也成功达到了 31.25%[18,97]，明显高于其他三种结构的最高 PCE (平面结构为 30.93%[97]，单绒面结构为 29.8%[18]，机械堆垛结构为 26.3%[61])，这与保形全绒面结构具有最佳 EQE (相对于其他三种结构) 的结论一致。并且，HZB 的研究者们已经将保形全绒面结构的串联 PCE 进一步突破到 32.5%[18]。然而，2021 年以前，保形全绒面结构的实验串联 PCE 一直低于平面结构和单绒面结构，并且提升无比困难。保形全绒面结构自 2018 年首次诞生以来 [47]，研究进展缓慢。其原因是绒面金字塔状结构的存在，使得串联电池电学性能方面存在很大的变量，因此考虑光学增益的同时，也需要对电学性质加以完善以提升短路电流密度。对于扩大钙钛矿/晶硅异质结叠层太阳电池在绒面界面上的光电优势，将在 4.3 节作详细阐述。

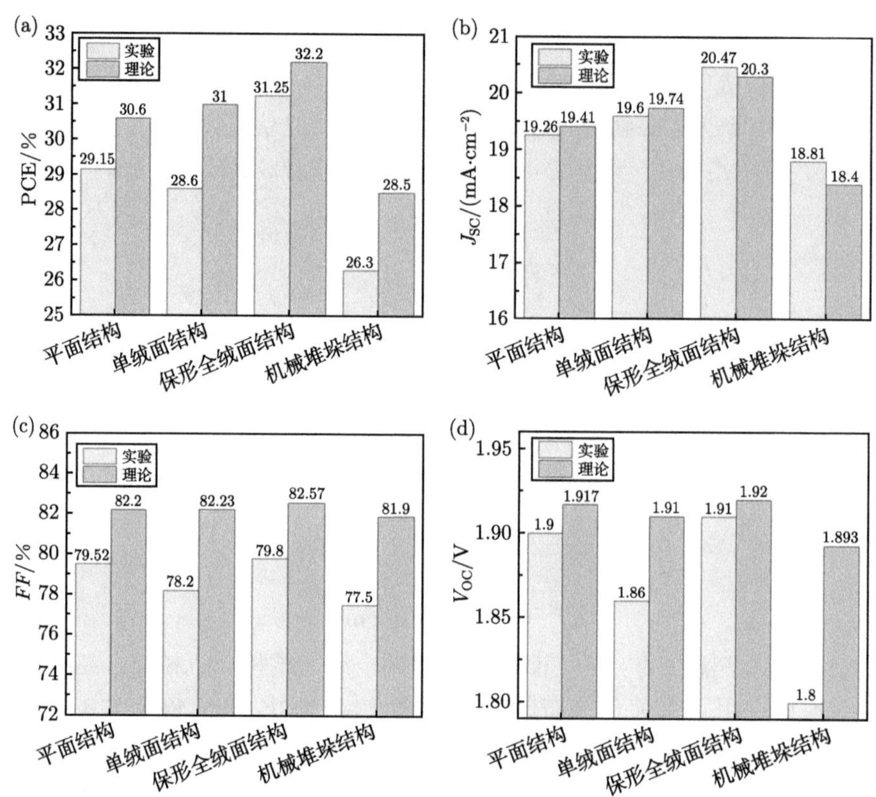

图 4-11　平面结构、单绒面结构、保形全绒面结构、机械堆垛结构的钙钛矿/晶硅异质结叠层太阳电池的实验和理论光伏参数

(a) 转换效率；(b) 短路电流密度；(c) 填充因子；(d) 开路电压

4.3　钙钛矿/晶硅异质结叠层太阳电池电学优化

目前，关于单结钙钛矿太阳电池的光电优化主要集中在电学方面，其中原因是光学织构的位置无论是在钙钛矿本征层、传输层界面还是导电玻璃衬底，其制备都较为困难，且器件效率增益有限 [123-126]。有关文献报道的高 PCE 的钙钛矿太阳电池，都是在电学方面做了改进 [74,127-129]。相对电学优化来说，光学研究目前仍然处于展望的状态 [130-133]。2022 年，Drouard 团队 [130] 预测了未来钙钛矿太阳电池光学增益突破方向为提高 J_{SC} 以获得高效率，尽管他们建立了材料、工

艺和光子工程的标准，但是光学结构理论设计并不能完全在实验室实现，光学研究还有漫长的探索阶段 [134]。对于无特殊光学结构的情况，根据文献报道，钙钛矿薄膜的镜面效果越好，则器件的电性能越好 [135-139]。由于平面钙钛矿的光吸收能力主要由带隙决定，因此在相同带隙的情况下，PCE 的改善基本上取决于电学所带来的增益，并且电学研究主要集中于钙钛矿本征层以及传输层界面上。对于平面结构的钙钛矿/晶硅异质结叠层太阳电池来说，其电学优化方案完全可以沿用单结钙钛矿的优化方案，比如单结情形下较为常见的掺杂工程 [140-143]、界面修饰等策略 [116,144-148]。因此，平面结构的叠层太阳电池的电学优化思路可以简单地借鉴单结情形，并且完全可以适用，在此不作赘述。而在单绒面结构、保形全绒面结构中，绒面一侧的电学优化是迫切需要的，这是因为衬底的金字塔形貌起伏对钙钛矿晶体的生长有很大影响，并且功能层材料在绒面上的平铺展开与平面情况也是不同的。这也是绒面相对于平面的特异性所在之处，深刻理解并给出绒面界面的优化方案，对于钙钛矿/晶硅异质结叠层太阳电池的长久发展是有利的。本节将概括性阐述国际上各个研究小组的科研成果，并将绒面界面上的电学优化研究归为三个方面 [50,54,103-107]：空穴传输层、电子传输层以及钙钛矿光吸收活性层。

4.3.1 晶硅绒面界面上空穴传输层

根据权威报道表明，在钙钛矿/晶硅异质结叠层太阳电池领域中，反式结构 (p-i-n) 的叠层太阳电池的普遍性要远高于经典正式结构 (n-i-p)[50,104,105]。其原因除了低温制备工艺要求和材料透光性等因素外，至关重要的是在透明顶电极的物理溅射沉积过程中，低温原子层沉积的无机氧化锡层对钙钛矿层具有完美的物理和化学保护作用，这一点也在全钙钛矿叠层太阳电池领域中得到验证 [149-152]。由于氧化锡是 n 型的载流子选择层，而对于正式结构来说，其制备位置位于晶硅和钙钛矿中间，在晶硅衬底上制备氧化锡，意味着其有效的防溅射损伤和低温优势都无法发挥，因此氧化锡对于反式结构叠层太阳电池是利好的。因此，如果正式结构想在叠层太阳电池中被运用，那就必须开发新型的 p 型低温防溅射损伤材料。但是，新型 p 型缓冲材料的开发困难较多，目前研究较为稀少，这也是反式结构占据叠层太阳电池领域主导地位的根本因素。

表 4-1 总结了目前有关在绒面晶硅表面上制备反式构型的钙钛矿顶电池案例。表中显示了有详细报道的反式结构绒面钙钛矿/晶硅叠层太阳电池的最高 PCE 为 2021 年 De Wolf 团队 [38] 实现的 28.6%。目前，底电池仍然是以 SHJ 为主导，同质结的运用案例极其稀少。宽带隙钙钛矿和 SHJ 的搭配已经逐步为各团队所认同，并且其有效面积基本上在 1 cm^2 左右。从表中可以看出，反式绒面叠层太阳电池的 PCE 的提升幅度并不大，而且其与 32.5%的世界纪录认证 PCE 仍然存在一定差距 [18]。对于反式绒面结构的 PCE 突破，已有团队将研究重点放在

了绒面的界面调控上。这是因为金字塔形起伏所带来的影响是各方面的，其中空穴传输材料在绒面上的特异性是值得关注的。因此，我们依据材料类型，将反式构型的绒面上的空穴传输材料分为有机和无机类进行阐述。

表 4-1 绒面基底的反式结构钙钛矿/晶硅异质结叠层太阳电池光伏参数表

钙钛矿		c-Si	V_{OC}/V	J_{SC}/(mA·cm^{-2})	FF/%	PCE/%	有效面积/cm^2	参考文献
组分	E_g/eV							
$Cs_{0.1}MA_{0.9}Pb(I_{0.9}Br_{0.1})_3$	—	SHJ	1.82	19.2	75.3	**26.2**	—	[50]
(Cs, FA, MA)$Pb(I, Br)_3$	1.68	SHJ	1.80	18.46	75.9	**25.21**	0.832	[104]
$Cs_{0.05}MA_{0.15}FA_{0.8}PbI_{2.25}Br_{0.75}$	1.68	SHJ	1.78	19.08	75.3	**25.71**	0.832	[105]
$Cs_{0.15}MA_{0.15}FA_{0.7}Pb(I_{0.8}Br_{0.2})_3$	1.68	SHJ	1.84	19.6	76	**27.4**	1.03	[106]
$MAPb(I_{0.75}Br_{0.25})_3$	1.68	SHJ	1.76	19.2	70	**23.8**	1	[54]
$Cs_{0.15}MA_{0.15}FA_{0.7}Pb(I_{0.8}Br_{0.2})_3$	1.68	SHJ	1.78	19.2	76.8	**26.2**	1.03	[107]
$Cs_{0.05}FA_{0.8}MA_{0.15}Pb(I_{0.75}Br_{0.25})_3$	1.68	SHJ	1.86	19.6	78.2	**28.6**	1.03	[38]
(Cs, FA)$Pb(I, Br)_3$	1.63	SHJ	1.74	19.8	73.1	**25.1**	0.832	[19]
$MA_{0.5}FA_{0.63}PbI_{3.13}$	1.53	SHJ	1.69	18.57	78.8	**24.6**	1.008	[112]
$Cs_xFA_{1-x}Pb(I, Br)_3$	1.60	SHJ	1.79	19.5	73.1	**25.2**	1.42	[47]
$FA_{0.9}Cs_{0.1}PbI_{2.87}Br_{0.13}$	—	SHJ	1.81	19.78	76.9	**27.48**	0.509	[111]
$Cs_xFA_{1-x}Pb(I, Br)_3$	1.59	SHJ	1.76	16.5	81.7	**23.7**	—	[28]
$Cs_{0.05}FA_{0.8}MA_{0.15}Pb(I_{0.75}Br_{0.25})_3$	1.68	SHJ	1.79	19.5	79.6	**27.8**	1	[153]
$Cs_{0.05}FA_{0.8}MA_{0.15}Pb(I_{0.75}Br_{0.25})_3$	1.68	SHJ	1.86	18.6	76	**26.2**	1	[29]
$Cs_{0.05}FA_{0.8}MA_{0.15}Pb(I_{0.755}Br_{0.255})_3$	1.68	SHJ	1.92	18.9	80.7	**29.3**	1	[108]
$Cs_xFA_yMA_{1-(x+y)}Pb(I, Br)_3$	1.65	SHJ	1.79	20.11	79.9	**28.84**	1.2	[113]
—	—	SHJ	1.91	20.47	79.8	**31.25**	1.168	[154]
—	—	SHJ	1.98	20.24	81.2	**32.5**	1.014	[155]

对于无机空穴传输层情形，尽管 CuI、CuO_x、CuSCN、$CuGaO_x$ 和 NiMgLiO 等材料都可以作为传导空穴的载体材料，但是这些材料的制备工艺存在限制以及运用它们的单结钙钛矿电池 PCE 也不理想 [156,157]。因此，在叠层太阳电池中，为了尽可能避免载流子的传输短板，这些材料在叠层领域都没有得到应用。相对于这些无机空穴传输材料，基于氧化镍的单结钙钛矿太阳电池拥有绝对的优势，其电池的性能可以轻松超过 20%，并且制备方法也是多种多样的。比如，Shen 团队 [158-160] 采用电化学沉积的方案制备氢氧化镍，随即退火氧化为氧化镍，然后进行紫外臭氧处理，制备了优异的钙钛矿太阳电池，其 PCE 达到了 20.15%。并且，氧化镍薄膜也可以采用溶液法进行制备，Chen 团队 [161] 采用旋涂法在导电玻璃平面上进行氧化镍分散水溶液的匀浆工艺，制备的反式单结器件的认证 PCE 高达 23.3%，在 MPP 的持续追踪下 601 h，仍然可以保持初始 PCE 的 94%，这反映了无机的传输材料具有极佳的稳定性。除此之外，磁控溅射物理沉积方式也可以有效制备氧化镍层 [162]，并且相对于前两种制备方法仅适配于平面而言，磁

控也可以运用在金字塔绒面上。总之，这三种制备方法在单结钙钛矿太阳电池领域发展非常火热，基于氧化镍体系的电池 PCE 提升突飞猛进。因此，钙钛矿/晶硅叠层太阳电池的氧化镍制备也可以从单结钙钛矿中寻求答案。

针对有绒面起伏的叠层太阳电池，尽管目前普遍采纳的磁控溅射方案可以有效实现氧化镍层的保形覆盖金字塔形貌，但是界面的起伏仍然会对氧化镍的附着造成结构与晶格上的影响。其电学钝化与桥接方式需要进一步优化，这也是反式结构中钙钛矿与晶硅连接的无机空穴传输层必然存在的问题。并且，绒面结构的空穴传输层界面有许多化学活性点和载流子复合缺陷，这严重限制了钙钛矿/晶硅异质结叠层太阳电池的 PCE 提升 [163]。尽管目前已有诸多文献报道了无机氧化镍在叠层太阳电池领域的应用，但是他们都未曾解决大起伏对空穴传输层的影响，因此叠层效率也并不理想。

直到 2021 年，De Wolf 团队 [107] 采用了有机金属染料 (N719) 分子 [164] 来钝化氧化镍的表面缺陷态，N719 分子对无机空穴传输层表面缺陷具有很好的电学结合修饰作用。图 4-12(a) 展示了 N719 分子在钙钛矿/晶硅叠层太阳电池中的具体位置，以及界面修饰具体形式。为了进一步研究钝化的微观机制，如图 4-12(b) 所示，他们通过密度泛函理论计算得出，N719 的羧基可以在界面上形成—COONi 和—COOPb，表明 N719 对绒面界面有突出的电学桥接效应，这是叠层效率提升的根本原因。如图 4-12(c) 所示，经过这种优化，他们最终获得的叠层太阳电池 PCE 从 23.5% (无 N719) 增加到 26.2% (有 N719)，PCE 提升十分明显，也从侧面反映了对无机空穴传输层的电学优化是值得的和迫切的。

相对于无机空穴传输层来说，有机空穴传输层在钙钛矿太阳电池器件中的运用更为广泛，将它们沿用到叠层电池中可以发挥有机层更大的优势。有机空穴传输层 (PTAA、2PACz 和 [2-(3, 6-二甲氧基-9H-咔唑-9-基) 乙基] 膦酸 (MeO-2PACz) 等) 在绒面界面上展开，具有良好的分子水平分散性，因此有机层的缺陷态和复合位点数量大大降低 [25,38,50,106]。然而无机空穴传输层是分子集成颗粒并聚集成膜，对制备的要求比较苛刻。相反，有机的空穴传输层材料仅仅依靠溶液法就可以顺利完成。然而，溶液法处理的困难在于金字塔粗糙表面上的有机空穴层往往在厚度上有很大的差异，这大大阻碍了叠层器件的载流子提取。为此，2022 年，Bakr 团队 [153] 报告了空穴传输材料的光活化 p 型掺杂，以提高绒面钙钛矿/晶硅叠层太阳电池的空穴提取，使器件性能对空穴传输层厚度的变化不那么敏感。如图 4-13(a)，(b) 所示，他们使用离子化合物 4-异丙基-4′-甲基联苯碘鎓四 (五氟苯基) 硼烷 (DPI-TPFB) 作为 PTAA 中的 p 型掺杂剂，与未掺杂的 PTAA 薄膜相比，光浸泡 DPI-TPFB 掺杂的 PTAA 显示出约 22 倍的导电性。这使得叠层太阳电池的 FF 大大提高，突破了 80%，并且 PCE 也达到了 27.8%。结果表明，晶硅绒面界面的存在，确实严重影响了有机 PTAA 的传输性质，优化其抽取能力可以显著提高叠层太阳电池的 PCE。

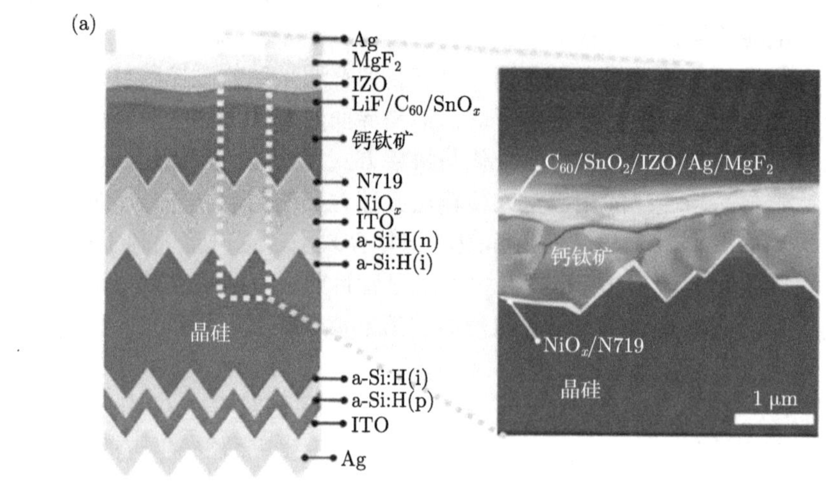

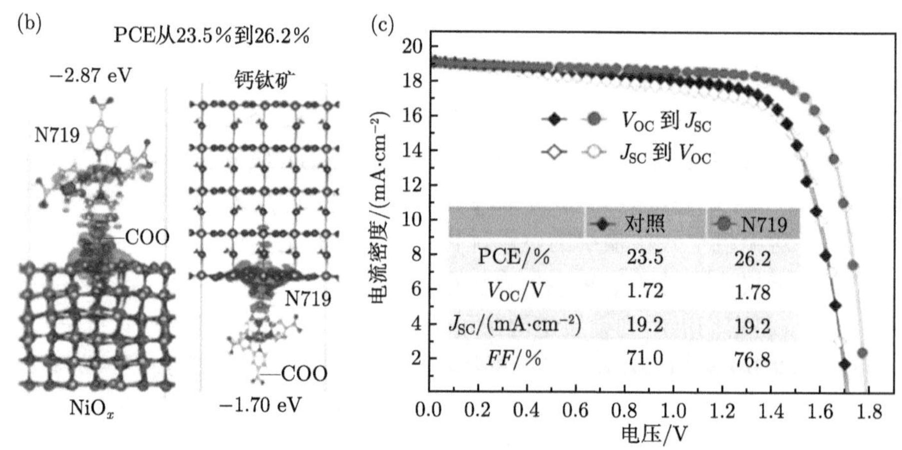

图 4-12　无机空穴传输层材料在绒面钙钛矿/晶硅叠层太阳电池领域的应用

(a) 绒面界面上，N719 分子调控下的示意图以及双面情况下 SEM 图像；(b) N719 分子修饰无机空穴传输层界面示意图 (结合模式三维电荷密度)；(c) 有无 N719 分子修饰下测试得到的叠层 J-V 光伏曲线和对应参数表 [107]

一些特殊有机材料的分子结构决定了其在绒面上的缺陷耐受性较大，特殊官能团也决定了其界面的键合作用。特别是对于一些有机自组装单分子层的空穴传输材料，它们在绒面界面的附着是有序和密集的，正是因为有序的有机分子排列在绒面表面上，空穴的传输性能才得以保证。如图 4-13(c) 所示，自组装分子 2PACz 被运用于单绒面结构的钙钛矿/晶硅异质结叠层太阳电池领域中，可以优化和减小绒面衬底带来的影响，从而实现 28.2%的认证 PCE[38]。Albrecht 团队 [25] 已经证明了自组装单分子层材料 ([4-(3, 6-二甲基-9H-咔唑-9-基) 丁基] 膦酸，Me-

4PACz) 具有强大的空穴提取性能。如图 4-13(d) 所示，各种有机空穴传输层材料在钙钛矿/晶硅异质结叠层太阳电池研究领域展现了很好的应用前景，其中自组装材料 MeO-2PACz 和 Me-4PACz 相对于传统空穴传输材料 PTAA 来说具有更高的 PCE 潜力。2022 年，De Wolf 团队[108] 采用 2PACz 分子作为空穴传输材料，并进一步采用 MgF_x 夹层来优化电子的提取能力，将 C_{60} 从钙钛矿表面置换，减缓了载流子的非辐射复合。这些效应使在约 1 cm^2 的单片钙钛矿/晶硅叠层太阳电池的 V_{OC} 达到 1.92 V，FF 达到 80.7%，独立认证的稳定 PCE 达到 29.3%，这也是单绒面结构叠层的最高 PCE，已经与平面结构的 PCE 不分伯仲。并且，在湿热测试 (85 ℃，85%RH) 1000 h 后，串联器件保持了初始性能的约 95%，说

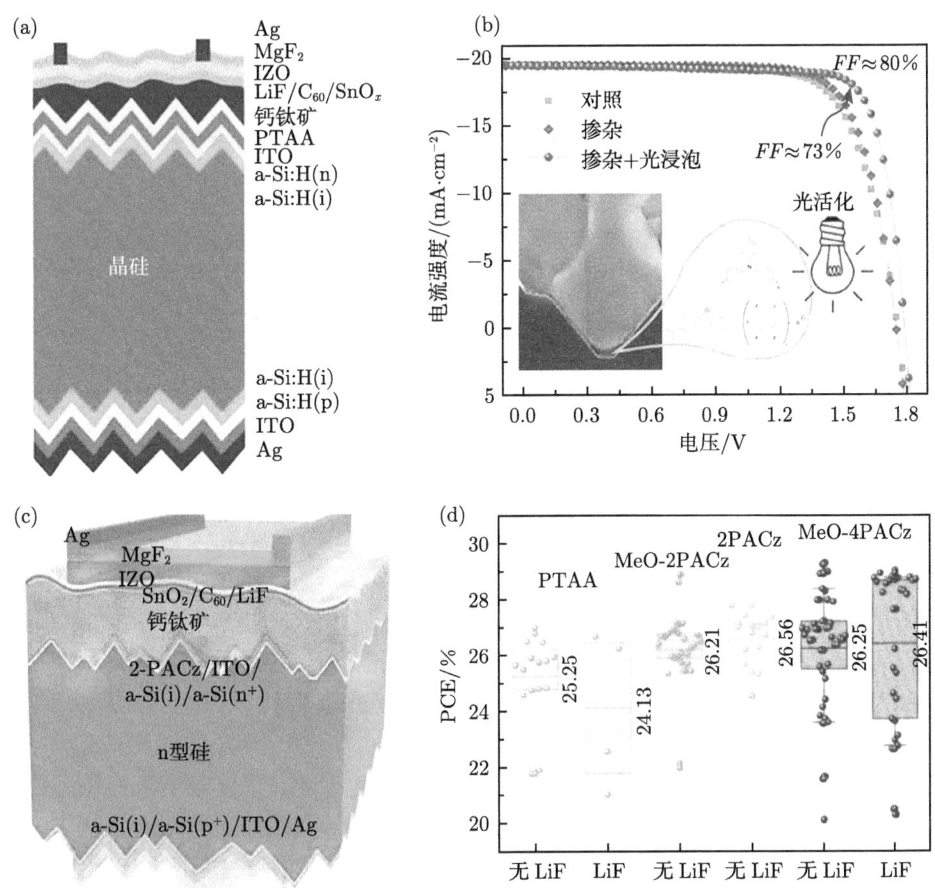

图 4-13　有机空穴传输层材料在绒面钙钛矿/晶硅叠层太阳电池领域的应用

(a) PTAA 在绒面界面上的示意图；(b) 光浸泡 DPI-TPFB 掺杂 PTAA 的分子结构原理图，绒面界面 SEM 图像，以及 J-V 光伏性能曲线 [153]；(c) 有机 2PACz 分子在绒面界面上运用的示意图 [38]；(d) 各种空穴传输材料构成的叠层太阳电池的 PCE 统计图 [25]

明了自组装单分子材料并不会随着湿热而退化，卓越的稳定性也表明了其十分适合作为叠层太阳电池的空穴传输材料。

4.3.2　晶硅绒面界面上电子传输层

尽管文献中正式结构在钙钛矿/晶硅叠层太阳电池领域并不常见，但目前单结钙钛矿太阳电池的最高 PCE 仍然是正式结构 [18,165]，并且在单结情形下，正式结构与反式结构的 PCE 差距较大。由于叠层太阳电池的发展时间相对较短且是基于钙钛矿的，因此叠层效率的突破口或许可以从单结钙钛矿中寻找思路。如表 4-2 所示，目前正式结构在绒面界面的叠层太阳电池领域的文献报道仅有一例，但是其叠层效率却达到了 27.1%[103]。这种高 PCE 背后的原因在于，其在绒面界面上使用了新颖的电子传输层材料 Nb_2O_5，并且，为了防止高动能溅射损伤，文献采用了低温沉积 VO_x 来作为 p 型缓冲层。我们知道，反式叠层太阳电池的空穴与电子传输层材料基本上是取自于单结钙钛矿。然而在本例中，从新型 Nb_2O_5 和 VO_x 的运用可以看出，正式结构的运用并不是简单地沿用单结情形，新材料的提出对于正式叠层太阳电池是必需的。

表 4-2　绒面基底的正式结构钙钛矿/晶硅异质结叠层太阳电池光伏参数表

钙钛矿		c-Si	V_{OC}/V	J_{SC}/ $(mA·cm^{-2})$	FF/%	PCE/%	有效面积/cm^2	参考文献
组分	E_g/eV							
$Cs_{0.05}MA_{0.15}FA_{0.8}Pb(I_{0.75}Br_{0.25})_3$	1.68	SHJ	1.83	19.5	75.9	**27.1**	0.1	[103]

新材料的提出有利于正式结构的发展，27.1%的叠层效率也说明了正式结构的可行性。根据 4.3.1 节的内容，我们知道反式结构中绒面结构的空穴传输层是提升叠层效率至关重要的因素，同理，正式结构中的绒面电学优化也是科研者必须研究的范畴。对于正式构型的叠层太阳电池，有绒面结构的一面是电子传输层。这就带来了两方面的问题：① 在绒面界面上，传统电子传输层中电传输的困难；② 由于缺乏低温加工、具有适当极性和足够光学透明度的化学不溶性接触材料，经典的正式结构的单结钙钛矿太阳电池的高 PCE 技术运用于钙钛矿/晶硅叠层太阳电池时受到挑战。为了克服以上问题，De Wolf 团队 [103] (图 4-14(a)) 运用 C_{60}-SAM 锚定在 Nb_2O_5 表面，以制备高透且致密不可溶的 n 型层，并克服了低温制备的难题。如图 4-14(b) 所示，时间分辨光致发光 (TRPL) 结果显示，发光寿命从 140 ns (无 C_{60} 锚定) 下降到 57 ns (有 C_{60} 锚定)，证实了金字塔纹理界面的自组装层的电子提取性能和传输能力得到了增强。目前，晶硅金字塔绒面上正式结构的钙钛矿子电池制备仍然受到 p 型缓冲层材料的限制，因此只有开发新型材料才能使正式结构钙钛矿电池的低光学损耗优势得到发挥。

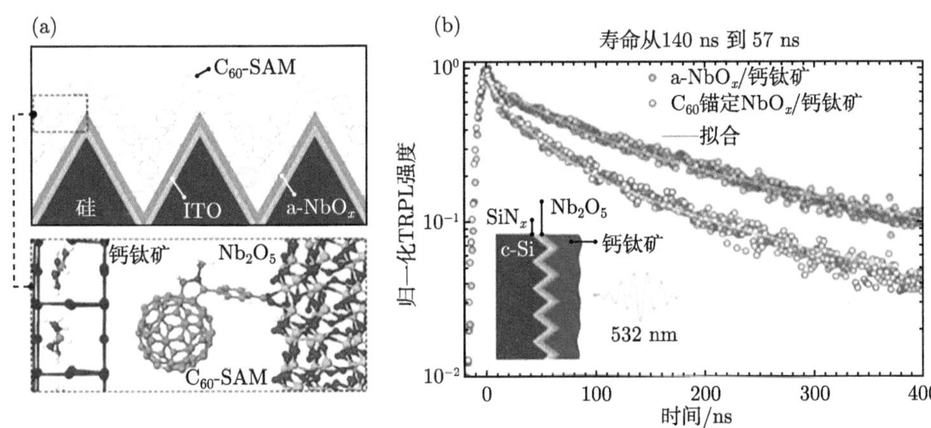

图 4-14 叠层太阳电池绒面电子传输层的性能优化

(a) 自组装过程的图示，放大的区域显示了 C_{60}-SAM 分子与 Nb_2O_5 的相互作用；(b) 相应配置的时间分辨荧光光谱，左下角是 532 nm 波长激发条件下的结构示意图 [103]

4.3.3 晶硅绒面界面上钙钛矿光吸收活性层

根据 4.2 节的介绍，我们知道绒面晶硅界面上钙钛矿的制备有两种选择：一种是单绒面结构，另一种是保形全绒面结构。无论是哪种结构，其都会涉及钙钛矿界面与绒面的接触。虽然钙钛矿与晶硅组合方式与结构已经决定了其对光子的捕获能力，但是钝化其绒面界面将使得更多的载流子被收集和传输，并避免了无关的复合作用以及热损耗。因此，为了获得高叠层效率，对绒面接触界面的电学优化是不可避免的。

对于单绒面结构来说，为了改善钙钛矿层的光电性能，如图 4-15(a) 所示，Sargent 团队 [105] 通过在钙钛矿表面固定一个自限性钝化剂 (SLP) 1-丁硫醇，进一步增加了载流子的扩散长度；最终的结果是将晶体硅金字塔谷部的载流子耗尽区宽度增加了两倍，征服了金字塔谷微米级厚度钙钛矿中载流子收集的挑战。尽管单绒面结构的钙钛矿层厚度在水平面上分布不均，但是这种策略使得钙钛矿扩散区厚度空间差值缩小，增强了钙钛矿的整体性，有利于活性层中载流子的分离以及收集。并且，他们通过添加三辛基氧化膦 (TOPO) 增强了钙钛矿的电稳定性，并有效地抑制了非辐射复合。如图 4-15(b) 所示，经过 SLP 和 TOPO 优化后的钙钛矿本征层相对于对照组，时间分辨荧光光谱的发光强度随时间的衰减并不明显，这是因为 SLP 和 TOPO 对绒面界面的钙钛矿的电学优化，使得本征层中的缺陷减少，并且载流子复合速率大大降低。图 4-15(c) 显示了最终经过绒面电学优化后的器件结果，即叠层太阳电池的 PCE 从最初的 24%提高到 26%。

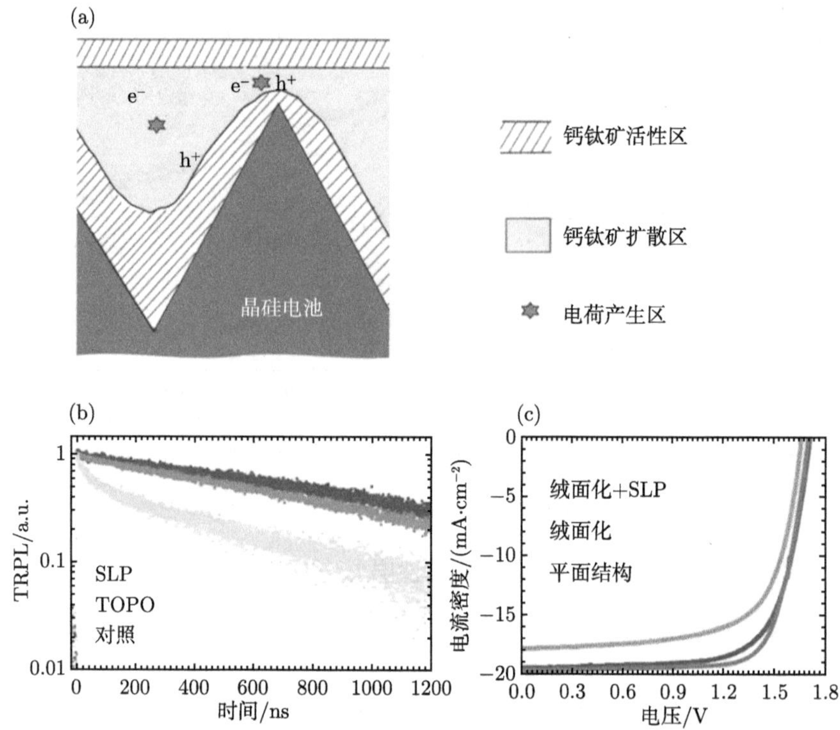

图 4-15　单绒面结构钙钛矿活性层的载流子抽取能力调控

(a) 金字塔绒面钙钛矿层的载流子生成、扩散和漂移示意图；(b) 不同掺杂剂调控下的时间分辨荧光光谱；(c) 不同情况下的 J-V 光伏曲线 [105]

进一步地，除了上述的绒面界面本身存在的影响因素外，绒面对钙钛矿晶界的影响也是巨大的。过大的金字塔状起伏，是影响钙钛矿的结晶的重要因素，不同大小的晶粒的组合方式因此也会改变。Vaynzof 团队 [166] 的研究表明，细小的晶粒是严重的复合位点，大晶粒才能保证钙钛矿的性能不受起伏度的控制。因此，晶硅绒面所造成的钙钛矿晶界缺陷是迫切需要电学优化的。为了克服这些问题，如图 4-16(a) 所示，De Wolf 团队 [106] 使用具有富电子和贫电子官能团的盐酸苯乙双胍 (PhenHCl) 分子对钙钛矿晶界和顶面进行了电学优化。其中，他们针对晶硅绒面表面引起的严重的底部载流子复合和大量的钙钛矿活性缺陷态进行了电学钝化处理，钝化前后叠层太阳电池的 PCE 分别为 25.4% (无 PhenHCl) 和 27.4% (有 PhenHCl)，实现了巨大的叠层效率提升 (图 4-16(b))。综上所述，这些案例表明绒面界面上钙钛矿的电学优化是值得的，它是钙钛矿/晶硅异质结叠层太阳电池产业化发展道路上必须要考虑的因素。

自 2018 年首次提出保形全绒面结构以来，该结构相对于其他结构一直长期保持着较低的 PCE，直到 2022 年保形全绒面结构的串联 PCE 达到了 32.5%[18]，这是目前钙钛矿/晶硅叠层太阳电池 PCE 的世界纪录，该结构 PCE 迅速提升的关键在于钙钛矿成核过程的控制和绒面衬底影响的最小化。对于保形钙钛矿活性层，其缺点在于许多针孔，结晶不良，晶界处无钝化，这是由于缺乏成膜力而使晶粒独立生长形成晶粒状，而并不是成膜。我们熟知的旋涂技术中有离心力的辅助 [25-27,69,70]，狭缝涂布、刮涂法有刮刀的推进力以及氮气流的定向锁定 [50,54]，这些力的存在可以有效地帮助钙钛矿平铺成膜，然而，这些力在双源共蒸法技术中并不具备。如图 4-17(a) 所示，这是基于双源共蒸法技术制备的保形全绒面结构的钙钛矿层。其中我们可以清楚地看到，覆盖在金字塔顶部的钙钛矿不是光滑的，而是一个个凸起的山丘，这可能会导致非辐射复合等电学损失 [93,167-172]。对于绒面结构的晶硅衬底，过度的起伏会导致功能材料的不均匀覆盖，甚至戳穿钙钛矿本征层，最终会导致器件的低 PCE 和低制备重复性。以上的讨论也是影响保形全绒面结构的 PCE 的根本因素，由于这些因素的存在，如图 4-17(b) 所示，该叠层器件的最终认证 PCE 只有 25.2%[47]。

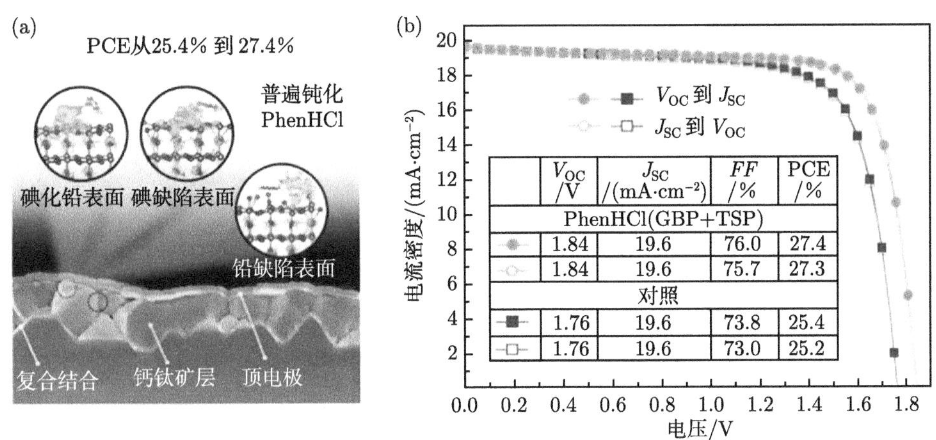

	V_{OC} /V	J_{SC} /(mA·cm^{-2})	FF /%	PCE /%
PhenHCl(GBP+TSP)				
●	1.84	19.6	76.0	27.4
○	1.84	19.6	75.7	27.3
对照				
■	1.76	19.6	73.8	25.4
□	1.76	19.6	73.0	25.2

图 4-16 单绒面结构的钙钛矿活性层的晶界处优化方案

(a) 晶硅表面的钙钛矿覆盖图以及钙钛矿晶界和顶部的 PhenHCl 分子的钝化机制，插图表示 PhenHCl 分子电子结合的三种钝化模型；(b) J-V 光伏曲线以及对应的关键参数表 [106]

为了进一步提升保形全绒面结构的叠层效率，并克服电学优化的诸多挑战，如图 4-18(a)，(b) 所示，Zhang 团队 [111] 通过引入溴化铯的梯度钙钛矿吸收层，最终使得时间分辨荧光光谱的发光强度随时间的衰减最快，表明载流子的传输性能得到改善，钙钛矿本征层的电学复合损耗相对较小。这个结论与图 4-15(b) 情形不同的是：前者是纯钙钛矿薄膜的表征，后者是完整的器件测试，两者之间的差异在于有无内建电场促进载流子的输运。在理想情况下，结晶性优异的纯钙钛矿薄膜由于非辐射复合被减弱，产生的电子-空穴对基本上被供于辐射复合，

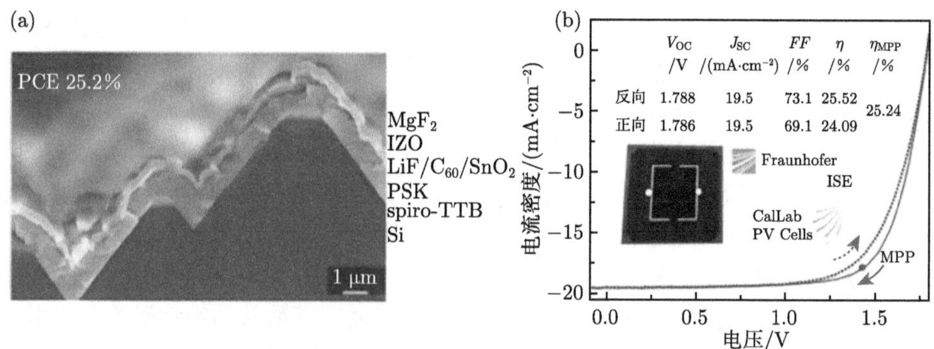

图 4-17　无任何优化的保形全绒面结构钙钛矿/晶硅叠层太阳电池

(a) 横截面 SEM 图像；(b) J-V 光伏曲线以及实物图 [47]

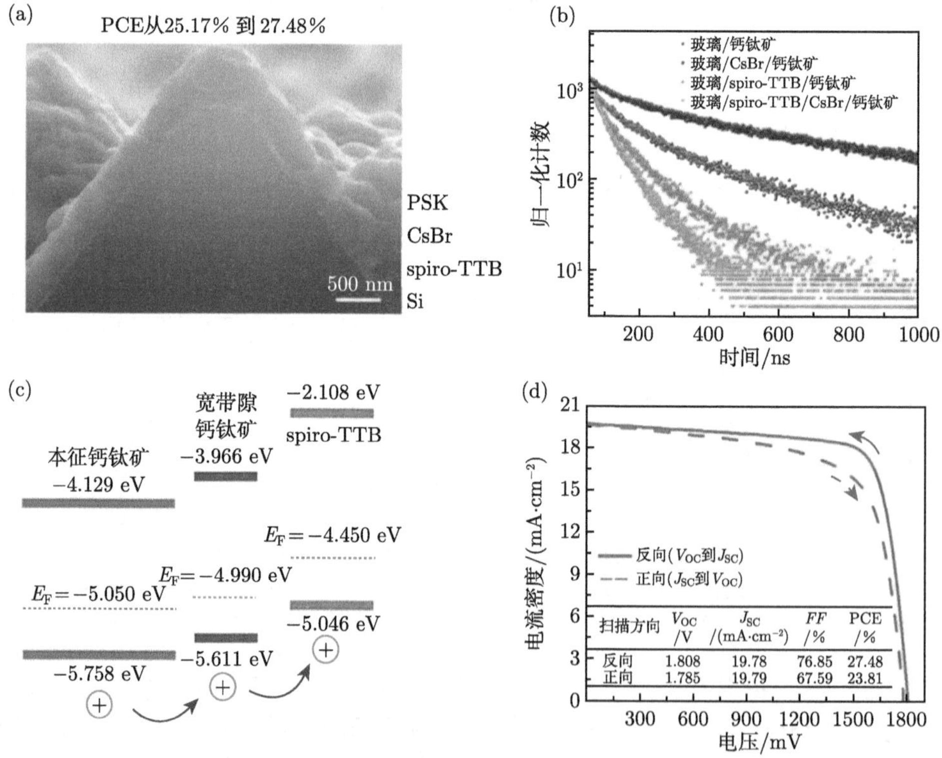

(a) PCE从25.17% 到 27.48%

PSK　CsBr　spiro-TTB　Si　500 nm

(b) 玻璃/钙钛矿　玻璃/CsBr/钙钛矿　玻璃/spiro-TTB/钙钛矿　玻璃/spiro-TTB/CsBr/钙钛矿

归一化计数　时间/ns

(c) 本征钙钛矿 −4.129 eV　宽带隙钙钛矿 −3.966 eV　−2.108 eV spiro-TTB

E_F = −5.050 eV　E_F = −4.990 eV　E_F = −4.450 eV

−5.758 eV　−5.611 eV　−5.046 eV

(d) 反向(V_{OC}到J_{SC})　正向(J_{SC}到V_{OC})

扫描方向	V_{OC} /V	J_{SC} /(mA·cm⁻²)	FF /%	PCE /%
反向	1.808	19.78	76.85	27.48
正向	1.785	19.79	67.59	23.81

电流密度/(mA·cm⁻²)　电压/mV

图 4-18　保形全绒面结构的钙钛矿光吸收活性层能级对准性实验调控

(a) 经 CsBr 和空穴传输层优化后的横截面 SEM 图像；(b) 各种配置结构的时间分辨荧光光谱；(c) 能级位置示意图；(d) 电学优化后的 J-V 光伏曲线以及对应参数表 [111]

因此荧光衰减时间就会延长；而对于器件来说，电子和空穴被有效分离，辐射复合的概率减小，因此荧光衰减时间缩短。虽然它们的最优结果所对应的时间分辨荧光光谱恰恰相反，但是它们对于问题的反映，在本质上是一致的。为了深究优化后的双绒面界面的钙钛矿层，从图 4-18(c) 的结果可以看出，溴化铯的引入使得叠层器件的各材料的能级重新排布，这种能级的对准也更加合理。这种对钙钛矿光吸收活性层匹配能级的优化，改善了载流子的分离和传输，大大提升了载流子的收集效率。为了实现叠层效率的最大化，对于钙钛矿功能层界面的调整也是至关重要的。如图 4-18(d) 所示，他们进一步调整功能层界面的厚度，实现了 27.48%的叠层效率，打破了 2018 年保形全绒面结构的 25.2%的纪录 [47]，然而在此案例中，无电学优化的叠层效率只有 25.17%。因此综上所述，电学优化对于绒面结构是利好的观点再一次被验证。未来，电学优化技术的成熟，必将为保形全绒面结构钙钛矿/晶硅异质结叠层太阳电池的优化路线提供指导，实现更强大的光子到电子的转换能力。

4.4 钙钛矿/晶硅异质结叠层太阳电池应用

晶硅太阳电池的使用寿命已被证实超过了 25 年，这对钙钛矿顶电池的长期稳定性要求提出了独特的挑战。钙钛矿材料中有机成分的潮解性和挥发性限制了钙钛矿/晶硅异质结叠层太阳电池的湿度和热稳定性，因此，为了制备实用的器件，叠层太阳电池必须有适当的设备封装。离子扩散或迁移的低能量势垒已被证明是叠层太阳电池不稳定的原因之一，这限制了其发展。此外，为了进一步提高钙钛矿/晶硅异质结叠层太阳电池的光谱利用效率，实现其在实际条件下的双面发电，主要目标是提高能量产出以降低光伏能源的平准化度电成本。考虑到具有高 PCE 潜力的钙钛矿/晶硅异质结叠层太阳电池的发展前景，本节总结了叠层太阳电池的大面积制造、稳定性和双面性等问题，并分析了其商业化的可行性，同时还需要关注提高 PCE 和加速其应用的相应解决方案 [48]。上述三个研究方向对叠层太阳电池的分析，为钙钛矿/晶硅异质结叠层太阳电池的商业应用奠定了基础。

4.4.1 钙钛矿/晶硅异质结叠层太阳电池的大面积制造

目前，工业化的晶硅太阳电池可以轻松达到 21 cm×21 cm (PCE 为 23.5%)[8,173] 而单结钙钛矿太阳电池 PCE 超过 20%的最大面积只有 63.98 cm^2 (PCE 为 20.1%)[174]，而且还是由 12 块太阳电池组成的模块，所以钙钛矿/晶硅叠层太阳电池的大规模生产受到钙钛矿面积的限制。文献中报道的大部分钙钛矿/晶硅异质结叠层太阳电池的有效面积约为 1 cm^2，甚至更小，高 PCE 和大面积似乎是不相容的，这使得钙钛矿/晶硅异质结叠层太阳电池的产业化非常艰难。为了研究大规模制造叠层太阳电池的可行性问题，2018 年，如图 4-19(a) 所示，Ballif 团队 [81] 采用重掺杂复合结的形式，使得大面积的中间结复合作用得到加强，成功减弱了对立电势下的 V_{OC} 损失。这块叠层太阳电池仍然采用热蒸发的方式实现金属化，该电极呈 U 形，最终在 12.96 cm^2 的面积上实现了 19.1%的叠层效率。该条件下，叠层太阳电池的 FF 明显较低，仅有 60%左右，这严重限制了大面积制备的发展。同年，如图 4-19(b) 所示，Ho-Baillie 团队 [90] 在叠层太阳电池顶部设计了超细、超密的金属栅线电极，该电极仍然采用热蒸发方法制备，但是载流子的收集得到增强，尤其是对于大面积的情况。该叠层太阳电池最终实现了出色的 FF (正向扫描 76%，反向扫描 78%)，并在 16 cm^2 的面积上实现了 21.8%的稳态 PCE。

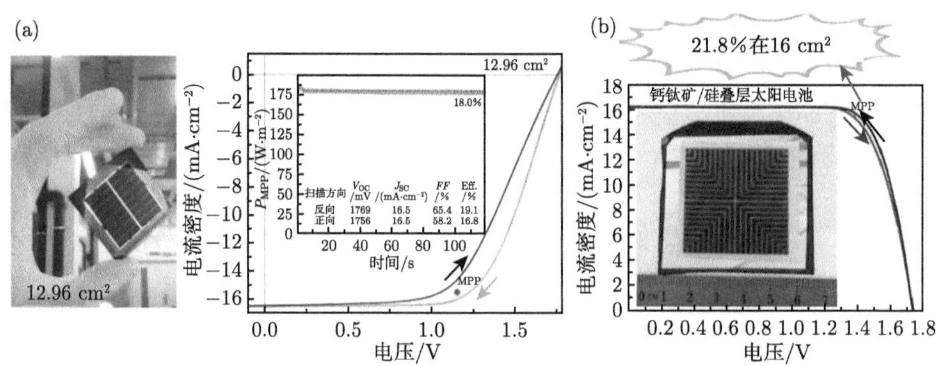

图 4-19　蒸镀金属电极制备大面积钙钛矿/晶硅叠层太阳电池

(a) 实物图和面积为 12.96 cm^2 的叠层太阳电池的 J-V 曲线 (正向扫描和反向扫描) 以及持续光照的叠层效率 [81]；(b) 实物图和面积为 16 cm^2 的叠层太阳电池的 J-V 曲线 (正向扫描和反向扫描)[90]

以上的两个案例都是采用热蒸发法实现太阳电池的金属电极的制备，但其仅是在实验室条件下完成，并不是理想的商业选择。目前，产业化的晶硅太阳电池普遍采用丝网印刷银浆或者铝浆，这对于成本和大面积都是有利的。特别地，SHJ 的温度耐受性较差，因此也开发了新型的低温银浆技术，这正好与钙钛矿顶电极的低温要求完全适配。为了开发大面积电极工艺，如图 4-20 (a) 所示，Kamino 团队 [98] 通过丝网印刷低温银浆，在钙钛矿顶电池的表面实现金属化，成功地解决了顶电极的大规模挑战，其底电池是 SHJ。该制备工艺也与晶硅工业的金属化兼容，在高达 57.4 cm^2 的面积上实现了 22.6%的稳态 PCE。此外，EPFL 的 Ballif 研究团队和 CSEM 的 Jeangros 研究团队 [120] 研究了与工业化相适应的太阳电池制造路线，他们制备的 25 cm^2 钙钛矿/晶硅叠层太阳电池，其认证的 PCE 大于 29.5%，这些器件符合工业要求的正面丝网印刷金属化，如图 4-20(b) 所示，他们开发的具有工业尺寸 (大于 100 cm^2) 的钙钛矿/晶硅异质结叠层太阳电池已经取得了 22.3%的 PCE。图 4-20(c) 总结了 CSEM 和 EPFL 研究机构在钙钛矿/晶硅叠层太阳电池的大面积制造方面的实验进展，不难看出钙钛矿/晶硅叠层太阳电池的有效面积与串联 PCE 存在着反比例关系，这严重制约了大面积组件的发展。为了加速钙钛矿/晶硅异质结叠层太阳电池的商业化，从小面积器件到大规模大面积生产的高 PCE 叠层太阳电池，还需要更多的研究努力。可喜的是，牛津光伏公司从 2020 年开始启动了 250 MW 的钙钛矿/晶硅异质结叠层太阳电池量产项目，其产品已在 2023 年投入市场。如图 4-20(d) 所示，2022 年 6 月，牛津光伏公司生产的两端钙钛矿/晶硅叠层太阳电池在 274 cm^2 有效面积上实现了认证的 26.8%串联 PCE[175,176]。

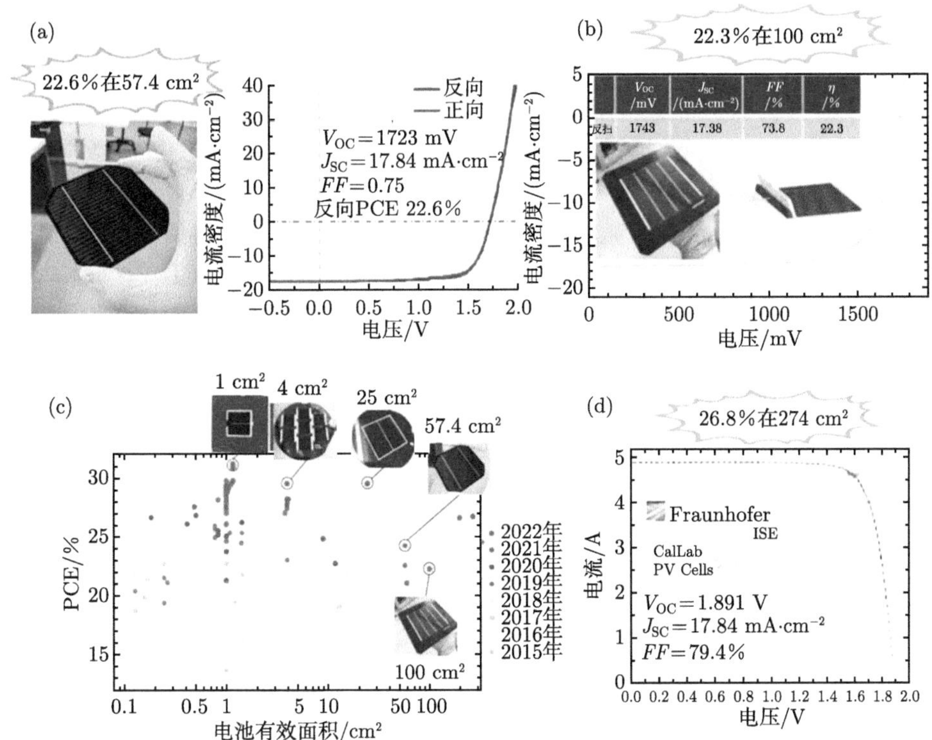

图 4-20　低温丝网印刷金属电极制备的钙钛矿/晶硅叠层太阳电池

(a) 实物图以及面积为 57.4 cm^2 的叠层太阳电池的 J-V 曲线 (正向扫描和反向扫描)[98]；(b) 实物图以及面积为 100 cm^2 的叠层太阳电池的 J-V 曲线和光伏参数表 [120]；(c) CSEM 和 EPFL 的钙钛矿/晶硅叠层太阳电池有效面积与能量转换效率的科研进展情况 [120]；(d) 面积为 274 cm^2 的钙钛矿/晶硅异质结叠层太阳电池的认证 I-V 曲线 [175,176]

4.4.2　钙钛矿/晶硅异质结叠层太阳电池的稳定性探讨

尽管钙钛矿/晶硅异质结叠层太阳电池具有很高的 PCE 潜力，但晶硅底电池和钙钛矿顶电池之间的寿命差异也限制了叠层太阳电池的发展，钙钛矿的稳定性也成为产业化的绊脚石。钙钛矿的稳定性问题大致可以分为两个方面：① 化学不稳定性，钙钛矿材料容易与环境中的水和氧分子发生反应 [177-180]；② 物理不稳定性，钙钛矿解离能低，如 $MAPbI_3$ 的解离能为 0.27 eV[181,182]，并且 A 位 [183]

或 X 位 [184,185] 离子容易扩散和迁移，在光照条件下容易发生相分离 (或者称为 Hoke 效应 [186])，形成各种二次相 [187-195]。在化学稳定性方面，钙钛矿器件的封装可以有效地提高对湿气和氧气的耐受性，避免钙钛矿晶体分解所引起的性能衰退因素 [196-201]。然而，对于物理稳定性来说，这一直是一个无法解决的问题，因为钙钛矿的晶格并不稳定，仅温度就可以诱发相变 [202,203]，而且离子扩散和迁移一直存在，例如空位辅助迁移的 I^- 的活化能只有 0.6 eV[184]。此外，一些研究表明，离子迁移可能是宽带隙混合卤化物钙钛矿中光诱导相分离的原因之一，表明物理解离因素不是独立的，而是相互影响的 [189,194]。

为了解决钙钛矿带隙和卤化物相分离之间的矛盾，如图 4-21(a) 所示，McGehee 团队 [87] 研究发现，虽然 Br 在带隙调控中起主要作用，但加入适当的 Cl 可以扩大带隙。这一发现表明，加入 Cl 使得实现宽带隙成为可能，而 Br 的含量可以适当减少，削弱了混合卤化物来源的相分离。其本质机制由 X 射线衍射 (XRD) 表征揭示 (图 4-21(b))，McGehee 团队 [87] 观察到 Cl/(I+Br+Cl) 的少量增加可以收缩钙钛矿的晶格，但仍保持单相，高 Cl 含量时的带隙变窄是由相分离成两个二次相引起的。随着钙钛矿相分离的出现，主钙钛矿的晶格常数 (图 4-21(c)) 扩大，衍射峰移到较低的角度，这与观察到的带隙变窄一致。此外，针对钙钛矿卤素相分离的研究，Fang 团队 [191] 表明碘化钾中的钾元素可以用来有效地抑制光诱导的相分离，也可以改善宽带隙混合卤化物钙钛矿的结晶度。

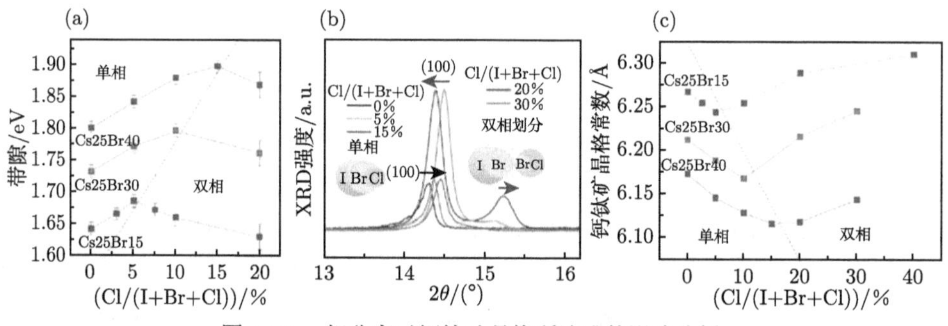

图 4-21　相分离对钙钛矿晶格所造成的影响分析

(a) Cl 元素占 X 位的比重对钙钛矿带隙的影响；(b) X 射线衍射 (100) 峰的局域放大，Cl 元素占 X 位的比重对钙钛矿相分离的影响；(c) Cl 元素占 X 位的比重对钙钛矿晶格常数的影响 [87]

为了进一步改善由扩散引起的物理不稳定性，如图 4-22(a) 所示，Shin 团队 [77] 通过在三维钙钛矿晶界使用阴离子工程的二维添加剂 $PEA(I_{0.25}SCN_{0.75})$，使电池的光伏性能得到了明显改善，即使在连续照明 1000 h 后，仍保持了 80%的初始 PCE (20.7%)。在这种情况下，稳定性得到增强的分子水平机制起源于二维添加剂的封装效应，它在一定程度上阻止了离子的扩散和迁移，并抑制了钙钛矿材料本身的解离。针对叠层太阳电池的温度稳定性，De Wolf 团队 [19] 在不同温度的条件下对电池进行了 J-V 曲线的测量，以了解温度对性能影响的实质。如图 4-22(b) 所示，他们发现温度越高，V_{OC} 就越低，然而 J_{SC} 与 FF 变化得却不明显。这表明真实的户外条件下，叠层太阳电池的 PCE 输出稳定性极大地受到温度的限制。此外，如图 4-22(c) 所示，Zhang 团队 [111] 通过沉积溴化铯薄层在稳定性方面取得了很大的突破，在氮气环境下 10488 h，保形全绒面结构的叠层效率仅下降了绝对的 1.41%。尽管上述研究对提高钙钛矿/晶硅异质结叠层太阳电池的稳定性有重要意义，但仍不能满足工业制造和商业化的要求，解决钙钛矿顶部电池的稳定性问题仍是今后研究的主要课题之一。

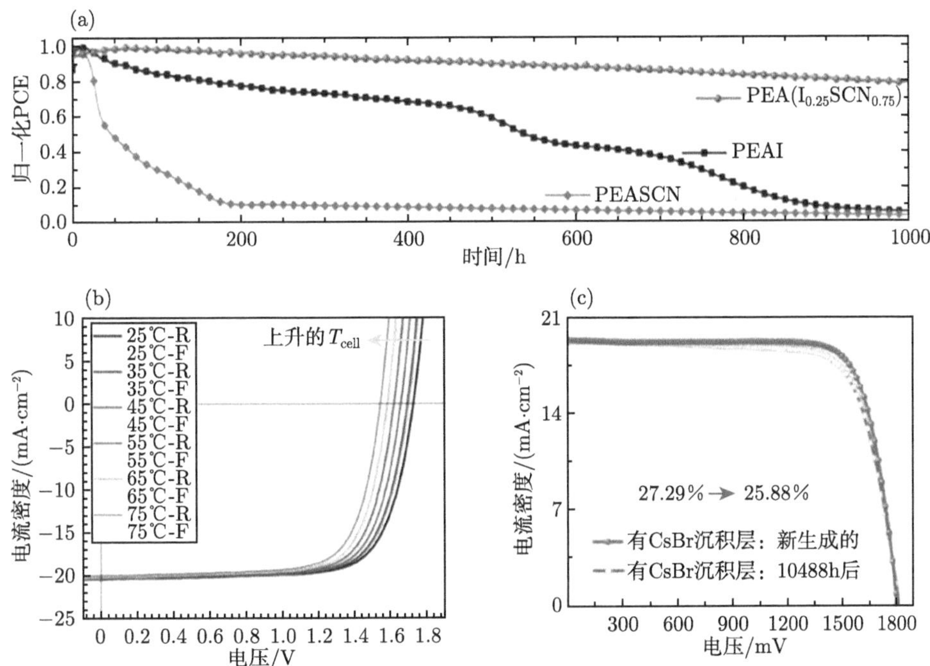

图 4-22 钙钛矿/晶硅叠层太阳电池的长期和温度稳定性测试

(a) 在没有封装的情况下，在光照和 N_2 环境下的长期稳定测试 [77]；(b) 不同温度条件下叠层太阳电池测试 J-V 曲线 [19]；(c) 宽带隙渐变结的钙钛矿/晶硅异质结叠层太阳的稳定性测试 J-V 曲线 [111]

目前，研究者们普遍认为，封装技术可以有效提高叠层电池钙钛矿的稳定性，在一定程度上抑制钙钛矿的分解，从而提高电池寿命。但是，钙钛矿太阳电池内在稳定性的研究进展却远远落后，这也是钙钛矿电池自诞生十几年来，一直没有商业化应用的原因 [204]。然而，相对于前面所阐述的材料内在稳定性来说，由于封装是间接地关乎稳定性，因此研究起来相对容易。在钙钛矿太阳电池领域，封装的首要任务是解决水分和氧气侵入的问题 [197]。根本的解决方法依赖于封装材料的选择和封装技术的优化，这可以从发光二极管 (LED)、有机光伏 (OPV) 和晶硅光伏等技术的深入研究和成熟的封装策略中得到启发。对于 LED 来说，有机硅胶和热封的结合似乎是最受欢迎的，因为它具有良好的黏附性和低吸湿性，改善抗热和抗紫外线老化的能力，以及高透光性。对于 OPV 而言，乙烯–醋酸乙烯酯共聚物 (EVA)、聚乙烯醇缩丁醛酯 (PVB)、有机硅胶和氧化铝/含硅化合物与真空层压封装相结合是最广泛使用的技术 [205]。对于晶硅光伏 (图 4-23(a))，采用 EVA、PVB、聚烯烃弹性体 (POE)、热塑性聚氨酯 (TPU)、有机硅胶和单面玻璃真空层压等最先进的封装技术，可有效确保太阳电池的使用寿命超过 20 年。

除了借鉴其他光电器件成熟的封装技术外，专门为钙钛矿太阳电池开发的独特封装策略也取得了一些初步进展。其封装方法可分为以下三类：① 单层疏水或多层薄膜封装；② 继承其他有机光电技术的紫外光固化胶黏剂封装；③ 采用晶硅太阳电池的玻璃/玻璃真空层压封装，这些方法都已被证明能在一定程度上提高钙钛矿太阳电池的稳定性 [206]。图 4-23(a)～(d) 展示了主流封装方法的示意图 [207-210]。然而，这些方法也有局限性，如抗老化能力不足、封装材料引起的电极腐蚀以及封装过程中对钙钛矿本征层的损害。到目前为止，封装已经有效地提高了钙钛矿太阳电池的稳定性，Saliba 团队 [211] 已经表明，封装的器件在湿热实验 (85 ℃, 85%RH) 下实现了不到 10% 的 PCE 损失，在 200 次温度循环实验 (−40～85 ℃) 后保持了 90% 以上的初始 PCE，并在 1000 h 的 MPP 输出实验后保持了 80% 的初始 PCE。在分解机制方面，特别是在封装后，一些基础研究工作已被报道。研究发现，降解可能是由钙钛矿层中深能级缺陷和环境条件下的相分离和离子迁移造成的界面损伤引起的 [212]。此外，钙钛矿的蒸气产物可以腐蚀银电极层，在高温和高湿 (85 ℃, 80%RH) 条件下，导致空穴传输层 (通常是 spiro-OMeTAD) 出现针孔 [213,214]，功能层材料的异常对于钙钛矿电池的稳定性是极其不利的。

就钙钛矿太阳电池的封装设计原理而言，应优先解决湿气和氧气的侵入问题，其次是以提高器件的内在稳定性为目标，例如，防止铅的泄漏，提高水氧的稳定性、光稳定性、热稳定性和热循环稳定性等。为了防止湿气和氧气的侵入，真空层压封装似乎是最合适的技术，其次是紫外线 (UV) 固化胶封装，以及单层或多层疏水薄膜封装。Ho-Baillie 团队 [215] 报告说，用紫外线固化环氧树脂封装的器件在 23～25 ℃ 和平均 50%RH 条件下遮光储存 150 h 后，仍然可以保持 60% 的初始 PCE，而用热熔膜封装的器件在相同环境条件下存放 200 天后，PCE 仍没有明显变化。如图 4-23(b) 所示，Im 团队 [209] 的研究表明，用有机/无机层的多层薄膜堆叠封装的器件，在 50 ℃ 和 50%RH 的环境中暴露 300 h 后，仍能保持 97% 的原始 PCE。如图 4-23(c) 所示，Djurišić 团队 [207] 研究了用紫外线固化环氧树脂封装的器件，发现它在 85 ℃ 和 65% RH 条件下连续照明 144 h 后保持了 85%的初始 PCE。其他一些提高水氧稳定性的封装材料也可能是有帮助的 [216-219]，比如可光固化的氟聚合物、自封装耐高温的弹性半透明材料等。因此，鉴于首要任务是防止湿气和氧气的侵入，它依赖于对器件外部封装材料的选择和封装技术的优化，如 UV 固化胶封装和真空层封装。单层或多层疏水薄膜封装，加上前面所阐述的叠层电池钙钛矿的晶界封装和界面封装，可视为广义上的内部封装，以进一步提高器件的内在稳定性。

通过考虑这些封装技术在不同光电器件中的应用，应该可以看出一些启示，具体如下所述。① 单层或多层疏水薄膜封装可以被认为是一种内部封装策略，属于系统性封装的延伸含义。由于其防止水氧侵入的能力有限，很难被归类为独立的基本方法 [206]。② 紫外线固化胶黏剂封装显示出相对更好的抗水氧侵入的能力 [220]。③ 真空层压封装似乎是最有前途的防止水氧侵入的技术，但 EVA 需要高温层压工艺 (图 4-23(d))，因此需要改进温度限制以与钙钛矿太阳电池制备工艺兼容 [208]。此外，应使用对封装基材黏附强度较弱的疏水填充材料，如有机硅胶和含氧化铝/硅的化合物，以进一步提高水氧的隔离效果。

目前，钙钛矿/晶硅异质结叠层太阳电池的外部封装技术普遍采用 TPU 材料，原因在于，相对于其他有机封装材料，其加工温度更低 (低至 100℃ 以内)，并在可见光范围内具有高透光率。如图 4-23(e) 所示，De Wolf 团队 [29] 采用 TPU 作为灌封剂，丁基橡胶作为封边胶，将叠层太阳电池层压在两片玻璃之间，封装前的电池 PCE 为 28.9%，TPU 封装后仍然达到了 25.7%，并且经过减反射优化的封装器件最优可以达到 26.2%的叠层效率。基于以上结论，可以确定的是封装后的器件存在前表面的玻璃反射以及灌封剂的光学寄生吸收损失，因此采用合适的减反射措施以及优质的光学封装薄膜是提升叠层太阳电池 PCE 的关键所在。进一步地，2022 年，De Wolf 团队 [28] 通过实验证明，在众多封装材料中，TPU 是与钙钛矿电池、晶硅电池都较为适配的产品，且封装的钙钛矿/晶硅异质结叠层太阳电池拥有更强的稳定性，甚至满足组件安装的要求。根据他们的研究结果，经过 TPU 封装的双面钙钛矿/晶硅叠层技术与太阳能跟踪器结合，可以多产生 55%的电力，拥有很大的经济优势。

对合适的封装剂材料的选择，还应该考虑其对叠层电池光学性质的影响，最好能最大限度地将光耦合到器件中 [221]。因此，叠层太阳电池的内部封装策略对光学性质与电池成本都是利好的，并且其在太阳电池的制造环节就可以直接实现，无需外部封装那样的后处理，从而具有简易的优势。如图 4-23(f) 所示，2022 年，De Wolf 团队 [108] 通过热蒸发在钙钛矿/C_{60} 界面上形成约 1 nm 厚的 MgF_x 夹层，来实现叠层电池内部封装的功能，其作用在于一方面促进电子的有效提取，另一方面阻断钙钛矿晶格离子迁移与扩散，增强叠层电池的光伏稳定性。最终，他们在约 1 cm^2 的面积上实现了独立认证的 29.3%叠层效率，并在 85 ℃ 和 85%

RH 的湿热表征下，经过 1000 h 后，该叠层太阳电池也能保持约 95%的初始性能。因此，叠层太阳电池的内部或者外部封装技术在一定程度上可以解决稳定性的问题，并大大推动其产线化研究。

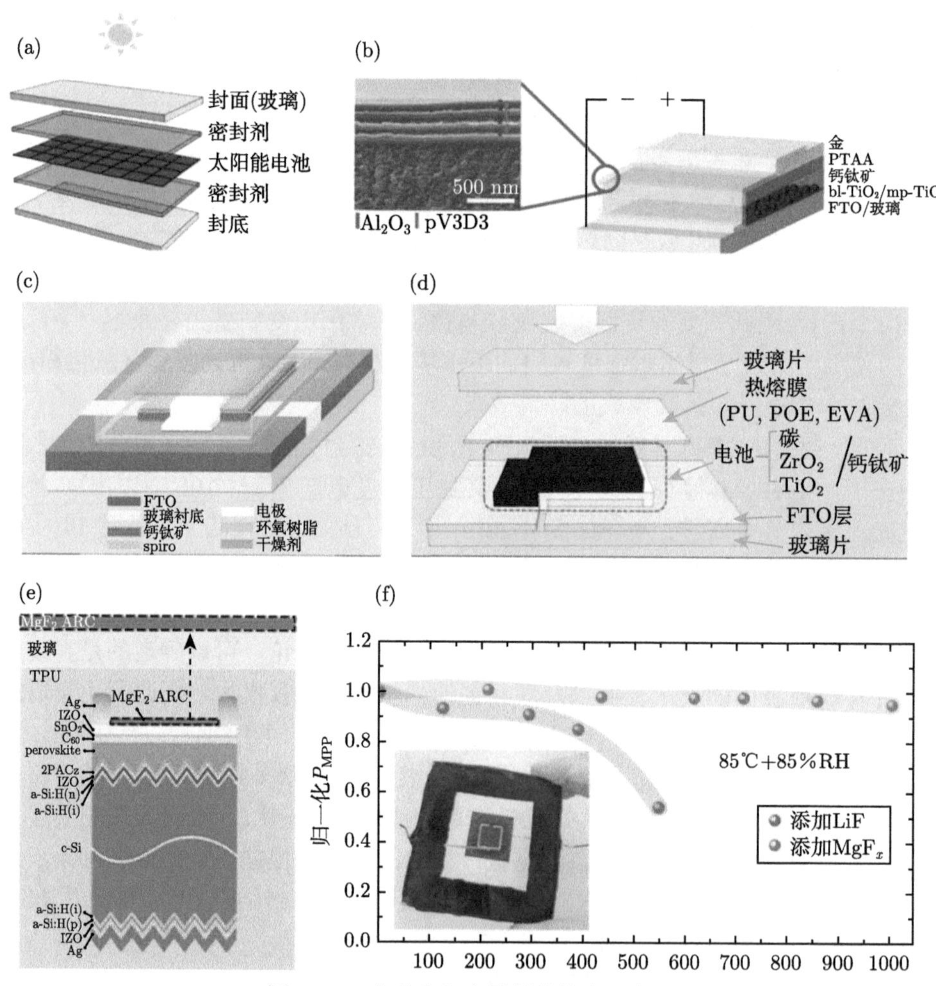

图 4-23　各种太阳电池封装技术示意图

(a) 晶硅太阳电池组件的封装示意图 [210]；(b) (右) 封装的钙钛矿太阳电池的示意图和 (左) 薄膜封装材料的横截面 SEM 图像 [209]；(c) 钙钛矿太阳电池的封装示意图 [207]；(d) 基于热熔膜和玻璃背板的可打印钙钛矿的封装方案 [208]；(e) 钙钛矿/晶硅异质结叠层太阳电池外部封装示意图 [29]；(f) 钙钛矿/晶硅异质结叠层太阳电池 MgF_x 内部封装实物图，以及高温高湿度下 (85 ℃，85%RH) MPP 追踪的长期稳定性表征测试 [108]

总之，目前在钙钛矿/晶硅异质结叠层太阳电池封装方面，通过利用其他光电技术取得了一些成功，但是这些单结电池封装技术也并不完全适用于钙钛矿/晶硅异质结叠层太阳电池。由于对钙钛矿/晶硅异质结叠层太阳电池的钙钛矿材料的封装技术认识不足，从而严重限制其产业化发展，如制备过程对器件性能的破坏、与钙钛矿的制备兼容性、封装材料的耐老化性以及封装钙钛矿的降解机制等。因此，这迫切需要更多的科研努力来探索专门为钙钛矿/晶硅异质结叠层太阳电池光伏而设计的封装技术。

4.4.3 钙钛矿/晶硅异质结叠层太阳电池的双面性质

为了正确描述定义双面太阳电池的特性，在此有必要澄清经常用于报告其性能的术语。反射率被定义为来自地面的漫反射与正面直接照射之间的比值，如式 (4-5) 所示：

$$\text{反射率} = \frac{\text{反射光}\,(\mathrm{mW}\cdot\mathrm{cm}^{-2})}{\text{入射光}\,(\mathrm{mW}\cdot\mathrm{cm}^{-2})} \tag{4-5}$$

通常，用背面辐照度 (单位：$\mathrm{mW{\cdot}cm^{-2}}$) 一词来描述反射率产生的光子所提供的功率是很有用的。反射率和背面辐照度的光谱都取决于地面材料。因此，有效反射率被定义为可被底电池吸收的反射率光谱成分，可以产生额外的电流 [222]。Paetzold 团队 [223] 模拟了不同地面覆盖材料的双面叠层器件的能量产出变化，显然，具有高反射率和高有效反射率的材料是首选，这使得双面电池的能量产出最大化。为了全面描述双面的性能，还需要两个定义，分别是双面系数和 BiFi 系数。

双面系数仅用于单结太阳电池，它是太阳电池在单面模式下从正面和背面照射时产生的功率之间的比值，使用的是不反射的测量台 (通常涂成黑色)[224]。对于双面叠层电池来说，双面系数是一个没有意义的指标，因为光从背面进入时不产生功率。原因在于，尽管电池背面采用的是透光的金属栅线，但是钙钛矿顶电池没有光照，处于开路状态，导致只有晶硅太阳电池后侧被照亮时没有电流输出。因此，对于双面钙钛矿/晶硅异质结叠层太阳电池的特异性，目前文献采用了一个新的术语 (BiFi 系数) 来弥补定义的空缺。BiFi 系数是专门用来描述叠层太阳电池，特别是针对底电池不透光的情况，代表双面器件在特定的背面照射下的发电量，通常以 $\mathrm{W{\cdot}m^{-2}}$ 为单位。例如，BiFi 200 的意思是：双结器件在正面受到 1 个太阳的辐照 ($1000\ \mathrm{W{\cdot}m^{-2}}$) 的同时，其背面受到 0.2 个太阳的辐照 ($200\ \mathrm{W{\cdot}m^{-2}}$)[225]。

为了描述叠层太阳电池的双面发电情况，仅将正面和背表面的 PCE 进行加和的做法是欠妥的。这是因为 PCE 被定义为在给定的表面积上，设备的输出功率与照射的入射功率的比率。由于在反射率存在的情况下，双面设备所承受的总辐照量超过了每单位面积的 1 个太阳强度，所以报告双面性能的正确方法是使用 BiFi 系数。进一步地，采用发电密度 (power generation density，PGD) 代替 PCE 来进行叠层电池的光伏性能描述，是更加严谨和科学的。表 4-3 总结了以上这些定义。

表 4-3　双面太阳电池的定义

术语	定义	单位	适用范围
反射率	反射强度与正面入射强度的比值		单结和双结
有效反射率	反射率的光谱分量，双面电池背面的有效光吸收部分，它有助于增强电流密度		单结和双结
背面辐照度	用发电密度的表达式来量化来自反射率的额定光子	$mW·cm^{-2}$	单结和双结
双面系数	双面电池的前后表面光伏性能的比值 (测试条件是单面独立照射)		单结
BiFi 系数	用于报告双面电池的特定背面辐照度 (测试条件是双面同时照射)	$W·m^{-2}$	双结

与全背表面电极不同，双面钙钛矿/晶硅异质结叠层太阳电池的背面具有金属栅线，除了正面的正常发电外，还能接收环境中的散射光和反射光进行发电 [226-230]。图 4-24(a) 展示了双面叠层太阳电池的具体发电方式 [231]，通过两种封装方案 (玻璃/玻璃、玻璃/透明背板)，可以提供优良的背面透光度。目前，一些文献 [223,232,233] 已经表明，雪地的最高平均有效反射率甚至可以达到 88%，也就是说，电池背面的辐照度在理想情况下可以达到近 0.9 个标准太阳的强度，这对于双面电池的研究与应用是无比利好的。

为了研究双面叠层太阳电池的具体发电性质，如图 4-24 (b) 所示，De Wolf 团队 [104] 通过实验发现，在 1 个太阳正面光照的情况下，随着背面辐照度从 0 增加到 100 $mW·cm^{-2}$，带隙为 1.59 eV 电池的 PGD 的最大增幅可以达到约 7.5 $mW·cm^{-2}$，深刻地揭示了钙钛矿/晶硅异质结叠层太阳电池的背面发电量是不可低估的。根据他们的结果，1.68 eV 的带隙是单面情况下的最佳带隙，而双面叠层太阳电池的最佳带隙随着背面反射率的增加而变窄。这个结论与 Holman 团队 [234] 的研究结论相一致。Holman 团队研究发现，钙钛矿顶电池的最佳带隙和反射率的依赖关系如图 4-24(c) 所示，在阴天 (蓝色点) 时，点会向下移动，说明在光线不足 (固定反射率) 时，带隙可以适当变窄。这些发现可以为叠层太阳电池在不同环境下选择合适带隙的钙钛矿提供快速有力的参考。进一步地，De Wolf 团队 [104] 通过统计不同 BiFi 下叠层器件 PGD 的分布 (图 4-24(d)) 发现，在 300 $W·m^{-2}$ 背表面辐照度的情况下，器件的 PGD 统计值可以提升绝对的 4%，这个统计规律能够从根本上说明背面反射对 PGD 的提升的重要意义。

在单面叠层太阳电池中，两个子电池通过一个中间结，相互串联在一起。因此，叠层器件的电压输出是两个子电池电压的总和，而电流输出则受到两个子电池中最低电流的限制，如图 4-25(a) 所示。当两个子电池产生相同的电流密度时 (达到电流匹配条件)，子电池的电流密度越大，串联光伏性能也就越高。在钙钛矿/晶硅叠层电池中，电流匹配是通过适当的光学材料设计获得的，这包括钙钛矿带隙的调整，材料的折射率匹配，以及最小化外部光反射和寄生光吸收。当一个子

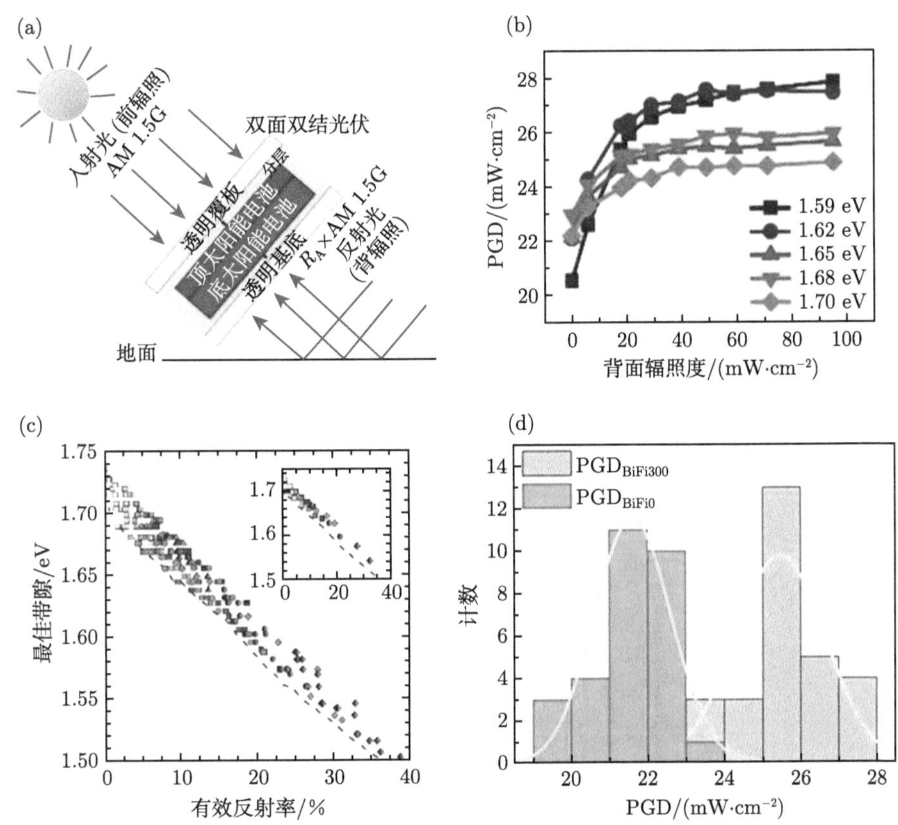

图 4-24 双面钙钛矿/晶硅异质结叠层太阳电池的光伏性质分析

(a) 双面钙钛矿/晶硅异质结叠层太阳电池的发电原理示意图 [231]；(b) 一个标准太阳条件下，不同带隙的双面叠层太阳电池的 PGD[104]；(c) 有效反射率和顶电池的最佳带隙的依赖关系统计图，每天取十个数据点，从 08:30 到 17:30，插图将一天的结果整合为一个数据点，图中的蓝色数据点代表阴天，其他深色数据点代表晴朗，颜色的变化只代表场景的不同 (最终被总结为有效反射率)[234]；(d) 不同背面辐照度情况下的 PGD 数目统计图 [104]

电池中产生的电流高于另一个子电池时，叠层电池就处于电流不匹配的状态。通常情况下，这种电流失配会导致叠层电池 FF 的增加，从而部分补偿由电流减少而造成的性能损失，已经有文献对此现象进行了详细描述 [78,235]。双面串联设计的目的是解决在正面 1 个太阳照明下，钙钛矿顶电池产生比晶硅底电池更大电流的情况。背反射率的存在可以有效补偿仅来自正面透射的长波光子所产生的有限的底电池电流，重新建立电流匹配关系，如图 4-25(b) 所示。因此，整体串联电流增加，直接转化为增强的光伏性能。图 4-25(c) 展示的是单面和双面叠层电池的 EQE 图，显示了两个子电池的不同波段光谱响应情况。由于电流密度等于太阳光谱上 EQE 的积分，因此它可以提供每个子电池产生的不同电流。进一步，从 EQE 可以预测在电池背面有适当数量的额外光子的情况下，双面叠层电池产生的最大电流。为了强调顶电池带隙和背面辐照度之间的相关性，2022 年，De Wolf 团队[236] 研究了双面叠层电池的 J_{SC}，作为钙钛矿顶电池带隙和背面辐照度的函数，这种将两个子电池的吸收情况归纳为由带隙能量决定的阶梯函数，有助于理解最佳带隙的选择趋势。带隙工程研究中，如图 4-25(d) 所示，他们选用 25 mW·cm^{-2} 为额定背面辐照度，这是户外操作条件下反射率的真实上限值。在顶电池带隙为 1.74 eV 的情况下，他们发现背面辐照度反射率不会增强叠层电池的 J_{SC}，因为电流密度总是被钙钛矿顶电池限制。然而，减少钙钛矿顶电池的带隙并增加背面辐照度，这会提升两端叠层电池的 J_{SC}。值得注意的是，对于一个给定的顶电池带隙，J_{SC} 在背面辐照度的特定值上会达到饱和。这种饱和表明，对于该带隙的情况下，叠层太阳电池已经达到了电流匹配，从更强的反射率中获益的唯一方法是进一步减少顶电池带隙。

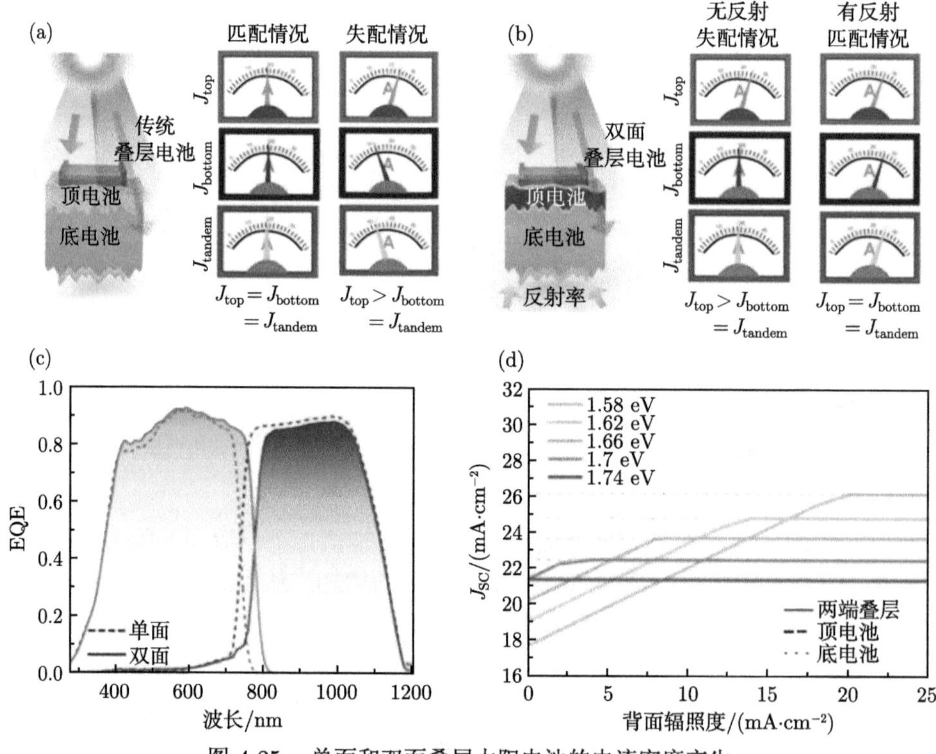

图 4-25　单面和双面叠层太阳电池的电流密度产生

(a) 传统 (单面) 叠层电池在电流匹配和失配条件下的电流输出情况；(b) 无反射和有反射情况下，双面叠层电池的电流输出，在反射作用下，双面叠层电池产生的电流高于电流匹配的单面叠层电池，蓝色箭头表示顶电池吸收的光，而红色箭头表示底电池吸收的光；(c) 单面 (虚线) 和双面串联 (实线) 的 EQE，蓝色部分和红色部分分别表示钙钛矿子电池和晶硅子电池产生的积分电流[104]；(d) 单个子电池 (虚线) 和整体叠层电池 (实线) 的不同钙钛矿带隙对 J_{SC} 贡献作为背面辐照度的函数[236]

目前，晶硅光伏已经逐步走向双面化组件，并且产业化发展较好。未来，钙钛矿/晶硅叠层太阳电池的商业化方向必将实现双面化，以获得更高的综合发电效率。此外，与单结太阳电池不同，双面钙钛矿/晶硅异质结叠层太阳电池的 J_{SC} 被子电池的最小值所束缚，因此制备工艺中特别要需要注意两个子电池的电流匹配情况，其具体讨论与消除方案将在 6.2 节的理论研究中作详细说明。

4.5 总结与展望

本章介绍了钙钛矿/晶硅异质结叠层太阳电池的五种制备技术，包括旋涂法、双源共蒸法、刮涂法、狭缝涂布法以及物理堆垛法。目前，所制备的叠层太阳电池依据结构种类，可以分类为平面结构、单绒面结构、保形全绒面结构和机械堆垛结构，并且根据实验最佳光谱响应，它们的理论预测 PCE 分别为 30.6%、31.0%、32.2%以及 28.5%。保形全绒面结构具有最高的理论上限，但是实际叠层太阳电池的实验室 PCE 提升一直存在难题，因此晶硅金字塔绒面上的空穴传输层、电子传输层以及钙钛矿本征层的界面优化是亟需的。由于钙钛矿薄膜/晶体硅叠层太阳电池具有更高的 PCE 理论上限，并且其可以继承传统硅电池的产线优势，所以自 2015 年问世以来，其产业化趋势越来越明显，并且已经在大面积制造、稳定性以及双面化问题方面取得重大突破。目前，文献报道的钙钛矿/晶硅异质结叠层太阳电池在实验室经过电子层 [108]、空穴层 [25] 优化后，突破 29%的 PCE 已经不是难事。并且基于绒面纹理的陷光优势，保形全绒面结构的串联认证 PCE 已经达到 32.5%[18]，成为钙钛矿/晶硅异质结叠层太阳电池的世界纪录。为了进一步提高钙钛矿/晶硅异质结叠层太阳电池的 PCE，未来的研究方向如下所述。

(1) 单结钙钛矿与双结钙钛矿/晶硅异质结叠层太阳电池的入光面是相反的。单结钙钛矿对玻璃一侧材料的制备温度以及电池背面材料的透光性要求不高，然而双结叠层太阳电池却有着严苛的要求。因此，提升叠层电池 PCE 的关键是，如何将钙钛矿在导电玻璃上的超基底优势延伸到硅晶圆上。

(2) 虽然双源共蒸 + 溶液法适用于各种粗糙度的基底，但复杂的两步法制备的钙钛矿/晶硅异质结叠层太阳电池面临成本和效率的问题。解决方案或许可以改进单结钙钛矿的溶液基一步法，来制备高质量保形全绒面结构的钙钛矿。比如，通过添加剂或溶剂工程改变前躯体溶液的黏度，以实现钙钛矿的限域生长 [41,42] 和保形覆盖。无论是作为添加剂还是主溶剂，空气环境下制备的、绿色的、黏稠的离子液体 [40] 可能是一个可行的选择。

(3) 保形全绒面结构的电学优化是提高 PCE 的必经之路，寻找具有强大钝化、载流子提取和传输的特殊材料是接下来的工作。

(4) 绒面界面上功能层材料 (互连层、传输层和透明电极层) 的光寄生吸收不可忽视，但需要在保证电学性能的前提下对其进行改造，甚至未来可能实现钙钛矿/晶硅叠层太阳电池无空穴、电子传输层等。

(5) 目前牛津光伏公司生产的钙钛矿/晶硅叠层太阳电池在 274 cm^2 面积上实现了认证的 26.8%串联 PCE[175,176]。为了制备更大面积的叠层太阳电池，刮涂法、狭缝涂布法、喷墨印刷法和真空蒸发法等可能是可靠的选择。

(6) 关于钙钛矿/晶硅叠层太阳电池的户外稳定性，可以沿用单结钙钛矿太阳电池的优化手段，例如加入碱金属离子和低维材料等 [191,237-242]，具体也可参考第 2 章中的相关内容。

(7) 对于电池的双面性质，由于实际的太阳光谱和有效反射率一直在变化，在钙钛矿/晶硅叠层太阳电池制造和组件安装之前，就必须将电流密度不匹配降到最低。

参 考 文 献

[1] Allen T G, Bullock J, Yang X, et al. Passivating contacts for crystalline silicon solar cells[J]. Nat. Energy, 2019, 4: 914-928.

[2] Liu Y, Li Y, Wu Y, et al. High-efficiency silicon heterojunction solar cells: Materials, devices and applications[J]. Mater. Sci. Eng. R Rep., 2020, 142: 100579.

[3] Ribeyron P-J. Crystalline silicon solar cells: Better than ever[J]. Nat. Energy, 2017, 2: 17067.

[4] Sun Z, Chen X, He Y, et al. Toward efficiency limits of crystalline silicon solar cells: Recent progress in high-efficiency silicon heterojunction solar cells[J]. Adv. Energy Mater., 2022, 12: 2200015.

[5] Battaglia C, Cuevas A, De Wolf S. High-efficiency crystalline silicon solar cells: Status and perspectives[J]. Energy Environ. Sci., 2016, 9: 1552-1576.

[6] Green M A. Crystalline silicon photovoltaic cells[J]. Adv. Mater., 2001, 13: 1019-1022.

[7] Green M A. The passivated emitter and rear cell (PERC): From conception to mass production[J]. Sol. Energy Mater. Sol. Cells, 2015, 143: 190-197.

[8] https://www.trinasolar.com/cn[2022-07-15].

[9] Feldmann F, Bivour M, Reichel C, et al. Passivated rear contacts for high-efficiency n-type Si solar cells providing high interface passivation quality and excellent transport characteristics[J]. Sol. Energy Mater. Sol. Cells, 2014, 120: 270-274.

[10] Hollemann C, Haase F, Schäfer S, et al. 26.1%-efficient POLO-IBC cells: Quantification of electrical and optical loss mechanisms[J]. Prog. Photovoltaics, 2019, 27: 950-958.

[11] Shen W Z, Zhao Y X, Liu F. Highlights of mainstream solar cell efficiencies in 2022[J]. Front. Energy, 2023, 17: 9-15.

[12] Yoshikawa K, Kawasaki H, Yoshida W, et al. Silicon heterojunction solar cell with interdigitated back contacts for a photoconversion efficiency over 26%[J]. Nat. Energy, 2017, 2: 17032.

[13] Shockley W, Queisser H J. Detailed balance limit of efficiency of p-n junction solar cells[J]. J. Appl. Phys., 1961, 32: 510-519.

[14] Geisz J F, France R M, Schulte K L, et al. Six-junction Ⅲ-V solar cells with 47.1% conversion efficiency under 143 suns concentration[J]. Nat. Energy, 2020, 5: 326-335.

[15] Chen B, Ren N, Li Y, et al. Insights into the development of monolithic perovskite/silicon tandem solar cells[J]. Adv. Energy Mater., 2021, 12: 2003628.

[16] Fu F, Li J, Yang T C, et al. Monolithic perovskite-silicon tandem solar cells: From the lab to fab[J]. Adv. Mater., 2022, 34: 2106540.

[17] Fang Z, Zeng Q, Zuo C, et al. Perovskite-based tandem solar cells[J]. Sci. Bull., 2021, 66: 621-636.

[18] National Renewable Energy Laboratory (NREL). Best research-cell efficiency chart[EB/OL]. https://www.nrel.gov/pv/cell-efficiency.html[2023-03-15].

[19] Aydin E, Allen T G, De Bastiani M, et al. Interplay between temperature and bandgap energies on the outdoor performance of perovskite/silicon tandem solar cells[J]. Nat. Energy, 2020, 5: 851-859.

[20] Mailoa J P, Bailie C D, Johlin E C, et al. A 2-terminal perovskite/silicon multijunction solar cell enabled by a silicon tunnel junction[J]. Appl. Phys. Lett., 2015, 106: 121105.

[21] Leijtens T, Bush K A, Prasanna R, et al. Opportunities and challenges for tandem solar cells using metal halide perovskite semiconductors[J]. Nat. Energy, 2018, 3: 828-838.

[22] Yu Z, Leilaeioun M, Holman Z. Selecting tandem partners for silicon solar cells[J]. Nat. Energy, 2016, 1: 16137.

[23] Razzaq A, Allen T G, Liu W, et al. Silicon heterojunction solar cells: Techno-economic assessment and opportunities[J]. Joule, 2022, 6: 514-542.

[24] Gao C, Du D, Ding D, et al. A review on monolithic perovskite/c-Si tandem solar cell: Progress, challenges, and opportunities[J]. J. Mater. Chem. A, 2022, 10: 10811-10828.

[25] Al-Ashouri A, Kohnen E, Li B, et al. Monolithic perovskite/silicon tandem solar cell with > 29% efficiency by enhanced hole extraction[J]. Science, 2020, 370: 1300-1309.

[26] Albrecht S, Saliba M, Baena J P C, et al. Monolithic perovskite/silicon-heterojunction tandem solar cells processed at low temperature[J]. Energy Environ. Sci., 2016, 9: 81-88.

[27] Bett A J, Schulze P S C, Winkler K M, et al. Two-terminal perovskite silicon tandem solar cells with a high-bandgap perovskite absorber enabling voltages over 1.8 V[J]. Prog. Photovoltaics, 2020, 28: 99-110.

[28] Babics M, De Bastiani M, Balawi A H, et al. Unleashing the full power of perovskite/silicon tandem modules with solar trackers[J]. ACS Energy Lett., 2022, 7: 1604-1610.

[29] Xu L, Liu J, Toniolo F, et al. Monolithic perovskite/silicon tandem photovoltaics with minimized cell-to-module losses by refractive-index engineering[J]. ACS Energy Lett., 2022, 7: 2370-2372.

[30] Wang Y, Gao C, Chen Y, et al. Anion modification and theoretical understanding for

improving annealing-free electrochemistry deposition of perovskites under an ambient atmosphere[J]. J. Phys. Chem. C, 2022, 126: 4785-4791.

[31] Wang Y, Gao C, Wang X, et al. Controllable electrochemical deposition and theoretical understanding of conformal perovskite on textured silicon towards efficient perovskite/silicon tandem solar cells[J]. J. Phys. Chem. C, 2021, 125: 2875-2883.

[32] Correa-Baena J P, Abate A, Saliba M, et al. The rapid evolution of highly efficient perovskite solar cells[J]. Energy Environ. Sci., 2017, 10: 710-727.

[33] Correa-Baena J P, Saliba M, Buonassisi T, et al. Promises and challenges of perovskite solar cells[J]. Science, 2017, 358: 739-744.

[34] Kim J Y, Lee J W, Jung H S, et al. High-efficiency perovskite solar cells[J]. Chem. Rev., 2020, 120: 7867-7918.

[35] Saki Z, Byranvand M M, Taghavinia N, et al. Solution-processed perovskite thin-films: The journey from lab- to large-scale solar cells[J] . Energy Environ. Sci., 2021, 14: 5690-5722.

[36] Park N G, Zhu K. Scalable fabrication and coating methods for perovskite solar cells and solar modules[J]. Nat. Rev. Mater., 2020, 5: 333-350.

[37] Chen B, Wang P, Li R, et al. A two-step solution-processed wide-bandgap perovskite for monolithic silicon-based tandem solar cells with >27% efficiency[J]. ACS Energy Lett., 2022, 7: 2771-2780.

[38] Liu J, Aydin E, Yin J, et al. 28.2%-efficient, outdoor-stable perovskite/silicon tandem solar cell[J]. Joule, 2021, 5: 3169-3186.

[39] Wang J, Gao C, Wang X, et al. Simple solution-processed approach for nanoscale coverage of perovskite on textured silicon surface enabling highly efficient perovskite/Si tandem solar cells[J]. Energy Technol., 2020, 9: 2000778.

[40] Chao L, Xia Y, Li B, et al. Room-temperature molten salt for facile fabrication of efficient and stable perovskite solar cells in ambient air[J]. Chem., 2019, 5: 995-1006.

[41] Chen Y X, Ge Q Q, Shi Y, et al. General space-confined on-substrate fabrication of thickness-adjustable hybrid perovskite single-crystalline thin films[J]. J. Am. Chem. Soc., 2016, 138: 16196-16199.

[42] Wang R, Muhammad Y, Xu X, et al. Facilitating all-inorganic halide perovskites fabrication in confined-space deposition[J]. Small Methods, 2020, 4: 2000102.

[43] Hwang J K, Lee S W, Lee W, et al. Conformal perovskite films on 100 cm^2 textured silicon surface using two-step vacuum process[J]. Thin Solid Films, 2020, 693: 137694.

[44] Schulze P S C, Wienands K, Bett A J, et al. Perovskite hybrid evaporation/spin coating method: From band gap tuning to thin film deposition on textures[J]. Thin Solid Films, 2020, 704: 137970.

[45] Zhang J, Zhao Y, Yang D, et al. Highly stabilized perovskite solar cell prepared using vacuum deposition[J]. RSC Adv., 2016, 6: 93525-93531.

[46] Gil-Escrig L, Momblona C, La-Placa M G, et al. Vacuum deposited triple-cation mixed-halide perovskite solar cells[J]. Adv. Energy Mater., 2018, 8: 1703506.

[47] Sahli F, Werner J, Kamino B A, et al. Fully textured monolithic perovskite/silicon tandem solar cells with 25.2% power conversion efficiency[J]. Nat. Mater., 2018, 17: 820-826.

[48] Wang J, Liu H, Zhao Y, et al. Perovskite-based tandem solar cells gallop ahead[J]. Joule, 2022, 6: 509-511.

[49] Liu P, Tang G, Yan F. Strategies for large-scale fabrication of perovskite films for solar cells[J]. Sol. RRL, 2021, 6: 2100683.

[50] Chen B, Yu Z J, Manzoor S, et al. Blade-coated perovskites on textured silicon for 26%-efficient monolithic perovskite/silicon tandem solar cells[J]. Joule, 2020, 4: 850-864.

[51] Farag A, Schmager R, Fassl P, et al. Efficient light harvesting in thick perovskite solar cells processed on industry-applicable random pyramidal textures[J]. ACS Appl. Energy Mater., 2022, 5: 6700-6708.

[52] Deng Y, Van Brackle C H, Dai X, et al. Tailoring solvent coordination for high-speed, room-temperature blading of perovskite photovoltaic films[J]. Sci. Adv., 2019, 5: 7537.

[53] Li S S, Chang C H, Wang Y C, et al. Intermixing-seeded growth for high-performance planar heterojunction perovskite solar cells assisted by precursor-capped nanoparticles[J]. Energy Environ. Sci., 2016, 9: 1282-1289.

[54] Subbiah A S, Isikgor F H, Howells C T, et al. High-performance perovskite single-junction and textured perovskite/silicon tandem solar cells via slot-die-coating[J]. ACS Energy Lett., 2020, 5: 3034-3040.

[55] Fievez M, Singh Rana P J, Koh T M, et al. Slot-die coated methylammonium-free perovskite solar cells with 18% efficiency[J]. Sol. Energy Mater. Sol. Cells, 2021, 230: 111189.

[56] Whitaker J B, Kim D H, Larson Bryon W, et al. Scalable slot-die coating of high performance perovskite solar cells[J]. Sustain. Energy Fuels, 2018, 2: 2442-2449.

[57] Siegler T D, Dawson A, Lobaccaro P, et al. The path to perovskite commercialization: A perspective from the united states solar energy technologies office[J]. ACS Energy Lett., 2022, 7: 1728-1734.

[58] Zuo C, Bolink H J, Han H, et al. Advances in perovskite solar cells[J]. Adv. Sci., 2016, 3: 1500324.

[59] Rahmany S, Etgar L. Semitransparent perovskite solar cells[J]. ACS Energy Lett., 2020, 5: 1519-1531.

[60] Li D, Zhang D, Lim K S, et al. A review on scaling up perovskite solar cells[J]. Adv. Funct. Mater., 2020, 31: 2008621.

[61] Lamanna E, Matteocci F, Calabro E, et al. Mechanically stacked, two-terminal graphene-based perovskite/silicon tandem solar cell with efficiency over 26%[J]. Joule, 2020, 4: 865-881.

[62] Chen B, Bai Y, Yu Z, et al. Efficient semitransparent perovskite solar cells for 23.0%-efficiency perovskite/silicon four-terminal tandem cells[J]. Adv. Energy Mater., 2016, 6: 1601128.

[63] Jaysankar M, Qiu W, van Eerden M, et al. Four-terminal perovskite/silicon multijunction solar modules[J]. Adv. Energy Mater., 2017, 7: 1602807.

[64] Yang D, Zhang X, Hou Y, et al. 28.3%-efficiency perovskite/silicon tandem solar cell by optimal transparent electrode for high efficient semitransparent top cell[J]. Nano Energy, 2021, 84: 105934.

[65] Jaysankar M, FilipičM, Zielinski B, et al. Perovskite-silicon tandem solar modules with optimised light harvesting[J]. Energy Environ. Sci., 2018, 11: 1489-1498.

[66] Lv Y, Zhuang Y F, Wang W J, et al. Towards high-efficiency industrial p-type mono-like Si PERC solar cells[J]. Sol. Energy Mater. Sol. Cells, 2020, 204: 110202.

[67] Zhuang Y F, Zhong S H, Liang X J, et al. Application of SiO_2 passivation technique in mass production of silicon solar cells[J]. Sol. Energy Mater. Sol. Cells, 2019, 193: 379-386.

[68] Tang H B, Ma S, Lv Y, et al. Optimization of rear surface roughness and metal grid design in industrial bifacial PERC solar cells[J]. Sol. Energy Mater. Sol. Cells, 2020, 216: 110712.

[69] Bush K A, Manzoor S, Frohna K, et al. Minimizing current and voltage losses to reach 25% efficient monolithic two-terminal perovskite-silicon tandem solar cells[J]. ACS Energy Lett., 2018, 3: 2173-2180.

[70] Bush K A, Palmstrom A F, Yu Z J, et al. 23.6%-efficient monolithic perovskite/silicon tandem solar cells with improved stability[J]. Nat. Energy, 2017, 2: 17009.

[71] Chen B, Yu Z, Liu K, et al. Grain engineering for perovskite/silicon monolithic tandem solar cells with efficiency of 25.4%[J]. Joule, 2019, 3: 177-190.

[72] Fan R, Zhou N, Zhang L, et al. Toward full solution processed perovskite/Si monolithic tandem solar device with PCE exceeding 20%[J]. Sol. RRL, 2017, 1: 1700149.

[73] Hou F, Han C, Isabella O, et al. Inverted pyramidally-textured PDMS antireflective foils for perovskite/silicon tandem solar cells with flat top cell[J]. Nano Energy, 2019, 56: 234-240.

[74] Hou F, Yan L, Shi B, et al. Monolithic perovskite/silicon-heterojunction tandem solar cells with open-circuit voltage of over 1.8 V[J]. ACS Appl. Energy Mater., 2019, 2: 243-249.

[75] Jošt M, Koehnen E, Morales-Vilches A B, et al. Textured interfaces in monolithic perovskite/silicon tandem solar cells: Advanced light management for improved efficiency and energy yield[J]. Energy Environ. Sci., 2018, 11: 3511-3523.

[76] Kim C U, Yu J C, Jung E D, et al. Optimization of device design for low cost and high efficiency planar monolithic perovskite/silicon tandem solar cells[J]. Nano Energy, 2019, 60: 213-221.

[77] Kim D, Jung H J, Park I J, et al. Efficient, stable silicon tandem cells enabled by anion-engineered wide-bandgap perovskites[J]. Science, 2020, 368: 155-160.

[78] Koehnen E, Jost M, Morales-Vilches A B, et al. Highly efficient monolithic perovskite silicon tandem solar cells: Analyzing the influence of current mismatch on device per-

formance[J]. Sustain. Energy Fuels, 2019, 3: 1995-2005.

[79] Mazzarella L, Lin Y H, Kirner S, et al. Infrared light management using a nanocrystalline silicon oxide interlayer in monolithic perovskite/silicon heterojunction tandem solar cells with efficiency above 25%[J]. Adv. Energy Mater., 2019, 9: 1803241.

[80] Qiu Z, Xu Z, Li N, et al. Monolithic perovskite/Si tandem solar cells exceeding 22% efficiency via optimizing top cell absorber[J]. Nano Energy, 2018, 53: 798-807.

[81] Sahli F, Kamino B A, Werner J, et al. Improved optics in monolithic perovskite/silicon tandem solar cells with a nanocrystalline silicon recombination junction[J]. Adv. Energy Mater., 2018, 8: 1701609.

[82] Schulze P S C, Bett A J, Bivour M, et al. 25.1% high-efficiency monolithic perovskite silicon tandem solar cell with a high bandgap perovskite absorber[J]. Sol. RRL, 2020, 4: 2000152.

[83] Shen H, Omelchenko S T, Jacobs D A, et al. *In situ* recombination junction between p-Si and TiO_2 enables high-efficiency monolithic perovskite/Si tandem cells[J]. Sci. Adv., 2018, 4: 9711.

[84] Werner J, Walter A, Rucavado E, et al. Zinc tin oxide as high-temperature stable recombination layer for mesoscopic perovskite/silicon monolithic tandem solar cells[J]. Appl. Phys. Lett., 2016, 109: 233902.

[85] Werner J, Weng C H, Walter A, et al. Efficient monolithic perovskite/silicon tandem solar cell with cell area > 1 cm^2[J]. J. Phys. Chem. Lett., 2016, 7: 161-166.

[86] Wu Y, Yan D, Peng J, et al. Monolithic perovskite/silicon-homojunction tandem solar cell with over 22% efficiency[J]. Energy Environ. Sci., 2017, 10: 2472-2479.

[87] Xu J, Boyd C C, Yu Z J, et al. Triple-halide wide-band gap perovskites with suppressed phase segregation for efficient tandems[J]. Science, 2020, 367: 1097-1104.

[88] Zheng J, Lau C F J, Mehrvarz H, et al. Large area efficient interface layer free monolithic perovskite/homo-junction-silicon tandem solar cell with over 20% efficiency[J]. Energy Environ. Sci., 2018, 11: 2432-2443.

[89] Zheng J, Mehrvarz H, Liao C, et al. Large-area 23%-efficient monolithic perovskite/homojunction-silicon tandem solar cell with enhanced UV stability using down-shifting material[J]. ACS Energy Lett., 2019, 4: 2623-2631.

[90] Zheng J, Mehrvarz H, Ma F J, et al. 21.8% efficient monolithic perovskite/homojunction-silicon tandem solar cell on 16 cm^2[J]. ACS Energy Lett., 2018, 3: 2299-2300.

[91] Zhu S, Hou F, Huang W, et al. Solvent engineering to balance light absorbance and transmittance in perovskite for tandem solar cells[J]. Sol. RRL, 2018, 2: 1800176.

[92] Zhu S, Yao X, Ren Q, et al. Transparent electrode for monolithic perovskite/silicon-heterojunction two-terminal tandem solar cells[J]. Nano Energy, 2018, 45: 280-286.

[93] Hou F, Li Y, Yan L, et al. Control perovskite crystals vertical growth for obtaining high-performance monolithic perovskite/silicon heterojunction tandem solar cells with V_{OC} of 1.93 V[J]. Sol. RRL, 2021, 5: 2100357.

[94] Li R, Chen B, Ren N, et al. $CsPbCl_3$ -cluster-widened bandgap and inhibited phase

segregation in a wide-bandgap perovskite and its application to NiO_x-based perovskite/silicon tandem solar cells[J]. Adv. Mater., 2022, 34: 2201451.

[95] Wang L, Song Q, Pei F, et al. Strain modulation for light-stable n-i-p perovskite/silicon tandem solar cells[J]. Adv. Mater., 2022, 34: 2201315.

[96] Lee S, Kim C U, Bae S, et al. Improving light absorption in a perovskite/Si tandem solar cell via light scattering and UV-down shifting by a mixture of SiO_2 nanoparticles and phosphors[J]. Adv. Funct. Mater., 2022, 32: 2204328.

[97] https://www.pv-magazine.com/2022/07/07/csem-epfl-achieve-31-25-efficiency-for-tandemperovskite-silicon-solar-cell[2022-07-15].

[98] Kamino B A, Paviet-Salomon B, Moon S-J, et al. Low-temperature screen-printed metallization for the scale-up of two-terminal perovskite-silicon tandems[J]. ACS Appl. Energy Mater., 2019, 2: 3815-3821.

[99] Massiot I, Cattoni A, Collin S. Progress and prospects for ultrathin solar cells[J]. Nat. Energy, 2020, 5: 959-972.

[100] Lim S H, Seok H J, Kwak M J, et al. Semi-transparent perovskite solar cells with bidirectional transparent electrodes[J]. Nano Energy, 2021, 82: 105703.

[101] Wei Z, Smith B, De Rossi F, et al. Efficient and semi-transparent perovskite solar cells using a room-temperature processed MoO_x/ITO/Ag/ITO electrode[J]. J. Mater. Chem. C, 2019, 7: 10981-10987.

[102] Xiao L, Huang G, Zhang H, et al. Light managements and transparent electrodes for semitransparent organic and perovskite solar cells[J]. Sol. RRL, 2022, 6: 2100818.

[103] Aydin E, Liu J, Ugur E, et al. Ligand-bridged charge extraction and enhanced quantum efficiency enable efficient n-i-p perovskite/silicon tandem solar cells[J]. Energy Environ. Sci., 2021, 14: 4377-4390.

[104] De Bastiani M, Mirabelli A J, Hou Y, et al. Efficient bifacial monolithic perovskite/ silicon tandem solar cells via bandgap engineering[J]. Nat. Energy, 2021, 6: 167-175.

[105] Hou Y, Aydin E, De Bastiani M, et al. Efficient tandem solar cells with solution-processed perovskite on textured crystalline silicon[J]. Science, 2020, 367: 1135-1140.

[106] Isikgor F H, Furlan F, Liu J, et al. Concurrent cationic and anionic perovskite defect passivation enables 27.4% perovskite/silicon tandems with suppression of halide segregation[J]. Joule, 2021, 5: 1566-1586.

[107] Zhumagali S, Isikgor F H, Maity P, et al. Linked nickel oxide/perovskite interface passivation for high-performance textured monolithic tandem solar cells[J]. Adv. Energy Mater., 2021, 11: 2101662.

[108] Liu J, De Bastiani M, Aydin E, et al. Efficient and stable perovskite-silicon tandem solar cells through contact displacement by MgF_x[J]. Science, 2022, 377: 302-306.

[109] Stavrakas C, Zelewski S J, Frohna K, et al. Influence of grain size on phase transitions in halide perovskite films[J]. Adv. Energy Mater., 2019, 9: 1901883.

[110] Zhang F, Cong J, Li Y, et al. A facile route to grain morphology controllable perovskite thin films towards highly efficient perovskite solar cells[J]. Nano Energy, 2018, 53: 405-

414.
[111] Li Y C, Shi B A, Xu Q J, et al. Wide bandgap interface layer induced stabilized perovskite/silicon tandem solar cells with stability over ten thousand hours[J]. Adv. Energy Mater., 2021, 11: 2102046.
[112] Ross M, Severin S, Stutz M B, et al. Co-evaporated formamidinium lead iodide based perovskites with 1000 h constant stability for fully textured monolithic perovskite/silicon tandem solar cells[J]. Adv. Energy Mater., 2021, 11: 2101460.
[113] Mao L, Yang T, Zhang H, et al. Fully textured, production-line compatible monolithic perovskite/silicon tandem solar cells approaching 29% efficiency[J]. Adv. Mater., 2022, 34: 2206193.
[114] Park N G. Green solvent for perovskite solar cell production[J]. Nat. Sustain., 2020, 4: 192-193.
[115] Liu S, Guan Y, Sheng Y, et al. A review on additives for halide perovskite solar cells[J]. Adv. Energy Mater., 2019, 10: 1902492.
[116] Fakharuddin A, Schmidt-Mende L, Garcia-Belmonte G, et al. Interfaces in perovskite solar cells[J]. Adv. Energy Mater., 2017, 7: 1700623.
[117] Kang D Y, Kim B H, Lee T H, et al. Dopant-tunable ultrathin transparent conductive oxides for efficient energy conversion devices[J]. Nanomicro Lett., 2021, 13: 211.
[118] Otto M, Kroll M, Kasebier T, et al. Conformal transparent conducting oxides on black silicon[J]. Adv. Mater., 2010, 22: 5035-5038.
[119] Chen L, Lin H, Liu Z, et al. Realization of a general method for extracting specific contact resistance of silicon-based dopant-free heterojunctions[J]. Sol. RRL, 2021, 6: 2100394.
[120] Jeangros Q, Chin X Y, Malter A, et al. 30%-efficient perovskite/Si tandem solar cells Quentin[C]. 18th China SoG Silicon and PV Power Conference, Taiyuan, China, 2022.
[121] Ba L X, Liu H, Shen W Z. Perovskite/c-Si tandem solar cells with realistic inverted architecture: Achieving high efficiency by optical optimization[J]. Prog. Photovoltaics, 2018, 26: 924-933.
[122] Du D X, Gao C, Zhang D Z, et al. Low-cost strategy for high-efficiency bifacial perovskite/c-Si tandem solar cells[J]. Sol. RRL, 2021, 6: 2100781.
[123] Wang Y, Lan Y, Song Q, et al. Colorful efficient moire-perovskite solar cells[J]. Adv. Mater., 2021, 33: 2008091.
[124] Calvo M E. Materials chemistry approaches to the control of the optical features of perovskite solar cells[J]. J. Mater. Chem. A, 2017, 5: 20561-20578.
[125] Hossain M I, Hongsingthong A, Qarony W, et al. Optics of perovskite solar cell front contacts[J]. ACS Appl. Mater. Interfaces, 2019, 11: 14693-14701.
[126] Yin X, Zhai J, Du P, et al. A new strategy for efficient light management in inverted perovskite solar cell[J]. Chem. Eng. J., 2022, 439: 135703.
[127] Hu S, Otsuka K, Murdey R, et al. Optimized carrier extraction at interfaces for 23.6% efficient tin-lead perovskite solar cells[J]. Energy Environ. Sci., 2022, 15: 2096-2107.

[128] Shao S, Liu J, Fang H H, et al. Efficient perovskite solar cells over a broad temperature window: The role of the charge carrier extraction[J]. Adv. Energy Mater., 2017, 7: 1701305.

[129] Yoo J J, Seo G, Chua M R, et al. Efficient perovskite solar cells via improved carrier management[J]. Nature, 2021, 590: 587-593.

[130] Berry F, Mermet-Lyaudoz R, Cuevas Davila J M, et al. Light management in perovskite photovoltaic solar cells: A perspective[J]. Adv. Energy Mater., 2022, 12: 2200505.

[131] Xu Q, Zhao Y, Zhang X. Light management in monolithic perovskite/silicon tandem solar cells[J]. Sol. RRL, 2019, 4: 1900206.

[132] Jiang Y, Almansouri I, Huang S, et al. Optical analysis of perovskite/silicon tandem solar cells[J]. J. Mater. Chem. C, 2016, 4: 5679-5689.

[133] Koç M, Soltanpoor W, Bektaç G, et al. Guideline for optical optimization of planar perovskite solar cells[J]. Adv. Opt. Mater., 2019, 7: 1900944.

[134] Deng K, Li L. Optical design in perovskite solar cells[J]. Small Methods, 2019, 4: 1900150.

[135] Chen Q, Zhou H, Hong Z, et al. Planar heterojunction perovskite solar cells via vapor-assisted solution process[J]. J. Am. Chem. Soc., 2014, 136: 622-625.

[136] Cheng Z, Gao C, Song J, et al. Interfacial and permeating modification effect of n-type non-fullerene acceptors toward high-performance perovskite solar cells[J]. ACS Appl. Mater. Interfaces, 2021, 13: 40778-40787.

[137] Liu M, Johnston M B, Snaith H J. Efficient planar heterojunction perovskite solar cells by vapour deposition[J]. Nature, 2013, 501: 395-398.

[138] Luo D, Zhao L, Wu J, et al. Dual-source precursor approach for highly efficient inverted planar heterojunction perovskite solar cells[J]. Adv. Mater., 2017, 29: 1604758.

[139] Wang Y, Song N, Feng L, et al. Effects of organic cation additives on the fast growth of perovskite thin films for efficient planar heterojunction solar cells[J]. ACS Appl. Mater. Interfaces, 2016, 8: 24703-24711.

[140] Chen W, Liu F Z, Feng X Y, et al. Cesium doped NiO_x as an efficient hole extraction layer for inverted planar perovskite solar cells[J]. Adv. Energy Mater., 2017, 7: 1700722.

[141] Kim G M, Ishii A, Öz S, et al. MACl-assisted Ge doping of Pb-hybrid perovskite: A universal route to stabilize high performance perovskite solar cells[J]. Adv. Energy Mater., 2020, 10: 1903299.

[142] Wang J T W, Wang Z, Pathak S, et al. Efficient perovskite solar cells by metal ion doping[J]. Energy Environ. Sci., 2016, 9: 2892-2901.

[143] Ye Q Q, Wang Z K, Li M, et al. N-type doping of fullerenes for planar perovskite solar cells[J]. ACS Energy Lett., 2018, 3: 875-882.

[144] Bi S, Leng X, Li Y, et al. Interfacial modification in organic and perovskite solar cells[J]. Adv. Mater., 2019, 31: 1805708.

[145] Cho K T, Paek S, Grancini G, et al. Highly efficient perovskite solar cells with a compositionally engineered perovskite/hole transporting material interface[J]. Energy

Environ. Sci., 2017, 10: 621-627.

[146] Fan R, Huang Y, Wang L, et al. The progress of interface design in perovskite-based solar cells[J]. Adv. Energy Mater., 2016, 6: 1600460.

[147] Lira-Cantú M. Perovskite solar cells: Stability lies at interfaces[J]. Nat. Energy, 2017, 2: 17115.

[148] Wolff C M, Caprioglio P, Stolterfoht M, et al. Nonradiative recombination in perovskite solar cells: The role of interfaces[J]. Adv. Mater., 2019, 31: 1902762.

[149] Xiao K, Lin Y H, Zhang M, et al. Scalable processing for realizing 21.7%-efficient all-perovskite tandem solar modules[J]. Science, 2022, 376: 762-767.

[150] Lin R, Xu J, Wei M, et al. All-perovskite tandem solar cells with improved grain surface passivation[J]. Nature, 2022, 603: 73-78.

[151] Lin R, Xiao K, Qin Z, et al. Monolithic all-perovskite tandem solar cells with 24.8% efficiency exploiting comproportionation to suppress Sn(Ⅱ) oxidation in precursor ink[J]. Nat. Energy, 2019, 4: 864-873.

[152] Xiao K, Lin R, Han Q, et al. All-perovskite tandem solar cells with 24.2% certified efficiency and area over 1 cm^2 using surface-anchoring zwitterionic antioxidant[J]. Nat. Energy, 2020, 5: 870-880.

[153] Zheng X, Liu J, Liu T, et al. Photoactivated p-doping of organic interlayer enables efficient perovskite/silicon tandem solar cells[J]. ACS Energy Lett., 2022, 7: 1987-1993.

[154] Swiss Center for Electronics and Microtechnology (CSEM) and the École polytechnique fédérale de Lausanne (EPFL). CSEM and EPFL achieve 31.25% efficiency for tandem perovskite-silicon solar cell[EB/OL]. https://www.pv-magazine.com/2022/07/07/csem-epfl-achieve-31-25-efficiencyfor-tandem-perovskite-silicon-solar-cell[2022-07-15].

[155] Helmholtz-Zentrum Berlin. Researchers achieved world record 32.5% efficiency for a perovskite tandem solar cell[EB/OL]. https://www.pv-magazine.com/2022/12/20/hzb-achieves-world-record-32-5-efficiency-for-perovskite-tandem-solar-cell[2022-12-15].

[156] Fu Q, Tang X, Huang B, et al. Recent progress on the long-term stability of perovskite solar cells[J]. Adv. Sci., 2018, 5: 1700387.

[157] Yu Z, Sun L. Inorganic hole-transporting materials for perovskite solar cells[J]. Small Methods, 2018, 2: 1700280.

[158] Wang T, Cheng Z, Zhou Y, et al. Highly efficient and stable perovskite solar cells via bilateral passivation layers[J]. J. Mater. Chem. A, 2019, 7: 21730-21739.

[159] Wang T, Xie M, Abbasi S, et al. High efficiency perovskite solar cells with tailorable surface wettability by surfactant[J]. J. Power Sources, 2020, 448: 227584.

[160] Wang T, Abbasi S, Wang X, et al. Hierarchy of interfacial passivation in inverted perovskite solar cells[J]. Chem. Commun., 2019, 55: 14996-14999.

[161] Li M, Li H, Zhuang Q, et al. Stabilizing perovskite precursor by synergy of functional groups for NiO_x-based inverted solar cells with 23.5% efficiency[J]. Angew. Chem. Int. Ed., 2022, 61: 202206914.

[162] Yang P, Wang J, Zhao X, et al. Magnetron-sputtered nickel oxide films as hole transport

layer for planar heterojunction perovskite solar cells[J]. Appl. Phys. A, 2019, 125: 481.

[163] Kumar D, Porwal S, Singh T. Role of defects in organic–inorganic metal halide perovskite: Detection and remediation for solar cell applications[J]. Emergent Mater., 2021, 4: 1-34.

[164] Portillo-Cortez K, Martinez A, Dutt A, et al. N719 derivatives for application in a dye-sensitized solar cell (DSSC): A theoretical study[J] . J. Phys. Chem. A, 2019, 123: 10930-10939.

[165] Min H, Lee D Y, Kim J, et al. Perovskite solar cells with atomically coherent interlayers on SnO_2 electrodes[J]. Nature, 2021, 598: 444-450.

[166] An Q, Paulus F, Becker-Koch D, et al. Small grains as recombination hot spots in perovskite solar cells[J]. Matter, 2021, 4: 1683-1701.

[167] Wolff C M, Caprioglio P, Stolterfoht M, et al. Nonradiative recombination in perovskite solar cells: The role of interfaces[J]. Adv. Mater., 2019, 31: 1902762.

[168] Yao X, Zheng L, Zhang X, et al. Efficient perovskite solar cells through suppressed non-radiative charge carrier recombination by a processing additive[J]. ACS Appl. Mater. Interfaces, 2019, 11: 40163-40171.

[169] Luo D, Su R, Zhang W, et al. Minimizing non-radiative recombination losses in perovskite solar cells[J]. Nat. Rev. Mater., 2019, 5: 44-60.

[170] Wang J, Zhang J, Zhou Y, et al. Highly efficient all-inorganic perovskite solar cells with suppressed non-radiative recombination by a Lewis base[J]. Nat. Commun., 2020, 11: 177.

[171] Shen J X, Zhang X, Das S, et al. Unexpectedly strong Auger recombination in halide perovskites[J]. Adv. Energy Mater., 2018, 8: 1801027.

[172] Tsai C Y. The effects of intraband and interband carrier-carrier scattering on hot-carrier solar cells: A theoretical study of spectral hole burning, electron-hole energy transfer, Auger recombination, and impact ionization generation[J]. Prog. Photovoltaics, 2019, 27: 433-452.

[173] Trina solar improves efficiency of 210 mm PERC solar cell by 0.5%[EB/OL]. https://www.pv-magazine.com[2021-08-10].

[174] Green M A, Dunlop E D, Hohl-Ebinger J, et al. Solar cell efficiency tables (version 58)[J]. Prog. Photovoltaics, 2021, 29: 657-667.

[175] https://www.oxfordpv.com[2022-07-15].

[176] Green M A, Dunlop E D, Hohl-Ebinger J, et al. Solar cell efficiency tables (version 60)[J]. Prog. Photovoltaics, 2022, 30: 687-701.

[177] Ouyang Y, Shi L, Li Q, et al. Role of water and defects in photo-oxidative degradation of methylammonium lead iodide perovskite[J]. Small Methods, 2019, 3: 1900154.

[178] Wang D, Wright M, Elumalai N K, et al. Stability of perovskite solar cells[J]. Sol. Energy Mater. Sol. Cells, 2016, 147: 255-275.

[179] Wang Z, Shi Z, Li T, et al. Stability of perovskite solar cells: A prospective on the substitution of the A cation and X anion[J]. Angew. Chem. Int. Ed., 2017, 56: 1190-

1212.

[180] Zhang Y, Zhao Y, Wu D, et al. Homogeneous freestanding luminescent perovskite organogel with superior water stability[J]. Adv. Mater., 2019, 31: 1902928.

[181] Park N G, Grätzel M, Miyasaka T. Organic-inorganic halide perovskite photovoltaics from fundamentals to device architectures[M]. Springer, 2016: 88.

[182] Sun Q, Yin W J. Thermodynamic stability trend of cubic perovskites[J]. J. Am. Chem. Soc., 2017, 139: 14905-14908.

[183] Azpiroz J M, Mosconi E, Bisquert J, et al. Defect migration in methylammonium lead iodide and its role in perovskite solar cell operation[J]. Energy Environ. Sci., 2015, 8: 2118-2127.

[184] Eames C, Frost J M, Barnes P R, et al. Ionic transport in hybrid lead iodide perovskite solar cells[J]. Nat. Commun., 2015, 6: 7497.

[185] Haruyama J, Sodeyama K, Han L, et al. First-principles study of ion diffusion in perovskite solar cell sensitizers[J]. J. Am. Chem. Soc., 2015, 137: 10048-10051.

[186] Hoke E T, Slotcavage D J, Dohner E R, et al. Reversible photo-induced trap formation in mixed-halide hybrid perovskites for photovoltaics[J]. Chem. Sci., 2015, 6: 613-617.

[187] Chai W, Ma J, Zhu W, et al. Suppressing halide phase segregation in $CsPbIBr_2$ films by polymer modification for hysteresis-less all-inorganic perovskite solar cells[J]. ACS Appl. Mater. Interfaces, 2021, 13: 2868-2878.

[188] Dang H X, Wang K, Ghasemi M, et al. Multi-cation synergy suppresses phase segregation in mixed-halide perovskites[J]. Joule, 2019, 3: 1746-1764.

[189] Di Girolamo D, Phung N, Kosasih F U, et al. Ion migration-induced amorphization and phase segregation as a degradation mechanism in planar perovskite solar cells[J]. Adv. Energy Mater., 2020, 10: 2000310.

[190] Knight A J, Herz L M. Preventing phase segregation in mixed-halide perovskites: A perspective[J]. Energy Environ. Sci., 2020, 13: 2024-2046.

[191] Liang J, Chen C, Hu X, et al. Suppressing the phase segregation with potassium for highly efficient and photostable inverted wide-band gap halide perovskite solar cells[J]. ACS Appl. Mater. Interfaces, 2020, 12: 48458-48466.

[192] Tang X, van den Berg M, Gu E, et al. Local observation of phase segregation in mixed-halide perovskite[J]. Nano Lett., 2018, 18: 2172-2178.

[193] Wang X, Ling Y, Lian X, et al. Suppressed phase separation of mixed-halide perovskites confined in endotaxial matrices[J]. Nat. Commun., 2019, 10: 695.

[194] Zhang H, Fu X, Tang Y, et al. Phase segregation due to ion migration in all-inorganic mixed-halide perovskite nanocrystals[J]. Nat. Commun., 2019, 10: 1088.

[195] Slotcavage D J, Karunadasa H I, McGehee M D. Light-induced phase segregation in halide-perovskite absorbers[J]. ACS Energy Lett., 2016, 1: 1199-1205.

[196] Liu T, Zhou Y, Li Z, et al. Stable formamidinium-based perovskite solar cells via *in situ* grain encapsulation[J]. Adv. Energy Mater., 2018, 8: 1800232.

[197] Ma S, Bai Y, Wang H, et al. 1000 h operational lifetime perovskite solar cells by ambient melting encapsulation[J]. Adv. Energy Mater., 2020, 10: 1902472.

[198] Raja S N, Bekenstein Y, Koc M A, et al. Encapsulation of perovskite nanocrystals into macroscale polymer matrices: Enhanced stability and polarization[J]. ACS Appl. Mater. Interfaces, 2016, 8: 35523-35533.

[199] Li F, Liu M. Recent efficient strategies for improving the moisture stability of perovskite solar cells[J]. J. Mater. Chem. A, 2017, 5: 15447-15459.

[200] Wang H, Zhao Y, Wang Z, et al. Hermetic seal for perovskite solar cells: An improved plasma enhanced atomic layer deposition encapsulation[J]. Nano Energy, 2020, 69: 104375.

[201] De Bastiani M, Van Kerschaver E, Jeangros Q, et al. Toward stable monolithic perovskite/silicon tandem photovoltaics: A six-month outdoor performance study in a hot and humid climate[J]. ACS Energy Lett., 2021, 6: 2944-2951.

[202] Masi S, Gualdrón-Reyes A F, Mora-Seró I. Stabilization of black perovskite phase in $FAPbI_3$ and $CsPbI_3$[J]. ACS Energy Lett., 2020, 5: 1974-1985.

[203] Nandi P, Giri C, Swain D, et al. Temperature dependent photoinduced reversible phase separation in mixed-halide perovskite[J]. ACS Appl. Energy Mater., 2018, 1: 3807-3814.

[204] Xu T, Chen L, Guo Z, et al. Strategic improvement of the long-term stability of perovskite materials and perovskite solar cells[J]. Phys. Chem. Chem. Phys., 2016, 18: 27026-27050.

[205] Ahmad J, Bazaka K, Anderson L J, et al. Materials and methods for encapsulation of OPV: A review[J]. Renew. Sust. Energ. Rev., 2013, 27: 104-117.

[206] Uddin A, Upama M, Yi H, et al. Encapsulation of organic and perovskite solar cells: A review[J]. Coatings, 2019, 9: 65.

[207] Dong Q, Liu F, Wong M K, et al. Encapsulation of perovskite solar cells for high humidity conditions[J]. Chemsuschem, 2016, 9: 2597-2603.

[208] Fu Z, Xu M, Sheng Y, et al. Encapsulation of printable mesoscopic perovskite solar cells enables high temperature and long-term outdoor stability[J]. Adv. Funct. Mater., 2019, 29: 1809129.

[209] Lee Y I, Jeon N J, Kim B J, et al. A low-temperature thin-film encapsulation for enhanced stability of a highly efficient perovskite solar cell[J]. Adv. Energy Mater., 2018, 8: 1701928.

[210] Raman R K, Gurusamy Thangavelu S A, Venkataraj S, et al. Materials, methods and strategies for encapsulation of perovskite solar cells: From past to present[J]. Renew. Sust. Energ. Rev., 2021, 151: 111608.

[211] Holzhey P, Saliba M. A full overview of international standards assessing the long-term stability of perovskite solar cells[J]. J. Mater. Chem. A, 2018, 6: 21794-21808.

[212] Shao S, Loi M A. The role of the interfaces in perovskite solar cells[J]. Adv. Mater. Interfaces, 2019, 7: 1901469.

[213] Qiu L, Ono L K, Qi Y. Advances and challenges to the commercialization of organic-

inorganic halide perovskite solar cell technology[J]. Mater. Today Energy, 2018, 7: 169-189.

[214] Svanstrom S, Jacobsson T J, Boschloo G, et al. Degradation mechanism of silver metal deposited on lead halide perovskites[J]. ACS Appl. Mater. Interfaces, 2020, 12: 7212-7221.

[215] Shi L, Young T L, Kim J, et al. Accelerated lifetime testing of organic-inorganic perovskite solar cells encapsulated by polyisobutylene[J]. ACS Appl. Mater. Interfaces, 2017, 9: 25073-25081.

[216] Bella F, Griffini G, Correa-Baena J P, et al. Improving efficiency and stability of perovskite solar cells with photocurable fluoropolymers[J]. Science, 2016, 354: 203-206.

[217] Han Y, Meyer S, Dkhissi Y, et al. Degradation observations of encapsulated planar $CH_3NH_3PbI_3$ perovskite solar cells at high temperatures and humidity[J]. J. Mater. Chem. A, 2015, 3: 8139-8147.

[218] Wong-Stringer M, Game O S, Smith J A, et al. High-performance multilayer encapsulation for perovskite photovoltaics[J]. Adv. Energy Mater., 2018, 8: 1801234.

[219] Zhao J, Brinkmann K O, Hu T, et al. Self-encapsulating thermostable and air-resilient semitransparent perovskite solar cells[J]. Adv. Energy Mater., 2017, 7: 1602599.

[220] Kim J S, Yang S, Bae B S. Thermally stable transparent sol-gel based siloxane hybrid material with high refractive index for light emitting diode (LED) encapsulation[J]. Chem. Mater., 2010, 22: 3549-3555.

[221] De Bastiani M, Babics M, Aydin E, et al. All set for efficient and reliable perovskite/silicon tandem photovoltaic modules?[J]. Sol. RRL, 2021, 6: 2100493.

[222] Brennan M P, Abramase A L, Andrews R W, et al. Effects of spectral albedo on solar photovoltaic devices[J]. Sol. Energy Mater. Sol. Cells, 2014, 124: 111-116.

[223] Lehr J, Langenhorst M, Schmager R, et al. Energy yield of bifacial textured perovskite/silicon tandem photovoltaic modules[J]. Sol. Energy Mater. Sol. Cells, 2020, 208: 110367.

[224] Guerrero-Lemus R, Vega R, Kim T, et al. Bifacial solar photovoltaics—A technology review[J]. Renew. Sust. Energ. Rev., 2016, 60: 1533-1549.

[225] Coletti G, Luxembourg S L, Geerligs L J, et al. Bifacial four-terminal perovskite/silicon tandem solar cells and modules[J]. ACS Energy Lett., 2020, 5: 1676-1680.

[226] Fertig F, Nold S, Wöhrle N, et al. Economic feasibility of bifacial silicon solar cells[J]. Prog. Photovoltaics, 2016, 24: 800-817.

[227] Fertig F, Wöhrle N, Greulich J, et al. Bifacial potential of single- and double-sided collecting silicon solar cells[J]. Prog. Photovoltaics, 2016, 24: 818-829.

[228] Jäger K, Tillmann P, Katz E A, et al. Perovskite/silicon tandem solar cells: Effect of luminescent coupling and bifaciality[J]. Sol. RRL, 2021, 5: 2000628.

[229] Jia G, Gawlik A, Plentz J, et al. Bifacial multicrystalline silicon thin film solar cells[J]. Sol. Energy Mater. Sol. Cells, 2017, 167: 102-108.

[230] Lin W J, Dreon J, Zhong S H, et al. Dopant-free bifacial silicon solar cells[J]. Sol. RRL,

2021, 5: 2000771.

[231] Chantana J, Kawano Y, Nishimura T, et al. Optimized bandgaps of top and bottom subcells for bifacial two-terminal tandem solar cells under different back irradiances[J]. Sol. Energy, 2021, 220: 163-174.

[232] Du D, Gao C, Wang H, et al. Photovoltaic performance of bifacial perovskite/c-Si tandem solar cells[J]. J. Power Sources, 2022, 540: 231622.

[233] Liang T S, Pravettoni M, Deline C, et al. A review of crystalline silicon bifacial photovoltaic performance characterisation and simulation[J]. Energy Environ. Sci., 2019, 12: 116-148.

[234] Onno A, Rodkey N, Asgharzadeh A, et al. Predicted power output of silicon-based bifacial tandem photovoltaic systems[J]. Joule, 2020, 4: 580-596.

[235] Boccard M, Ballif C. Influence of the subcell properties on the fill factor of two-terminal perovskite-silicon tandem solar cells[J]. ACS Energy Lett., 2020, 5: 1077-1082.

[236] De Bastiani M, Subbiah A S, Babics M, et al. Bifacial perovskite/silicon tandem solar cells[J]. Joule, 2022, 6: 1-15.

[237] Lin Y, Bai Y, Fang Y, et al. Suppressed ion migration in low-dimensional perovskites[J]. ACS Energy Lett., 2017, 2: 1571-1572.

[238] Liu G, Zheng H, Xu H, et al. Interface passivation treatment by halogenated low-dimensional perovskites for high-performance and stable perovskite photovoltaics[J]. Nano Energy, 2020, 73: 104753.

[239] Zhou C, Zhang T, Zhang C, et al. Unveiling charge carrier recombination, extraction, and hot-carrier dynamics in indium incorporated highly efficient and stable perovskite solar cells[J]. Adv. Sci., 2022, 9: 2103491.

[240] Blancon J C, Stier A V, Tsai H, et al. Scaling law for excitons in 2D perovskite quantum wells[J]. Nat. Commun., 2018, 9: 2254.

[241] Bubnova O. Low-dimensional perovskites[J]. Nat. Nanotechnol., 2018, 13: 531.

[242] Kausar A, Sattar A, Xu C, et al. Advent of alkali metal doping: A roadmap for the evolution of perovskite solar cells[J]. Chem. Soc. Rev., 2021, 50: 2696-2736.

第 5 章　钙钛矿/晶硅异质结叠层太阳电池表征与测试

近年来，商业化单结电池效率提升放缓且成本控制难度增加，钙钛矿/晶硅叠层电池凭借其宽光谱吸收、易突破 Shockley-Queisser 效率极限的优势而逐渐成为研究热点。但叠层电池尚存在内在机理不明、易受外界因素影响和体系复杂多变等研究难点，因此急需标准的测试方案以精确比较不同体系结构间的优劣势，以便于决断叠层电池未来的研究和发展方向[1-3]。在此背景下，国际电工委员会 (International Electrotechnical Commission, IEC) 和美国材料与试验协会 (American Society for Testing and Materials, ASTM) 制定并公布了一系列测试标准，规范了精确测量钙钛矿/晶硅叠层太阳电池的流程及方法，并指出了目前精确测量分析的误区和重点。相关标准从 1999 年始，经历一系列的完善和迭代，例如，对电流–电压曲线的测量从稳态测量调整为更加精确的渐进测量方式。同时，标准也从叠层电池的电流–电压特性曲线和光谱响应的角度出发，分析指出了造成测量误差的常见因素，诸如迟滞效应、电流失配、光谱失配[4-6]。更加完善的测试标准将有助于我们厘清叠层电池与其他体系光伏器件相比的优势所在和发展趋势。

精确测量实现了对器件定性分析到定量分析的跃迁，使得人们在分析诸如叠层电池之类结构复杂的器件时有了更加可靠的事实依据。针对叠层电池的精确测量，可以帮助人们从太阳电池电流–电压曲线和外量子效率 (EQE) 光谱中解析电池损耗的机制，并在此基础上给出器件性能优化的思路和方法[7,8]。所以，精确测量有助于将传统的定性分析提升至定量分析，可精准定位器件性能衰退的短板和掣肘，以便实现靶向优化策略设计[9,10]。例如，Tockhorn 等[11]通过定量光管理手段，指出反射损失是钙钛矿/晶硅叠层电池的主要损耗来源，并利用周期性纳米结构以减少反射损耗以及近红外波段的寄生吸收。而 Werner 等[12]同样发现，寄生吸收是叠层电池中亟待解决的主要问题，通过低温磁控溅射 ITO 和 MoO_x 缓冲层实现了对寄生吸收的优化，并取得了约 20%的相对效率提升。

太阳电池实现产业化和市场化的关键是提高电池的转换效率以及降低生产成本。其中，太阳电池的转换效率是衡量其性能优劣最直观的数据，在早期由于缺乏统一的测量和认证标准，并且也没有精确的测量设备和方法，许多的突破性效率数据难以被其他实验室重现。这无疑会引发学术上的争论，同时也阻碍了科研的进步，以及太阳电池的市场化和产业化。为了避免这种乱象，IEC 制定了一套测试标准，并在随后的研究过程中，这套标准不断地被完善改进，成为目前光伏领域精确测量的重要准绳，诸如日本产业技术综合研究所 (AIST)、美国国家可再生能源实验室 (NREL)、德国 Fraunhofer ISE、德国哈梅林太阳能研究所 (ISFH) 等国际测试机构都采用这一标准 [13-16]。因此，精确测量是技术传播发展以及泛同行评议的必然要求，具有重要的指导参考意义。

5.1 钙钛矿/晶硅异质结叠层太阳电池性能基本表征

5.1.1 太阳电池性能参数

根据标准 IEC60904-1-8.2，以及本书 3.1 节、4.2 节的介绍，我们可以将钙钛矿/晶硅异质结叠层电池视为理想的 Shockley 二极管，并依据式 (4-1)~ 式 (4-4) 从电流–电压曲线中提取器件主要电学参数：短路电流 J_{SC}、开路电压 V_{OC}、填充因子 FF 以及转换效率 PCE，从而在此基础上实现器件性能分析 [17,18]。其中，短路电流 J_{SC} 是指闭合回路在短路的情况下产生的电流，式 (4-1) 表明短路电流主要受辐照强度，器件光谱响应特性和入射光波长等因素相关。在热平衡状态下，能量高于禁带宽度 E_g 的光子将被吸收并产生光电流，E_g 越大，产生的光电流越小。根据 Shockley-Queisser 极限，单结电池 E_g 范围在 1.1~1.5 eV 有望达到 29%的理论极限，而对于钙钛矿/晶硅异质结叠层电池而言，带隙为 1.12 eV 的晶硅底电池与带隙为 1.71 eV 的钙钛矿顶电池将是最为合适的匹配组合并有望获得超过 43%的理论极限效率 [19,20]。除此之外，器件光学结构、膜层质量、载流子输运过程等因素也都会对 J_{SC} 产生影响。所以，短路电流是器件能带匹配工程的直接表现形式，是器件性能分析的重要指标。开路电压 V_{OC} 是指回路在两端开路时测得的电压，式 (4-2) 表明，V_{OC} 主要与反向饱和电流和短路电流相关。其中，反向饱和电流由 pn 结中少数载流子的漂移运动形成，并与材料掺杂浓度相关。V_{OC} 可用于表述器件内建电场、辐射复合以及非辐射复合损耗对器件性能的影响。而填充因子 FF 描述了器件功率输出特性，并被用于衡量器件串并联电阻大小和界面选择性接触等 [21,22]。

上述电学参数与光伏器件内在运行机制息息相关。举例来说，研究中通常利用电流–电压曲线弯曲部分的曲率因素，即填充因子 FF，作为评价光伏电池 pn 结制造缺陷导致的漏电流效应指标。在报道的实验中发现，FF 对子电池匹配程度具有非常高的相关性。例如，在 $GaInP_2/GaAs$，a-Si:H/μc-Si:H 或 a-Si:H/a-Si:H 叠层电池中都存在与子电池匹配高度相关的 FF 变化依赖性。并且，如果要获得准确的 FF，测试中不仅需要达到子电池短路电流的匹配，同时需要输出功率的匹配 [23,24]。但是在目前钙钛矿/晶硅串联电池中，上述功率匹配的概念尚未得到充分的认知，且缺乏详细的研究和实验结果 [25]。上述参数的物理机制意味着，能否精确地提取参数值，将很大程度上决定了对器件性能的评估是否可靠。因此，对电流–电压曲线的精确测量和相关参数的提取，在衡量器件性能方面显得尤为重要。

2020 年的 IEC 60904-1 标准中不仅给出了上述参数的详细定义和测试条件，还明确了提取上述电学参数的要点。①测试采集的数据点应当包括 J_{SC} 和 V_{OC}，并控制合适的扫描速率。②如若不包含，则应采用外推法。对于 J_{SC}，外推范围不应大于器件开路电压的 3%；而对于 V_{OC}，则不建议外推。③对于 J_{SC} 通常利用线性拟合，V_{OC} 是一个线性或低阶多项式，而最大功率 P_{max} 是一个四阶或更高阶多项式，并且在 IEC 60904-10 标准中还详细给出了串联电阻的提取，以及修正辐照度和温度影响的步骤 [26]。

5.1.2 电流–电压测试标准与测试方法

早在 2006 年，国际上就有了对太阳电池精确测量的提议，Yang 课题组 [27] 和 NREL 合作发表了系统性探讨精确测量有机太阳电池的文章，提出了太阳光模拟器校准、参考电池选择、光谱失配误差修正等重要观念。2014 年，*Nature* 期刊又连刊三篇文章倡议精确测量的重要性，并指出，错误的效率报道会阻碍光伏产业的进步 [28-30]。并且，自 2015 年始，*Nature* 期刊为了避免刊登错误的结果从而影响期刊声望，要求投稿者必须按照 Solar Checklist 自检表逐项检查，并且提供实验相关信息 [31]。随后在 2020 年，Cell Press 也提出了 PV Checklist 以供作者自查，并且提出了校准溯源的新要求 [32]。同时，上述期刊都要求投稿的太阳能器件效率经过具有国际标准 ISO/IEC 17025 鉴定的第三方机构认证。可见，提供完善详细的测试条件和测试结果，如今已经成为顶尖期刊对光伏器件相关科研成果发表的必然要求。

因此，为了能精确测量近年来涌现的各类新型太阳电池，相关测试标准也时刻保持着更新。至今，以 IEC 和 ASTM 为代表的相关标准已经形成了相当完善的体系，并包含了测试方法、测试仪器和测试条件等多方面，具体内容如表 5-1 所示 [33-35]。

随着技术发展和分析测试手段的增加，各标准也在逐渐新增完善。例如，2020 年第三版的 IEC 60904-1 标准在 2006 年第二版内容基础上提供了如图 5-1(a) 所示的带电容光伏器件等效模型，以考虑电容因素引起的误差 [36]。同时也首次描述了暗电流–电压曲线的测试原理和方法，并给出了如图 5-1(b) 所示的暗电流测试等效电路。2019 年新增的 IEC TS 60904-1-2 中则引入了相对背面光强增益系数的概念，并要求双面组件测试中使用的模拟器或自然光条件测试光强均匀性等级至少为 B 级。同时，标准将组件背面测试光强由 3 $W{\cdot}m^{-2}$ 修正至 5 $W{\cdot}m^{-2}$，并给出了测试方法和测试点示意图 [37]。2014 年的 IEC 60904-8 标准则引入了计算光

表 5-1　系列测试标准内容以及标准索引

标准主题	IEC 标准号	ASTM 标准号
电流–电压特性的温度和辐照度修正规范	IEC 60891	ASTM E1036-15
非聚光单结光伏器件电流–电压特性曲线测试规范	IEC 60904-1	ASTM E948-16
非聚光多结光伏器件电流–电压特性曲线测试规范	IEC 60904-1-1	ASTM E2236-10
双面光伏器件电流–电压特性曲线测试规范	IEC TS 60904-1-2	—
测量用参考电池的特性和要求	IEC 60904-2	ASTM E1362-15
参考光谱辐照度分布数据	IEC 60904-3	ASTM G173-03
参考电池的校准和结果可追溯性	IEC 60904-4	ASTM E1125-15
开路电压法确定光伏器件等效电池温度	IEC 60904-5	—
计算光伏器件测试中的光谱失配和修正	IEC 60904-7	ASTM E973-16
非聚光单结光伏器件的光谱响应测试标准	IEC 60904-8	ASTM E1021-15
非聚光多结光伏器件的光谱响应测试标准	IEC 60904-8-1	ASTM E2236-10
测试太阳光模拟器的特性和要求	IEC 60904-9	ASTM E927-19
测定光伏器件参数相对于测试条件线性度的规范	IEC 60904-10	ASTM E1143-05
电流–电压特性曲线测量中的温度和辐射修正	IEC 60891	—
光伏器件相关术语、符号	IEC TS 61836	ASTM E772-15
日光辐照计的测量校正标准	—	ASTM E816-15

谱修正的新公式并进一步细化了测试要求，特别是关于器件测试中连续或非连续光源下的辐照不足或过量的测量修正 [38]。在最新的 2022 年 IEC TC82 春季会议上，IEC 60904-8 标准修改稿中将微分光谱响应 (differential spectral responsivity, DSR) 扫描次数从 5 次减少为 3 次，并细化了入射光扫描过程。关于温度或测试条件造成的非线性效应的讨论和修正指导方案则被单独放在 2020 年发布的 IEC 60904-10 标准中，并在其中明确界定了可接受的非线性效应范围以及影响 [26]。针对温度和辐照度对测试结果的影响，2021 年公布的第三版 IEC 60891 标准中，则额外添加了如图 5-1(c)~(e) 所示的利用两条、三条或者四条电流–电压曲线以修正辐照度和温度测量误差的方案，其为更加精确的测量误差分析提供了解决途径 [39]。同样是针对测量误差的分析，2020 年的 IEC 60904-9 标准相较于 2014 版，细化了在光谱响应灵敏度以及辐照度色散程度未知时，评估光谱失配误差的方式以及相关可靠性方法。如图 5-1(f) 所示，标准举例说明，当色散宽度固定为 $x =$ 5 nm 时，辐照光谱色散等级越高大，则计算光谱失配的误差也就越大，最大可导致 1%的不确定度 [40]。

除了上述细化的规范要求以外，相关标准也逐渐对原有规范进行了替代。相较于 2008 版的 IEC 60904-7 标准，2019 版放弃了对光谱辐照计的设备要求，转而全部采用在标准太阳光模拟器下被测器件和参考器件的相对光谱响应度之差来评估光谱失配度 [41]。这样的完善也出现在 ASTM 标准中，2005 年关于日光辐照计的校正标准 E941-83 就被更加全面的 E816-15 取代了 [42]，在此基础上还提供了利用热电堆探测器作为测试辐照度测量的参考装置，并给出了修正后的计算光谱失配度公式，这为进一步精确测量提供了更广泛的选择。

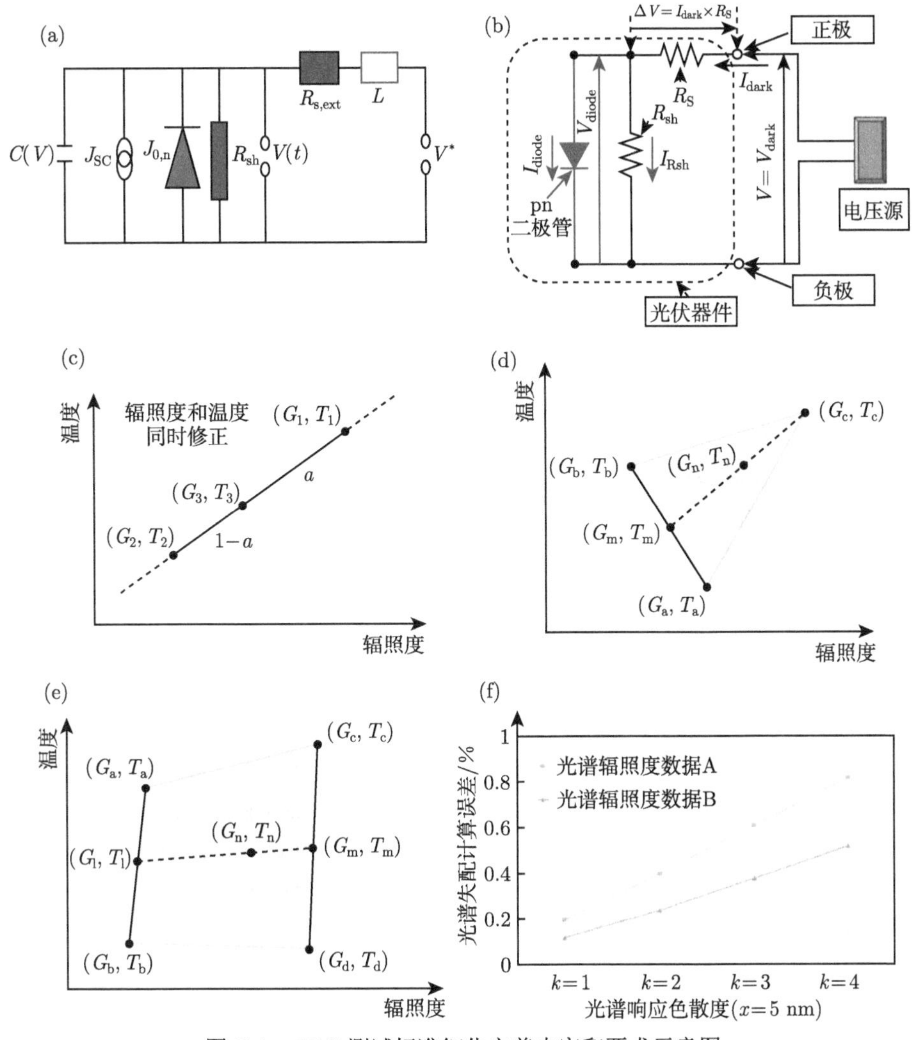

图 5-1 IEC 测试标准细化完善内容和要求示意图

(a) 带电容光伏器件等效电路模型 [36]；(b) 暗电流–电压曲线测试等效电路示意图 [28]；(c) 两条、(d) 三条、(e) 四条电流–电压曲线修正测试辐照度和温度误差示意图 [39]；(f) 光谱色散度对光谱失配误差影响示意图 [40]

对于叠层电池而言，由于存在子电池的光谱匹配问题以及较容易受外界环境影响的特性，不同的测试情况将会极大影响测试结果，因此更加迫切地需要规范的测量方法 [43]。一般来说，多结光伏器件光电性质的测量并不能照搬单结电池的测量。这一方面是由于串联多结光伏电池所测得的电学特性是每个子电池电流的复杂函数，所以在钙钛矿/晶硅异质结叠层电池中，器件的整体电学性能容易受钙钛矿子电池的迟滞和失稳因素影响。另一方面是由于多结电池中的发光耦合可能存在并影响测量结果 [44]。例如，从 $GaInP_2$ 电池发出的光可以被吸收并在底层

GaAs 结中产生光伏电流 [45,46]。因此，2020 年提出的 ASTM 首次发布 E2236-10 标准以规范双端和多结电池的测试标准 [35]，而 IEC 则在 2017 年以补充版的形式发布了 IEC 60904-1-1 和 IEC 60904-8-1 标准，来规范多结电池的电流–电压曲线测试和光谱响应测试流程 [33,47]。

根据上述标准，针对双端串联叠层电池，本书总结归纳出了如下标准测试流程，其主要分为两部分：标准测试条件和标准测试方法。

1. 标准测试条件 (standard test condition，STC)

标准测试条件主要由以下三部分组成：(a) AM 1.5G 太阳光谱，(b) 标准太阳光强 (1 kW·m^{-2})，(c) 环境温度 (25±1) ℃。为了尽可能地与标准测试条件接近，IEC 60904-9 标准对太阳光模拟器作出了一系列的要求，主要通过三个参数来评测太阳光模拟器性能等级。

(1) 光谱匹配度，用于表征太阳光模拟器光谱与标准 AM 1.5G 光谱之差异。通过计算模拟光谱在标准 AM 1.5G 光谱中各波段辐射占比得到，并按如表 5-2 所列可以将模拟器划分为不同的等级，图 5-2(a) 展示了不同分级的氙灯太阳光模拟器光谱与标准 AM 1.5G 光谱的对比曲线。同时，具有可调光谱辐照度的太阳模拟器是测量多结器件的首选，这种模拟器通常是多源模拟器或配备可变光学滤波器，即可通过改变光源的功率水平或光学滤光片来减小光谱失配。一般来说，光谱 LED 光源的太阳光模拟器更加适合多结太阳电池的测量，但是如图 5-2(b) 和 (c) 所示，LED 光源的模拟器的光谱覆盖率和总光谱偏差都比氙灯光源的模拟器更差，因此在实际测试中采用氙灯等单光源太阳模拟器是更加常见的选择 [48]。单源太阳模拟器则通常有一个固定的光谱辐照度，但总辐照度往往是可变的，因此可通过改变总辐照度以协调光谱匹配。

表 5-2　不同评级太阳光模拟器指标性质 [40]

分级	固定波长范围的光谱失配占比/%	辐射光谱非均匀度/%	时间不稳定度	
			辐射短时不稳定度/%	辐射长时不稳定度/%
A$^+$	87.5 ～ 112.5	1	0.25	1
A	75～ 125	2	0.5	2
B	60～ 140	5	2	5
C	40 ～ 200	10	10	10

(2) 辐照空间不均匀度，用于表征辐照度的空间不均匀性对器件电流–电压曲线的影响。特别是对于光伏组件而言，不均匀照明会导致串联电池的短路电流分散并导致电流–电压曲线的变形。该参数是通过如图 5-3(a) 所示，在测试平面内

取四个位置不同的点，并将其中辐照最强和最弱的点代入式 (5-1) 得到的。

$$\text{不均匀度} = \frac{\text{最大辐照度} - \text{最小辐照度}}{\text{最大辐照度} + \text{最小辐照度}} \times 100\% \tag{5-1}$$

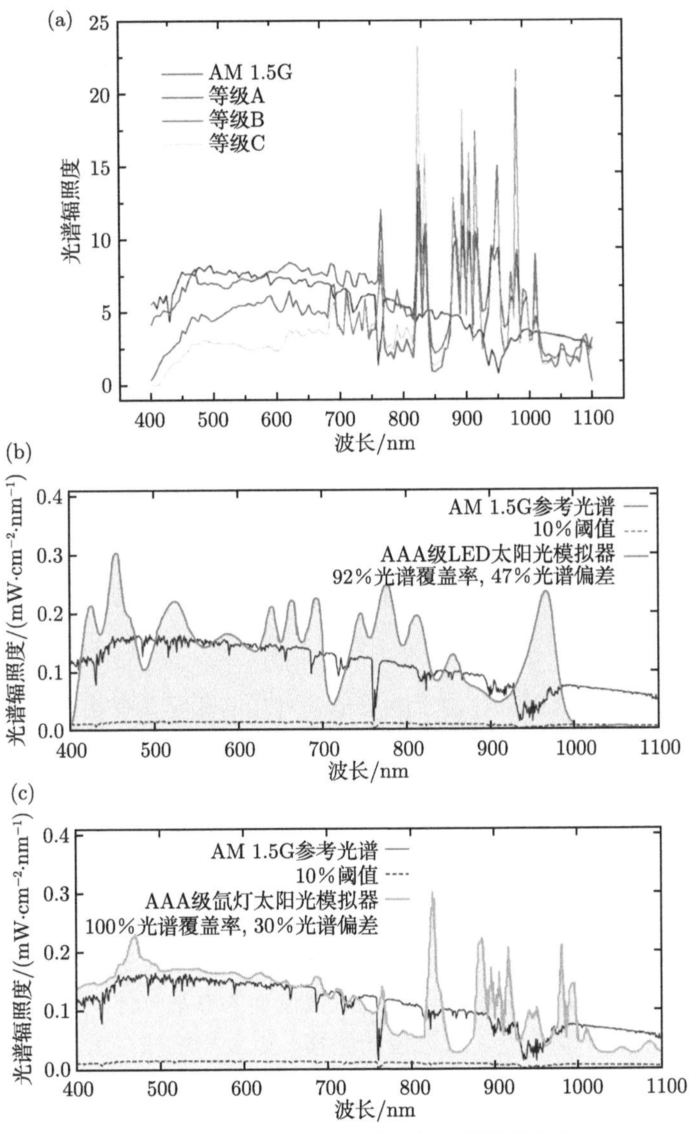

图 5-2 不同类型太阳光模拟的光谱性能比较

(a) 不同评级氙灯太阳光模拟器光谱与 AM 1.5G 光谱辐照度对比曲线 [49]；(b)AAA 级 LED 光源太阳光模拟器的光谱覆盖率和偏差曲线；(c)AAA 级氙灯光源太阳光模拟器的光谱覆盖率和偏差曲线 [48]

(3) 时间不稳定度 (temporal instability)，用于表征光源随时间变化的稳定程度对测试结果的影响。模拟器的时间不稳定度分为长时不稳定度 (long term instability，LTI) 和短时不稳定度 (short term instability，STI)。可通过式 (5-2) 计算得到，其中 LTI 指的是在整个数据采集期间辐照度的不稳定度，STI 则指在某组数据 (电流、电压、辐照度) 采集期间辐照度的不稳定度。图 5-3(b) 展示了典型的时间不稳定度测试过程，在至少 30 min 的持续时间内，每隔 1 min 测试当前环境的电流、电压和辐照度，并最终计算 LTI 或者 STI。

$$\text{时间不稳定度} = \frac{\text{最大辐照度} - \text{最小辐照度}}{\text{最大辐照度} + \text{最小辐照度}} \times 100\% \tag{5-2}$$

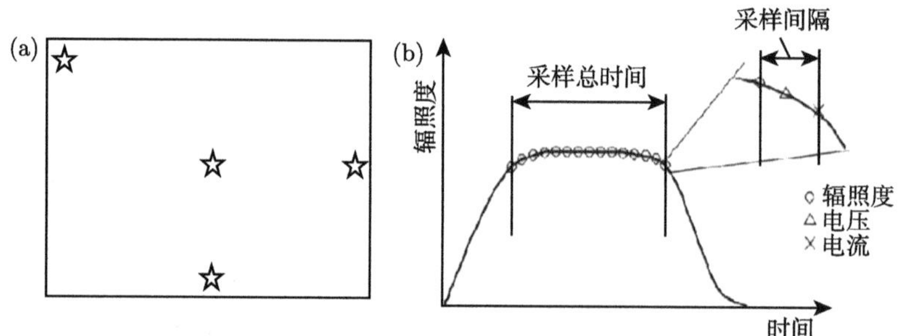

图 5-3 (a) 光谱辐照不均匀度取样和 (b) 光谱时间不稳定度测试示意图 [36]

除了太阳光模拟器以外，由于叠层电池对光谱匹配具有相当高的要求，所以最新标准中也对测试中使用的参考电池在 IEC 60904-2 标准基础上提供了如下的选择。

(1) 提供 n 个参考电池分别对应 n 结电池中各子电池的光谱响应范围。根据 5.2 节 IEC 60904-7 标准的光谱失配计算公式 (5-9) 得到，失配因子在 $\pm 1\%$以内时，则认为两者光谱响应是匹配的。如果失配因子在 $\pm 5\%$以内时，则认为光谱响应度是近似的。这种多个参考电池的组合器件可以通过合适的光学滤波器将不同的标准单结电池结合起来，也可以通过迭代校准的办法分体使用。但是需要考虑到参考电池的校准不确定度、校准值的漂移，以及用这些参考电池确定测量条件的不确定度等 [50,51]。

(2) 宽响应范围的单个参考电池 (如晶体硅参考电池) 则主要应用于自然阳光下测量。在这种情况下，光谱失配很小，从而有足够的精度确定当前光谱辐照度并最小化测量不确定度。

2. 叠层电池标准测试流程和方法

在对测试条件进行了初步确认后，即可开始测试器件的光电特性。需要注意的是，根据 IEC 60904-1 标准，所有待测试的光伏器件都需要经历光浸泡，以消除可能存在的亚稳态失真。多结电池光谱响应的测量流程主要有以下几个步骤。

(1) 确定环境温度监控变化小于 ±1℃，确保电流–电压测试源表不准确度小于 0.2%，确认测试光谱失配度。安装参考电池，需要保证其垂直于入射太阳光束，保证倾角小于 5°。

(2) 根据 IEC 60904-7 标准，分别测试待测样品和参考电池的光谱响应，并根据式 (5-9) 计算出相应的光谱失配参数 SMM_i，记录每个参考电池的短路电流 $I_{\mathrm{R}i}$。

(3) 按照式 (5-3) 计算电流平衡参数 Z_i：

$$Z_i = \frac{1}{\mathrm{SMM}_i}\frac{E_0 C_i}{I_{\mathrm{R}i}} \tag{5-3}$$

其中，Z_i 是第 i 个子电池的匹配因子；E_0 是测试条件的总光谱辐照度，单位为 $\mathrm{W{\cdot}m^{-2}}$；C_i 是参考光谱下的参考电池校准常数，单位为 $\mathrm{A{\cdot}m^2{\cdot}W^{-1}}$。

在测量电流–电压特性时，应满足所有子电池的电流平衡参数 Z_i 都在 0.03 以内，否则需要重复上述步骤或者调整太阳模拟器光谱，直至满足要求。平衡参数误差越小，则证明测量不确定度越小。IEC 60904-1-1 标准中也提供了利用子电池电流比失配公式判断电流平衡的选项，但是由于需要得到子电池绝对响应光谱，所以测量误差较大，所得到结果的参考价值略低。

(4) 将被测多结器件利用四线法安装在电流–电压测试夹具中以消除测试线材电阻，扫描电流–电压曲线，同时读取被测设备的电流和电压，并记录参考电池的输出结果以评估辐照度的空间不均匀性。需要注意的是，测试温度也需要同时记录，并保持整体测试温度尽可能接近电压扫描到器件 V_{OC} 时刻的温度情况，从而便于利用 V_{OC} 对温度不平衡产生的非线性效应进行修正。

(5) 根据所使用的太阳光模拟器类型，采用如图 5-4 所示的线性扫描或阶跃扫描的方式获得光伏电池最大功率点，从而计算出器件光电转换效率等参数。

A. 线性扫描

线性扫描也称最大功率点追踪法，可用于连续 (模拟或自然) 阳光下或长脉冲太阳模拟器，扫描时间通常长于 100 ms。如图 5-4(a) 所示，测试中将待测的电压范围分为多个部分，在每一小部分扫描测量相应的电流，最后将所有部分的数据整合起来，组成最终的电流–电压曲线，然后再持续追踪最大功率输出点，最终计算器件效率。这种方式测试速度较慢，花费时间长，但是可以有效地降低由电容等物理参数引起的误差。在选取合适的扫描速度时，一般要求连续两次扫描获得的电流–电压曲线的数据误差在 0.5%以内，否则需要重新调整扫描速率。

B. 阶跃扫描

阶跃扫描也称最大功率渐进法，则可以应用于包括脉冲太阳光模拟器在内的多种光源。如图 5-4(b) 所示，测试中整个电流–电压曲线是通过阶跃式的电压扫描完成的，将待测电压范围分割成多个电压域，每段的扫描电压都保持不变且扫描时间要足够长，直到该段电流、电压的一阶微分和电流的一阶微分都稳定下来方可记录当前数据，并进行下一电压阶跃。在获得此电压范围的电流–电压曲线后，计算此段器件的输出功率；然后通过逐渐缩小电压测试范围的方式，寻找器件最大输出功率点。该方法测试时间稍快，因此要合理选择测量点的数目以及数据插值的方式，以减小不确定度 [37]。

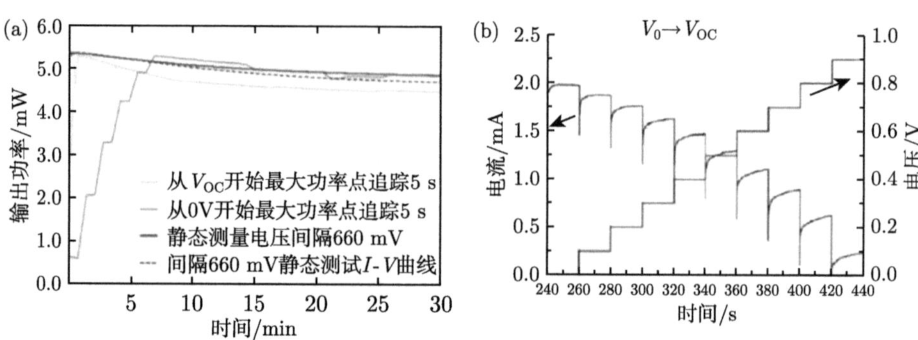

图 5-4 (a) 线性扫描测试器件输出功率以及 (b) 阶跃扫描测试电流–电压曲线示意图 [37]

3. 精确测量的影响因素

由于钙钛矿/晶硅叠层电池中钙钛矿子电池的铁电性和迟滞特性，稳态测试对器件的精确测量显得尤为重要。因此实际测试中影响精确测量的因素非常多，例如扫描速率、扫描方向、电流匹配等。下面介绍几种常见的测量误差的物理来源以及对应的修正方式。

1) 电容参数影响

一般来说，pn 结中存在势垒电容和扩散电容。其中，pn 结在外加偏压的作用下导致空间电荷层区域宽度发生变化而产生的电容效应称为势垒电容；而正向偏压会引起 p 区和 n 区的少子扩散，从而影响载流子数量变化，即为扩散电容 [52]。在实际的测量过程中，由于电容效应的存在，改变光照强度会使电荷分布达到平衡的时间变长。当电压偏置的步进或扫频过快，使器件对每次电流测量的响应达到平衡时，就会产生扫频效应，这就要求钙钛矿/晶硅叠层太阳电池测试中需要严格实施稳态扫描 [53,54]。测试标准的溯源性也要求被测器件的电流–电压特性的测量应尽可能地反映器件在稳态条件下的性能，即在不受辐照度、器件温度或电压扫描率漂移影响的情况下实施。

同时，由于电容效应的影响，电流测试中的扫描方向也会对器件性能评估产生较大的影响。例如，在钙钛矿子电池中，如图 5-5(a) 所示，正向扫描 (forward scan，FS，从 I_{SC} 到 V_{OC}) 获得的电流比稳态扫描在最大输出功率附近要低，而反向扫描 (reverse scan，RS，从 V_{OC} 到 I_{SC}) 获得的电流则比稳态扫描在最大输出功率附近要高。这是因为，在正向扫描时，外加电压由 0 快速上升至 V_{OC}，载流子浓度增加，向电容充电，消耗了部分光生载流子使得电流变小，而反向扫描则相当于给电容放电，增加的载流子会导致电流偏高 [55]。并且，随着扫描速率的减慢，这种差异逐渐变小。因此在测量电流–电压曲线时，稳态条件则要求光伏器件中总载流子密度保持不变。这就意味着需要等待足够长的时间，直到由电容变化引起的电流消失，即 $dQ/dt= 0$。如图 5-5(b) 所示，尽管测试中扫描速率足够慢，但两者之间仍然存在差异，很难精确地达到标准稳态条件，因此实际测试中都是达到上述标准中的准稳态即可。

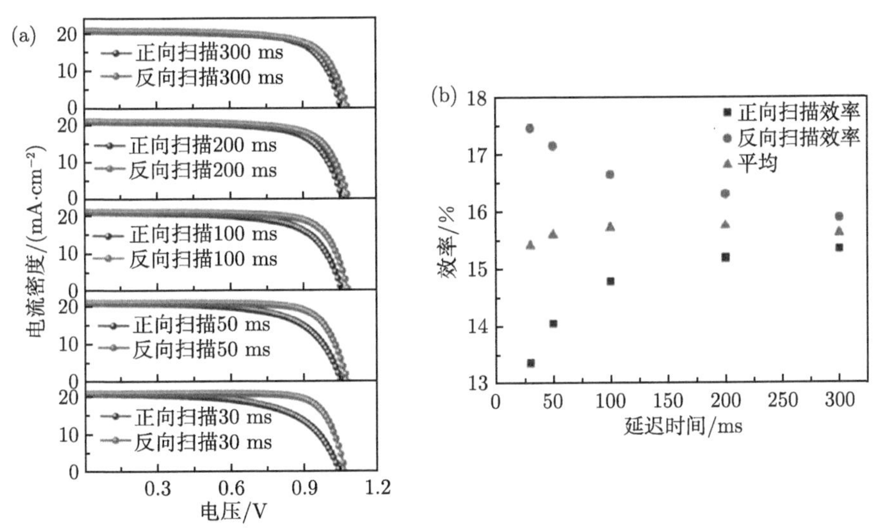

图 5-5 钙钛矿子电池不同扫描速率的正向扫描和反向扫描

(a) 电流–电压曲线；(b) 计算得到的器件转换效率 [55]

2) 钙钛矿子电池的迟滞效应

除了上述电容效应以外，在钙钛矿/晶硅叠层太阳电池中还存在由陷阱态和离子迁移等物理诱因导致的电流偏移和迟滞 [56-58]。其中，钙钛矿薄膜表面的陷阱态被认为是引起迟滞效应的原因之一，浅陷阱态对载流子的释放以及深陷阱态引起的电场变化是迟滞产生的主要机制 [59]。如图 5-6 所示，陷阱态可在电子或空穴传输层界面处，通过俘获和释放载流子以影响载流子输运。这一机制类似于电容效应的影响，但由于这一过程的持续时间只有毫秒或者纳秒量级，而实际的迟滞效应时间往往更长，因此通常需要考虑离子迁移等因素 [60]。

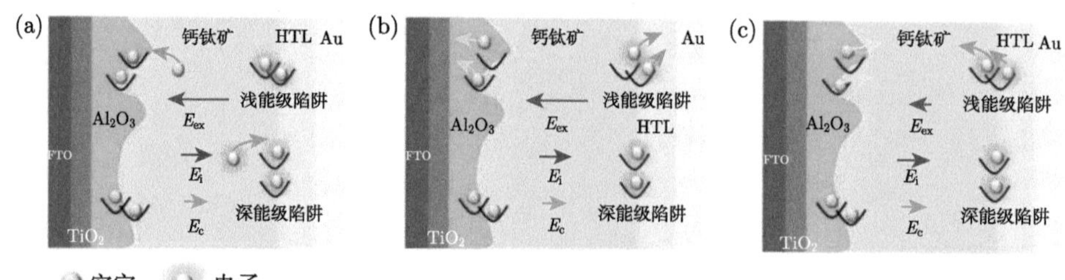

图 5-6 (a) 器件在偏置电压扫描中电荷捕获和注入示意图；(b) 正向偏置电压下被俘获载流子释放示意图；(c) 缺陷态载流子复合示意图 [60]

离子迁移则是目前公认造成迟滞效应的主要因素，且实验上已经直接观测到了离子电流 [61,62]。根据第一性原理计算，钙钛矿中的 I^- 比 MA^+、Pb^{2+} 更具有流动性。迁移的离子在界面处的累积可以改变极性，扫描电压的动态变化会使光电流产生滞后；而且界面离子的积累会产生能量势垒，造成界面势垒电容，这进一步造成了电流的迟滞 [63-65]。

通常来说，上述效应均可以通过遵守标准稳态测量的方式而尽量消除影响，并且可以利用施加稳恒电场或保持开路状态以获得稳定的短路电流或开路电压。在实际测试中，若单点的 I_{SC} 和 V_{OC} 测试与稳态测试结果相差小于 0.5%，则认为上述测试结果是准确可接受的。

3) 温度引起的能带漂移

钙钛矿/晶硅叠层太阳电池要达到商业化应用，则必须满足光照、湿度和温度的多因素老化条件。而实际户外的工作环境不同于实验室里的标准测试条件，温度往往高于或者低于 STC 规定的 25 ℃，这样就无法实现最大效率发电 [66]。如图 5-7 所示，Aydin 等 [19] 在炎热且阳光充足的户外环境下测试了钙钛矿/晶硅叠层电池对温度的依赖性，发现在工作温度高于 55 ℃ 时，钙钛矿顶电池最佳的带隙宽度应小于 1.68 eV，比此前在 STC 下测试得到的 1.73 eV 要低，这个发现使得研究者意识到，在选择钙钛矿顶电池结构时也需要考虑由中温度引起的能带漂移因素。

对于一般的半导体材料而言，它们的带隙随温度的变化通常由下式表述：

$$E_g(T) = E_g(0) - \frac{\alpha T^2}{T + \beta} \tag{5-4}$$

其中，$E_g(0)$ 是温度 $T = 0$ K 时的带隙宽度；α 和 β 是温度系数，与材料自身特性相关 [67]。利用式 (5-4) 可以解释图 5-7(d) 中晶硅底电池在温度升高时的能带红移：此时带隙变窄，吸收波长范围变大，短路电流密度因此增大。但式 (5-4) 无法解释钙钛矿顶电池能带蓝移现象，其带隙宽度随温度呈正相关，这一特殊的温度依赖性质使得叠层电池在温度升高时，其 J_{SC}、FF 及 PCE 呈下降趋势 [68]。

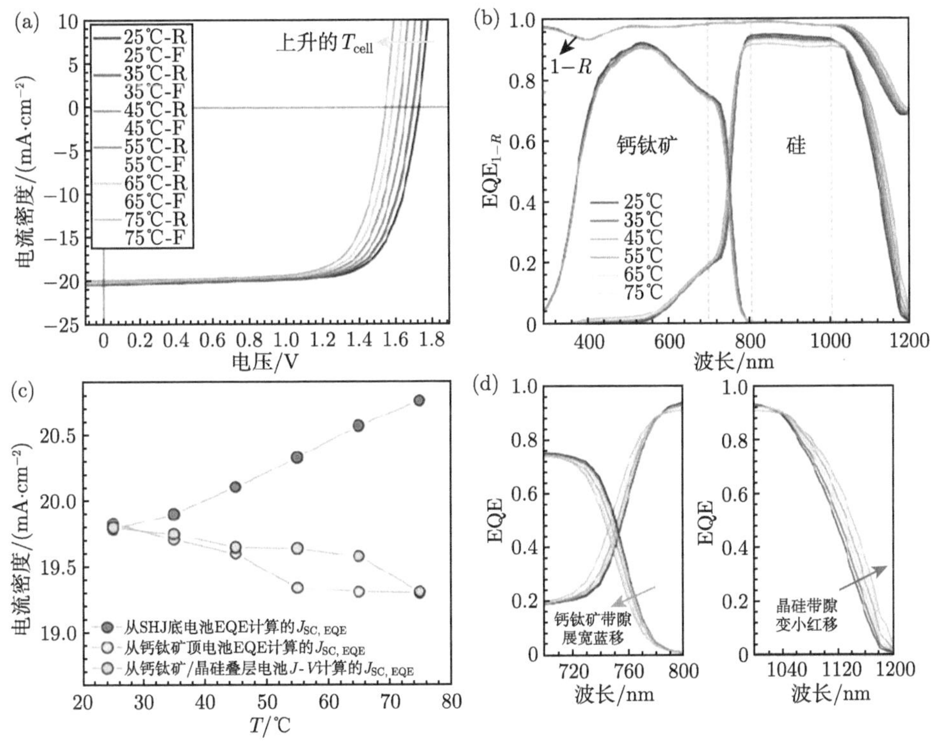

图 5-7 不同测试温度下的叠层太阳电池电学参数

(a) 测试器件电流–电压曲线；(b) 外量子效率；(c) 从特性曲线提取的短路电流和从外量子效率积分得到的短路电流；(d) 钙钛矿子电池和晶硅子电池的带隙变化情况 [19]

正是出于这样的考虑，IEC 60904-1 和 IEC 60904-10 标准都着重指出，需要利用开路电压修正温度系数，以提高测试精确度。一般来说，测试中需要确保在每个数据采集期间，待测设备和参考装置的温度变化范围保持在 ±1 ℃ 以内，并确保在自然阳光下，参考装置测量的总平面内辐照度保持在 ±2%以内。同时每次测试都应当根据 IEC 60904-7 标准进行 SMM 校正，并且只有当 SMM 因子的变化在整个温度范围内不超过 1%时，才能认为温度浮动不会对测量造成误差。

总的来说，钙钛矿/晶硅叠层太阳电池作为下一代高效、低成本光伏组件，具有非常大的应用潜力，已经得到了非常充分的研究和发展。但是，由于其中钙钛矿子电池的复杂动态行为，准确测量基于钙钛矿模块的叠层电池效率，似乎需要比其他种类叠层电池有着更为严苛的要求。不负责任的或者直接照搬的测量方式可能会大大降低报告结果的可靠性，从而影响学界对其未来发展的判断。因此，在实际应用测量过程中，应当全面理解其测试内在机理和测量表征手段，严格遵守系列标准规范，以使测试引起的误差最小化。

5.1.3 电流–电压特性分析与曲线重建

由于两端叠层电池的独特串联特性和结构设计，钙钛矿/晶硅叠层电池的电流–电压曲线往往会受到材料光电特性、器件光学结构、界面接触等一系列因素的影响。如何从纷繁复杂的因素和物理过程中寻找出制约器件性能提升的短板，这是始终横亘在研究人员面前的难题 [18]。那么为了得到可靠的优化策略和器件结构方案，合理利用电流–电压特性曲线对器件性能分析就显得尤为重要。这里将从器件结构设计和电流匹配优化两个角度分别阐述电流–电压特性曲线分析和曲线重建的应用场景以及相应的器件优化策略。

1. 器件结构设计

得益于成熟的晶硅电池产业发展，晶硅底电池有包括全铝背场、PERC、TOP-Con、SHJ 和 IBC 电池在内的非常多的选择。其中，钙钛矿顶电池和晶硅电池的串联层又可以选择利用透明导电氧化物形成复合结或者利用载流子选择性接触形成隧穿结 [69]。因此，在选择晶硅电池和钙钛矿电池组合时，不仅需要考虑带隙匹配，还需要考虑光管理、载流子输运、复合界面、制备工艺等因素，那么如何选择合适的结构材料和制备工艺就成为难以抉择的问题 [70]。而精确的电流–电压测量结果则可以提供不同结构之间器件横向的比较依据，为合理设计器件结构和选择研究方向提供科学指导 [71]。

Mailoa 等 [72] 在 2015 年提出利用反向重掺杂的 n 型硅作为隧穿结，首次实现了结构如图 5-8(a) 所示的钙钛矿/全铝背场晶硅叠层太阳电池的制备。但是图 5-8(b) 中差异较大的正向和反向的电流–电压扫描曲线表明，利用 PECVD 沉积的 n^{++}-a-Si/p^{++}-c-Si 隧道结并没有实现高效载流子选择性接触，导致了器件光电流的分流和损耗，从而最终只获得了 11.5 $mA·cm^{-2}$ 的短路电流密度。在此基础上，Werner 等 [12] 意识到，实现子电池间高效载流子复合效率以及减小串联结的寄生吸收是提升叠层器件效率的重要手段，因此应用了如图 5-8(c) 所示磁控溅射的氧化铟锌作为叠层电池的串联层获得了 15.3 $mA·cm^{-2}$ 的短路电流密度，这充分证明了上述方案的可靠性。但是图 5-8(d) 中不同扫描方向的性能曲线的很大差异和较低的填充因子 (小于 70%) 都预示着器件性能仍有一定提升空间。进一步地，如图 5-8(e) 所示，Zheng 等 [73] 尝试通过选取 SnO_2 既作为钙钛矿的电子传输层也作为载流子的复合层，以减少复合层引入的寄生吸收。图 5-8(f) 的电流–电压曲线表明，这样的结构设计对于面积为 4 cm^2 的器件可以获得 16.1 $mA \cdot cm^{-2}$ 的短路电流密度、78%的填充因子以及 21%的器件效率，较之前相同结构的器件性能都有了很大的提升。

因此，通过这一系列典型器件的电流–电压曲线的横向比较和参数分析可以发现，在选取晶硅底电池和串联结时，子电池界面以及串联结的纵向电阻应当尽可能小，以实现高效载流子复合。另外，子电池界面和复合结应当有较好的表面

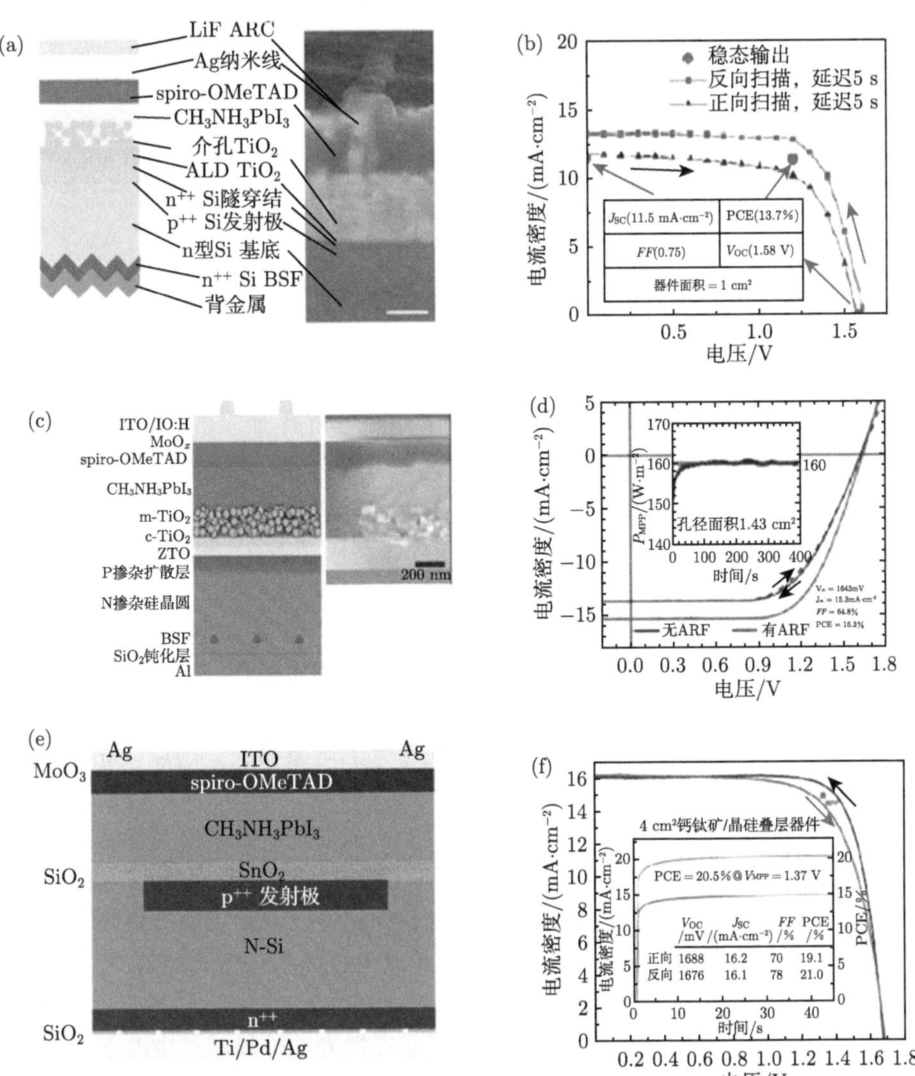

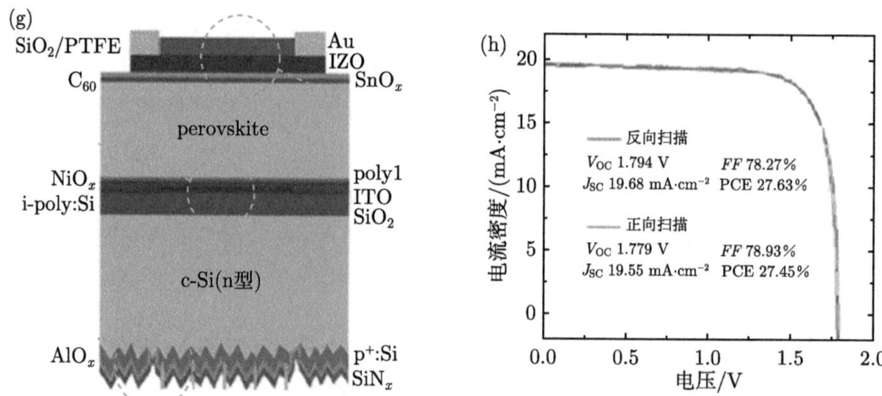

图 5-8　基于精确电流–电压测量分析叠层器件复合层选取策略实例

(a)n^{++}-a-Si/p^{++}-c-Si 隧道结的钙钛矿/全铝背场晶硅电池示意图和 (b) 电流–电压曲线 [72]；(c) 氧化铟锌复合结的钙钛矿/全铝背场晶硅电池示意图和 (d) 电流–电压曲线 [12]；(e) 二氧化锡复合结的钙钛矿/钝化发射极及背面晶硅电池示意图和 (f) 电流–电压曲线 [73]；(g) 氧化铟锡复合结的钙钛矿/TOPCon 晶硅电池示意图和 (h) 电流–电压曲线 [74]

钝化效果，即具有非常大的横向电阻以尽量降低表面缺陷的分流效应。因此，沉积有 SiO_x 表面钝化层的 TOPCon 电池或者 SHJ 电池与钙钛矿的叠层电池，理应具有更大的应用前景和更高的理论器件效率。

事实也确实如此，Weber 等 [74] 构建了如图 5-8(g) 所示的钙钛矿/TOPCon 叠层电池，并且应用了一系列钝化策略以抑制界面分流；物理气相沉积的 NiO_x 层用于降低 TOPCon 电池的表面粗糙度并利用小分子聚合物聚 [(4,4′-(N-(4-仲丁基苯基) 二苯胺)] (polyTPD) 实现表面钝化；图 5-8(h) 的电流–电压测试结果表明，上述策略将短路电流密度有效提升至 19.68 $mA\cdot cm^{-2}$，并最终获得了 27.63%的转换效率。与上述其他类型晶硅子电池横向比较，可以发现基于 TOPCon 子电池的叠层器件效率提升主要来源于短路电流的提升，而填充因子几乎保持不变。进一步结合理论损耗分析即可得到，目前制约器件效率提升的主要因素是晶硅子电池的背场载流子复合和边缘效应带来的电流损失。所以，相比 TOPCon 电池具有更高载流子选择特性和低表面复合率的 SHJ 电池，已经成为目前叠层电池最主要的研究对象，如第 4 章表 4-1 所列的高效叠层电池都普遍使用了 SHJ 底电池，同时采用了 ITO 等透明导电氧化物作为复合结，利用无机 NiO_x 层或有机小分子层实现界面的高效载流子复合和钝化，以得到较高的短路电流密度和填充因子，并且借着 SHJ 电池的高载流子分离特性最终得到超过 30%的器件效率。

如图 5-9(a) 和 (b) 所示，Rech 等 [75] 最早在抛光的硅异质结电池上通过旋涂制备了钙钛矿顶电池，并且同样利用原子层沉积 SnO_2 和 ITO 作为复合结以期获得较好的表面钝化。图 5-9(b) 中的特性曲线显示了 79.5%的高填充因子，表明器件性能达到了预期的钝化目标，但过高的串联电阻和漏电流导致器件短路电流密度限制在 14.0 mA·cm^{-2}，并影响了器件的效率提升。在此基础上，如图 5-9(c) 和 (d) 所示，McGehee 等 [76] 利用超薄的氧化镍和 ITO 复合结构以降低串联电阻，并且超薄致密的 NiO_x 层会比 SnO_2 层有更少的针孔以及更低的串联电阻，从而最大限度地减少漏电流和分流效应。最终，在保持了 79%的高填充因子的同时获得了 18.1 mA·cm^{-2} 的短路电流密度和 23.6%的转换效率。Albrecht 等 [80] 意识到，原子层沉积的 NiO_x 传输层难以获得完全致密的形貌，并且此类无机氧化物的电导率较低，因此设计了如图 5-9(e) 和 (f) 所示的膦酸衍生物 (MeO-2PACz) 等自组

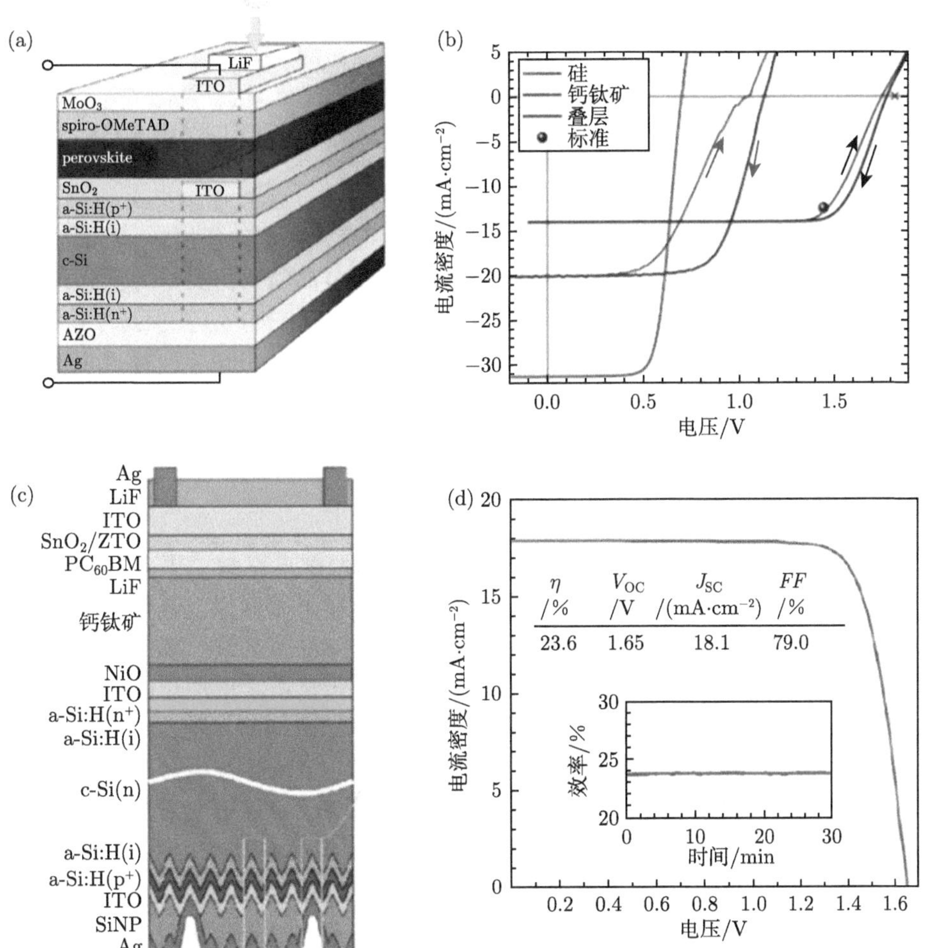

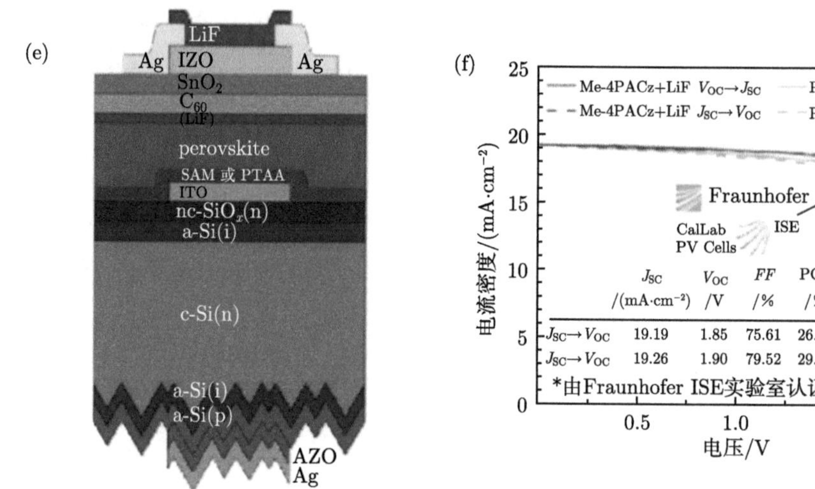

图 5-9　基于精确电流–电压测量分析晶硅子电池和表面钝化策略实例

(a)SnO_2 和 ITO 复合结的钙钛矿/晶硅异质结电池和 (b) 反向和正向扫描电流–电压特性曲线 [75]；(c)NiO_x 和 ITO 复合结的钙钛矿/晶硅异质结电池和 (d) 扫描电流–电压特性曲线 [76]；(e)MeO-2PACz 和 ITO 复合结的钙钛矿/晶硅异质结电池和 (f) 扫描电流–电压特性曲线 [80]

装分子层材料作为空穴传输层，并起到表面钝化和空穴提取的作用。一方面通过有序的分子结构排列状态提高空穴输运能力和载流子分离能力；另一方面极薄的厚度 (约 1 nm) 降低了器件中可能存在的寄生吸收和分流；因此，在保持 79.52%的高填充因子的同时将短路电流密度进一步提高到 19.26 $mA{\cdot}cm^{-2}$。通过上述的分析和优化过程我们可以看到，精确电流–电压特性测量提供的相关电学参数具有很高的横向比较价值和参考意义，大大加速了器件的效率提升和发展。

2. 电流匹配优化

钙钛矿/晶硅叠层太阳电池需要考虑的一个重要难点就是子电池间的电流匹配问题。由于叠层电池的串联特性，器件的最终短路电流取决于其中限制结电流密度，即在 AM 1.5G 光谱下电流密度较小的子电池电流密度，这将导致叠层电池通常无法获得理论最佳功率输出。通常全光谱下钙钛矿子电池短路电流密度约为 25 $mA{\cdot}cm^{-2}$，晶硅电池短路电流密度则高达 40 $mA{\cdot}cm^{-2}$ 以上，但是目前报道的叠层电池短路电流密度最高约为 20 $mA{\cdot}cm^{-2}$，这意味其中仍有很大的提升空间 [78,79]。通过理解电流失配对电池性能参数的影响，可以帮助人们更好地设计叠层电池结构以及进行损耗分析，最终提高电池的转换效率。

正如 5.1.2 节 1. 介绍的那样，通过调整模拟器光谱，借助叠层电池的电流–电压曲线，可以将电池中每个结都作为限流结进行测量，并借此识别器件电流匹配限制和子电池的分流效应。根据上述限流结原理，Albrecht 团队 [7] 通过调节太阳模拟器的光谱分布以研究电流失配对叠层电池电流–电压曲线的影响。在第 3 章图 3-8(a) 展示了调节 LED 太阳模拟器的两个 LED 灯管改变蓝光部分的光强，以及与标准 AM 1.5G 的比较结果。这样的光源调制方案可以有效调控 400~450 nm 范围内蓝光波长辐射强度在总模拟器光谱占比，而此波段仅仅被钙钛矿顶电池吸收。当光强高于标准 AM 1.5G 时，发现器件整体短路电流密度并没有增强，这说明此时晶硅底电池电流密度比钙钛矿顶电池低而成为限流结，即使顶电池电流密度增大也无法改变整个电池的电流密度。图 3-8(b) 的器件短路电流变化示意图说明，当光强变弱时，器件短路电流明显下降，因为此时钙钛矿顶电池的电流密度远小于晶硅电池短路电流密度从而成为限流结。此外，图 3-8(c) 则提供了填充因子的变化趋势，这一结果指出，器件填充因子的最小值并非是电流失配度为零的时候，而是取决于子电池各自的物理性质，可以明显看出电流失配越大，FF 越大，反之则越小。结合图 3-8(d) 的器件转换效率变化趋势，不难看出，器件效率的峰值处于电流匹配的附近，并且在失配度大于 0.3 $\mathrm{mA\cdot cm^{-2}}$ 时器件效率并没有随着 J_{SC} 的降低而减少，这是因为 FF 的升高起到了一定的补偿作用，这种补偿作用在失配越严重时反而越大，FF 与电流失配这一特殊关系使得在设计叠层电池堆垛结构和选择复合结类型时有了更多的参考数据。

通过对器件电流–电压曲线的细致分析，研究人员可以获得叠层电池的整体特性曲线和相关参数，但是正如 5.1.1 节所描述的那样，J_{SC}、V_{OC}、FF 等参数与器件多方面物理因素直接相关，因此很难有效定位器件性能制约关键点。而在两端串联叠层电池中，由于没有引出串联电极而无法得到子电池在实际工作状态下的部分电流–电压曲线。为了得到子电池的实际工作性能，外量子效率测量是一个有效的解决方案，这将在 5.2 节中详细介绍。除此以外，研究人员也通过实验测量和曲线重建的方式模拟出子电池工作状态下电流–电压曲线以便分析。如图 5-10(a) 所示，Albrecht 团队 [80] 结合电致发光光谱计算出子电池赝开路电压，通过采集每个注入电流下的赝电压即可重构得到子电池的电流–电压曲线。在获得了一系列的电流–电压点数据后，他们利用二极管模型拟合了钙钛矿顶电池的实际特性曲线，以便于获得整个电压范围内的子电池电流–电压曲线。从图 5-10(b) 中可以看到，根据重建曲线计算得到晶硅子电池短路电流密度为 20.6 $\mathrm{mA\cdot cm^{-2}}$，此数值与外量子效率积分结果 20.18 $\mathrm{mA\cdot cm^{-2}}$ 相近，对比图 5-10(c) 中通过常规滤光片模拟晶硅子电池实际辐照度测试而得到的 17.88 $\mathrm{mA\cdot cm^{-2}}$ 结果，可以看到这样的重建方式具有非常高的准确性和可靠性，其为后续定量分析奠定了坚实的基础。

重建曲线与实际测试之间的偏差主要是因为电致发光为器件提供了不受外部电压影响的恒流源，从而忽略了串联电阻的影响，同时也忽略了钙钛矿顶电池中由制造工艺等造成的漏电流和分流效应 [81]。事实上这样的测试和重建方式就可

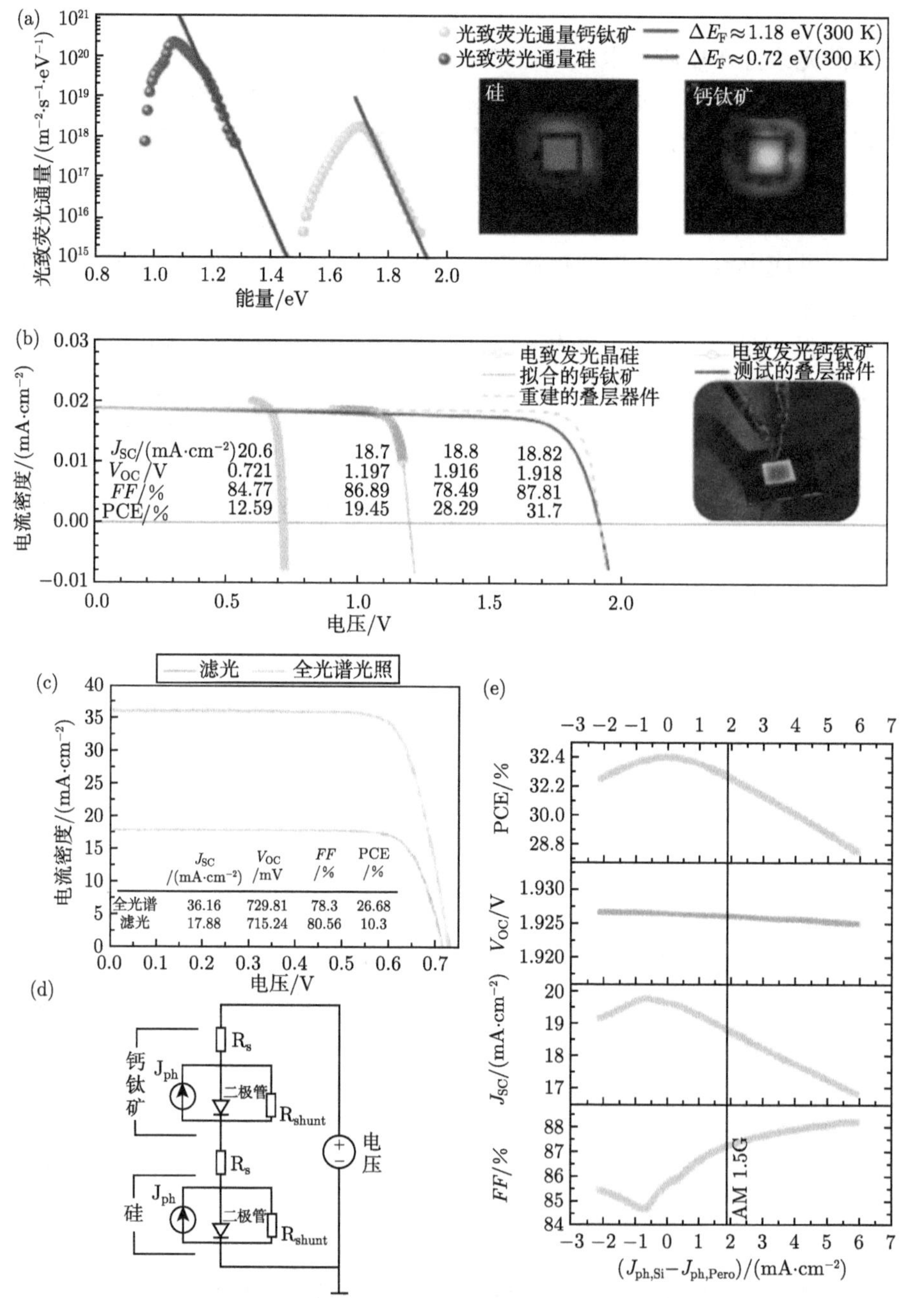

图 5-10　通过曲线重建和精确特性曲线测量分析器件性能损失实例

(a) 测量子电池电致发光光谱以获得带隙大小示意图；(b) 重建的子电池电流–电压曲线以及实际测试结果对比示意图；(c) 传统滤光片方法获得的晶硅子电池工作状态电流–电压曲线；(d) 曲线重建中叠层电池等效电路示意图；(e) 叠层电池电学参数和电流失配的关系曲线 [80]

以表征薄膜质量、界面接触和电极性能对器件效率的影响。从图 5-10(b) 中可以看到在这种近似理想的情况下，叠层电池理论上可以获得最高 87.8%的填充因子和 31.7%的效率，这为叠层电池超越晶硅电池 29.4%的 Shockley-Queisser 极限提供了依据和实施途径。上述的曲线重构尚只考虑了钙钛矿顶电池，如若根据图 5-10(d) 所示的叠层电池等效电路进行模拟，则可以计算存在电流失配情况下的器件理论效率。模拟计算中，利用等效 AM 1.5G 光谱下外量子效率测试获得的 39.3 $mA·cm^{-2}$ 累积电流密度为约束条件，计算了器件电学参数与电流失配因子 ($J_{ph,Si}-J_{ph,Pero}$) 之间的关系并展示在图 5-10(e) 中。如前文所述，电流失配除了影响器件 J_{SC} 以外，还对 FF 有很大的调制作用且几乎不影响 V_{OC}。当电流的失配约为 −0.7 $mA·cm^{-2}$ 时，FF 达到最小值，但同时 J_{SC} 可获得最高值。图中也指出，如果能达到完美电流匹配时，该结构器件在忽略载流子输运损失的情况下可以达到 32.43%的理想效率。这样的曲线重建方式，一方面可以帮助准确定位器件效率损失来源，定量分析性能损耗；另一方面可以有效探查器件性能结构潜力和提升空间，为未来的器件设计优化提供参考。

同样的赝电流–电压曲线的分析方式也被 De Wolf 团队 [82] 采用在以双面亚微米金字塔绒面织构的异质结晶硅电池作为底电池，p-i-n 结构的钙钛矿电池作为顶电池的双端叠层太阳电池中。如图 5-11(a) 所示，通过对器件反向电流–电压扫描测试发现，在钙钛矿/C_{60} 界面插入 MgF_x 中间层的器件具有 80.7%的填充因子和 29.3%的转换效率，而对比样品则只有 77.9%的填充因子和 28.6%的器件效率。通过对比图 5-11(b) 和 (c) 中的相关参数可以发现，转换效率的提高主要来源于 V_{OC} 和 FF 的改善，这就说明 MgF_x 中间层有利于促进电子提取，并减轻钙钛矿/C_{60} 界面的非辐射复合效应。进一步对串联器件进行了不同电流注入条件的电致发光测量，且结合晶硅底电池的光强–开路电压数据，图 5-11(d) 分别重建了钙钛矿顶电池和叠层电池整体的赝电流–电压曲线。重建曲线表现出了约 1.93 V 的赝开路电压，这非常接近于标准 1.93 V 的实际开路电压，但是重建曲线表现出了超高的 84.8%的赝填充因子和 32.5%的器件效率。由于重建结果不考虑串并联电阻的影响，这意味着大约 3%的绝对效率损失来源于过高的串联电阻和漏电流。如图 5-11(e) 所示，该器件也展现了非常优异的稳定性，在超过 1000 h 湿热测试 (85 ℃，85%相对湿度) 后仍保持了约 95%的初始性能。

本节从电流–电压测量原理以及相关电学参数出发，结合具体精确测量标准和方案，详细阐述了测试中需要着重关注的细节以及常见误区，为钙钛矿/晶硅叠层电池的精确测量提供了一定的参考标准和判断手段。同时也提供了应用电流–电压曲线特性分析和曲线重建技术对器件结构设计、电流匹配优化的分析实例，结合叠层电池整体参数和子电池物理状态等进行了详尽的思路分析和评价，为器件定量损耗分析和器件优化策略提供了参考和思路。

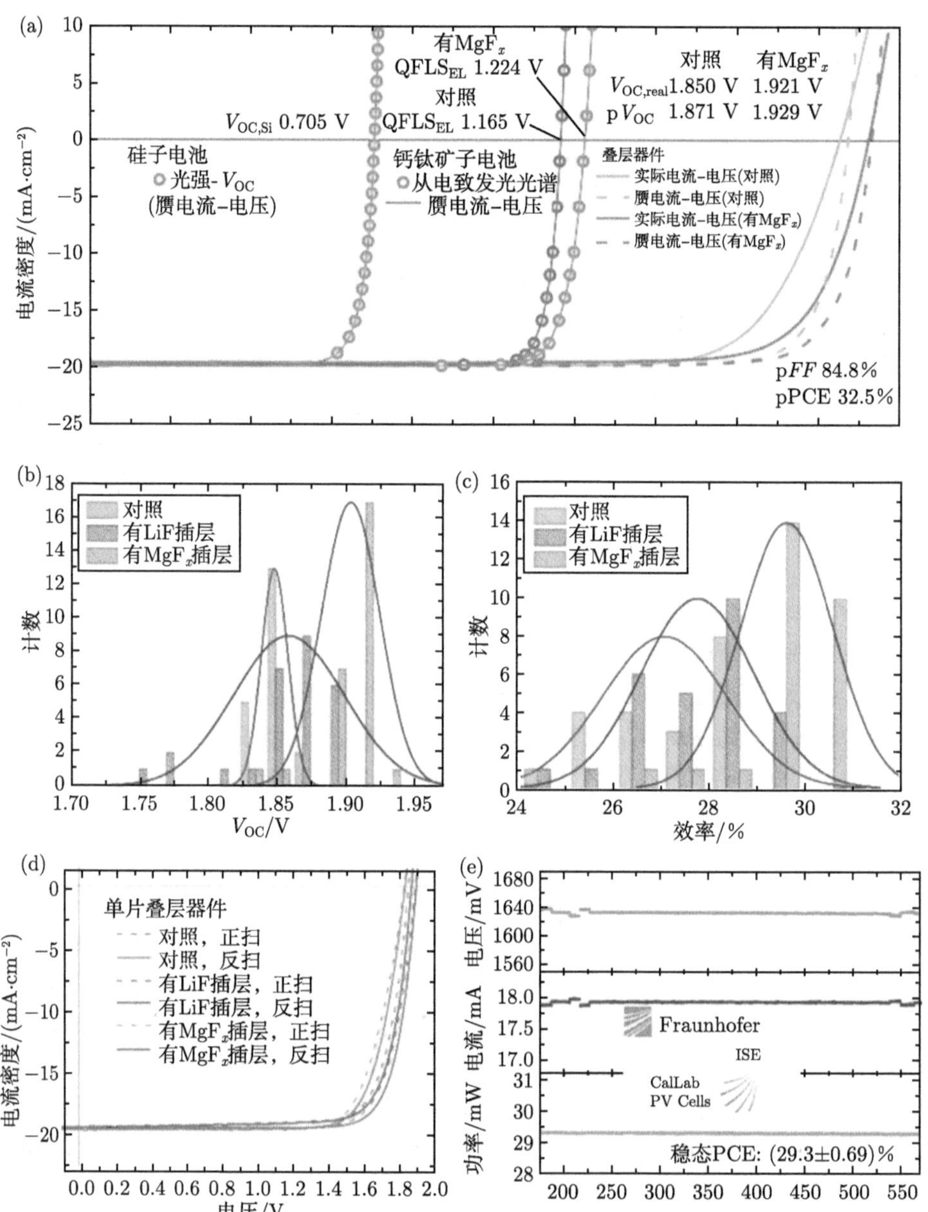

图 5-11　应用 LiF、MgF$_x$ 插层的器件曲线重构和特性分析实例

(a) 应用 LiF、MgF$_x$ 插层和未修饰器件的正向和反向扫描电流–电压测试曲线；(b) 器件开路电压统计分布柱状图；(c) 转换效率统计分布柱状图；(d) 重建的子电池电流–电压曲线以及实际测试结果对比示意图；(e) 叠层电池稳态输出曲线 [82]

5.2 钙钛矿/晶硅异质结叠层太阳电池光谱响应和量子效率

由于钙钛矿/晶硅叠层电池所展现出的巨大发展潜力和应用范围，伴随着研究工作的进一步深入，精确的测量方案也逐渐演变成细致理解器件内在机理的必然要求，成为实现从定性分析到定量分析的重要工具。因此，无论是从数据报道的可靠性还是指示未来发展方向的角度来看，重视和研究精确测量方案的主题应当始终贯穿于叠层电池的整个发展阶段 [83]。

在大多数的情况下，可以通过电流–电压曲线获得器件的相关性能参数并依据测试结果进行优化和分析。但是在实际测试中仍然存在很多难以避免的误差来源。例如，测试的面积误差会导致约 3%的器件效率不确定度，因为根据 PCE 的定义，短路电流密度需要根据待测样品的面积计算从而得到器件效率。如图 5-12(a) 所示，蒸镀金属遮罩的阴影效应往往会造成实际样品的主动区域面积与设计工作面积有一定的差异，并且实验室也缺乏准确测量面积的设备，而这也是实验室测试

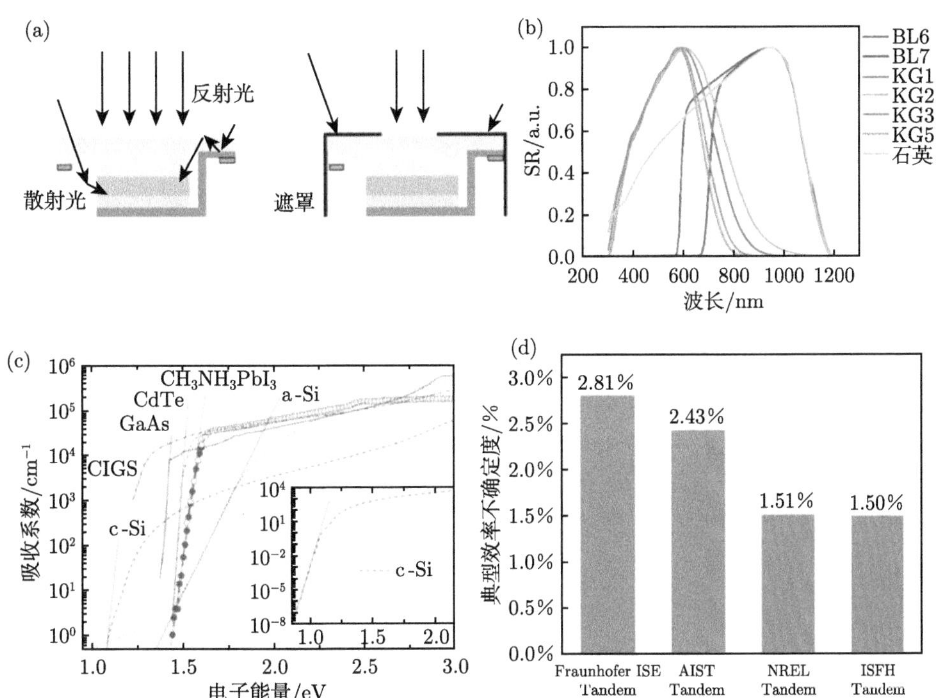

图 5-12 (a) 光伏器件测试时无遮罩 (左) 和有遮罩 (右) 时光线分布示意图 [84]；(b) 不同滤光片的参考电池光谱响应范围 [85]；(c) 不同类型电池的光谱吸收范围 [86]；(d) 权威第三方测试机构 Fraunhofer ISE、AIST、NREL 和 ISFH 的器件测试效率不确定度 [13,15,87,88]

PCE 最常发生的误差来源。标准中一般要求测试采用不透光的金属遮罩来定义有效面积，但是减小的有效面积会增加测试中的辐照不均匀度，很多研究表明，样品的小面积效率与大面积测试效率两者的线性相关度较差，并不具有代表性 [84]。而对于叠层电池来说，光谱匹配度则是更加重要的影响因素，光谱匹配则包括太阳模拟器光谱和 AM 1.5G 光谱的辐照度差异，参考电池与测试器件的光谱响应范围差异，以及叠层电池中子电池的响应差异。如图 5-12(b) 所示，不同滤光片的晶硅参考电池的响应范围也不尽相同，因此在对模拟器辐照度光谱进行校正时会自然地引入误差 [85]。同时如图 5-12(c) 所示，不同的钙钛矿、晶硅或者 Ⅲ-V 族化合物太阳电池所具有的吸收光谱范围也具有较大的差异 [86]。因此选取合适的参考电池校正太阳模拟器以最小化光谱偏差，这是实施精确测量的重要议题。在实际的测试中，由于上述面积计算误差、光谱校正偏差等因素会引入相当大的测试误差，如图 5-12(d) 所示，目前国际权威第三方认证机构对于叠层电池的测试结果也一般具有 1.5%～3.3%的测试不确定度 [13,15,87,88]。因此，除了准确的电学性能测量以外，还需要能与之相印证的测试方法以综合降低对器件性能的评估偏差，而叠层电池的精确光谱响应 (SR) 测量就是非常直接和准确的测试手段。

5.2.1 光谱响应和量子效率

光谱响应 (spectral responsivity，SR) 是评价光辐射探测器件 (如光探测器、辐照计、太阳电池等) 光电转换能力的指标 [17]，也就是入射光子–电子转换的效率 (incident photon-electron conversion efficiency，IPCE)，可以用式 (5-5) 表述：

$$\mathrm{SR}\,(\lambda) = \frac{I\,(\lambda)}{P\,(\lambda)} \tag{5-5}$$

其中，$P(\lambda)$ 是波长 λ 的入射光功率，单位为 W；$I(\lambda)$ 则是相应波长的光被吸收后产生的光电流大小，单位为 A；所以 SR 可以理解为太阳电池每接收单位瓦特的光能可产生电流的能力。由于 SR 包含了微分波长情况下的电流密度，因此可以按照波长对 SR 积分，即可得到器件短路电流密度，如式 (5-6) 所示：

$$J_{\mathrm{SC}}\,(\lambda) = \int_{\lambda_1}^{\lambda_2} \mathrm{SR}\,(\lambda)\,F\,(\lambda)\,\mathrm{d}\lambda \tag{5-6}$$

其中，λ_1 和 λ_2 分别是太阳电池光谱响应的最短和最长波长；$F(\lambda)$ 是 AM 1.5G 标准光谱的辐照度分布，单位为 $\mathrm{W{\cdot}m^{-2}\cdot\mu m^{-1}}$。

在实验上通常用量子效率 (quantum efficiency，QE) 来描述太阳电池的光电转换能力 [17]。如图 5-13(a) 所示，将式 (5-6) 中的光能和电能分别换算成入射的

光子数以及传输的电子数，即可得到

$$\mathrm{QE}(\lambda) = \frac{h\nu}{q}\mathrm{SR}(\lambda) \approx \frac{1240 \times \mathrm{SR}(\lambda)}{\lambda} \times 100\% \tag{5-7}$$

其中，q 为电子电量；h 为普朗克常量，ν 为光子频率。事实上，如图 5-13(b) 所示，器件量子效率可以与器件的短路电流密度直接联系起来，即可以将量子效率测试结果与电流–电压测试结果相互印证。因此，也诞生了目前期刊对投稿结果可靠性的一个重要衡量标准，即两者之差如果小于 3%就认为器件效率是准确的，若小于 5%即认为报道的器件效率是可接受的。除此以外，分波长的测试手段可以帮助了解器件在不同波长范围内的短路电流密度损耗或者器件中可能存在的寄生吸收或者反射等效应。

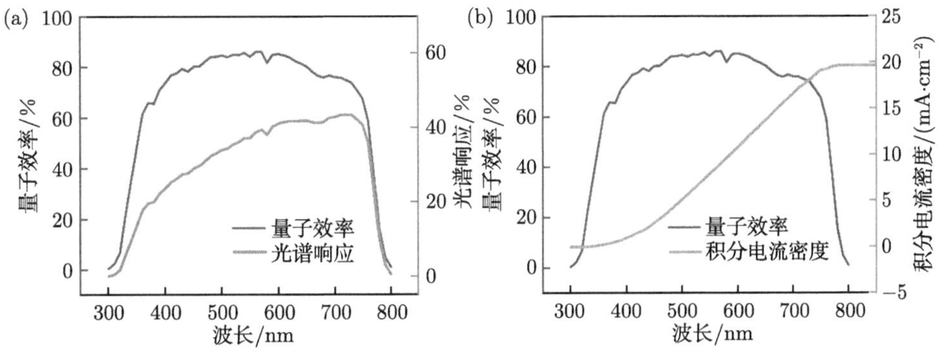

图 5-13 (a) 光谱响应与量子效率的转换示意图；(b) 从 EQE 积分得到短路电流示意图

量子效率分为外量子效率 (EQE) 和内量子效率 (IQE)。EQE 反映的是对短路电流有贡献的光生载流子与入射光子数之比，即每个波长为λ 的入射光子对外电路提供一个电子的概率 [89]。而考虑到反射、透射以及材料吸收等因素，实际上并非所有的入射光子都真正被电池吸收，所以 IQE 表示的则是对短路电流有贡献的光生载流子与入射到材料内部被吸收的光子数的比值。如果只考虑反射和透射损失，两者有如下关系：

$$\mathrm{IQE}(\lambda) = \frac{\mathrm{EQE}(\lambda)}{1 - R(\lambda) - T(\lambda)} \tag{5-8}$$

其中，$R(\lambda)$ 和 $T(\lambda)$ 分别是反射率和透射率。EQE 可以直接通过仪器测量，因而更利于分析太阳电池的性能。结合 EQE 和 IQE 的测试结果，并与电流–电压测试对照可以得到关于叠层太阳电池最直接的光电转换性能评估和损耗分析。如果测量过程中的精度可以保证，即可以量化器件性能损失、定位损耗主要来源，并衡量其对整体性能的影响程度。另外，还可以直接获得太阳电池的材料、制程和结构等因素对光电转换能力的直接影响，从而对电池进行相关的优化和完善 [90,91]。

5.2.2 多结电池量子效率光谱测试原理与方法

串联叠层电池由于光谱失配和电流失配等因素的影响，无法仿照单结电池的方式直接测量 EQE。这是因为在两端叠层电池中子电池以串联的方式相互连接，所以最终输出短路电流将取决于电流较小的子电池。因此在测量某个子电池的 EQE 时，另一子电池的光谱响应也会对待测子电池产生影响，所以必须保证待测子电池是限流子电池。在这种情况下，则必须通过外加直流偏置光源的方式来饱和非待测子电池的光吸收，产生固定大小的光电流。但是过饱和的光电流往往会超过叠层电池的总光电流，从而对子电池光谱响应的测量产生误差，因此对于非待测子电池而言，测试中除设置偏置光以外还需设置偏置电压 [92]。如图 5-14 中箭头所示，设置了偏置光的非待测子电池 (实线) 中产生了比限流结 (虚线) 电流和叠层电池更大的光电流，这就使得非待测子电池将在接近 V_{OC} 下工作。考虑到 EQE 特性一般需要在短路的条件下测量，所以必须要设置限流子电池在反向电压下工作，非待测子电池在正向电压下工作，从而降低非待测子电池的影响。如果认为未加偏压时的叠层电池输出电流等于限流子电池的短路电流，那么就错误估计了限流子电池短路电流的大小，从图中可以看到，实际叠层电池输出电流 (○) 将远小于此时非待测结输出电流，所以需要另外再加一个正向偏压 V_b 以抵消这一误差 [93]。

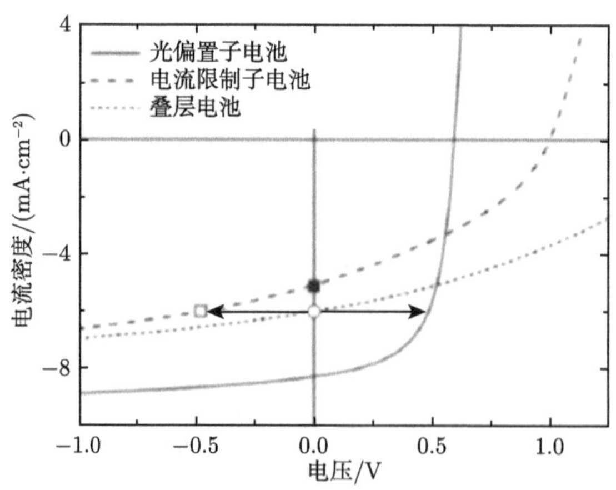

图 5-14 多结光伏器件测试中偏置电压和偏置光设置的影响 [93]

为了精确得到多结光伏器件的光谱响应测试结果，也需要性能优异的测试仪器。一般来说，量子效率仪器主要由光源、单色仪、斩波器、光电探测器和数字源

表等部分组成 [94]。如图 5-15 所示，首先光源产生波长范围为 200~1200 nm 的连续光，通过由棱镜、光栅和滤波片组成的单色仪后变成特定波长的单色光，并由光阑控制单色光束大小。相关标准要求所产生的单色光的半高宽 (full width at half maximum, FWHM) 在 300~1200 nm 的响应范围内应该小于 20 nm，事实上在实际测试中一般保持半高宽范围在 10~15 nm，并且所产生单色光的时间不稳定性和空间不均匀性都优于 IEC 60904-9 标准中规定的 ±2%。在此之后，单色光经过斩波器被调制成特定频率的交流光源，此步骤主要是为了使器件中的限流电池得到最大的光谱响应信号分辨，同时减少非待测子电池干扰。并且为了防止干扰，斩波器的频率应当低于电流采样频率，并避免选用供电电源频率以防产生谐波。同时，另外有两束特定波长的偏置光经过密度过滤器调整强度后，分别用来增强宽带隙和窄带隙子电池的光谱响应，从而保证整个测量过程不会受到电流失配的干扰，并且 IEC 60904-8-1 标准要求偏置光的空间非均匀性应小于 10%，即满足 IEC 60904-9 标准中等级 C 的模拟器要求。为了保证不受器件面积尺寸等因素影响，偏置光与单色光需要利用反射器聚焦在器件的同一范围内，并且偏置光的光斑应稍大于单色光斑。最后在器件两端加确定的偏置电压，并利用锁相放大器调制读取器件的电流信号，并与标准硅光电探测器测试结果进行对比以消除背景噪声影响，从而得到最终的 EQE 光谱。

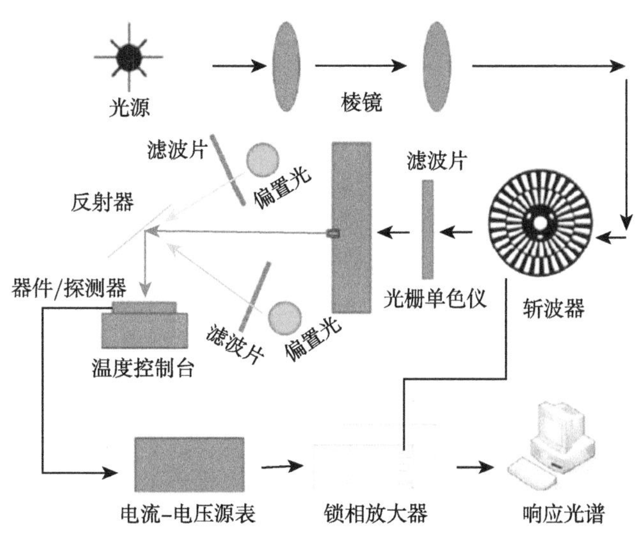

图 5-15　测量多结叠层电池量子效率的仪器装置示意图 [94]

值得注意的是，在量子效率的测试中，一般有直流 (DC) 和交流 (AC) 两种测试模式。在直流测量模式中通常直接使用 Keithley 数字源表分别测量带有电压偏置的暗光和单色光辐照下的器件电流–电压特性。如若保持两次扫描中偏置电压相同，那么器件实际光电流则等于暗电流与单色光辐照光电流之差。直流模式中源表分辨率、电流噪声以及子电池频谱响应区域都较低，所以与交流模式 EQE 测量相比具有更低的信噪比。但是当探测单色光产生的光电流相对于偏置光产生的光电流较低，即子电池电流匹配差异较大时，EQE 的分辨率不高，噪声较大。在交流测量模式中，光学斩波器将单色光频率调制为 4 ~ 3000 Hz，并在偏置电压下利用锁相技术采集此单色光波长下的短路电流信号，实现了与偏置光直流信号的高区分度。实际测试证明，100 Hz 的斩波频率可以有效减弱响应延迟所造成的测试伪影，并且锁相放大器采用相敏检测方法，在特定的参考频率和相位上分离出信号的分量，所以可以有效屏蔽偏置光所造成的光源误差，但是与直流模式 EQE 相比，光屏蔽环境的影响不明显 [95]。

5.2.3 叠层电池光谱响应精确测试对策

事实上，可以看到，在这样的测试过程中偏置光、单色光和偏置电压的设置会直接影响到 EQE 光谱测试的精确度。为了确定合适的偏置光，首先需要了解图 5-12(c) 所示的对应子电池光谱响应范围，为了保证偏置光只用于饱和非待测子电池，偏置光的波长范围应当尽量在子电池光谱响应范围以内。一般来说，如图 5-15 所示，可以设置多个偏置光源，其中每个偏置光源光谱都在相应子电池的光谱响应范围内。另外也可以在单偏置光源或宽带偏置光源光路上设置不同带宽的光学滤波器以实现调制，经过调制的彩色偏置光可以实现与多光源类似的偏置效果 [96]。

对于单色光源，由于模拟光源始终与 AM 1.5G 光谱辐照分布存在一定的偏差，而如图 5-12(b) 所示，用于校准模拟器光谱的参考电池往往具有不同的光谱响应范围，因此校准后的模拟器光谱自然也存在一定的偏差。因此标准中引入了光谱失配因子 SMM 的概念来定量描述光谱失配误差：

$$\mathrm{SMM}=\frac{\displaystyle\int E_{\mathrm{ref}}(\lambda)\,\mathrm{SR}_{\mathrm{ref}}(\lambda)\,\mathrm{d}\lambda\int E_{\mathrm{meas}}(\lambda)\,\mathrm{SR}_{\mathrm{DUT}}(\lambda)\,\mathrm{d}\lambda}{\displaystyle\int E_{\mathrm{meas}}(\lambda)\,\mathrm{SR}_{\mathrm{ref}}(\lambda)\,\mathrm{d}\lambda\int E_{\mathrm{ref}}(\lambda)\,\mathrm{SR}_{\mathrm{DUT}}(\lambda)\,\mathrm{d}\lambda} \tag{5-9}$$

其中，$E_{\mathrm{ref}}(\lambda)$ 是固定波长 λ 下参考光谱辐照度；$E_{\mathrm{meas}}(\lambda)$ 是固定波长 λ 下测量得到的入射光的光谱辐照度分布；$\mathrm{SR}_{\mathrm{ref}}(\lambda)$ 是参考电池在标准条件下的光谱响应率；$\mathrm{SR}_{\mathrm{DUT}}(\lambda)$ 是测试样品在标准条件下的光谱响应率。

如果 SMM 因子为 1，则说明模拟光谱和标准光谱近似等效。这意味着，如果测试中选取了合适的参考电池，即便模拟器光谱辐照度分布和 AM 1.5G 光谱不同，但是被测器件的相对光谱响应度与参考电池的相对光谱响应度相同，则也可以认为被测器件与参考电池是在同一标准情况下测试的。当然，考虑到被测器件和参考电池的光谱响应都存在测量不确定度，那么即便 SMM 的值为 1，最后测试结果不确定度仍然不为零。对于多结器件而言，在测试中需要对器件中的每个子电池进行计算，只有当每个子电池的光谱失配因子都在 1.00±0.05 以内时，方可认为此时的光谱辐照度分布是可以接受的。如若 SMM 不为 1，测试中应当调整模拟器光谱并重新计算 SMM，直到获得可以接受的光谱失配因子。如若模拟器光谱无法调整，那么需要将在模拟光谱下测试的结果除以该因子从而获得更精确的结果。如图 5-16 所示，利用光谱失配因子缩放的 EQE 曲线会得到略小于测试曲线的结果并提供更加可靠的数据 [97]。并且，SMM 因子也适用于性能受光谱辐照度影响的非线性光伏器件，因为式 (5-9) 中已经包含了辐照度的变化情况。

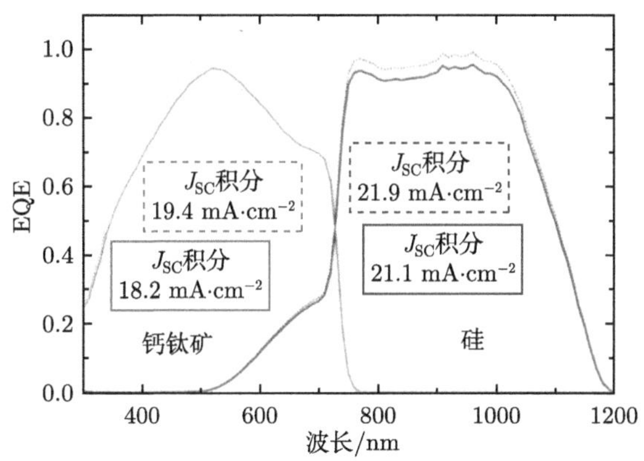

图 5-16 利用 SMM 因子校正 EQE 光谱测试结果示意图 [97]

除了偏置光和单色光，电压偏置则是量子效率测量过程中的另一重要设置参数。IEC 60904-8 标准单结器件的光谱响应通常在短路条件下测量 (零偏置电压)，但对于多结光伏电池，则必须将整体外部电压偏置与待测结的电压偏置区分。多结器件的外部总电压由待测结的电压和其余结的电压组成。由于偏置光源的存在，非待测结将正向偏置，而当外部电压偏置设置为零时，待测结将处于反向偏置状态。为了维持器件的零偏置情况，必须要设置外部偏置电压。根据 IEC 60904-8-1 和 ASTM E2236-10 标准，外部偏压的选取有以下三种方法。

(1) 外部偏置电压应等于施加在它们上的偏置光造成的非待测结中产生的光生电压之和。如果施加的偏置光在待测结中不产生光伏电流，则外部偏置电压应当等于偏置光下器件的开路电压。

(2) 如果方法 (1) 无法实现，偏置电压应设置为待测器件开路电压的 $\dfrac{n-1}{n}$ 倍，其中 n 是叠层电池的子电池个数。

(3) 如果上述 (1) 和 (2) 两种方法都无法获得有效的偏置电压，则偏置电压可以取为所有非待测结的开路电压和。在这种情况下，为了避免不合适的偏置电压对测试结果产生影响，一般需要预先在所设置的偏置电压基础上增加或减小 10%并测试对应电压下的光谱响应，如果两次测试结果都随偏置电压的改变而变化，则认为此偏置电压是合适的。

在按照上述方法设置了偏置光、单色光和偏置电压后，还需要测试确定该偏置电压下偏置光辐照强度是否合适于当前样品。在设置好偏置光源后，任意选择单色光波长照射在待测器件上。在更改偏置电压的同时观察对应器件 SR 信号的变化。如若偏置光辐照强度设置合理，那么无论电压如何变化，信号应保持不变并接近器件中单结光伏器件的测试结果。确定偏置光强度后，仍然需要微调偏置电压以最小化背景信号。固定偏置光，再次微调偏置电压，在零外部偏置电压下，可能会观察到信号，但随着外部电压偏置的增加，信号逐渐消失。当信号最小化时，即达到正确的偏置电压 [46,98]。

如图 5-17 所示，基于 5.2.2 节中测试基本原理和方法，以及上述测试光源和电压的选择策略，结合 IEC 60904-8、IEC 60904-8-1 和 ASTM E2236-10 标准，总结出多结叠层电池光谱响应的精确测量程序。

(1) 确保模拟器光谱符合 IEC 60904-9 标准所述，确定保持环境温度处于 (25±1) ℃ 范围内，确保电流电压测试源表不准确度小于 0.2%。将被测电池利用四线法固定于光谱响应测试夹具中，以消除测试线材电阻影响，选择其中的待测子电池。

(2) 根据式 (5-9) 计算光谱失配因子，确认测试光谱失配度因子 SMM 范围在 1.00±0.05 以内。

(3) 给非待测子电池加上直流的偏置光，要求正好是对应非待测子电池光谱响应的单色光波段，同时又不会对待测子电池的光谱响应产生显著效应。

(4) 测量整个被测器件的 V_{OC}，同时按照以下公式设置直流偏压源 V_{b}：

$$V_{\mathrm{b}}=\frac{n-1}{n}V_{\mathrm{OC}} \tag{5-10}$$

其中，n 代表被测设备的子电池数目。不过式 (5-10) 只适用于各子电池具有相同的电压，如果各子电池的开压不同，则 V_{b} 可认为是非待测子电池的电压之和。

(5) 给被测子电池加上交流单色光源，调整该光源的单色性以及强度，使待测子电池的交流光谱响应信号达到最大，同时使其余的非待测子电池的直流光谱响应信号最小，目的是避免待测子电池的光谱响应测量受到干扰。

(6) 通过同时调整直流偏置光、直流电压源 V_{b} 以及交流光源，使得步骤 (5) 中非待测子电池对应的直流信号最小化，然后测试器件的光谱响应。

(7) 对被测叠层电池中的每一子电池重复 (2)~(6) 的步骤，得出每一子电池的光谱响应。

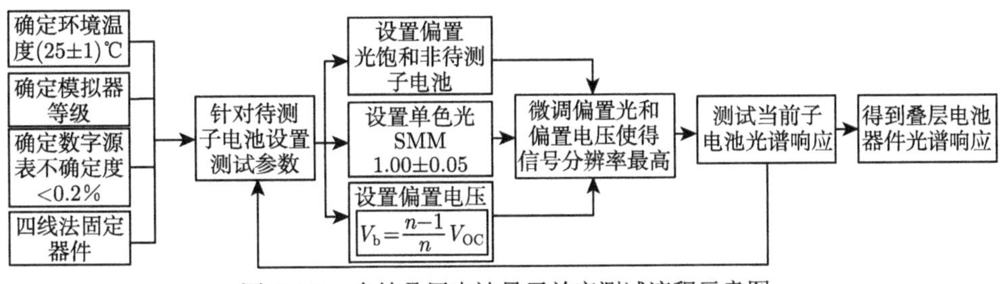

图 5-17 多结叠层电池量子效率测试流程示意图

在钙钛矿/晶硅叠层电池的光谱响应测量中，影响测试结果准确性的因素主要是子电池的分流和发光耦合效应 [99]。通常来说，子电池的分流会增加器件串联电阻，并最终导致测试结偏置电压的移动，从而影响待测试子电池。而发光耦合现象是指正向电压偏置的宽带隙结中的辐射重组导致光子发射到较窄的带隙结中，而窄带隙结吸收光子后则会响应产生额外的光电流。这种效应在光谱响应测量中尤为突出，这是因为，如果对其中一个结外加光偏置，则必然迫使非待测结进入正向电压偏置。这将导致在宽带隙结响应区的尾部观察到异常的非零响应数据。在实际测试过程中，可以通过观察宽带隙结尾部响应数据的方式来区分分流耦合和发光耦合，然后再应用相应的校正程序 [100]。简单来说，可以首先设置单色光波长范围处于宽带隙尾部，再改变施加的电压偏置并监测信号的大小。如果光伏器件以分流为主，那么可以观察到信号的大小将随电压偏置而变化；而如果光伏器件以发光耦合为主，那么信号的大小应当保持恒定 [101]。

IEC 60904-8-1 标准也提供了非常精确的修正方法，例如针对分流效应，在测量得到每个子电池的光谱响应之后，即可根据式 (5-11) 计算修正后的光谱响应。

$$\mathrm{SR_{meas}}=\frac{\sum\limits_{i=1}^{n}\mathrm{SR}_i\dfrac{\mathrm{d}V_i}{\mathrm{d}I_i}}{\sum\limits_{i=1}^{n}\dfrac{\mathrm{d}V_i}{\mathrm{d}I_i}} \tag{5-11}$$

其中，$\mathrm{SR_{meas}}$ 是测试获得的子电池 SR 数据；n 是多结电池中子电池的个数；i 是子电池的序号；SR_i 是第 i 个子电池的真实 SR；$\mathrm{d}V_i/\mathrm{d}I_i$ 是第 i 个子电池测试时的电流–电压曲线斜率。这样的修正可以在不借助其他表征手段的情况下，利用计算得到的缩放因子而实现对测试结果的有效校正，而发光耦合效应的修正也可以通过类似的方法实现。

另外值得注意的是，对于钙钛矿/晶硅叠层电池而言，通过光谱响应和电流–电压测试得到的 J_{SC} 并不总是完全相等，这主要是由光电流的非线性效应造成的。

此处的非线性效应主要是指器件在不同光功率密度的单色光的照射下，所产生的光电流密度并不能等比例地变化 [102]。例如，照射光斑的尺寸和相对分布固定不变，器件在 1 mW 的单色光照射下能产生 1 mA 的电流，但在 1 μW 的同一波长的单色光下却不能等比例地产生 1 μA 的电流，即为非线性效应。这样的非线性效应主要是由于光谱响应测试时单色光功率密度并不能等效于对应波长光在电流–电压测量时的 AM 1.5G 光谱功率密度。一般来说，量子效率测试装置中非相干光源 (溴钨灯或氙灯) 加单色仪的组合会导致探测光的功率密度小于 1 $\mathrm{mW \cdot cm^{-2}}$，比标准太阳功率密度小 2 个数量级左右。这时由于钙钛矿子电池的低离子迁移能和缺陷形成能等性质，在弱光情况下所产生的载流子很容易被复合中心或缺陷态捕获，但是在强光下更高的光生载流子密度会完全填满复合中心和缺陷态，因此复合中心造成的载流子损失比例更小，从而表现出了更高的量子效率值 [103,104]。同时，光照诱导的钙钛矿相分离效应、离子迁移和迟滞效应等现象都会对光谱响应测量造成影响，所以在实际测试中，迭代调整光谱并计算 SMM 因子以获得最佳的光谱匹配结果，这是非常必要且有效的精准测量手段。

5.2.4 光谱响应特性分析

通过 EQE 光谱分析可以了解太阳电池内部光子吸收，载流子的产生、输运以及复合等信息。不同波长下的精确测量结果和量子效率数据有助于理解该波段下的光学损耗或者电学提升瓶颈 [105]。除此之外，细致调节偏置光和偏置电压条件以获得不同响应结果的方式将是常见的精确测试手段和器件性能评估分析思路。本节将从损耗分析和器件优化两个角度介绍以偏置光和偏置电压为工具的光谱响应特性分析实例 [106,107]。

1. 损耗分析

凭借着 EQE 光谱的分波长特性，可以对每个波长范围内的量子效率损失进行量化分析并定位其损耗诱因。如图 5-18(a)～(e) 所示，如若不考虑任何的光学反射和透过，理想吸收体的 EQE 可以达到 100%，此时吸收极限波长即对应器件的光学带隙。但是对于具有金属电极的光伏器件而言，需要考虑由器件表面和背电极引起的前反射 $R_{前}$ 和背反射 $R_{后}$，由于只有穿透能力较强的单色光才能到达背电极，因此 EQE 一般会在长波段产生反射损失，而表面反射损失则在每个波段都存在。在钙钛矿/晶硅叠层电池中通常使用透明导电氧化物 (transparent conductive oxide，TCO) 作为顶电极，由于 TCO 带隙较大，所以如图 5-18(c) 所示，一般会在紫外短波区域造成带间跃迁吸收，在长波区产生自由载流子吸收导致了 EQE 的效率损失。而对于钙钛矿/晶硅电池而言，钙钛矿层和晶硅都可以作为吸收体并且覆盖波长范围 300～1200 nm，因此形成了“几”字形的 EQE 光谱 [108]。

但是，这样的模型仍然非常理想，事实上晶硅电池中掺杂效应和界面载流子复合等因素都会对最终 EQE 光谱产生进一步的影响。在光伏器件中，光生载流子产生后在内建电场的作用下向电极漂移扩散。如图 5-18(e) 所示，由于不同波长单色光的穿透能力不同，所以如果载流子复合发生在半导体/金属底界面，则长波区域的 EQE 响应会减小，并且由于底界面产生的载流子到达顶电极所需的扩散长度更长，因此造成的复合损失会更大。而当光生载流子在电池顶界面复合时，短波区域的 EQE 值则会减小，掺杂层对 EQE 光谱的影响也是类似的，并且在短波区域更加明显。那么通过比较不同波段的光学损失，就可以定量地表征前后界面区域的载流子复合和分离情况。图 5-18(f) 展示了考虑封装和材料厚度等实际因素的钙钛矿/晶硅叠层电池 EQE 光谱模拟结果，在等效的光电流损失中，透明电极和空穴传输层产生的寄生吸收是所有损耗中占比最大的部分，因此也应当是器件优化的主要目标 [109]。从这样的理论基础出发，可以对器件的 EQE 光谱组成和特性有非常明确的理解，结合叠层电池的具体结构，即可有效地确定限制器件性能提升的短板并提出相应的优化方案。

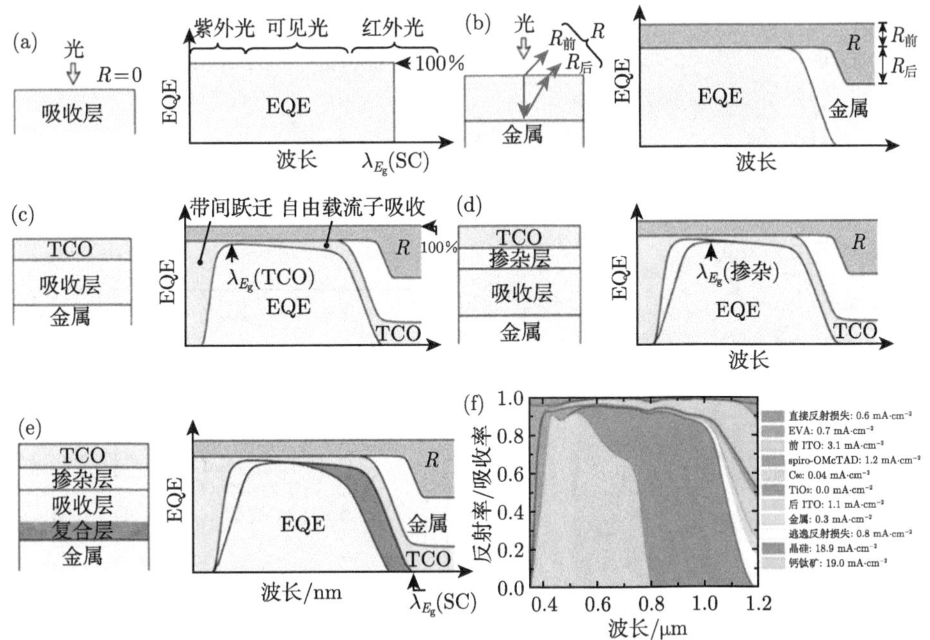

图 5-18　理论 EQE 损耗来源模型和对应电流密度损耗数据

(a) 假设零反射率的完美吸收体的器件 EQE 光谱；(b) 由吸收体和金属电极组成的器件 EQE 光谱；(c)TCO/吸收体/金属电极结构的器件 EQE 光谱；(d) 考虑掺杂层的叠层电池器件 EQE 光谱；(e) 考虑界面复合和掺杂效应的叠层电池 EQE 光谱；(f) 考虑封装和器件厚度的具体模拟叠层电池实例的 EQE 光谱 [108]

如图 5-19(a) 所示，McGehee 等 [76] 针对钙钛矿/晶硅叠层电池中的寄生吸收进行了细致研究，发现钙钛矿顶电池的寄生吸收是损耗的主要来源。为了避免 sprio-OMeTAD 等空穴传输层造成高寄生吸收，实验中采用了以 NiO_x 为空穴传输层的 n-i-p 型的钙钛矿顶电池结构。如图 5-19(b) 所示，结合 EQE 测试结果和模拟分析，可精确量化器件中短波寄生损失约为 1.2 $mA \cdot cm^{-2}$，并主要来源于顶电池透明电极和电子传输层的寄生吸收损失，而长波段寄生损失约为 3.3 $mA \cdot cm^{-2}$，主要来源于钙钛矿空穴传输层、复合层以及晶硅电池背反射。实验中针对器件中不同界面造成的寄生损失也采取了不同的优化方法，针对钙钛矿子电池顶电极的短波损失，研究中采用了原子层沉积的方式制备 SnO_2 缓冲层，在不产生分流电阻的情况下减少薄膜厚度以降低寄生吸收，并且利用磁控溅射的工艺优化提高

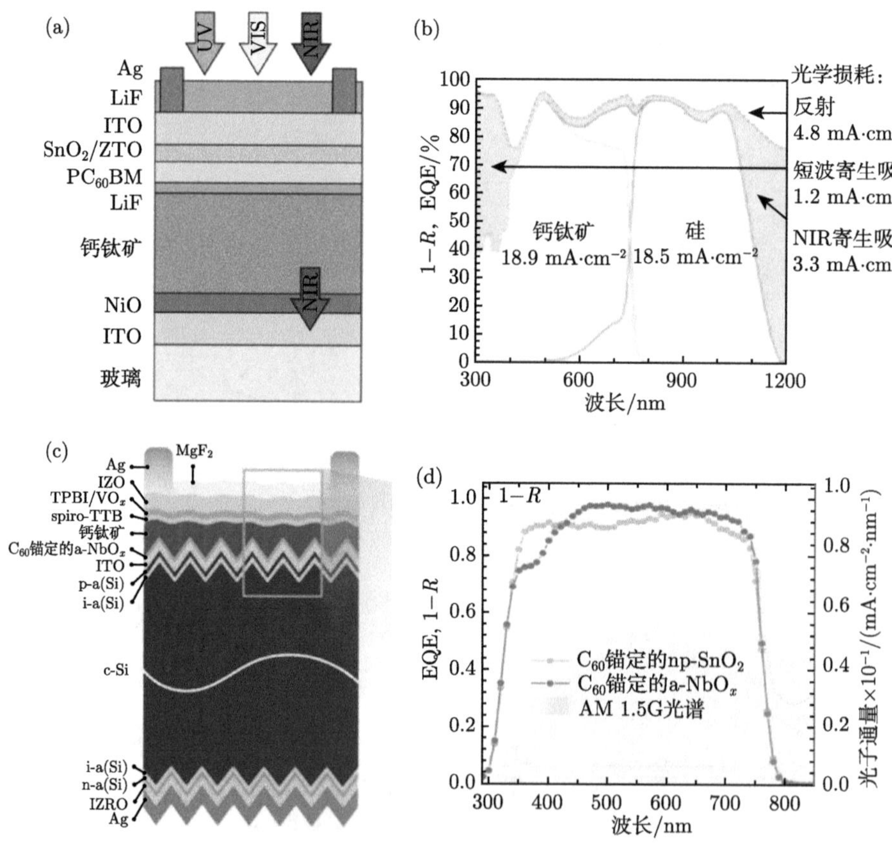

图 5-19 应用精准量化分析最小化量子效率损失策略实例

(a) 钙钛矿子电池在不同波段的寄生吸收效应示意图；(b) 精确测量和理论模拟得到的 EQE 光谱以及寄生吸收等效光电流 [76]；(c) 溅射沉积非晶氧化铌以及 C_{60}-SAM 复合结构的叠层电池结构示意图；(d) 非晶氧化铌以及 C_{60} 复合结构优化寄生吸收前后的 EQE 对比测试曲线 [110]

了 ITO 电极薄膜质量，以增强载流子收集。De Wolf 等 [110] 则在此基础上提出了进一步的优化思路，研究中结合器件的 EQE 光谱和电流–电压特性发现，若一味地减少 NiO_x 薄膜厚度来降低寄生吸收，反而会导致空穴载流子不能被有效分离，从而降低了器件效率。于是如图 5-19(c) 所示，研究中利用溅射沉积非晶氧化铌 (a-NbO_x) 替代原有无机金属氧化物传输层，并且利用超薄的 C_{60} 和 SAM 复合小分子空穴选择接触材料实现有效的界面钝化。对于顶界面则采用原子层沉积氧化钒 (VO_x) 作为致密的缓冲层，双源共蒸 2,2′-(全氟萘-2,6-二亚基) 二丙二腈（F6-TCNNQ）降低空穴传输层 2, 2′, 7, 7′-四 (N, N-二对甲苯基) 氨基-9, 9-螺二芴（Spiro-TTB）的电阻率，热蒸发 1,3,5-三 (1-苯基-1H-苯并咪唑-2-基) 苯 (TPBI) 有效阻止 F6-TCNNQ 和 VO_x 之间的相互作用，钝化界面缺陷的同时又不会影响载流子传输。因此，从图 5-19(d) 中可以看到，利用宽带隙 V 族氧化物作为传输层和小分子选择性接触材料作为钝化层，这种复合策略可有效实现量子效率的提升。

2. 器件优化

除了寄生损失以外，钙钛矿/晶硅叠层电池中电流损失的另一个重要来源是器件表面和界面反射损失。在成熟的晶硅电池产品中，一般都具有双面的纹理结构以降低表面入射光反射并增强背表面吸收，因此为了减少反射引起的光学损失，制备具有正面或者背面纹理结构的钙钛矿/晶硅叠层电池是非常有效且直接的手段，并且已经被大量的模拟工作和实验工作证明 [111,112]。

目前大部分的钙钛矿/晶硅叠层电池都具有背表面的绒面结构以降低红外反射。在此基础上，McGehee 课题组 [113] 研究发现，ITO 等透明电极存在的镜面效应使正面短波反射较为严重。如图 5-20(a) 和 (b) 所示，他们比较了从钙钛矿子电池的金属栅极入射 (红线) 和从玻璃侧入射至银顶电极 (蓝线) 的 EQE 测试结果发现，具有栅线电极的半透明钙钛矿子电池在 300 nm 和 600 nm 附近都表现出了比较严重的量子效率损失。因此利用具有微纳结构的 PDMS 等材料覆盖在钙钛矿子电池顶电极上，以形成陷光结构从而减弱反射。基于同样的思路，如图 5-19(a) 所示，McGehee 团队 [76] 通过精准调控 LiF 薄膜厚度和组分，使其满足厚度约为入射光波长的 1/4，以实现表面光学增透从而降低短波反射损失。以此类推，MgF_x 等常用增透材料或者具有特殊纳米陷光结构的表面材料都可以应用在钙钛矿/晶硅太阳电池中，并获得不错的效果。

为了进一步减少子电池界面反射损失，对于晶硅子电池而言，构造具有优异陷光性能的纳米表面结构是非常直接且有效的手段。因此，Huang 课题组 [114] 使用了双面制绒的 SHJ 电池作为底电池以实现宽光谱范围的光吸收。如图 5-20(c) 所示，他们利用刮涂法实现了高度致密的钙钛矿吸收层，通过调控钙钛矿在绒面上的结晶过程获得了均匀平整的钙钛矿薄膜，并且在钙钛矿中引入了三溴化物离

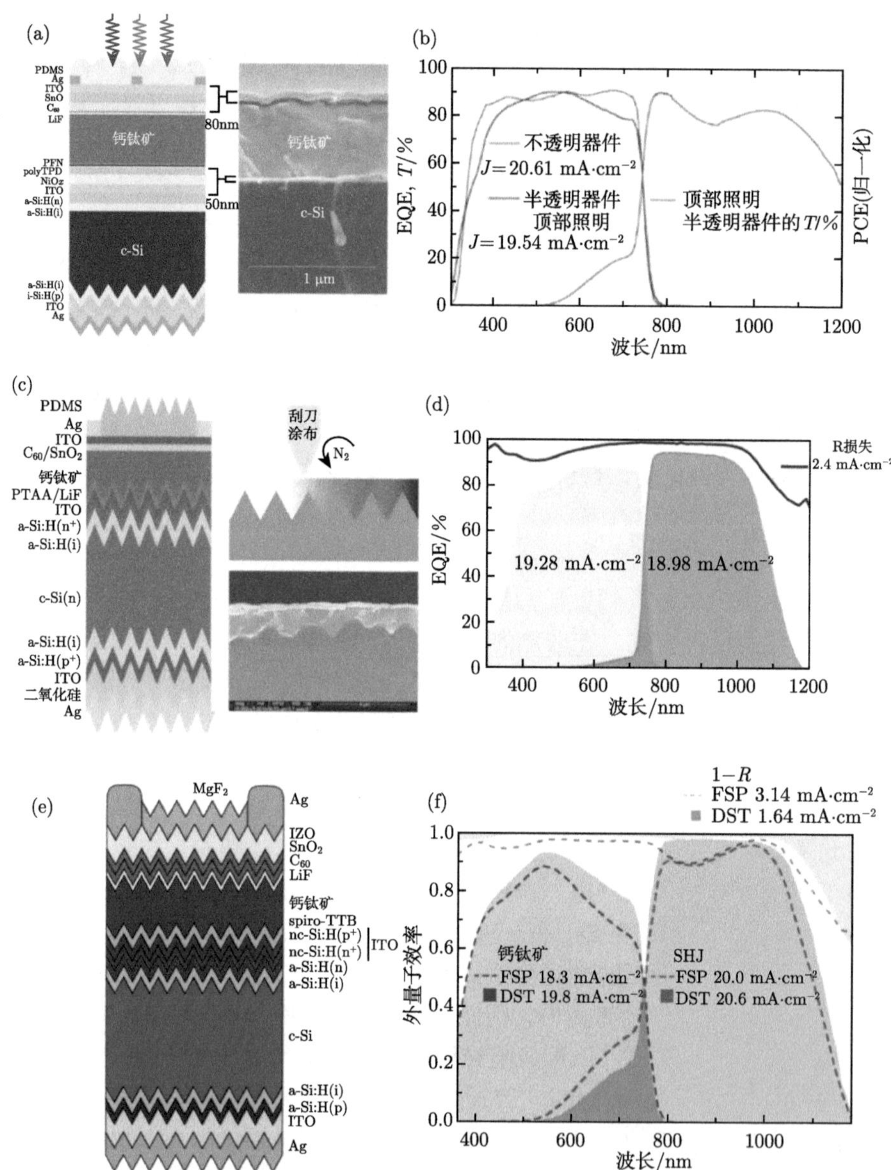

图 5-20　依据量子效率精确测量损耗分析优化叠层器件结构实例

(a) 设置有 PDMS 减反层的叠层电池器件结构示意图；(b) 从金属栅极入射 (红色) 和从玻璃侧入射 (蓝色) 测试的 EQE 光谱对比曲线 [113]；(c) 基于双面制绒 SHJ 电池的叠层器件结构示意图；(d) 测量的 EQE 光谱以及等效损失光电流 [114]；(e) 具有保形钙钛矿吸光层的双面制绒叠层电池器件结构示意图；(f) 基于单面制绒 (虚线) 和双面制绒 (填充) 的 SHJ 底电池的叠层器件 EQE 光谱对比曲线 [115]

子来抑制碘化物的形成，以提高钙钛矿薄膜的稳定性。如图 5-20(d) 所示，在这样的光学结构中，紫外到可见光范围内的反射损失大大减小，同时在长波范围的损失也得到了部分优化。从 EQE 光谱中可计算得到，由反射所引起的等效光电流密度仅约为 2.4 $mA\cdot cm^{-2}$，并获得了 28.6%的高叠层电池器件效率。

进一步地，从晶硅电池产业生产经验中可以知道，绒面结构的不同纳米尺度也会影响器件的光学吸收。因此，如果能够实现钙钛矿吸光层的保形生长从而形成双绒面结构的话，将会进一步降低反射损失。正是基于这样的考虑，如图 5-20(e) 所示，Ballif 课题组 [115] 利用双源共蒸的方式实现了钙钛矿子电池在绒面晶硅电池上的保形生长。他们也对比了单面抛光和双面绒面器件的光学损失差异，如图 5-20(f) 所示，基于单面抛光 SHJ 电池 (虚线) 的钙钛矿子电池和晶硅子电池都表现出了更低的光电流密度，其反射损失约为 3.14 $mA\cdot cm^{-2}$，而对于基于双面制绒的器件而言，反射损失仅为 1.64 $mA\cdot cm^{-2}$。但是由于子电池间较为严重的电流失配效应，其器件效率约为 25.2%。Liu 课题组 [13] 在此基础上，在更大尺寸的绒面上 (2~5 μm) 实现了钙钛矿薄膜的保形生长，并且最终获得了 28.84%的器件效率，充分证明了基于双面制绒的钙钛矿/晶硅叠层器件的非常大的提升空间。

从上述基于 EQE 损耗分析的器件优化思路和研究进展，可以看到制绒结构对器件性能的巨大提升效果。除了减少反射损失的途径以外，增强吸收是另外一个减少光学损耗的思路 [116]。例如，McGehee 课题组 [76] 利用硅纳米颗粒 (silicon nanoparticle，SiNP) 和银电极的复合结构实现高效的晶硅电池背表面反射吸收。如图 5-21(a) 所示，由于 SiNP 具有 60%的高孔隙率，其平均折射率仅为 1.4，且在波长超过 1000 nm 时具有很高的透明度。较厚的低折射率层将有助于长波单色光入射到金属电极表面并被反射到器件内部，从而减少光学损耗。由 SiNP 和银电极组成的光学反射结构能实现超过 99%的反射率。从硅单结电池的 EQE 光谱即图 5-21(b) 中可以看到，具有 SiNP 涂层的晶硅太阳电池获得了约 1.5 $mA\cdot cm^{-2}$ 的等效光电流密度提升。由此看来，对红外光的吸收调控是减光学损耗的有效优化手段。基于同样的思路，Schlatmann 课题组 [117] 对子电池间常用的纳米晶氧化硅 (nc-SiO_x:H) 复合层进行了调控以减少红外反射损耗。如图 5-21(c) 所示，在钙钛矿/SHJ 结构的叠层电池中，通过改变利用 PECVD 沉积 nc-SiO_x:H 薄膜时的 CO_2 流量以调节薄膜含氧量，从而调控薄膜折射率在 1.8~3.4 的范围内可控。更小的折射率意味着红外光更容易透过并被晶硅底电池吸收，但是考虑到子电池间的电流匹配，复合层的折射率并不是越小越好。结合光学模拟和实验测试，当薄膜折射率约为 3.0 时，拥有最佳的总体器件性能。在图 5-21(d) 中，相较未经调控的折射率为 2.2(红色) 的薄膜，折射率为 3.0(蓝色) 时的晶硅底电池表现出了 17.9 $mA\cdot cm^{-2}$ 的光电流密度，短路电流密度提升了约 7.8%，同时器件的光学损耗也由 5.3 $mA\cdot cm^{-2}$ 降低至 3.9 $mA\cdot cm^{-2}$。通过光学模拟及不同制备工艺的调节，最终制备获得的叠层器件的 EQE 曲线不但从紫外区到 1200 nm 的整个区域有非常好的吸收，关键在某些区域可以达到近似完全的吸收，几乎没有光学吸收损失，足以反映叠层器件的优势。

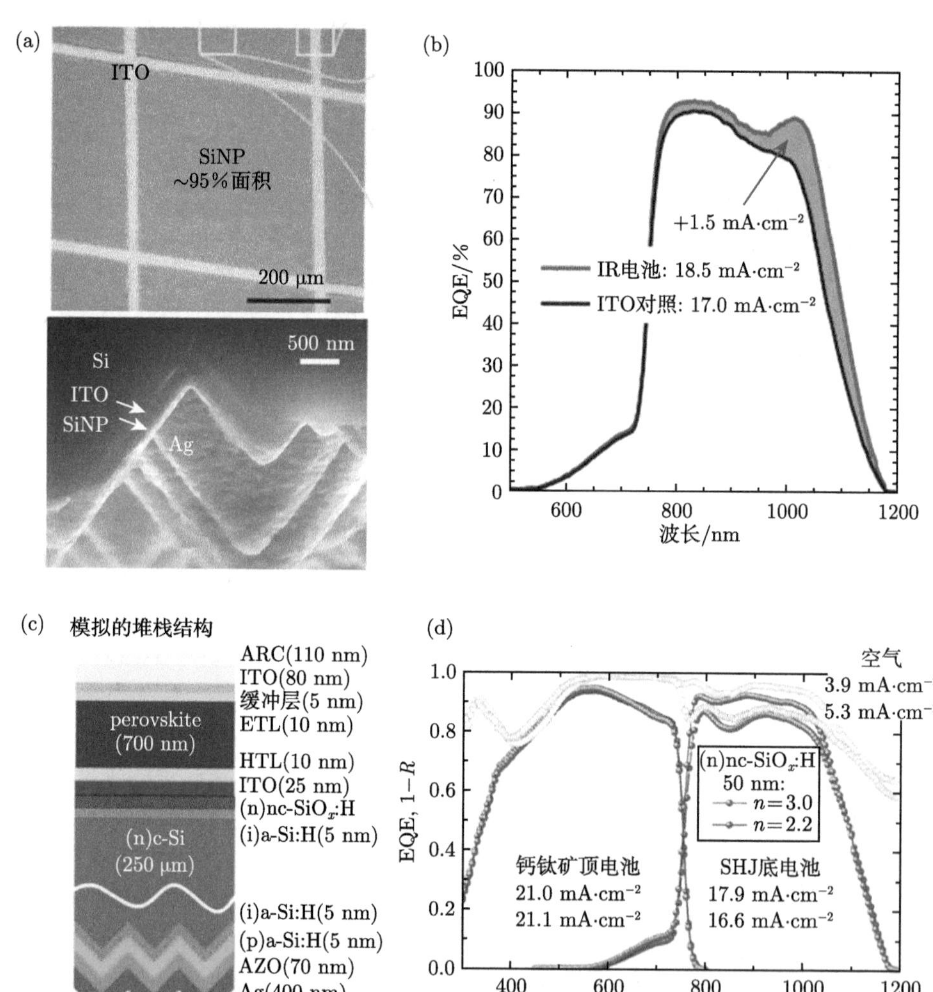

图 5-21　通过增强长波吸收提升器件性能的应用实例

(a) 晶硅底电池背面沉积 SiNP 的光学和 SEM 图像；(b) 沉积有 SiNP 和仅沉积 ITO 的晶硅子电池 EQE 光谱和对应的增益等效光电流 [76]；(c) 具有不同折射率纳米晶氧化硅复合层的叠层电池器件结构；(d) 基于折射率为 2.2(红色) 和折射率为 3.0(蓝色) 的纳米晶氧化硅复合层的叠层电池器件 EQE 光谱对比曲线和等效损失光电流 [117]

自 1996 年 IEC 颁布第一版光伏组件测试标准开始，相关精确测量标准已经历了数次的更迭，以适应新背景下的器件性能表征。在未来的发展中，伴随着对器件内在运行机制的深入理解和测试仪器精确度的提高，相关测量方案也会进一步细化和演变，并且能够提供更多的特性分析手段及思路。

从目前来看，叠层电池的精确测量仍有尚待攻克的研究领域。一是关于光谱可调的太阳光模拟器的设备制造问题。由于 LED 灯、卤素灯和氙灯还存在着光谱不协调和灯泡寿命的不匹配问题，如何在获得高度匹配光谱的前提下，获得较长工作寿命的灯泡组合，仍然是一个亟待解决的问题。另外，由于不同参考电池响应范围和特性的不同会使子电池的光谱失配没有被有效校正，因此关于参考电池的选择标准也是值得商榷的议题。此外，在偏置光和偏置电压下测量光谱响应时，复合结和隧穿结往往有不同的响应结果，从而影响底电池的光学响应特性，所以需要一定的补偿手段在不影响光谱响应结果的基础上消除其误差。从上述案例分析来看，光谱响应的精确测量在损耗分析和器件结构优化的角度发挥着无与伦比的作用，可有效助力行业研究发展。总之，尤其是对于钙钛矿/晶硅叠层电池来说，精确测量始终是一个任重而道远的话题，对其全面的综述和分析，将有助于加深对研究现状的了解和对未来发展方向的预测，具有相当深远的科研意义。

5.3 钙钛矿/晶硅异质结叠层太阳电池稳定性测试

钙钛矿/晶硅叠层电池的重要优势之一就是其可与高度成熟的商业化晶硅电池生产线集成制造，其商业化制造进程可以凭借这样的优势而极大地加快。2022 年，Liu 团队 [13] 就在产线生产的双面制绒晶硅异质结电池上实现了钙钛矿子电池的集成，并且无需抛光或者减绒的工艺即获得了 28.84%的器件效率。因此，从商业化规模制造和器件效率的角度来看，钙钛矿/晶硅异质结叠层电池具有非常大的实际应用前景。尽管两端叠层串联电池显示了超高的能量转换效率，但是由于钙钛矿材料较低的缺陷形成能和离子迁移特性，其本征稳定性往往不如晶硅子电池，所以，在实现叠层电池的商业化应用之前，提升钙钛矿/晶硅叠层电池稳定性以满足商业化应用标准，这是亟待解决的重要问题 [118,119]。

5.3.1 稳定性测试标准与测试方法

截至目前，已经有大量工作聚焦于单结钙钛矿器件的不稳定性，但是串联叠层电池的相关报道却很少。即使部分工作着重研究了器件稳定性问题，但是通常只关注了时间、温度、湿度等单个或部分外界影响因素。例如，Baillie 等 [120] 对钙钛矿/晶硅异质结叠层器件在紫外线照射下的长期稳定性进行了优化研究。如图 5-22(a) 所示，他们将下转换荧光粉 $(Ba,Sr)_2SiO_4:Eu^{2+}$ 混合在聚二甲基硅氧烷 (PDMS) 后覆盖在器件顶端，以降低紫外诱导退化。在 5 $W·cm^{-2}$ 的紫外辐照下，当 PDMS 和荧光粉质量比为 1:1 时，器件经历 36 h 连续辐照后仍然保持了

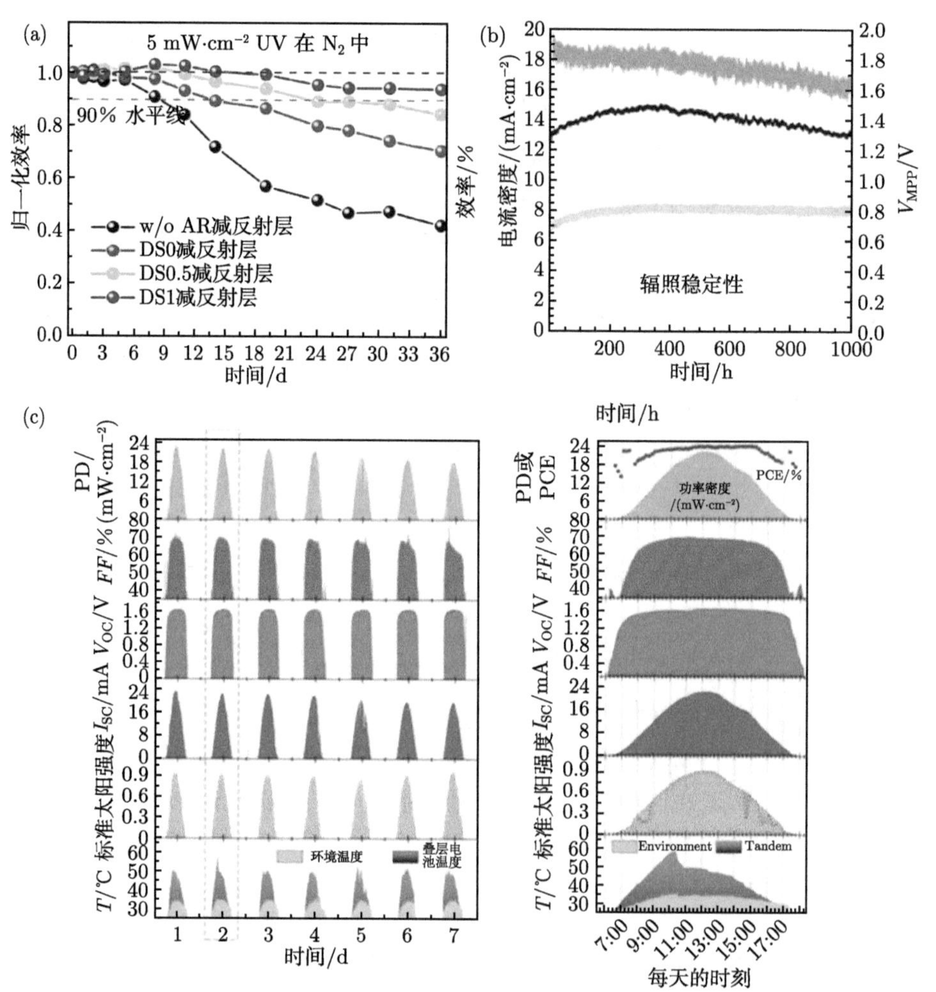

图 5-22　钙钛矿/晶硅异质结叠层电池不同外部环境稳定性测试实例

(a) 耦合不同质量比 PDMS 和荧光粉减反射层器件在紫外辐照稳定性测试结果 [120]；(b) 采用 EVA 封装和丁基材料封边的半透明钙钛矿太阳电池的湿热测试器件效率、电流密度和电压的稳定性测试结果 [76]；(c) 两端钙钛矿/晶硅异质结叠层电池在户外高温高湿环境下的稳定性测试结果 [19]

90%以上的初始效率，而未耦合下转换材料的器件则损失了 60%的效率。Bush 等 [76] 则研究了高温高湿的环境因素对器件的影响。他们对 EVA 和玻璃背板封装状态下半透明钙钛矿太阳电池进行了湿热测试，即在 85 ℃ 和 85%湿度的状态下进行持续照明测试。图 5-22(b) 中显示了在 1000 h 测试中器件电学参数的变化情况，其中器件短路电流密度下降约 3 mA·cm^{-2}，但是最大输出电压却从 0.65 V 上升至 0.80 V，所以器件效率并没有明显下降。而 Aydin 等 [19] 在此基础上进一步研究了叠层器件在实际情况下的稳定性，他们将器件置于室外炎热和阳光充足的场景下连续测试 7 天，并记录对应的环境温度和器件电学参数。在实际的测试中，实际光谱辐照约为 0.9 个太阳，环境温度接近 35 ℃，但是器件运行的实际平均温度约为 50 ℃，并且在正午时最高达到约 55 ℃。图 5-22(c) 显示，器件开路电压几乎保持不变，但是短路电流和填充因子的下降导致器件转换效率降低约 6%，这也是钙钛矿/晶硅异质结叠层电池户外性能的首次报道和测试研究。

尽管钙钛矿/晶硅叠层器件在转换效率上展示了巨大的潜力，但是在目前的相关稳定性研究中，热斑、紫外光、电势诱导衰减 (potential induced degradation, PID) 和机械载荷等实际测试场景还缺乏相关报道和研究。截至 2019 年，与单结钙钛矿或晶硅子电池相比，尚无钙钛矿/晶硅叠层器件通过全部 IEC 61215 标准测试的报道 [121]。因此，在推进叠层器件商业化进程时，关注商业化应用的稳定性测试条件是非常重要的议题。并且对于钙钛矿/晶硅叠层电池而言，同时考虑晶硅子电池和钙钛矿子电池的不同退化机制和环境敏感因素是非常重要的，这就意味着，在实施可靠性测试的同时必须谨慎选择合适的老化策略以充分研判子电池的退化情况。根据以晶硅电池为代表的光伏器件可靠性测试标准，在表 5-3 列出了光伏器件相关 IEC 测试标准和测试内容 [122-125]。其中，IEC 61730 标准和 IEC 61215 标准分别从组件应用安全和使用寿命的角度出发，给出了一系列的测试手段和测试组合序列，因此也是所有可靠性测试中最为重要的两类标准。

表 5-3 光伏组件可靠性测试标准内容以及编号

标准内容	IEC 标准编号
光伏组件安全认证测试程序和要求	IEC 61730
光伏组件可靠性测试要求	IEC 61215-1
光伏组件可靠性试验程序和步骤	IEC 61215-2
产品加速测试的可靠性方案	IEC 62506
光伏组件电致发光测试	IEC 60904-13
光伏模块最大输出功率的生产线测量方式和报告指南	IEC TR 60904-14
光伏组件电势诱导衰减检测试验方法	IEC TS 62804-1
光伏组件循环动态机械载荷测试	IEC TS 62782
光伏组件的再测试标准和方法	IEC TS 62915
高温下光伏器件和材料的加严测试指南	IEC TS 63126
光伏组件冰雹试验测试方法	IEC TS 63397
电击和漏电防护的通用设计要求	IEC 61140
光伏组件辐照度和温度性能测量和功率等级测试	IEC 61853-1
试验测试环境的湿度和稳态控制标准	IEC 60068-2
光伏组件用配件和封装材料的测试标准	IEC 62788

IEC 61730 标准主要从光伏组件在实际运行中的安全角度出发，通过制定的测试序列以期望能够发现光伏组件内外部潜在的会引发火灾、电击和/或人身伤害的故障，一般包括常规外观检查、触电危险、火灾危险、机械应力等项目。标准旨在通过合理设计检测序列以涵盖实际应用中光伏组件中的所有可能引起

安全隐患的故障问题。但是在实际场景下，也有无法通过简单光伏组件测试就能排除的安全隐患，例如高压系统中损坏的器件的潜在漏电危险等，这些应当通过系统设计、限制接触和维护等规章制度来解决，因此不在标准的讨论范围之内。

IEC 61215 标准主要从保障器件使用寿命和最小化性能衰退的角度提供了一系列测试要求和测试流程。标准提供的一系列测试方案和序列目标是为了尽可能在合理成本和时间限制内，充分预估该组件能够承受的实际最长工作寿命。但是若要获得器件的超过十年的长期老化效果，则一般采用由不同测试方案组成的加速老化测试方案。IEC 62506 标准中给出了加速测试方法的一般策略和指南 [126]。但是加速测试条件往往是基于经验设计的，所以在面对钙钛矿/晶硅叠层电池的老化测试时，很有可能没有办法揭示出所有的降解机制。这就意味着在推进钙钛矿/晶硅叠层器件的商业化进程时也应当伴随着相关标准的完善和细化。表 5-4 中列出了 IEC 61215 标准中必须要求的试验类型，而图 5-23 则列出了由这些测试构成的试验序列 [124,125]。

表 5-4　光伏组件可靠性试验序号、内容和条件

试验序号	试验内容	试验条件
MQT 01	外观检查	器件表面破碎，孔洞破裂，或损伤不应超过器件面积的 10%； 组件边缘气泡或脱层通道，所有气泡面积的总和不得超过组件总面积的 1%； 内部连接、接头或引出端断裂或者任何带电部件短路或暴露
MQT 02	最大功率确定	详见 IEC 60904-1
MQT 03	绝缘试验	在最小 500 V 的电压下测试 2 min
MQT 04	温度系数测量	详见 IEC 60904-10
MQT 06.1	标准辐照性能	详见 IEC 60904-1-1
MQT 07	低辐照度性能	测试辐照度，200 $W\cdot m^{-2}$； 辐照度分布符合标准太阳光谱辐照度分布
MQT 08	室外曝晒试验	太阳总辐射量，60 $kW\cdot h\cdot m^{-2}$
MQT 09	热斑耐久试验	最差热斑条件；辐照度，1000 $W\cdot m^{-2}$；测试时长 5 h
MQT 10	紫外预处理试验	波长范围 280～400 nm 紫外总辐照量为 15 $kW\cdot h\cdot m^{-2}$； 确保波长范围 280～320 nm 辐照量占总辐照量 3%～10%； 试验温度 60 ℃
MQT 11	热循环试验	温度为 −40～85 ℃，循环 50 次或者 200 次； 接线盒上施加 5N 重量，并保持导线电流温度最高 80 ℃
MQT 12	湿–冻试验	温度 +85 ℃，湿度 85%，冷却到 −40 ℃ 循环 10 次； 检测电流变化情况
MQT 13	湿–热试验	温度 +85 ℃，湿度 85%保持 1000 h
MQT 14.1	接线盒固定试验	在接线盒上 (10±1) s 内逐步施加 40 N
MQT 15	湿漏电流试验	测试电压为该组件的最大系统电压并保持 1 min； 测试电压增加速率不超过 500 $V\cdot s^{-1}$
MQT 16	静态机械载荷试验	在器件的前后表面均匀加上最小为 2400 Pa 的载荷保持 1 h； 循环 3 次

续表

试验序号	试验内容	试验条件
MQT 17	冰雹试验	25 mm 直径的冰球以 23.0 $m \cdot s^{-1}$ 的速度撞击 11 个位置； 测试温度 +75 ℃
MQT 18.1	旁热二极管热性能试验	器件外接 I_{SC} 电流并保持 1 h； 器件外接 1.25 倍 I_{SC} 电流并保持 1 h
MQT 18.2		测试温度 25 ℃ 时执行上述 MQT18.1 电流试验；
MQT 19	稳定性试验	根据 MQT 02，连续测试输出功率 $P1$，$P2$ 和 $P3$，并与 MQT 06.1 得到的标准输出功率对比稳定性
MQT 20	动态载荷试验	根据 IEC TS 62782 标准； 在 1000 Pa 的压强下连续循环 1000 次
MQT 21	潜在电势诱导衰减试验	根据 IEC TS 62804-1 标准，保持 85 ℃ 和 85%湿度情况，在系统最大电压下测试 96 h
MQT 22	弯曲试验——仅针对柔性器件	在固定弯曲半径下将组件卷起 25 次

IEC 61215 标准指定的试验类型涵盖了实际应用中可能存在的各类诱导衰减因素，包括器件在温度、湿度、高电压、高电流和载荷等复合场景下的器件电学特性衰减，并且从 2021 年发布的第二版 IEC 61215 标准开始，相关测试正在变得越来越严苛。首先标准中针对器件实际温度提出了 98 分位运行温度概念。98 分位运行温度是指，将组件全年工作温度从低到高排序，如若排在最高值的 98%位置的器件运行温度超过 70 ℃，那么器件需参照 IEC TS 63126 标准，针对 MQT 09，MQT 10，MQT 11，MQT 18 测试进行加严测试。这样的测试要求是为了保证器件在极限高温情况下仍然能够保证初始输出功率且满足设计使用寿命。在 IEC TS 63126 标准中，测试温度被细分为 level 1 和 level 2，其中 level 1 指器件的 98 分位运行温度超过 70 ℃ 但是不超过 80 ℃，而 level 2 指器件的 98 分位运行温度超过 80 ℃ 但是不超过 90 ℃。此时，器件的老化测试中，紫外试验、热循环试验、干热试验、材料蠕变试验、旁路二极管热性能试验和热斑试验都需要在 level 1 或者 level 2 的环境温度下持续进行，并依据测试结果对器件性能产生分级。同样的温度范围修改也发生在反向电流测试中，第三版的 IEC 61730-2 标准中将测试中最大表面温度提高至 170 ℃，并且放宽了温度测量精确度为 ±5 ℃。更多的加严测试修改则发生在具体的标准细则中，例如，关于冰雹测试的 IEC TS 63397 标准中，删除了冰雹直径为 12.5 mm 和 15 mm 的试验，并且更改了测试序列从而考虑在冰雹冲击造成电池隐裂的情况下，长时间老化测试带来的组件功率损失。在 MQT 19 测试中，还增加了编号为 MQT 19.3 的硼氧稳定性 (BO-LID) 子项目，测试中需要将待测器件置于 I_{SC}±5%的电流条件下，(80±5) ℃ 的温度下持续测试 (48±2) h[123]。

图 5-23 展示了为实现加速老化测试而利用上述 MQT 试验设计的序列。一般来说，为了通过全部的 IEC 61215 标准测试流程，需要准备 12 块相同的待测器件。在经过外观检查、稳定性检查、标准条件下器件性能、绝缘测试和湿漏电

测试后，12 块电池组件将被分成 6 个序列，分别进行由不同测试方案组成的连续老化测试序列。其中一块电池作为对照组，而其他电池则分别经历高温下的辐照和热斑测试、紫外和机械载荷测试、热循环测试、高湿热测试、PID 测试等，并

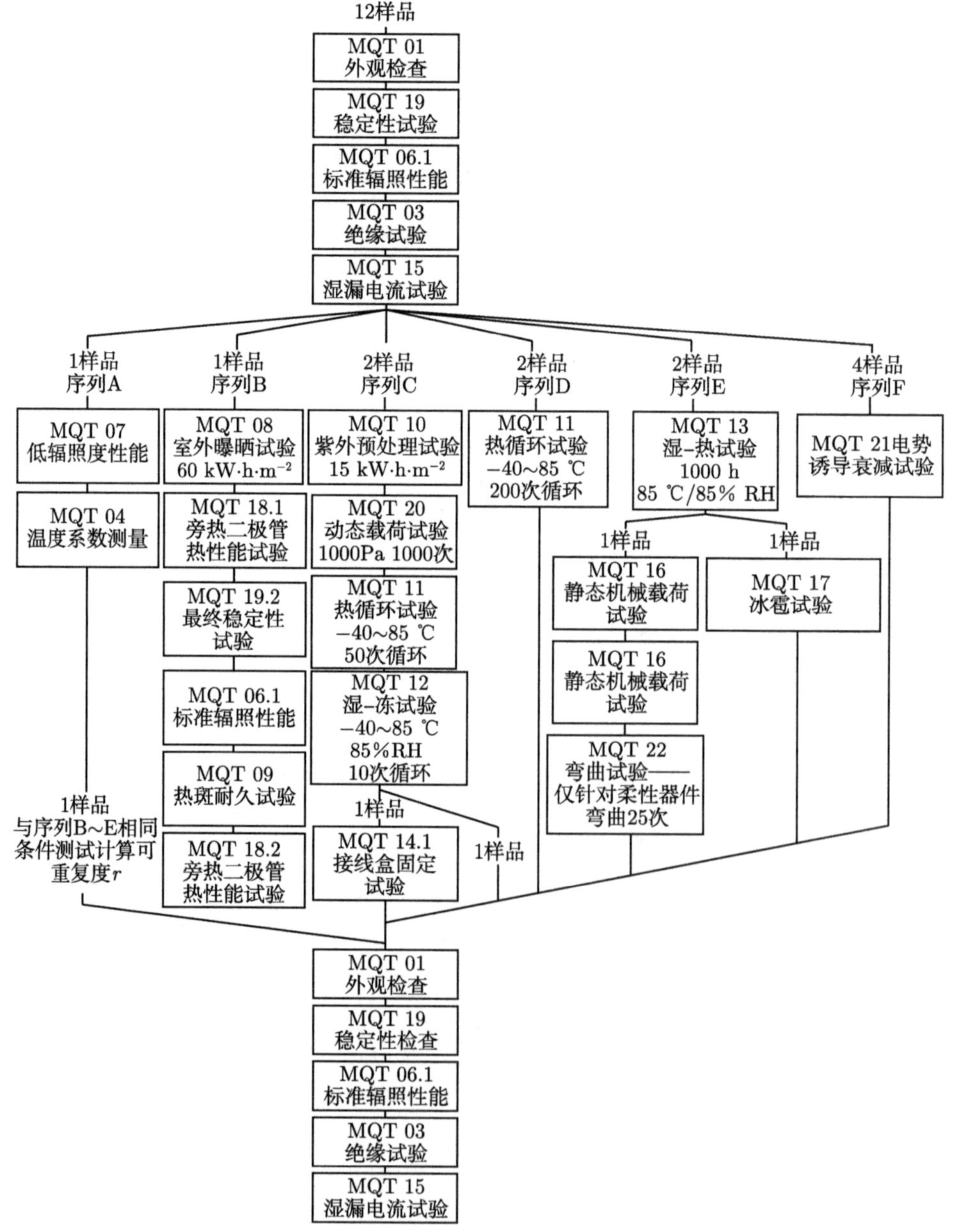

图 5-23 IEC 61215 标准中由标准测试构成的试验序列 [125]

在最后对上述器件进行重复稳定性检查、标准条件下器件性能、绝缘测试和湿漏电测试，以获得对器件的可靠性评估。其中每个子测试流程又根据器件设计规范具有不同的测试流程，例如图 5-24 中给出了在器件验收的最终稳定性测试中，需要根据组件所经历的测试序列的不同 (序列 E 或 F)，采用不同的测试方法来获得最终的稳定性测试结果 [125]。

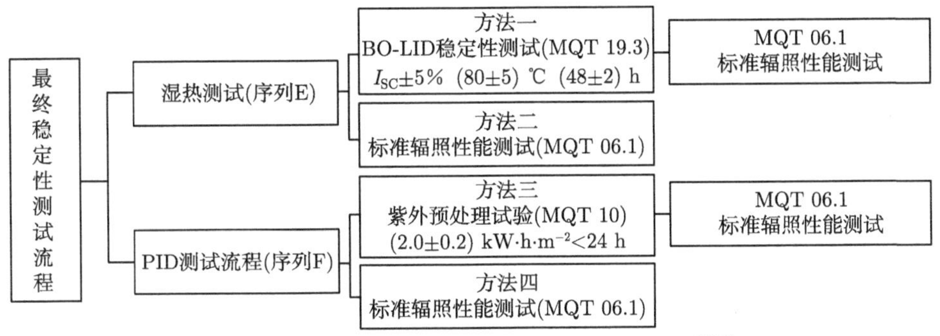

图 5-24 器件最终稳定性测试的细节测试方案 [125]

5.3.2 叠层电池可靠性测试挑战

结合 5.3.1 节的测试标准与方法，可以预计，在实际的钙钛矿/晶硅叠层电池可靠性测试中，器件的性能不稳定性很大程度上来源于钙钛矿子电池和子电池间的连接层。而在实际的测试中，可以部分简单地认为，紫外耐久试验和机械载荷试验等可以通过选取合适封装策略的方式以提高稳定性并通过相关测试。由于钙钛矿材料的离子特性，其低温性能和稳定性会比常温下性能更加优异，因此从理论上来看，叠层电池将更加容易通过低温湿–冻测试。因此，在目前的技术发展下，湿–热试验和电势诱导衰减试验将是器件可靠性验证中最重要的限制因素，也将是目前钙钛矿/晶硅叠层电池的重点研究方向 [127]。

1. 湿–热试验

在光伏器件的湿–热试验中，器件需要在 (85±2) ℃ 的温度和 (85±5)%的湿度下保持短路 1000 h。对于商业化的晶硅电池而言，成熟的制备工艺和封装工艺已经可以满足这样的严苛测试条件，但是钙钛矿子电池需要满足这样的测试标准则较为困难。

有机–无机杂化钙钛矿的制备通常在惰性气体保护的手套箱中进行，因为空气中的水氧分子可以协同加速钙钛矿材料的降解，所以如果商业化叠层电池的制备要满足这样的条件，则会投入更高的制造成本，否则就会引入更多的缺陷导致低器件稳定性 [128]。除了在外界作用下的降解以外，钙钛矿本身也会与电子传输层或者空穴传输层相互作用，例如，钙钛矿会在 PEDOT:PSS 的酸性作用下发生降解 [129]。同时，由于钙钛矿材料是离子化合物，高电子亲和力差异导致的不同离子性质使它们的化学键本质上是极性的，使其相对容易溶于极性溶剂中。所以，钙钛矿材料往往表现出明显的湿度不稳定性。但是近年来，随着各类界面疏水钝化材料被引入钙钛矿的体掺杂或界面或作为传输层 (ZrO_2、Al_2O_3、NiO_x) 等 [130-132]，单结钙钛矿电池的稳定性已经获得了大大的提高，据报道可以通过 IEC 61215 标准的湿–热试验 [133,134]。

Baillie 等 [133] 利用气相色谱–质谱法对有机–无机杂化太阳电池中受热过程中分解产生的挥发物进行分析。如图 5-25(a) 所示，这样的测试表征方法帮助研究者发现，利用聚合物和玻璃堆叠的封装方案可以有效屏蔽水氧进入钙钛矿电池中，能够抑制钙钛矿器件在分解过程中造成的不可逆气体释放。如图 5-25(b) 所示，利用这种封装方法处理的太阳电池通过了部分 IEC 61215:2016 标准；在连续 1800 h 的湿–热 (damp heat, DH) 试验和 75 个循环的湿–冻 (humidity freeze, HF) 试验过后，器件仍能够保持效率损失小于 5%。这是首次确定报道稳定工作达到并超过了 IEC 61215:2016 部分标准要求，标准中 DH 试验时间要求为

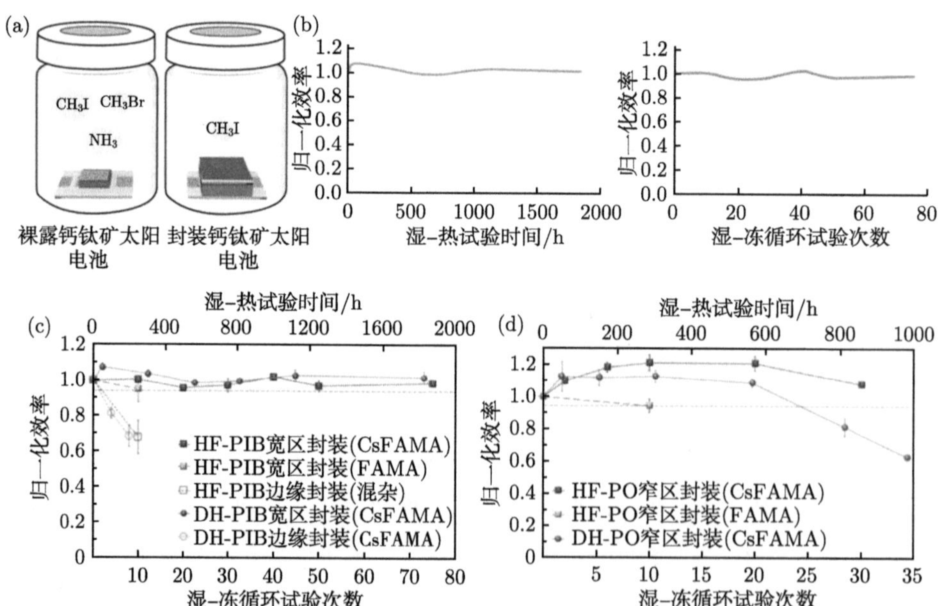

图 5-25　(a) 未封装和封装的钙钛矿电池释放的气体组分示意图；(b) 钙钛矿太阳电池在湿–热和湿–冻循环试验下的效率稳定性；钙钛矿器件在湿–热和湿–冻循环试验中 (c)PIB 封装手段全封装或仅边缘密封器件以及 (d)PO 封装条件下长度器件效率变化曲线，虚线表示 IEC 标准允许的 5%的相对 PCE 损失 [133]

1000 h，HF 试验则只要求 10 个循环。图 5-25(c) 和 (d) 的结果表明，不同的聚异丁烯 (PIB) 封装或者聚烯烃 (PO) 封装手段也会对器件的稳定性产生影响，因此在实现钙钛矿电池的稳定性提升中，不仅要关注外界水氧的侵袭作用，同时也要关注钙钛矿材料本身的降解机制，封装中最好要实现 PIB 的全封装策略，这也为叠层电池的封装提供了一定的思路。

除此以外，Han 等 [134] 也构建了可印刷无空穴介观钙钛矿太阳电池结构，并通过了湿–热测试、热循环测试、紫外线光照等测试，达到了 IEC 61215:2016 标准的要求。在钙钛矿商业化应用实例中则有更多的关于钙钛矿电池稳定性的报道，例如，杭州纤纳光电科技有限公司的钙钛矿组件通过了紫外辐照、湿–热和最大功率衰减的三项老化加严测试 [135]。其中，紫外老化测试的总量为 100 kW，等同于 IEC 61215 标准的 6.5 倍；湿–热老化测试 3000 h，等同于标准的 3 倍，组件功率衰减均小于 5%；而在高温辐照的加严测试中，在 70 ℃ 老化温度和 1000 h 持续照射后，组件功率基本维持在初始值。经德国电气工程师协会权威认证，其组件已顺利通过 IEC 61215、IEC 61730 稳定性全体系测试。这样的案例证明，尽管钙钛矿太阳电池存在很多本征不稳定性因素，但是只要采取合适的封装方案以及表面钝化策略，就能够有效降低组件的不稳定性，同样能够达到 IEC 标准的要求。这为钙钛矿/晶硅叠层电池的可靠性研究打下了坚实的基础，也提供了稳定性提升的基础思路。

基于钙钛矿子电池的稳定性提高思路，Abate 团队 [136] 细致地研究后发现，抑制钙钛矿子电池相分离是提高器件稳定性的有效手段。他们利用盐酸苯乙双胍 (PhenHCl) 作为钙钛矿表面的双功能钝化剂从而抑制钙钛矿的相分离。PhenHCl 同时包含富电子和缺电子部分，以有效地钝化钙钛矿表面的阴阳离子缺陷以及可能的表面悬挂键，PhenHCl 钝化后的宽带隙钙钛矿子电池的 PCE 高达 20.5%。子电池在 85 ℃ 的氮气环境中，加热超过 3000h 后器件显示没有任何开路电压损失。如图 5-26(a) 所示，当上述的钙钛矿子电池集成到双面制绒的晶硅异质结电池上时，PhenHCl 钝化策略将钙钛矿/硅串联太阳电池的 PCE 从 25.4%提高到 27.4%。这样的钝化策略不仅可以通过缩小晶界通道的方式减弱钙钛矿离子的迁移和分解，也可同时作用于钙钛矿表面以抑制界面缺陷。如图 5-26(b) 所示，在长达 100 h 的光浸泡中，器件仍然保持了 80%的原始效率；未钝化 (方块) 和利用低维钙钛矿材料钝化 (三角) 的器件分别在持续光照 5 h 和 27 h 之后就损失了超过 20%的原始效率。这充分证明了这一稳定钝化策略在钙钛矿/晶硅叠层电池上的可行性，也为制造高效且稳定的基于钙钛矿的单结和串联太阳电池提供了重要见解。

在这样的基础上，Zhang 团队 [137] 利用了与传统电绝缘钝化剂不同的 2-噻吩乙胺作为表面钝化剂，以抑制非辐射复合损耗并促进载流子同步转移，获得了类似的稳定性提升效果。如图 5-26(c) 和 (d) 所示，当器件有效面积扩大到 11.879 cm^2 时，钝化后的器件效率提高至 25.13%。器件在 30%的湿度下表现出了优异的长期稳定性，在连续 130 h 的持续光照下仍保持了初始效率的 90%；封装后的器件能够在 500 h 内保持原始效率，并且通过了长达 500 h 温度为 65 ℃ 的热稳定性测试。

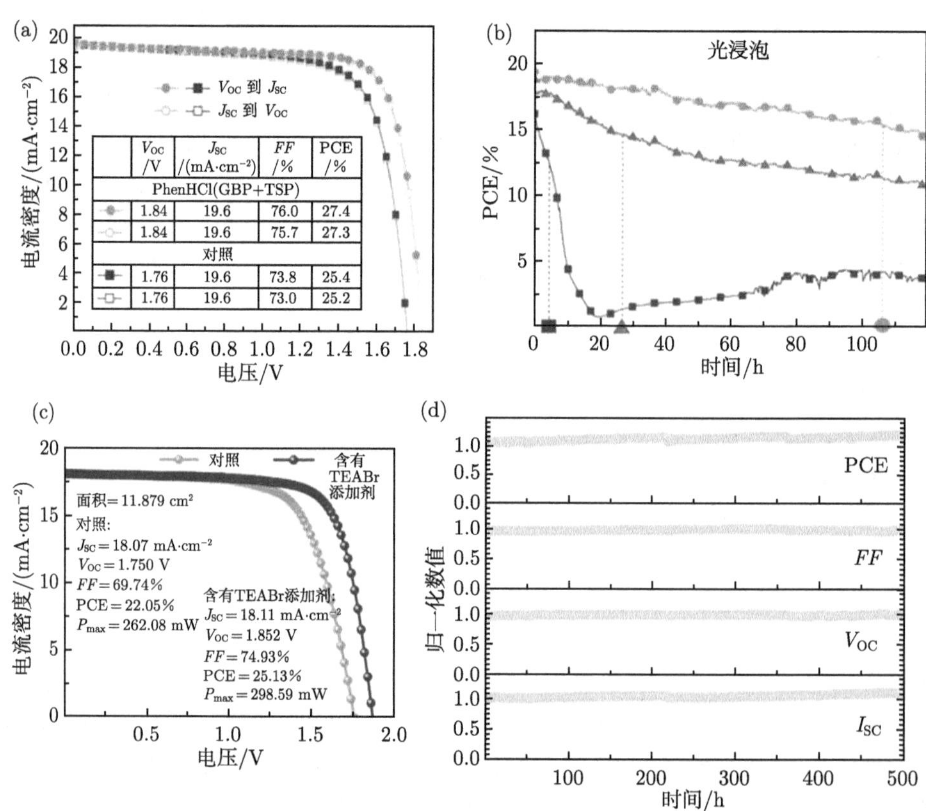

图 5-26　利用小分子材料钝化钙钛矿子电池以提升叠层器件稳定性实例

(a) 利用 PhenHCl 钝化钙钛矿薄膜的叠层器件电流–电压曲线；(b) 器件持续 100 h 的光浸泡效率变化曲线 [136]；(c) 利用 2-噻吩乙胺钝化后器件效率提高至 25.13%；(d) 修饰后的叠层器件在 500 h 的热稳定性测试中没有表现出明显性能下降 [137]

而在这样的工作基础上，De Wolf 团队 [138] 进一步进行现场测试来分析封装的双面钙钛矿/晶硅异质结叠层电池的户外性能。他们在户外实证试验场安装了具有如图 5-27(a) 所示器件结构且转换效率约为 23%的钙钛矿/晶硅叠层双面太阳电池，研究它们在温度、湿度和积灰等影响下的效率衰减行为。测试地点沙特阿拉伯是具有高太阳能发电密度 (约 2500 $kW·h·m^{-2}·a^{-1}$) 的代表地区，同时也是热带和沙漠光伏应用场景的典型环境。对于器件在沿海沙漠高温、高湿、盐雾、积灰等综合环境下的有效运行提出了重大挑战，因此代表了对钙钛矿/晶硅异质结叠层器件的最先进和最严苛的实际应用场景测试。

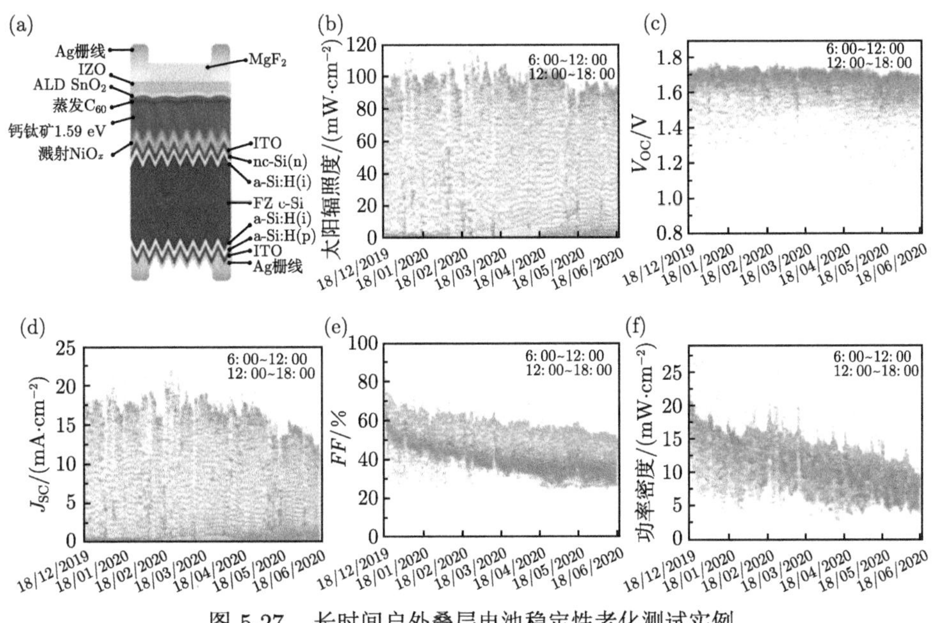

图 5-27 长时间户外叠层电池稳定性老化测试实例

(a) 实验中的叠层器件结构示意图；在 6 个月的户外测试中的 (b) 太阳辐照度、(c) 器件开路电压、(d) 短路电流密度、(e) 填充因子和 (f) 功率密度曲线 [138]

如图 5-27(b)~(f) 所示，在经历了从 2019 年 12 月 18 日至 2020 年 6 月 18 日长达六个月的观测中，他们发现，测试电池的开路电压几乎没有发生变化，短路电流有较小的损失，电池的填充因子从最初的 80%左右下降到 50%左右，因此填充因子的下降是器件效率下降的主要诱因。为了进一步探索填充因子下降的原因，他们将测试数据根据上午 (6:00~12:00) 和下午 (12:00~18:00) 的测试时间区分，发现早上的填充因子较高，然后逐渐下降，到了傍晚时又略微回复 5%左右。在结合当天的光谱辐射数据分析研究后，他们认为，不同的反射率导致子电池在双面发电时产生电流差异，电流失配现象导致器件的填充因子的波动。因此，这样的填充因子波动式变化被认为是可逆的，经过夜间的自我修复后可以恢复到原始水平；而填充因子的不可逆衰减则主要是由电池的银栅线表面受到腐蚀与碘化银的形成引起的，而这一效应的最终成因仍是由钙钛矿材料的离子迁移和表面缺陷特性带来的。上述的研究发现证明，合适的钙钛矿子电池的封装策略是提高叠层电池稳定性的有效手段，通过优化钙钛矿器件结构设计和界面钝化策略，降低内部离子迁移带来的器件退化效应，这是帮助钙钛矿/晶硅叠层电池取得商业化应用突破的重要途径。同时研究发现，钙钛矿的离子性质会在昼夜循环过程中产生离子的规律性重新分布，尽管这一效应在短时间内并不影响器件效率，但是随着时间的推移所引起的迟滞现象会导致器件效率的测试偏差，使得对整体器件性能的评估产生误差。同时，此研究也指出了钙钛矿/晶硅叠层电池可能存在的电势诱导衰减效应，即在长期正向偏压下，I^- 逐渐在顶电极方向聚集，从而造成了银栅线电极的降解。

2. 电势诱导衰减试验

鉴于在上述长期户外测试中，银栅线电极产生了电势诱导衰减的效应，因此除了传统的湿–热测试以外，PID 测试也是钙钛矿/晶硅叠层电池实现商业化应用的重要测试标准之一。在 IEC 62804-1 标准中，PID 测试要求准备 4 块相同工艺条件下的样品，其中 2 块以最大系统电压施加正偏压，另外 2 块则施加负偏压，并在 (85±2) ℃ 和 (85±3)% RH 下保持 96 h，最终器件衰减不超过 5%时才能够认为通过了该测试标准。

对于单结晶硅电池而言，PID 效应的产生原因需要根据 p 型电池片和 n 型电池片分别研究。p 型电池片上的 PID 效应产生原因主要有两点 [139]：

(1) 在负偏压时，电池与金属边框相连从而产生电池片与边框之间的电场，使得玻璃上的 Na^+ 漂移到晶硅电池上，形成器件内部缺陷导致漏电流增加，降低器件填充因子。

(2) 在正偏压时，EVA 的醋酸根在高温高湿下水解并与漂移的 Na^+ 结合，从而导致其穿过 EVA 封装层到达晶硅电池片上造成器件的功率衰减。

而对于 n 型电池片，情况则更加复杂。除了 Na^+ 迁移导致漏电流和并联电阻降低的效应以外，同时漂移扩散的电子和离子还会造成电池表面钝化层的破坏，并导致表面复合增加，因此 n 型电池中的 PID 效应会影响器件的电流以及开路电压，但是对填充因子的影响较小。这就导致即使没有 Na^+ 参与，只要有电荷的累积也会发生 PID 现象。例如，双面 n 型电池中氮化硅积累正电荷使表面复合增加导致电流损失 [140]。

对于单结钙钛矿电池而言，由于其特异的离子特性，这一现象则更加突出。Yuan 等 [141] 利用光热诱导共振 (photothermal induced resonance，PTIR) 显微技术检测 $MAPbI_3$ 钙钛矿薄膜中在不同电压作用下 MA^+ 的浓度分布情况。如图 5-28(a) 所示，在施加了约 1.6 $V{\cdot}\mu m^{-1}$ 的电场 100 ~ 200 s 后，可以观察到 MA^+ 从阳极逐渐向中心区域迁移，并最终在阴极周围区域堆积，这直接证明了在电场作用下 MA^+ 的快速迁移过程。而 Leijtens 等 [142] 利用俄歇电子能谱的方法研究了环境条件下 $MAPbI_3$ 薄膜中的离子迁移过程。如图 5-28(b) 所示，在潮湿条件

下 MA^+ 的迁移比 I^- 的迁移过程更为显著，并且只有当 $MAPbI_3$ 薄膜发生明显降解时才能观察到 I^- 和 Pb^+ 在阴极区域的迁移。

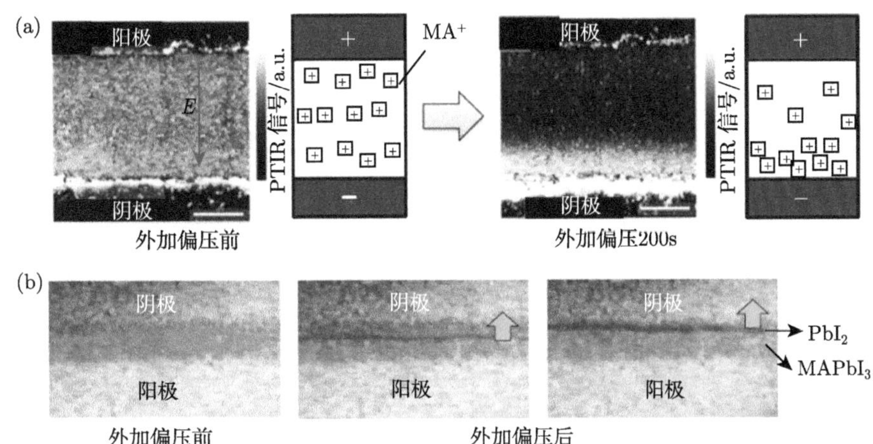

图 5-28　钙钛矿子电池中的电势诱导离子迁移效应

(a) 钙钛矿薄膜的 PTIR 图像分别显示了电极化 (1.6 $V{\cdot}\mu m^{-1}$) 前后 200 s 内 MA^+ 的分布 [141]；(b) 横向 $MAPbI_3$ 钙钛矿太阳电池的光学图像，在施加的正偏压作用下 PbI_2 在 330 K 时从阳极迁移到阴极 [142]

从钙钛矿和晶硅子电池的角度来看，PID 是限制其器件稳定性的重要因素之一，并且由于叠层电池的串联特性，器件开路电压通常接近钙钛矿子电池和晶硅子电池开路电压之和，因此势必会产生更加严重的 PID 效应 [143]。所以，了解叠层电池的 PID 作用机制和衰减效应，是实现叠层器件商业化应用的必经之路。正是基于这样的考虑，De Wolf 团队 [144] 对钙钛矿/晶硅异质结叠层电池进行了 PID 测试。如图 5-29(a) 所示，为了精准衡量 PID 效应造成的器件性能衰退，他们精细控制了实验中相关样品的测试条件。首先设置了储存在 22℃ 和相对湿度小于 35%的氮气氛围下的对照样品。同时根据 IEC 62804-1 标准分别设置了正向 +1000 V 偏置的 p-PID 测试样，并将其保存在 60℃ 且湿度小于 20%的黑暗烘箱中，负向偏置 −1000 V 的 n-PID 样品也在同样条件下保存。如图 5-29(b) 所示，+1000 V 的正向偏置并不会引起器件效率的明显退化，这证明叠层电池展现了类似单结钙钛矿和晶硅子电池对于 p-PID 的良好稳定性。但是在 −1000 V 负偏压和 60℃ 的温度下保存 22h 后，器件就相较其初始性能损失了约 53%。而当对照样品在没有电压偏置的情况下暴露在相同的温度下时，其效率损失仅为 15%。并且这一效应在弱光情况下也同样存在 (图 5-29(c))。结合图 5-29(d) 所示的元素分布可以证明，经过 n-PID 处理的样品会产生更多的 Na^+ 信号并局限在 C_{60} 层以上，也说明 n-PID 测试过程中强电场会使 Na^+ 从玻璃扩散到串联电池中。除此以外，经过 n-PID 处理的样品中也发现了 Cs^+ 和 Pb^{2+}，这表明钙钛矿元素也扩散到了子电池的界面处，从而引起钙钛矿膜层的结构性变化，并最终导致钙钛矿子电池的衰减。当然实验也证明，这样的器件退化也可以通过光浸泡或者反向电场的方式得到局部缓解，也为提升叠层器件的抗 PID 效应提供了部分思路。

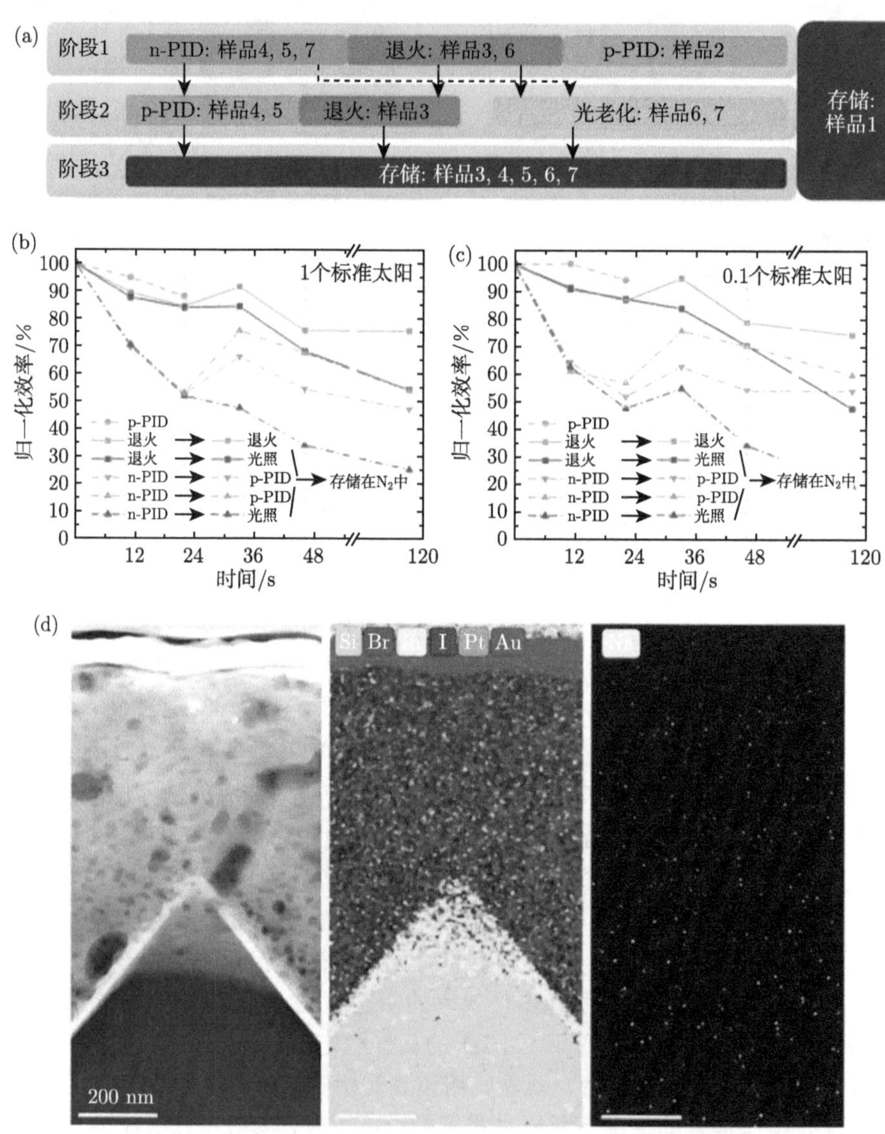

图 5-29　钙钛矿/晶硅异质结叠层器件中的 PID 效应研究案例

(a) 实验中所采用的 PID 测试方案；PID 测试后器件在 (b) 标准太阳和 (c) 弱光条件下的转换效率；(d) 器件的透射电镜图像以及对应的元素分布 [144]

在了解了钙钛矿/晶硅叠层电池的 PID 机制后发现，玻璃和器件的接触以及子电池间的接触是发生 PID 的主要薄弱点。基于这样的思路，可以在钙钛矿/晶硅叠层电池中引入新型封装技术，例如，工业电池封装可以利用惰性气体将器件包裹并隔绝与玻璃的直接接触，可以避免使用胶膜造成的离子迁移。同时，由于惰性气体的高电离电压特性，PID 测试电压将主要有玻璃和惰性气体的界面分压从而降低了器件本身承载的电压。但是以 TPU、EVA 和 POE 为代表的封装胶膜除了阻止水氧以外，还有提供机械支撑、光学耦合和电气隔离等作用，因此在某种程度上仍然是不可替代的，所以选取合适的封装材料或者子电池间的钝化材料以屏蔽钙钛矿子电池的离子扩散效应，将是钙钛矿/晶硅异质结叠层电池商业化应用的一个非常重要的议题 [145]。

应该指出的是，在本节中所述的湿–热或者 PID 测试仅仅分别完成了 IEC 61215 标准中的单项或者多项试验，并没有按照 IEC 61215-2 中所述的试验序列进行加速老化测试。因此，在序列加速老化试验中是否有新的衰退机制仍未可知，钙钛矿/晶硅叠层电池是否能够满足商业化太阳电池 25 年使用寿命的要求仍待大量深入的研究。

5.3.3 叠层电池稳定性提高策略

通常的晶硅太阳电池在正常大气条件下的有效工作寿命被认为是 25 年甚至更长，但是对于钙钛矿器件来说，实际的有效工作寿命可能只有几年或更短。那么对于钙钛矿/晶硅叠层电池而言，钙钛矿子电池的稳定性则是限制其工作寿命的短板。如图 5-30 所示，在集成的单片叠层电池中，钙钛矿层容易受湿度、氧气、高温和辐照等外部因素影响并产生降解，同时钙钛矿本征的离子扩散或迁移效应则构成了器件的内部不稳定因素。在这样的双重作用下，原始的钙钛矿晶粒会逐渐从缺陷较多的晶界开始退化并逐渐扩散到晶粒内部，最终形成碘化铅导致器件失效 [146]。

正如在 5.3.2 节中介绍的那样，降低水氧侵袭和增强界面钝化将是有效的稳定性提升手段。为了降低外界水氧侵袭，选取合适的封装策略将是决定器件性能的重要因素。本书 4.4.2 节中详细阐述了不同封装材料的选择对水氧隔绝、防止铅泄漏和内部稳定性的影响，除此以外，在封装时采取的 UV 固化或者真空层压技术也会对器件稳定性产生影响。

为了实现钙钛矿材料的界面钝化，需要通过合理的器件设计和引入材料以实现有效的钝化。根据单结钙钛矿电池中的设计经验和解决方案，这里总结出了以下两种常见思路。

(1) 提高钙钛矿本征稳定性。一般是通过优化制备工艺降低钙钛矿薄膜中离子缺陷晶界缺陷的数量和，或者在钙钛矿的前驱体溶液中加入添加剂来减少体缺陷的形成。同时，控制钙钛矿薄膜的结晶动力学从而形成更加高质量的薄膜，也是一种提高薄膜本征稳定性的常见思路 [147]。

(2) 增强叠层电池界面钝化效果。常见可通过采用钙钛矿表面疏水处理来增强吸收层材料稳定性，或者添加表面钝化剂以饱和钙钛矿薄膜表面悬挂键。同时，利用钝化技术增加界面载流子选择性接触或者引入界面钝化绝缘层也是有效策略 [148,149]。

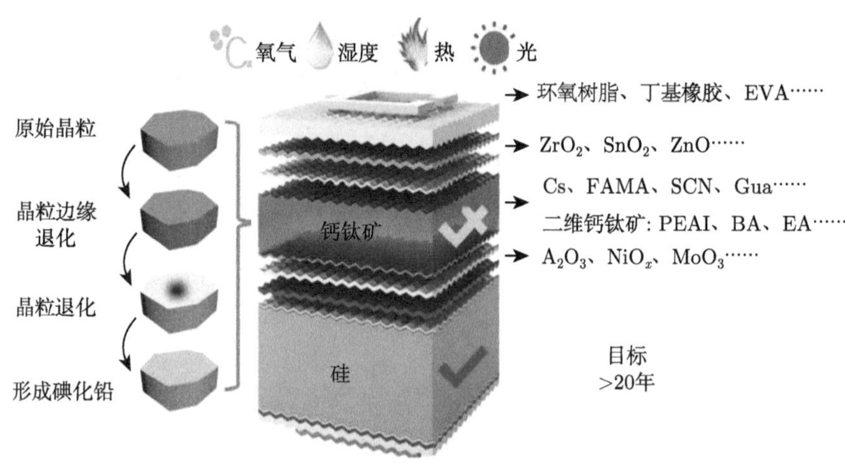

图 5-30　钙钛矿/晶硅叠层电池失稳的主要诱因和钙钛矿子电池的降解机制 [146]

Xu 等 [113] 通过在三元卤化物钙钛矿中引入 Cl^-，制备了具有 1.67 eV 带隙的本征稳定钙钛矿子电池，并获得了转换效率为 27%的钙钛矿/晶硅异质结叠层太阳电池。如图 5-31(a) 所示，引入 Br^- 取代部分 I^- 后，钙钛矿晶格收缩，Cl^- 的溶解度也有所提高，因此获得了较高的光生载流子寿命和器件效率。图 5-31(b) 中展现了器件在 60 ℃ 下经过 1000 h 的最大功率点追踪测试后，钙钛矿顶电池光致相分离得到了抑制并保持了约 96%的初始效率，并且在 85 ℃ 的持续 500 h 热稳定性测试中，器件仍然保持了 97%的初始效率。这一工作从钙钛矿本征稳定性出发提供了抑制相偏析提高器件稳定性的思路，已经被广泛应用于叠层电池的稳定性优化中。Jim 课题组 [150] 在此基础上更加细致地研究了叠层器件中钙钛矿子电池的相分离效应对器件稳定性的影响和详细的结晶动力学过程。他们引入铯和二甲基甲胺双阳离子以调谐顶电池带隙，精准地控制了富铯组分的成核过程，最终实现了无 δ 相的纯碘化物宽带隙钙钛矿结晶。如图 5-31(c) 所示，纯碘化物钙钛矿顶电池表现出优异的光稳定性，在连续运行 1000 h 后器件效率仅仅降低了 1%，而常见的三阳离子混合钙钛矿对照样品衰退了约 6%。得益于调谐的顶电池带隙，如图 5-31(d) 所示，经过认证的器件获得了高达 28.37%的光电转换效率。基于这样的思路，一维和二维等低维度钙钛矿等材料有望凭借其高本征稳定性而在叠层器件中有更加广阔的应用前景，但是目前为止的研究中尚未有相关报道 [151]。

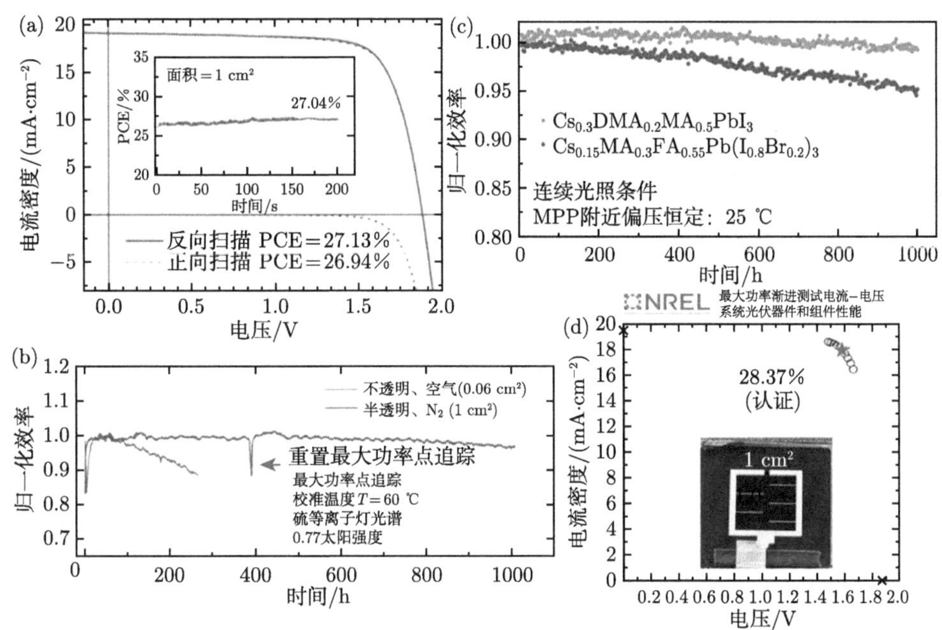

图 5-31 调谐钙钛矿组分和结晶过程提高钙钛矿本征稳定性的实例

(a) 掺杂 Cl^- 的三元卤化物钙钛矿器件性能图；(b) 在 60 ℃ 最大功率点追踪的器件效率变化曲线图 [113]；(c) 纯碘化物钙钛矿经历 1000 h 持续光照后效率仅衰减约 1%；(d) 调谐带隙后的叠层器件获得了 28.37%的认证效率 [150]

而从增强界面钝化的角度出发，Ye 课题组 [152] 详细研究了钙钛矿和晶硅子电池的接触界面钝化效应，直接采用了基于黑硅的 TOPCon 底电池以实现高水平的界面钝化。如图 5-32(a) 和 (b) 所示，黑硅表面引入的超薄氧化硅实现了优异的物理钝化效果，其纳米织构又可以显著促进钙钛矿溶液在黑硅表面的展开并同时作为限制支架引导钙钛矿晶粒的有序垂直生长，在此基础上制备的钙钛矿/TOPCon 叠层器件效率达到 28.2%。如图 5-32(c) 所示，凭借着优异的钝化效果，器件在 AM 1.5G 氙灯光照下，无封装裸露在大气环境下持续最大功率点追踪测试 64 h，效率仅衰退 10%，而对比的平面未钝化器件在照射 45 h 后就衰退了约 50%。并且在玻璃和 EVA 封装后，器件在经历 305 h 的氙灯照射后仍然能保持原有效率的 97.5%。除此以外，在钙钛矿吸光层的上下表界面使用小分子钝化剂或者界面修饰材料，都可以有效降低界面缺陷态密度和饱和表面悬挂键从而提高器件稳定性，并且已经被大量的工作证明有效。

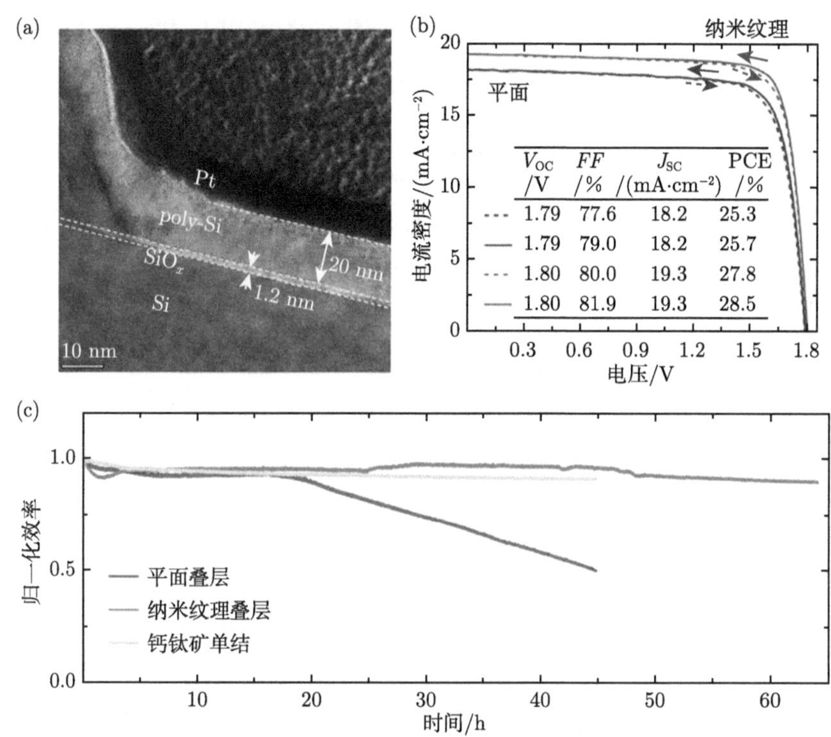

图 5-32　应用子电池界面钝化提高叠层电池器件稳定性实例

(a)TOPCon 底电池表面超薄 SiO$_x$ 层扫描电镜图片；(b) 具有纳米纹理的叠层器件效率最高达 28.5%；(c) 纳米纹理的器件以及对比样品在标准太阳光谱下的连续效率测量曲线 [152]

总的来说，无论是提高钙钛矿材料的本征稳定性，抑或是通过表面钝化策略以降低界面缺陷，钙钛矿子电池的稳定性问题仍然是叠层电池商业化进程中的阻碍。因此，完善和细化钙钛矿/晶硅异质结叠层电池稳定性测量标准和流程是急需行业共同努力和协调的目标，只有这样才能为提升器件稳定性指明目标和方向。

5.4　总结与展望

本章从精确测量的角度描述了钙钛矿/晶硅异质结叠层电池的电学性能测试以及光谱响应测试手段。从叠层太阳电池的电流–电压曲线特性和外量子效率的角度出发，详细阐述了与叠层太阳电池相关的精确测量的背景和测试方案。

5.1 节从测试原理出发，指出目前叠层电池特性测量中还存在测试数据可靠性不高、难以精准定量分析等痛点。依据 IEC 和 ASTM 等国际权威组织制定的一系列测量标准，介绍了叠层电池光电特性的标准测量流程及方法，提供了用于规范测试流程的相关表征参数和关键步骤。同时研究了测量中非线性因素，包括钙钛矿子电池的迟滞现象、温度漂移现象等对测量精确度的影响，并提供了相应的修正方法。结合叠层电池电流–电压曲线特性，给出了一系列通过分析特性曲线定位器件主要效率损失来源和诱因的案例，为未来叠层电池的优化提供了思路。

5.2 节介绍了光谱响应测量的标准流程和方法，着重强调了光谱响应测试结果是器件性能评估的重要准绳。详细阐述了光谱响应测试的原理和对应的测试标准，着重强调了设置和校正测试偏置光和偏置电压的手段以及方案。同时也提供了利用偏置光、偏置电压等测试参数探究叠层电池内在损耗机制的策略、常见降低损耗的优化方案以及思路分析实例，为提升和改善太阳电池的效率提供指导方针。

5.3 节则从叠层电池的可靠性测试标准出发，详细介绍了面向商业化应用的光伏组件稳定性测试标准以及流程，提供了标准中提及的具体试验项目和实现加速老化的测试序列。同时，针对湿–热试验和电势诱导衰减试验，阐述了叠层电池在目前研究中所遇到的挑战以及可能的解决方案。结合目前的研究状况和商业化应用实例，给出了钙钛矿/晶硅叠层电池稳定性提升的策略和思路。

总的来说，在实现钙钛矿/晶硅叠层电池的商业化应用进程中，精确测量起着提供指导方案、分析发展短板、横向比较器件结构优势等作用，如同车之双轮、鸟之双翼，对钙钛矿/晶硅叠层电池的发展必不可少。而器件的可靠性测试则是叠层电池实现商业化应用所必须克服的节点和需达成的目标，因此对其内容有具体了解和详细解决策略则十分重要。

参 考 文 献

[1] Wang R, Huang T Y, Xue J J, et al. Prospects for metal halide perovskite-based tandem solar cells[J]. Nat. Photonics, 2021, 15: 411-425.

[2] Hossain M I, Qarony W, Ma S, et al. Perovskite/silicon tandem solar cells: From detailed balance limit calculations to photon management[J]. Nanomicro Lett., 2019, 11: 58.

[3] Fu F, Li J, Yang T C, et al. Monolithic perovskite-silicon tandem solar cells: From the lab to fab?[J]. Adv. Mater., 2022, 34: e2106540.

[4] Meusel M, Adelhelm R, Dimroth F, et al. Spectral mismatch correction and spectrometric characterization of monolithic Ⅲ-V multi-junction solar cells[J]. Prog. Photovolt., 2002, 10: 243-255.

[5] Tockhorn P, Sutter J, Cruz A, et al. Nano-optical designs for high-efficiency monolithic perovskite-silicon tandem solar cells[J]. Nat. Nanotechnol., 2022, 17: 1214-1221.

[6] Da Y, Xuan Y M, Li Q. Quantifying energy losses in planar perovskite solar cells[J]. Sol. Energy Mater. Sol. Cells, 2018, 174: 206-213.

[7] Köhnen E, Jošt M, Morales-Vilches A B, et al. Highly efficient monolithic perovskite silicon tandem solar cells: Analyzing the influence of current mismatch on device performance[J]. Sustainable Energy Fuels, 2019, 3: 1995-2005.

[8] Blaga C, Christmann G, Boccard M, et al. Palliating the efficiency loss due to shunting in perovskite/silicon tandem solar cells through modifying the resistive properties of the recombination junction[J]. Sustainable Energy Fuels, 2021, 5: 2036-2045.

[9] Leijtens T, Bush K A, Prasanna R, et al. Opportunities and challenges for tandem solar cells using metal halide perovskite semiconductors[J]. Nat. Energy, 2018, 3: 828-838.

[10] Werner J, Niesen B, Ballif C. Perovskite/silicon tandem solar cells: marriage of convenience or true love story? — An overview[J]. Adv. Mater. Interfaces, 2017, 5: 1700731.

[11] Tockhorn P, Sutter J, Colom R, et al. Improved quantum efficiency by advanced light management in nanotextured solution-processed perovskite solar cells[J]. ACS Photonics, 2020, 7: 2589-2600.

[12] Werner J, Walter A, Rucavado E, et al. Zinc tin oxide as high-temperature stable recombination layer for mesoscopic perovskite/silicon monolithic tandem solar cells[J]. Appl. Phys. Lett., 2016, 109: 233902.

[13] Mao L, Yang T, Zhang H, et al. Fully textured, production-line compatible monolithic perovskite/silicon tandem solar cells approaching 29% efficiency[J]. Adv. Mater., 2022, 34: e2206193.

[14] Min H, Lee D Y, Kim J, et al. Perovskite solar cells with atomically coherent interlayers on SnO_2 electrodes[J]. Nature, 2021, 598: 444-450.

[15] Richter A, Muller R, Benick J, et al. Design rules for high-efficiency both-sides-contacted silicon solar cells with balanced charge carrier transport and recombination losses[J]. Nat. Energy, 2021, 6: 429-438.

[16] Wang T W, Ehre F, Weiss T P, et al. Diode factor in solar cells with metastable defects and back contact recombination[J]. Adv. Energy Mater., 2022, 12: 2202076.

[17] Bisquert J. The Physics of Solar Cells[M]. Boca Raton: CRC Press, 2017.

[18] Kirchartz T, Rau U. What makes a good solar cell?[J]. Adv. Energy Mater., 2018, 8: 1703385.

[19] Aydin E, Allen T G, De Bastiani M, et al. Interplay between temperature and bandgap energies on the outdoor performance of perovskite/silicon tandem solar cells[J]. Nat. Energy, 2020, 5: 851-859.

[20] Futscher M H, Ehrler B. Efficiency limit of perovskite/Si tandem solar cells[J]. ACS Energy Lett., 2016, 1: 863-868.

[21] Xu T, Wang Z S, Li X H, et al. Loss mechanism analyses of perovskite solar cells with equivalent circuit model[J]. Acta. Phys. Sin-Ch. Ed., 2021, 70: 098801.

[22] Qi B, Wang J. Fill factor in organic solar cells[J]. Phys. Chem. Chem. Phys., 2013, 15: 8972-8982.

[23] Ulbrich C, Zahren C, Gerber A, et al. Matching of silicon thin-film tandem solar cells for maximum power output[J]. Int. J. Photoenergy, 2013, 2013: 1-7.

[24] Blank B, Ulbrich C, Merdzhanova T, et al. Analysis of the light-induced degradation of differently matched tandem solar cells with and without an intermediate reflector using the power matching method[J]. Sol. Energy Mater. Sol. Cells, 2015, 143: 1-8.

[25] Onno A, Rodkey N, Asgharzadeh A, et al. Predicted power output of silicon-based bifacial tandem photovoltaic systems[J]. Joule, 2020, 4: 580-596.

[26] IEC. Photovoltaic devices — Part 10: Methods of linear dependence and linearity measurements: IEC 60904-10:2020[S]. Geneva, Switzerland, 2020: 56.

[27] Shrotriya V, Li G, Yao Y, et al. Accurate measurement and characterization of organic solar cells[J]. Adv. Funct. Mater., 2006, 16: 2016-2023.

[28] Bringing solar cell efficiencies into the light[J]. Nat. Nanotechnol, 2014, 9: 657.

[29] Perovskite fever[J]. Nat. Mater., 2014, 13: 837.

[30] Gratzel M. The light and shade of perovskite solar cells[J]. Nat. Mater., 2014, 13: 838-842.

[31] A checklist for photovoltaic research[J]. Nat. Mater., 2015, 14: 1073.

[32] https://www.cell.com/pb-assets/journals/research/joule/ multimedia_files-CP_PhotovoltaicChecklist.pdf[2023-03-10].

[33] IEC. Photovoltaic devices — Part 1-1: Measurement of current-voltage characteristics of multi-junction photovoltaic (PV) devices: IEC 60904-1-1:2017[S]. Geneva, Switzerland, 2017: 26.

[34] IEC. Photovoltaic devices — All Parts: IEC 60904:2022 SER[S]. Geneva, Switzerland, 2022: 776.

[35] ASTM. Standard test methods for measurement of electrical performance and spectral response of nonconcentrator multijunction photovoltaic cells and modules: ASTM E2236-10(2019)[S]. West Conshohocken, PA, 2019: 5.

[36] IEC. Photovoltaic devices — Part 1: Measurement of photovoltaic current-voltage characteristics: IEC 60904-1:2020[S]. Geneva, Switzerland, 2022: 67.

[37] IEC. Photovoltaic devices — Part 1-2: Measurement of current-voltage characteristics of bifacial photovoltaic (PV) devices: IEC TS 60904-1-2:2019[S]. Geneva, Switzerland, 2019: 18.

[38] IEC. Photovoltaic devices — Part 8: Measurement of spectral responsivity of a photovoltaic (PV) device: IEC 60904-8:2014[S]. Geneva, Switzerland, 2014: 44.

[39] IEC. Photovoltaic devices — Procedures for temperature and irradiance corrections to measured I-V characteristics: IEC 60891:2021[S]. Geneva, Switzerlan, 2021: 71.

[40] IEC. Photovoltaic devices — Part 9: Classification of solar simulator characteristics: IEC 60904-9:2020[S]. Geneva, Switzerland, 2020: 59.

[41] IEC. Photovoltaic devices — Part 7: Computation of the spectral mismatch correction for measurements of photovoltaic devices: IEC 60904-7:2019 RLV[S]. Geneva, Switzerland, 2019: 35.

[42] ASTM. Standard test method for calibration of pyrheliometers by comparison to reference pyrheliometers: ASTM E816-15[S]. West Conshohocken, PA, 2016: 11.

[43] Dupre O, Niesen B, De Wolf S, et al. Field performance versus standard test condition efficiency of tandem solar cells and the singular case of perovskites/silicon devices[J]. J. Phys. Chem. Lett., 2018, 9: 446-458.

[44] Manzoor S, Hausele J, Bush K A, et al. Optical modeling of wide-bandgap perovskite and perovskite/silicon tandem solar cells using complex refractive indices for arbitrary-bandgap perovskite absorbers[J]. Opt. Express, 2018, 26: 27441-27460.

[45] Steiner M A, Geisz J F. Non-linear luminescent coupling in series-connected multijunction solar cells[J]. Appl. Phys. Lett., 2012, 100: 251106.

[46] Steiner M A, Geisz J F, Moriarty T E, et al. Measuring iv curves and subcell photocurrents in the presence of luminescent coupling[J]. IEEE J. Photovolt., 2013, 3: 879-887.

[47] IEC. Photovoltaic devices — Part 8-1: Measurement of spectral responsivity of multijunction photovoltaic (PV) devices: IEC 60904-8-1:2017[S]. Geneva, Switzerland, 2017: 25.

[48] https://g2voptics.com/iec-60904-9-2020/[2023-03-10].

[49] Meng H F, Xiong L M, He Y W, et al. Research on integrated system for solar simulator performance calibration according to IEC 60904-9[C]. 2011 International Conference on Optical Instruments and Technology: Optoelectronic Measurement Technology and Systems, 2011.

[50] Emery K A, Davies M. Influence of reference cell and spectrum on the measurement of solar cells[C]. Proceeding of 7th European Photovoltaic Solar Energy Conference, Seville, Spain, 1986.

[51] https://www.nrel.gov/pv/pvdpc/cell-measurements. html[2023-03-10].

[52] Cotfas P A, Cotfas D T, Borza P N, et al. Solar cell capacitance determination based on an rlc resonant circuit[J]. Energies, 2018, 11: 672.

[53] Ebadi F, Taghavinia N, Mohammadpour R, et al. Origin of apparent light-enhanced and negative capacitance in perovskite solar cells[J]. Nat. Commun., 2019, 10: 1574.

[54] Kerner R A, Rand B P. Linking chemistry at the $TiO_2/CH_3NH_3PbI_3$ interface to current-voltage hysteresis[J]. J. Phys. Chem. Lett., 2017, 8: 2298-2303.

[55] Yin M S, Xie F X, Li X, et al. Accurate and fast evaluation of perovskite solar cells with least hysteresis[J]. Appl. Phys. Express, 2017, 10: 1-4.

[56] Deng H X, Cao R, Wei S H. First-principles study of defect control in thin-film solar cell materials[J]. Sci. China Phys. Mech., 2021, 64: 237301.

[57] Kang J, Li J, Wei S H. Atomic-scale understanding on the physics and control of intrinsic point defects in lead halide perovskites[J]. Appl. Phys. Rev., 2021, 8: 031302.

[58] Walsh A, Scanlon D O, Chen S, et al. Self-regulation mechanism for charged point defects in hybrid halide perovskites[J]. Angew. Chem. Int. Ed. Engl., 2015, 54: 1791-1794.

[59] Shao Y, Xiao Z, Bi C, et al. Origin and elimination of photocurrent hysteresis by fullerene passivation in $CH_3NH_3PbI_3$ planar heterojunction solar cells[J]. Nat. Commun., 2014, 5: 5784.

[60] Li W H, Dong H P, Dong G F, et al. Hystersis mechanism in perovskite photovoltaic devices and its potential application for multi-bit memory devices[J]. Org. Electron, 2015, 26: 208-212.

[61] Yang T Y, Gregori G, Pellet N, et al. The significance of ion conduction in a hybrid organic-inorganic lead-iodide-based perovskite photosensitizer[J]. Angew. Chem. Int. Ed. Engl., 2015, 54: 7905-7910.

[62] Sung J, Schnedermann C, Ni L, et al. Long-range ballistic propagation of carriers in methylammonium lead iodide perovskite thin films[J]. Nat. Phys., 2019, 16: 171-176.

[63] Ni Z, Bao C, Liu Y, et al. Resolving spatial and energetic distributions of trap states in metal halide perovskite solar cells[J]. Science, 2020, 367: 1352-1358.

[64] Li J L, Yang J, Wu T, et al. Formation of dy center as n-type limiting defects in octahedral semiconductors: The case of bi-doped hybrid halide perovskites[J]. J. Mater Chem. C, 2019, 7: 4230-4234.

[65] Chen B, Rudd P N, Yang S, et al. Imperfections and their passivation in halide perovskite solar cells[J]. Chem. Soc. Rev., 2019, 48: 3842-3867.

[66] Nishioka K, Miyamura K, Ota Y, et al. Accurate measurement and estimation of solar cell temperature in photovoltaic module operating in real environmental conditions[J]. Jpn. J. Appl. Phys., 2018, 57: 808.

[67] Zhang Y, Wang Z, Xi J, et al. Temperature-dependent band gaps in several semiconductors: From the role of electron-phonon renormalization[J]. J. Phys. Condens. Matter., 2020, 475503.

[68] DupréO, Vaillon R, Green M A. Physics of the temperature coefficients of solar cells[J]. Sol. Energy Mater. Sol. Cells, 2015, 140: 92-100.

[69] Zhang M, Lin Z Q. Efficient interconnecting layers in monolithic all-perovskite tandem solar cells[J]. Energy Environ. Sci., 2022, 15: 3152-3170.

[70] Yan L L, Han C, Shi B, et al. A review on the crystalline silicon bottom cell for monolithic perovskite/silicon tandem solar cells[J]. Mater. Today Nano., 2019, 7: 100045.

[71] Messmer C, Goraya B S, Nold S, et al. The race for the best silicon bottom cell: Efficiency and cost evaluation of perovskite-silicon tandem solar cells[J]. Prog. Photovolt., 2021, 29: 744-759.

[72] Mailoa J P, Bailie C D, Johlin E C, et al. A 2-terminal perovskite/silicon multijunction solar cell enabled by a silicon tunnel junction[J]. Appl. Phys. Lett., 2015, 106: 121105.

[73] Zheng J, Lau C F J, Mehrvarz H, et al. Large area efficient interface layer free monolithic perovskite/homo-junction-silicon tandem solar cell with over 20% efficiency[J]. Energy Environ. Sci., 2018, 11: 2432-2443.

[74] Wu Y, Zheng P, Peng J, et al. 27.6% perovskite/c-Si tandem solar cells using industrial fabricated topcon device[J]. Adv. Energy Mater., 2022, 12: 2200821.

[75] Albrecht S, Saliba M, Baena J P C, et al. Monolithic perovskite/silicon-heterojunction tandem solar cells processed at low temperature[J]. Energy Environ. Sci., 2016, 9: 81-88.

[76] Bush K A, Palmstrom A F, Yu Z J, et al. 23.6%-efficient monolithic perovskite/silicon tandem solar cells with improved stability[J]. Nat. Energy, 2017, 2: 17009.

[77] Könen E, Wagner P, Lang F, et al. 27.9% efficient monolithic perovskite/silicon tandem

solar cells on industry compatible bottom cells[J]. Sol. RRL, 2021, 5: 2100244.

[78] Duong T, Pham H, Kho T C, et al. High efficiency perovskite-silicon tandem solar cells: Effect of surface coating versus bulk incorporation of 2D perovskite[J]. Adv. Energy Mater., 2020, 10: 1903553.

[79] Long W, Yin S, Peng F G, et al. On the limiting efficiency for silicon heterojunction solar cells[J]. Sol. Energy Mater. Sol. Cells, 2021, 231: 111291.

[80] Al-Ashouri A, Kohnen E, Li B, et al. Monolithic perovskite/silicon tandem solar cell with >29% efficiency by enhanced hole extraction[J]. Science, 2020, 370: 1300-1309.

[81] Chen S, Zhu L, Yoshita M, et al. Thorough subcells diagnosis in a multi-junction solar cell via absolute electroluminescence-efficiency measurements[J]. Sci. Rep., 2015, 5: 7836.

[82] Liu J, De Bastiani M, Aydin E, et al. Efficient and stable perovskite-silicon tandem solar cells through contact displacement by MgF_x[J]. Science, 2022, 377: 302-306.

[83] Nishioka K, Hatayama T, Uraoka Y, et al. Field-test analysis of PV system output characteristics focusing on module temperature[J]. Sol. Energy Mater. Sol. Cells, 2003, 75: 665-671.

[84] Wang Y, Liu X, Zhou Z, et al. Reliable measurement of perovskite solar cells[J]. Adv. Mater., 2019, 31: e1803231.

[85] Wüfel P, Wüfel U. Physics of Solar Cells from Basic Principles to Advanced Concepts[M]. 3rd ed. New York: Wiley-VCH, 2016.

[86] Park N-G, Gräzel M, Miyasaka T. Organic-Inorganic Halide Perovskite Photovoltaics[M]. Berlin: Springer Cham., 2016.

[87] Xiong Z, Chen X, Zhang B, et al. Simultaneous interfacial modification and crystallization control by biguanide hydrochloride for stable perovskite solar cells with PCE of 24.4%[J]. Adv. Mater., 2022, 34: e2106118.

[88] Bi E B, Tang W T, Chen H, et al. Efficient perovskite solar cell modules with high stability enabled by iodide diffusion barriers[J]. Joule, 2019, 3: 2748-2760.

[89] Diau E W-G, Chen P C-Y. Perovskite Solar Cells Principle, Materials and Devices[M]. Singapore: World Scientific, 2017.

[90] Guo Q, Liu H, Shi Z, et al. Efficient perovskite/organic integrated solar cells with extended photoresponse to 930 nm and enhanced near-infrared external quantum efficiency of over 50%[J]. Nanoscale, 2018, 10: 3245-3253.

[91] Ravishankar S, Aranda C, Boix P P, et al. Effects of frequency dependence of the external quantum efficiency of perovskite solar cells[J]. J. Phys. Chem. Lett., 2018, 9: 3099-3104.

[92] Bonnet-Eymard M, Boccard M, Bugnon G, et al. Optimized short-circuit current mismatch in multi-junction solar cells[J]. Sol. Energy Mater. Sol. Cells, 2013, 117: 120-125.

[93] Gilot J, Wienk M M, Janssen R A J. Measuring the external quantum efficiency of two-terminal polymer tandem solar cells[J]. Adv. Funct. Mater., 2010, 20: 3904-3911.

[94] Cheng T H, Lin S H. Detail analysis of external quantum efficiency measurement for

tandem junction solar cells[C]. Photovoltaics for the 21st Century 10, 2014, 64: 47-57.

[95] Ananda W. External quantum efficiency measurement of solar cell[C]. 15th International Conference on Quality in Research (QiR) : International Symposium on Electrical and Computer Engineering, Bali, Indonesia, 2017.

[96] Mundus M, Venkataramanachar B, Gehlhaar R, et al. Spectrally resolved nonlinearity and temperature dependence of perovskite solar cells[J]. Sol. Energy Mater. Sol. Cells, 2017, 172: 66-73.

[97] Sahli F, Kamino B A, Werner J, et al. Improved optics in monolithic perovskite/silicon tandem solar cells with a nanocrystalline silicon recombination junction[J]. Adv. Energy Mater., 2018, 8: 1701609.

[98] Steiner M A, Kurtz S R, Geisz J F, et al. Using phase effects to understand measurements of the quantum efficiency and related luminescent coupling in a multijunction solar cell[J]. IEEE J. Photovolt., 2012, 2: 424-433.

[99] Sogabe T, Ogura A, Hung C Y, et al. Experimental characterization and self-consistent modeling of luminescence coupling effect in Ⅲ-V multijunction solar cells[J]. Appl. Phys. Lett., 2013, 103: 263907.

[100] Jäer K, Tillmann P, Katz E A, et al. Perovskite/silicon tandem solar cells: effect of luminescent coupling and bifaciality[J]. Sol. RRL, 2021, 5: 2000628.

[101] Siefer G, Baur C, Bett A W. External quantum efficiency measurements of germanium bottom subcells: measurement artifacts and correction procedures[C]. Proceeding of 35th IEEE Photovoltaic Specialists Conference, Honolulu, HI, USA, 2010: 704-707.

[102] Timmreck R, Meyer T, Gilot J, et al. Characterization of tandem organic solar cells[J]. Nat. Photonics, 2015, 9: 478-479.

[103] Mnatsakanov T T, Shuman V B, Pomortseva L I, et al. Effect of nonlinear physical phenomena on the photovoltaic effect in silicon p^+-n-n^+ solar cells[J]. Solid State Electronics, 2000, 44: 383-392.

[104] Hamadani B H, Shore A, Campanelli H W Y M. Nonlinear response of silicon solar cells[C]. Proceeding of IEEE 44th Photovoltaic Specialist Conference, Washington, DC, USA, 2017.

[105] Wang H, Wang W, Zhong Y, et al. Approaching the external quantum efficiency limit in 2D photovoltaic devices[J]. Adv. Mater., 2022, 34: e2206122.

[106] Li Y, Wang F, Wang A, et al. An external quantum efficiency model toward photoelectric conversion current of organic phototransistors[J]. J. Phys. Conf. Ser., 2022, 2248: 012022.

[107] Mercaldo L V, Bobeico E, De Maria A, et al. Procedure based on external quantum efficiency for reliable characterization of perovskite solar cells[J]. Energy Technol., 2022, 10: 2200748.

[108] Fujiwara H, Collins R W. Spectroscopic Ellipsometry for Photovoltaics[M]. Berliln: Springer Cham., 2018.

[109] Holman Z C, Filipic M, Lipovsek B, et al. Parasitic absorption in the rear reflector

of a silicon solar cell: Simulation and measurement of the sub-bandgap reflectance for common dielectric/metal reflectors[J]. Sol. Energy Mater. Sol. Cells, 2014, 120: 426-430.

[110] Aydin E, Liu J, Ugur E, et al. Ligand-bridged charge extraction and enhanced quantum efficiency enable efficient n-i-p perovskite/silicon tandem solar cells[J]. Energy Environ. Sci., 2021, 14: 4377-4390.

[111] Kanda H, Shibayama N, Uzum A, et al. Effect of silicon surface for perovskite/silicon tandem solar cells: Flat or textured?[J]. ACS Appl. Mater. Interfaces, 2018, 10: 35016-35024.

[112] Lee S W, Bae S, Hwang J K, et al. Perovskites fabricated on textured silicon surfaces for tandem solar cells[J]. Commun. Chem., 2020, 3: 121.

[113] Xu J, Boyd C C, Yu Z J, et al. Triple-halide wide-band gap perovskites with suppressed phase segregation for efficient tandems[J]. Science, 2020, 367: 1097-1104.

[114] Yang G, Ni Z Y, Yu Z S, et al. Defect engineering in wide-bandgap perovskites for efficient perovskite-silicon tandem solar cells[J]. Nat. Photonics, 2022, 16: 588.

[115] Sahli F, Werner J, Kamino B A, et al. Fully textured monolithic perovskite/silicon tandem solar cells with 25.2% power conversion efficiency[J]. Nat. Mater., 2018, 17: 820-826.

[116] Jacobs D A, Langenhorst M, Sahli F, et al. Light management: A key concept in high-efficiency perovskite/silicon tandem photovoltaics[J]. J. Phys. Chem. Lett., 2019, 10: 3159-3170.

[117] Mazzarella L, Lin Y H, Kirner S, et al. Infrared light management using a nanocrystalline silicon oxide interlayer in monolithic perovskite/silicon heterojunction tandem solar cells with efficiency above 25%[J]. Adv. Energy Mater., 2019, 9:1803241.

[118] Elsmani M I, Fatima N, Jallorina M P A, et al. Recent issues and configuration factors in perovskite-silicon tandem solar cells towards large scaling production[J]. Nanomaterials (Basel), 2021, 11: 3186.

[119] Zhu Z, Mao K, Xu J. Perovskite tandem solar cells with improved efficiency and stability[J]. J. Energy Chem., 2021, 58: 219-232.

[120] Zheng J, Mehrvarz H, Liao C, et al. Large-area 23%-efficient monolithic perovskite /homojunction-silicon tandem solar cell with enhanced uv stability using down-shifting material[J]. ACS Energy Lett., 2019, 4: 2623-2631.

[121] Hu Y, Chu Y, Wang Q, et al. Standardizing perovskite solar modules beyond cells[J]. Joule, 2019, 3: 2076-2385.

[122] IEC. Photovoltaic (PV) module safety qualification — Part 2: Requirements for testing: IEC 61730-2:2016 RLV[S]. Geneva, Switzerland, 2016: 286.

[123] IEC. Photovoltaic (PV) module safety qualification — Part 1: Requirements for construction: IEC 61730-1:2016[S]. Geneva, Switzerland, 2016: 106.

[124] IEC. Terrestrial photovoltaic (PV) modules—Design qualification and type approval—Part 2: Test procedures: IEC 61215-2:2021 RLV[S]. Geneva, Switzerland, 2021: 183.

[125] IEC. Terrestrial photovoltaic (PV) modules—Design qualification and type approval—Part 1: Test requirements: IEC 61215-1:2021 RLV[S]. Geneva, Switzerland, 2021: 149.
[126] IEC. Methods for product accelerated testing: IEC 62506:2013[S]. Geneva, Switzerland, 2013: 184.
[127] Liu H, Xiang L, Gao P, et al. Improvement strategies for stability and efficiency of perovskite solar cells[J]. Nanomaterials (Basel), 2022, 12:3295.
[128] Huang J, Tan S, Lund P D, et al. Impact of H_2O on organic-inorganic hybrid perovskite solar cells[J]. Energy Environ. Sci., 2017, 10: 2284-2311.
[129] Xia Y, Dai S. Review on applications of pedots and PEDOT:PSS in perovskite solar cells[J]. J. Mater. Sci.: Mater. Electron., 2020, 32: 12746-12757.
[130] Zhao Y, Zhu P, Huang S, et al. Molecular interaction regulates the performance and longevity of defect passivation for metal halide perovskite solar cells[J]. J. Am. Chem. Soc., 2020, 142: 20071-20079.
[131] Yin X, Guo Y, Xie H, et al. Nickel oxide as efficient hole transport materials for perovskite solar cells[J]. Sol. RRL, 2019, 3: 1900164.
[132] Xie J, Zhou Z, Qiao H, et al. Modulating $MAPbI_3$ perovskite solar cells by amide molecules: Crystallographic regulation and surface passivation[J]. J. Energy Chem., 2021, 56: 179-185.
[133] Shi L, Bucknall M P, Young T L, et al. Gas chromatography-mass spectrometry analyses of encapsulated stable perovskite solar cells[J]. Science, 2020, 368: 6497.
[134] Mei A Y, Sheng Y S, Ming Y, et al. Stabilizing perovskite solar cells to IEC61215:2016 standards with over 9,000-h operational tracking[J]. Joule, 2020, 4: 2646-2660.
[135] http://www.microquanta.com/newsinfo/AFB80843DC9442A7/ [2023-03-10].
[136] Furkan H I, Francesco F, Jiang L, et al. Concurrent cationic and anionic perovskite defect passivation enables 27.4% perovskite/silicon tandems with suppression of halide segregation[J]. Joule, 2021, 6: 1566-1586.
[137] Xu Q J, Shi B A, Li Y C, et al. Conductive passivator for efficient monolithic perovskite/silicon tandem solar cell on commercially textured silicon[J]. Adv. Energy Mater., 2022, 12: 2202404.
[138] De Bastiani M, Van Kerschaver E, Jeangros Q, et al. Toward stable monolithic perovskite/silicon tandem photovoltaics: A six-month outdoor performance study in a hot and humid climate[J]. ACS Energy Lett., 2021, 6: 2944-2951.
[139] Slamberger J, Schwark M, Van Aken B B, et al. Comparison of potential-induced degradation (PID) of n-type and p-type silicon solar cells[J]. Energy, 2018, 161: 266-276.
[140] Barbato M, Barbato A, Meneghini M, et al. Potential induced degradation of n-type bifacial silicon solar cells: An investigation based on electrical and optical measurements[J]. Sol. Energy Mater. Sol. Cells, 2017, 168: 51-61.
[141] Yuan Y B, Chae J, Shao Y C, et al. Photovoltaic switching mechanism in lateral structure hybrid perovskite solar cells[J]. Adv. Energy Mater., 2015, 5: 1500615.

[142] Yuan Y B, Wang Q, Shao Y C, et al. Electric-field-driven reversible conversion between methylammonium lead triiodide perovskites and lead iodide at elevated temperatures[J]. Adv. Energy Mater., 2016, 6: 1501803.

[143] Purohit Z, Song W Y, Carolus J, et al. Impact of potential-induced degradation on different architecture-based perovskite solar cells[J]. Sol. RRL, 2021, 5: 2100349.

[144] Xu L J, Liu J, Luo W, et al. Potential-induced degradation in perovskite/silicon tandem photovoltaic modules[J]. Cell Rep. Phys. Sci., 2022, 3: 101026.

[145] Raman R K, Thangavelu S A G, Venkataraj S, et al. Materials, methods and strategies for encapsulation of perovskite solar cells: From past to present[J]. Renew. Sust. Energy Rev., 2021, 151: 111608.

[146] Chen B B, Ren N Y, Li Y C, et al. Insights into the development of monolithic perovskite/silicon tandem solar cells[J]. Adv. Energy Mater., 2022, 12: 2003628.

[147] Liang Q, Liu K, Sun M, et al. Manipulating crystallization kinetics in high-performance blade-coated perovskite solar cells via cosolvent-assisted phase transition[J]. Adv. Mater., 2022, 34: e2200276.

[148] Jiang Q, Zhao Y, Zhang X, et al. Surface passivation of perovskite film for efficient solar cells[J]. Nat. Photonics, 2019, 13: 460-466.

[149] Zhao P J, Kim B J, Jung H S. Passivation in perovskite solar cells: A review[J]. Mater. Today Energy, 2018, 7: 267-286.

[150] Ji S G, Park I J, Chang H, et al. Stable pure-iodide wide-band-gap perovskites for efficient Si tandem cells via kinetically controlled phase evolution[J]. Joule, 2022, 6: 2390-2405.

[151] Kim D, Jung H J, Park I J, et al. Efficient, stable silicon tandem cells enabled by anion-engineered wide-bandgap perovskites[J]. Science, 2020, 368: 155-160.

[152] Ying Z, Yang Z, Zheng J, et al. Monolithic perovskite/black-silicon tandems based on tunnel oxide passivated contacts[J]. Joule, 2022, 6: 2644-2661.

第 6 章 钙钛矿/晶硅异质结叠层太阳电池模拟与发电量预测

最近十多年，晶硅太阳电池技术突飞猛进，晶硅太阳电池的转换效率正在接近 29.4%的 Shockley-Queisser 极限 [1]，由于能量不匹配的光子和载流子复合的存在 (俄歇复合、Shockley-Read-Hall 复合等 [2])，大幅度地提高单结电池的转换效率将是非常困难的。最简单的方法是使用具有不同带隙的吸收材料来吸收不同能量的光子，这可以减少高能电子的热损失，最经济的方法是两端钙钛矿/晶硅叠层太阳电池。根据 Holman 团队 [3] 的数值计算，使用带隙约 1.70 eV 的钙钛矿与 1.12 eV 的晶硅结合，理论上串联效率可以高达 43%。因此，基于高效率和产业化成熟的晶硅底电池优势，钙钛矿/晶硅叠层太阳电池已逐渐成为多结太阳电池领域最热门的研究课题之一，并有望成为替代传统晶硅太阳电池的天然候选者。

本章主要阐述钙钛矿/晶硅异质结叠层太阳电池的数值模拟研究在方法论、光收集管理和能量产出方面的进展。从方法论的物理基础出发，6.1 节概述了三种计算叠层太阳电池电磁问题的方法，这是目前光学上对于电磁场求解的常用工具。在光收集管理部分，6.2 节通过分析单结电池、双结电池和准保形全绒面结构的光学特性，说明了绒面结构的钙钛矿/晶硅异质结叠层太阳电池具有良好的光伏性能。该节中还为双面钙钛矿/晶硅异质结叠层太阳电池引入了一种电流匹配损耗 (current matching loss，CML) 方法。对于能量产出部分，6.3 节指出，影响单面钙钛矿/晶硅异质结叠层太阳电池能量产出的根本原因是由天气、地点和时间等因素造成的光谱变量，而对于双面情况，有效反射率和钙钛矿带隙都要考虑。基于此得出结论，必须确定这些因素的内在相关性，并将其纳入太阳电池制备和组件安装工程，以最大限度地提高太阳能光伏系统的发电量。这一深入的数值模拟研究为低成本和高效率的钙钛矿/晶硅异质结叠层太阳电池的理论研究和实验制备提供一定指导。

6.1 太阳电池电磁问题求解方法

自 1873 年麦克斯韦建立电磁场的运动普遍规律并预言电磁波存在以来，电磁场理论及其应用受到了物理学研究者广泛而深入的研究，这些研究成果对 20 世纪物理学的几大理论体系 (量子理论、相对论等) 的建立起到了推动性的作用。

与此同时，电磁波作为能量的一种存在形式、信息传输的重要载体，在广播、电视、导航、雷达等各个领域中得到广泛的应用，使得电磁场理论成为众多交叉学科领域及新技术领域的理论基础。而最近几十年里，随着网络技术和计算机技术的飞速发展，现代电磁场理论得到了飞速的发展，并在一定程度上促进了其他学科的发展。电磁理论主要研究场的问题，这对于求解光传播、光与物质相互作用十分便捷。在求解问题之前，先定义矢量和其运算规则，解析法和数值计算方法是求解场问题的重要工具。

由于钙钛矿/晶硅异质结叠层太阳电池涉及众多功能界面 (透明电极、中间复合层和载流子传输层)，不仅制造工艺复杂，而且其光伏性能也受到各种因素的综合影响。通过实验筛选各层的参数当然是最直接的方法，但由于许多参数之间的相互作用，单独研究它们将是费时和费力的。在这方面，光电模拟允许独立研究每个参数，这使得它特别有意义。通过模拟得到的参数的具体影响和最佳单元结构可以有效地指导实验过程，实现钙钛矿/晶硅异质结叠层太阳电池的新突破。本节将详细概述三种常用的计算电磁问题的软件内核，包括有限元法、时域有限差分法和传输矩阵法，这些求解电磁问题的基本方法对于太阳电池的理论研究起推动作用。

6.1.1　有限元法

有限元法 (finite element method，FEM) 的基本思想是先化整为零，再积零为整，也就是把一个连续的整体分割成有限个单元，即把一个整体结构看成由若干个通过结点相连的单元组成 [4-6]。该方法首先进行单元分析，然后再把这些单元组合起来，以代表原来的结构进行整体分析。从数学的角度上看，FEM 是将一个偏微分方程化为矩阵方程，然后利用计算机进行求解。FEM 的主要特点是它能够灵活地描述所分析问题的几何形状或介质。这是因为该问题的域离散化是使用高度灵活的非均匀的补丁或单元，可以很容易地描述复杂的形状。

FEM 作为一种适用的数值方法，目前它在求解描述势分布的拉普拉斯方程中应用较多。由于拉普拉斯方程的简单性，因此引入有限元是一种自然选择。针对电磁场问题，FEM 在求解亥姆霍兹波动方程问题方面显得尤为重要。由于辐射条件必须包含在整个问题中，在求解开放空间的电磁辐射问题时，亥姆霍兹方程往往会出现许多困扰。因此，为了解决这些困扰，这就迫切需要将问题离散化成单元来进行求解。

1. FEM 基本理论

构造变分形式对于偏微分方程的有限元解是必不可少的。严格地说，它是一种用来寻找函数极小值的方法。FEM 的基本概念是将问题的域划分为小的连通块，称为有限元 [7,8]。这些有限元以一种不重叠的方式连接起来，它们完全覆盖了问题的整个空间。在二维空间中，单元可以采取不同的可能形状，如三角形或四边形。三角形单元是最受欢迎的，因为它们很容易构造，并且可以很容易地符合不规则边界的结构。图 6-1 显示了 FEM 对一个弯曲轮廓线区域的划分，其中的子单元由三角形构造。值得注意的是，由于子单元存在直边，二维区域的光滑边界近似为多边形。

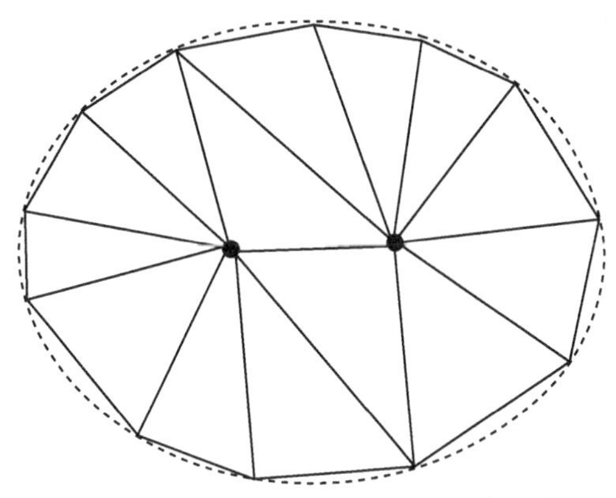

图 6-1 非重叠 FEM 逼近光滑边界面

对于有限元描述的未知场分布函数 u，一般采用近似或基函数在每个单元上进行描述。在每个单元上，场被扩展为二维线性基函数的组合。这样的基函数构成了有限元中最简单的插值函数。然而，尽管这些函数很简单，它们已经被证明在有效地描述许多自然函数方面是非常强大的。

在三角形单元上的 x 和 y 线性二维函数完全由它在三角形的三个顶点上的值表征，因此单个三角形单元上的势函数 u 可被表示为

$$u(x,y) = a + bx + cy \tag{6-1}$$

进一步地，可以利用三角形三个顶点的未知势值来描述单元上的总势，如图 6-2 所示。假设三个顶点 (x_1, y_1)、(x_2, y_2) 和 (x_3, y_3) 的势能分别由 u_1、u_2 和 u_3 给出，简单的代数关系式为

$$u = \sum_{i=1}^{3} u_i \psi_i(x,y) \tag{6-2}$$

其中，

$$\psi_1 = \frac{1}{2A}(x_2y_3 - x_3y_2) + (y_2 - y_3)x + (x_3 - x_2)y \tag{6-3}$$

$$\psi_2 = \frac{1}{2A}(x_3y_1 - x_1y_3) + (y_3 - y_1)x + (x_1 - x_3)y \tag{6-4}$$

$$\psi_3 = \frac{1}{2A}\left(x_1y_2 - x_1y_1\right) + \left(y_1 - y_2\right)x + \left(x_2 - x_1\right)y \tag{6-5}$$

式 (6-3) ~ 式 (6-5) 中，A 是三角形单元的面积。

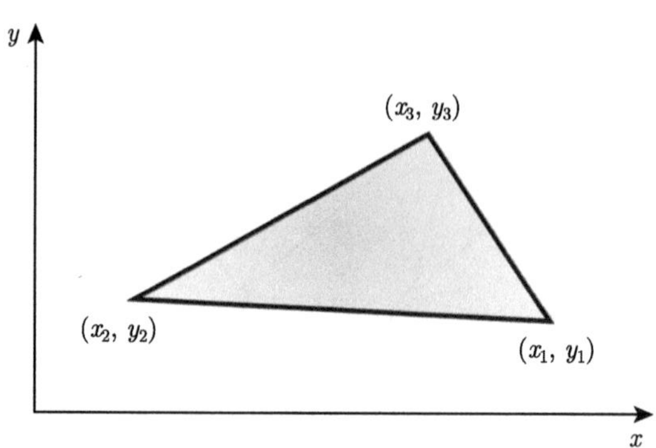

图 6-2 x-y 平面上的三角形单元，面积为 A

当势的分段平面逼近在整个域上被描述时，函数的形状是一个连通面。因为每两个相邻的单元共享相同的顶点，而且沿着每条边的势近似是 x 和 y 的线性函数，所以势在单元边上的连续性是满足的。

在亥姆霍兹电磁分析中，许多问题的解析域都是空间的整个开域。根据 FEM 的步骤程序，首先得到系统的矩阵方程，然后用 FEM 求解开域问题，但是其涉及额外的因素，即强加外辐射或光吸收状态。这部分将在下面重点讨论。

二维空间中的非齐次亥姆霍兹波动方程为

$$\left[\nabla^2 + k(x,y)^2\right]u\left(x,y\right) = g\left(x,y\right) \tag{6-6}$$

式中，$k(x, y)$ 为介质中的波数；g 为已知的激励函数。

亥姆霍兹方程描述了极化电磁场的波辐射，FEM 可以有效求解这种极化场的亥姆霍兹方程。式 (6-6) 中的 u 代表 E_z，剩下的两个场分量 H_x 和 H_y 可以使用麦克斯韦方程组通过已被求解的 E_z 来进一步求解。

FEM 求解亥姆霍兹方程两大特征如下所述。其一，存在已知的激励函数 g，这个函数可以用有限元的方式表示，并与未知函数的表达方式相同，如式 (6-7)：

$$g = \sum_{i=1}^{3} g_i\psi_i\left(x,y\right) \tag{6-7}$$

第二个特征是波数 $k(x, y)$ 可以根据介质的本征参数而变化。如果介质是齐次的，则 k 在整个空间中是一个常数。但是，如果介质是空间分布不均的，则 k 被表示为分段常数函数，这意味着 k 在每个单元上拥有一个独立值。通过这种方法，FEM 可以将介质的非均匀性考虑在内。

式 (6-6) 中的有关 u 的函数可以构造为

$$F(u)=\int_{\Omega}\left(\nabla^2 u+k^2 u\right)u-2gu\mathrm{d}\Omega \tag{6-8}$$

这种形式可以通过引用格林定理来简化，格林定理如下等式：

$$\int_{\Omega}\left(u\nabla^2 u+\nabla u\cdot\nabla u\right)\mathrm{d}\Omega=\int_{\Gamma}u\frac{\partial u}{\partial n}\mathrm{d}\Gamma \tag{6-9}$$

把式 (6-6) 代入式 (6-9) 中，可以得到

$$F(u)=\int_{\Omega}\nabla u\cdot\nabla u-k^2u^2-2gu\mathrm{d}\Omega-\int_{\Gamma}u\frac{\partial y}{\partial n}\mathrm{d}\Gamma \tag{6-10}$$

由此，式 (6-10) 就可以顺利求解有限元描述的未知场分布函数 u。从形式看，亥姆霍兹方程泛函与拉普拉斯方程泛函有很大的相似之处，因此力学 FEM 和电磁 FEM 在一定程度上是相通的。概括来说，FEM 将亥姆霍兹光学波动方程分域求解，最后场性质叠加，进而解决电磁场问题。

2. 基于 FEM 叠层太阳电池的数值模拟

FEM 作为计算电磁场问题的主要理论方法之一，由于其网格划分灵活，并且涉及的矩阵方程是稀疏阵，受到太阳电池光学模拟领域的青睐 [9-13]。如图 6-3(a), (b) 所示的两种结构的叠层太阳电池计算模型，FEM 将需要计算的材料区域划分成细小的单元，通过模拟每个单元的光传播与物质相互作用，最后将所有小单元进行积分，得到物体的整体光学性质。在此之前，需要知道每个单元的光学性质，即组成材料的复折射率，其定义为

$$N^2=\varepsilon_{\mathrm{r}}-\mathrm{i}\frac{\sigma}{\omega\varepsilon_0} \tag{6-11}$$

式中，ε_{r} 和 σ 分别是光的传播介质的相对介电常数和电导率；ω 是光的角频率。显然，当 $\sigma\neq 0$ 时，N 是复数，因而也可记为

$$N=n-\mathrm{i}k \tag{6-12}$$

式中，复折射率 N 的实部 n 就是通常所说的实折射率，是真空光速 c 与光波在介质中的传播速度 v 之比；k 称为消光系数，是一个表征光能衰减程度的参量。

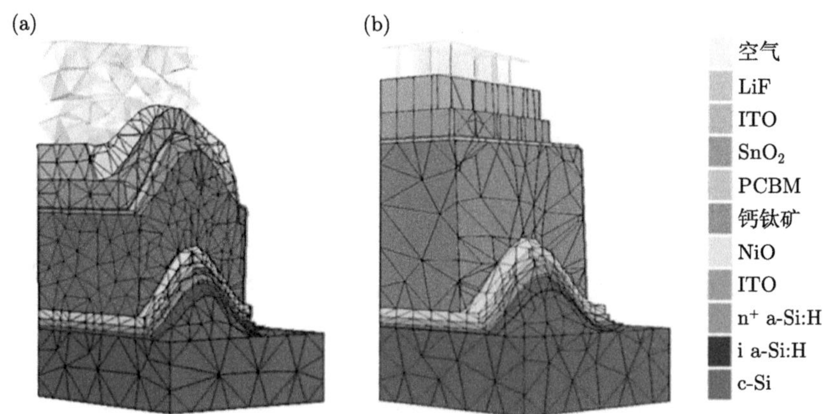

图 6-3 钙钛矿/晶硅叠层太阳电池的有限元离散化模型

(a) 保形全绒面结构；(b) 单绒面结构 [19]

对于不同频率的光所对应的实折射率 n 及消光系数 k，可以通过克拉默斯–克勒尼希 (Kramers-Kronig) 关系求主值积分 P 得到，如式 (6-13) 和式 (6-14)：

$$n(\omega) = 1 + \frac{2}{\pi} P \int_0^{\infty} \frac{k(\omega')\omega' - k(\omega)\omega}{\omega^2 - \omega^2} \mathrm{d}\omega' \tag{6-13}$$

$$k(\omega) = -\frac{2\omega}{\pi} P \int_0^{\infty} \frac{n(\omega')}{\omega'^2 - \omega^2} \mathrm{d}\omega' \tag{6-14}$$

在物理及材料科学中，椭圆偏振光谱技术作为一种高精度且不破坏薄膜的有效实验手段被广泛应用 [14-16]，它可以有效测量薄膜材料的光学性质函数 n 与 k。Shen 团队 [17,18] 在研究两端钙钛矿/晶硅叠层太阳电池时，从最新文献中获取了钙钛矿顶电池的实折射率 $n(\lambda)$ 和消光系数 $k(\lambda)$，而不是直接使用软件材料库中的拟合模型来计算，这使得 FEM 的计算结果更加准确。

尽管 FEM 可以有效解决叠层太阳电池中的光学问题，但是由于存在一些后处理问题，比如叠层电池中的电流失配问题以及消除方案，这些使得 FEM 需要结合一些先进的理论模型来加以优化。为此，Shen 团队 [17] 提出了 CML 方法来结合 FEM 技术以实现最贴近实际的数值模拟研究。其中，钙钛矿/晶硅叠层太阳电池的二维模型是由搭载 FEM 内核的 Comsol Multiphysics 软件构建和计算的。通过在横向电场 (transverse electric，TE) 和横向磁场 (transverse magnetic，TM) 模式的不同入射平面下求解电磁场方程，得出叠层太阳电池的反射率、吸收率和电场强度。

钙钛矿/晶硅叠层太阳电池的光伏性能可以直接从其子电池的性能中确定。由于在串联电路中要求电流一致，双面叠层电池的电流密度 (J_{BT}) 取决于较小的电池，双面叠层电池的开路电压 (V_{BT}) 等于各子电池之和，其关系式分别列于式

(6-15) 和式 (6-16)。应该指出的是，许多研究人员认为叠层太阳电池的效率是两个子电池的效率之和，而这只有在两个子电池的电流匹配时才是合理的。事实上，由于式 (6-17) 描述的 CML，双面叠层电池的功率转换效率 ($\mathrm{PCE_{BT}}$) 小于两个子电池的效率之和。CML 根据严格的能量平衡原则建立了数值关系，并分析了双面照明下子电池的电流特性。这种算法考虑到了失配电流对太阳电池参数的影响，使得两结更像一个整体设备，并且结果更准确。通过式 (6-18)，$\mathrm{PCE_{CML}}$ 可以通过最大功率点跟踪从子电池的 J-V 曲线直接获得。因此，根据 J_{BT}、V_{BT} 和 $\mathrm{PCE_{BT}}$，通过式 (6-19) 可以很容易地得到双面叠层电池的填充因子 (FF_{BT})。将 FEM 与 CML 方法相结合，结论如图 6-4 所示，模拟得到的光伏参数 (短路电流和转换效率) 和反射率之间的依赖关系与实际情况的趋势完全一致。

$$J_{\mathrm{BT}} = \left[J\left(\mathrm{top}\right), J\left(\mathrm{bottom}\right)\right]_{\min} \tag{6-15}$$

$$V_{\mathrm{BT}} = V\left(\mathrm{top}\right) + V\left(\mathrm{bottom}\right) \tag{6-16}$$

$$\mathrm{PCE_{BT}} = \mathrm{PCE}\left(\mathrm{top}\right) + \mathrm{PCE}\left(\mathrm{bottom}\right) - \mathrm{PCE_{CML}} \tag{6-17}$$

$$\mathrm{PCE_{CML}} = \frac{\left[\left(J_{\max} - J_{\min}\right) V_{\max}\right]_{\mathrm{MPP}}}{1000\mathrm{W} \cdot \mathrm{m}^{-2}} \tag{6-18}$$

$$FF_{\mathrm{BT}} = \frac{\mathrm{PCE_{BT}}}{V_{\mathrm{BT}} \cdot J_{\mathrm{BT}}} \cdot 1000\mathrm{W} \cdot \mathrm{m}^{-2} \tag{6-19}$$

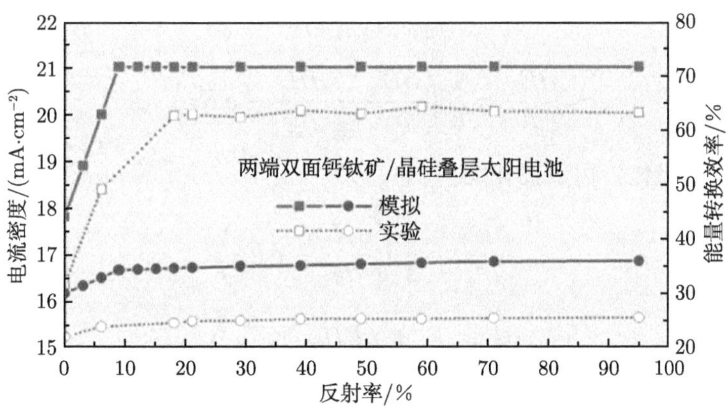

图 6-4　两端钙钛矿/晶硅叠层太阳电池的光伏性能模拟和实验参数 [17]

6.1.2　时域有限差分法

时域有限差分 (finite-difference time-domain，FDTD) 法提供了麦克斯韦时间相关方程的直接积分 [20,21]。在过去的十年中，FDTD 在电磁分析数值技术中得到了突出的应用，其最吸引人的地方在于简单和自然显性。此外，由于 FDTD 是一种基于体积的方法，所以它在建模复杂结构和媒介方面是非常有效的，并且需要将解的空间划分为由单元组成的统一网格。在每个单元格上，定义 E 和 H 场分量，FDTD 的这个性质与 FEM 是相同的。差异性在于，FEM 的矩阵方程是可以用多种方法求解的，然而在 FDTD 中不需要矩阵解。相反，E 场和 H 场在空间上是交错的，并采用时间跨越法，这样就可以直接解出随时间变化的场。换句话说，随着时间的推移，每个电磁解都将在特定时刻被确定，并存储在内存中。

1. FDTD 基本理论

将麦克斯韦方程组简化到二维空间，这对于场作用的理解是有利的，并且许多问题都可以简单地解决。最可能的情况是，假定电磁场的三个空间维度中的一个维度是不变的情况下，使用二维方程。一旦理解了 FDTD 在二维空间中的发展，就更容易将其推广到三维空间。

针对二维情形的求解，假设场在 z 方向是不变的，麦克斯韦方程组可以简化为两组方程中的一组。在整个讨论中，不变性是关于 z 方向的，因此无论是 TM 极化或者 TE 极化，都无须考虑 z 方向。

对于 TM 极化，麦克斯韦方程组可以简化为

$$\frac{\partial H_x}{\partial t} = -\frac{1}{\mu}\frac{\partial E_z}{\partial y} \tag{6-20}$$

$$\frac{\partial H_y}{\partial t} = \frac{1}{\mu}\frac{\partial E_z}{\partial x} \tag{6-21}$$

$$\frac{\partial E_z}{\partial t} = \frac{1}{\varepsilon}\left(\frac{\partial H_y}{\partial x} - \frac{\partial H_x}{\partial y} - \sigma E_z\right) \tag{6-22}$$

对于 TE 极化，可以简化为

$$\frac{\partial E_x}{\partial t} = \frac{1}{\varepsilon}\left(\frac{\partial H_z}{\partial y} - \sigma E_x\right) \tag{6-23}$$

$$\frac{\partial E_y}{\partial t} = -\frac{1}{\varepsilon}\left(\frac{\partial H_z}{\partial x} + \sigma E_y\right) \tag{6-24}$$

$$\frac{\partial H_z}{\partial t} = \frac{1}{\mu}\left(\frac{\partial E_x}{\partial y} - \frac{\partial E_y}{\partial x}\right) \tag{6-25}$$

这些方程是用来近似两个独特的、完全不同的物理情况，它们直接依赖于辐射场的极化偏振。式 (6-20) ~ 式 (6-25) 中体系的直接解，需要利用空间和时间导数的中心差分近似将微分方程转化为一组差分方程。然后，用均匀的网格细分

和填充电磁问题所在域的整个空间。如图 6-5 所示，对于 TM 极化情况，E 和 H 场分量的位置是交错的；对于 TE 极化情况，E 和 H 场分量的作用是相反的。由于网格在 x 和 y 方向上是均匀的，场的位置由指数 i 和 j 确定，这相当于对空间中一组离散点上的场进行评估。类似地，时间尺度被离散为均匀的时间步长，时间间隔被定义为 Δt。

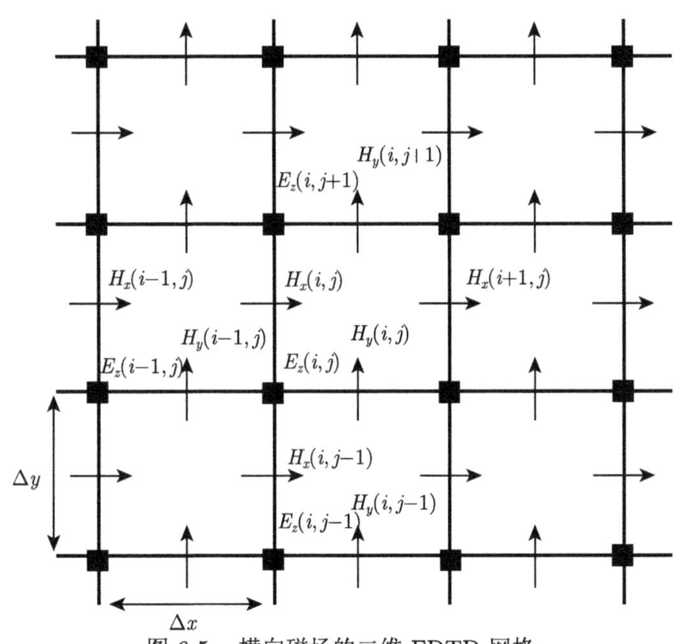

图 6-5　横向磁场的二维 FDTD 网格
显示 E 场和 H 场交错分布，各占一半的空间格子

空间位置 $(i\Delta x, j\Delta y)$ 和时间步长 $n\Delta t$ 被记为

$$E\left(i\Delta x, j\Delta y, n\Delta t\right) = E^n\left(i, j\right) \tag{6-26}$$

FDTD 方法的第一个基本步骤是对空间导数使用中心差分逼近，由此就给出了二阶精确的差分形式。利用二阶微分的有限差分近似，空间微分变换为

$$\left.\frac{\partial E_z}{\partial y}\right|_{y=\left(j+\frac{1}{2}\right)\Delta y} \to \frac{E_z\left(i, j+1\right) - E_z\left(i, j\right)}{\Delta y} \tag{6-27}$$

$$\left.\frac{\partial E_z}{\partial x}\right|_{x=\left(i+\frac{1}{2}\right)\Delta x} \to \frac{E_z\left(i+1, j\right) - E_z\left(i, j\right)}{\Delta x} \tag{6-28}$$

相似的差分方程也适用于 $\partial H_y/\partial x$ 和 $\partial H_x/\partial y$。

下一个基本步骤是使用中心差分思想来近似时间导数。然而，FDTD 方法最显著的特点是，E 和 H 场不是在同一时刻计算的，而是在半个时间步长分开的两个时间点上计算得出的。在式 (6-20) ~ 式 (6-22) 的系统中，有

$$\left.\frac{\partial H_x}{\partial t}\right|_{t=n\Delta t} \to \frac{H_x^{n+\frac{1}{2}} - H_x^{n-\frac{1}{2}}}{\Delta t} \tag{6-29}$$

$$\left.\frac{\partial H_y}{\partial t}\right|_{t=n\Delta t} \to \frac{H_y^{n+\frac{1}{2}} - H_y^{n-\frac{1}{2}}}{\Delta t} \tag{6-30}$$

对于 $\partial E_z/\partial t$，得到

$$\left.\frac{\partial E_z}{\partial t}\right|_{t=n\Delta t} \to \frac{E_z^{n+1} - E_z^{n}}{\Delta t} \tag{6-31}$$

在空间中，场分量间隔半个单元，这在间隔半步的时间情况下是允许的。

从模拟开始到模拟完成，随着时间的推移，对场进行完整性和连续性的评估。这种 E 场分量和 H 场分量在时间上错开的方法称为跨越式方案，如图 6-6 所示。

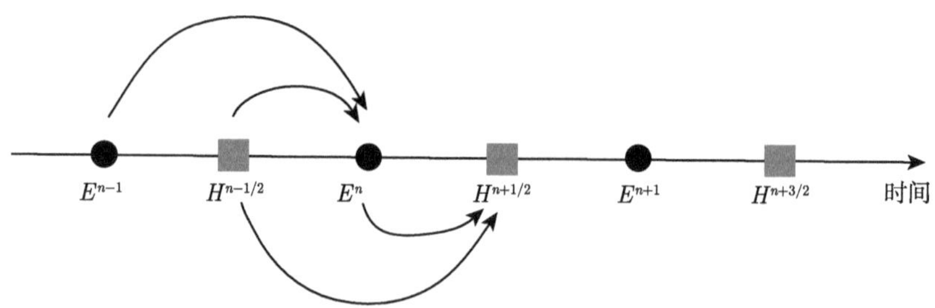

图 6-6　FDTD 方法中使用的电磁跨越法示意图

最后，将上述近似方法应用于 TM 极化方程，得到

$$H_x^{n+\frac{1}{2}}(i,j) = H_x^{n-\frac{1}{2}}(i,j) - \frac{\Delta t}{\mu_{ij}\Delta y}\left[E_z^n(i,j+1) - E_z^n(i,j)\right] \tag{6-32}$$

$$H_y^{n+\frac{1}{2}}(i,j) = H_y^{n-\frac{1}{2}}(i,j) + \frac{\Delta t}{\mu_{ij}\Delta x}\left[E_z^n(i+1,j) - E_z^n(i,j)\right] \tag{6-33}$$

$$\begin{aligned} E_z^{n+1}(i,j) = {} & E_z^n(i,j) + \frac{\Delta t}{\varepsilon_{ij}\Delta x}\left[H_y^{n+\frac{1}{2}}(i+1,j) - H_y^{n+\frac{1}{2}}(i,j)\right] \\ & - \frac{\Delta t}{\varepsilon_{ij}\Delta y}\left[H_x^{n+\frac{1}{2}}(i,j+1) - H_x^{n+\frac{1}{2}}(i,j)\right] - \frac{\sigma_{ij}\Delta t}{\varepsilon_{ij}}E_z^{n+\frac{1}{2}}(i,j) \end{aligned} \tag{6-34}$$

同样，对于 TE 极化的情况，有

$$E_x^{n+\frac{1}{2}}(i,j) = E_x^{n-\frac{1}{2}}(i,j) + \frac{\Delta t}{\varepsilon_{ij}\Delta y}\left[H_z^n(i,j+1) - H_z^n(i,j)\right] - \frac{\sigma_{ij}\Delta t}{\varepsilon_{ij}}E_x^n(i,j) \tag{6-35}$$

$$E_y^{n+\frac{1}{2}}(i,j) = E_y^{n-\frac{1}{2}}(i,j) - \frac{\Delta t}{\varepsilon_{ij}\Delta x}\left[H_z^n(i+1,j) - H_z^n(i,j)\right] - \frac{\sigma_{ij}\Delta t}{\varepsilon_{ij}}E_y^n(i,j) \tag{6-36}$$

$$\begin{aligned} H_z^{n+1}(i,j) = H_z^n(i,j) &+ \frac{\Delta t}{\mu_{ij}\Delta y}\left[E_x^{n+\frac{1}{2}}(i,j+1) - E_x^{n+\frac{1}{2}}(i,j)\right] \\ &- \frac{\Delta t}{\mu_{ij}\Delta x}\left[E_y^{n+\frac{1}{2}}(i+1,j) - E_y^{n+\frac{1}{2}}(i,j)\right] \end{aligned} \tag{6-37}$$

其中，ε_{ij} 和 μ_{ij} 分别为网格中各单元的介电常数和渗透率。

二维 FDTD 形式的讨论突出了 FDTD 技术的基本原理，特别是 E 和 H 场网格的交错排布，以及使用中心差分来近似微分算子。在三维空间中，这种扩展是类似的，以 Yee 元胞为基础的三维网格取代了二维网格。Yee 元胞的特别之处在于，E 场和 H 场分量以半个空间单元的间隔错开，这有助于实现足够精确的差分方案。FDTD 可能是最简单的数值技术，然而在实际建模过程中需要注意的是，虽然 FDTD 方法的相关方程易于编码，但使用 FDTD 进行有效的仿真则依赖于数值模拟方面，具体来说，一个成功的 FDTD 模拟取决于：① 对主要能量源进行精确的数值模拟；② 精确的网格截断技术，以防止在求解域内出现不收敛的情况；③ 精确可靠的场拓展公式，允许计算域外区域的场。

三维空间中的 Yee 元胞如图 6-7 所示，其中场分量在空间中与二维情形一样是交错的，这样它们就错开了半个单元。利用式 (6-27) ~ 式 (6-30) 中 FDTD 的基本近似，麦克斯韦方程组可以转化为以下离散的有限差分方程：

$$\begin{aligned} H_x^{n+\frac{1}{2}}(i,j,k) = H_x^{n-\frac{1}{2}}(i,j,k) + \frac{\Delta t}{\mu_{ijk}}\Bigg[&\frac{E_y^n(i,j,k+1) - E_y^n(i,j,k)}{\Delta z} \\ &- \frac{E_z^n(i,j+1,k) - E_z^n(i,j,k)}{\Delta y}\Bigg] \end{aligned} \tag{6-38}$$

$$\begin{aligned} H_y^{n+\frac{1}{2}}(i,j,k) = H_y^{n-\frac{1}{2}}(i,j,k) + \frac{\Delta t}{\mu_{ijk}}\Bigg[&\frac{E_z^n(i+1,j,k) - E_z^n(i,j,k)}{\Delta x} \\ &- \frac{E_x^n(i,j,k+1) - E_x^n(i,j,k)}{\Delta z}\Bigg] \end{aligned} \tag{6-39}$$

$$H_z^{n+\frac{1}{2}}(i,j,k) = H_z^{n-\frac{1}{2}}(i,j,k) + \frac{\Delta t}{\mu_{ijk}}\Bigg[\frac{E_x^n(i,j+1,k) - E_x^n(i,j,k)}{\Delta y}$$

$$- \frac{E_y^n(i+1,j,k) - E_y^n(i,j,k)}{\Delta x}\Bigg] \tag{6-40}$$

$$E_x^{n+1}(i,j,k) = E_x^n(i,j,k) + \frac{\Delta t}{\varepsilon_{ijk}}\Bigg[\frac{H_z^{n+\frac{1}{2}}(i,j+1,k) - H_z^{n+\frac{1}{2}}(i,j,k)}{\Delta y} - \frac{H_y^{n+\frac{1}{2}}(i,j,k+1) - H_y^{n+\frac{1}{2}}(i,j,k)}{\Delta z}\Bigg] \tag{6-41}$$

$$E_y^{n+1}(i,j,k) = E_y^n(i,j,k) + \frac{\Delta t}{\varepsilon_{ijk}}\Bigg[\frac{H_x^{n+\frac{1}{2}}(i,j,k+1) - H_x^{n+\frac{1}{2}}(i,j,k)}{\Delta z} - \frac{H_z^{n+\frac{1}{2}}(i+1,j,k) - H_z^{n+\frac{1}{2}}(i,j,k)}{\Delta x}\Bigg] \tag{6-42}$$

$$E_z^{n+1}(i,j,k) = E_z^n(i,j,k) + \frac{\Delta t}{\varepsilon_{ijk}}\Bigg[\frac{H_y^{n+\frac{1}{2}}(i+1,j,k) - H_y^{n+\frac{1}{2}}(i,j,k)}{\Delta x} - \frac{H_x^{n+\frac{1}{2}}(i,j+1,k) - H_x^{n+\frac{1}{2}}(i,j,k)}{\Delta y}\Bigg] \tag{6-43}$$

其中，三维指数 i，j，k 为空间递推指数，其含义类似于式 (6-26)。

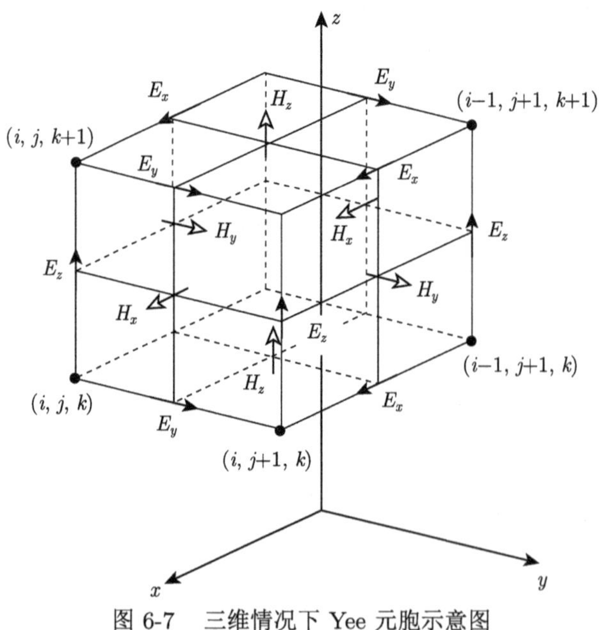

图 6-7　三维情况下 Yee 元胞示意图

计算电磁场的步骤如图 6-8 所示。首先，在整个划分细致的网格中，对电场分量进行计算；其次，依据边界条件，来进一步推导时间步长提前半步的场分布情况；最后，整个网格中的磁场可以从前面计算得到的电场中得到求解。然后对所有时间维度重复这个程序，就可以顺利地求解电磁场问题。

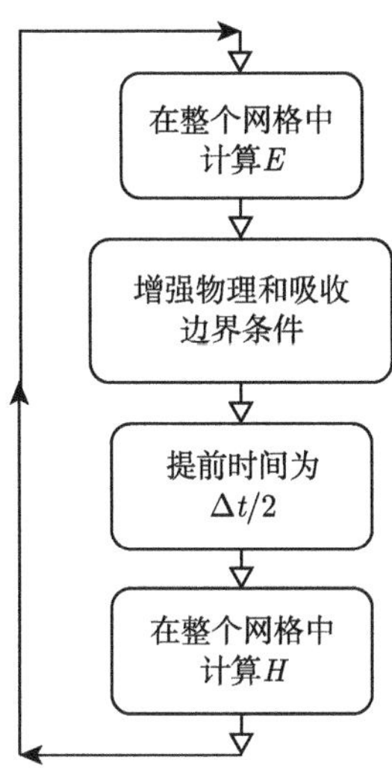

图 6-8　FDTD 算法中的电磁场计算程序

由于 FDTD 方法是一种时域技术，时间迭代必须符合因果关系，这意味着从一个结点到下一个结点，在任何方向上，不得超过光速。可以看出，这种物理约束对空间步长 Δx、Δy、Δz 与时间步长 Δt 之间的关系有限制作用。该约束与 FDTD 单元大小有关，分别针对二维和三维空间给出如下公式：

$$\Delta t < \frac{1}{v\sqrt{1/(\Delta x)^2 + 1/(\Delta y)^2}} \tag{6-44}$$

$$\Delta t < \frac{1}{v\sqrt{1/(\Delta x)^2 + 1/(\Delta y)^2 + 1/(\Delta z)^2}} \tag{6-45}$$

其中，v 是介质中的光速。式 (6-44) 和式 (6-45) 中的约束适用于密度高的介质，因为那里的光速较慢。

2. 基于 FDTD 叠层太阳电池的数值模拟

由于其思想简单、编程处理方便、程序开发时间短，FDTD 方法在太阳电池光学仿真领域被运用较多 [22-28]。其通过中心差分思想和简单的离散化过程，在较少代码行中就可以编写出逼真的二维或三维模型。在众多模拟方法中，FDTD 方法最易于理解，方法逻辑更自然显性，并直接遵循麦克斯韦方程组的微分形式。

对于叠层太阳电池模型来说，首先需要确定电池的结构和每一层的材料性质，如 6.1.1 节 2. 所阐述的那样，每种材料的特异性是由复折射率 N 所决定；其次是材料的构建和优先级的设置，这决定了模拟计算的区域构架和结果的侧重；最后，设立仿真有效区域和边界条件，这使得仿真从微观的小区域结论拓展到整体的太阳电池性质。

在离散步骤中，FDTD 方法的网格划分可以是极其精细的，虽然这可以得到精确的模拟结果，但会造成巨大的计算内存需求。在钙钛矿/晶硅叠层太阳电池中，钙钛矿的厚度普遍在百纳米量级，晶硅的厚度在百微米量级。如果采用统一的细致网格划分，会对短波响应的微米级尺寸晶硅子电池造成计算资源的浪费。因此，FDTD 方法在钙钛矿子电池上是完全适用的，但与晶硅子电池似乎是不怎么相容的。为了解决这种不相容的问题，如图 6-9 所示，Shen 团队 [27] 提出了光路径分析方法，通过两个子电池的分步计算，解决了细致网格下巨大内存需求的问题。相对于晶硅来说，钙钛矿的尺寸可以认为是小结构，FDTD 方法模拟过程中涉及的光谱范围完全适用。然而，晶硅子电池的模拟则需要采用单独的光路分析，这对于相互作用远超光谱范围的大结构是较为合适的。

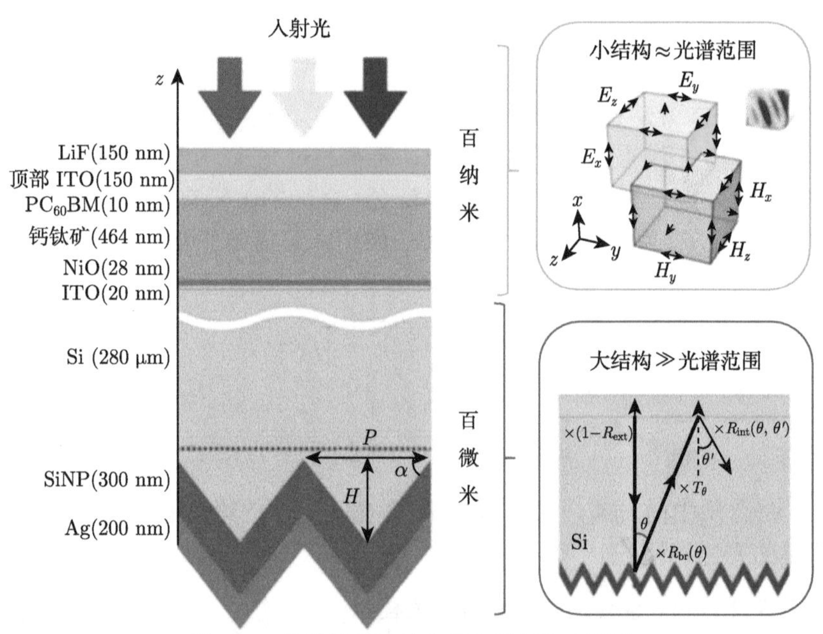

图 6-9　叠层子电池的分步计算方法示意图

钙钛矿子电池的 FDTD 细分网格算法以及晶硅子电池的光路径分析方法 [27]

对于大结构的光路径分析，人们采用在晶硅底部界面放置频域透射监测器 (R_{ext}) 来获得反射光的分布情况。当一束垂直光照射太阳电池时，长波段的光在

晶硅材料中被初次吸收，多余的能量则在底部界面发生反射。为了更好地理解这一过程，Shen 团队 [27] 仿真计算出了在 1100 nm 波长时的坡印亭矢量 $|P|$ 分布，如图 6-10 所示，通过对底部界面的反射方向与强度分析，采用式 (6-46) 进行积分，就可以顺利获得全光路径过程的吸收情况，结合第 4 章中的式 (4-1) ~ 式 (4-4) 便可以得到叠层太阳电池的光伏特性。

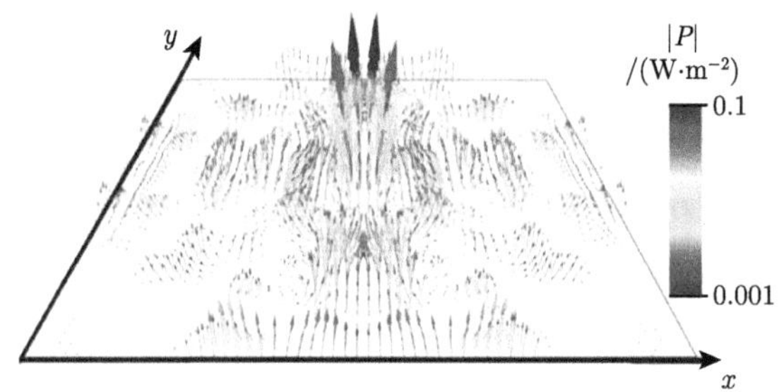

图 6-10　在波长为 1100 nm 情况下，底部界面反射的三维路径矢量分布图 [27]

式 (6-46) 为光路径分析的核心公式，通过 FDTD 模拟光在晶硅电池底部的反射情况，进而多次积分求解晶硅对光子的总吸收率 ($P_{\text{abs}}{}^{(\text{bottom})}$)。当光作用到晶硅电池背部会发生漫反射，接着作用到正面时仍然会漫反射，因此总吸收率的求解公式是无限递推的，如下所示：

$$P_{\text{abs}}{}^{(\text{bottom})} = (1 - R_{\text{ext}}) \times \left\{ 1 - T_0 + \sum_{\theta,\theta'} \left[T_0 R_{\text{br}}(\theta)(1 - T_0) \right.\right.$$
$$\left.\left. + T_0 T_\theta R_{\text{br}}(\theta) R_{\text{int}}(\theta,\theta')(1 - T_{\theta'}) + \cdots \right] \right\} \tag{6-46}$$

其中，T_0 代表光初次到达晶硅的透射率；R_{ext} 是归一化的底部结构的反射率；T_θ 是以 θ 角从底部结构上表面传到下表面的透射率；R_{br} (θ) 是归一化光线到达底部结构后以 θ 角射出的反射角分布；$R_{\text{int}}(\theta, \theta')$ 是归一化光线经过底部结构后以 θ 角射出到达前表面反射角为 θ' 时的分布情况。短波长的入射光在硅材料中会快速衰减以至于无法到达底部，所以这种光路径分析方法只能用来计算长波响应情况。

6.1.3　传输矩阵法

传输矩阵法 (transfer matrix method，TMM) 的基础是，根据麦克斯韦方程组，电场从一个介质到另一个介质的边界有简单的连续性条件 [29,30]。如果材料第一层开始的场是已知的，那么材料末尾层的场可以通过一个简单的矩阵运算得到。然后，这些材料的叠加可以组成一个系统矩阵，它是各层矩阵的乘积。TMM 是用于计算光在多层介质薄膜中传播的一种方法，该方法的特征是将不同位置的电磁场用传输矩阵联系起来。电磁学和光学中的 TMM 是一种用于计算在无限延伸的线性材料表面上平面波反射和透射特性的强大数学方法。虽然 TMM 在 20 世纪 60 年代被用于计算均匀的介电磁性材料，随后被推广到多层结构，但近年来它被发展用于一般的线性材料，比如钙钛矿。通过严格的耦合波方法，TMM 也可以容纳厚度方向上周期性非均匀的材料层。

1. TMM 基本理论

TMM 是一种确定在无限延伸的线性材料平板上平面波反射和透射特性的便捷方法 [31]。入射波的传播方向和极化偏振状态可以是任意的。这种任意性使得 TMM 对材料内部的光作用计算非常有利，因为该光源辐射的时间谐波场可以表示为平面波的角谱。材料在厚度方向上可以是空间均匀的，也可以不是。但是在后一种情况下，材料在垂直方向上被认为是分段均匀的，在这种情况下，它被认为是一个多层板。在多层材料中，任何两个相邻组成层的界面可以是平面的，也可以是周期性波纹的，比如金字塔绒面形状。

假设一个双层材料位于 $0 < z < d$ 区域，两个组成层内部质地均匀，沿 x 和 y 轴方向延伸范围无限，厚度有限 (沿 z 轴方向)。如图 6-11(a) 所示，两层材料的界面是平面的，平行于各层。如果存在一束光入射在双层材料上，则会同时存在一个反射平面波和一个透射平面波。TMM 采用两个 4×4 矩阵，分别对应于双层材料板中的每个组成层，将反射平面波和透射平面波电场相的复振幅与入射平面波电场相的复振幅联系起来，这些 4×4 矩阵就叫作传输矩阵。

假设两个组成材料的界面沿 x 轴呈周期性金字塔绒面分布，入射平面波的传播方向全部位于 x-z 平面，如图 6-11(b) 所示。那么，反射的电磁场由无限多个不同的平面波组成。这些反射平面波被标记为 $0, \pm, 1, \pm 2, \cdots$，标记为 0 的反射平面波称为镜面波，其余的是非镜面波。反射场中只有部分非镜面平面波能将能量传输到离双层材料无限远的地方。透射电磁场还包括一个镜面平面波 (标记为 0) 和无穷多个非镜面平面波 (标记为非 0)。同样，在透射场中，只有一部分非镜面平面波可以将能量传输到离双层材料无限远的地方。在这种周期性纹理形貌的情况下，TMM 使用两个 $4(2M_{\mathrm{t}}+1) \times 4(2M_{\mathrm{t}}+1)$ 的矩阵，来关联反射平面波、透射平面波和入射平面波的电场相，并使得它们的复振幅相等，M_t 为传输矩阵的形状因子且为正整数。

当两组成层的界面沿 x 轴和 y 轴呈周期性金字塔绒面时，TMM 采用两个 $4(2\tau_{\mathrm{t}}+1) \times 4(2\tau_{\mathrm{t}}+1)$ 矩阵，双层材料的每一层各一个，其中 $\tau_{\mathrm{t}} = M_{\mathrm{t}}(N_{\mathrm{t}}+1) + N_{\mathrm{t}}(M_{\mathrm{t}}+1)$，$M_{\mathrm{t}} > 0$ 和 $N_{\mathrm{t}} > 0$ (M_{t} 和 N_{t} 分别代表各层的形状因子)。

当极化平面波入射到各向同性介质材料的平板上时，其内部产生的电磁场可以分解为两个平面波，一个向材料内传播，另一个反射传播。这两种平面波与入射平面波具有相同的偏振态。诱导平面波的电场相的振幅可以用一个 2×2 的矩阵来表示，这个矩阵可以用来发展具有多界面的算法公式，并且该公式可以推广到各向异性介电材料。

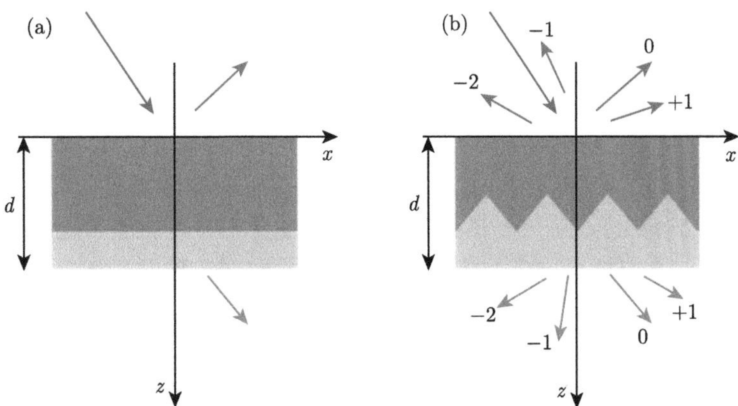

图 6-11 (a) 入射到各界面均为平面的双层平板上的镜面反射和透射；(b) 当双层内界面沿 x 轴方向呈周期性金字塔绒面时，镜面 (标记为 0) 和非镜面 (标记为非 0) 的反射和透射

对于任意均匀介质所占据的无源区域中的任何时谐电磁场，其导数 $(\partial/\partial z)$ $[(\boldsymbol{u}_x\boldsymbol{u}_x + \boldsymbol{u}_y\boldsymbol{u}_y \cdot \boldsymbol{E}(\boldsymbol{r},\omega)]$ 可以写成 $\boldsymbol{H}(\boldsymbol{r},\omega)$ 的 x、y 方向分量及其对 x、y 的导数，其中，$\boldsymbol{r} = x\boldsymbol{u}_x + y\boldsymbol{u}_y + z\boldsymbol{u}_z$ 是位置矢量，$(\boldsymbol{u}_x, \boldsymbol{u}_y, \boldsymbol{u}_z)$ 为三角笛卡儿单位矢量，ω 为角频率。同样，导数 $(\partial/\partial z)[(\boldsymbol{u}_x\boldsymbol{u}_x + \boldsymbol{u}_y\boldsymbol{u}_y) \cdot \boldsymbol{H}(\boldsymbol{r},\omega)]$ 可以写成 $E(\boldsymbol{r},\omega)$ 的 x、y 方向分量及其对 x、y 的导数。因此，如果场向量被表示为

$$\boldsymbol{E}\left(\boldsymbol{r},\omega\right) = \boldsymbol{e}\left(z,\omega\right)\exp\left[\mathrm{i}q\left(x\cos\psi + y\sin\psi\right)\right] \tag{6-47}$$

$$\boldsymbol{H}\left(\boldsymbol{r},\omega\right) = \boldsymbol{h}\left(z,\omega\right)\exp\left[\mathrm{i}q\left(x\cos\psi + y\sin\psi\right)\right] \tag{6-48}$$

其中的辅助向量为

$$\boldsymbol{e}\left(z,\omega\right) = e_x\left(z,\omega\right)\boldsymbol{u}_x + e_y\left(z,\omega\right)\boldsymbol{u}_y + e_z\left(z,\omega\right)\boldsymbol{u}_z \tag{6-49}$$

$$\boldsymbol{h}\left(z,\omega\right) = h_x\left(z,\omega\right)\boldsymbol{u}_x + h_y\left(z,\omega\right)\boldsymbol{u}_y + h_z\left(z,\omega\right)\boldsymbol{u}_z \tag{6-50}$$

TMM 的 4×4 矩阵常微分方程：

$$\frac{\mathrm{d}}{\mathrm{d}z}\left[\boldsymbol{f}\left(z,\omega\right)\right] = \mathrm{i}\left[\boldsymbol{P}\left(\omega\right)\right] \cdot \left[\boldsymbol{f}\left(z,\omega\right)\right] \tag{6-51}$$

其中，4 × 4 矩阵 $[\boldsymbol{P}(\omega)]$ 为角频率矩阵；$q(\boldsymbol{u}_x\cos\psi+\boldsymbol{u}_y\sin\psi)$ 是横波矢量；ψ 的范围是 $[0,2\pi)$，与电磁场复振幅相关的 4 列矢量如下：

$$[\boldsymbol{f}(z,\omega)]=\begin{bmatrix} e_x(z,\omega) \\ e_y(z,\omega) \\ h_x(z,\omega) \\ h_y(z,\omega) \end{bmatrix} \tag{6-52}$$

式 (6-51) 是 TMM 的基础也是精髓，此公式的求解意味着电磁场问题的解决。TMM 在 1966 年被首次提出，并用于求解介电材料中的电磁波传播问题，Teitler 和 Henvis[32] 制定并解决了式 (6-51) 中各向异性介电材料问题。随后几十年的时间，Berreman 和 Scheffer[33] 使用 4 × 4 的矩阵，将 TMM 方法拓展到了更为广阔的应用场景，即各向异性材料块组成各向同性的材料整体。对于叠层电池来说，虽然钙钛矿子电池在微观局域上是各向异性的，但是由于多晶薄膜存在众多的小晶畴的任意交错排布，其整体却是各向同性的。因此，钙钛矿薄膜的仿真采用 TMM 方法是比较适用的，其完全符合其物理性质。

2. 基于 TMM 叠层太阳电池的数值模拟

前面，详细介绍了钙钛矿/晶硅叠层太阳电池的光电建模，包括 FEM、FDTD 和 TMM。它们作为三维场的解法，其思想都是空间体积离散化。与 FEM 和 FDTD 的不同之处在于，TMM 注重的是光子晶体学中的光传播，其适用于晶体材料 [34-37]。利用传输矩阵将钙钛矿前界面的电磁关系推广到下一层界面，从而得出钙钛矿整体的透射系数和反射系数。事实上，光电建模包括各种步骤，如图 6-12 所示，用于计算叠层电池的转换效率。光学模型的核心是 TMM，该方法通过引入界面矩阵来预测电磁波在各层之间的传播，从而预测太阳光所产生的电池功率。TMM 基于光学复折射率 (n 和 k 值，如 6.1.1 节 2. 所述) 和构建器件堆叠的不同层的厚度。模型输出即电场分布，用来确定光线的反射率和透射率以及每层的吸收率。然后将得到的太阳光吸收与二极管等效电路模型相结合，最终得到了所提出的叠层电池的 J-V 特性，并找到了最大功率点，从而得出转换效率。其中，两端叠层太阳电池 J-V 曲线的获得是依据式 (6-53)：

$$J(V)=J_{\mathrm{SC}}-J_0\left[\exp\left(\frac{qV+J_{\mathrm{SC}}R_{\mathrm{S}}}{nk_{\mathrm{B}}T}-1\right)-\frac{V+J_{\mathrm{SC}}R_{\mathrm{S}}}{R_{\mathrm{SH}}}\right] \tag{6-53}$$

钙钛矿/晶硅叠层太阳电池的两个子电池的光学吸收情况，在效率计算中至关重要。尽管 TMM 可以有效地计算钙钛矿与晶硅电池的光学特性，但是对于百微米级的晶硅来说，细致的离散网格，仍然会造成计算资源的浪费。为了使得计算方案更加合理，Qin 团队 [35] 运用了两个模型，TMM 和朗伯–比尔定律，来分步仿真两个子电池的光吸收，如图 6-13 所示。在钙钛矿太阳电池中，考虑到钙钛矿本征层、MgF_2、电子和空穴传输层构成多层薄膜体系，采用 TMM 计算吸收率 $A_1(\lambda)$ 较为合理。并且，这种拥有电磁场递推关系的 TMM，可以有效地计算钙钛矿层的辐射耦合强度，从而更好地理解内部光学作用对底电池的影响。对于晶硅底电池而言，由于其厚度是几百微米且对透过性强的长波敏感，因此均匀介质下的朗伯–比尔定律适用于该物理过程，并且已经有文献表明，该定律所得到的结果与全过程采用 TMM 的结论基本一致 [34]。朗伯–比尔定律可以计算出吸收率 $A_2(\lambda)$，图 6-13 的晶硅底电池层可以运用式 (6-54)，其中 d_2 为晶硅的厚度，α_{Si} 为晶硅的吸收系数 (可以从光学手册 [38] 中获得)。理论方法的合理选择可以有效地提高计算效率，TMM 固然可以适用于任何晶体薄膜，但是其在单一薄膜中与其他计算方法相比，特异性并不明显，TMM 的根本优势在于多层薄膜的光学仿真。

$$A_2(\lambda) = 1 - \exp(-2\alpha_{\mathrm{Si}} d_2) \tag{6-54}$$

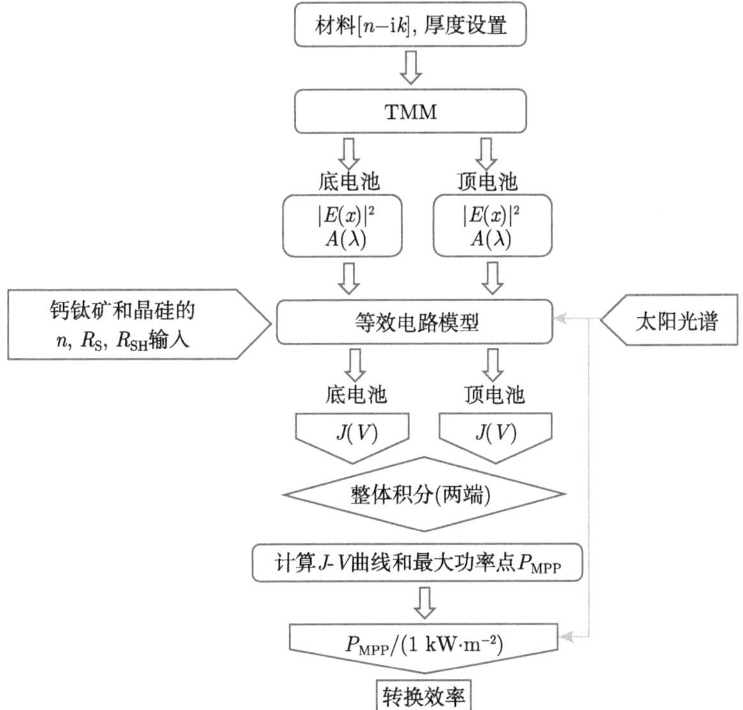

图 6-12 叠层太阳电池转换效率的计算仿真流程图 [36]

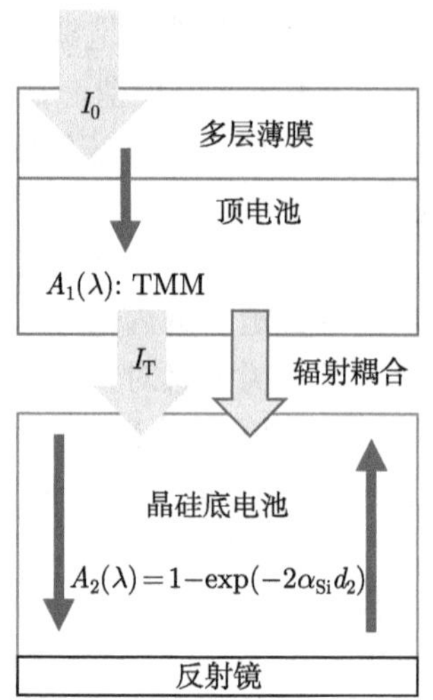

图 6-13　TMM 与朗伯–比尔定律分步仿真叠层电池的光吸收 [35]

6.2　钙钛矿/晶硅异质结叠层太阳电池理论光管理

由于实验会受到各种因素的限制，理论方面可以为实验研究铺平道路。数值模拟作为分析科学问题的重要工具，受到许多理论家的青睐，具有众多的优点 [39-44]。第一，模拟可以拆解太阳电池的各个结构，独立研究各个部分的影响，这有助于全面细致地获得最佳的细节参数。第二，模拟可以研究光电参数对电池整体性能的影响，可以与实验相结合，设计出更好的结构方案，有助于提高实验工作者的工作效率。第三，模拟可以研究超前的电池结构，特别是一些特殊的光学结构，为实验时机成熟时提供指导。

对于钙钛矿/晶硅叠层太阳电池来说，实验室钙钛矿子电池主要为平面结构，商业化晶硅子电池为金字塔绒面结构，两者的直接叠加在工艺上存在难度，因此光学的理论研究可以适配任何不兼容问题，并给出合理的解答和选择。我们知道与光波长匹配的结构尺度，才能最大程度上与光进行共振，进而增强光吸收。因此，百纳米量级厚度的钙钛矿可以有效依托晶硅的金字塔纹理，进而构造先进的光学结构。目前，单结钙钛矿太阳电池发展如火如荼，转换效率已经可以媲美产业化的晶硅太阳电池，但是其仍然局限于平面制造，结构单一。对比单结钙钛矿电池，由于晶硅绒面的存在，叠层太阳电池拥有更加丰富的光学结构。如 4.2 节所述，叠层太阳电池具有平面结构 [45-61]、单绒面结构 [60,62-66]、保形全绒面结构 [67-70] 以及机械堆垛结构 [71]。在这四种结构中，尽管我们已经得知保形全绒面结构具有最高的理论极限，但是其前提是粗糙界面下的电学损失被最小化，这才能使得金字塔纹理的加入可以带来更多的光学增益。本节将从单结和双结的光学结构理论研究出发，指出金字塔绒面对于转换效率的提升具有突出优势。进一步地，为了与粗糙绒面上的钙钛矿制备达成一致，本节将阐述一种界面较为缓和的准保形的新结构。最后，针对叠层太阳电池的双面性能进行一系列分析，展示带隙与反射率的依赖关系以及超薄晶硅的低价策略。

6.2.1 单结钙钛矿、晶硅异质结太阳电池

钙钛矿单结太阳电池的实验室认证效率已经从 2009 年的 3.8%[72] 上升到目前的 25.7%[73]，由于其带隙可调性 [74-76]、高缺陷耐受性 [77,78]、高吸收系数 [79] 和陡峭的吸收边 [80-82]，而成为叠层太阳电池的理想顶电池候选者。目前的研究发现，与金字塔绒面结构的晶硅拥有强大光捕获能力的情形相反，目前实验室和工业制备的单结钙钛矿太阳电池普遍是基于平面导电玻璃，因此前表面展现镜面效果 [83-86]。对于单结钙钛矿，虽然纹理的加入在实验室有制备上的困难，但是数值模拟却可以得出潜在的光伏性能。为了评估纹理钙钛矿配置对光吸收的影响，Song 团队 [87] 利用在空穴传输层 (50 nm 厚度) 上掩盖的聚苯乙烯球体来增加粗糙度并减少入射侧的反射损失。从模拟结果来看，如图 6-14(a)，(b) 所示，平面钙钛矿上表面的平均反射率达到 3.5%，而由于散射效应，反射的影响在纹理界面可以被忽略。这一发现在图 6-14(c) 中得到了验证，纹理界面表现出较高的光吸收值，并且在涂上减反 (AR) 膜后进一步增强。最终，这些模拟的结论与文献 [87] 中的实验特征达成一致。

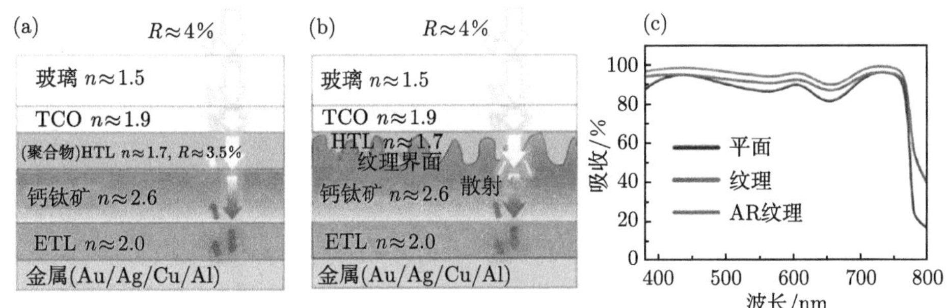

图 6-14 单结钙钛矿太阳电池的模拟

(a) 平面钙钛矿电池的光反射示意图；(b) 具有纹理结构的钙钛矿界面的光散射示意图；(c) 三种不同结构的光吸收计算曲线 [87]

晶硅太阳电池的生产线工艺通常采用碱溶液湿法腐蚀制备绒面结构，这样可以使得光反射损失降到最低，以实现最佳的光捕获功能 [88-90]。为了研究光学结构的位置特异性，如图 6-15(a)~(c) 所示，Holman 团队 [91] 研究了三种结构的光学响应情况，包括平面/平面、平面/绒面以及绒面/绒面。他们通过模拟顶部和底部的绒面界面位置，量化和分析了外量子效率损失，结果如图 6-15(d) 所示。绒

面/绒面的外量子效率曲线最高，平面/平面、平面/绒面和绒面/绒面的积分短路电流密度分别为 34.0 mA·cm^{-2}、35.5 mA·cm^{-2} 和 39.4 mA·cm^{-2}，揭示了绒面结构优异的光谱响应性能。此外，外量子效率的波段分析表明，底面纹理具有强大的长波响应，顶面纹理具有强大的短波响应，这与反射 (R) 的结果达成一致。

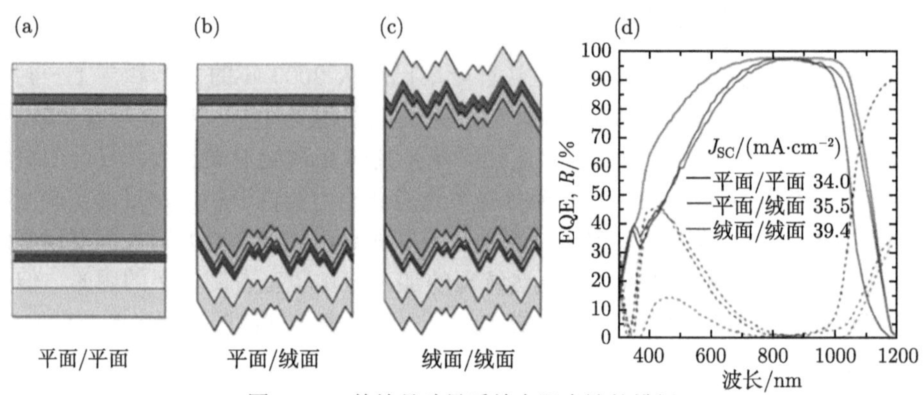

图 6-15 单结晶硅异质结太阳电池的模拟

(a) 全平面的异质结电池、(b) 底部有单一绒面的异质结电池和 (c) 顶部和底部有双重绒面的异质结电池示意图；(d) 三种结构 (平面/平面, 平面/绒面, 绒面/绒面) 的光学模拟得到的外量子效率 (EQE，实线曲线) 和反射率 (R，虚线曲线) 谱图 [91]

这些模拟结果表明，钙钛矿纹理 (纳米级，通过蚀刻 50 nm 的空穴传输层实现) 和晶硅绒面 (微米级，湿法碱蚀刻产生约 2 μm 的金字塔) 都有很强的陷光能力，这些结论也得到了实验的验证。然而，大纹理 (微米级) 会给钙钛矿膜的形成过程带来负面影响，这可能会产生许多缺陷态和导致电学传输性能下降。因此，虽然纹理的加入是有益的，但对尺寸的控制尤为重要，毕竟钙钛矿本征层的厚度也仅为百纳米量级。

6.2.2 双结钙钛矿/晶硅异质结叠层太阳电池

大量关于钙钛矿/晶硅叠层太阳电池的结构优化方面的文章在计算模拟中被广泛报道，具有重大意义的光管理设计肯定也会为实验提供实质性的指导 [9,22-24,26,27,35,92,93]。对于双结钙钛矿/晶硅异质结叠层太阳电池来说，钙钛矿纹理的构建可以与晶硅底电池的光学结构相结合，两种不同带隙材料的结构结合方式是提高叠层太阳电池转换效率的关键所在。由于制备不同结构的实验门槛较高，比如涉及双源共蒸的绒面钙钛矿制备比较困难 [68-70,94]，理论研究可以为实验提供指导，以获得最佳光学方案。

如图 6-16(a)~(f) 所示，Zeman 团队 [93] 使用基于 TMM 理论的 GenPro4 光学模型软件包对六种结构进行了理论上的光电流密度模拟。当金字塔绒面应用于钙钛矿/晶硅异质结叠层太阳电池的背面时 (图 6-16(a)，(b))，反射损失减少，短路电流密度从 17.28 mA·cm^{-2} 增加到 18.16 mA·cm^{-2}。当叠层太阳电池前后表面的绒面结构设计好后 (保形结构，图 6-16(f))，电流密度可以达到 20.25 mA·cm^{-2}，这也是目前钙钛矿/晶硅异质结叠层太阳电池的最佳理论结构。由于钙钛矿的开发还处于平面阶段，图 6-16(c)~(e) 进一步从理论上给出了三组基于平面钙钛矿的次优叠层构建方案，它们的串联电流密度分别为 18.60 mA·cm^{-2}、18.72 mA·cm^{-2} 和 19.57 mA·cm^{-2}。图 6-16(c) 的损耗在于前表面反射，然而图 6-16(d)，(e) 的光学损耗源于掩埋层的寄生吸收，而图 6-16(e) 的减反层可以促进光学共振效应，进而避免光学反射损失。对于绒面结构的优势分析，Paetzold 团队 [95] 利用 TMM 与朗伯–比尔定律结合的方法分析了平面、保形和填充结构的光学性质 (图 6-16(g))，进一步量化了各方面 (MgF_2、IZO、C_{60} 和 ITO 等) 的光学损耗来源。如图 6-16(h) 所示，保形结构相比于平面结构的最大优势在于反射 (R) 损耗的大幅降低。运用合适的光学填充剂聚二甲基硅氧烷 (PDMS)，虽然在一定程度上可以与钙钛矿的制备工艺相兼容并且减少相应的反射损失，但是 PDMS 会造成严重的光学寄生吸收损耗 (已超过反射损耗)，并且填充结构的总光学损失已经与平面结构不相上下。因此，合理地增加绒面结构并避免无关材料的寄生吸收损失，可以促进钙钛矿/晶硅异质结叠层太阳电池的有效光吸收，提高电池的光伏性能。

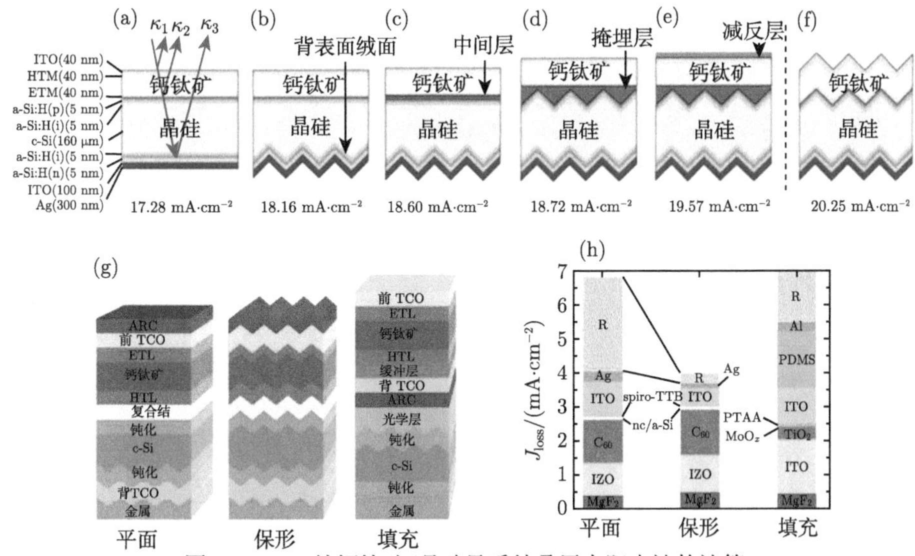

图 6-16 双结钙钛矿/晶硅异质结叠层太阳电池的计算

(a)~(f) 具有不同粗糙度的叠层结构及其相应的理论短路电流密度 [93]；(g) 平面、保形和 PDMS 填充结构的叠层电池示意图，以及 (h) 相应电流密度损失的定量分析图 [95]

根据前面的光学结构对电流密度以及寄生吸收的影响分析得知，合理的粗糙度具有巨大的光学优势。为了探索这种金字塔绒面结构的优势起源和原理，Stranks

团队 [23] 运用 FDTD 报告了叠层电池内部的电场示意图。通过比较图 6-17(a) 和 (b)，他们分析发现绒面的存在增强了 E_z 场内耦合，并且其外耦合也变得不均匀，这造成了金字塔谷内光子捕获的增加，叠层电池的光学性能也得到了进一步的改善。因此，在金字塔绒面结构的光吸收材料中，光子在材料中的内外耦合是被整体优化的，这清楚地阐明了光吸收增强的内在原因。除此之外，另一种有效揭示光吸收增强的手段是光谱响应情况，Tsang 团队 [22] 通过 FDTD 模拟显示 (图 6-17(c)，(d))，量子效率随着金字塔尺寸的从平坦到 1.5 μm (固定的周期–高度比) 而逐渐增加，这种趋势在两个子电池中都得到充分的反映。上述论证表明，金字塔绒面的光吸收增强的本质因素是光子的内外耦合增强，这也可以从叠层电池的光谱响应中得到肯定。

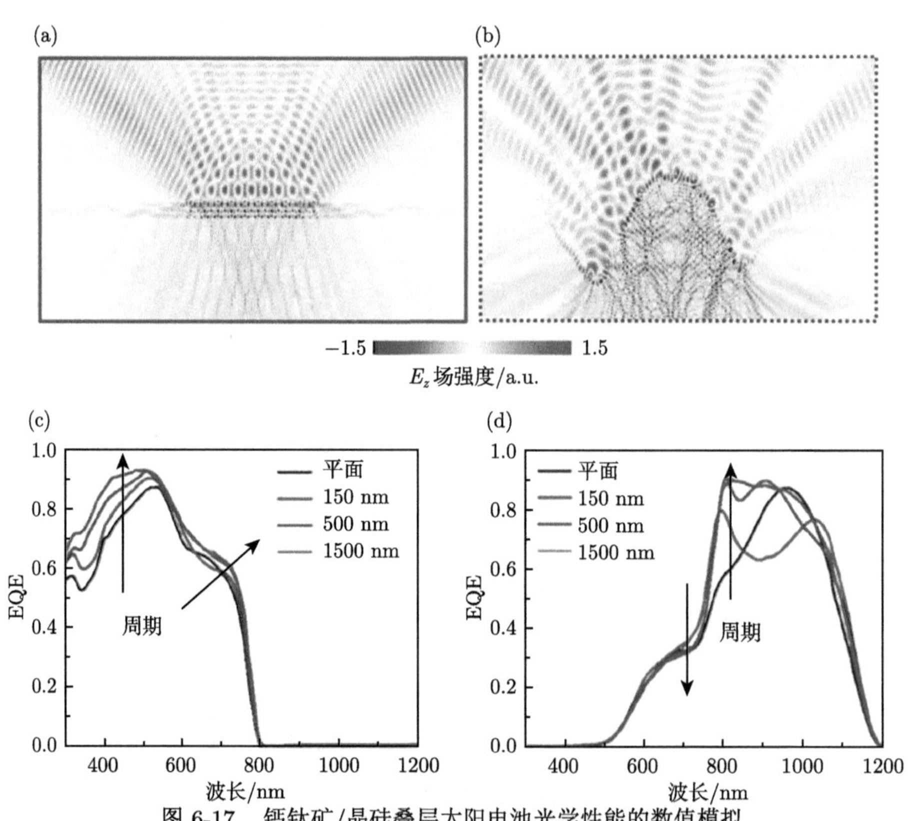

图 6-17 钙钛矿/晶硅叠层太阳电池光学性能的数值模拟

(a) 平面和 (b) 金字塔绒面结构在波长 $\lambda = 785$ nm 时的 E_z 场输出图谱 [23]；(c) 钙钛矿顶电池和 (d) 晶硅底电池的理论量子效率，金字塔尺寸从平坦到 1.5 μm，周期与高度的比例固定，周期是金字塔的水平宽度，当周期为零时，被定义为平面结构 [22]

6.2.3 保形全绒面与准保形结构

根据 4.2 节的内容，目前保形全绒面结构的钙钛矿制备涉及复杂的双源共蒸发加溶液法，实验室最高效率为 32.5%[73]，经过界面起伏修饰 (前表面是平坦的单纹理钙钛矿) 的单绒面结构的制备是一种简便的一步式溶液法，串联效率也已达到 29.8%[73]。除此之外，在实验方面其他界面缓和的结构并没有得到相关的报道，但是粗糙度的改善确实可以达到与钙钛矿制备工艺兼容的目的。根据 6.2.2 节的内容，尽管低粗糙度会带来一些光学损失，但是总的串联效率却可以随着钙钛矿结晶质量的提高而提升 [62,64,65,96,97]。为了清楚辨别各种结构的内在关系，这里将界面起伏度介于保形全绒面结构和单绒面结构的叠层配置定义为准保形结构。

然而，目前准保形结构的实验研究存在诸多难点，所以理论上探索准保形结构中多种类型的界面，可以了解其光伏机制，扩大这种结构的转换效率优势。如图 6-18(a) 和 (b) 所示，Tsang 团队 [22] 用 FDTD 具体研究了保形全绒面和准保形结构，其中钙钛矿薄膜分别沿衬底法线方向 (substrate normal direction, SND) 和沿局部表面法线方向 (local surface normal direction, LSND) 生长。通过分析

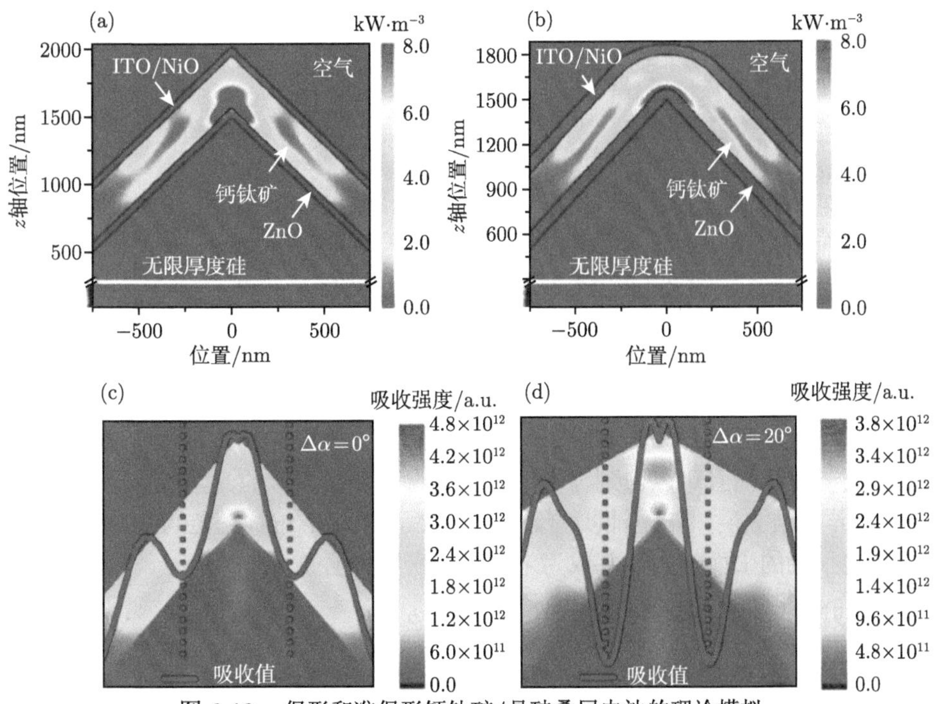

图 6-18 保形和准保形钙钛矿/晶硅叠层电池的理论模拟

(a) 沿衬底法线生长的钙钛矿和 (b) 沿局部表面法线生长的钙钛矿的功率密度分布图 (波长 $\lambda = 750$ nm)[22]；(c) 保形和 (d) 准保形结构 (波长 $\lambda = 600$ nm) 的光吸收强度分布，红色实线代表金字塔高度方向上的光吸收积分，虚线代表金字塔尖端和谷底的划分，$\Delta\alpha$ 是钙钛矿和晶硅的倾斜度之差 [24]

功率密度分布，他们发现与 SND 相比，LSND 可以有效地吸收并衰减金字塔顶部的强光斑，这种效应可以使钙钛矿的有效光吸收厚度增加 73%，这意味着可以节约材料的用量，并且薄膜沉积时间可以减少 42%。为了克服金字塔形纹理上的钙钛矿覆盖问题，Shen 团队 [24] 利用淀粉添加剂工程制备了准保形钙钛矿层，并应用 FDTD 进行了理论分析。如图 6-18(c) 和 (d) 所示，在准保形结构 ($\Delta\alpha = 20°$) 中，光的吸收分布变得更加均匀，通过对金字塔高度方向上的积分，发现它在金字塔谷部有吸收增强效应，这与文献 [22] 的结果一致。

除了对钙钛矿本征层进行界面起伏度修饰的策略外，晶硅衬底粗糙度的改变也可以间接影响钙钛矿的附着情况。为了理解此种准保形结构的光学性质，Becker 团队 [9] 利用 FEM 提出了正弦函数形晶硅衬底来优化钙钛矿的下表面。如图 6-19 (a)，(b) 所示，具有正弦结构的晶硅衬底不仅使钙钛矿的生长变得容易，而且与平面结构相比，它在短波长范围内的反射率更低，外量子效率值更高，表明衬底的粗糙度优化可以实现优越的光学性能。

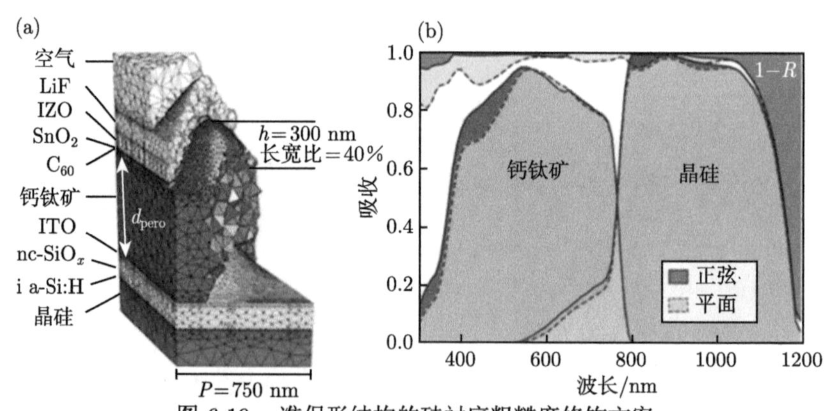

图 6-19　准保形结构的硅衬底粗糙度修饰方案

(a) 正弦结构硅衬底的模拟模型；(b) 平面和正弦结构的光吸收结果图，R 代表反射 [9]

以上三种界面起伏修饰 (准保形结构) 的方案，不但在制备过程中满足了钙钛矿材料的要求，而且可以得到与保形全绒面结构非常相似的光学性能。随着钙钛矿/晶硅异质结叠层太阳电池实验研究的深入，准保形结构一定可以逐步取代具有严重光损耗的平面结构，并成为未来学术研究界的热点 [98,99]。

6.2.4 双面钙钛矿/晶硅异质结叠层太阳电池

为了更加有效地利用太阳光谱，太阳电池的双面策略将使能量产出增加约 25%[100-102]。双面太阳电池的概念目前已被广泛用于晶硅太阳电池 [103]，根据国际光伏技术路线图 [104]，预测到 2028 年双面太阳电池的市场份额将达到约 40%。具有更高转换效率潜力的钙钛矿/晶硅异质结叠层太阳电池可以利用晶硅背面的优势，除了接受正面的太阳光谱外，地面散射和反射的光线将使双面叠层太阳电池的转换效率进一步提高 (图 6-20(a))[105]。如图 6-20(b) 所示 [106]，最低的平均反射率可以达到 9%(砂岩)，最高的平均反射率甚至高达 88%(雪地)，这显示出太阳电池背面的太阳辐照度不应该被低估，背面发电可以使得电池的能量产出进一步增加。

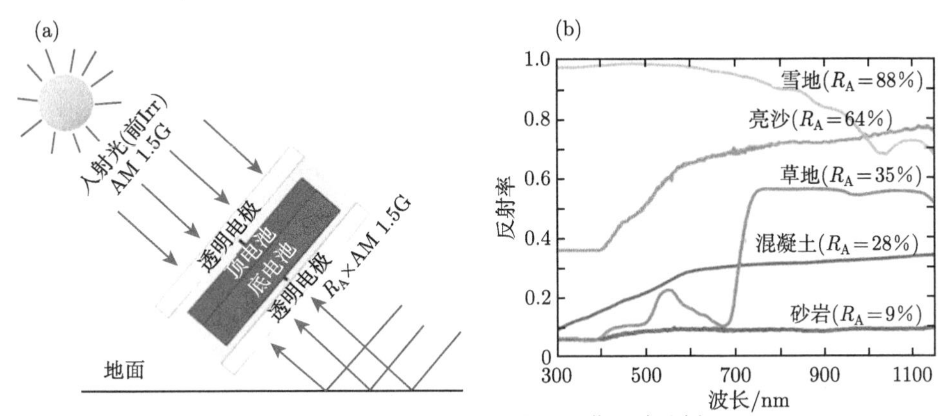

图 6-20 双面太阳电池的实际工作环境分析

(a) 双面叠层太阳电池的工作原理示意图，R_A 代表反射率，Irr 代表辐照度 [105]；(b) 不同类型地面形成的反射率曲线 [106]

由于钙钛矿/晶硅异质结叠层太阳电池的实验本身就涉及复杂的多层制备和调整 [68-70]，再加上双面性测试对太阳电池稳定性的要求极高 [97,107,108]，所以相关的双面性研究进展缓慢。数值模拟可以提前预测双界面的实际效益，为实验研究提供理论指导。然而，对于双面钙钛矿/晶硅异质结叠层太阳电池的模拟，先前的报道没有考虑电流失配对电池参数的影响，参考文献的结果只是理想的电流匹配模型 [109,110]。根据 Ballif 团队 [111] 的研究，电流分流失配会对叠层太阳电池的填充因子产生巨大影响，这意味着电流匹配模型受到限制。

为了得到更准确的结果，Shen 团队 [17] 观察到，由于反射率的存在，双面太阳电池会产生额外的反射光谱电流密度，尽管如此，叠层太阳电池的短路电流总是受到最小电流的限制，这意味着在反射率达到一定范围后，能量产出不再增加。此外，他们创新性地提出了一种基于能量平衡原理的电流失配损耗 (CML) 的可行性方法来校正模拟参数 (图 6-21(a))，并从源头上提供了一种优化方案，以减少电流失配对双面叠层太阳电池性能提升的影响。如图 6-21(b) 所示，当钙钛矿的带隙为 1.55 eV 时，双面叠层太阳电池 (反射率为 64%) 相对于单面叠层太阳电池 (反射率为 0%) 的转换效率的绝对值差异高达 10.2%。当反射率为 64%时，拥有 1.75 eV 钙钛矿的双面叠层太阳电池的转换效率为 32.0%，而带有 1.55 eV 钙钛矿的双面转换效率则高达 37.9%，这反映了双面特性可以导致较小的最佳带隙(单面钙钛矿/晶硅异质结叠层太阳电池的最佳带隙为 1.68 eV)[94]。此外，为了降低钙钛矿/晶硅异质结叠层太阳电池的成本并提高其效率，Shen 团队 [18] 进一步提出了通过减薄晶硅厚度以减少硅的用量并实现反射光在子电池中的再分配 (图 6-21(c))。如图 6-21(d) 所示，他们运用 FEM 结合 CML 发现，当反射率较低时，250 μm 厚度的晶硅底电池具有优势，但当反射率达到 35%左右时，三种晶硅厚度 (25 μm、100 μm 和 250 μm) 的串联转换效率基本相同，当反射率为 100%时，25 μm 晶硅的串联转换效率甚至高达 38.6%，这表明减薄硅策略不仅有助于降低成本，而且可以在足够的反射率下保持高转换效率。这些数值研究可以为低成本、高转换效率的双面钙钛矿/晶硅异质结叠层太阳电池的实验制备提供指导。

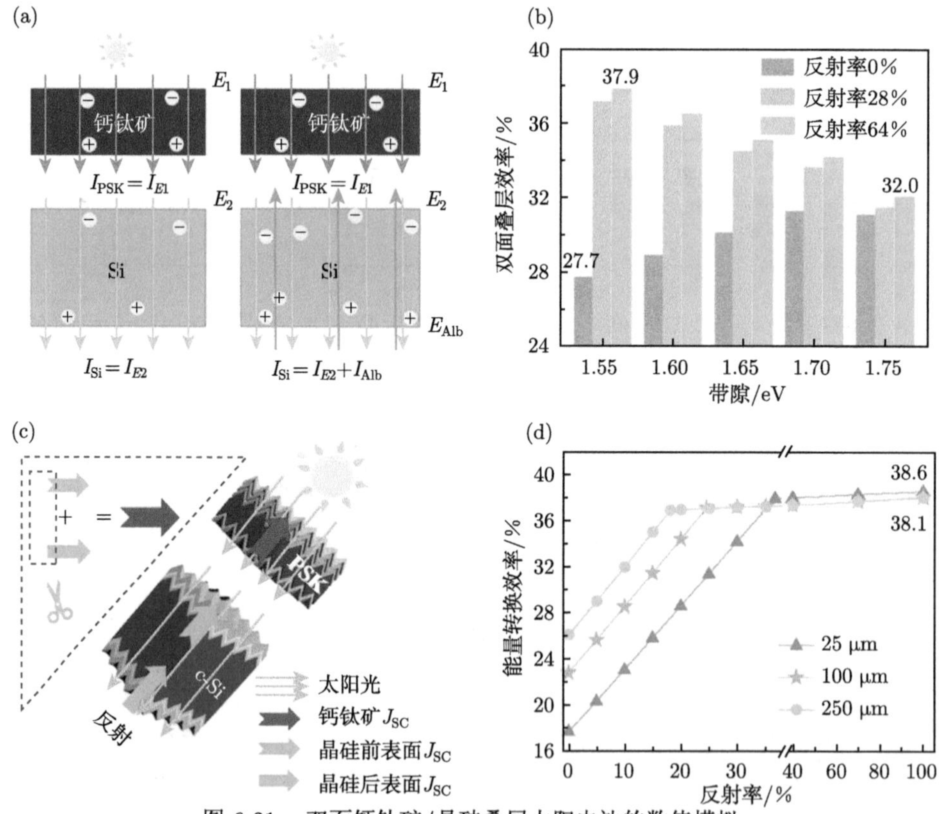

图 6-21　双面钙钛矿/晶硅叠层太阳电池的数值模拟

CML 方法的提出：(a) 双面叠层太阳电池中 CML 的形成原理，左边是单面情形，右边是双面情形，Alb 代表反射率；(b) 在不同带隙和反射率条件下，经过 CML 校正后计算出的双面串联效率 [17]。超薄晶硅策略：(c) 当顶电池和底电池达成电流匹配时，减薄晶硅厚度的示意图；(d) 三种不同厚度 (25 μm、100 μm 和 250 μm) 的晶硅底电池在不同反射率下的串联效率 [18]

6.3 钙钛矿/晶硅异质结叠层太阳电池发电量预测

与单结太阳电池相比，单片集成的钙钛矿/晶硅异质结叠层太阳电池要想获得高效的能量产出，所有子电池的电流必须接近，这样可以尽量避免电流失配损失 [27,112]。在实际户外条件下，入射角和光谱强度往往受到天气、地点、时间等因素的限制 [25,111,113-115]，而且制备宽带隙的钙钛矿也具有挑战性，这限制了实验工作中对能量产出的系统研究。相反，数值模拟是一种高效可行的方法，可以对这些复杂的影响因素进行深入探讨，有利于针对不同情况制定具体方案，使得太阳电池的能量产出最大化，并为今后的应用性实验研究提供超前的理论预测。本节将重点研究影响钙钛矿/晶硅异质结叠层太阳电池发电量的具体因素，以及探讨单面和双面叠层太阳电池的能量产出情况。

6.3.1 影响钙钛矿/晶硅异质结叠层太阳电池发电量的因素

根据 4.4.3 节的内容，我们知道，钙钛矿带隙和有效反射率都会影响钙钛矿/晶硅异质结叠层太阳电池的能量产出。钙钛矿带隙主要受到材料性质的影响，它与叠层太阳电池本征转换效率息息相关；有效反射率的大小与地面材料性质有关，它影响着双面叠层太阳电池的发电密度 (power generation density, PGD)[97]。除以上两个因素之外，由于叠层太阳电池的分光原理，短波光子被钙钛矿材料吸收，长波光子被晶硅吸收，因此太阳光谱的细微变化也会导致原来的电流匹配情况发生偏移。我们将太阳光谱在总辐照度和波长–辐照度曲线上的变化统一定义为：太阳光谱变量 [116]。太阳光谱变量与叠层太阳电池的本征转换效率以及 PGD 都是相关的，并且它会受到诸多因素的影响，下面将详细讨论。

在太阳光谱变量的话题中，光照强度和散射强度会受到地点和天气的干扰，从而影响叠层太阳电池的性能。Ehrler 团队 [117] 收集并比较了荷兰 (图 6-22(a)) 和美国科罗拉多州 (图 6-22(b)) 的太阳辐照情况，这两个地方分别具有温带海洋性气候和温带草原性气候的特点。测量结果显示，两地的平均光子能量 (average photon energy, APE) 接近于标准光谱 (AM 1.5G，1.845 eV)，然而，年平均辐照度 (荷兰为 249 $W\cdot m^{-2}$，科罗拉多为 432 $W\cdot m^{-2}$) 远低于标准光谱 (1000 $W\cdot m^{-2}$)。如图 6-22(a) 中的插图所示，除了 (1) 与 AM 1.5G 有很好的匹配，其他情况 (2)~(4) 的太阳辐照光谱变化巨大，这意味着叠层太阳电池的电流匹配只发生在数据点 (1) 附近。这是因为电流密度对 APE 的依赖性较弱，而电流匹配的叠层太阳电池受辐照度变化的影响较大。由于光谱的多变性，钙钛矿/晶硅异质结叠层太阳电池的极限效率随时间和地点变化很大，比如在高 APE 和低辐照度下，由于存在子电池光谱分配不均，电流密度严重失配，叠层太阳电池的能量产出甚至要低于单结太阳电池。同样，在图 6-22(c) 中 Goldschmidt 团队 [118] 展示了德国弗赖堡 1~

12 月期间倾斜角为 29° 的每小时全球辐照度与 APE 的关系。尽管最高的光谱辐照度出现在夏季，对应于大约 1.8 eV 的 APE，但太阳辐照度的范围很广，这就仍然会造成两个子电池的太阳光谱分配不均的问题，从而影响叠层太阳电池的能量产出。如图 6-22(d) 所示，不同时间的最大转换效率差异甚至达到绝对的约 20%，揭示了太阳光谱变量是影响能量产出的一个重要因素。

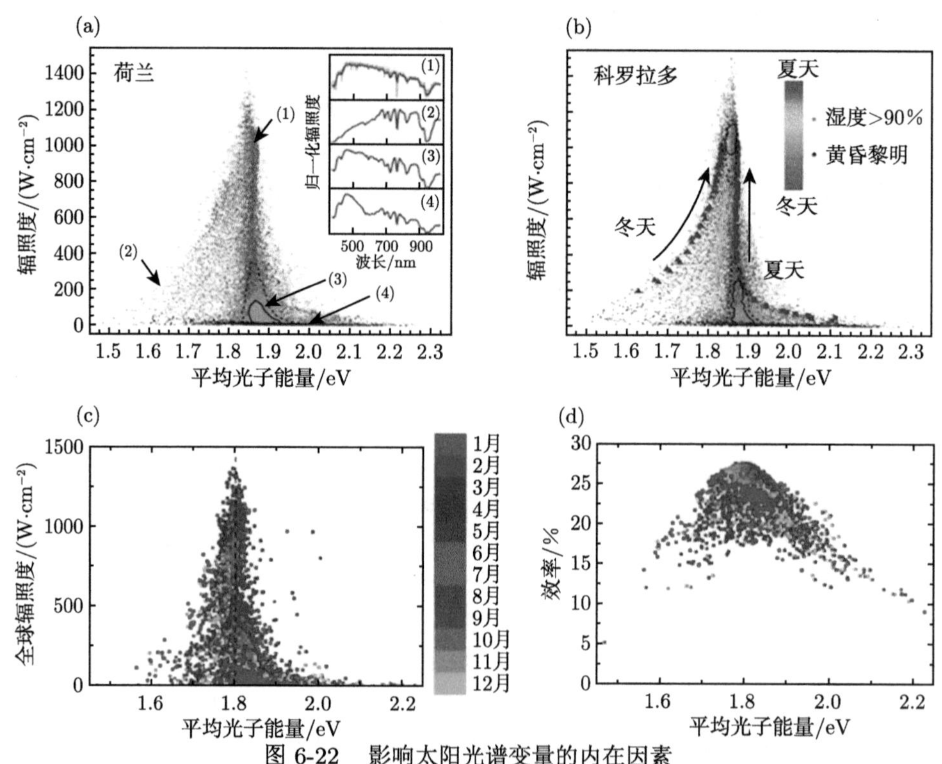

图 6-22　影响太阳光谱变量的内在因素

(a) 荷兰和 (b) 科罗拉多的 APE 和太阳光谱辐照度。(a) 中的插图说明了宽光谱分布的变化：(1) 在夏季正午，标准光谱 (AM 1.5G) 为灰色曲线，(2) 在冬季的早晨，(3) 在相对湿度高的夏日，(4) 在黎明。(b) 中的三角形和圆形分别对应于冬季和夏季测量的晴天的过程 [117]。1～ 12 月的叠层太阳电池随时间变化的 (c) 每小时全球辐照度和 (d) 转换效率图 [118]

6.3.2　单面钙钛矿/晶硅异质结叠层太阳电池能量产出分析

当照射太阳电池的太阳光谱为标准 AM 1.5G 并时刻保持不变时，我们知道电流密度失配越小，电池的转换效率越高。然而在真实情况下，太阳光谱却是一个变量，在单面钙钛矿/晶硅异质结叠层太阳电池中，Shen 团队 [25] 发现，在北纬 30° 的太阳光谱下，叠层太阳电池中两个子电池的小电流不匹配更有利于实现较低的效率损失。为了进一步分析一年的总影响，图 6-23(a) 显示了在北纬 30° 位置的相对效率损失，改变两个子电池的 J_{SC} 差异 (ΔJ_{SC})。ΔJ_{SC} 的定义是用晶硅

子电池的 J_{SC} 减去钙钛矿子电池的 J_{SC}，这可以通过改变钙钛矿层厚度来实现。很明显，不同季节的相对效率损失随着 ΔJ_{SC} 的变化而呈现不同的增加和减少关系。他们还通过式 (6-55) 计算了图 6-23(a) 中的年能量产出 W_{output}。

$$W_{output} = \int P_{illum} \times PCE(t)\,dt \tag{6-55}$$

其中，P_{illum} 被定义为 0.1 W·cm^{-2}；PCE(t) 是不同时间的转换效率。研究发现，在北纬 30° 的位置，在约 0.63 mA·cm^{-2} 的 ΔJ_{SC} 下，年能量产出达到最大值为 962 kW·h·m^{-2}，这是一年中转换效率损失的最佳平衡点。进一步地，如图 6-23(b) 所示，在上海 2018 年 6 月 20 日一天不同时间内，太阳光谱辐照度 (与标准 AM 1.5G 比值) 随时间的变化，其相对差值的跨度也是非常大的。

图 6-23(c) 中显示了三种不同器件 (效率为 23.0%的单结晶硅电池、垂直入射的叠层电池、优化斜入射的叠层电池) 的年能量产出。很明显，年能量产出随着纬度的上升而下降，在任何纬度下，钙钛矿/晶硅叠层太阳电池的年能量产出都高于晶硅太阳电池。对于钙钛矿/晶硅叠层太阳电池，在优化的斜入射情况下，年能量产出高于垂直入射情况下。图 6-23(d) 中显示了优化的 ΔJ_{SC} 的能量产出提升和相应的应用值。显然，优化的 ΔJ_{SC} 随着纬度的上升而变小 (在北纬 60° 时，该值甚至可能为负值)，这是因为短波长的太阳光谱随着纬度的上升而迅速减少。相反，随着纬度的上升，能量产出的提升逐渐变大。在 0° 到北纬 20° 的范围内，由于不同季节的光谱相当稳定，能量产出提升相对较小，约为 3%。然而，在北纬 60° 时，能量产出的提升甚至可以达到 9%，如果不进行优化，这将大大限制叠层太阳电池的应用。图 6-23(d) 所示的优化的 ΔJ_{SC} 为设计世界上不同纬度地区的最佳年能量产出的钙钛矿/晶硅叠层太阳电池提供了指导。

Shen 团队 [25] 的以上研究表明了时间、纬度和入射倾角都会通过影响太阳光谱变量，从而影响钙钛矿/晶硅叠层太阳电池的能量产出。叠层太阳电池的电流密度匹配并不是一成不变的，也就是说标准条件下电流匹配的叠层太阳电池也可能会在实际情况下的某些时刻变得失配，因此最佳能量产出的叠层太阳电池，也不一定是电流密度匹配的情形，这些归因于太阳光谱变量的存在。

光伏建筑一体化 (BIPV) 被认为是一种新兴的光伏应用。光伏板取代了传统的建筑部件 (如屋顶，特别是窗户和墙壁)，为建筑物发电，防止建筑物受到不利的外部环境因素 (如温度、湿度、灰尘和风) 的影响，同时产生舒适的室内环境 [119-121]。迄今为止，许多种类的太阳电池材料被用于 BIPV，如晶硅 [122-124]、碲化镉 [125]、钙钛矿 [126-130]、染料敏化 [131]、量子点和有机聚合物等 [132]。就转换效率而言，两端钙钛矿/晶硅叠层太阳电池可以成为 BIPV 的高潜力候选者。BIPV 的能量产出会随着太阳高度角的变化而变化，如图 6-24(a)，(b) 所示，太阳电池被布置在建筑物外墙的方向上，包括屋顶、南面、东面和西面 [133]。一般情况下，钙钛矿/晶硅叠层太阳电池的测试条件为 AM 1.5G 光谱垂直于太阳电池表面，温度为 300 K (标准测试条件)。然而，现实的太阳辐照度、光入射角以及电池组件的温度会随着时间发生变化，并取决于太阳高度角、组件的安装方向以及大气特性等。

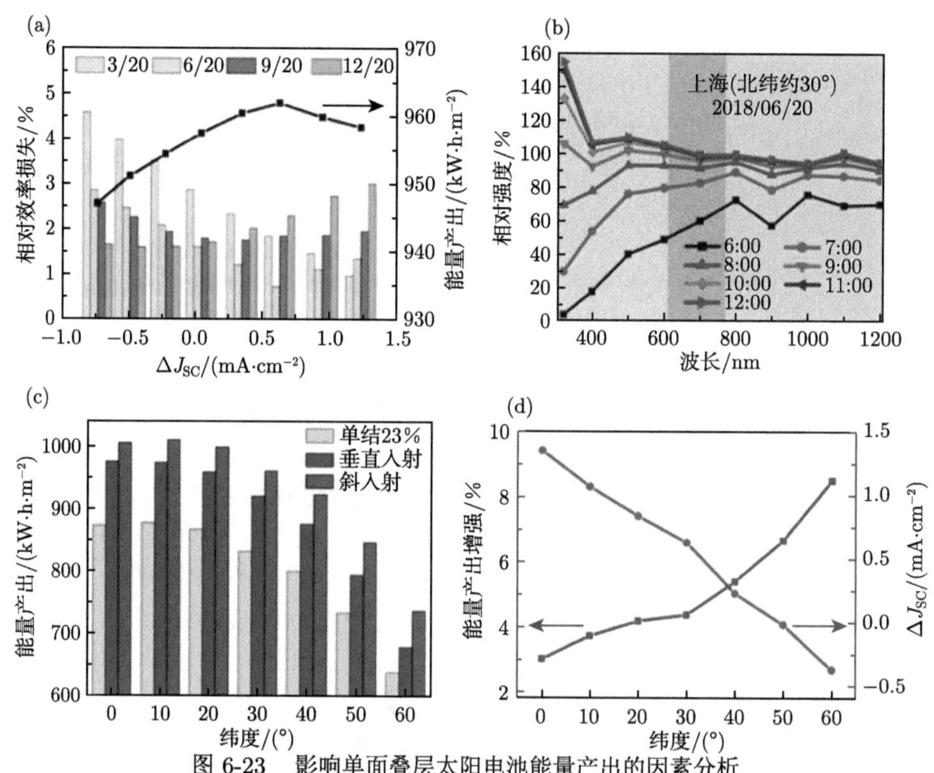

图 6-23 影响单面叠层太阳电池能量产出的因素分析

(a) 相对效率损失 (左) 与 3 月 20 日、6 月 20 日、9 月 20 日和 12 月 20 日在北纬 30° 位置的两子电池的 J_{SC} 差异 (ΔJ_{SC})，正和负的 ΔJ_{SC} 代表晶硅子电池的 J_{SC} 分别高于和低于钙钛矿子电池；(b) 6 月 20 日北纬约 30° 位置的太阳光谱辐照度与 AM 1.5G 的比值；(c) 三种不同的太阳电池在北半球晴朗条件下随纬度变化的年能量产出：效率为 23.0%的晶硅单结电池、垂直入射以及优化斜入射的钙钛矿/晶硅叠层太阳电池；(d) 在优化斜入射角下，叠层太阳电池的能量产出增强 (左) 和相应的优化 ΔJ_{SC} (右) 随纬度的变化 [25]

为了真实评估钙钛矿/晶硅叠层太阳电池的能量产出情况，如图 6-24(c) 所示，Ishikawa 团队 [133] 模拟计算了 12 个月 4 个方向上的墙面的月能量产出。他们发现，相对于其他 3 面墙体，屋顶上的叠层太阳电池在一年中几乎所有的月份都有高而稳定的能量产出。最高和最低的月能量产出值分别为 5 月的 33.06 kW·h·m^{-2} 和 11 月的 12.85 kW·h·m^{-2}。同时，南面墙的叠层电池月能量产出值在 4 ~ 8 月的几个月中受入射角的影响更严重，导致这些月份的能量产出很低。南面墙的最高和最低月能量产出分别为 3 月的 27.42 $kW·h·m^{-2}$ 和 6 月的 11.96 $kW·h·m^{-2}$。钙钛矿/晶硅叠层太阳电池在 5 月的东面和西面分别获得了 14.83 $kW·h·m^{-2}$ 和 13.81 $kW·h·m^{-2}$ 的最大月能量产出，而在 1 月的东面和西面分别获得了 6.82 $kW·h·m^{-2}$ 和 4.68 $kW·h·m^{-2}$ 的最小月能量产出。图 6-24(d) 显示了屋顶、南面、东面和西面的叠层电池年能量产出分别为 279.52 $kW·h·m^{-2}$、238.89 $kW·h·m^{-2}$、129.99 $kW·h·m^{-2}$ 和 115.21 $kW·h·m^{-2}$，因此，屋顶是叠层太阳电池运行的 BIPV

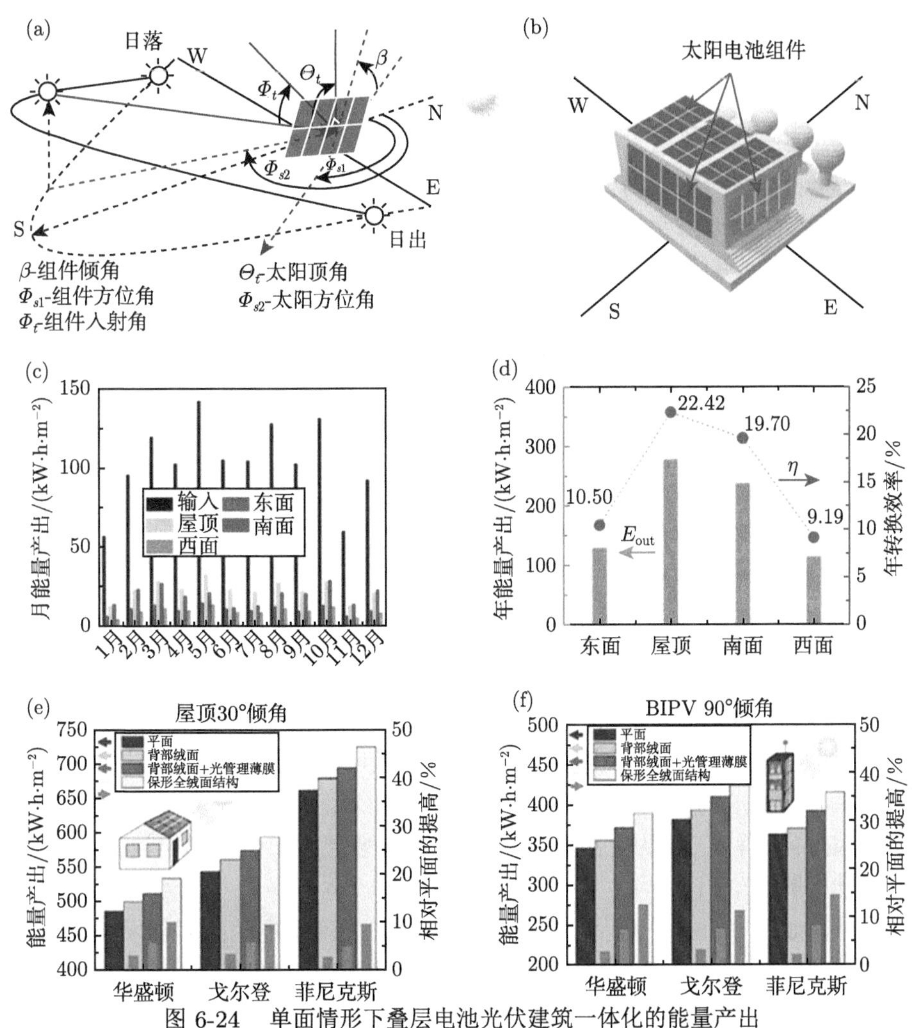

图 6-24 单面情形下叠层电池光伏建筑一体化的能量产出

(a) 太阳电池与太阳的空间位置关系；(b) 安装在屋顶以及建筑的南面、东面和西面的太阳电池组件；(c) 叠层太阳电池每月在屋顶、南面、东面和西面的能量产出；(d) 叠层太阳电池的年能量产出以及年平均转换效率 [133]；(e)30° 和 (f)90° 倾角的太阳电池的年能量产出，这里比较了三个不同的地点 (华盛顿、戈尔登和菲尼克斯) 和四个不同的电池类型 (平面、背部绒面、背部绒面 + 光管理薄膜、保形全绒面结构)[134]

最佳方位。在屋顶、南面、东面和西面，串联太阳电池的相应转换效率年值分别为 22.42%、19.70%、10.50%和 9.19%。屋顶和南面的串联电池所收获的转换效率年值比东面和西面的要多得多。这一发现是因为屋顶和南面的叠层太阳电池可以全天工作，而东面和西面的电池只在上午或下午工作，这也证实了屋顶和南面墙在 BIPV 应用方面的优势。

进一步地，Albrecht 团队 [134] 在位于北半球的三个城市 (华盛顿、戈尔登和菲尼克斯) 模拟了 BIPV 的两种倾斜度：30° 和 90° 朝南。图 6-24(e)~(f) 显示了两种倾斜度下钙钛矿/晶硅异质结叠层太阳电池的年能量产出情况。有趣的是，无论什么地点和电池结构类型，30° 的倾斜屋顶总是比 90° 墙立面有更多的能量产出，这与前面 Ishikawa 团队 [133] 的结论达成一致。在三个城市中，菲尼克斯 30° 倾斜屋顶产生的能量最高，超过 650 $kW·h·m^{-2}$，但由于漫射光照的比例较高，90° 墙立面没有取得明显的优势。对叠层太阳电池结构的分析显示，D (保形全绒面结构) 的年能量产出明显高于其他三种结构 (A (平面)、B (背部绒面) 和 C (背部绒面 + 光管理薄膜))，这反映了保形全绒面结构的优越性，这一结论与 4.2 节以及 6.2 节的观点达成共识。

6.3.3 双面钙钛矿/晶硅异质结叠层太阳电池能量产出分析

双面太阳电池的概念现在已被广泛用于目前的晶硅太阳电池中，与单面的同类电池相比，它可以明显提高能量产出 [135]。与商用晶硅太阳电池相比，钙钛矿/晶硅叠层太阳电池的主要优势是转换效率可以再提升 5%左右，因此从能量产出的角度来看，如果叠层太阳电池只是单面发电就没有突出优势可言，发展双面的叠层组件才是势在必行 [136,137]。与单面太阳电池组件不同，双面电池组件受到更多环境因素的干扰，包括由地面材料的反射效应而引入的反射率 [17,106,138]。图 6-25(a) 显示了双面钙钛矿/晶硅异质结叠层太阳电池的能量产出模型，该模型随着电池组件位置、光入射方向、天气和反射率等的变化而变化。许多研究已经证明，背部入射光子不能穿透过厚的晶硅子电池被钙钛矿层吸收 [139,140]。因此，背面反射光造成了晶硅子电池的电流密度的提升，导致了在双面照明下钙钛矿带隙可以适当向窄带隙方向迁移，这促使了双面钙钛矿/晶硅叠层太阳电池的电流密度的增加，从而提升了能量产出。

此外，如图 6-25(b) 所示，Becker 团队 [109] 发现子电池之间的发光耦合具有类似的效果，使得双面叠层太阳电池的钙钛矿带隙出现红移现象。2021 年，De Wolf 团队 [97] 首次报道的具有不同钙钛矿带隙的高性能双面钙钛矿/晶硅异质结叠层太阳电池，在户外测试条件下，达到了约 26 $mW·cm^{-2}$ 的 PGD。图 6-25(c) 揭示了年能量产出的数值模拟，以评估单面和双面叠层电池在不同钙钛矿带隙和反射率情况下的光伏性能。他们分析发现，当反射率超过 28%时，单面叠层电池的最优钙钛矿带隙为 1.68 eV，双面结构的最优情形为 1.59 eV，这些最优带隙可以实现高能量产出的目的，而且在此情况下，双面叠层太阳电池的能量产出比单面的增加了 20%以上。然而，在实现了反射率和钙钛矿带隙的匹配后，反射率的增加对能量产出的增益是微弱的，这也被参考文献 [110] 的结论所验证。为了使双面钙钛矿/晶硅异质结叠层太阳电池的能量产出最大化，Holman 团队[110](图 6-25(d)) 研究了光子通量和有效反射率之间的关系。他们发现，除了地面材料 (白沙和干草) 本身导致反射率变化外，与固定倾斜角情况相比，单轴跟踪 (single-axis tracking, SAT) 的光子通量分布更广。这意味着对于双面叠层太阳电池来说，在 SAT 系统中，基于某个反射率值设计的最佳带隙钙钛矿至少有一部分时间会偏离其最佳状态，所以固定倾斜对叠层太阳电池的能量产出更加有利。

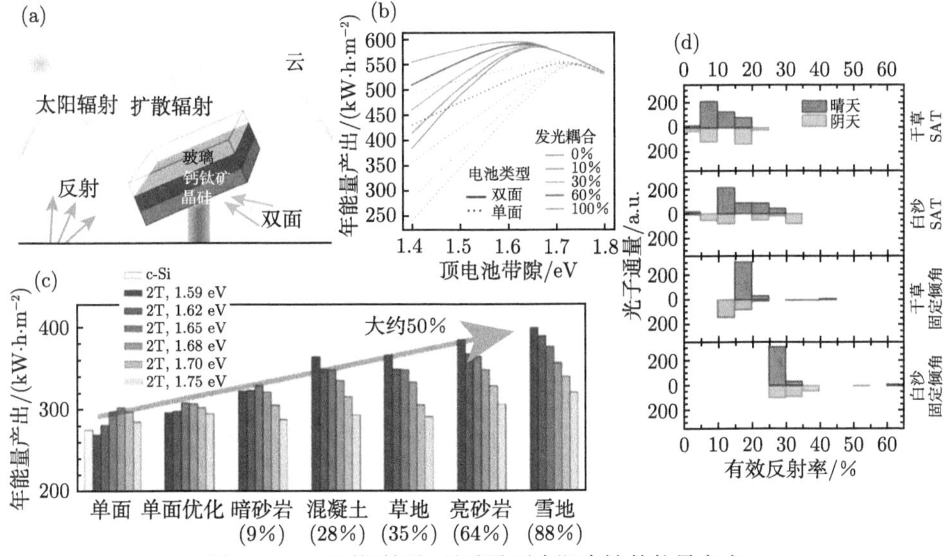

图 6-25 双面钙钛矿/晶硅叠层太阳电池的能量产出

(a) 双面能量产出的实际工作原理图[138]；(b) 叠层太阳电池在不同发光耦合下模拟的年能量产出[109]；(c) 西雅图不同反射率和带隙下的两端叠层太阳电池的年能量产出，横坐标的值代表各种材料的反射率[97]；(d) 不同情景下的光子通量与有效反射率的分布规律，分为固定倾角和单轴追踪阳光的模式[110]

传统晶硅太阳电池的转换效率接近其理论极限，双面钙钛矿/晶硅叠层器件结构是增加光伏组件能量产出的希望之举。为了研究双面电池能量产出的影响因素，Shen 团队[17] 研究了在不同反射率情况下的双面叠层太阳电池的年能量产出和能量损失，分别如图 6-26(a)，(b) 所示。随着纬度逐渐偏离 0° (赤道)，年能量产出不断减少，年能量损失也随之减少。在反射率为 0%、8.8%(匹配反射率)、95% 的情况下，年能量产出分别为 1351 kW·h·m^{-2}、1540 kW·h·m^{-2}、1615 kW·h·m^{-2}，年能量损失分别为 106 kW·h·m^{-2}、0 kW·h·m^{-2}、864 kW·h·m^{-2}。在图 6-26(c)，

(d) 中，他们进一步说明了在纬度为 0° 的情况下，所研究的钙钛矿带隙以及不同反射率的双面叠层电池的年能量产出和能量损失。单面叠层电池的最大年能量产出为 1402 kW·h·m^{-2}，相应的能量损失为 48 kW·h·m^{-2}，是在钙钛矿带隙为

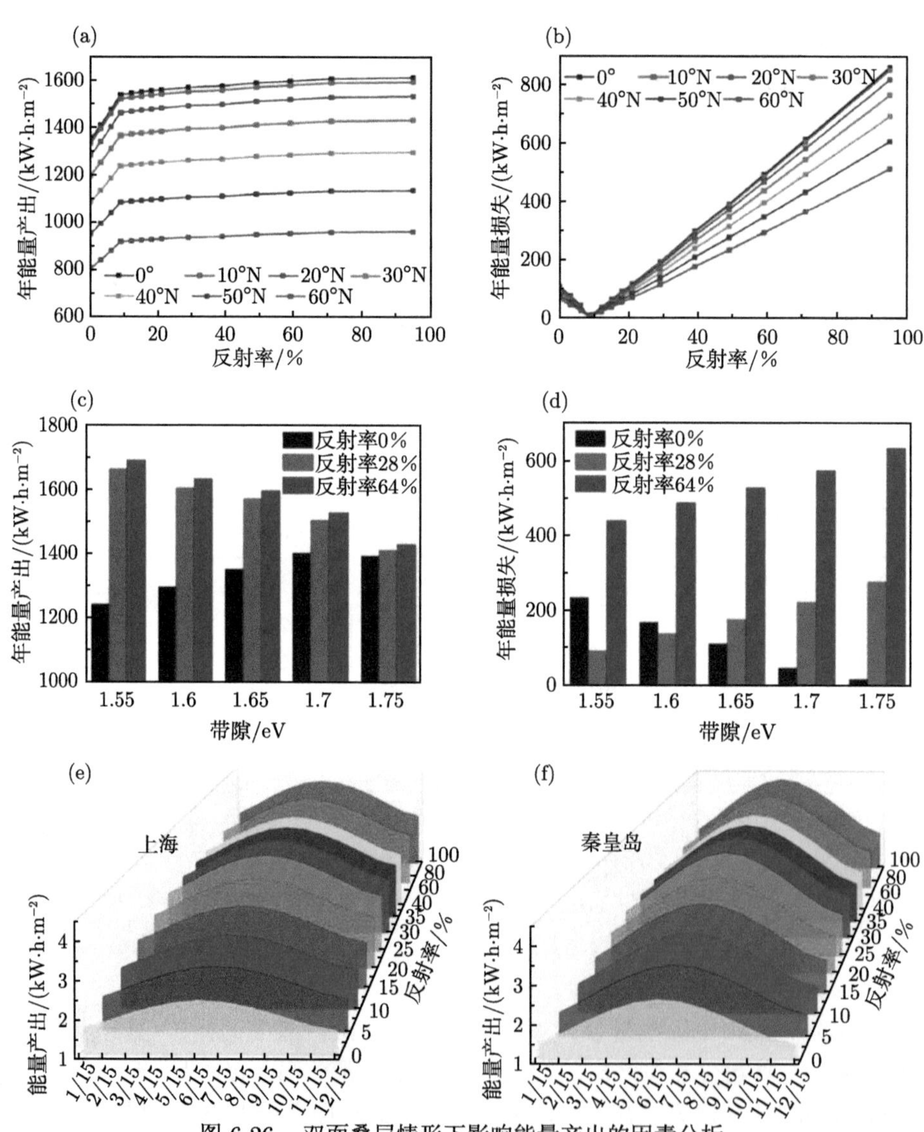

图 6-26 双面叠层情形下影响能量产出的因素分析

不同反射率以及在 7 个不同的纬度，即 0°、10°N、20°N、30°N、40°N、50°N 和 60°N，钙钛矿带隙为 1.65 eV 的双面钙钛矿/晶硅叠层太阳电池的 (a) 年能量产出和 (b) 能量损失；双面叠层太阳电池在所研究的钙钛矿带隙以及在 3 个不同的反射率下的 (c) 年能量产出和 (d) 能量损失，即 0%(单面)、28%(混凝土地面) 和 64%(明亮的砂岩)，纬度为 0° [17]；(e) 上海和 (f) 秦皇岛不同反射率的双面钙钛矿/晶硅叠层太阳电池的日能量产出 [18]

1.70 eV 时实现的，而在明亮的砂岩地面上，双面叠层电池的最大年能量产出为 1692 kW·h·m^{-2}，相应的能量损失为 439 kW·h·m^{-2}，是在钙钛矿带隙为 1.55 eV 时实现的。当两者都在优化的带隙中时，双面叠层电池的能量产出比单面电池多 290 kW·h·m^{-2}，增加了 12.07%。然而，每年的能量损失增加到 391 kW·h·m^{-2}，限制了双面叠层太阳电池应用。

进一步地，Shen 团队 [18] 选择上海 (北纬约 30°) 和秦皇岛 (北纬约 40°) 为例，在 2020 年每月 15 日的晴空条件下进行模拟。图 6-26(e)，(f) 显示了能量产出随着反射率的增加而具有明显的阶段性特征。例如，在 6 月，上海的最大日能量产出达到 2.39 kW·h·m^{-2}、3.89 kW·h·m^{-2} 和 3.99 kW·h·m^{-2}，秦皇岛则为 2.52 kW·h·m^{-2}、4.12 kW·h·m^{-2} 和 4.23 kW·h·m^{-2}，对应的反射率分别为 0%、24.6%和 100%。结果证明，在达到匹配的反射率后，反射率的增加对双面钙钛矿/晶硅叠层太阳电池的能量产出的贡献几乎可以忽略不计。并且，他们指出，双面钙钛矿/晶硅叠层太阳电池既可以通过引入背部入射光来提高能量产出，又可以在保持高效率的同时大幅减少硅的厚度，它是实用和具有成本效益的。

以上的分析直接或者间接地表明，双面钙钛矿/晶硅叠层太阳电池的能量产出与有效反射率、钙钛矿带隙以及太阳光谱变量存在一定相关性，这与 6.3.1 节的结论达成一致。为了进一步提高双面钙钛矿/晶硅叠层太阳电池的能量产出和降低成本，并尽可能地降低 CML，使能量利用效率最大化，至少有两种可行的方案：一方面，它可以寻找低带隙的钙钛矿材料，以增加顶电池的 J_{SC}，同时确保在该带隙下的 V_{OC} 和 FF 不会有较大的衰退 [105,141]；另一方面，当有足够的反射率照射叠层太阳电池的背部时，它可以通过减少晶硅子电池的厚度来重新达到两个子电池电流密度匹配的效果。双面钙钛矿/晶硅叠层太阳电池中的晶硅厚度通常在 250 μm 左右 [114,142-145]，实际上有很多减薄的空间以节省成本。

6.4 总结与展望

本章总结了数值模拟的电磁场计算方法，并对两端钙钛矿/晶硅异质结叠层太阳电池的光管理和发电量预测话题进行了探讨。通过对数值方法论的分析发现，方法的整合可以优化计算资源的分配从而提高算力，建模的优化和参数的修正大大提高了仿真的准确性。对于光管理方面，我们指出，纹理结构诱导光子耦合以增强光捕获能力，因此纹理的增加有利于提高单结和双结电池的光伏性能。对于涉及复杂共蒸发过程的叠层太阳电池的保形钙钛矿制备，我们意识到准保形结构可以实现光学增益，同时保持一步法的简单性优势。尽管如此，本章提到的相关准保形结构都是理论模型，很难在实验中实现。对于能量产出话题，除了光照时间和本征效率 (AM 1.5G，电流匹配条件下) 会影响单面钙钛矿/晶硅异质结叠层太阳电池的能量产出外，光谱变量也是重要的制约因素。对于双面钙钛矿/晶硅异质结叠层太阳电池的能量产出，需要更多地考虑钙钛矿的最佳带隙问题和有效反射率对电流密度的影响。尽管在实验条件下，1.68 eV 带隙的钙钛矿被认为是单面钙钛矿/晶硅异质结叠层太阳电池的最佳带隙，但当反射率超过 28%时，在理论上 1.59 eV 的双面钙钛矿/晶硅异质结叠层太阳电池的年发电量比 1.68 eV 的单面钙钛矿/晶硅异质结叠层太阳电池高 20%以上 [97]。并且在户外条件下，太阳光谱和有效反射率一直在变化，这意味着电流失配不能从根本上消除，因此基于应用的实验测试也不能局限于标准条件 [66,146]。通过数值理论方面的分析，钙钛矿/晶硅异质结叠层太阳电池技术的进一步发展方向如下所述。

(1) 开发人工智能的先进集成软件包，使得仿真技术更加智能化，解放人力以及节约计算资源。

(2) 设计更先进的两端钙钛矿/晶硅异质结叠层太阳电池陷光结构和光谱利用技术，并且使其与钙钛矿的制备工艺相互兼容，具有实验上可行性。

(3) 钙钛矿/晶硅异质结叠层太阳电池的子电池光谱吸收分配直接决定了电流是否匹配，所以可以从三个方向实现光谱的最大利用：太阳光谱变量、钙钛矿的带隙和厚度、有效反射率。

(4) 尽管超薄的晶硅方案可以有效地降低太阳电池的成本，但银浆和设备成本仍然是限制钙钛矿/晶硅异质结叠层太阳电池产业化的重要因素。如果这些经济问题得到解决，钙钛矿/晶硅叠层太阳电池的平准化度电成本将更低。

(5) 将仿真结论融入太阳电池制造和组件安装工程，以最大限度地提高单面和双面钙钛矿/晶硅异质结叠层太阳电池的能量产出。

参考文献

[1] Shockley W, Queisser H J. Detailed balance limit of efficiency of pn junction solar cells[J]. J. Appl. Phys., 1961, 32: 510-519.

[2] Hirst L C, Ekins-Daukes N J. Fundamental losses in solar cells[J]. Prog. Photovolt., 2011, 19: 286-293.

[3] Yu Z, Leilaeioun M, Holman Z. Selecting tandem partners for silicon solar cells[J]. Nat. Energy, 2016, 1: 16137.

[4] Elisee J P, Gibson A, Arridge S. Combination of boundary element method and finite element method in diffuse optical tomography[J]. IEEE Trans. Biomed. Eng., 2010, 57: 2737-2745.

[5] Chesnokov S S, Egorov K D, Kandidov V P, et al. The finite element method in problems of nonlinear optics[J]. Int. J. Numer. Methods Eng., 1979, 14: 1581-1596.

[6] White D A. Numerical modeling of optical gradient traps using the vector finite element method[J]. J. Comput. Phys., 2000, 159: 13-37.

[7] Burman E, Elfverson D, Hansbo P, et al. Shape optimization using the cut finite element method[J]. Comput. Methods Appl. Mech. Eng., 2018, 328: 242-261.

[8] Steinberg S, Guntau M, Göring R, et al. Calculation of electrooptically induced refractive index changes of integrated optic devices by the finite-element-method[J]. J. Opt. Commun., 1991, 12: 125-129.

[9] Jäger K, Sutter J, Hammerschmidt M, et al. Prospects of light management in perovskite/silicon tandem solar cells[J]. Nanophotonics, 2021, 10: 1991-2000.

[10] Zandi S, Razaghi M. Finite element simulation of perovskite solar cell: A study on efficiency improvement based on structural and material modification[J]. Sol. Energy, 2019, 179: 298-306.

[11] Ren A, Xu H, Zhang J, et al. Spatially resolved identification of shunt defects in thin film solar cells via current transport efficiency imaging combined with 3D finite element modeling[J]. Sol. RRL, 2019, 3: 1800342.

[12] Öttking R, Roesch R, Fluhr D, et al. Current density and heating patterns in organic solar cells reproduced by finite element modeling[J]. Sol. RRL, 2017, 1: 1700018.

[13] Diethelm M, Penninck L, Regnat M, et al. Finite element modeling for analysis of electroluminescence and infrared images of thin-film solar cells[J]. Sol. Energy, 2020, 209: 186-193.

[14] Werner J, Nogay G, Sahli F, et al. Complex refractive indices of cesium-formamidinium-based mixed-halide perovskites with optical band gaps from 1.5 to 1.8 eV[J]. ACS Energy Lett., 2018, 3: 742-747.

[15] Kagami H, Amemiya T, Tanaka M, et al. Metamaterial infrared refractometer for determining broadband complex refractive index[J]. Opt. Express, 2019, 27: 28879-28890.

[16] Liu P, Zhang Y, Martin S T. Complex refractive indices of thin films of secondary organic materials by spectroscopic ellipsometry from 220 to 1200 nm[J]. Environ. Sci. Technol., 2013, 47: 13594-13601.

[17] Du D, Gao C, Wang H, et al. Photovoltaic performance of bifacial perovskite/c-Si tandem solar cells[J]. J. Power Sources, 2022, 540: 231622.

[18] Du D X, Gao C, Zhang D Z, et al. Low-cost strategy for high-efficiency bifacial perovskite/c-Si tandem solar cells[J]. Sol. RRL, 2021, 6: 2100781.

[19] Manley P, Chen D. Nanophotonic light management for perovskite-silicon tandem solar cells[J]. J. Photonics Energy, 2018, 8: 022601.

[20] Toyoda M, Ishikawa S. Frequency-dependent absorption and transmission boundary for the finite-difference time-domain method[J]. Appl. Acoust., 2019, 145: 159-166.

[21] Carnio B N, Elezzabi A Y. A modeling of dispersive tensorial second-order nonlinear effects for the finite-difference time-domain method[J]. Opt. Express, 2019, 27: 23432-23445.

[22] Qarony W, Hossain M I, Jovanov V, et al. Influence of perovskite interface morphology on the photon management in perovskite/silicon tandem solar cells[J]. ACS Appl.

Mater. Interfaces, 2020, 12: 15080-15086.

[23] Tennyson E M, Frohna K, Drake W K, et al. Multimodal microscale imaging of textured perovskite-silicon tandem solar cells[J]. ACS Energy Lett., 2021, 6: 2293-2304.

[24] Wang J, Gao C, Wang X, et al. Simple solution-processed approach for nanoscale coverage of perovskite on textured silicon surface enabling highly efficient perovskite/Si tandem solar cells[J]. Energy Technol., 2020, 9: 2000778.

[25] Ba L, Wang T, Wang J, et al. Perovskite/c-Si monolithic tandem solar cells under real solar spectra: Improving energy yield by oblique incident optimization[J]. J. Phys. Chem. C, 2019, 123: 28659-28667.

[26] Hossain M I, Qarony W, Ma S, et al. Perovskite/silicon tandem solar cells: From detailed balance limit calculations to photon management[J]. Nanomicro Lett., 2019, 11: 58.

[27] Ba L, Liu H, Shen W. Perovskite/c-Si tandem solar cells with realistic inverted architecture: Achieving high efficiency by optical optimization[J]. Prog. Photovolt., 2018, 26: 924-933.

[28] Shi D, Zeng Y, Shen W. Perovskite/c-Si tandem solar cell with inverted nanopyramids: Realizing high efficiency by controllable light trapping[J]. Sci. Rep., 2015, 5: 16504.

[29] Yan M, Shum P. Analysis of perturbed Bragg fibers with an extended transfer matrix method[J]. Opt. Express, 2006, 14: 2596-2610.

[30] Simatupang J W, Pukhrambam P D, Huang Y R. Performance analysis of cross-seeding WDM-PON system using transfer matrix method[J]. Opt. Fiber Technol., 2016, 32: 50-57.

[31] Hoefer W J R. The transmission-line matrix method-theory and applications[J]. IEEE Trans. Microw. Theory Tech., 1985, 33: 882-893.

[32] Teitler S, Henvis B W. Refraction in stratified, anisotropic media[J]. J. Opt. Soc. Am., 1970, 60: 830.

[33] Berreman D W, Scheffer T J. Bragg reflection of light from single-domain cholesteric liquid-crystal films[J]. Phys. Rev. Lett., 1970, 25: 902.

[34] Zhao P, Hao Y, Yue M, et al. Device simulation of organic-inorganic halide perovskite/crystalline silicon four-terminal tandem solar cell with various antireflection materials[J]. IEEE J. Photovolt., 2018, 8: 1685-1691.

[35] Zhang L, Xie Z, Tian F, et al. Simulation calculations of efficiencies and silicon consumption for $CH_3NH_3PbI_{3-x-y}Br_xCl_y$/crystalline silicon tandem solar cells[J]. J. Phys. D, 2017, 50: 155102.

[36] Cherif F E, Sammouda H. Strategies for high performance perovskite/c-Si tandem solar cells: Effects of bandgap engineering, solar concentration and device temperature[J]. Opt. Mater., 2020, 106: 109935.

[37] Bittkau K, Kirchartz T, Rau U. Optical design of spectrally selective interlayers for perovskite/silicon heterojunction tandem solar cells[J]. Opt. Express, 2018, 26: 750-760.

[38] Palik E D. Handbook of Optical Constants of Solids[M]. Amsterdam: Elsevier, 1985.

[39] Byers J C, Ballantyne S, Rodionov K, et al. Mechanism of recombination losses in bulk heterojunction P3HT:PCBM solar cells studied using intensity modulated photocurrent spectroscopy[J]. ACS Appl. Mater. Interfaces, 2011, 3: 392-401.

[40] Létay G, Hermle M, Bett A W. Simulating single-junction GaAs solar cells including photon recycling[J]. Prog. Photovolt., 2006, 14: 683-696.

[41] Li P, Xiong H, Lin L, et al. Modeling and simulation of bifacial perovskite/PERT-silicon tandem solar cells[J]. Sol. Energy, 2021, 227: 292-302.

[42] Onno A, Harder N-P, Oberbeck L, et al. Simulation study of GaAsP/Si tandem solar cells[J]. Sol. Energy Mater. Sol. Cells, 2016, 145: 206-216.

[43] Timò G, Martinelli A, Andreani L C. A new theoretical approach for the performance simulation of multijunction solar cells[J]. Prog. Photovolt., 2020, 28: 279-294.

[44] Yu M, Li Y, Cheng Q, et al. Numerical simulation of graphene/GaAs heterojunction solar cells[J]. Sol. Energy, 2019, 182: 453-461.

[45] Al-Ashouri A, Kohnen E, Li B, et al. Monolithic perovskite/silicon tandem solar cell with >29% efficiency by enhanced hole extraction[J]. Science, 2020, 370: 1300-1309.

[46] Bett A J, Schulze P S C, Winkler K M, et al. Two-terminal perovskite silicon tandem solar cells with a high-bandgap perovskite absorber enabling voltages over 1.8 V[J]. Prog. Photovolt., 2020, 28: 99-110.

[47] Bush K A, Manzoor S, Frohna K, et al. Minimizing current and voltage losses to reach 25% efficient monolithic two-terminal perovskite-silicon tandem solar cells[J]. ACS Energy Lett., 2018, 3: 2173-2180.

[48] Chen B, Yu Z, Liu K, et al. Grain engineering for perovskite/silicon monolithic tandem solar cells with efficiency of 25.4%[J]. Joule, 2019, 3: 177-190.

[49] Hou F, Han C, Isabella O, et al. Inverted pyramidally-textured PDMS antireflective foils for perovskite/silicon tandem solar cells with flat top cell[J]. Nano Energy, 2019, 56: 234-240.

[50] Schulze P S C, Bett A J, Bivour M, et al. 25.1% high-efficiency monolithic perovskite silicon tandem solar cell with a high bandgap perovskite absorber[J]. Sol. RRL, 2020, 4: 2000152.

[51] Shen H, Omelchenko S T, Jacobs D A, et al. *In situ* recombination junction between p-Si and TiO_2 enables high-efficiency monolithic perovskite/Si tandem cells[J]. Sci. Adv., 2018, 4: 9711.

[52] Hou F, Li Y, Yan L, et al. Control perovskite crystals vertical growth for obtaining high-performance monolithic perovskite/silicon heterojunction tandem solar cells with V_{OC} of 1.93 V[J]. Sol. RRL, 2021, 5: 2100357.

[53] Kamino B A, Paviet-Salomon B, Moon S-J, et al. Low-temperature screen-printed metallization for the scale-up of two-terminal perovskite-silicon tandems[J]. ACS Appl. Energy Mater., 2019, 2: 3815-3821.

[54] Li R, Chen B, Ren N, et al. $CsPbCl_3$-cluster-widened bandgap and inhibited phase

segregation in a wide-bandgap perovskite and its application to NiO_x-based perovskite/silicon tandem solar cells[J]. Adv. Mater., 2022, 34: 2201451.

[55] Wang L, Song Q, Pei F, et al. Strain modulation for light-stable n-i-p perovskite/silicon tandem solar cells[J]. Adv. Mater., 2022, 34: 2201315.

[56] Zheng J, Mehrvarz H, Liao C, et al. Large-area 23%-efficient monolithic perovskite/homojunction-silicon tandem solar cell with enhanced UV stability using down-shifting material[J]. ACS Energy Lett., 2019, 4: 2623-2631.

[57] Wu Y, Zheng P, Peng J, et al. 27.6%perovskite/c-Si tandem solar cells using industrial fabricated TOPCon device[J]. Adv. Energy Mater., 2022, 12: 2200821.

[58] Lee S, Kim C U, Bae S, et al. Improving light absorption in a perovskite/Si tandem solar cell via light scattering and UV-down shifting by a mixture of SiO_2 nanoparticles and phosphors[J]. Adv. Funct. Mater., 2022, 32: 2204328.

[59] Xu L, Liu J, Toniolo F, et al. Monolithic perovskite/silicon tandem photovoltaics with minimized cell-to-module losses by refractive-index engineering[J]. ACS Energy Lett., 2022, 7: 2370-2372.

[60] Zheng X, Liu J, Liu T, et al. Photoactivated p-doping of organic interlayer enables efficient perovskite/silicon tandem solar cells[J]. ACS Energy Lett., 2022, 7: 1987-1993.

[61] Liu J, De Bastiani M, Aydin E, et al. Efficient and stable perovskite-silicon tandem solar cells through contact displacement by MgF_x[J]. Science, 2022, 377: 302-306.

[62] Aydin E, Liu J, Ugur E, et al. Ligand-bridged charge extraction and enhanced quantum efficiency enable efficient n-i-p perovskite/silicon tandem solar cells[J]. Energy Environ. Sci., 2021, 14: 4377-4390.

[63] Babics M, De Bastiani M, Balawi A H, et al. Unleashing the full power of perovskite/silicon tandem modules with solar trackers[J]. ACS Energy Lett., 2022, 7: 1604-1610.

[64] Hou Y, Aydin E, De Bastiani M, et al. Efficient tandem solar cells with solution-processed perovskite on textured crystalline silicon[J]. Science, 2020, 367: 1135-1140.

[65] Isikgor F H, Furlan F, Liu J, et al. Concurrent cationic and anionic perovskite defect passivation enables 27.4%perovskite/silicon tandems with suppression of halide segregation[J]. Joule, 2021, 5: 1566-1586.

[66] Liu J, Aydin E, Yin J, et al. 28.2%-efficient, outdoor-stable perovskite/silicon tandem solar cell[J]. Joule, 2021, 5: 3169-3186.

[67] Li Y C, Shi B A, Xu Q J, et al. Wide bandgap interface layer induced stabilized perovskite/silicon tandem solar cells with stability over ten thousand hours[J]. Adv. Energy Mater., 2021, 11: 2102046.

[68] Nogay G, Sahli F, Werner J, et al. 25.1%-Efficient monolithic perovskite/silicon tandem solar cell based on a p-type monocrystalline textured silicon wafer and high-temperature passivating contacts[J]. ACS Energy Lett., 2019, 4: 844-845.

[69] Ross M, Severin S, Stutz M B, et al. Co-evaporated formamidinium lead iodide based perovskites with 1000 h constant stability for fully textured monolithic perovskite/silicon

tandem solar cells[J]. Adv. Energy Mater., 2021, 11: 2101460.

[70] Sahli F, Werner J, Kamino B A, et al. Fully textured monolithic perovskite/silicon tandem solar cells with 25.2%power conversion efficiency[J]. Nat. Mater., 2018, 17: 820-826.

[71] Lamanna E, Matteocci F, Calabro E, et al. Mechanically stacked, two-terminal graphene-based perovskite/silicon tandem solar cell with efficiency over 26%[J]. Joule, 2020, 4: 865-881.

[72] Kojima A, Teshima K, Shirai Y, et al. Organometal halide perovskites as visible-light sensitizers for photovoltaic cells[J]. J. Am. Chem. Soc., 2009, 131: 6050-6051.

[73] National Renewable Energy Laboratory (NREL). Best research-cell efficiency chart[EB/OL]. https://www.nrel.gov/pv/cell-efficiency.html [2023-03-10].

[74] Hao F, Stoumpos C C, Chang R P, et al. Anomalous band gap behavior in mixed Sn and Pb perovskites enables broadening of absorption spectrum in solar cells[J]. J. Am. Chem. Soc., 2014, 136: 8094-8099.

[75] Ma T, Wang S, Zhang Y, et al. The development of all-inorganic $CsPbX_3$ perovskite solar cells[J]. J. Mater. Sci., 2019, 55: 464-479.

[76] Noh J H, Im S H, Heo J H, et al. Chemical management for colorful, efficient, and stable inorganic-organic hybrid nanostructured solar cells[J]. Nano Lett., 2013, 13: 1764-1769.

[77] Li B, Ferguson V, Silva S R P, et al. Defect engineering toward highly efficient and stable perovskite solar cells[J]. Adv. Mater. Interfaces, 2018, 5: 1800326.

[78] Poindexter J R, Hoye R L Z, Nienhaus L, et al. High tolerance to iron contamination in lead halide perovskite solar cells[J]. ACS Nano, 2017, 11: 7101-7109.

[79] De Wolf S, Holovsky J, Moon S J, et al. Organometallic halide perovskites: Sharp optical absorption edge and its relation to photovoltaic performance[J]. J. Phys. Chem. Lett., 2014, 5: 1035-1039.

[80] Min H, Kim M, Lee S U, et al. Efficient, stable solar cells by using inherent bandgap of alpha-phase formamidinium lead iodide[J]. Science, 2019, 366: 749-753.

[81] Wang T, Ding D, Zheng H, et al. Efficient inverted planar perovskite solar cells using ultraviolet/ozone-treated NiO_x as the hole transport layer[J]. Sol. RRL, 2019, 3: 1900045.

[82] Woo M Y, Choi K, Lee J H, et al. Recent progress in the semiconducting oxide overlayer for halide perovskite solar cells[J]. Adv. Energy Mater., 2021, 11: 2003119.

[83] Chen Q, Zhou H, Hong Z, et al. Planar heterojunction perovskite solar cells via vapor-assisted solution process[J]. J. Am. Chem. Soc., 2014, 136: 622-625.

[84] Cheng Z, Gao C, Song J, et al. Interfacial and permeating modification effect of n-type non-fullerene acceptors toward high-performance perovskite solar cells[J]. ACS Appl. Mater. Interfaces, 2021, 13: 40778-40787.

[85] Liu M, Johnston M B, Snaith H J. Efficient planar heterojunction perovskite solar cells by vapour deposition[J]. Nature, 2013, 501: 395-398.

[86] Luo D, Zhao L, Wu J, et al. Dual-source precursor approach for highly efficient inverted

planar heterojunction perovskite solar cells[J]. Adv. Mater., 2017, 29: 1604758.

[87] Xu C Y, Hu W, Wang G, et al. Coordinated optical matching of a texture interface made from demixing blended polymers for high-performance inverted perovskite solar cells[J]. ACS Nano, 2020, 14: 196-203.

[88] Lv Y, Zhuang Y F, Wang W J, et al. Towards high-efficiency industrial p-type mono-like Si PERC solar cells[J]. Sol. Energy Mater. Sol. Cells, 2020, 204: 110202.

[89] Tang H B, Ma S, Lv Y, et al. Optimization of rear surface roughness and metal grid design in industrial bifacial PERC solar cells[J]. Sol. Energy Mater. Sol. Cells, 2020, 216: 110712.

[90] Zhuang Y F, Zhong S H, Liang X J, et al. Application of SiO_2 passivation technique in mass production of silicon solar cells[J]. Sol. Energy Mater. Sol. Cells, 2019, 193: 379-386.

[91] Manzoor S, Yu Z J, Ali A, et al. Improved light management in planar silicon and perovskite solar cells using PDMS scattering layer[J]. Sol. Energy Mater. Sol. Cells, 2017, 173: 59-65.

[92] Madan J, Shivani, Pandey R, et al. Device simulation of 17.3%efficient lead-free all-perovskite tandem solar cell[J]. Sol. Energy, 2020, 197: 212-221.

[93] Santbergen R, Mishima R, Meguro T, et al. Minimizing optical losses in monolithic perovskite/c-Si tandem solar cells with a flat top cell[J]. Opt. Express, 2016, 24: 1288-1299.

[94] Aydin E, Allen T G, De Bastiani M, et al. Interplay between temperature and bandgap energies on the outdoor performance of perovskite/silicon tandem solar cells[J]. Nat. Energy, 2020, 5: 851-859.

[95] Jacobs D A, Langenhorst M, Sahli F, et al. Light management: A key concept in high-efficiency perovskite/silicon tandem photovoltaics[J]. J. Phys. Chem. Lett., 2019, 10: 3159-3170.

[96] Chen B, Yu Z J, Manzoor S, et al. Blade-coated perovskites on textured silicon for 26% -efficient monolithic perovskite/silicon tandem solar cells[J]. Joule, 2020, 4: 850-864.

[97] De Bastiani M, Mirabelli A J, Hou Y, et al. Efficient bifacial monolithic perovskite/ silicon tandem solar cells via bandgap engineering[J]. Nat. Energy, 2021, 6: 167-175.

[98] Subbiah A S, Isikgor F H, Howells C T, et al. High-performance perovskite single-junction and textured perovskite/silicon tandem solar cells via slot-die-coating[J]. ACS Energy Lett., 2020, 5: 3034-3040.

[99] Zhumagali S, Isikgor F H, Maity P, et al. Linked nickel oxide/perovskite interface passivation for high-performance textured monolithic tandem solar cells[J]. Adv. Energy Mater., 2021, 11: 2101662.

[100] Ding D, Lu G, Li Z, et al. High-efficiency n-type silicon PERT bifacial solar cells with selective emitters and poly-Si based passivating contacts[J]. Sol. Energy, 2019, 193: 494-501.

[101] Guerrero-Lemus R, Vega R, Kim T, et al. Bifacial solar photovoltaics—A technology

review[J]. Renew. Sust. Energy Rev., 2016, 60: 1533-1549.

[102] Patel M T, Vijayan R A, Asadpour R, et al. Temperature-dependent energy gain of bifacial PV farms: A global perspective[J]. Appl. Energy, 2020, 276: 115405.

[103] Liang T S, Pravettoni M, Deline C, et al. A review of crystalline silicon bifacial photovoltaic performance characterisation and simulation[J]. Energy Environ. Sci., 2019, 12: 116-148.

[104] 11th edition of the International Technology Roadmap Photovoltaics (ITRPV)[EB/OL]. https://itrpv.vdma.org [2023-03-10].

[105] Chantana J, Kawano Y, Nishimura T, et al. Optimized bandgaps of top and bottom subcells for bifacial two-terminal tandem solar cells under different back irradiances[J]. Sol. Energy, 2021, 220: 163-174.

[106] Lehr J, Langenhorst M, Schmager R, et al. Energy yield of bifacial textured perovskite/silicon tandem photovoltaic modules[J]. Sol. Energy Mater. Sol. Cells, 2020, 208: 110367.

[107] Hanmandlu C, Chen C Y, Boopathi K M, et al. Bifacial perovskite solar cells featuring semitransparent electrodes[J]. ACS Appl. Mater. Interfaces, 2017, 9: 32635-32642.

[108] Pang S, Chen D, Zhang C, et al. Efficient bifacial semitransparent perovskite solar cells with silver thin film electrode[J]. Sol. Energy Mater. Sol. Cells, 2017, 170: 278-286.

[109] Jäger K, Tillmann P, Katz E A, et al. Perovskite/silicon tandem solar cells: Effect of luminescent coupling and bifaciality[J]. Sol. RRL, 2021, 5: 2000628.

[110] Onno A, Rodkey N, Asgharzadeh A, et al. Predicted power output of silicon-based bifacial tandem photovoltaic systems[J]. Joule, 2020, 4: 580-596.

[111] Boccard M, Ballif C. Influence of the subcell properties on the fill factor of two-terminal perovskite-silicon tandem solar cells[J]. ACS Energy Lett., 2020, 5: 1077-1082.

[112] Hörantner M T, Snaith H J. Predicting and optimising the energy yield of perovskite-on-silicon tandem solar cells under real world conditions[J]. Energy Environ. Sci., 2017, 10: 1983-1993.

[113] Futscher M H, Ehrler B. Modeling the performance limitations and prospects of perovskite/Si tandem solar cells under realistic operating conditions[J]. ACS Energy Lett., 2017, 2: 2089-2095.

[114] Koehnen E, Jost M, Morales-Vilches A B, et al. Highly efficient monolithic perovskite silicon tandem solar cells: analyzing the influence of current mismatch on device performance[J]. Sustain. Energy Fuels, 2019, 3: 1995-2005.

[115] Qian J, Thomson A F, Wu Y, et al. Impact of perovskite/silicon tandem module design on hot-spot temperature[J]. ACS Appl. Energy Mater., 2018, 1: 3025-3029.

[116] Gao C, Du D, Shen W. Monolithic perovskite/c-Si tandem solar cell: Progress on numerical simulation[J]. Carbon Neutrality, 2022, 1: 9.

[117] Futscher M H, Ehrler B. Efficiency limit of perovskite/Si tandem solar cells[J]. ACS Energy Lett., 2016, 1: 863-868.

[118] Tucher N, Hohn O, Murthy J N, et al. Energy yield analysis of textured perovskite

silicon tandem solar cells and modules[J]. Opt. Express, 2019, 27: 1419-1430.

[119] Karthick A, Kalidasa Murugavel K, Ghosh A, et al. Investigation of a binary eutectic mixture of phase change material for building integrated photovoltaic (BIPV) system[J]. Sol. Energy Mater. Sol. Cells, 2020, 207: 110360.

[120] Roy A, Ghosh A, Bhandari S, et al. Perovskite solar cells for BIPV application: A review[J]. Buildings, 2020, 10: 129.

[121] Tripathy M, Sadhu P K, Panda S K. A critical review on building integrated photovoltaic products and their applications[J]. Renew. Sust. Energy Rev., 2016, 61: 451-465.

[122] Ghosh A, Sundaram S, Mallick T K. Colour properties and glazing factors evaluation of multicrystalline based semi-transparent photovoltaic-vacuum glazing for BIPV application[J]. Renew. Energy, 2019, 131: 730-736.

[123] Virtuani A, Strepparava D. Modelling the performance of amorphous and crystalline silicon in different typologies of building-integrated photovoltaic (BIPV) conditions[J]. Sol. Energy, 2017, 146: 113-118.

[124] Saifullah M, Gwak J, Yun J H. Comprehensive review on material requirements, present status, and future prospects for building-integrated semitransparent photovoltaics (BISTPV)[J]. J. Mater. Chem. A, 2016, 4: 8512-8540.

[125] Alrashidi H, Ghosh A, Issa W, et al. Thermal performance of semitransparent CdTe BIPV window at temperate climate[J]. Sol. Energy, 2020, 195: 536-543.

[126] Koh T M, Wang H, Ng Y F, et al. Halide perovskite solar cells for building integrated photovoltaics: Transforming building facades into power generators[J]. Adv. Mater., 2022, 34: 2104661.

[127] Ghosh A, Bhandari S, Sundaram S, et al. Carbon counter electrode mesoscopic ambient processed & characterised perovskite for adaptive BIPV fenestration[J]. Renew. Energy, 2020, 145: 2151-2158.

[128] Zhang L, Hörantner M T, Zhang W, et al. Near-neutral-colored semitransparent perovskite films using a combination of colloidal self-assembly and plasma etching[J]. Sol. Energy Mater. Sol. Cells, 2017, 160: 193-202.

[129] Batmunkh M, Zhong Y L, Zhao H. Recent advances in perovskite-based building-integrated photovoltaics[J]. Adv. Mater., 2020, 32: 2000631.

[130] Bing J, Caro L G, Talathi H P, et al. Perovskite solar cells for building integrated photovoltaics-glazing applications[J]. Joule, 2022, 6: 1446-1474.

[131] Roy A, Ghosh A, Bhandari S, et al. Color comfort evaluation of dye-sensitized solar cell (DSSC) based building-integrated photovoltaic (BIPV) glazing after 2 years of ambient exposure[J]. J. Phys. Chem. C, 2019, 123: 23834-23837.

[132] Lucera L, Machui F, Schmidt H D, et al. Printed semi-transparent large area organic photovoltaic modules with power conversion efficiencies of close to 5%[J]. Org. Electron., 2017, 45: 209-214.

[133] Nguyen D C, Murata F, Sato K, et al. Evaluation of annual performance for building-integrated photovoltaics based on 2-terminal perovskite/silicon tandem cells under

realistic conditions[J]. Energy Sci. Eng., 2022, 10: 1373-1383.
[134] Jošt M, Koehnen E, Morales-Vilches A B, et al. Textured interfaces in monolithic perovskite/silicon tandem solar cells: advanced light management for improved efficiency and energy yield[J]. Energy Environ. Sci., 2018, 11: 3511-3523.
[135] Tillmann P, Jäger K, Karsenti A, et al. Model-chain validation for estimating the energy yield of bifacial perovskite/silicon tandem solar cells[J]. Sol. RRL, 2022, 6: 2200079.
[136] Green M A, Dunlop E D, Hohl-Ebinger J, et al. Solar cell efficiency tables (version 59)[J]. Prog. Photovolt., 2021, 30: 3-12.
[137] Shen W Z, Zhao Y X, Liu F. Highlights of mainstream solar cell efficiencies in 2021[J]. Front. Energy, 2022, 16: 1-8.
[138] Schmager R, Langenhorst M, Lehr J, et al. Methodology of energy yield modelling of perovskite-based multi-junction photovoltaics[J]. Opt. Express, 2019, 27: 507-523.
[139] Julien A, Puel J B, Lopez-Varo P, et al. Backside light management of 4-terminal bifacial perovskite/silicon tandem PV modules evaluated under realistic conditions[J]. Opt. Express, 2020, 28: 37487-37504.
[140] Zhang Y, Yu Y, Meng F, et al. Experimental investigation of the shading and mismatch effects on the performance of bifacial photovoltaic modules[J]. IEEE J. Photovolt., 2020, 10: 296-305.
[141] Duong T, Wu Y, Shen H, et al. Rubidium multication perovskite with optimized bandgap for perovskite-silicon tandem with over 26%efficiency[J]. Adv. Energy Mater., 2017, 7: 1700228.
[142] Kim D, Jung H J, Park I J, et al. Efficient, stable silicon tandem cells enabled by anion-engineered wide-bandgap perovskites[J]. Science, 2020, 368: 155-160.
[143] Mazzarella L, Lin Y H, Kirner S, et al. Infrared light management using a nanocrystalline silicon oxide interlayer in monolithic perovskite/silicon heterojunction tandem solar cells with efficiency above 25%[J]. Adv. Energy Mater., 2019, 9: 1803241.
[144] Wu Y, Yan D, Peng J, et al. Monolithic perovskite/silicon-homojunction tandem solar cell with over 22% efficiency[J]. Energy Environ. Sci., 2017, 10: 2472-2479.
[145] Zhu S, Yao X, Ren Q, et al. Transparent electrode for monolithic perovskite/silicon-heterojunction two-terminal tandem solar cells[J]. Nano Energy, 2018, 45: 280-286.
[146] Gao Y, Lin R, Xiao K, et al. Performance optimization of monolithic all-perovskite tandem solar cells under standard and real-world solar spectra[J]. Joule, 2022, 6: 1944-1963.

第 7 章　钙钛矿与其他晶硅及薄膜叠层太阳电池

钙钛矿由于其溶液加工的高兼容性，可以与市面上的大部分商业太阳电池组成叠层器件。根据中国光伏行业协会 (CPIA) 数据显示，2021 年的晶硅电池市场份额中，钝化发射极和背面电池 (PERC) 占 90%以上，而为了进一步提高光电转换效率所发展出的其他晶硅电池，如隧道氧化物钝化接触 (TOPCon) 电池和叉指形背接触 (IBC) 电池技术在未来几年中的市场占比将逐步增长。因此在 7.1 节中将详细介绍在当前的市场环境下具有商业化潜力的钙钛矿与 PERC、TOPCon、IBC 晶硅电池的叠层器件相关研究。而薄膜太阳电池具有衰减低、可薄膜化、材料消耗少等优点，与钙钛矿组成的叠层器件具有更广泛的应用场景，因此，研究钙钛矿与薄膜电池组成的叠层器件相当具有吸引力，7.2 节中将围绕砷化镓 (GaAs)、铜铟镓硒 (CIGS) 这两种商业化的薄膜太阳电池，介绍钙钛矿与砷化镓和铜铟镓硒薄膜叠层电池的相关研究。7.3 节则将重点放在钙钛矿自身的堆叠上，将介绍全钙钛矿叠层电池的相关研究。7.4 节对本章的钙钛矿与其他晶硅及薄膜叠层电池产业化面临的问题，以及未来的发展方向进行简单总结。

7.1　钙钛矿与其他晶硅叠层太阳电池

过去几年中，钙钛矿/晶硅 (c-Si) 叠层太阳电池在电池效率方面发展迅速，目前正作为下一代工业光伏电池的候选产品进行研究。这就提出了一个问题，即哪种晶硅电池最适于叠层电池的产业化应用。图 7-1(a), (b) 列出了产业化主流晶硅电池的市场份额预测以及钙钛矿/c-Si 叠层太阳电池的转换效率提升历程 [1]，其中 PERC 电池在现有产业化晶硅电池中的市场份额处于绝对领先地位，这主要得益于这几年 PERC 电池在转换效率以及制造成本控制上的快速发展。目前，PERC 电池已经基本取代了传统的铝背场 (Al-BSF) 电池而成为产业化晶硅电池的主流。随着 PERC 电池的发展，受限于其结构，进一步提升转换效率的空间有限。过去几年发展的高温钝化接触技术 [2]，如 TOPCon 电池或多晶硅氧化物 (POLO) 以及硅异质结电池 (SHJ)，将在今后几年的产业化电池发展中扮演更加重要的角色。IBC 电池通过将所有触点置于电池的背面，避免了正面的电极遮挡，大幅降低了电流损失，实现了额外的效率提高 [3]。之前受制造程序多、成本高等问题的困扰，发展缓慢，但近几年，由于新型技术的发展，制造成本已经大幅下降，在未来几年内也将在晶硅市场上占有一席之地。2017 年 3 月，日本 Kaneka 公司将 IBC

结合 SHJ (SHJ-IBC)，创造了认证效率 26.7%的世界纪录 [4]。然而，通过优化 c-Si 电池设计而获得的效率提高不会持续太久，因为考虑到外部复合损耗、光学损耗和电阻损耗，晶硅技术的实际效率极限仅略高于 27%[5]。c-Si 太阳电池受到俄歇复合的限制，理论效率极限为 29.56%[6]，而在产业化电池上叠加钙钛矿电池可以突破此限制。图 7-1(b) 展示了各种产业化电池结合钙钛矿的叠层电池效率演变图，其中硅异质结 (SHJ) 技术在钙钛矿/c-Si 叠层技术上处于领先地位，多项钙钛矿/c-Si 叠层电池的效率突破均采用 SHJ 结构。基于此结构，2022 年，瑞士 CSEM 可持续能源中心和 EPFL 光伏实验室的研究人员调整了材料和制造技术，将溶液中的高质量钙钛矿层沉积在平面化的晶硅表面上，使 1 cm^2 光伏电池的功

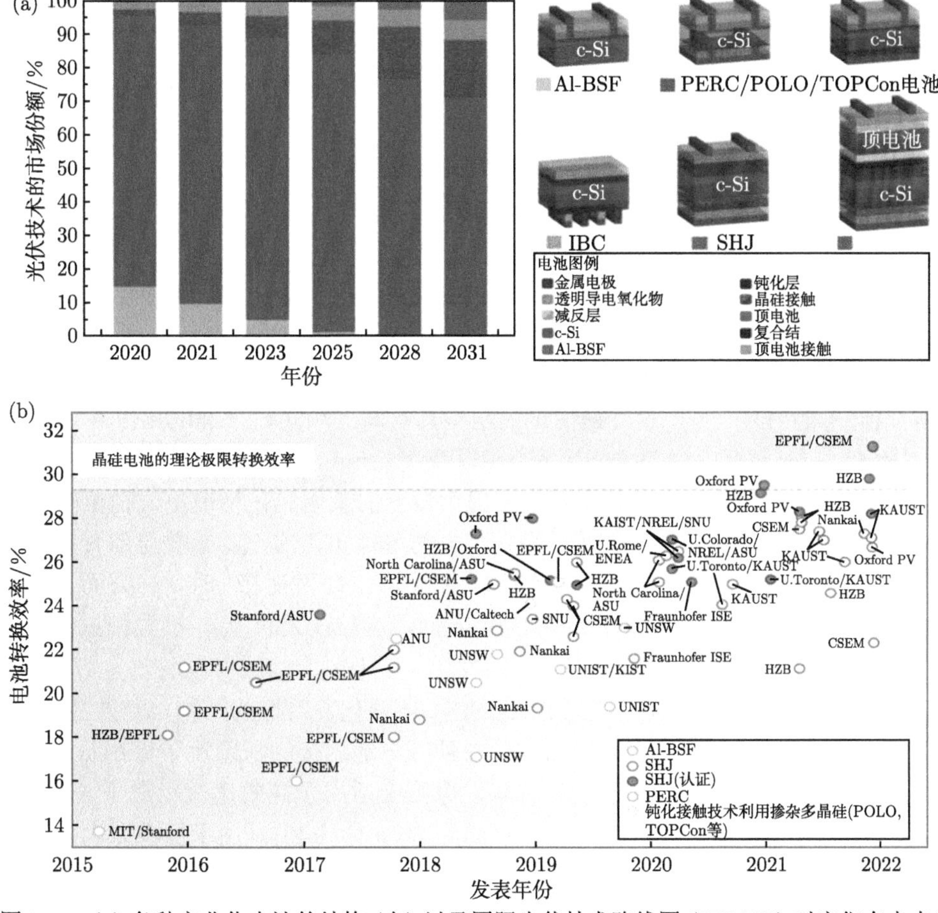

图 7-1 (a) 各种产业化电池的结构 (右) 以及国际光伏技术路线图 (ITRPV) 对它们在未来几年的市场份额预测 (左)；(b) 钙钛矿/c-Si 叠层太阳电池效率演变 [1]

率转换效率达到 30.93%；通过研究与纹理硅表面兼容的混合蒸气/溶液处理技术，他们在 1 cm^2 的面积上制备出功率转换效率为 31.25%的光伏电池 [7]。德国柏林亥姆霍兹中心则发布了认证叠层电池功率转换效率为 32.5%的世界纪录 [8]。尽管如此，受限于目前 SHJ 技术制造成本较其他产业化电池仍偏高，进而影响钙钛矿/SHJ 叠层电池的产业化进程。因此，为了尽早实现钙钛矿/c-Si 叠层电池的商业化，研究其他产业化电池叠加钙钛矿的叠层电池同样具有重要的意义，本节就三种主流的产业化晶硅电池叠加钙钛矿分别进行介绍。

7.1.1 钙钛矿/PERC 叠层电池

在两端 (2-T) 钙钛矿/PERC 叠层电池 (Pero-PERC) 的结构中，PERC 电池作为底部电池，其正面的设计需遵循不同的光学和电学要求，仅需吸收长波光子，约一半的电流，并且不需要在金属化过程中提供高温。此外，对于单片叠层设计，PERC 电池的正面需具有一维电流传输，而不需要发射极中的横向传输。因此，这种叠层电池需优化的要点是磷扩散前发射极和朝向顶部电池的互连层。正常的 PERC 发射极需优化的地方为：短波响应、表面钝化、向局部金属触点的横向传输、金属化的低复合和接触电阻以及杂质吸除 [9]。

德国 Fraunhofer ISE[10] 研究了 PERC 电池发射极与顶层电池的连接问题，并提出了几种有代表性的电池结构，同时通过 Sentaurus TCAD 软件对这些结构进行了详细的研究，图 7-2 展示了五种钙钛矿/PERC 电池的互连结构，并针对性地介绍了各种结构的相关特性。

P[E]RC 的特点为采用了一个全面积透明导电氧化物 (TCO) 作为触点，用作通向顶部电池的复合结。这种最简单的结构具有向上单元的一维电流传输的特点，在实验上，Hoye 等 [11]、Desrues 等 [12] 以及 Werner 等 [13] 证明了这种电池设计的可行性。模拟发现，在 TCO 互连层提供较差的表面钝化情况下，需要一个高掺杂、不透明发射极 (P46，红色) 来实现大约 654 mV 的 V_{OC}，叠层的转换效率为 29.4%。当使用较低掺杂和透明的发射极 (如 P134 发射极) 时，一方面，由于寄生吸收较少，获得了较高的 J_{SC}；另一方面，这与较大的 V_{OC} 损失相抵消，从而导致 29.6%的中等转换效率。

sPERC 采用全面积介质绝缘 SiO_2/SiN_x 层钝化发射极的结构，通过 TCO 与 n^{++} 发射极钝化层中的局部开口而实现与顶部电池的接触，载流子可在 n^+ 发射极和 TCO 中进行有效的横向电流传输，原则上适用于高效率。相对于 P[E]RC 结构，使用选择性发射极时，V_{OC} 可提高约 30 mV (P46)，由于俄歇和表面复合较少，在 SiO_2/SiN_x 钝化区域中具有高方阻发射极 (P600)。然而，TCO 的功函数 (WF) 可能会引起穿过薄钝化层的场效应，这可能会产生负面影响，尤其是在使用低表面掺杂浓度的发射极和中等 WF 的 ITO 时。不过，当触点开口处的接触电阻率较低时，sPERC 可以产生 30.3%的叠层效率。当使用 P141 作为均匀发射极时，叠层效率约为 30.0%。Wu 等 [14] 展示了基于结构化 p^+ 发射器的类似前端概念，并预测其转换效率可高达 30.3%。

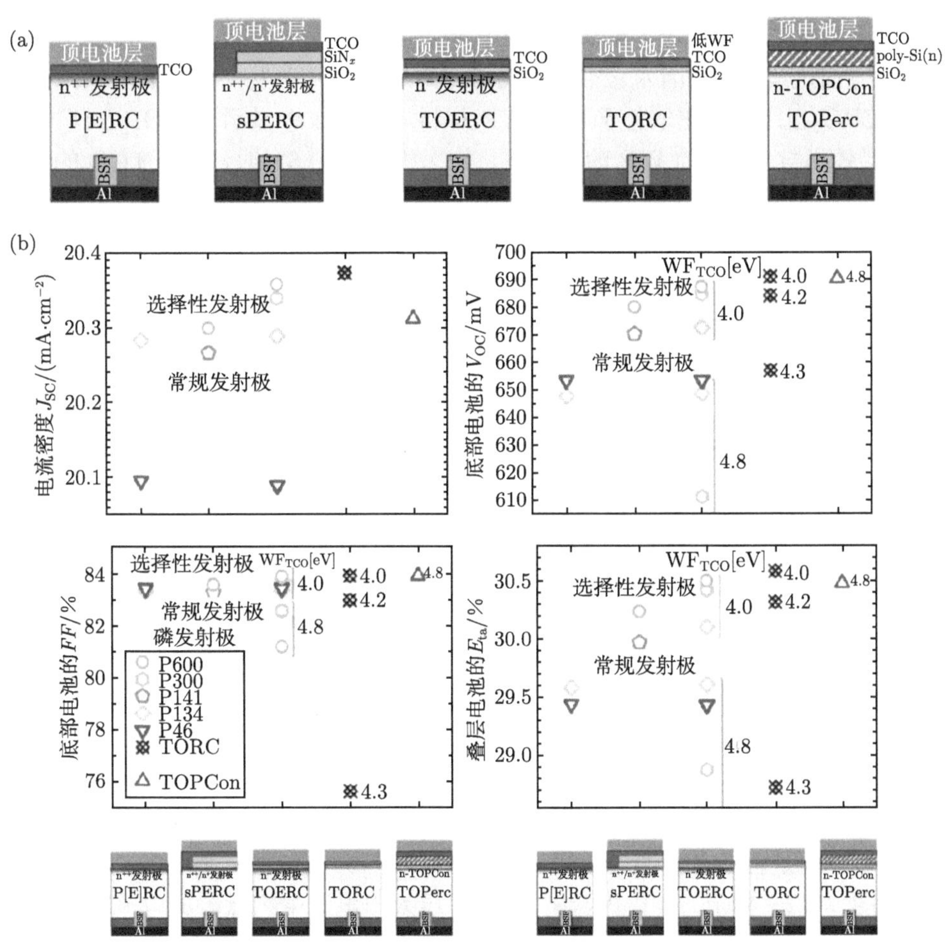

图 7-2 (a) 五种钙钛矿/PERC 叠层电池互连层结构示意图；(b) 不同发射极的 Sentaurus TCAD 模拟结果，其中左下角方框中为不同磷发射极下的方阻，右侧为叠层电池的转换效率 (设置顶部钙钛矿的开压为 960 mV)[10]

TOERC 基于 P[E]RC 结构，具有超薄氧化硅 (SiO_2，厚度 1.2nm)，可对 n^+ 发射极进行化学钝化，但在该结构中，还需要确保电子通过氧化物的有效势垒隧穿进入 TCO。对于 TOERC，其电学性能依赖于 TCO 的 WF 和表面钝化质量，当 ITO 为 TCO 材料时，与未钝化的 P[E]RC 发射极相比，没有任何改善，就算表面复合速率 (SRV) 较低，仍会导致复合损耗；当使用更合适的低 WF 材料 (例如 ZnO)，同时表面复合速率较低时，叠层电池的电学性能将有所提升，转换效率预计将高达 30.5%。

TORC (隧道氧化物钝化背面电池) 类似于 TOERC，它将正常的磷发射极取消，并以低 WF 的 TCO 代替成为发射极，该 TCO 由一个非常薄的隧道氧化物钝化。正面结构为绒面 [15] 或者抛光 [16] 时，其表面钝化优于 TOERC。TORC 在 J_{SC} 方面是最好的，因为它省略了发射器并避免了光学吸收和俄歇损耗。然而，与 TOERC 相比，它更依赖于超低 WF 材料。图 7-2 中显示了 TORC (黑色符号) 叠层效率与 TCO 的 WF 的相关性，当效率达到 30.6%时，理想 TCO 的 WF 为 4 eV。然而，当 WF(费米能级钉扎后) 大于 4.2 eV 时，V_{OC} 和 FF 显著降低，当 WF 为 4.3 eV 时，TORC 的叠层效率低于 P[E]RC。

TOPerc (TOPCon 发射极和钝化背电池) 通过 n-TOPCon (30 nm 多晶硅) 层取代常规 PERC 结构的 n^+ 发射极，该层实现了底部电池的背面全面积钝化接触，朝向顶部电池的复合结由 20 nm TCO 形成。由于具有低 WF 的多晶硅材料和良好的钝化质量，其 V_{OC} 非常高，达到 690 mV。模拟表明，TOPerc 具有约 30.4%的叠层效率，同时其结构适用于工业生产，因而具有较低的制造成本。以上模拟结果对比表明，最适用于 PERC 电池叠加钙钛矿的结构为 TOPerc 结构。

针对 2-T 钙钛矿/PERC 叠层电池的实验研究方面，在早期的研究中，底部电池主要采用的是 PERC 演化前电池，包括 Al-BSF、PERL (钝化发射极背部局域扩散) 以及 PERT (钝化发射极背部全扩散电池)。早在 2015 年，美国麻省理工学院 (MIT) 研究人员 [17] 就将钙钛矿与 Al-BSF 电池结合起来，他们制备了一个 1 cm^2 的 2-T 钙钛矿/c-Si 叠层太阳电池，其 V_{OC} 高达 1.65 V，以钙钛矿作为限流子电池，实现了稳定的 13.7% 功率转换效率，如第 5 章图 5-8(a)，(b) 所示。为了合理有效地实现多数载流子的复合效应，他们采用重掺杂区域的硅基隧穿结，如图 7-3(a)，(b) 所示，制备的钙钛矿/c-Si 叠层太阳电池的能量转换效率偏低，一方面是由两子电池的效率偏低导致，另一方面还主要是由电流匹配性差所致，图 7-3(c) 显示，2-T 钙钛矿/c-Si 叠层太阳电池中钙钛矿的电流密度仅为 11.5 $mA{\cdot}cm^{-2}$，严重拉低了叠层电池的转换效率。他们还提出，后续可通过用更宽的带隙空穴传输材料替换 spiro-OMeTAD 层，进一步改善钙钛矿吸收材料的质量，以及提高晶硅电池质量等方法来提高叠层电池的转换效率。

为了降低光学损失与提高两个子电池的电流匹配性，2016 年，瑞士 EPFL 研究人员在 2-T 钙钛矿/Al-BSF 叠层电池中采用氧化锌锡 (ZTO) 作为互连层，这种互连层光透过率好，降低了光学损失，且电子迁移率高，保证了横向的电荷传输，对于提高叠层电池的转换效率有明显作用。此外，他们还研究了氧化锌锡层厚度变化对于电流密度的影响，同时展示了其在高达 500℃ 下的电学和光学稳定性。最后，通过优化两个子电池的电流匹配性，制备的单片钙钛矿/Al-BSF 叠层电池效率达 16.3%(面积 1.43 cm^2)，如第 5 章图 5-8(c)，(d) 所示。研究者们发现，不同材料和不同厚度的复合结对于钙钛矿/c-Si 叠层太阳电池的转换效率的影响巨大，厚度的改变可以使得底电池的电流密度从 14.9 $mA·cm^{-2}$ 提升到 15.8 $mA·cm^{-2}$，镀有光学减反膜后，叠层太阳电池的 EQE 有明显的上升趋势，如图 7-4 所示。相对于图 7-3 中的研究结果，叠层电池的电流密度有提升，同时匹配性较高，但受限于当时的钙钛矿以及晶硅技术水平不高，其综合效率仍偏低 [13]。

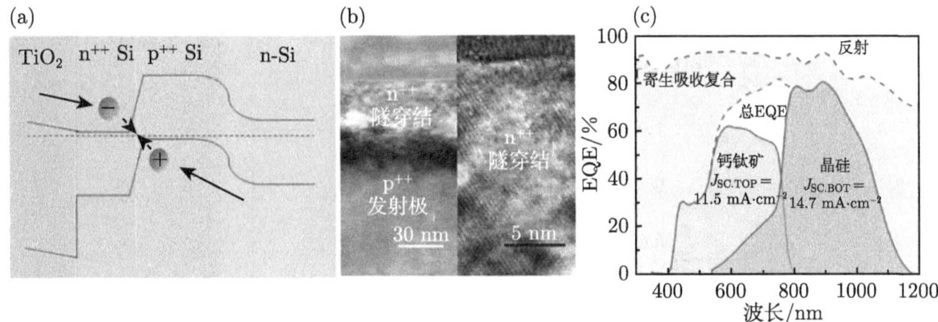

图 7-3 (a) 2-T 钙钛矿/c-Si 叠层太阳电池界面能带图；(b) 隧穿结透射电子显微镜图片；(c) 典型钙钛矿/c-Si 叠层太阳电池的两子电池的反射和 EQE[17]

为了进一步提高叠层电池的转换效率，研究人员开始采用更优的底部硅基电池。2017 年，澳大利亚国立大学 (ANU) 研究人员 [14] 制造了一种适用于钙钛矿/硅叠层的新型同质结 c-Si 电池结构，如图 7-5(a)，(b) 所示，底部为 PERT 电池，由于其背面具有全面积的 n^+ 层，所以可获得优异的背面钝化性能，相比于 BSF 电池，其 V_{OC} 有了大幅的提升。他们优化了这些钝化层的光学和钝化性能，并采用一种改进的真空闪蒸技术，用于大面积、四重阳离子钙钛矿薄膜的制备，具有良好的产率和高效率。此外，他们还研究并优化了这些钝化层的光学和钝化性能，并采用一种改进的真空闪蒸技术，用于大面积、四重阳离子钙钛矿薄膜的制备，具有良好的产率和高效率，这些创新技术最终实现了 22.8%的高效单片叠层电池 (钙钛矿/PERT，1 cm^2)。而在更大电池面积上，2018 年，澳大利亚新南威尔士大学 (UNSW) 研究人员使用一种新型的金属网格设计，在 16 cm^2 上实现了整体式钙钛矿/c-Si 叠层太阳电池，其中用 $(FAPbI_3)_{0.83}(MAPbBr_3)_{0.17}$ 钙钛矿代替 $MAPbI_3$ 作为顶电池，不仅叠层电池的 V_{OC} 提高，迟滞效应也显著降低，这是因为混合钙钛矿具有更高的带隙和更好的质量。此外，通过底部晶硅电池的织构化处理，叠层电池的 J_{SC} 提高到 16.3 $mA·cm^{-2}$，获得稳态效率为 21.8%(钙钛矿/PERT，面积 16 cm^2)，如图 7-5(c)，(d) 所示 [18]。

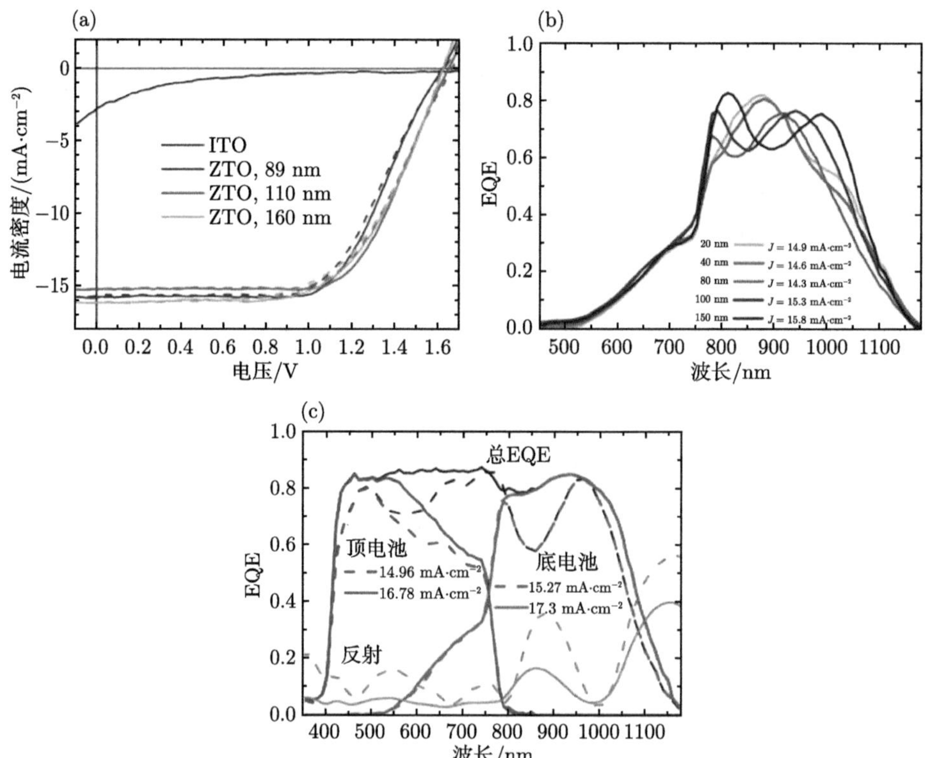

图 7-4　(a) 不同复合结情况下单片钙钛矿/c-Si 叠层太阳电池的 J-V 曲线，虚线代表正扫，实线代表反扫；(b) 不同 ZTO 复合结厚度的底电池 EQE；(c) 叠层电池 EQE 和反射率测量，总 EQE 是顶部和底部电池响应的总和，实线代表有减反膜，虚线代表无减反膜 [13]

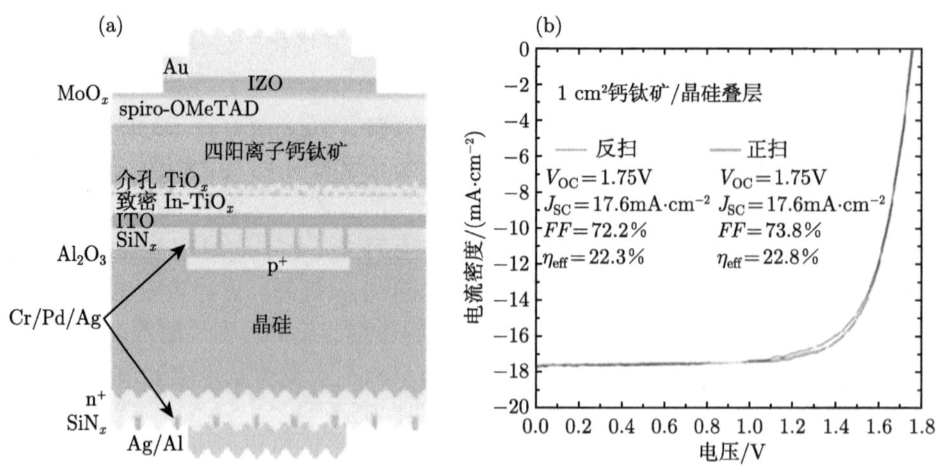

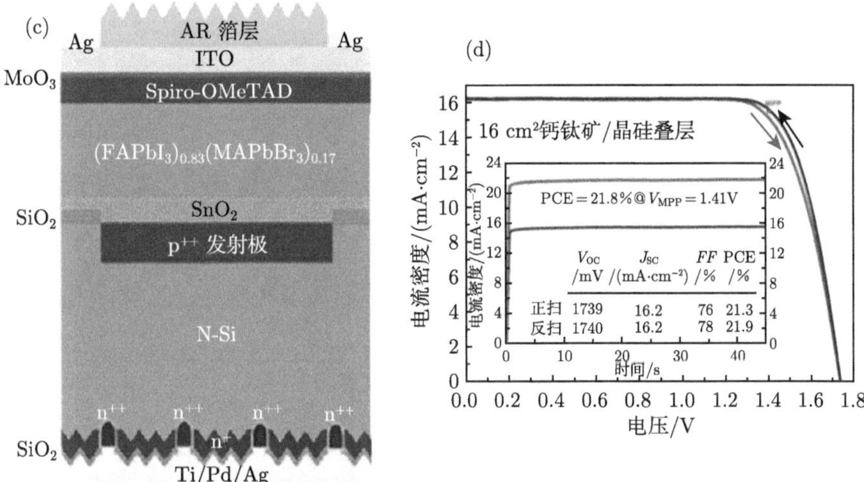

图 7-5 (a) 单片钙钛矿/c-Si 叠层太阳电池示意图以及 (b) 反向和正向扫描的冠军叠层电池 J-V 曲线 [14]；(c) 单片钙钛矿/c-Si 叠层太阳电池示意图以及 (d)16 cm^2 有效面积的叠层电池 J-V 曲线与电学参数 [18]

最近几年，随着 PERC 电池转换效率的提升，越来越多的研究人员开始采用 PERC 电池作为底部电池。Peibst 等 [19] 提出了一种集成方案，通过钝化氧化物中的多晶硅取代 PERC 电池的扩散磷发射极，利用钝化 n^+ 型多晶硅氧化物与 p^+ 多晶硅/n^+ 多晶硅隧道结接触。Mariotti 等 [20] 制备了一种钙钛矿/PERC 叠层电池，其具有 POLO 前结和 PERC 型钝化背面结构，如图 7-6 所示。该钙钛矿/POLO 电池实现了与工业主流 PERC 技术兼容的工艺流程，顶部和底部电池通过掺 ITO 复合层连接。通过沉积后退火和减少溅射损伤，优化了底部电池 POLO 前结上的复合层，制造出的叠层电池的 PCE 达 21.3%，同时根据实验结果和光学模拟，通过工艺和膜层优化可以提升其电学性能，并且预计 PERC 结合钙钛矿的叠层太阳电池的 PCE 潜力为 29.5%。

而在四端 (4-T) 钙钛矿/PERC 叠层电池研发方面，Duong 等 [21] 报道了一种典型的 4-T 钙钛矿/c-Si 叠层太阳电池结构，其中顶部子电池为半透明钙钛矿太阳电池，并通过溅射 ITO 作为前后透明电极，使其近红外透过率超过 80%，底部子电池采用的是 PERL 同质结硅电池，最终获得的 4-T 叠层电池的效率可达 20.1%，如图 7-7(a) 所示。不过由于所用 $MAPbI_3$ 钙钛矿带隙为 1.55 eV，尚未达到最优，故其近红外透明度和转换效率有待进一步提高。此外，他们还通过探索 2D 与 3D 钙钛矿结合策略 [22]，制备了 $Rb_{0.05}Cs_{0.095}MA_{0.1425}FA_{0.7125}PbI_2Br$ 钙钛矿，提升了载流子的输运效率，延长了载流子的寿命，进而提高了钙钛矿太阳电池的转换效率，并将 4-T 叠层电池的转换效率提高至 26.2%，如图 7-7(b) 所示。

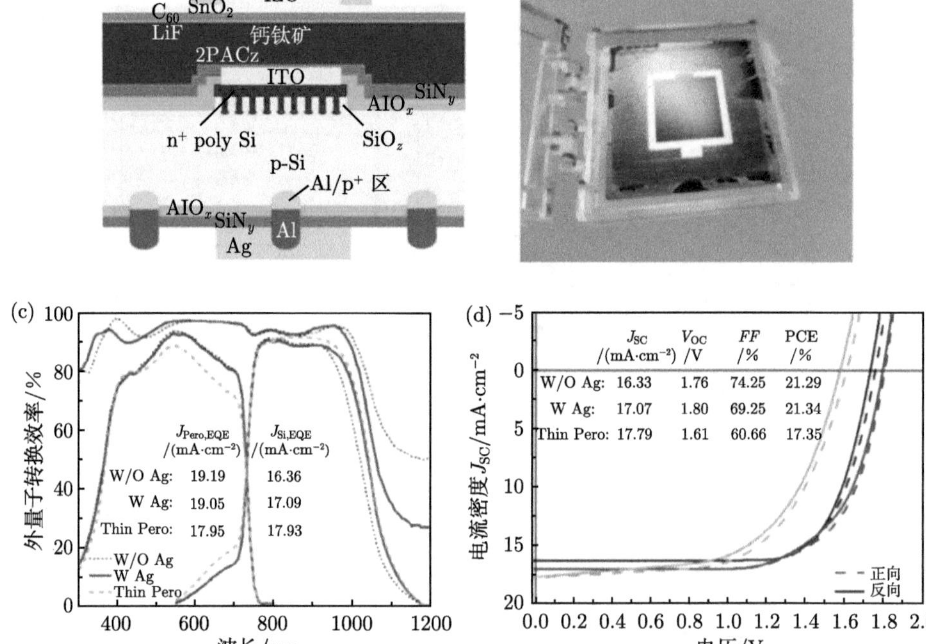

图 7-6　(a) 钙钛矿/c-Si 单片叠层太阳电池示意图以及 (b) 器件实物图；(c) 叠层电池的 EQE 和总反射率测量，总曲线是顶部和底部电池响应的总和；(d) 钙钛矿/c-Si 单片叠层太阳电池的 J-V 曲线 [20]

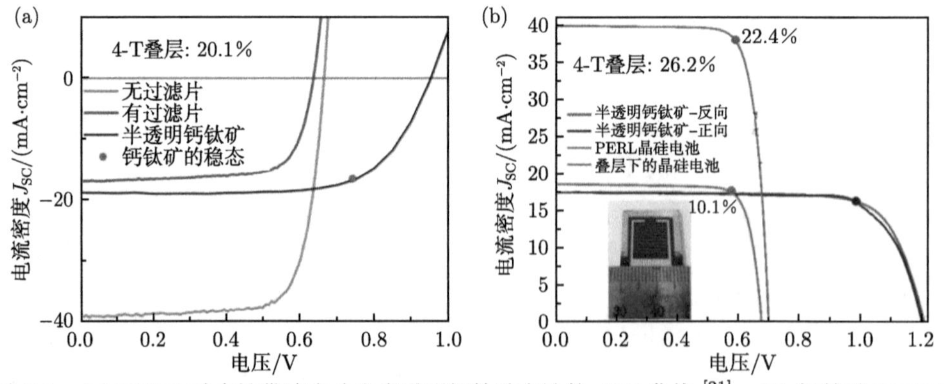

图 7-7　(a) PERL 硅电池带滤光片和半透明钙钛矿电池的 J-V 曲线 [21]；(b) 钙钛矿/PERL 叠层电池的 J-V 曲线 [22]

为了进一步提高叠层电池的转换效率，Quiroz 等 [23] 采用 CuSCN 取代传统的 PEDOT: PSS 作为钙钛矿太阳电池的空穴传输材料 (图 7-8)，将半透明钙钛矿太阳电池的红外透过率有效提升至 84%，同时他们详细分析了银纳米线 (AgNW) 沉积对钙钛矿太阳电池的性能损失，并确定了沉积的最佳条件，使得半透明钙钛矿电池的效率有所提升，最终将 4-T 叠层电池的转换效率提升至 26.7%。

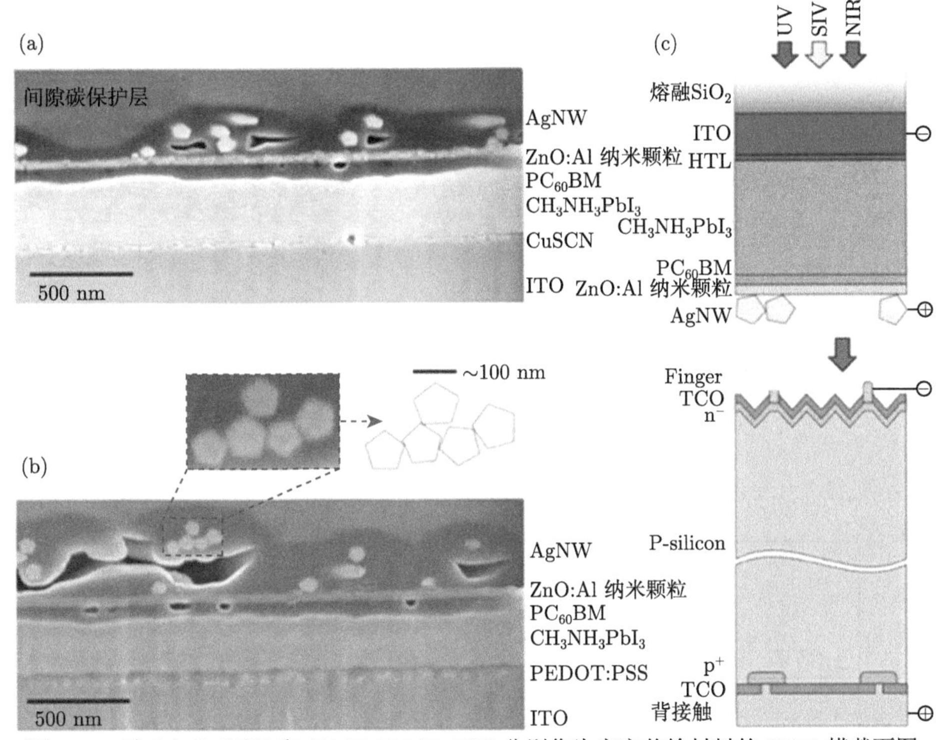

图 7-8 以 (a) CuSCN 和 (b) PEDOT: PSS 分别作为空穴传输材料的 SEM 横截面图；(c) 4-T 叠层太阳电池示意图 [23]

2020 年，德国 Q Cells 公司与柏林亥姆霍兹中心合作，将 4-T 钙钛矿/PERC 电池的转换效率提高至 27.8%(由 Fraunhofer ISE Callab 独立验证)，2022 年，他们又将此纪录效率提高至 28.7%，同时阐明了此类叠层电池的量产可能性 [24]。尽管 PERC 电池在目前的主流产业化电池中制造成本最低，有利于实现叠加钙钛矿电池的商业化。但目前钙钛矿/PERC 系列叠层电池的转换效率相较于以 SHJ 为底部电池的叠层电池要低很多，想要尽早实现商业化，除了钙钛矿电池方面的因素外，需要做的工作还很多。

7.1.2 钙钛矿/TOPCon 叠层电池

为了实现背面的全钝化接触，德国 Fraunhofer ISE 于 2013 年开发出新型隧道氧化物钝化接触电池 (TOPCon)，其与 PERC 电池的最大差别为背面采用

1.0 ~ 1.5 nm 的隧穿氧化层以及掺杂的多晶硅进行钝化。这种电池的背面由于载流子的选择性通过，极大地提高了其钝化效果，转换效率较 PERC 电池提高 1% 以上。2018 年，Shen 等 [25] 将 SiO_x/poly-Si 钝化接触膜层运用于叠层电池中，并通过原子沉积方法制备了 n-TiO_2 作为两个子电池的连接层，大幅降低了钙钛矿与晶硅界面接触的电阻率，获得了 24.5%转换效率的 2-T 钙钛矿/TOPCon 电池，如图 7-9 所示。

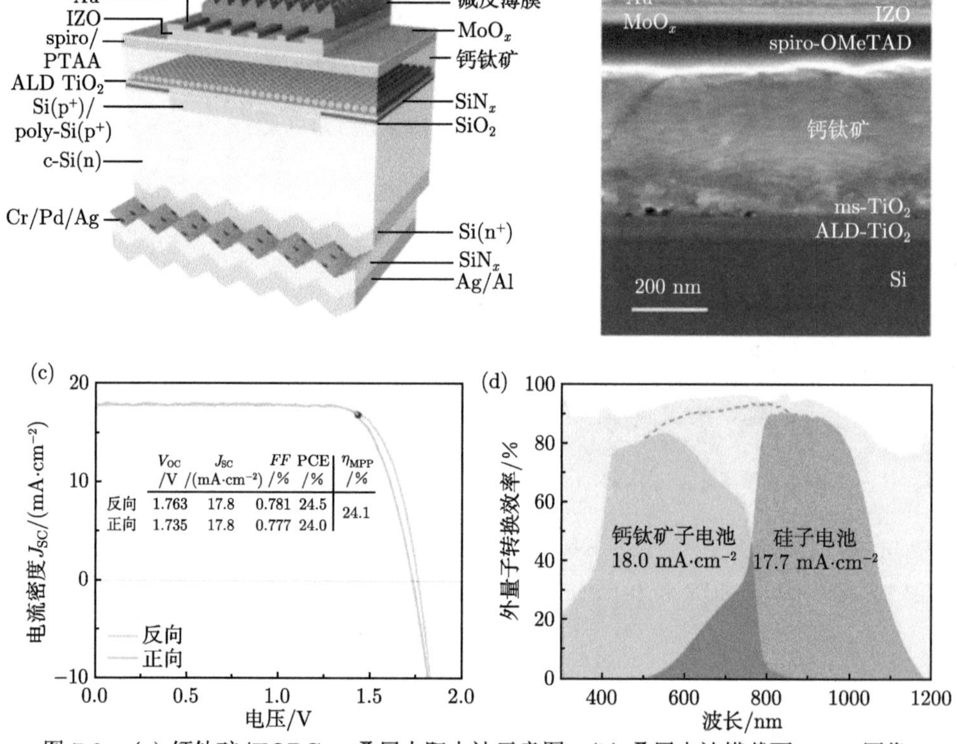

图 7-9　(a) 钙钛矿/TOPCon 叠层太阳电池示意图；(b) 叠层电池横截面 SEM 图像；(c) 反向和正向扫描下的叠层电池 J-V 特性；(d) 叠层电池 EQE[25]

为了降低光学吸收进而提高转换效率，瑞士 EPFL 研究人员 [26] 在钙钛矿/TOPCon 叠层电池中引入了掺杂 SiC 层取代常规所用的掺杂多晶硅层，同时对底部晶硅电池的正面进行织构化处理 (图 7-10)，提高光学响应，通过细节优化，最终将叠层电池的转换效率提高至 25.4%。

2022 年，Wu 等 [27] 采用工业化生产的具有 TOPCon 结构的 c-Si 电池作为叠层电池底电池，通过溶液处理的钙钛矿薄膜电池作为顶电池。如图 7-11 所示，他们使用聚联苯胺 (polyTPD) 层钝化 NiO_x 和钙钛矿膜之间的界面，显著提高了钙钛矿电池的钝化水平，并且随着这种聚合物质量的增加，钝化质量越好。通过光学跟踪和电池模拟，优化了反射损耗和电阻损耗之间的平衡 (背面织构化以及背面局部接触)，将输出损耗降低至最小。同时提出了一种 SiO_2/PTFE (聚四氟乙烯) 减反涂层堆叠，相较于纯 SiO_2 表面，引入 PTFE 大幅提高了表面的疏水性，有利于电池免受水或汽的侵蚀，可用作更高稳定性的阻挡层，进而重新设计了商用 TOPCon 电池结构，实现了 27.6%的 2-T 单片叠层电池转换效率 (面积 1 cm^2)，为目前 2-T 钙钛矿/TOPCon 叠层电池最高效率。

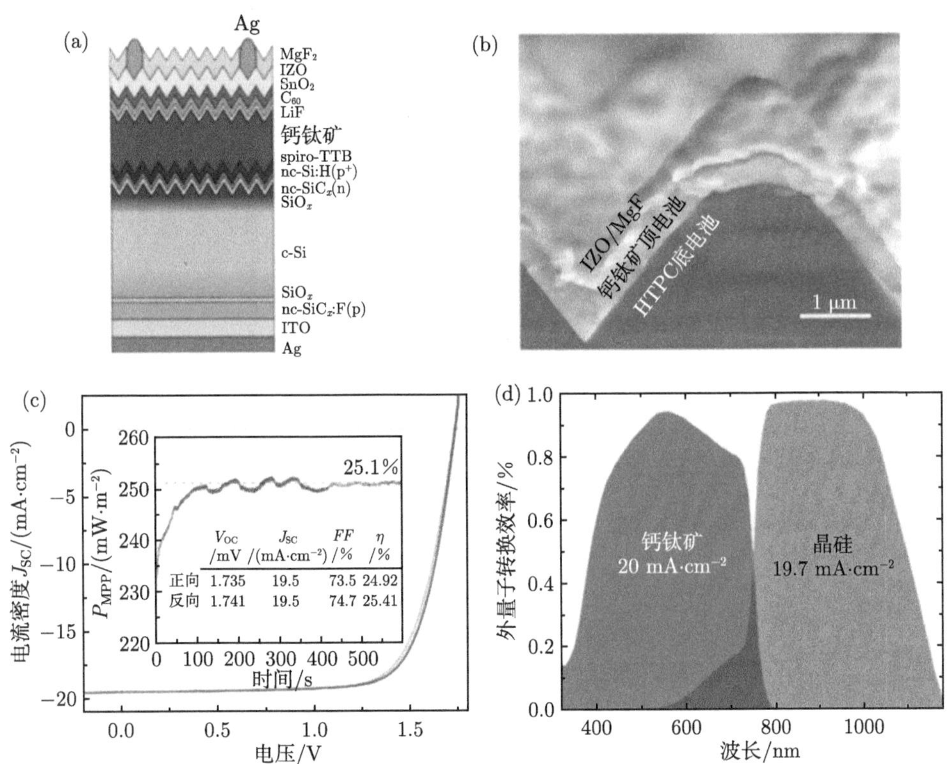

图 7-10 (a) 钙钛矿/TOPCon 叠层电池示意图；(b) 钙钛矿/TOPCon 叠层太阳电池的横截面 SEM 图像；(c) 叠层电池的 *J-V* 特性和最大功率；(d) 相应的 EQE 光谱 [26]

以上均为小面积 2-T 钙钛矿/TOPCon 电池结果，Hyun 等 [28] 尝试在更大面积上进行叠层电池的探索，他们利用具有 TOPCon 结构的电池作为底电池，通过优化顶部钙钛矿电池的缓冲层以及晶硅与钙钛矿太阳电池界面，在没有额外沉积复合层的条件下，在 25 cm^2 的有效面积上实现了 V_{OC} 为 1783 mV 和效率为 17.3%的钙钛矿/TOPCon 单片叠层太阳电池，如图 7-12 所示。此结果同时表明，尽管在小面积上 2-T 钙钛矿/TOPCon 电池取得了较高的转换效率，但在大面积上仍存在较大的挑战。

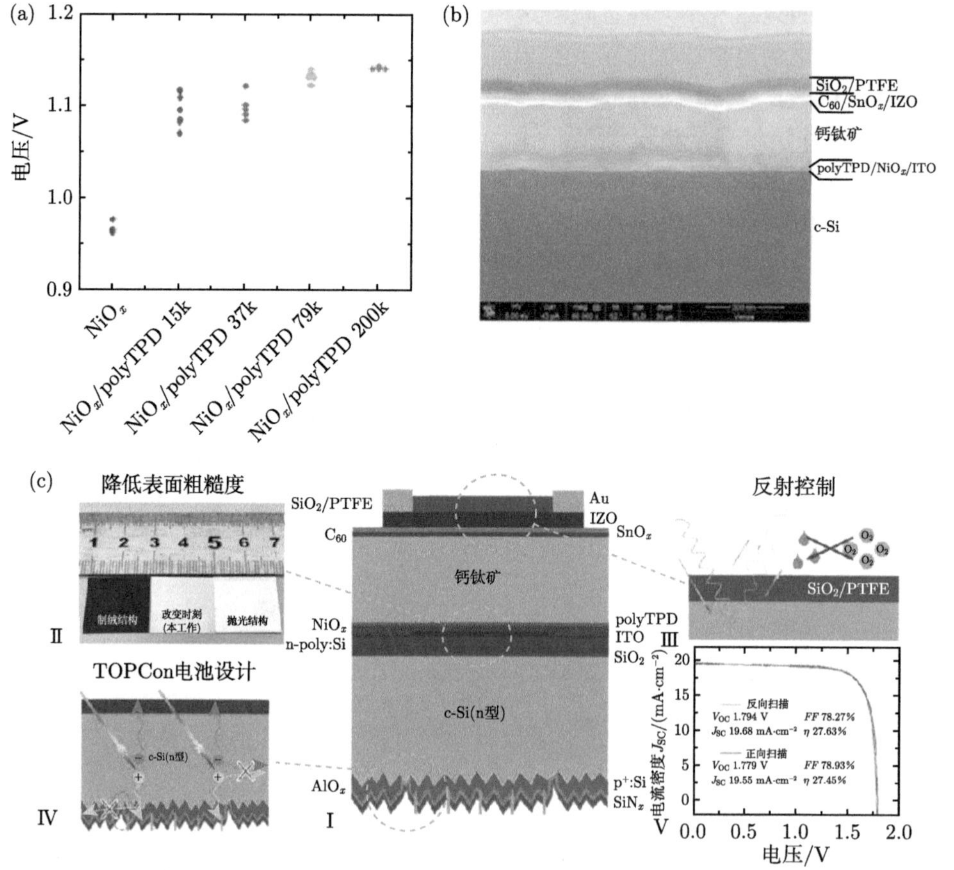

图 7-11　(a) 增加 polyTPD 钝化后不透明钙钛矿电池的 V_{OC} 变化，其中 15k、37k、79k 以及 200k 代表聚合物的质量；(b) SiO_2/PTFE 叠层作为 AR 膜的叠层电池横截面 SEM 图像；(c) 单片钙钛矿 TOPCon 叠层电池示意图，其中 I~IV 为 TOPCon 结构图解，V 为冠军叠层电池 J-V 曲线，有效面积为 1 cm^2 [27]

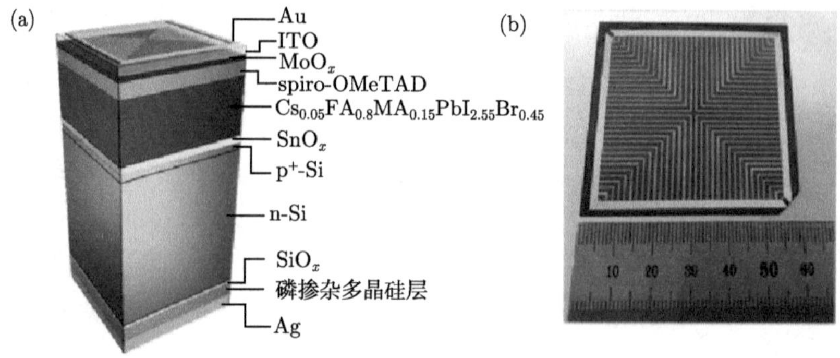

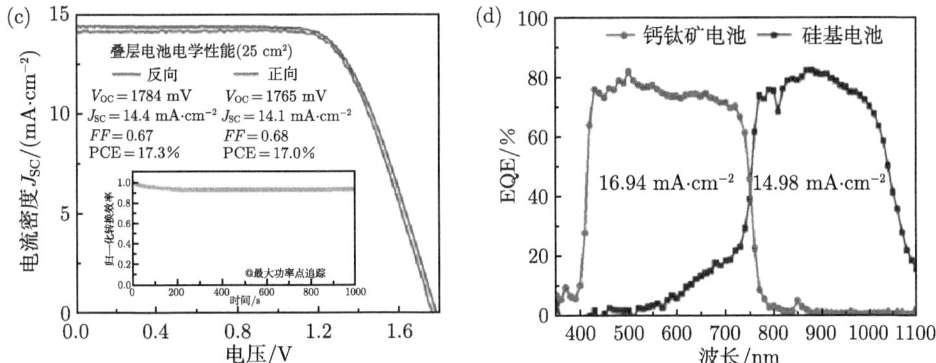

图 7-12 (a) 2-T 钙钛矿/TOPCon 叠层电池示意图；(b) 25 cm^2 叠层电池实物图；(c) 2-T 钙钛矿/TOPCon 叠层电池 I-V 曲线；(d) 子电池 EQE 光谱 [28]

针对 4-T 叠层电池，Rohatgi 等 [29] 构建了单面 n-TOPCon 晶硅电池结合钙钛矿的 4-T 叠层电池结构。其中顶部电池采用 1.63 eV 带隙的 CsFAMAPbIBr，转换效率为 17.8%，而底部电池为转换效率 22%的单面 n-TOPCon 电池，在通过钙钛矿电池的过滤光谱下，效率为 9%，结合钙钛矿后获得 4-T 叠层电池的转换效率为 26.7%，如图 7-13 所示。

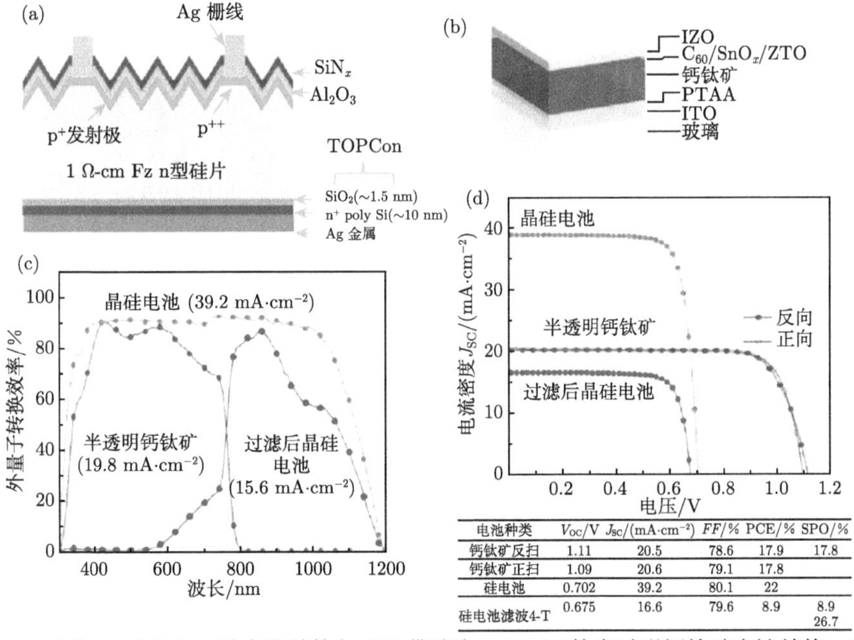

电池种类	V_{OC}/V	J_{SC}/(mA·cm^{-2})	FF/%	PCE/%	SPO/%
钙钛矿反扫	1.11	20.5	78.6	17.9	17.8
钙钛矿正扫	1.09	20.6	79.1	17.8	
硅电池	0.702	39.2	80.1	22	
硅电池滤波4-T	0.675	16.6	79.6	8.9	8.9 26.7

图 7-13 (a) n-TOPCon 硅电池结构与 (b) 带隙为 1.63 eV 的半透明钙钛矿电池结构；(c) 半透明钙钛矿电池和过滤/未过滤硅底电池的 EQE；(d) 正向和反向偏压下，半透明钙钛矿顶电池和未过滤/过滤硅底电池的 J-V 曲线和电池参数 [29]

为了进一步提高 4-T 叠层电池的转换效率，Chen 等 [30] 提出了一种新型的钙钛矿薄膜制造方法 (图 7-14)，即在埋层界面上采用碱性醋酸盐簇作为自牺牲种子层来提高钙钛矿的结晶度。这种碱性醋酸盐簇可以帮助高质量钙钛矿的垂直底部–顶部结晶，同时在两个接触处提供有效的缺陷钝化和良好的界面能带排列。因此，在这种多功能自我牺牲种子层的帮助下，钙钛矿电池的最高 PCE 为 21.69%，与基准组相比，长期稳定性大大增强。优化的半透明钙钛矿太阳电池 (ST-PSC) 达到了 19.28%的认证 PCE，此为 p-i-n 型 ST-PSC 的最高 PCE。与 TOPCon 硅

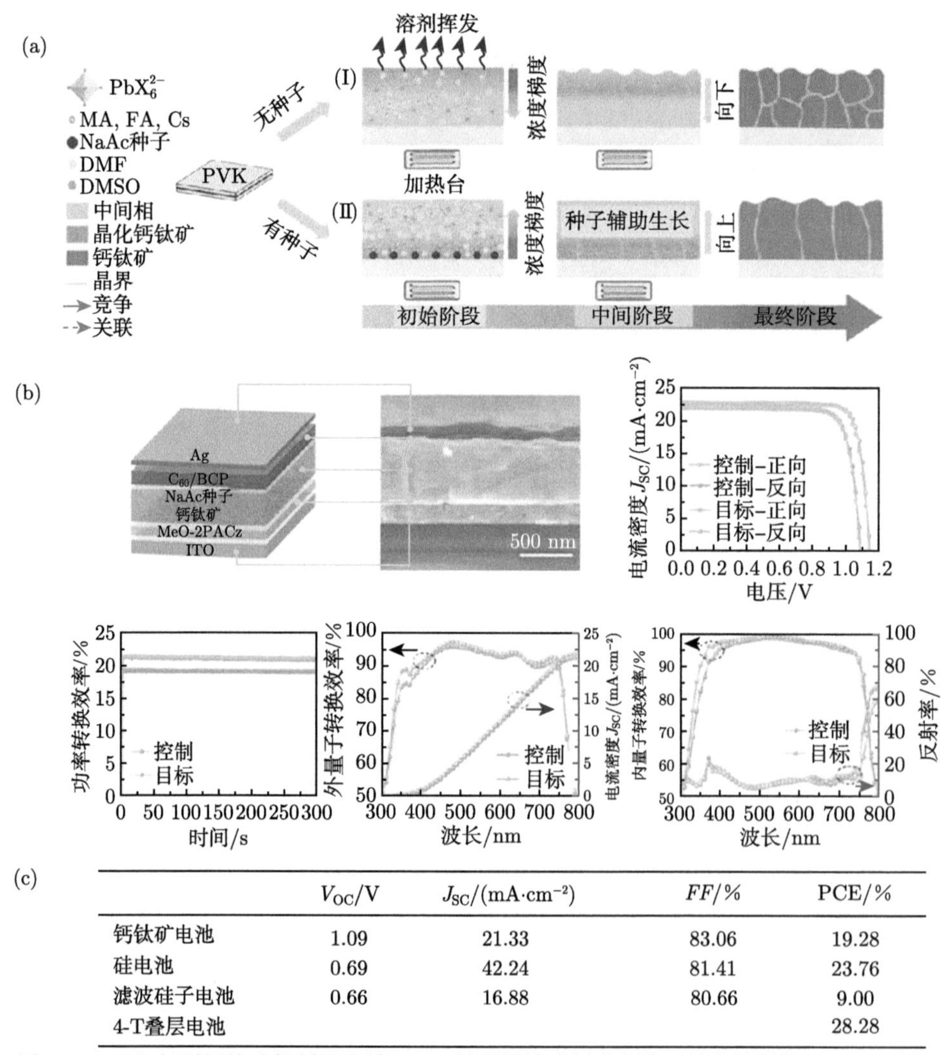

	V_{OC}/V	J_{SC}/(mA·cm^{-2})	FF/%	PCE/%
钙钛矿电池	1.09	21.33	83.06	19.28
硅电池	0.69	42.24	81.41	23.76
滤波硅子电池	0.66	16.88	80.66	9.00
4-T叠层电池				28.28

图 7-14　(a) 新型钙钛矿的制造方法；(b) 新型钙钛矿制造方法下的电池性能；(c) 子电池以及 4-T 叠层电池的电学参数 [30]

底电池机械结合后，4-T 钙钛矿/TOPCon 叠层太阳电池 (面积 2.5 cm × 2.5 cm) 的效率也达到 28.28%，这是目前 4-T 钙钛矿/TOPCon 电池的效率世界纪录。

应该说明的是，随着这两年 TOPCon 电池技术的迅猛发展，钙钛矿/TOPCon 叠层电池的研究也成为了热点并已取得了较高的转换效率。相对于钙钛矿/SHJ 叠层电池，虽然在效率上仍有差距，但得益于 TOPCon 相对较低的制造成本，在叠层电池实现商业化方面，钙钛矿/TOPCon 叠层电池预期会有较快的发展。

7.1.3 钙钛矿/IBC 叠层电池

叉指形背接触 (IBC) 电池将电池的正负电极集中在电池背面，这种设计可以保证正面的整面光学吸收，减小了由正面遮挡造成的光学损失，是一种适用于高效电池的结构设计。2019 年，Friend 等 [31] 将 IBC 结构设计成功引入钙钛矿器件，由于两极电极集成在器件的背面，可以筛选出更合适的减反/钝化材料。此外，在没有前电极的情况下，可以消除由电子/空穴传输层 (ETL/HTL) 引起的前表面寄生吸收，这在紫外波段尤其重要 [32]。为了提高转换效率，一般情况下 IBC 技术会与 SHJ 相结合，在背面实现非晶硅的钝化，即为 SHJ-IBC 电池。受限于 IBC 电池的特殊结构，其与钙钛矿连接而成的叠层电池主要方式为 4-T。

Jaysankar 等 [33] 最早将钙钛矿与 IBC 相结合成 4-T 结构，其中钙钛矿电池采用了半透明甲基胺铅三碘化物，晶硅电池为常规的 IBC 电池，机械叠加后在电池端与组件端分别获得 22.6%(面积 0.13 cm^2) 与 20.2%(面积 4 cm^2) 的转换效率，如图 7-15 所示。

为了进一步提高 4-T 叠层电池的转换效率，研究人员分别就钙钛矿与晶硅电池等方面做了相关工作，逐步提高了叠层电池的转换效率，如表 7-1 所示。首先在钙钛矿电池上，Peng 等 [34] 采用一种基于溶液的方法来制备高质量的掺铟钛氧化物作为电子传输层，其与纯 TiO_2 相比，铟掺杂改善了传输层的导电性和 ETL/钙钛矿界面上的带隙匹配性，从而提高了钙钛矿电池的填充因子和电压，如图 7-16(a) 所示。采用此法制备的 $CH_3NH_3PbI_3$ 电池的稳定效率为 17.9%，$Cs_{0.05}(MA_{0.17}FA_{0.83})_{0.95}Pb(I_{0.83}Br_{0.17})$ 电池的稳定效率为 19.3%，与基于 TiO_2 的对比电池相比，绝对效率增益分别为 4.4%和 1.2%。此外，他们报道了一种稳定效率为 16.6%的半透明钙钛矿电池，并用其制备 4-T 钙钛矿/c-Si 叠层电池，将稳定效率提高至 24.5%，如图 7-16(c) 所示。

除此之外，Quiroz 等 [23] 在透明氧化物与钙钛矿之间增加硫氰酸铜用以改善截面的选择性接触性能，并获得效率高达 17.1%的半透明太阳能电池，其与 IBC 电池相结合，将 4-T 钙钛矿/IBC 的转换效率提高至 25.1%。Gharibzadeh 等 [35] 提出，具有最佳带隙和高功率转换效率的钙钛矿太阳电池是高性能钙钛矿/c-Si 叠层电池的关键。他们采用 2D/3D 方法制备的钙钛矿电池优于 2D 法，并证明将钙钛矿的带隙控制在 1.65 eV 时，可以获得稳定的高 PCE，当将 2D/3D 钙钛矿与底部 SHJ-IBC 电池相结合时，在 4-T 钙钛矿/IBC 叠层电池中获得高达 25.7%的稳定效率。Duong 等 [36] 将 Cs 和 Rb 引入钙钛矿中，采用甲脒/甲基胺/铯体系，以获得 1.73 eV 带隙的钙钛矿电池，稳态效率高达 17.4%，在 4-T 叠层电池中，采用了稳态效率为 16.0%的半透明钙钛矿电池机械连接 IBC 电池，将转换效率提高至 26.4%。此外，他们还通过使用不同的脂肪烷基胺 (大体积阳离子) 进行表面涂层，在 3D 钙钛矿表面形成了准 2D 钙钛矿相，钝化了表面缺陷并显著改善了电池性能，将叠层转换效率提高至 27.7%[22]。

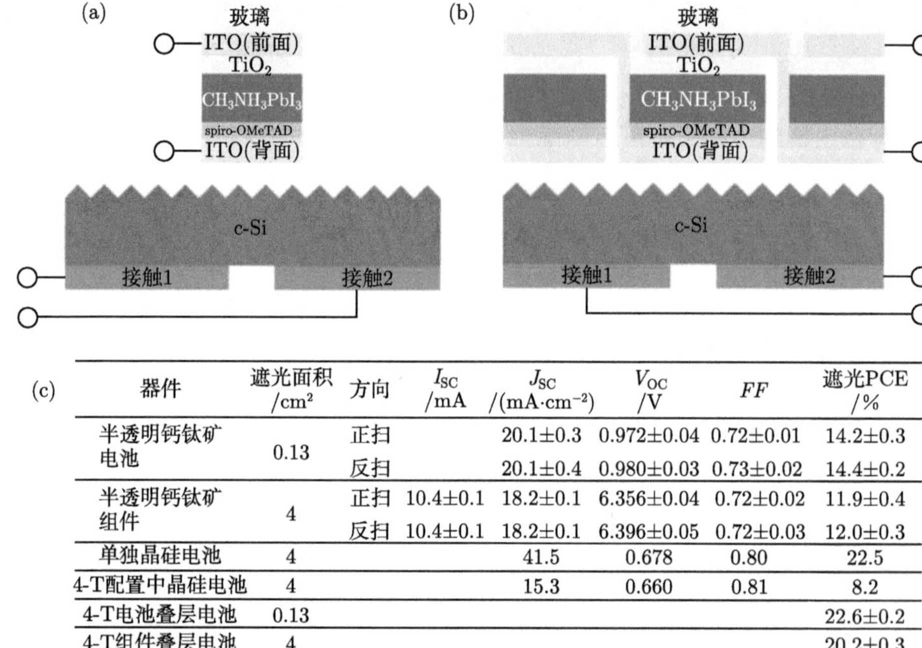

(c)

器件	遮光面积/cm²	方向	I_{SC}/mA	J_{SC}/(mA·cm^{-2})	V_{OC}/V	FF	遮光PCE/%
半透明钙钛矿电池	0.13	正扫		20.1±0.3	0.972±0.04	0.72±0.01	14.2±0.3
		反扫		20.1±0.4	0.980±0.03	0.73±0.02	14.4±0.2
半透明钙钛矿组件	4	正扫	10.4±0.1	18.2±0.1	6.356±0.04	0.72±0.02	11.9±0.4
		反扫	10.4±0.1	18.2±0.1	6.396±0.05	0.72±0.03	12.0±0.3
单独晶硅电池	4			41.5	0.678	0.80	22.5
4-T配置中晶硅电池	4			15.3	0.660	0.81	8.2
4-T电池叠层电池	0.13						22.6±0.2
4-T组件叠层电池	4						20.2±0.3

图 7-15　4-T 钙钛矿/IBC 在 (a) 电池端与 (b) 组件端的器件示意图，以及 (c) 它们的电学参数 [33]

除了上述钙钛矿方面的改善以外，为进一步提高转换效率，研究人员在晶硅电池方面也做了大量的研究工作，其中以准叉指形背接触 (QIBC) 的研究最富有成效。背接触太阳能电池分为 IBC 和 QIBC 两类，它们通过消除前接触和抑制遮蔽效应来提供更高的效率，这在带有聚光的大电流电池中很有用。在 IBC 中，正极与负极位于背面的同一水平面，而在 QIBC 中，正极与负极由绝缘层 (氧化物) 隔开，以避免短路问题。Yang 等 [32] 研究表明，QIBC 电池适合与钙钛矿电池进行叠加，其不仅可以降低寄生吸收并消除遮蔽效应，还可以促进载流子向触点的横向运动。将这种结构应用于叠层电池中硅基电池的正面，QIBC 抑制了顶部接触层沉积所引起的太阳电池顶部表面损伤，如图 7-17(a) 所示，相较于一般的叠加结构 (三明治 (sandwich))，模拟结果显示其转换效率有明显优势。此外，他们还针对性地提出了三种在硅基电池正面的 QIBC 结构，如图 7-17(b) 所示。通过数值模拟系统地研究了它们的光学性能，并确定每种结构下的最佳结构尺寸。提出钙钛矿/IBC 太阳能电池要达到较高的转换效率，应侧重于提高钙钛矿薄膜质量、改善相关界面物理接触以及优化电极设计和几何尺寸，在提高光电流的同时减少载流子传输/复合损耗 [37]。

表 7-1 文献中钙钛矿/IBC 叠层电池结构及转换效率

类型	顶子电池	底子电池	PCE	研究机构	参考文献
4-T	$MAPbI_3$	IBC	22.6%	Interuniversity Microelectronics Centre (IMEC), Belgium	[33]
4-T	$CsMAFAPbI_{3-x}Br_x$	SHJ-IBC	24.5%	The Australian National University (ANU), Australia	[34]
4-T	$MAPbI_3$	IBC	25.1%	Friedrich-Alexander University (FAU), Germany	[23]
4-T	$FA_{0.83}Cs_{0.17}Pb(I_{1-x}Br_x)_3$	IBC	25.7%	Karlsruher Institute of Technology (KIT), Germany	[35]
4-T	$RbCsMAFAPbI_{3-x}Br_x$	IBC	26.4%	The Australian National University (ANU), Australia	[36]
4-T	$Rb_{0.05}Cs_{0.095}MA_{0.1425}FA_{0.7125}PbI_2Br$	IBC	27.7%	The Australian National University (ANU), Australia	[22]
4-T	$MAPbI_3$	SHJ-IBC	29.7%	Sahand University of Technology (SUT), Iran	[38]
3-T	$MAPbI_3$	IBC	17.1%	Institute-for-Atomic-and-Molecular-Physics (AMOLF), Netherlands	[39]
3-T	—	SHJ-IBC	29.6%	École Polytechnique Fédérale de Lausanne (EPFL), Switzerland 和 Centre Suisse d’Electronique et de Microtechnique (CSEM), Switzerland	[7]

在实验方面，Abbasiyan 等 [38] 制造出了一种 4-T 钙钛矿/IBC 叠层电池，其中底部电池分别在正面与背面采用了 QIBC/IBC 电池结构，如图 7-18 所示。顶电池由有效厚度为 350 nm 的 $MAPbI_3$ 层组成，具有 QIBC 形式的电触点。顶表面的 SiO_2 和 TiO_2 双层作为优化的减反射层 (ARC)。c-TiO_2 和 spiro-OMeTAD 分别对应顶电池的 ETL 和 HTL。SiO_2 光栅将 ITO 触点之间绝缘。中间结构 (IMS) 为由交替 SiO_2 和 TiO_2 层组成的准周期结构，用于钙钛矿和硅基子电池之间的太阳能管理。这种设计在顶部电池中实现了准叉指形背接触，作为光栅来改善光电流产生，并由于串联电阻的减小而提高填充因子，同时他们还研究了顶部和底

部电池中后触点的光学和电学特性。优化后的 $MAPbI_3$ 顶电池 (效率 20.3%) 和硅底电池 (效率 9.35%) 获得了 29.65%的 4-T 功率转换效率，这是目前 4-T 钙钛矿/IBC 有报道的最高效率。

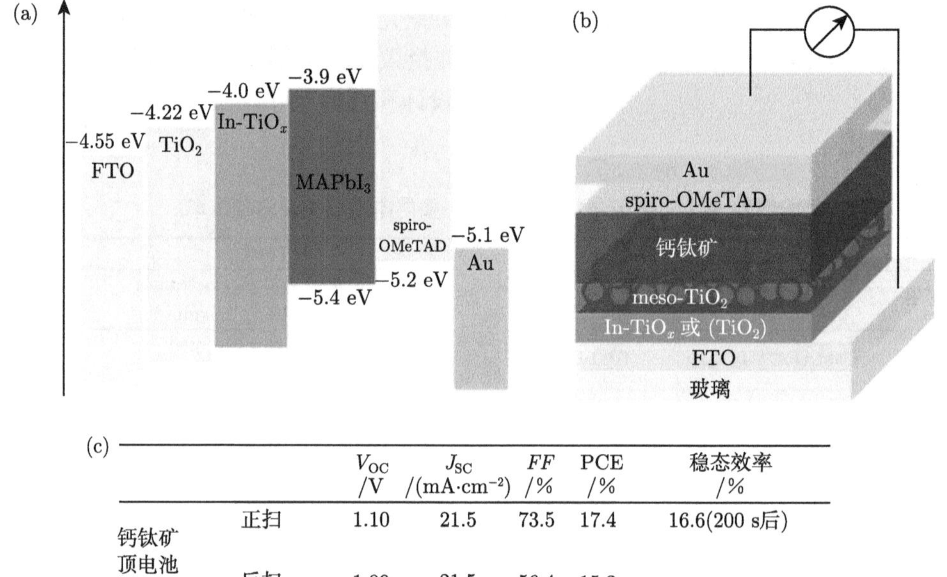

(c)

		V_{OC} /V	J_{SC} /(mA·cm^{-2})	FF /%	PCE /%	稳态效率 /%
钙钛矿顶电池	正扫	1.10	21.5	73.5	17.4	16.6(200 s后)
	反扫	1.09	21.5	56.4	15.3	
IBC硅底电池	无滤波	0.72	41.0	81.3	24.0	24.0
	有滤波	0.69	14.2	81.0	7.9	7.9
4-T叠层						24.5

图 7-16　(a) 不同材料功的函数图；(b) 钙钛矿电池示意图；(c) 4-T 钙钛矿/IBC 叠层电池的电学参数 [34]

由于标准 4-T 叠层电池需要至少三个透明电触点，不可避免的寄生吸收降低了总收集功率。针对 IBC 电池的特殊结构，Adhyaksa 等 [40] 提出了一种 3-T 钙钛矿/IBC 电池结构，同时对比了 2-T 与 4-T 结构性能，如图 7-19(a) 所示。在限定钙钛矿载流子扩散长度为 10 μm 条件下，图 7-19(b) 给出了三种结构电池的理论 EQE，结果表明 3-T 电池在光学吸收上具有一定的优势。图 7-19(c) 给出了三种结构电池在不同钙钛矿厚度以及载流子扩散长度下的效率模拟结果对比。上半部分图中关于钙钛矿厚度的模拟是在载流子为无限大的条件下计算得到的极限效率 (Shockley-Queisser 极限)，图中同时给出了硅基电池和钙钛矿电池对叠层效率的贡献。首先，随着钙钛矿厚度的增加，钙钛矿的效率占比逐步提升，这对于三种结构的电池都是一样的，但在 2-T 中，尽管叠层电池超过了硅基电池的效率极限，但其获得的最高转换效率 (31.7%) 是在钙钛矿厚度为 250 nm 左右，厚度继续增加，其叠层效率下降是受限于 2-T 电池串联造成的电流匹配条件 (总电流取决于子电池的最小电流)。4-T 与 3-T 叠层电池由于没有电流限制，其转换效率分别可达 36.6%与 37.9%，与 4-T 叠层电池不同，3-T 的子电池是光学耦合的，这改善了串联性能，因而获得更高的转换效率。下半部分图揭示了 3-T 叠层设计克服了传统的 2-T 和 4-T 叠层电池的限制，特别是减少对钙钛矿质量的限制。对于相同的 18%硅基电池，3-T 叠层设计在使用最佳 10 μm 扩散长度的钙钛矿材料时可以达到 32.9%的转换效率，而使用相同的钙钛矿质量，4-T 和 2-T 构型分别仅达到 30.2%和 24.8%。以上的电池模拟结果表明，3-T 的叠层电池设计具有一定的性能优势。

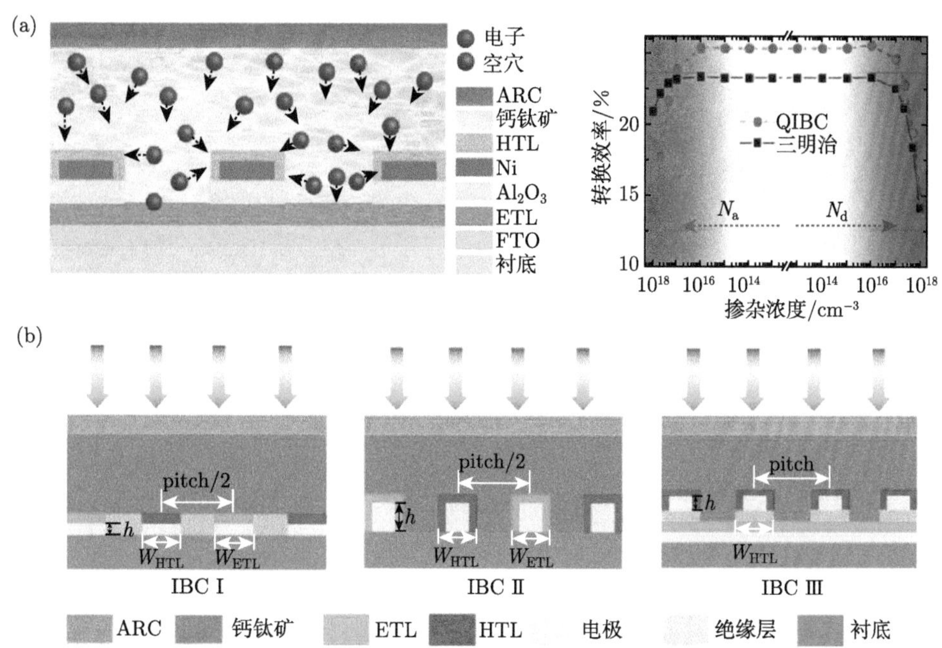

图 7-17 (a) 采用 QIBC 结构的 4-T 钙钛矿/c-Si 叠层电池示意图 (左) 及这种结构在钙钛矿中不同掺杂浓度下与常规结构的 PCE 模拟结果对比 (右) [32]；(b) 三种 QIBC 结合钙钛矿的电池结构 [37]

Tockhorn 等 [39] 报道了 3-T 钙钛矿/IBC 叠层电池的实验结果，但其测试转换效率仅为 17.1%(图 7-20)。转换效率偏低的原因主要是钙钛矿与晶硅电池两种子电池的转换效率偏低。在 2022 年第十八届中国太阳级硅及光伏发电研讨会上，瑞士 CSEM 和 EPFL 光伏实验室的研究人员宣布制备了美国 NREL 认证效率达 29.56%的 3-T 钙钛矿/IBC 叠层电池 [7]，其中 IBC 为 SHJ-IBC 结构，并采用掺

杂的氢化纳米硅 (nc-Si:H) 取代了常规的非晶硅钝化，降低了膜层的光学吸收，如图 7-21 所示。

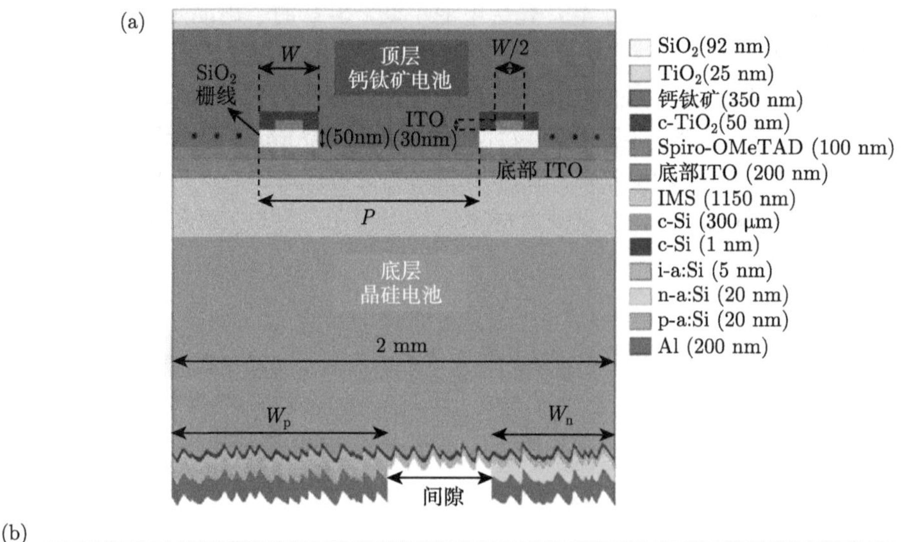

(b)

子电池	J_{SC}/(mA·cm^{-2})	V_{OC}/V	FF/%	PCE/%	总效率PCE/%
顶电池	22.73	1.1011	81.1	20.3	29.65
底电池	16.46	0.707	80.25	9.35	

图 7-18　(a) 4-T 钙钛矿/IBC 叠层电池示意图；(b) 最佳电学性能，其中硅基电池的正面与背面分别采用 QIBC/IBC 结构设计 [38]

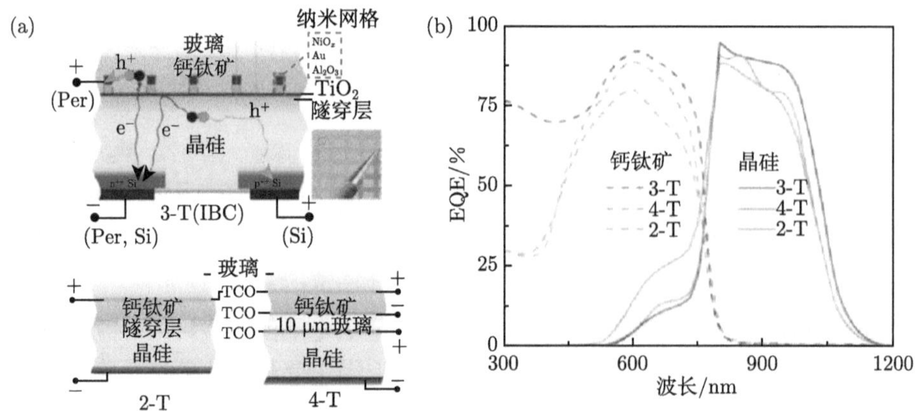

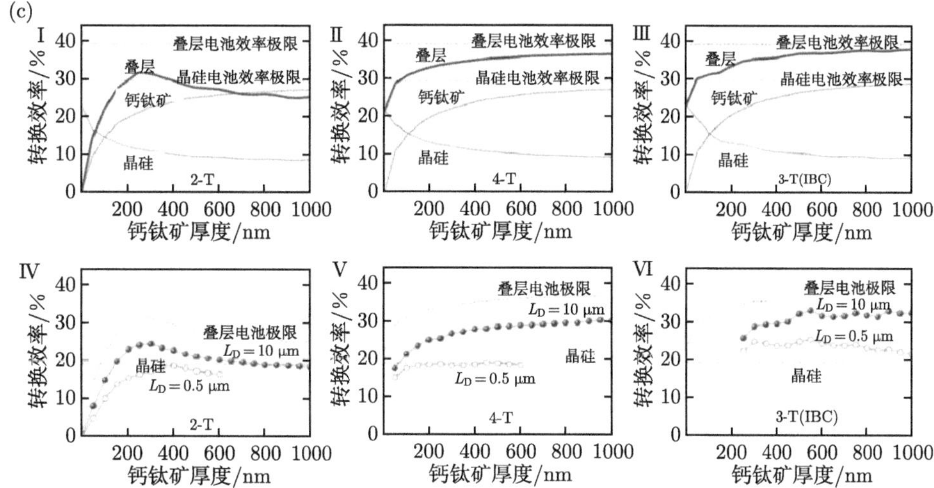

图 7-19 (a) 钙钛矿/c-Si 叠层电池设计图，即 2-T、3-T 与 4-T；(b) 模拟的 2-T、4-T 和 3-T 钙钛矿/c-Si 叠层电池最佳性能下的 EQE，其中钙钛矿的载流子扩散长度设定为 10 μm；(c) 三种构型的叠层电池分别在不同钙钛矿厚度以及不同少子扩散长度下的模拟转换效率对比，其中硅基电池效率为 18%[40]

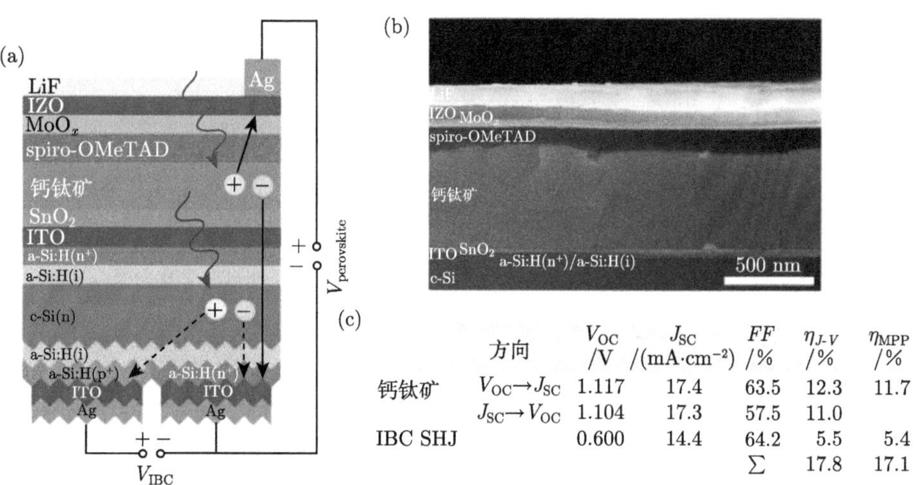

	方向	V_{OC} /V	J_{SC} /(mA·cm^{-2})	FF /%	$\eta_{J\text{-}V}$ /%	η_{MPP} /%
钙钛矿	$V_{OC}\to J_{SC}$	1.117	17.4	63.5	12.3	11.7
	$J_{SC}\to V_{OC}$	1.104	17.3	57.5	11.0	
IBC SHJ		0.600	14.4	64.2	5.5	5.4
				Σ	17.8	17.1

图 7-20 (a) 3-T 钙钛矿/IBC 电池示意图与连接原理图；(b) 器件的截面 SEM 图片；(c) 叠层电池在最佳条件下的电学参数 [39]

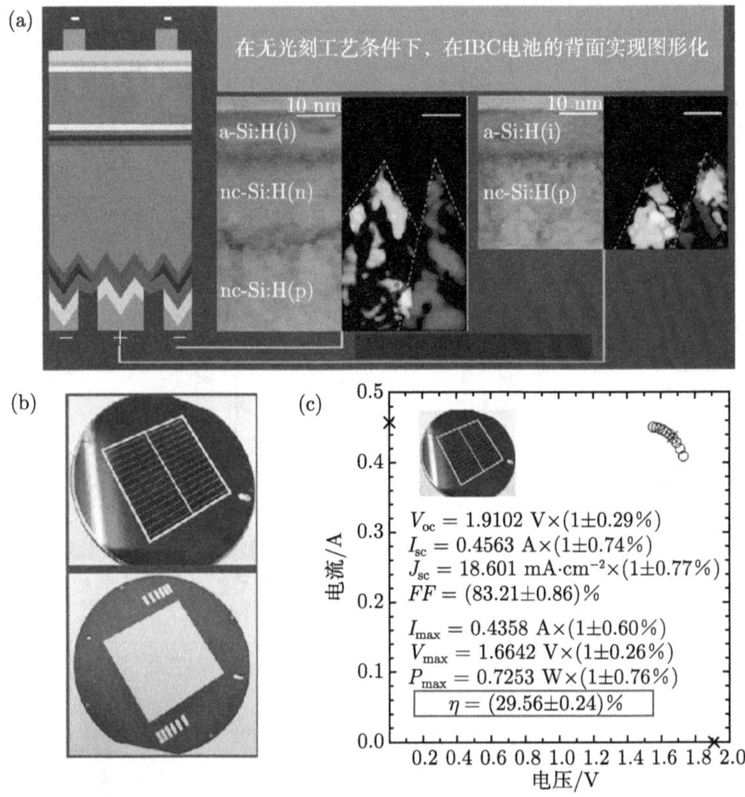

图 7-21　(a) 3-T 叠层电池的示意图以及底子电池的膜层界面图；(b) 3-T 叠层电池的实物图以及 (c) 美国 NREL 认证的电学性能参数 [7]

7.2　钙钛矿与无机薄膜叠层太阳电池

砷化镓和铜铟镓硒作为无机薄膜太阳电池的代表，其商业化应用较为成熟。根据 CPIA 数据显示，2021 年的砷化镓和铜铟镓硒的效率已经分别达到了 27.1% 和 22.9%，并且行业预测在 2030 年电池效率将进一步提升到 31%和 28%。因此，薄膜电池成熟的商业化技术以及效率提升的巨大潜力，使得研究钙钛矿与无机薄膜叠层在多场景下的应用具有吸引力，本节将从实验和模拟出发，介绍叠层器件的性能表现和光电优化。

7.2.1　钙钛矿/GaAs 叠层电池

砷化镓 (GaAs) 是典型的 Ⅲ-V 族材料。它是一种直接带隙半导体，室温下禁带宽度为 1.43 eV，光吸收系数很高 ($\sim 10^4\ \mathrm{cm}^{-1}$)。在 1954 年，砷化镓的光伏效应被首次发现。1956 年，Loferski 从半导体的光电性质以及太阳光谱方面讨论了太阳能转换材料的选择，最终给出了半导体的理想带隙在 1.2 ~ 1.6 eV[41]。而砷化镓的带隙恰好在此范围内，因此砷化镓是理想的光伏材料，通过理论估算得出其极限效率在 27%左右。

砷化镓材料因其薄膜化 [42]、柔性化 [43] 和高效率 [44] 等优点而受到广泛研究。砷化镓单结电池的研究最早在 1962 年，Gobat 等 [45] 制备了锌掺杂的砷化镓电池，得到了 11%的效率。随着技术迭代，砷化镓电池的效率得到了飞速提高。如今砷化镓单结电池主要有三种研究方向，分别为单晶电池、聚光电池以及薄膜电池。根据 NREL 在 2022 年的最新统计，目前单晶砷化镓电池最高效率为 27.8%，聚光砷化镓电池最高效率为 30.8%，薄膜砷化镓电池最高效率为 29.1%。同时砷化镓材料在叠层电池领域的研究也由来已久 [46-50]，如磷化铟镓 (InGaP) 和砷化镓的叠层电池 [51]，这一类叠层电池研究主要是集中在 Ⅲ-V 薄膜之间的堆叠，根据 NREL 记录，基于 GaAs 的多结太阳电池在聚光条件下效率已经达到了 47.1%，这已经超过了所有类型太阳电池的已知效率纪录，但是这增加了制备成本和子电池间不可避免的隧穿结 [52]，而且堆叠的薄膜材料受到晶格匹配的限制。而钙钛矿制作方法简单，在与砷化镓电池进行堆叠时不受到材料限制，并且可以通过调整钙钛矿的组分以实现带隙匹配。

Park 团队 [53] 首次报道了有机–无机杂化钙钛矿和砷化镓的叠层电池。采用溶剂蒸发控制工艺，制备了钙钛矿 ($FA_{0.80}MA_{0.04}Cs_{0.16}Pb(I_{0.50}Br_{0.50})_3$) 与砷化镓进行堆叠。砷化镓电池通过低压金属有机化学气相沉积 (MOCVD) 系统制备，钙钛矿电池采取传统的旋涂法制备，研究了不同带隙及厚度的钙钛矿与砷化镓进行堆叠时的电流匹配情况。如图 7-22(a)，(b) 所示，分别测试了叠层电池中钙钛矿和砷化镓的 EQE 以及积分电流。不同带隙 (1.82 eV、1.87 eV、1.89 eV) 的钙钛矿通过调整钙钛矿中卤素离子的比例 $I^-:Br^-$ ($I^-:Br^- = 0.5:0.5$，0.43∶0.57，0.39∶0.61) 得到，从图中可以看到，当钙钛矿厚度为 350 nm，带隙为 1.82 eV 时，钙钛矿的光电流密度为 14.32 $mA\cdot cm^{-2}$，砷化镓光电流密度为 14.23 $mA\cdot cm^{-2}$，具有最小的光电流失配。如图 7-22(c) 所示，制备的两端叠层电池性能为 V_{OC} =2.16 V，J_{SC} =14.29 $mA\cdot cm^{-2}$，FF = 78.81%，PCE=24.27%。而图 7-22(d) 表明，钙钛矿和砷化镓达到了良好的电流匹配，但是也发现了光反射和寄生吸收所造成的较大电流损失，因此若要进一步提升两端器件的效率，需要降低这两个因素的影响，比如，采取晶硅中常用到的绒面结构以减少光反射损失，使用更薄、性能更好的传输层以减少寄生吸收。而图 7-22(e) 的长期稳定性测试中，使用的是具有氧化铝保护层的两端器件，在室温和相对湿度为 20%~25%RH 的空气中，经过超 500 h 一个太阳当量 (100 $mW\cdot cm^{-2}$，带有紫外截止滤光片) 的连续照射后，仍保留了 96%左右的原始效率。

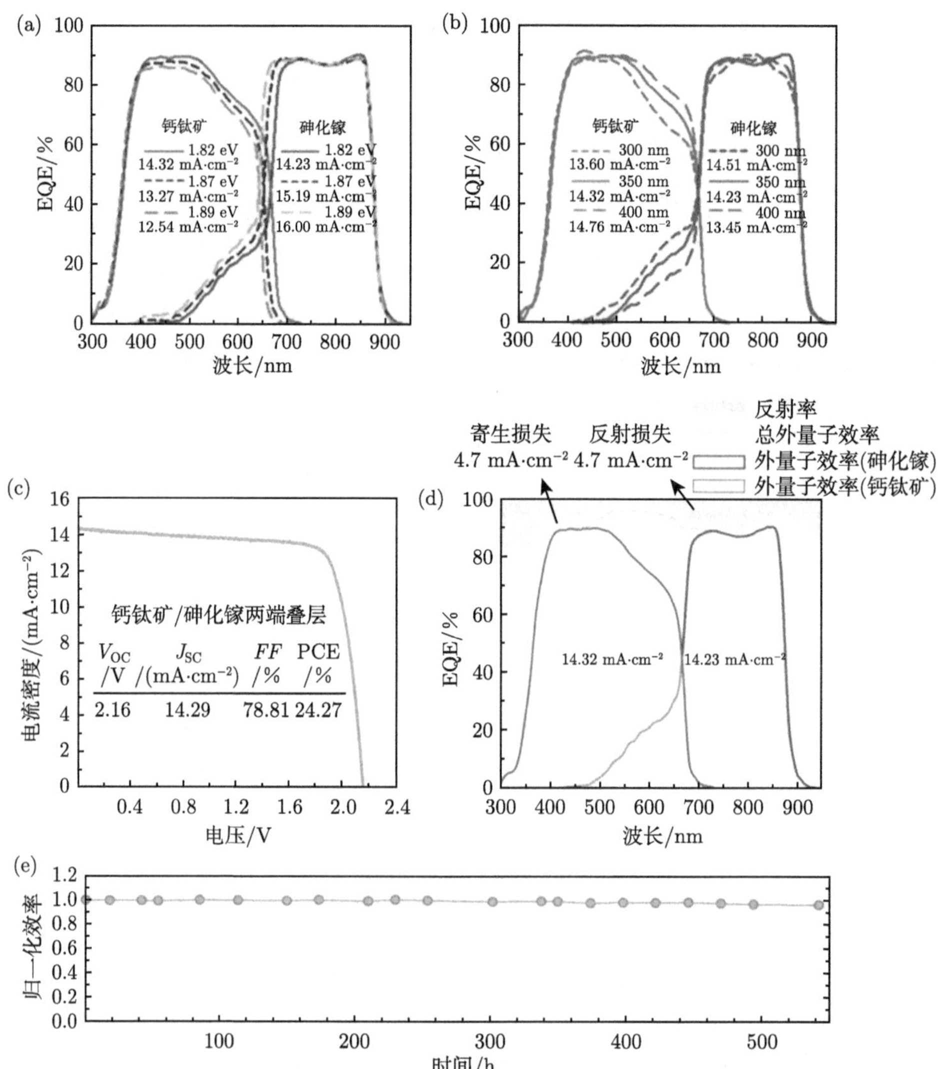

图 7-22　(a) 钙钛矿厚度固定为 350 nm 下，不同带隙 (1.82 eV、1.87 eV、1.89 eV) 钙钛矿和砷化镓的 EQE 曲线以及光电流；(b) 固定带隙 (1.82 eV) 钙钛矿在不同厚度 (300 nm、350 nm、400 nm) 下钙钛矿和砷化镓的 EQE 曲线以及光电流；(c) 两端叠层器件的 J-V 曲线；(d) 两个子电池的 EQE 曲线、积分电流以及反射率；(e) 长期稳定性测试 [53]

由于缺少对叠层器件的光学优化，寄生吸收和光学反射造成的电流损失较大，这限制了叠层器件的效率，针对这一问题，Chang 团队 [54] 基于钙钛矿/砷化镓叠层电池，通过模拟仿真分别研究了影响叠层电池效率的因素并进行优化。他们以 ITO 电极/GaInP 窗口层/n-GaAs 发射层/p-GaAs 基底层/GaInP 背场层/砷化镓缓冲层/银电极作为高效的砷化镓底电池，将 ITO/ETL/钙钛矿/HTL/ITO 的平面结构用作钙钛矿顶电池。通过引入 LiF 减反层和优化各功能层厚度，增强了两端叠层器件在 700 nm 以上长波段的吸收并将载流子传输层的寄生吸收损失降到了最低，如图 7-23(a) 所示。在功能层优化的基础上，重要的是子电池间的电流匹配，他们选取 $CsPbI_3$、$CsPbI_2Br$、$CsPbIBr_2$、$CsPbBr_3$ 四种宽带隙全无机钙钛矿与砷化镓电池进行堆叠，如表 7-2 所示，他们计算了最佳钙钛矿厚度和砷化镓厚度组合下的两端电池的性能参数，在电流匹配情况下，当顶电池钙钛矿为 $CsPbIBr_2$ 时，两端叠层电池能够有最高效率 28.71%。图 7-22 两端叠层器件的实验报道除了缺乏对叠层器件各功能层的光学优化之外，也缺乏对于砷化镓底电池的讨论。掺杂是调控砷化镓电池性能的重要手段，通过掺杂浓度的调控可以进一步提高砷化镓和钙钛矿的叠层效率。如图 7-23(b) 所示，随着掺杂浓度的升高，砷化镓的能带弯曲程度会增加，让砷化镓产生的载流子在边界处的提取效率更高，这对提高砷化镓的开路电压有一定帮助。但是与此同时，掺杂浓度的升高意味着引入了更多的杂质复合中心，使得载流子在传输到提取界面的过程中会更容易被复合，并且杂质散射密度的增加也会降低载流子的迁移率，表现为电流密度的降低。如图 7-23(c) 所示，随着掺杂浓度增加，复合速率快速增加，当掺杂浓度为 10^{21} cm^{-3} 时，复合速率超过了 10^{20} $cm^{-3}·s^{-1}$。因此，掺杂浓度的增加在提高砷化镓电池开路电压的同时会降低电流密度，图 7-23(d) 给出了砷化镓掺杂浓度对两端叠层器件效率的影响，在掺杂浓度为

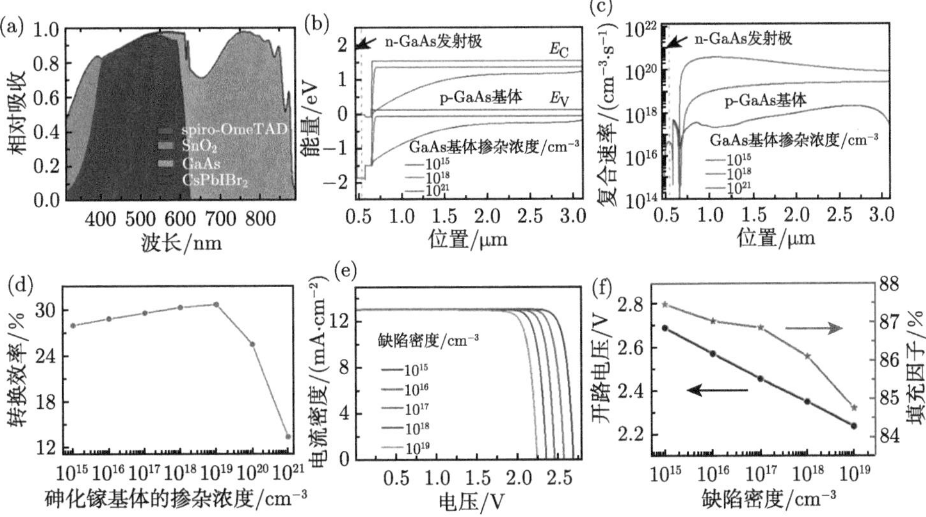

图 7-23 (a) 两端 $CsPbIBr_2$ /砷化镓叠层太阳电池的光吸收率；(b) 掺杂浓度对 GaAs 能带结构的影响；(c) 掺杂浓度对 GaAs 内部载流子复合速率的影响；(d) 两端叠层器件效率随砷化镓掺杂浓度的变化；不同钙钛矿缺陷密度条件下两端叠层器件的 (e) *J-V* 曲线和 (f) 开路电压、填充因子 [54]

10^{19} cm^{-3} 时，光电转换效率增加至 30.67%，其中短路电流密度为 13.03 mA·cm^{-2}，开路电压为 2.69 V，与表 7-2 中效率为 28.71%的性能参数相比，电流密度略微降低，开路电压大幅增加，这与图 7-23(b), (c) 中关于能带结构和载流子复合速率的讨论结果一致。除此之外，衡量钙钛矿薄膜质量的一项重要指标就是钙钛矿的缺陷密度，如图 7-23(e), (f) 所示，钙钛矿缺陷密度对叠层器件性能的影响表现在随着缺陷密度的增加，器件的开路电压和填充因子的急剧下降，而对电流密度几乎没有影响。因此，制备高质量的钙钛矿薄膜是高效率钙钛矿/砷化镓叠层器件的必要条件。

表 7-2　电流匹配情况下，不同带隙钙钛矿与砷化镓堆叠时的性能表现 [54]

钙钛矿	E_g/eV	J_{SC}/(mA·cm^{-2})	V_{OC}/V	FF/%	PCE/%
$CsPbI_3$	1.70	16.61	2.17	72.44	26.14
$CsPbI_2Br$	1.82	13.91	2.35	86.14	28.14
$CsPbIBr_2$	2.03	13.14	2.52	86.88	28.71
$CsPbBr_3$	2.30	9.17	2.78	68.07	17.38

Park 团队 [53] 利用同样的制备流程，对钙钛矿电池和砷化镓电池进行机械堆叠，制备了钙钛矿/GaAs 四端叠层电池。因为效率测试时光由玻璃背面入射，光滑玻璃表面会反射一部分光，降低光吸收效率，所以他们通过在制绒硅表面的金字塔结构覆盖一层 PDMS 薄膜，然后将其剥离得到具有金字塔结构的 PDMS 薄膜，如图 7-24 所示。LiF、MgF_2 等光学增强膜的引入则增强了钙钛矿对长波的透过率，使得砷化镓电池吸收更多光子，在进行四端堆叠后，砷化镓子电池的 $V_{OC} = 0.98$ V，$J_{SC} = 13.53$ mA·cm^{-2}，$FF = 82.67\%$，PCE=10.92%，钙钛矿子电池的 $V_{OC} = 1.20$ V，$J_{SC} = 14.50$ mA·cm^{-2}，$FF = 81.88\%$，PCE=14.27%，最终使得具有四端结构的钙钛矿/GaAs 叠层电池拥有 25.19%的转换效率。

如何进一步提高四端叠层器件的效率，Chang 团队 [54] 基于钙钛矿/砷化镓两端叠层电池的模拟研究结果，也对四端叠层器件进行了模拟优化。如 7-25(a) 所示，通过优化钙钛矿吸收层、砷化镓吸收层和载流子传输层的厚度，将寄生吸收损失降到了最低。而图 7-25(b) 减反层 LiF 的引入，增强了长波的吸收，因此四端器件效率会增加，但是随着厚度的增加，LiF 的寄生吸收会造成总体效率的下降。中间层 ITO 的厚度影响如图 7-25(c) 所示，四端器件效率随着 ITO 的厚度增加先上升后快速下降，在厚度 30 nm 时达到最高。关于砷化镓的掺杂浓度影响，如图 7-25(d) 所示，选取掺杂浓度为 10^{18} cm^{-3}，平衡了砷化镓底电池的开路电压和电流密度，四端叠层器件理论效率可达到 30.97%。

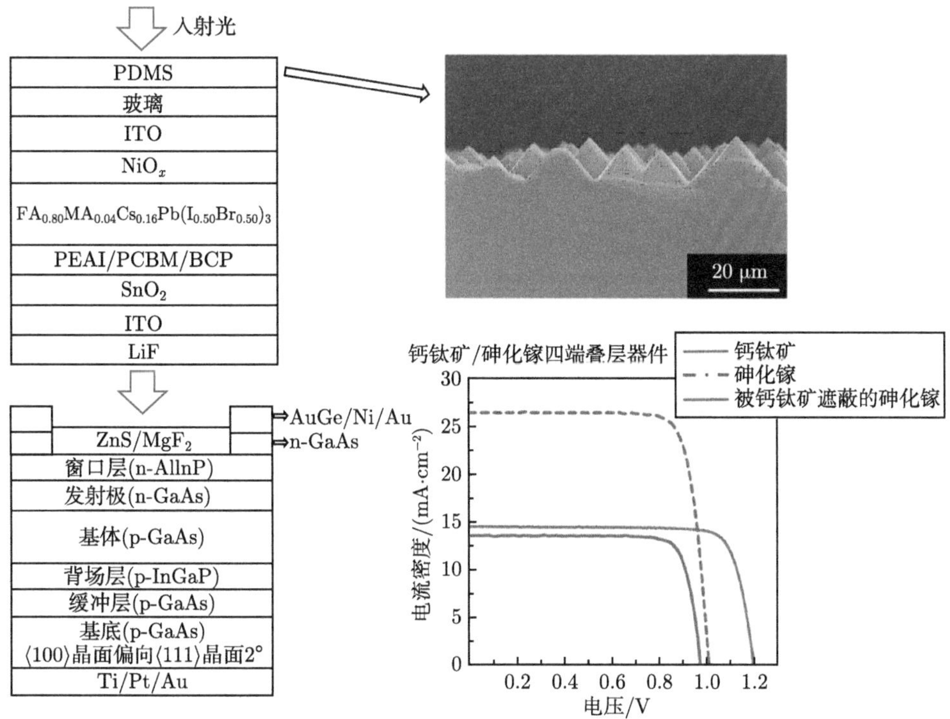

图 7-24 四端叠层电池结构，拥有金字塔织构 PDMS 的 SEM 截面图，以及电池的 *J-V* 曲线 [53]

刚性基底的太阳电池存在不能弯曲的缺点，这限制了其应用场景，因此 Park 团队 [53] 进一步利用外延剥离技术 (epitaxial lift-off, ELO)[55,56] 制备了柔性砷化镓薄膜电池，其制备流程如图 7-26(a) 图所示。他们以 (111) 面偏向 2° 的 n 型 (100) 砷化镓作为衬底，在 MOCVD 中先后沉积了未掺杂砷化镓、砷化铝、未掺杂砷化镓，分别作为衬底保护层、牺牲层、缓冲层，衬底保护层可以在剥离过程中保护衬底，以实现衬底的重复利用，降低成本；随后沉积上 n 型欧姆接触层 n-GaAs、窗口层 n-AlInP、发射极 n-GaAs、基区 p-GaAs、背表面场层 p-InGaP、p 型欧姆接触层 p-GaAs，最后沉积一层耐 HF 的金属层，例如 AuBe/Pt/Au；随后将表面沉积有 Cr/Au 薄膜的柔性基底与砷化镓电池表面的金属层进行键合，通过控制温度和压力会形成金属键，键合完成后随即放入 HF 溶液中刻蚀牺牲层将砷化镓薄膜与刚性基底剥离，再使用柠檬酸选择性去除 n 型欧姆接触层 n-GaAs 以暴露出窗口层，最后沉积上减反层以及金属电极。钙钛矿则是使用旋涂法沉积到 PET(聚对苯二甲酸乙二醇酯) 柔性基底上。图 7-26(c) 是四端柔性叠层电池的 *J-V* 曲线性能，砷化镓子电池的 V_{OC} =0.97 V，J_{SC} =14.32 mA·cm^{-2}，FF = 83.56%，PCE=11.64%，钙钛矿子电池的 V_{OC} =1.19 V，J_{SC} =13.95 mA·cm^{-2}，

$FF = 76.62\%$，PCE=12.68%，四端柔性叠层电池的转换效率为 24.32%。通过图 7-26(e) 进行的弯曲测试，当弯曲半径从 20 mm 减小到 10 mm 时，电池效率仍没有变化，即使当弯曲半径减小到 7 mm 时，仍有初始效率的 94%。在以 10 mm 的弯曲半径重复弯曲 1000 次以后，也保持了初始效率的 98%，这充分说明了制备的柔性器件的耐弯曲性能，保证了其作为柔性器件的灵活性。

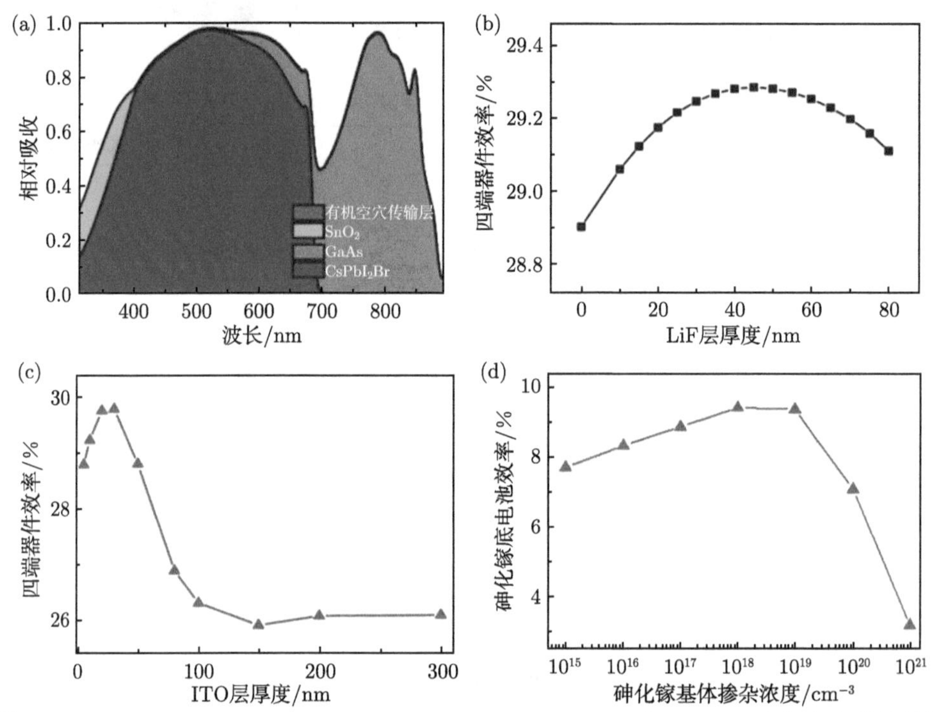

图 7-25　(a) 250 nm $CsPbI_2Br$、2.5 μm GaAs、20 nm SnO_2 与 150 nm 有机空穴传输层的光吸收率；(b) LiF 层厚度对四端器件效率的影响；(c) 顶部透明 ITO 层厚度对四端器件效率的影响；(d) 砷化镓掺杂浓度对砷化镓底电池效率的影响 [54]

通常在四端叠层电池中底电池的吸收光谱是顶电池过滤射到底部的光谱，而 Djeffal 团队 [57] 设计了一种分光器，如图 7-27(a)，(b) 所示，通过主动分光的方式将太阳频谱分成两部分，长波部分反射到 $(FAPbI_3)_{0.95}$ $(MAPbBr_3)_{0.05}$ ($E_g = 1.5$ eV) 钙钛矿子电池，短波部分透射到 $In_{0.53}Ga_{0.47}As$ ($E_g = 0.7$ eV) 子电池。分光器是基于射频溅射 ITO/Ag/ITO(IAI) 超薄多层结构，通过 FDTD 方法和遗传算法结合优化分光器中各层的厚度以及光的入射角度，图 7-27(c) 给出当各层厚度 $t_{ITO1} = 37$ nm，$t_{Ag} = 20$ nm，$t_{ITO2} = 42$ nm，入射角 α 为 49.5° 时，IAI 多层结构在可见光范围内可提供 89%的高透明度，同时在近红外和红外波段保持超过 91%

的反射率。这种分光器的引入，可以使得 $(FAPbI_3)_{0.95}(MAPbBr_3)_{0.05}/InGaAs$ 叠层电池的效率达到 29.6%，表 7-3 给出了单结电池工作性能及分光器下叠层电池工作性能。

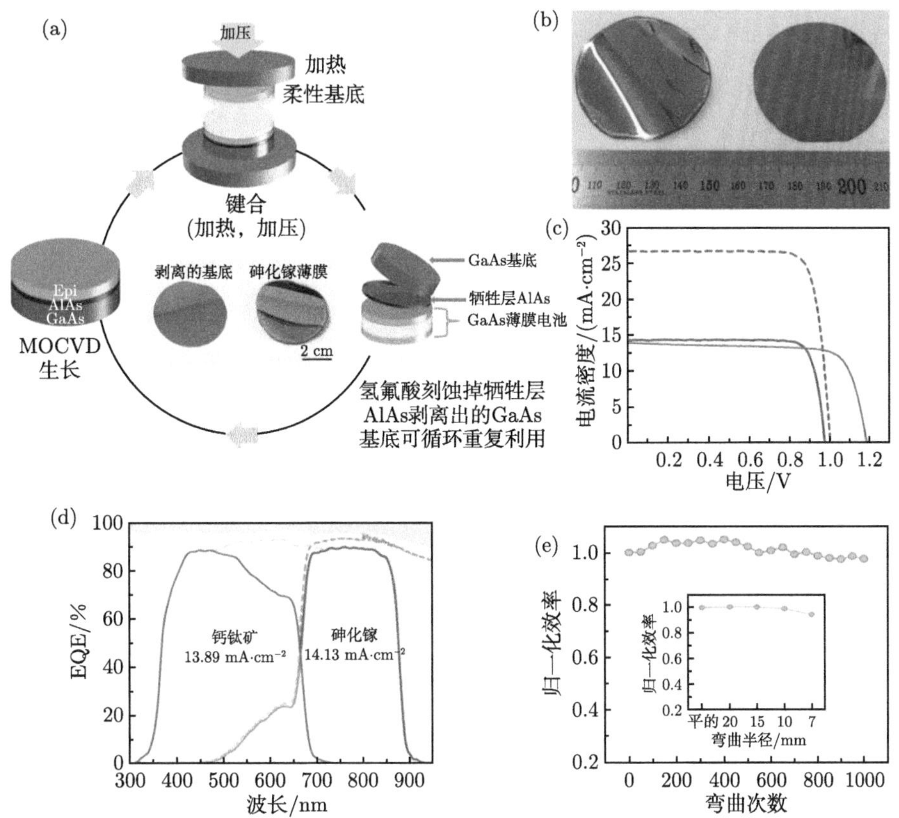

图 7-26 (a) ELO 技术制备柔性砷化镓薄膜电池流程示意图；(b) 剥离下来的柔性砷化镓薄膜电池 (左) 和剥离出的刚性砷化镓基底 (右)；(c) J-V 曲线，(d) 钙钛矿和砷化镓电池的 EQE 曲线、光电流；(e) 测试四端器件在不同曲率半径下弯曲的效率变化以及在 10 mm 曲率半径下弯曲 1000 次的效率测试 [53]

钙钛矿和砷化镓单结太阳电池的效率都很高，而钙钛矿/砷化镓叠层电池的效率也有明显提升。但是实验报道较少，为了进一步提升钙钛矿/砷化镓叠层电池的效率，应主要研究如何制备出高效稳定的宽带钙钛矿，并引入界面工程优化叠层电池中的界面问题。

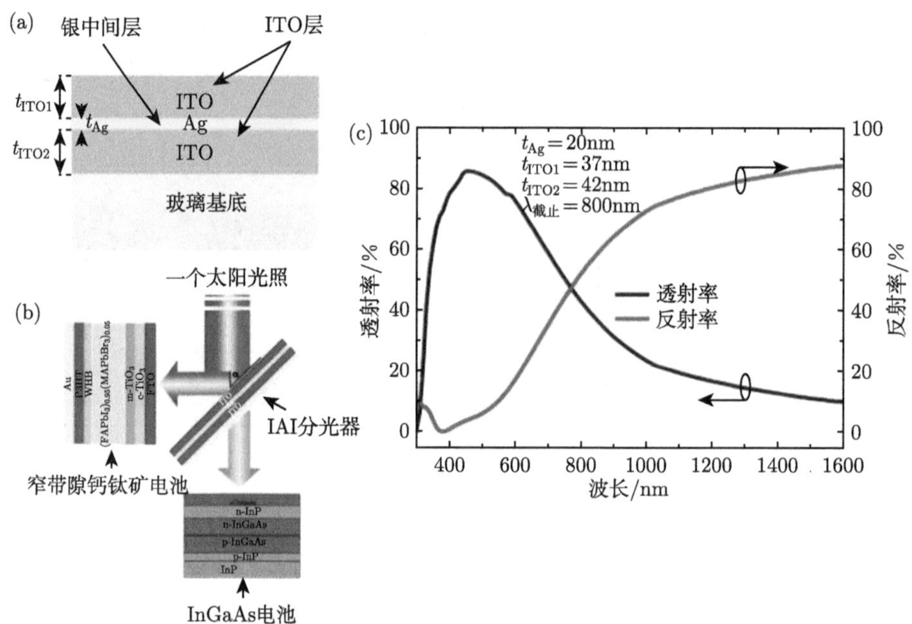

图 7-27　(a) IAI 分光器结构以及 (b) 引入分光器的四端叠层电池示意图；(c) 顶层 ITO 厚度为 37 nm，中间层 Ag 厚度为 20 nm，底层 ITO 厚度为 42 nm 时，IAI 分光器的反射率/透射率 [57]

表 7-3　单结电池工作性能及分光器下叠层电池工作性能 [57]

		$J_{SC}/(mA\cdot cm^{-2})$	V_{OC}/V	$FF/\%$	PCE/%
单结电池工作性能	InGaAs [58]	57.6	0.35	71.3	14.4
	$(FAPbI_3)_{0.95}(MAPbBr_3)_{0.05}$ [59]	24.8	1.15	81.4	23.3
分光器下叠层电池工作性能	InGaAs	2.4	0.34	73.8	9.2
	$(FAPbI_3)_{0.95}(MAPbBr_3)_{0.05}$	22.3	1.14	80	20.4

7.2.2　钙钛矿/CIGS 叠层电池

铜铟镓硒 ($Cu(In,Ga)Se_2$，CIGS) 是一种重要的光伏材料，它本身因为材料内部铜空位的存在而表现出 p 型半导体的特性，因此需要与 n 型材料结合形成 pn 结才能光伏发电。1987 年，Mickelsen 团队 [60] 利用共蒸法首次制备了 CIGS 薄膜太阳电池，效率超过了 10%。经过不断的优化和改进，2019 年，Hiroki 团队 [61] 利用 $Zn(O,S,OH)_x/Zn_{0.8}Mg_{0.2}O$ 双缓冲层的结构替换了传统的 CdS 缓冲层，制备的工作面积为 1 cm^2 的 $Cu(In,Ga)(Se,S)_2$ 薄膜电池达到世界认证效率纪录 23.35%。除了高效率之外，CIGS 最重要的一点则是其带隙可调控，通过调整组分中 In/Ga 的比例可以使得 CIGS 的带隙在 1.02 ~ 1.67 eV 变化 [62]，这使得其跟同样带隙可调、高效率的钙钛矿电池进行串联很具有吸引力。

Todorov 等 [63] 首先报道了两端结构的钙钛矿/CIGS 叠层器件，通过溶液工程将 CIGS 的带隙调整到 1.04 eV[64]，并且用 ITO 替代了 CIGS 电池中常用的 ZnO 层作为中间连接层，因为研究发现 ZnO 会造成钙钛矿的分解而降低电池性能 [65]。如图 7-28(a) 所示，为了使钙钛矿带隙与 CIGS 的带隙匹配，通过卤化铅 (PbX_2) 薄膜和有机胺盐蒸气进行的固–气反应实现了对钙钛矿带隙的连续调控。此外他们取代了在 CIGS 电池中用到的半透明 Al 薄膜接触层，因为 Al 薄膜接触层只有 50%左右的光学透过率，严重影响了电池的电流密度，换之热蒸发沉积了具有 80%光学透过率的钙基透明导电层，并且还包含一层 BCP 层 (约 5 nm) 作为 n 型选择层和阻挡层，以阻止钙离子向其他层扩散。如图 7-28(c) 所示，制备的两端叠层器件效率为 10.9%。他们通过模拟计算发现，如果顶部透明电极的光学透过率为 100%，两端叠层器件性能为 $V_{OC} = 1.45$ V，$J_{SC} = 12.7$ mA·cm^{-2}，$FF = 56.6\%$，PCE=10.9%。

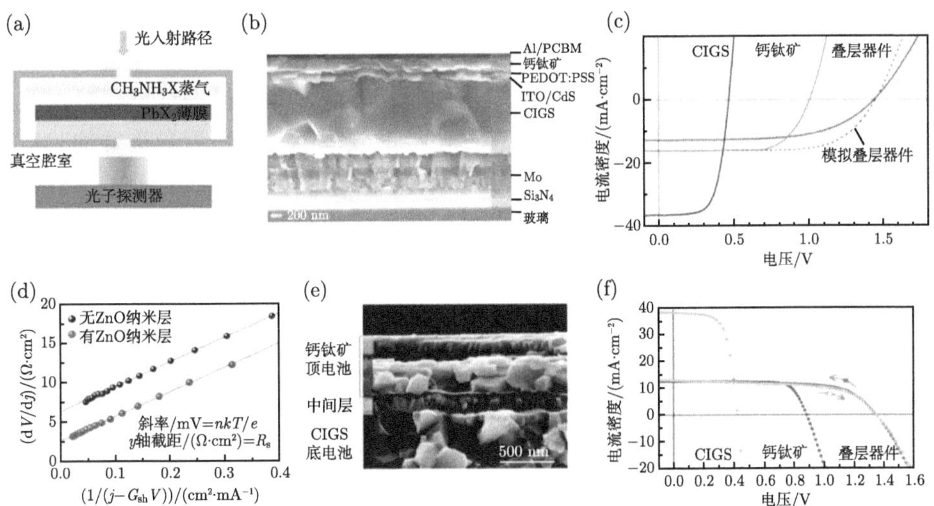

图 7-28 (a) 钙钛矿转化设备和检测设备集成示意图；(b) 透明导电膜为 Al 膜的叠层器件截面 SEM 图；(c) 两端叠层器件的 J-V 曲线以及模拟叠层器件的 J-V 曲线 [63]；(d) $\mathrm{d}V/\mathrm{d}j$ 与 $1/(j - G_{\mathrm{sh}}V)$ 关系确定器件的二极管理想因子和串阻；(e) 叠层器件截面 SEM 图；(f) 最佳性能叠层器件与单独的 CIGS 器件和半透明钙钛矿器件的 J-V 曲线 [66]

Todorov 等 [63] 的工作取消了 CIGS 电池中常用到的 ZnO 层，而使用了 ITO 层，这势必会影响 CIGS 电池的工作效率。因此 Jang 等 [66] 保留了 CIGS 电池上的 ZnO 层，将 i-ZnO/AZO 层作为中间复合层，而且在钙钛矿顶部引入了 ZnO 纳米层。另外，他们使用新颖的电化学沉积法制备了 CIGS 电池 [67]，钙钛矿顶部的 ZnO 纳米层则是使用 ZnO 纳米颗粒的异丙醇分散液旋涂制备，ZnO 纳米层的引入不仅可以避免溅射沉积透明导电层时对下层钙钛矿的破坏，还可以作为有效的电荷选择层。为了避免钙钛矿顶电池退火造成底层 CIGS 电池的热退火，整个制备流程的退火温度都控制在 ⩽150℃。他们以 ITO/ PEDOT:PSS/ $MAPbI_3$/ PCBM/ZnO/ Ag 结构的单结钙钛矿电池测试了 ZnO 纳米层对钙钛矿性能的影响，以标准二极管模型分析了黑暗条件下器件的 J-V 曲线，通过绘制高偏压区的 $\mathrm{d}V/\mathrm{d}j$ 与 $1/(j-G_{\mathrm{sh}}V)$ (这里 V 为外置偏压；j 为偏压下的电流密度；G_{sh} 为并联电导) 的曲线，曲线在 y 轴的截距大小代表了器件的串联电阻。如图 7-28(d) 所示，发现 ZnO 纳米层的引入降低了器件的串联电阻，使得单结器件填充因子提升了 7.5%。如图 7-28(e), (f) 所示，具有纳米颗粒 ZnO 缓冲层的钙钛矿和电化学制备的 CIGS 两端叠层器件性能为 V_{OC} = 1.346 V，J_{SC} = 12.9 mA·cm^{-2}，FF = 64%，PCE=11.03%，在 100 天后，效率仍保持着在原始效率的 70% 左右。

CIGS 拥有与硅相当的带隙，而钙钛矿/CIGS 叠层器件的效率却远低于钙钛矿/硅叠层器件，究其原因主要有三个：首先是顶部的不透明电极造成的光学损失；其次是 CIGS 电池中固有的氧化锌 (i-ZnO) 和掺铝氧化锌层 (AZO)，氧化锌本身会造成钙钛矿的分解，使得叠层器件效率下降，而如果去掉氧化锌层又会破坏 CIGS 电池的本身结构，造成 CIGS 电池的效率降低；最后最重要的一点则是 CIGS 层在制备时由于其在基底上的不均匀成核会使得 CIGS 表面具有很高的粗糙度，这种高粗糙度的表面对于顶部钙钛矿沉积是不利的，严重影响了顶部钙钛矿的性能表现。因此 Han 等 [68] 通过化学抛光的手段，大大降低了 CIGS 子电池表面的粗糙度，如图 7-29(a) 所示，具体方法为在 CIGS 电池的 BZO 层 (硼掺杂 ZnO) 上沉积了一层 300 nm 厚的 ITO，填平 BZO 表面的沟壑，然后利用商用的 SiO_2 浆料对 ITO 层进行化学抛光，抛光后得到了粗糙度均方根为 40 nm 的表面。为了进一步降低表面粗糙度对钙钛矿性能的影响，他们沉积了一层 50 nm 厚的聚 [双 (4-苯基)(2,4,6-三甲基苯基) 胺](poly[bis(4-phenyl)(2,4,6-trimethylphenyl)amine]，PTAA) 作为空穴传输层，同时使用 TPFB(4-isopropyl-4′-methyldiphenyliodonium tetrakis(pentafluorophenyl)borate) 材料对 PTAA 进行掺杂以增加其电导率，然后再沉积钙钛矿 $Cs_{0.09}FA_{0.77}MA_{0.14}Pb(I_{0.86}Br_{0.14})_3$。因为化学抛光在 ITO 层，所以对底层的 CIGS 子电池的结构没有任何破坏。如图 7-29(c), (d) 所示，得到两端叠层器件性能为 V_{OC} = 1.7739 V，J_{SC} = 17.3 mA·cm^{-2}，FF = 73.1%，PCE=22.43%，子电池之间仅有 0.5 mA·cm^{-2} 左右的电流失配。

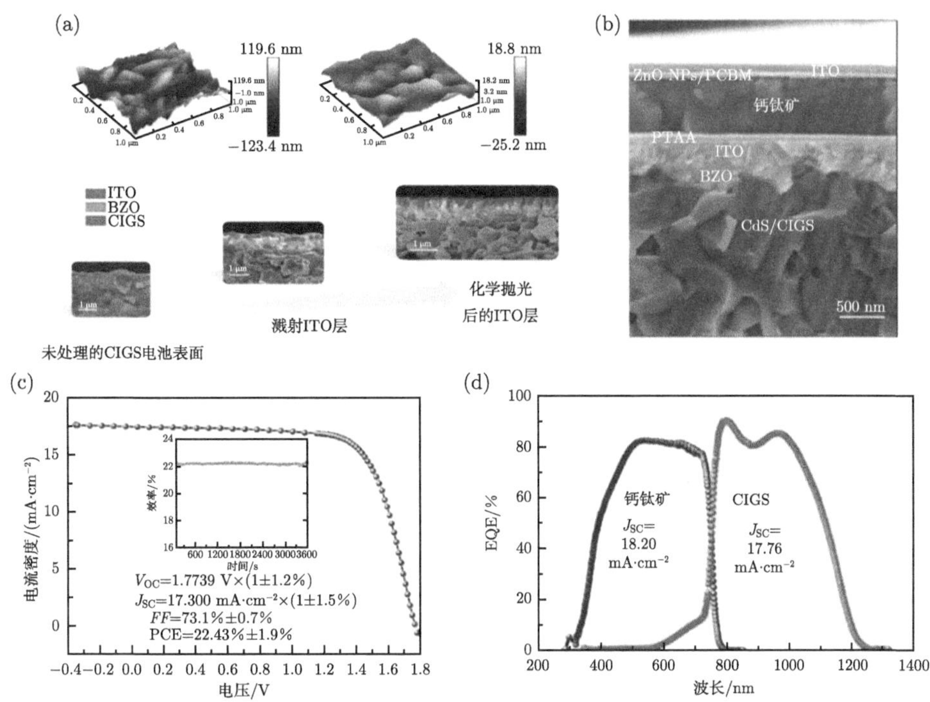

图 7-29 (a) ITO 层抛光后的粗糙度以及抛光示意图；(b) 两端叠层器件的界面 SEM 图；(c) 叠层器件的 J-V 曲线；(d) 测试子电池的 EQE 曲线 [68]

针对 CIGS 电池表面粗糙度带来的顶部钙钛矿性能差的问题，Albrecht 团队 [69] 则通过自组装分子层 (self-assembled monolayer，SAM) 解决了这一问题，通过引入有机膦酸在粗糙表面自发形成一层保形的空穴传输层，优势在于其自组装特性能保证在粗糙表面的均匀覆盖，并且能将传输层厚度降到最低的同时保证正常载流子提取与传输功能，降低寄生吸收损失。而有机膦酸的自组装特性来源于有机膦酸能与任何氧化物表面成键，它可以和 ITO 形成稳定的强键，并且通过相邻的咔唑片段之间的 π-π 键相互作用稳定形成单层分子膜。为了表征分子在 ITO 表面的组合情况，如图 7-30(a) 所示，将材料 V1063 旋涂和浸渍在 Si/ITO 表面，测试其红外反吸收光谱 (RAIRS)，并与 V1063 块体材料的 RAIRS 曲线进行对比。相比于块体材料，旋涂和浸渍的样品在 1010 cm^{-1} 处出现了对应单层分子层的指纹峰 (形成 P-O-金属键)，图 7-30(b) 展示了三种自组装分子的 RAIRS 图谱，都出现了单层分子层的指纹峰 (V1063 在 1010 cm^{-1}；MeO-2PACz 在 1021 cm^{-1}；2PACz 在 1017 cm^{-1})。图 7-30(c) 将三种组装材料和 PTAA 制备的单结钙钛矿器件性能进行统计，MeO-2PACz 和 2PACz 表现出更高的效率，其效率更高的原因在图 7-30(e) 中，比较它们的能级可看出，MeO-2PACz 和 2PACz 对电子具有更高的势垒，且仍可以有效地提取空穴。此外，对器件的暗电流测试 (图 7-30(d)) 也表明，单层 MeO-2PACz 和 2PACz 分子材料具有比 PTAA 更优越的整流性能。以性能表现最佳的 2PACz 为空穴传输层，制备的钙钛矿/CIGS 叠层器件性能为 $V_{\mathrm{OC}} = 1.68$ V，$J_{\mathrm{SC}} = 19.17$ mA·cm^{-2}，$FF = 71.9\%$，PCE=23.26%。

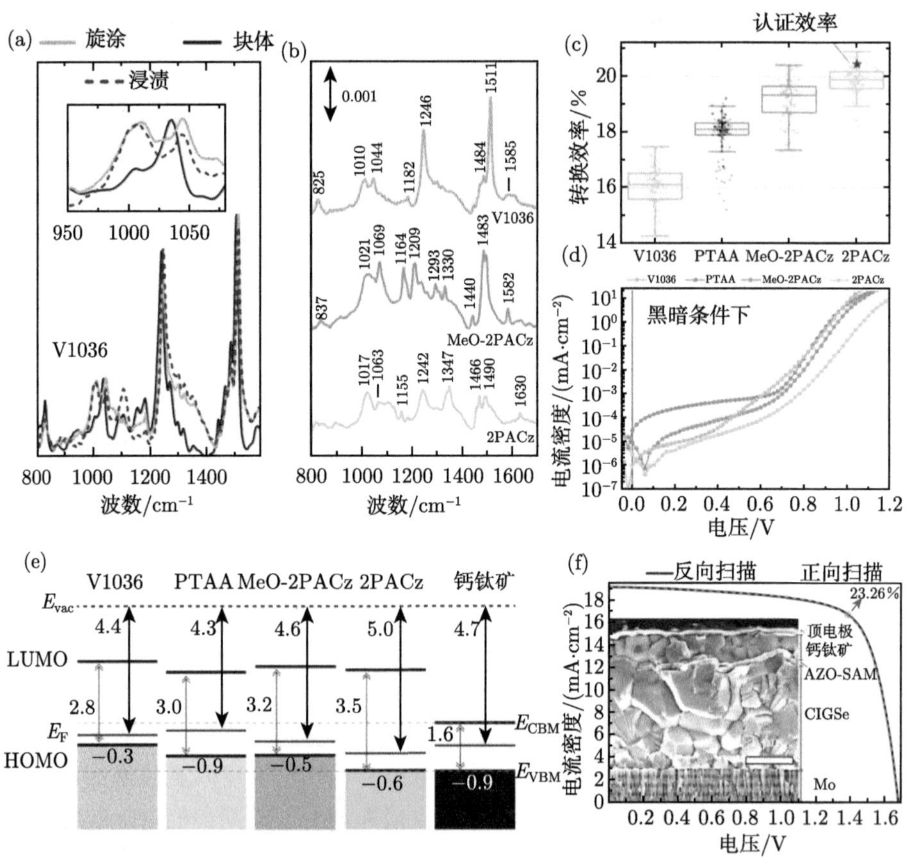

图 7-30　(a) 旋涂和浸渍在 Si/ITO 表面的 V1063 和块体材料 V1063 的 RAIRS 图；(b) 旋涂制备 V1063、MeO-2PACz 和 2PACz 薄膜的 RAIRS 图；以 PTAA、V1063、MeO-2PACz 和 2PACz 作为空穴传输层制备的 (c) 器件效率统计和 (d) 器件的暗电流；(e) 四种空穴材料的能级示意图 (单位：eV)；(f) CIGS/钙钛矿叠层截面 SEM 图和 J-V 曲线 [69]

Jošt 等 [70] 为实现更好的光谱匹配，引入了更大带隙 ($E_{\mathrm{g}} = 1.68$ eV) 的钙钛矿 $\mathrm{Cs_{0.05}(MA_{0.23}FA_{0.77})Pb_{1.1}(I_{0.77}Br_{0.23})_3}$，使用苯乙胺碘酸盐 (phenethylammonium iodide，PEAI) 添加剂以改善钙钛矿薄膜的质量和新的空穴自组装材料 Me-4PACz，并引入了 LiF 减反射层减少了光学损耗 (图 7-31(a)，(b))，叠层器件的性能为 $V_{\mathrm{OC}} = 1.77$ V，$J_{\mathrm{SC}} = 18.8$ mA·cm^{-2}，$FF = 71.2\%$，PCE=24.2%，

如图 7-31(c) 所示。从图 7-31(d) 的 EQE 曲线可以看出，子电池之间仍存在 1 mA·cm^{-2} 的电流失配。

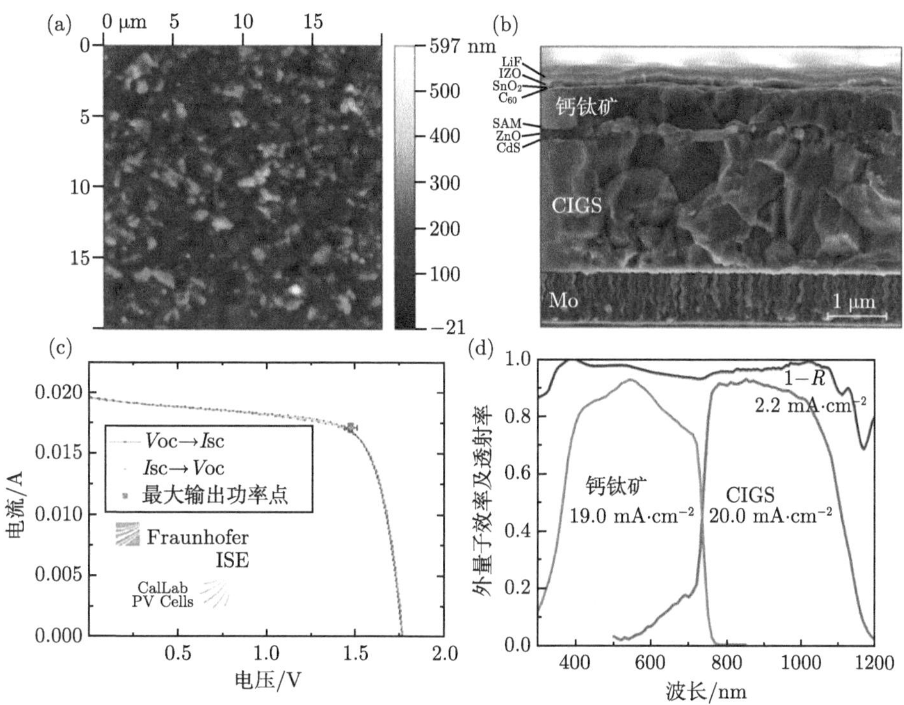

图 7-31 (a) 制备的 CIGS 底电池 AFM 图，粗糙度均方根为 60 nm；(b) 叠层器件的截面 SEM 图；(c) 叠层器件的 I-V 曲线；(d) 叠层器件中子电池的 EQE 曲线 [70]

基于实验的叠层器件，Jošt 等进一步进行了模拟优化，其中 CIGS 厚度固定为 2500 nm，根据以往的工作，前表面的 IZO、SnO_2、C_{60} 的薄膜厚度在模拟优化中总是趋向于小值，因此将这些层固定到了保证功能良好的串联所需的最小厚度 (IZO 为 80 nm，SnO_2 为 10 nm，C_{60} 为 10 nm) 以简化模型并且对于减少寄生吸收损失也有帮助，主要对减反射层 LiF、中间层 ZnO:Al/i-ZnO、窗口层 CdS 厚度进行了优化，同时研究了不同带隙 (1.65 eV、1.68 eV、1.70 eV、1.72 eV) 的钙钛矿需要的最佳厚度。从表 7-4 可以看出，当带隙超过 1.68 eV 后钙钛矿的最佳厚度接近 1 μm，考虑到钙钛矿载流子扩散长度的限制，钙钛矿厚度增加会导致载流子复合概率增加，反而降低电流密度。因此择优选取带隙 1.68 eV 的钙钛矿，模拟出的叠层器件开路电压可提高到 1.99 V，电流密度为 19.9 mA·cm^{-2}，两个子电池之间的电流失配仅为 0.01 mA·cm^{-2}，FF 为 80%，效率提高到 31.6%，使用带隙 1.70 eV 的钙钛矿，需要钙钛矿厚度为 998 nm，可以得到最高效率 32.0%，这一模拟结果也为未来进一步提高叠层器件效率指明了方向。

表 7-4　不同带隙的钙钛矿/CIGS 串联太阳电池的模拟最佳厚度和性能指标 [70]

	最小厚度/nm	最大厚度/nm	$E_g = 1.65$ eV	$E_g = 1.68$ eV	$E_g = 1.70$ eV	$E_g = 1.72$ eV
LiF	80	140	108	108	103	101
钙钛矿	400	1000	605	738	998	999
ZnO:Al	30	80	30	33	35	68
i-ZnO	10	100	89	94	94	62
CdS	50	140	91	90	88	119
性能参数						
Pero $J_{SC\_SIM}/(mA \cdot cm^{-2})$			19.92	19.93	19.92	19.33
CIGS $J_{SC\_SIM}/(mA \cdot cm^{-2})$			19.92	19.92	19.93	19.92
$J_{SC\_SIM}/(mA \cdot cm^{-2})$			19.9	19.9	19.9	19.3
FF/%			80	80	80	80
V_{OC}/V			1.96	1.99	2.01	2.03
PCE/%			31.2	31.6	32.0	31.3

Jošt 等 [70] 采用了钙钛矿 ($E_g = 1.68$ eV) 和 CIGS ($E_g = 1.13$ eV) 的带隙组合。而 Ruiz-Preciado 等 [71] 经过计算模拟发现，如图 7-32(a) 所示，将 CIGS 和钙钛矿的带隙下调到 CIGS ($0.95 \sim 1.03$ eV)/钙钛矿 ($1.56 \sim 1.66$ eV)，钙钛矿/CIGS 叠层器件效率将会得到进一步提升达到 25%。为了解决 CIGS 电池的 ZnO 层造成钙钛矿电池分解问题，如图 7-32(b) 所示，他们在 ZnO 表面溅射了一层 NiO_x 将 ZnO 与顶电池隔开，并使用自组装材料 2PACz 作为空穴传输层。如图 7-32(c) 所示，使用 $Cs_{0.05}MA_{0.1}FA_{0.85}Pb(I_{0.9}Br_{0.1})_3$ ($E_g = 1.59$ eV) 和 CIS ($E_g = 1.03$ eV) 制备的两端叠层器件性能为 $V_{OC} = 1.57$ V，$J_{SC} = 21.1$ mA·cm^{-2}，$FF = 75.2\%$，PCE=24.9%。通过图 7-32(d) 的 EQE 曲线看出，两个子电池表现出良好的电流匹配，电流失配的情况由 Jošt 等 [70] 的 1 mA·cm^{-2} 降低到 0.3 mA·cm^{-2}，使用更低带隙的钙钛矿也意味着卤素组成中会有更少的 Br^-，钙钛矿相会更加稳定并且降低钙钛矿的缺陷密度，使得钙钛矿薄膜具有更高的光电质量。

钙钛矿/CIGS 除了制备在刚性基底上的两端叠层器件外，在柔性方面也有相应研究。Fu 等 [72] 制备了柔性叠层器件，通过多级共蒸发工艺将 CIGS 层沉积在有 Mo 涂层的聚酰亚胺柔性基底上，采用了 NaF 和 RbF 后沉积处理，化学浴 CdS，然后射频溅射 ZnO 和 ZnO:Al 层。为了克服 CIGS 电池表面的高粗糙度，他们使用气相/液相沉积法，通过热蒸发沉积一层致密 PbI_2，随后通过旋涂 MAI 溶液退火实现钙钛矿的保形生长。因为 ZnO 的引入，在钙钛矿的退火过程中，ZnO 会使钙钛矿降解，所以为了降低 ZnO 对钙钛矿的影响，退火条件缩短到 1 min，100 ℃，虽抑制了钙钛矿降解，但同时也导致钙钛矿薄膜生长质量较差。通过图 7-33(a) 可以看出，钙钛矿晶粒尺寸小于薄膜厚度，在电荷传输方向上存在大量晶界阻碍了载流子的传输，因此钙钛矿电池限制了叠层电池的性能。如图 7-33(b) 所示，制得的叠层器件性能为 $V_{OC} = 1.751$ V，$J_{SC} = 16.3$ mA·cm^{-2}，

$FF=46.4\%$，PCE=13.2%。在 1.35 V 固定电压下的电池在环境空气中连续照明超过 20 min 仍可提供 13.2%的稳态转换效率。

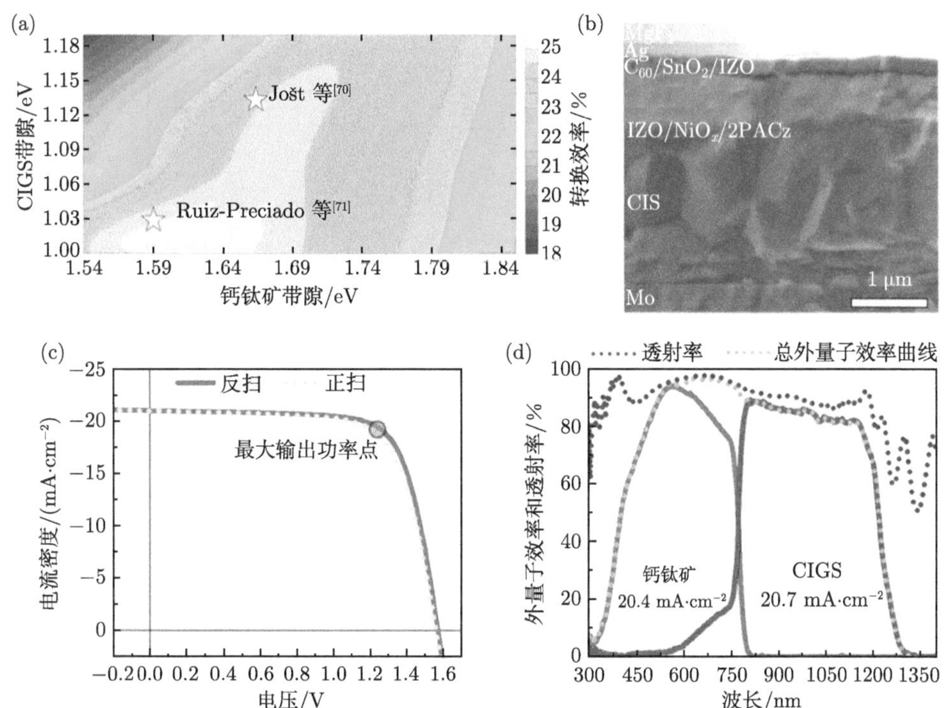

图 7-32 (a) 不同带隙的钙钛矿和 CIGS 组合的理论效率；(b) 两端叠层器件的截面 SEM 图；(c) 两端叠层器件的 J-V 曲线；(d) 两端叠层器件的两个子电池的 EQE 曲线 [71]

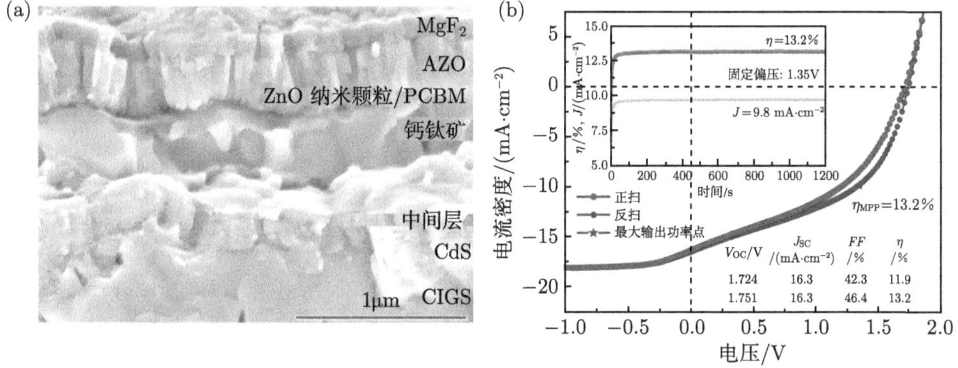

图 7-33 (a) 柔性钙钛矿/CIGS 器件的截面 SEM 图；(b) 叠层器件的 J-V 曲线 [72]

钙钛矿/CIGS 两端叠层器件的效率虽然从开始的 10.9%已经增长到 24.9%，但是限于两端叠层器件电流匹配的限制以及额外的中间层带来的效率损耗，从表 7-5

表 7-5　钙钛矿/CIGS 两端叠层器件统计

窄带隙子电池	中间层	宽带隙子电池	开路电压/V	短路电流密度/($mA\cdot cm^{-2}$)	FF/%	转换效率/%	有效面积/cm^2	参考文献
玻璃/Si_3N_4/CIGS (1.04eV)/CdS	ITO	PEDOT:PSS/$MAPbI_xBr_{3-x}$(1.7eV)/PCBM/TCE	1.45	12.7	56.6	10.9	0.4	[63]
玻璃/Mo/CIS (1.0eV)/CdS	i-ZnO/ZnO	PEDOT:PSS/$MAPbI_3$ (1.59eV)/PCBM/ZnO NPs/AZO/Ag	1.35	12.9	64.0	11.03	0.5	[66]
玻璃/Mo/CIGS (1.1 eV)/CdS/i-ZnO/BZO	ITO	PTAA/$Cs_{0.09}FA_{0.77}MA_{0.14}Pb(I_{0.86}Br_{0.14})_3$(1.59 eV)/PCBM/ZnO NPs/ITO	1.77	17.3	73.1	22.4	0.042	[68]
PI/Mo/CIGS (1.1eV)/CdS	i-ZnO/AZO	PTAA/$MAPbI_3$(1.59eV)/PCBM/ZnO NPs/Ni-Al/MgF_2	1.75	16.3	46.4	13.2	0.201	[62]
玻璃/Mo/CIGS (1.1eV)/CdS	i-ZnO/AZO	NiO_x/PTAA/CsMAFAPbIBr(1.63 eV)/C_{60}/SnO_2/IZO/Ag/LiF	1.58	18.0	76.0	21.6	0.8	[73]
玻璃/Mo/CIGS (1.1 eV)/i-ZnO	AZO	MeO-2PACz/$Cs_{0.05}(MA_{0.17}FA_{0.83})_{0.95}Pb(I_{0.83}Br_{0.17})_3$(1.63 eV)/$C_{60}$/BCP/ITO/Ag/LiF	1.68	19.2	71.9	23.3	1.03	[71]
玻璃/Mo/CIGS (1.1eV)/CdS	i-ZnO/AZO	NiO/PTAA/$FA_{0.83}M_{0.17}PbBr_{0.51}I_{2.49}$(1.63eV)/LiF/PCBM/$SnO_2$/ITO/LiF	1.77	14.7	70.0	15.9	0.12	[74]
玻璃/Mo/CIGS (1.1 eV)/i-ZnO	AZO	Me-4PACz/PEAI:$Cs_{0.05}(MA_{0.23}FA_{0.77})Pb_{1.1}$ $(I_{0.77}Br_{0.23})_3$(1.68 eV)/C_{60}/SnO_2/IZO/Ag/LiF	1.77	18.8	71.2	24.2	1.04	[70]
玻璃/Mo/CIS (1.03eV)/CdS/i-ZnO	IZO	NiO_x/ 2PACz/$Cs_{0.05}MA_{0.1}FA_{0.85}Pb(I_{0.9}Br_{0.1})_3$ (1.59eV)/C_{60}/SnO_2/IZO/Ag/MgF_2	1.57	21.1	75.2	24.9	0.5	[71]

统计的钙钛矿/CIGS 两端叠层器件报道的结果可以看出，两端结构的器件效率与 Kim 等 [75] 制备的效率为 25.9%的四端器件仍有差距。Kim 等使用 PEAI 和 $Pb(SCN)_2$ 双添加剂的协同作用制备了高效稳定的宽带隙钙钛矿材料，通过生成的二维/准二维钙钛矿钝化钙钛矿薄膜的晶界并且增大晶粒。图 7-34(b) 给出制备的半透明宽带隙钙钛矿与窄带隙 CIGS (E_g = 1.12 eV) 组成的四端叠层器件效率为 25.9%，其中制备的半透明钙钛矿器件效率达到了 17.1%。通过对子电池之间的进一步光学优化，Fan 等 [76] 制备的钙钛矿/CIGS 四端柔性器件效率达到了 25.4%，此外制备了双面 CIGS 电池来利用地面的反射及散射光发电，与钙钛矿组成的四端器件效率超过了 30%。

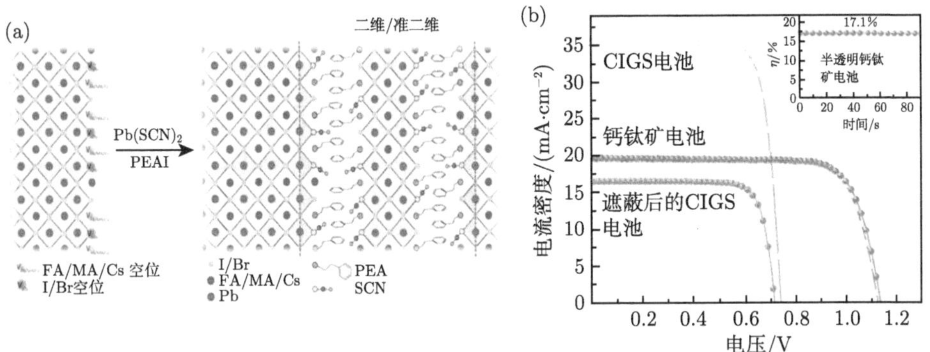

图 7-34 (a) PEAI 和 $Pb(SCN)_2$ 双添加剂的协同作用示意图；(b) 四端器件的 J-V 曲线 [75]

7.3 钙钛矿/钙钛矿叠层电池

在 7.1 节和 7.2 节中，介绍了钙钛矿/c-Si、钙钛矿/GaAs 和钙钛矿/CIGS 等叠层电池已经取得的重要进展。目前，全钙钛矿叠层电池的最高认证效率达到了 29%，仅次于钙钛矿/硅叠层电池 [77]。相比而言，全钙钛矿叠层电池具有独特的优势，包括：① 由于顶部和底部电池在提高电池效率方面具有相似的方案，且对环境压力的敏感性相似，所以子电池对于封装和包装的要求相同；② 顶部和底部电池的制备可以共享相似的基础设备，有利于降低器件制备的成本支出。进一步提升全钙钛矿太阳电池性能主要面临以下挑战：① 设计合适的界面接触层 (interface contact layer，ICL) 实现子电池间的有效衔接以及对底电池的保护；② 改善子电池吸光层的吸光特性、结晶质量和稳定性。

众所周知，ICL 对于制备高效的 2-T 叠层太阳电池具有极其重要的意义。ICL 主要作为有效的电荷复合中心，实现了两个子电池的连接，同时还对底电池起到保护作用。Zhou 团队通过开发一种由 spiro-OMeTAD/PEDOT:PSS/PEI/PCBM:PEI 组成的 ICL，构建了第一个自下而上溶液处理的 2-T 全钙钛矿叠层太阳电

池 [78]。这种 ICL 可以有效收集来自顶部和底部的电子和空穴，并且作为保护层以防止顶部钙钛矿薄膜的沉积过程对底部钙钛矿薄膜的破坏。所获得的叠层太阳电池的 V_{OC} 高达 1.89 V，接近两个钙钛矿子电池的总和。值得注意的是，由于两个子电池吸光层都为 $MAPbI_3$，两者不能实现吸收光谱区域互补，因而所制备的全钙钛矿叠层太阳电池的 J_{SC} (6.61 $mA·cm^{-2}$) 和 PCE (~7.0%) 较低。Snaith 团队报道了一种 PCBM/SnO_2/ZTO/ITO/PEDOT:PSS 复杂结构的 ICL (图 7-35(a))[79]，ALD SnO_2(4 nm)/ZTO(2 nm) 作为缓冲层，减少 ITO 溅射过程中对底电池的损坏，具有优异的导电性且能级适配的 ITO 作为复合层使得载流子实现有效转移及复合，从而实现了仅为 200 mV 的 V_{OC} 损失和 0.7 的高 FF，此外，厚度为 100 nm 的 ITO 层还作为阻挡层保护底电池免受溶剂破坏。在这项工作中，宽带隙 (wide band gap，WBG) 的 $FA_{0.83}Cs_{0.17}Pb(I_{0.5}Br_{0.5})_3$ (1.8 eV) 和窄带隙 (narrow band gap，NBG) 的 $FA_{0.75}Cs_{0.25}Sn_{0.5}Pb_{0.5}I_3$(1.2 eV) 分别作为顶部和底部电池吸光层，相应的 2-T 叠层电池 PCE 达到 17.0%(图 7-35(b))。此外，他们还制备了机械堆叠的 4-T 叠层电池并获得了 20.3%的 PCE。此后，随着 ICL 的不断改进，ITO 经常被用作全钙钛矿叠层电池中的有效复合层 [80,81]。

如上所述，通过溅射法制备的 ITO 通常具有 100 ~ 120 nm 的厚度，能够在溶液法制备顶电池过程中保护底电池免受溶剂破坏。然而，ITO 厚度的增加会在近红外光谱范围内引发严重的寄生吸收 [79]。例如，厚度为 120 nm 的 ITO 在 720 ~ 900 nm 范围内的透过率仅约 70%，不利于 NBG 钙钛矿底电池的光吸收。其次，较厚的 ITO 层会导致子电池之间的分流，严重影响了大面积器件的性能，并阻碍了薄膜模块中的电池间的单片集成 [82]。因此，在器件制备过程中化学保护作用逐渐从 ITO 复合层转移到缓冲层。Moore 团队借助超薄聚 (乙烯亚胺)-乙氧基化 (PEIE)(1 nm) 作为成核层，制备了一种保形的原子层沉积–铝锌氧化物 (AZO) 层，同时作为相互扩散阻挡层和溅射缓冲层 [83]。在原子层沉积制备 AZO 层的过程中，PEIE 中的亲核羟基和胺官能团可作为成核位点，从而生成致密成核的 AZO 层，有效阻挡 DMF 和 H_2O 的渗透 (图 7-35(c)，(d))。得益于此，溅射的 IZO 复合层厚度减少到 5 nm，但依然保留了显著的载流子复合能力。这种薄 ICL 被成功应用于刚性和柔性全钙钛矿叠层电池，并分别实现了 23.1%和 21.3%的 PCE。

全钙钛矿叠层器件中的 ICL 通常由多种沉积工艺制备的多层结构构成，由此带来的沉积工艺要求限制了全钙钛矿叠层器件的应用前景。为此，Huang 团队简化了 ICL 的结构，制备了仅由 C_{60} 和 SnO_{2-x} $(0 < x < 1)$ 组成的 ICL (图 7-36(a))[84]。钙钛矿中的 I^- 自发地对 C_{60} 层进行 n 型掺杂，使其能够充当有效的电子收集层。SnO_{2-x} 层中 Sn 不完全氧化 $(x = 0.24)$，具有高密度 Sn^{2+} 以及由此带来的双极性载流子传输特性。$C_{60}/SnO_{1.76}$ ICL 与宽带隙 (WBG) 和窄带

隙 (NBG) 钙钛矿子电池形成良好的欧姆接触，降低了接触电阻率，能够有效地收集每个子电池的光生载流子 (图 7-36(b))。鉴于此，小面积 (5.9 mm^2) 和大面积 (1.15 cm^2) 全钙钛矿叠层太阳电池分别实现了 24.4%和 22.2%的 PCE。此外，器件还表现出优异的稳定性，在 1 个太阳强度光照 1000 h 后仍保持初始 PCE 的 94%。除了 2-T 全钙钛矿叠层电池外，构建合适的中间层对于 4-T 叠层电池的性能提升也起到重要作用。Yan 团队在两个子电池之间插入石蜡油作为光耦合隔离层，最大限度地减少了由两子电池之间空气间隙内的多次反射导致的底部电池的光损耗 [85]。得益于此，4-T 全钙钛矿叠层电池的 PCE 达到 23.1%，且在标准太阳辐照下的稳态 PCE 为 22.9%，这是全钙钛矿叠层电池 PCE 首次超过单结钙钛矿太阳电池。

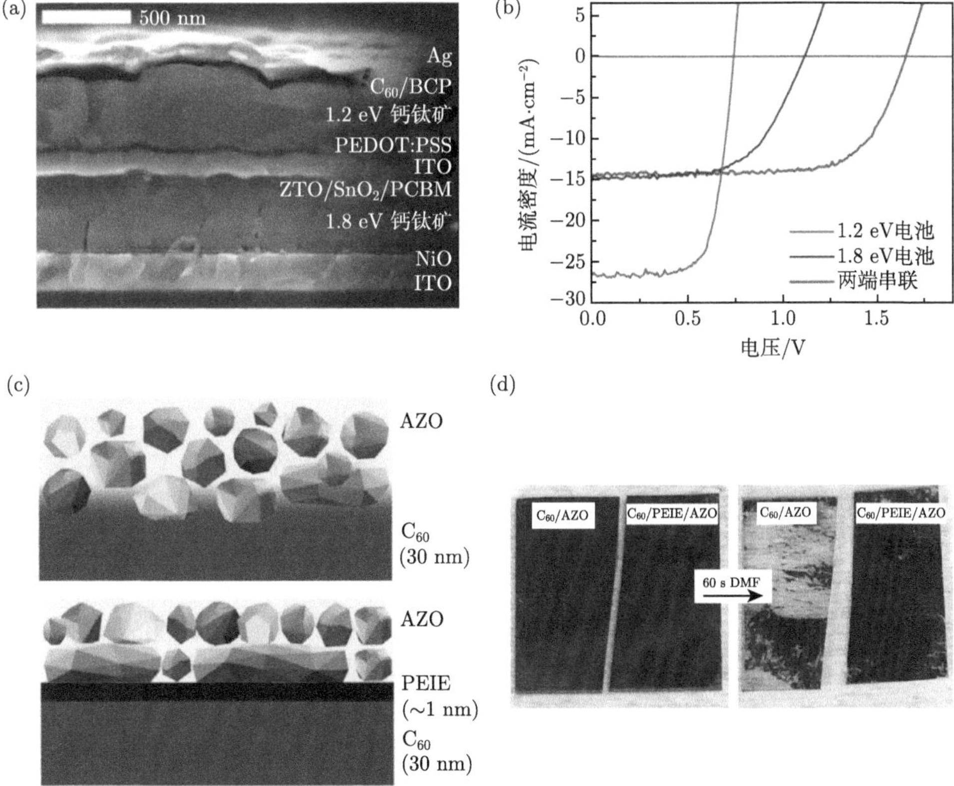

图 7-35 (a) 1.2 eV 和 1.8 eV 子电池组成的 2-T 叠层电池截面 SEM 图像；(b) 1.2 eV 和 1.8 eV 子电池组成的 2-T 叠层电池及相应的子电池 *J-V* 曲线 [79]；(c) C_{60} 和 PEIE 处理的 C_{60} 表面上 AZO 生长的示意图；(d) 左侧和右侧分别涂有 30 nm C_{60}/25 nm AZO 和 30 nm C_{60}/PEIE/25 nm AZO 的钙钛矿在 DMF 环境下 60 s 前后图片 [83]

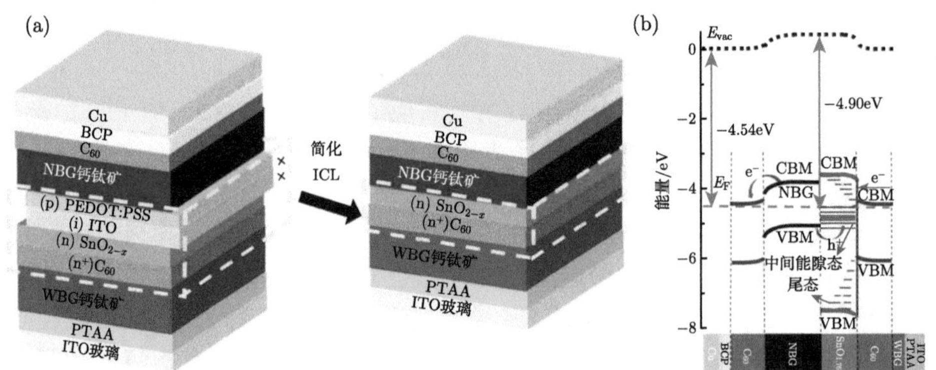

图 7-36　(a) 基于 C_{60}/SnO_{2-x}/ITO/PEDOT:PSS 的典型结构化 ICL 和简化后的 C_{60}/SnO_{2-x} ICL 的叠层器件示意图，其中 BCP 为浴铜灵 (bathocuproine)；(b) 全钙钛矿叠层太阳电池中 $C_{60}/SnO_{1.76}$/NBG 钙钛矿层/C_{60} 层的能量图，能量图显示，来自 NBG 钙钛矿薄膜的空穴通过中间能隙态 (红线) 注入 $SnO_{1.76}$ 中，再与掺杂的 C_{60} 层从 WBG 钙钛矿薄膜中提取的电子重新结合，黑色虚线和蓝色虚线分别表示真空能级 (E_{vac}) 和费米能级 (E_F) [84]

在叠层太阳电池中，通过组分工程调控子电池吸光层的 E_g 以提高其对太阳光谱的利用率，或利用添加剂工程和界面工程优化钙钛矿薄膜质量及界面接触，是提高器件性能的重要手段。Im 团队分别采用 E_g 为 2.25 eV 和 1.55 eV 的 $MAPbBr_3$ 和 $MAPbI_3$ 作为子电池的吸光层，在不使用任何 ICL 的情况下直接以机械压合的方式连接子电池，实现了 V_{OC} 和 J_{SC} 分别为 2.25 V 和 8.3 $mA·cm^{-2}$ 的全钙钛矿叠层太阳电池 (图 7-37(a))[86]。Jen 团队将富勒烯变体 $IC_{60}BA$ (indene-C_{60} bis-adduct) 应用于 E_g 约为 1.2 eV 的子电池中以优化界面接触，从而增加准费米能级分裂并减少器件的非辐射复合，使子电池的 V_{OC} 提升至 0.84 V (图 7-37(b), (c))[80]。另外，他们通过组分调控制备了 E_g 约为 1.8 eV 的钙钛矿薄膜，相应的子电池具有 1.22 eV 光稳定 V_{OC}，所得的全钙钛矿叠层太阳电池显示出 1.98 V 的高 V_{OC} (接近理论极限的 80%) 和 18.5%的稳定 PCE，显著减小了 V_{OC} 损失。Yan 团队通过一种掺 Cl 的体钝化策略以获得高质量的 NBG 混合 Sn-Pb 钙钛矿 [81]，如图 7-37(d)，(e) 所示，掺 2.5%Cl 的钙钛矿薄膜晶粒尺寸显著增大，结晶度得到改善。同时，掺 Cl 的钙钛矿薄膜 Urbach 能从 (27.9 ± 1.1) meV 降至 (23.9 ± 0.75) meV，表面的电子无序减少，缺陷态密度降低。此外，他们还开发了由 Ag/MoO_x/ITO/PEDOT:PSS 组成的致密 ICL，以有效衔接子电池。最终，所制备的 2-T 全钙钛矿叠层电池 PCE 接近 21%，在大气环境及标准太阳光照射下，封装器件以 MPP 跟踪运行 80 h 后仍保持初始效率的 85%。之后，该团队还通过添加硫氰酸胍 (GuaSCN) 进一步改善 Sn-Pb 混合 NBG 钙钛矿 (约 1.25 eV) 薄膜的结构和光电性能 [87]。得益于此，薄膜的缺陷密度降为原来的 1/10，载流子寿命提高至 1 μs 以上，扩散长度达到 2.5 μm。将优化后的 NBG 底电池和 WBG 顶电池结合使用，相应的 4-T 和 2-T 全钙钛矿叠层太阳电池分别实现了 25%和 23.1%的 PCE。

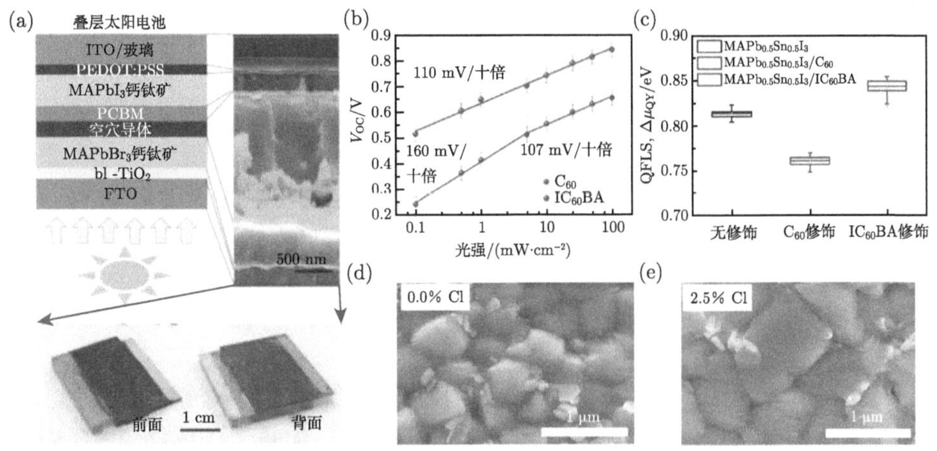

图 7-37 (a) $MAPbBr_3/MAPbI_3$ 叠层太阳电池的结构 (上左) 和 SEM 截面图 (上右)，以及正面和背面照片 (下)[86]；(b) 具有 C_{60} 和 $IC_{60}BA$ 电子传输层的 $MAPb_{0.5}Sn_{0.5}I_3$ 器件光强与 V_{OC} 的依赖关系以及通过线性拟合获得的相应斜率；(c) 无修饰、C_{60} 修饰和 $IC_{60}BA$ 修饰的 $MAPb_{0.5}Sn_{0.5}I_3$ 薄膜的准费米能级劈裂值 [80]；(d) 掺入 0.0%和 (e)2.5%Cl 的钙钛矿薄膜 SEM 图像 [81]

2020 年，Tan 团队使用一种名为甲脒亚磺酸 (FSA) 的强还原性表面锚定两性离子分子作为添加剂，以提高 NBG Sn-Pb 混合钙钛矿子电池的重现性、效率和稳定性 [88]。如图 7-38(a)，(b) 所示，该强还原性的两性离子分子抑制了 Sn^{2+} 氧化并钝化了 Sn-Pb 混合钙钛矿薄膜中的晶粒表面缺陷，使单结太阳电池的认证效率达到 20.7%。他们基于优化后的 NBG Sn-Pb 混合钙钛矿子电池制备了全钙钛矿叠层电池，在活性面积为 0.049 cm^2、1 cm^2 和 12 cm^2 的器件 PCE 分别达到 25.6%、24.2%和 21.4%(图 7-38(c))。此外，原子层沉积法制备的 SnO_2(ALD-SnO_2) 层被插入两个子电池之间，有效地抑制了氧气对 Sn^{2+} 的氧化，封装后的 FSA/ALD-SnO_2 叠层器件在 1 个太阳光照下，以 MPP 跟踪运行 500 h 后仍保持其初始效率的 88%(图 7-38(d))。2022 年，该团队用 4-三氟甲基苯胺 (CF3-PA) 取代广泛使用的 PEA^+ 钝化 Sn-Pb 混合钙钛矿晶粒表面，其表现出比 PEA^+ 更强的钙钛矿表面–钝化剂相互作用 (图 7-38(e))[89]。通过在钙钛矿前驱体溶液中添加少量 CF3-PA，使 Sn-Pb 混合钙钛矿内的载流子扩散长度达到了 5 μm 以上。得益于此，全钙钛矿叠层器件基于厚度为 1.2 μm 的高质量 Sn-Pb 混合钙钛矿薄膜，获得了 26.4%的认证效率，超过了性能最佳的单结钙钛矿太阳电池 (图

7-38(f)，(g))。此外，在 1 个太阳光照下，以 MPP 运行 600 h 后，封装的叠层器件仍保持初始 PCE 的 90%以上。随后，该团队开发了一种空间工程以获得适用于全钙钛矿叠层电池的高质量和光稳定的 WBG 钙钛矿 [90]。具体而言，他们通过在钙钛矿前驱体溶液中添加 DMAI 和 $MAPbCl_3$，所得薄膜的 E_g 从 1.73 eV 增加到 1.8 eV，并且由于应变松弛而显著抑制了光诱导的卤化物偏析。WBG 单结电池的 PCE 和 V_{OC} 分别达到 17.7%和 1.26 V，并在 1 个太阳光照下以 MPP 运行 1045 h 后保持初始效率的 90%，相应的全钙钛矿叠层太阳电池获得了 26.0%的高稳定 PCE。该团队还采用透明导电氧化物作为全钙钛矿叠层电池的背电极，制备了双面全钙钛矿叠层电池 [91]，同时利用原子层沉积-SnO_2 薄膜以减小透明导电薄膜制备过程中所引起的溅射损失。此外，他们通过钙钛矿的组分工程调控顶电池的带隙，实现了器件在不同背光下的电流匹配。最终双面全钙钛矿叠层电池在实际可达到的背反光下获得了高达 28.51 $mW\cdot cm^{-2}$ 的输出功率密度。

Zhu 团队通过 2D 阳离子工程对 Sn-Pb 混合钙钛矿中的载流子进行控制，以提高全钙钛矿叠层电池的效率和稳定性。他们通过添加基于 PEA^+ 和 GA^+ 的 2D 添加剂以形成 $(PEA)_2GAPb_2I_7$ 准 2D 结构，从而显著改善 NBG Sn-Pb 混合钙钛矿 (1.25 eV) 薄膜形貌和光电性质 [92]。该 2D 添加剂工程使 Sn-Pb 混合钙钛矿具有优异的体载流子寿命 ($\sim$ 9.2 μs)、低暗载流子密度 ($\sim 1.3\times 10^{14}$ cm^{-3}) 和低表面复合速率 ($\sim$ 1.4 $cm\cdot s^{-1}$)。相应的单结 Sn-Pb 混合钙钛矿电池和全钙钛矿 2-T 叠层太阳电池分别获得 22.15%和 25.5%的 PCE，并具有高光电压和优异的工作稳定性。此外，该团队还通过对高 Br 含量的钙钛矿组分应用温和的气体淬火方法来控制 WBG 钙钛矿薄膜的生长，制备了具有低缺陷密度的高织构柱状 Br-I 混合 WBG 钙钛矿薄膜 ($E_g = 1.75$ eV)(图 7-39(a)~(c))[93]。将其与 1.25 eV 的 NBG 器件组合，获得了效率达到 27.1%的 2-T 全钙钛矿叠层电池，其中 V_{OC} 高达 2.2 eV。类似的，Janssen 团队系统地调控了 NBG 及 WBG 钙钛矿缺陷，并通过调控电荷传输层及透明电极降低光损失。最终，电流匹配得到了显著的改善，使得器件实现了超过 23%的 PCE[94]。具体而言，研究人员分别采用氯化胆碱以及 CdI_2 对 NBG 及 WBG 钙钛矿界面缺陷进行了有效的缺陷钝化，减少了界面非辐射复合。同时，为了进一步提高光入射面的光透过率，他们采用透光性更高的氢化氧化铟代替传统的 TCO，并利用 [2-(3,6-二甲氧基-9H-咔唑-9-基) 乙基] 膦酸 (MeO-2PACz) 使空穴传输层的厚度由 PEDOT:PSS 情况下的 50 nm 下降为不足 5 nm，显著降低了入射面光损失。基于此，制备的叠层器件同时实现了 V_{OC} 和 J_{SC} 的有效提升。该研究表明，系统调控光学特性及电学特性是实现全钙钛矿叠层器件的关键。

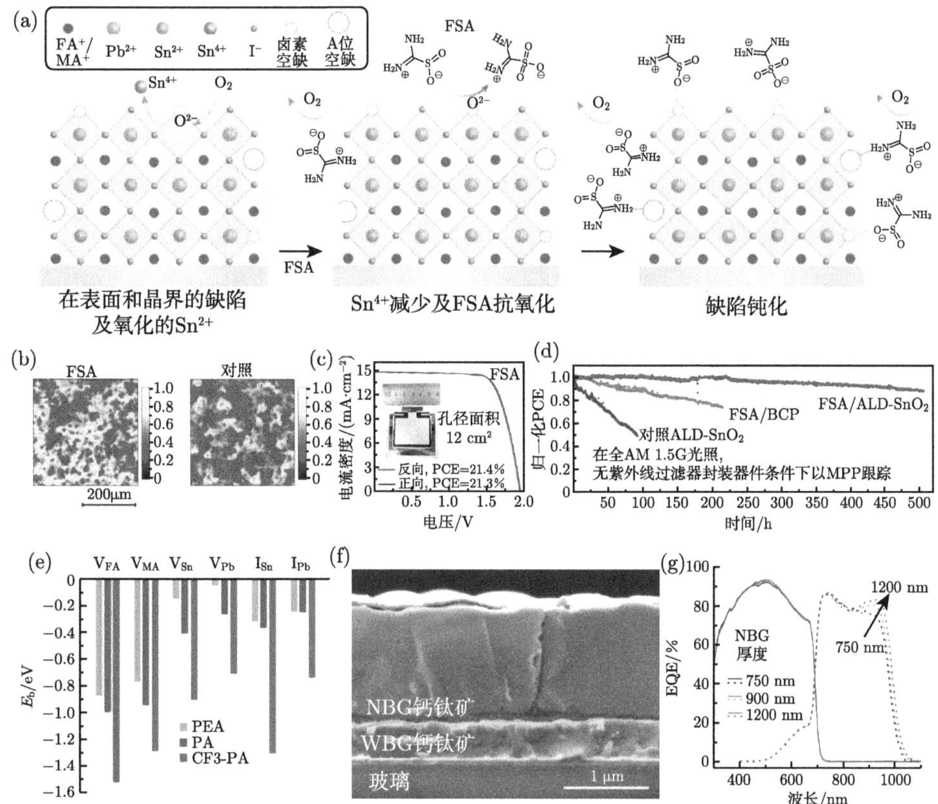

图 7-38 (a) FSA 对 Sn-Pb 混合钙钛矿薄膜晶粒表面 (包括薄膜表面和晶界) 的抗氧化和缺陷钝化示意图; (b) 沉积在玻璃基板上的原始钙钛矿薄膜和 FSA 处理后钙钛矿薄膜的 PL 强度成像; (c) 活性面积为 12 cm^2 的 FSA 叠层电池的 *J-V* 曲线; (d) 封装后的 FSA/ALD-SnO_2 叠层器件在 1 个太阳光照下，在器件温度 54 ~ 60 ℃ 下以 MPP 跟踪运行的稳定性测试曲线 [88]; (e) 钝化剂与各种缺陷之间的结合能 (E_b); (f) CF3-PA 处理后的全钙钛矿叠层器件 SEM 截面图; (g) CF3-PA 处理后的 Sn-Pb 混合钙钛矿子电池厚度为 750 nm、900 nm 和 1200 nm 的叠层电池 EQE 曲线 [89]

柔性钙钛矿太阳电池在构建建筑光伏、可穿戴设备和航空航天等领域有广泛的应用前景。然而，目前柔性钙钛矿太阳电池的最高认证 PCE 为 19.9%，仍低于相应的刚性器件，这主要是由于电荷选择性接触层和顶部钙钛矿界面存在大量缺陷。为此，Tan 团队报道了一种分子桥接的空穴选择性接触层，他们通过将空穴选择性分子锚定在低温处理的 NiO(MB-NiO) 纳米晶体薄膜上，改善界面的空穴提取并减少了界面复合 (图 7-40(a)，(b))[95]。得益于此，他们所制备的柔性全钙钛矿叠层太阳电池获得了 24.4%的认证 PCE，其性能优于其他类型的柔性薄膜太阳电池 (图 7-40(c))。此外，他们设计了一种导电的阻挡层材料，在 P2 划痕后沉积约 10 nm 厚的 ALD-SnO_2，以避免钙钛矿和金属电极之间的扩散反应。具有分子桥接界面的柔性叠层电池经 10000 次弯曲循环 (弯曲半径为 15 mm) 后并没有出现性能衰减 (图 7-40(d))。

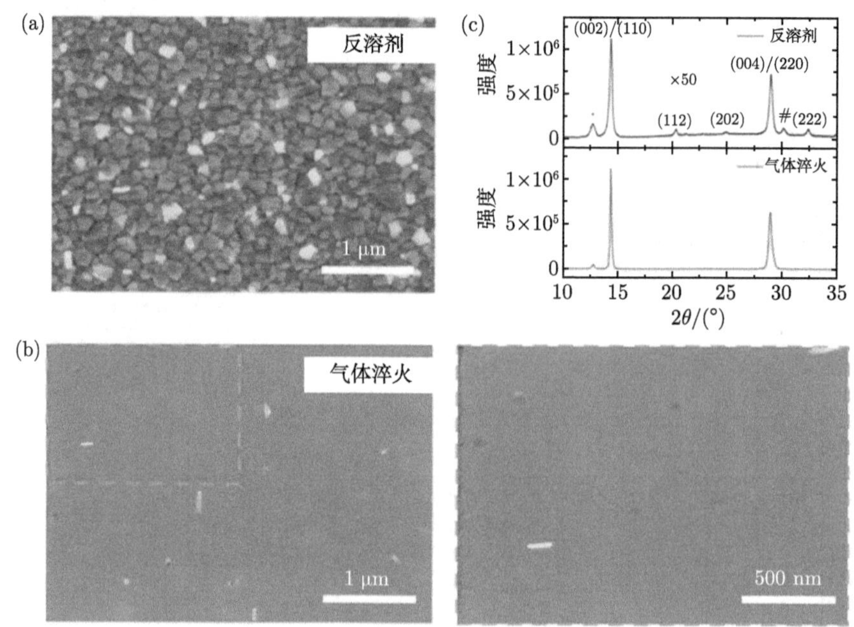

图 7-39　用 (a) 反溶剂和 (b) 气体淬火方法制备的 $FA_{0.6}Cs_{0.3}DMA_{0.1}Pb(I_{0.7}Br_{0.3})_3$ 钙钛矿薄膜 SEM 图像；(c) 用反溶剂和气体淬火方法制备的 WBG 钙钛矿薄膜的 XRD 图谱 [93]

通过国内外研究者的努力，实验室小面积全钙钛矿叠层的认证 PCE 纪录已达到 29.0%。为实现全钙钛矿叠层太阳电池的商业化应用，大面积模块的制备必将成为下一个研究热点。将全钙钛矿叠层太阳电池制造成模块，其挑战主要包括生长高质量的 WBG 钙钛矿，以及缓解由互连触点处的金属和卤化物相互扩散引起的不可逆降解。鉴于此，Tan 团队使用可扩展的制备技术展示了高效的全钙钛矿叠层太阳电池模块 [96]。他们通过系统地调整不含 MA 的 1.8 eV 混合卤化物钙钛矿中的 Cs 比例，提高了大面积刮刀涂布薄膜的结晶均匀性 (图 7-41(a))。值得注意的是，在 2022 年，Tan 团队利用 ALD 工艺的保形优势，制备了由 ALD-SnO_2 组成的保形扩散屏障 (conformal diffusion barrier，CDB)。该层可保形沉积于子电池间的互连区域，有效阻挡了互连结构中钙钛矿与金属的直接接触。同时，由于具有优异的电导性，该层保证了子电池之间的有效欧姆接触，并有效阻挡离子迁移和金属扩散 (图 7-41(b)，(c))。孔径面积为 20 cm^2 的串联叠层模块实现了 21.7% 的认证 PCE，并且在模拟 1 个太阳光照下连续运行 500 h 后保持其初始效率的

75%。此后，该团队再次刷新大面积模块效率纪录，全钙钛矿叠层电池模块稳态效率达 24.50%。Paetzold 团队报道了一种激光刻划的全钙钛矿串联模块 [97]。该模块仅采用商业化可扩展的刮刀涂布及真空沉积工艺，实现了 19.1%的最高认证 PCE(孔径面积为 12.25 cm^2，几何填充因子为 94.7%) 和稳定的功率输出 (图 7-41 (d)，(e))。通过电致发光成像和激光诱导电流表征发现，该全钙钛矿叠层串联模块具有均匀的电流收集，从而使得该模块具有更低的 V_{OC} 和 J_{SC} 面积放大损失。

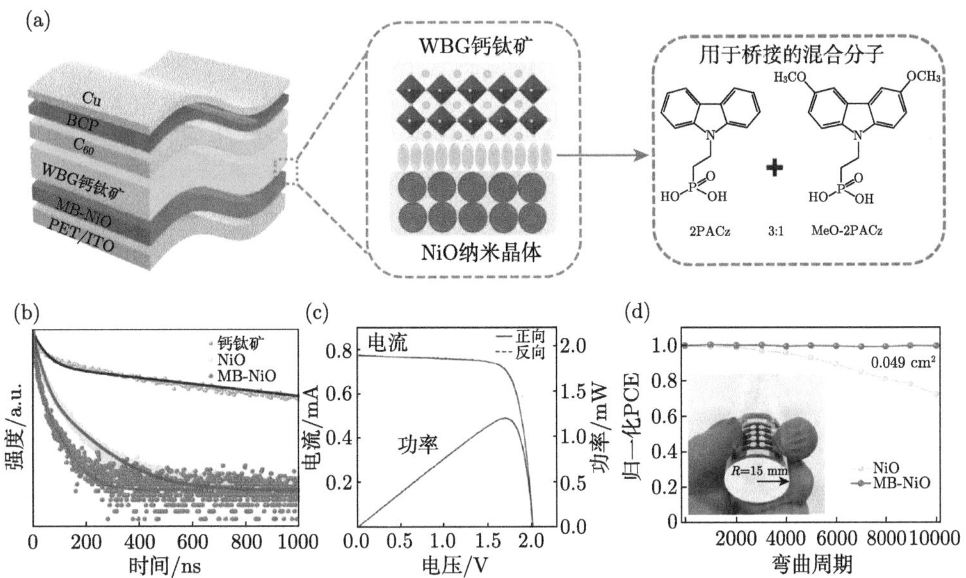

图 7-40 (a) 基于 MB-NiO 的柔性器件结构及桥接分子结构示意图；(b) 沉积在 PET、PET/ITO/NiO 和 PET/ITO/MB-NiO 基板上的钙钛矿薄膜的 TRPL 光谱；(c) 基于 MB-NiO 的柔性叠层电池认证 *I-V* 曲线；(d) 基于 NiO 和 MB-NiO 的柔性叠层电池的弯曲测试 [95]

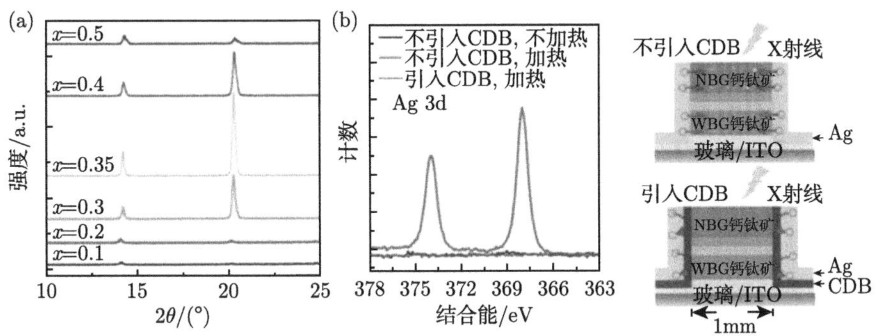

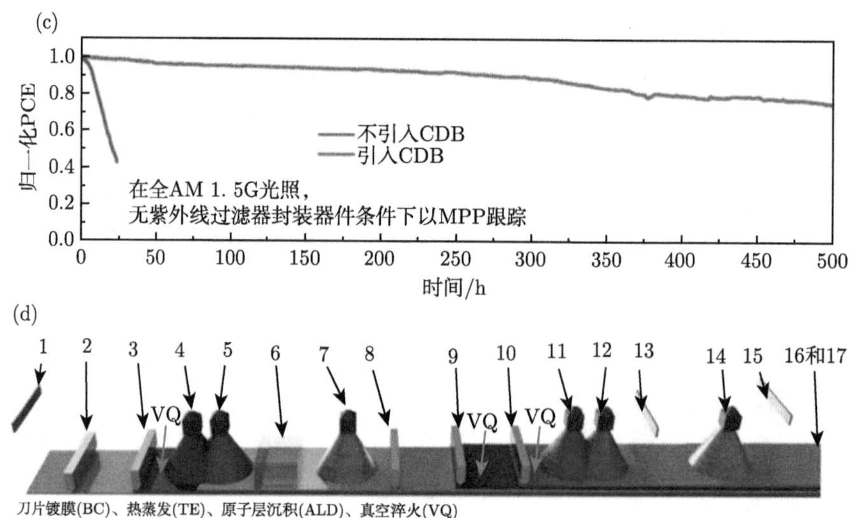

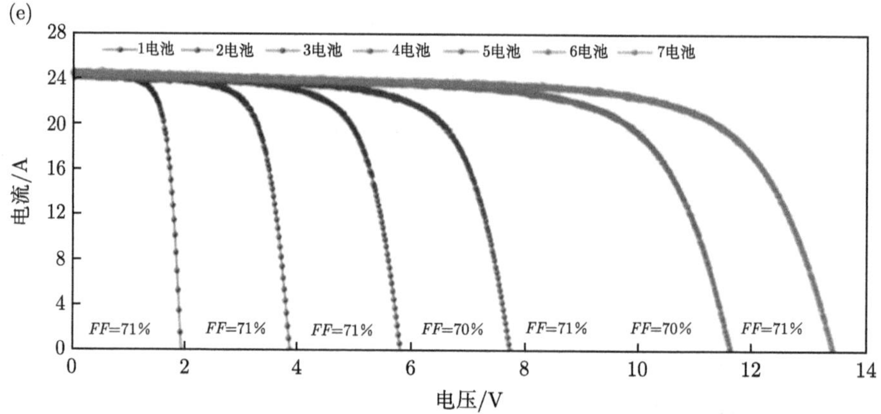

图 7-41　(a) $Cs_xFA_{1-x}PbI_{1.8}Br_{1.2}$ 钙钛矿薄膜的 XRD 图谱；(b) 钙钛矿表面的 Ag 3d 的 XPS 图谱，其中 C_{60}/ALD-SnO_2/Ag 被剥除；(c) 封装的串联模块在湿度为 30%～ 50%的空气中以及 AM 1.5G 模拟光照 (100 mW·cm^{-2}，LED 模拟器) 下，以连续 MPP 跟踪的稳定性测试曲线 [96]；(d) 使用刮刀涂层和真空沉积工艺对串联模块进行扩展处理的制备顺序示意图；(e) 模块的叠层电池条逐步累计的 I-V 特性曲线和各自的填充因子 [97]

7.4　总结与展望

尽管本章中介绍的三种钙钛矿/c-Si 叠层电池均取得了不错的转换效率，但因钙钛矿的制造难点相同，三种叠层电池的产业化差别还是主要取决于晶硅电池的性能与成本。TOPCon 电池因在 PERC 电池上升级，其效率提升以及成本控制均符合产业界预期，因而在后续几年中将逐渐占领晶硅电池的市场，基于此的叠层电池最有机会快速实现产业化。与 TOPCon 电池相比，SHJ 技术采用非晶硅钝化，可实现电池的超高开路电压，因而从长远来看，SHJ 电池更具效率潜力，目前多项叠层电池的效率纪录均基于此电池制备。尽管现在 SHJ 技术受限于制造成本高等问题还没有广泛地用于产业化，但随着技术以及材料的发展，其制造成本将逐年下降，在长期的晶硅电池竞争中将具有优势，这是本书重点阐述的原因。IBC 技术可与上述两种技术相结合，特别是与 SHJ 技术的结合可降低由非晶硅光吸收而导致的电流损失，可进一步提高晶硅电池的转换效率。但是，需要指出的是，目前高转换效率的钙钛矿/c-Si 叠层电池均在小面积上实现，而在产业化中所需的大面积电池上，其转换效率还不尽如人意，这主要是受限于大面积钙钛矿电池的制造问题，因而实现钙钛矿/c-Si 叠层电池的产业化仍任重道远。

相比于钙钛矿/c-Si 叠层电池，钙钛矿/GaAs 叠层电池的产业化需要考虑到技术成本的限制。从 GaAs 材料本身来看，镓是一种分散稀有金属元素，全球储量有限，而且镓的提取难度大，另外，由于砷元素的毒性需要额外投入资金保证环境安全和员工自身安全，因此 GaAs 电池未来是要向着薄膜化方向发展的，薄膜化不仅减少了材料用量而且也拥有更广泛的应用场景。从 GaAs 制备技术来看，目前主流技术是 MOCVD 及衬底剥离转移技术，由于设备和技术独特性，要建设完整的生产线投资巨大，而目前 GaAs 电池的市场占比较低，不足以吸引光伏企业投入大量资金。此外，钙钛矿/GaAs 叠层电池的高效率是在小面积上实现的，而大面积的高效率组件则受制于钙钛矿的大面积制备问题，所以目前要实现钙钛矿/GaAs 叠层电池仍是困难重重。而钙钛矿/CIGS 叠层的主要问题是钙钛矿和 CIGS 的界面优化，研究人员都通过各种方法降低钙钛矿/CIGS 界面对电池性能的影响，实现了实验室的高效率，而要将这些技术产业化则还面临着许多问题。此外，CIGS 本身的组件效率和生产良率不尽如人意，再加上钙钛矿大面积制备问题，钙钛矿/CIGS 叠层产业化也还有很长一段路要走。

因为钙钛矿溶液加工的高兼容性，研究人员通过设计合理的 ICL、调控子电池吸光层的带隙、优化钙钛矿薄膜质量及界面接触等手段，使其光电转换效率从最初不到 10%提升到现在的 29.0%。然而，为了进一步优化钙钛矿/钙钛矿叠层太阳电池性能，未来应该继续在以下几个方面进行深入研究：① ICL 是钙钛矿/钙钛矿叠层太阳电池中的重要组成部分，未来应开发具有高透光性、低串阻、高稳定性、低成本且可大面积加工的 ICL，这对进一步减少寄生吸收和 V_{OC} 损失具有重要意义；② 对于全钙钛矿串联太阳电池来说，WBG 钙钛矿太阳电池中 V_{OC} 损失仍然是影响器件效率的重要原因，WBG 钙钛矿的相偏析和界面非辐射复合是 V_{OC} 损失较大的主要原因；③ 实现高效的叠层钙钛矿太阳电池依赖于高性能的 Sn-Pb 混合钙钛矿太阳电池，Sn-Pb 混合钙钛矿的氧化问题仍是全钙钛矿叠层器件商业化的重要阻碍；④ 全钙钛矿叠层太阳电池模块的稳态效率已经达到了

24.5%，但是与实验室小面积器件效率仍存在差距，为了实现商业化应用，开发适用于全钙钛矿叠层器件的大面积制备方法及适配设备必不可少。

参 考 文 献

[1] Fu F, Li J, Yang T C J, et al. Monolithic perovskite-silicon tandem solar cells: From the lab to fab?[J]. Adv. Mater., 2022, 34: 2106540.

[2] Richter A, Benick J, Feldmann F, et al. n-type Si solar cells with passivating electron contact: Identifying sources for efficiency limitations by wafer thickness and resistivity variation[J]. Sol. Energy Mater. Sol. Cells, 2017, 173: 96-105.

[3] Adachi D, Hernández J L, Yamamoto K. Impact of carrier recombination on fill factor for large area heterojunction crystalline silicon solar cell with 25.1%efficiency[J]. Appl. Phys. Lett., 2015, 107: 233506.

[4] Yoshikawa K, Kawasaki H, Yoshida W, et al. Silicon heterojunction solar cell with interdigitated back contacts for a photoconversion efficiency over 26%[J]. Nat. Energy, 2017, 2: 17032.

[5] Smith D D, Cousins P, Westerberg S, et al. Toward the practical limits of silicon solar cells[J]. IEEE J. Photovolt., 2014, 4: 1465-1469.

[6] Richter A, Hermle M, Glunz S W. Reassessment of the limiting efficiency for crystalline silicon solar cells[J]. IEEE J. Photovolt., 2013, 3: 1184-1191.

[7] Jeangros Q, Chin X Y, Walter A, et al. 30%-efficient perovskite/Si tandem solar cells[C]. 18th China SoG Silicon and PV Power Conference, Taiyuan, China, 2022.

[8] Best Research-Cell Efficiencies Chart [DB]. NREL, 2022.

[9] Lindmayer J, Allison J. An improved silicon solar cell-the violet cell[C]. Proceeding of 9th IEEE Photovoltaic Specialists Conference, 1972: 83-84.

[10] Messmer C, Schön J, Lohmüller S, et al. How to make PERC suitable for perovskite-silicon tandem solar cells: A simulation study[J]. Prog. Photovolt., 2022, 30: 1023-1037.

[11] Hoye R L Z, Bush K A, Oviedo F, et al. Developing a robust recombination contact to realize monolithic perovskite tandems with industrially common p-type silicon solar cells[J]. IEEE J. Photovolt., 2018, 8: 1023-1028.

[12] Desrues T, Hamzaoui H, Lorfeuvre C, et al. Evaluating the contact properties of transparent conductive oxides on crystalline silicon homojunction solar cells[C]. Proceeding of IEEE 43rd Photovoltaic Specialists Conference, Portland, OR, USA, 2016: 1976-1979.

[13] Werner J, Walter A, Rucavado E, et al. Zinc tin oxide as high-temperature stable recombination layer for mesoscopic perovskite/silicon monolithic tandem solar cells[J]. Appl. Phys. Lett., 2016, 109: 233902.

[14] Wu Y L, Yan D, Peng J, et al. Monolithic perovskite/silicon-homojunction tandem solar cell with over 22%efficiency[J]. Energy Environ. Sci., 2017, 10: 2472-2479.

[15] Macco B, van de Loo B W H, Dielen M, et al. Atomic-layer-deposited Al-doped zinc oxide as a passivating conductive contacting layer for n^+-doped surfaces in silicon solar cells[J]. Sol. Energy Mater. Sol. Cells, 2021, 233: 111386.

[16] van de Loo B W H, Macco B, Melskens J, et al. Silicon surface passivation by transparent conductive zinc oxide[J]. J. Appl. Phys., 2019, 125: 105305.

[17] Mailoa J P, Bailie C D, Johlin E C, et al. A 2-terminal perovskite/silicon multijunction solar cell enabled by a silicon tunnel junction[J]. Appl. Phys. Lett., 2015, 106: 121105.

[18] Zheng J, Mehrvarz H, Ma F J, et al. 21.8% efficient monolithic perovskite/homojunction-silicon tandem solar cell on 16 cm^2[J]. ACS Energy Lett., 2018, 3: 2299-2300.

[19] Peibst R, Rienäcker M, Min B, et al. From PERC to tandem: POLO-and p^+/n^+ poly-Si tunneling junction as interface between bottom and top cell[J]. IEEE J. Photovolt., 2018, 9: 49-54.

[20] Mariotti S, Jäger K, Diederich M, et al. Monolithic perovskite/silicon tandem solar cells fabricated using industrial p-type polycrystalline silicon on oxide/passivated emitter and rear cell silicon bottom cell technology[J]. Sol. RRL, 2022, 6: 2101066.

[21] Duong T, Lal N, Grant D, et al. Semitransparent perovskite solar cell with sputtered front and rear electrodes for a four-terminal tandem[J]. IEEE J. Photovolt., 2016, 6: 679-687.

[22] Duong T, Pham H, Kho T C, et al. High efficiency perovskite-silicon tandem solar cells: Effect of surface coating versus bulk incorporation of 2D perovskite[J]. Adv. Energy Mater., 2020, 10: 1903553.

[23] Quiroz C O R, Shen Y, Salvador M, et al. Balancing electrical and optical losses for efficient 4-terminal Si-perovskite solar cells with solution processed percolation electrodes[J]. J. Mater. Chem. A, 2018, 6: 3583-3592.

[24] https://mp.weixin.qq.com/s/8yHffkrrSxnhwBl3La1aTw [2022-03-10].

[25] Shen H, Omelchenko S T, Jacobs D A, et al. *In situ* recombination junction between p-Si and TiO_2 enables high-efficiency monolithic perovskite/Si tandem cells[J]. Sci. Adv., 2018, 4: eaau9711.

[26] Nogay G, Sahli F, Werner J, et al. 25.1%-efficient monolithic perovskite/silicon tandem solar cell based on a p-type monocrystalline textured silicon wafer and high-temperature passivating contacts[J]. ACS Energy Lett., 2019, 4: 844-845.

[27] Wu Y, Zheng P, Peng J, et al. 27.6% perovskite/c-Si tandem solar cells using industrial fabricated TOPCon device[J]. Adv. Energy Mater., 2022, 12: 2200821.

[28] Hyun J Y, Yeom K M, Lee S W, et al. Perovskite/silicon tandem solar cells with a V_{OC} of 1784 mV based on an industrially feasible 25 cm^2 TOPCon silicon cell[J]. ACS Appl. Energ. Mater., 2022, 5: 5449-5456.

[29] Rohatgi A, Zhu K, Tong J, et al. 26.7% efficient 4-terminal perovskite-silicon tandem solar cell composed of a high-performance semitransparent perovskite cell and a doped poly-Si/SiO_x passivating contact silicon cell[J]. IEEE J. Photovolt., 2020, 10: 417-422.

[30] Chen Y, Ying Z, Li X, et al. Self-sacrifice alkali acetate seed layer for efficient four-terminal perovskite/silicon tandem solar cells[J]. Nano Energy, 2022, 100: 107529.

[31] Friend R, Deschler F, Pazos-Outón L M, et al. Back-contact perovskite solar cells[J]. Sci. Video Protocols, 2019, 1: 1-10.

[32] Yang Z, Yang W, Yang X, et al. Device physics of back-contact perovskite solar cells[J]. Energy Environ. Sci., 2020, 13: 1753-1765.

[33] Jaysankar M, Qiu W, van Eerden M, et al. Four-terminal perovskite/silicon multijunction solar modules[J]. Adv. Energy Mater., 2017, 7: 1602807.

[34] Peng J, Duong T, Zhou X, et al. Efficient indium-doped TiO_x electron transport layers for high-performance perovskite solar cells and perovskite-silicon tandems[J]. Adv. Energy Mater., 2017, 7: 1601768.

[35] Gharibzadeh S, Hossain I M, Fassl P, et al. 2D/3D heterostructure for semitransparent perovskite solar cells with engineered bandgap enables efficiencies exceeding 25% in four-terminal tandems with silicon and CIGS[J]. Adv. Funct. Mater., 2020, 30: 1909919.

[36] Duong T, Wu Y L, Shen H, et al. Rubidium multication perovskite with optimized bandgap for perovskite-silicon tandem with over 26% efficiency[J]. Adv. Energy Mater., 2017, 7: 1700228.

[37] Liu Z, Yang Z, Yang W, et al. Optical management for back-contact perovskite solar cells with diverse structure designs[J]. Sol. Energy, 2022, 236: 100-106.

[38] Abbasiyan A, Noori M, Baghban H. A highly efficient 4-terminal perovskite/silicon tandem solar cells using QIBC and IBC configurations in top and bottom cells, respectively[J]. Mater. Today Energy, 2022, 28: 101055.

[39] Tockhorn P, Wagner P, Kegelmann L, et al. Three-terminal perovskite/silicon tandem solar cells with top and interdigitated rear contacts[J]. ACS Appl. Energy Mater., 2020, 3: 1381-1392.

[40] Adhyaksa G W P, Johlin E, Garnett E C. Nanoscale back contact perovskite solar cell design for improved tandem efficiency[J]. Nano Lett., 2017, 17: 5206-5212.

[41] Loferski J J. Theoretical considerations governing the choice of the optimum semiconductor for photovoltaic solar energy conversion[J]. J. Appl. Phys., 1956, 27: 777-784.

[42] Nishida T, Moto K, Saitoh N, et al. High photoresponsivity in a GaAs film synthesized on glass using a pseudo-single-crystal Ge seed layer[J]. Appl. Phys. Lett., 2019, 114: 142103.

[43] Dutta P, Rathi M, Khatiwada D, et al. Flexible GaAs solar cells on roll-to-roll processed epitaxial Ge films on metal foils: A route towards low-cost and high-performance Ⅲ-V photovoltaics[J]. Energy Environ. Sci., 2019, 12: 756-766.

[44] Mangum J S, Theingi S, Steiner M A, et al. Development of high-efficiency GaAs solar cells grown on nanopatterned GaAs substrates[J]. Cryst. Growth Des., 2021, 21: 5955-5960.

[45] Gobat A R, Lamorte M F, McIver G W. Characteristics of high-conversion-efficiency gallium-arsenide solar cells[J]. Trans. Mil. Electron, 1962, 6: 20-27.

[46] Sugiura H, Amano C, Yamamoto A, et al. Double heterostructure GaAs tunnel junction for a AlGaAs/GaAs tandem solar cell[J]. Jpn. J. Appl. Phys., 1988, 27: 269.

[47] Bertness K A, Kurtz S R, Friedman D J, et al. 29.5%-efficient GaInP/GaAs tandem

solar cells[J]. Appl. Phys. Lett., 1994, 65: 989-991.

[48] Olson J M, Kurtz S R, Kibbler A E, et al. A 27.3% efficient $Ga_{0.5}In_{0.5}P$/GaAs tandem solar cell[J]. Appl. Phys. Lett., 1990, 56: 623-625.

[49] Takamoto T, Ikeda E, Kurita H, et al. Over 30% efficient InGaP/GaAs tandem solar cells[J]. Appl. Phys. Lett., 1997, 70: 381-383.

[50] Kang H K, Park S H, Jun D H, et al. Te doping in the GaAs tunnel junction for GaInP/GaAs tandem solar cells[J]. Semicond. Sci. Technol., 2011, 26: 075009.

[51] Kim T S, Kim H J, Geum D M, et al. Ultra-lightweight, flexible InGaP/GaAs tandem solar cells with a dual-function encapsulation layer[J]. ACS Appl. Mater. Interfaces, 2021, 13: 13248-13253.

[52] Dawidowski W, Sciana B, Zborowska-Lindert I, et al. Tunnel junction limited performance of InGaAsN/GaAs tandem solar cell[J]. Sol. Energy, 2021, 214: 632-641.

[53] Li Z, Kim T H, Han S Y, et al. Wide-bandgap perovskite/gallium arsenide tandem solar cells[J]. Adv. Energy Mater., 2020, 10: 1903085.

[54] Wang J, Zhao P, Hu Y, et al. An exploration of all-inorganic perovskite/gallium arsenide tandem solar cells[J]. Sol. RRL, 2021, 5: 2100121.

[55] Moon S, Kim K, Kim Y, et al. Highly efficient single-junction GaAs thin-film solar cell on flexible substrate[J]. Sci. Rep., 2016, 6: 30107.

[56] Lee K, Zimmerman J D, Hughes T W, et al. Non-destructive wafer recycling for low-cost thin-film flexible optoelectronics[J]. Adv. Funct. Mater., 2014, 24: 4284-4291.

[57] Ferhati H, Djeffal F, Bendjerad A, et al. Perovskite/InGaAs tandem cell exceeding 29% efficiency via optimizing spectral splitter based on RF sputtered ITO/Ag/ITO ultra-thin structure[J]. Physica E, 2021, 128: 114618.

[58] Kao Y C, Chou H M, Hsu S C, et al. Performance comparison of Ⅲ-V/Si and Ⅲ-V/InGaAs multi-junction solar cells fabricated by the combination of mechanical stacking and wire bonding[J]. Sci. Rep., 2019, 9: 4308.

[59] Jung E H, Jeon N J, Park E Y, et al. Efficient, stable and scalable perovskite solar cells using poly(3-hexylthiophene)[J]. Nature, 2019, 567: 511-515.

[60] Chen W S, Stewart J M, Stanbery B J, et al. Development of thin film polycrystalline $CuIn_{1-x}Ga_xSe_2$ solar cells[C]. Proceeding of 19th IEEE Photovoltaic Specialists Conference, New Orleans, LA, USA, 1987: 1445-1447.

[61] Nakamura M, Yamaguchi K, Kimoto Y, et al. Cd-free $Cu(In,Ga)(Se,S)_2$ thin-film solar cell with record efficiency of 23.35%[J]. IEEE J. Photovolt., 2019, 9: 1863-1867.

[62] Kang S, Sharma R, Sim J K, et al. Band gap engineering of tandem structured CIGS compound absorption layer fabricated by sputtering and selenization[J]. J. Alloy. Compd., 2013, 563: 207-215.

[63] Todorov T, Gershon T, Gunawan O, et al. Monolithic perovskite-CIGS tandem solar cells via *in situ* band gap engineering[J]. Adv. Energy Mater., 2015, 5: 1500799.

[64] Gokmen T, Gunawan O, Todorov T K, et al. Band tailing and efficiency limitation in kesterite solar cells[J]. Appl. Phys. Lett., 2013, 103: 103506.

[65] Liu D, Kelly T L. Perovskite solar cells with a planar heterojunction structure prepared using room-temperature solution processing techniques[J]. Nat. Photonics, 2014, 8: 133-138.

[66] Jang Y H, Lee J M, Seo J W, et al. Monolithic tandem solar cells comprising electrodeposited $CuInSe_2$ and perovskite solar cells with a nanoparticulate ZnO buffer layer[J]. J. Mater. Chem. A, 2017, 5: 19439-19446.

[67] Lee B S, Park S Y L, Lee J M, et al. Suppressed formation of conductive phases in one-pot electrodeposited $CuInSe_2$ by tuning Se concentration in aqueous electrolyte[J]. ACS Appl. Mater. Interfaces, 2016, 8: 24585-24593.

[68] Han Q, Hsieh Y T, Meng L, et al. High-performance perovskite/Cu(In,Ga)Se_2 monolithic tandem solar cells[J]. Science, 2018, 361: 904-908.

[69] Al-Ashouri A, Magomedov A, Roß M, et al. Conformal monolayer contacts with lossless interfaces for perovskite single junction and monolithic tandem solar cells[J]. Energy Environ. Sci., 2019, 12: 3356-3369.

[70] Jošt M, Köhnen E, Al-Ashouri A, et al. Perovskite/CIGS tandem solar cells: From certified 24.2% toward 30% and beyond[J]. ACS Energy Lett., 2022, 7: 1298-1307.

[71] Ruiz-Preciado M A, Gota F, Fassl P, et al. Monolithic two-terminal perovskite/CIS tandem solar cells with efficiency approaching 25%[J]. ACS Energy Lett., 2022, 7: 2273-2281.

[72] Fu F, Nishiwaki S, Werner J, et al. Flexible perovskite/Cu(In,Ga)Se_2 monolithic tandem solar cells[J]. 2019, arXiv:1907.10330.

[73] Jošt M, Bertram T, Koushik D, et al. 21.6%-efficient monolithic perovskite/Cu(In, Ga)Se_2 tandem solar cells with thin conformal hole transport layers for integration on rough bottom cell surfaces[J]. ACS Energy Lett., 2019, 4: 583-590.

[74] Jacobsson T J, Hultqvist A, Svanström S, et al. 2-terminal CIGS-perovskite tandem cells: A layer by layer exploration[J]. Sol. Energy, 2020, 207: 270-288.

[75] Kim D H, Muzzillo C P, Tong J, et al. Bimolecular additives improve wide-band-gap perovskites for efficient tandem solar cells with CIGS[J]. Joule, 2019, 3: 1734-1745.

[76] Fan F. Perovskite-based flexible thin-film tandem solar cells[C]. 18th China SoG Silicon and PV Power Conference, Taiyuan, China, 2022.

[77] Shen W Z, Zhao Y X, Liu F. Highlights of mainstream solar cell efficiencies in 2022[J]. Front. Energy, 2023, 17: 9-15.

[78] Jiang F, Liu T, Luo B, et al. A two-terminal perovskite/perovskite tandem solar cell[J]. J. Mater. Chem. A, 2016, 4: 1208-1213.

[79] Eperon G E, Leijtens T, Bush K A, et al. Perovskite-perovskite tandem photovoltaics with optimized band gaps[J]. Science, 2016, 354: 861-865.

[80] Rajagopal A, Yang Z, Jo S B, et al. Highly efficient perovskite-perovskite tandem solar cells reaching 80% of the theoretical limit in photovoltage[J]. Adv. Mater., 2017, 29: 1702140.

[81] Zhao D, Chen C, Wang C, et al. Efficient two-terminal all-perovskite tandem solar

cells enabled by high-quality low-bandgap absorber layers[J]. Nat. Energy, 2018, 3: 1093-1100.

[82] Sahli F, Kamino B A, Werner J, et al. Improved optics in monolithic perovskite/silicon tandem solar cells with a nanocrystalline silicon recombination junction[J]. Adv. Energy Mater., 2018, 8: 1701609.

[83] Palmstrom A F, Eperon G E, Leijtens T, et al. Enabling flexible all-perovskite tandem solar cells[J]. Joule, 2019, 3: 2193-2204.

[84] Yu Z, Yang Z, Ni Z, et al. Simplified interconnection structure based on C_{60}/SnO_{2-x} for all-perovskite tandem solar cells[J]. Nat. Energy, 2020, 5: 657-665.

[85] Zhao D, Wang C, Song Z, et al. Four-terminal all-perovskite tandem solar cells achieving power conversion efficiencies exceeding 23%[J]. ACS Energy Lett., 2018, 3: 305-306.

[86] Heo J H, Im S H. $CH_3NH_3PbBr_3$-$CH_3NH_3PbI_3$ perovskite-perovskite tandem solar cells with exceeding 2.2 V open circuit voltage[J]. Adv. Mater., 2016, 28: 5121-5125.

[87] Tong J, Song Z, Kim D H, et al. Carrier lifetimes of > 1 μs in Sn-Pb perovskites enable efficient all-perovskite tandem solar cells[J]. Science, 2019, 364: 475-479.

[88] Xiao K, Lin R, Han Q, et al. All-perovskite tandem solar cells with 24.2% certified efficiency and area over 1 cm^2 using surface-anchoring zwitterionic antioxidant[J]. Nat. Energy, 2020, 5: 870-880.

[89] Lin R, Xu J, Wei M, et al. All-perovskite tandem solar cells with improved grain surface passivation[J]. Nature, 2022, 603: 73-78.

[90] Wen J, Zhao Y, Liu Z, et al. Steric engineering enables efficient and photostable wide-bandgap perovskites for all-perovskite tandem solar cells[J]. Adv. Mater., 2022, 34: 2110356.

[91] Li H, Wang Y, Gao H, et al. Revealing the output power potential of bifacial monolithic all-perovskite tandem solar cells[J]. eLight, 2022, 2: 21-30.

[92] Tong J, Jiang Q, Ferguson A J, et al. Carrier control in Sn-Pb perovskites via 2D cation engineering for all-perovskite tandem solar cells with improved efficiency and stability[J]. Nat. Energy, 2022, 7: 642-651.

[93] Jiang Q, Tong J, Scheidt R A, et al. Compositional texture engineering for highly stable wide-bandgap perovskite solar cells[J]. Science, 2022, 378: 1295-1300.

[94] Datta K, Wang J, Zhang D, et al. Monolithic all-perovskite tandem solar cells with minimized optical and energetic losses[J]. Adv. Mater., 2022, 34: 2110053.

[95] Li L, Wang Y, Wang X, et al. Flexible all-perovskite tandem solar cells approaching 25% efficiency with molecule-bridged hole-selective contact[J]. Nat. Energy, 2022, 7: 708-717.

[96] Xiao K, Lin Y-H, Zhang M, et al. Scalable processing for realizing 21.7%-efficient all-perovskite tandem solar modules[J]. Science, 2022, 376: 762-767.

[97] Abdollahi Nejand B, Ritzer D B, Hu H, et al. Scalable two-terminal all-perovskite tandem solar modules with a 19.1% efficiency[J]. Nat. Energy, 2022, 7: 620-630.